浙江省普通高校"十三五"新形态教材

土木工程施工

主　编　杨国立

参　编　柯云斌　汪留松　董　颇
　　　　熊辉霞　杨旭浩　杨国兵

中国电力出版社
CHINA ELECTRIC POWER PRESS

内 容 提 要

本书作为浙江省普通高校"十三五"新形态教材，内容包括土木工程施工技术与施工组织管理两方面，既重视学科基础理论知识的阐述，又注重结合工程实例，力求把知识的传授与能力的培养结合起来。全书共分 13 章，前 10 章为土木工程施工技术，包括土方工程、地基处理与桩基础施工、砌筑工程、混凝土结构工程、预应力混凝土工程、装配式混凝土结构工程、钢结构工程、脚手架工程、防水工程以及装饰工程等；后 3 章为施工组织管理，包括流水施工的基本原理、网络计划技术、施工组织设计等，各章后附有相应的思考题与习题。

本书可供工科类土木工程专业、工程管理专业、房地产专业、工程造价及其他相关专业的师生作为教学用书，也可供土木类科研、设计、工程施工、监理等技术人员学习、参考。

图书在版编目 (CIP) 数据

土木工程施工/杨国立主编 . —北京：中国电力出版社，2021.4
ISBN 978 - 7 - 5198 - 4943 - 6

Ⅰ.①土⋯ Ⅱ.①杨⋯ Ⅲ.①土木工程－工程施工－高等学校－教材 Ⅳ.①TU7

中国版本图书馆 CIP 数据核字（2020）第 169714 号

出版发行：中国电力出版社
地　　　址：北京市东城区北京站西街 19 号（邮政编码 100005）
网　　　址：http://www.cepp.sgcc.com.cn
责任编辑：未翠霞（010 - 63412611）
责任校对：黄　蓓　常燕昆　朱丽芳
装帧设计：郝晓燕
责任印制：杨晓东

印　　刷：北京天宇星印刷厂
版　　次：2021 年 4 月第一版
印　　次：2021 年 4 月北京第一次印刷
开　　本：787 毫米×1092 毫米　16 开本
印　　张：29
字　　数：685 千字
定　　价：68.00 元

前　　言

为响应教育部"六卓越一拔尖"计划 2.0 的号召，诸多应用型本科院校土建类专业进一步调整教学计划，加强施工教学环节，分两个层次开设施工课程，第一阶段开设《土木工程施工》，第二阶段开设《高层建筑施工》。本书作为第一阶段开设的课程，编写定位在满足普通高等学校土木工程、工程管理等专业应用型本科教学的要求上，力求综合运用有关学科的基本理论和知识，以解决一般工程施工的实践问题。

本教材编写根据教育部"积极推进'互联网＋教育'发展，加快实现教育现代化"的精神，更新现行施工规范、施工规程外，在每个章节适当位置加入同步施工动画或视频，通过扫描二维码可以进行同步学习，提高学习效果。

本书共分 13 章，前 10 章为土木工程施工技术，包括土方工程、地基处理与桩基础施工、砌筑工程、混凝土结构工程、预应力混凝土工程、装配式混凝土结构工程、钢结构工程、脚手架工程、防水工程以及装饰工程等；后 3 章为施工组织管理，包括流水施工的基本原理、网络计划技术、施工组织设计等，各章后附有相应的思考题与习题。

本书由杨国立担任主编并负责统稿工作。全书编写分工如下：河南城建学院董颇（第 2 章）；许昌学院汪留松（第 3 章）；台州学院杨国立（第 1、4、5、6、8、12、13 章）；南阳理工学院熊辉霞（第 7 章）；台州学院柯云斌（第 11 章）；天津市天友建筑设计股份有限公司杨旭浩（第 10 章）；方远集团杨国兵（第 9 章）。

本书为"互联网＋"新形态教材，建筑施工技术部分每个章节均附有相应的案例施工视频或者施工动画，辅助学生业余时间自学。为了方便教师授课或学生自学，本教材同步配 ppt 教学课件等，方便广大师生学习应用。索要配套课件的老师或同学请发 E - mail 至 272343469@qq.com。

本书的编写，参考了一些公开出版和发行的文献，谨向这些文献作者致以衷心的谢意。由于编写时间较为紧张，限于编者水平有限，书中的疏漏错误之处在所难免，敬请广大的读者批评指正，以便日后修订和改进。

编者

2021.3

前　言

目　　录

第1章

土 方 工 程

土方工程是各类土木工程施工中主要分部工程之一，它包括土方的开挖、运输、填筑与弃土、平整与压实等主要施工过程，以及场地清理、测量放线、施工排水、降水和土壁支护等准备工作与辅助工作。

土方工程的特点：施工面广、工程量大、施工工期长、劳动强度大；施工条件复杂，又多为露天作业，受气候、水文、地质条件的影响较大；不可预见因素多等。

1.1 概述

1.1.1 土方工程的种类与特点

土方工程按其施工内容和方法的不同，常分为以下几种：

1. 场地平整

场地平整是将天然地面改造成所要求的设计平面时所进行的土方施工全过程。它往往具有工程量大、劳动繁重和施工条件复杂等特点。大型建设项目的场地平整，土方量可达数百万立方米以上，面积达数十平方千米，工期长。土方工程施工又受气候、水文、地质等影响，难以确定的因素多，有时施工条件极为复杂。因此，在组织场地平整施工前，应详细分析、核对各项技术资料（例如：实测地形图、工程地质、水文地质勘察资料，原有地下管道、电缆和地下构筑物资料，土方施工图等），进行现场调查并根据现有施工条件，制订出以经济分析为依据的施工设计。

2. 基坑（槽）及管沟开挖

基坑（槽）及管沟开挖指开挖宽度在 3m 以内的基槽或开挖底面积在 20m^2 以内的土方工程，是为浅基础、桩承台及管沟等施工而进行的土方开挖。其特点是：要求开挖的标高、断面、轴线准确；土方量少；受气候影响较大（如冰冻、下雨等影响）。因此，施工前必须做好各项准备工作，制订合理的施工方案，以达到减轻劳动量、加快施工进度和节省工程费用的目的。

3. 地下工程大型土方工程

人防工程、大型建筑物的地下室、深基础施工等进行的地下大型土方开挖，涉及降低地下水位、边坡稳定与支护、地面沉降与位移、邻近建筑物（构筑物）、道路和各种管线的安全与防护等一系列问题，因此，在土方开挖前，应详细研究各项技术资料，进行专门的施工组织设计。

4. 土方填筑

土方填筑是对低洼处用土方分层进行填平。建筑工程中有大型土方填筑和小型场地、基坑、基槽、管沟的回填，前者一般与场地平整施工同时进行，交叉施工；后者除小型场地回填外，一般在地下工程施工完毕后再进行。填筑的土方，要求严格选择土质，分层回填压实。

土方工程施工要求：标高、断面尺寸准确，土体要有足够的强度和稳定性。

1.1.2　土的分类与现场鉴别方法

土的种类很多，其分类方法也很多。如根据土的颗粒级配或塑性指数分类；根据土的沉积年代分类；根据土的工程特性分类等。在土方工程施工中土是按开挖的难易程度分为八类十六个级别（见表 1-1），以便选择施工方法和确定劳动量，为计算劳动力、确定施工机具及计算工程费用提供依据。

表 1-1　　　　　　　　　　　土的工程分类及可松性系数表

土的级别	类别	土的名称	土的密度/ (t/m³)	开挖难易鉴定方法	可松性系数 K_s	可松性系数 K_s'
Ⅰ	一类土（松软土）	略有粘性的砂性土、腐殖土及疏松的种植土、堆积土（新弃土）、泥炭，含有土质的砂、炉渣	0.5~1.5	能用锹、锄头挖掘	1.08~1.17	1.01~1.03
Ⅱ	二类土（普通土）	潮湿的粘性土和黄土，含有建筑材料碎屑或碎石、卵石的堆积土和种植土、已经夯实的松软土	0.11~6	能用锹、锄、二齿镐挖掘	1.14~1.28	1.02~1.05
Ⅲ	三类土（坚土）	压路机械或羊足碾等机械压实的普通土、中等密实的粘性土和黄土、无名土、坚隔土、白膏泥，含有碎石、卵石或建筑材料碎屑的潮湿的粘土或黄土	1.75~1.9	主要用二齿镐，少许用锹、锄挖掘	1.24~1.30	1.04~1.07
Ⅳ	四类土（砂砾坚土）	坚硬密实的粘性土和黄土，有用撬棍撬成块状的砂土，含有碎石、卵石（体积占 10%~30%）的中等密实的粘土和黄土、铁夹土	1.9	主要用镐，少许用锄头、撬棍挖掘	1.26~1.37	1.06~1.15
Ⅴ~Ⅵ	五类土（软石）	成块状的土质风化岩，含有碎石、卵石（体积在 30% 以上）的密实砂砾坚土，不能撬成块状的砂土，未风化而坚硬的冶金砂渣	1.1~2.7	用镐、撬棍挖掘	1.30~1.45	1.10~1.20
Ⅶ~Ⅸ	六类土（次坚石）	泥岩、砂岩、砾岩；坚实的页岩、泥灰岩，密实的石灰岩；风化花岗岩、片麻岩及正长岩	2.2~2.9	用爆破方法	1.33~1.45	1.10~1.20
Ⅹ~Ⅻ	七类土（坚石）	大理石；辉绿岩；玢岩；粗、中粒花岗岩；坚实的白云岩、砂岩、砾岩、片麻岩、石灰岩；微风化安山岩；玄武岩	2.5~3.1		14.30~1.45	1.10~1.20
ⅩⅣ~ⅩⅥ	八类土（特坚石）	安山岩；玄武岩；花岗片麻岩；坚实的细粒花岗岩、闪长岩、石英岩、辉长岩、辉绿岩、玢岩、角闪岩	2.7~3.3		1.45~1.50	1.20~1.30

注：K_s 为最初可松性系数，供计算装运车辆和挖土机械用；K_s' 为最终可松性系数，供计算填方所需挖土工程量用。

1.1.3　土的基本性质

土的物理性质包括密度、含水量、孔隙比、透水性、摩擦系数、粘结力以及土的可松性等。这些性质是确定地基处理方案和制订土方工程施工方案的重要依据，对土方工程的稳定性、施工方法、工程量、劳动量和工程造价都有影响。

1. 土的可松性

天然土经开挖后，其体积因松散而增加，虽经振动夯实，仍不能恢复原来的体积，这种性质称为土的可松性。土的可松性程度用可松性系数表示，即

$$K_s = \frac{V_2}{V_1} \tag{1-1}$$

$$K'_s = \frac{V_3}{V_1} \tag{1-2}$$

式中　K_s——土的最初可松性系数；

　　　K'_s——土的最终可松性系数；

　　　V_1——土在天然状态下的体积；

　　　V_2——土被挖出后在松散状态下的体积；

　　　V_3——土经压（夯）实后的体积。

可松性系数对土方的调配、计算土方运输量、计算填方量和运土工具等都有较大的影响。各类土的可松性系数见表 1-1。

2. 土的透水性

土的透水性是指水流通过土中孔隙的难易程度。地下水的流动以及在土中的渗透速度都与土的透水性有关。在计算地下水源水量时，也涉及土的透水性指标。

地下水在土中渗流速度一般可按达西定律计算，其公式如下：

$$v = KI \tag{1-3}$$

式中　v——水在土中的渗流速度，m/d；

　　　I——水力梯度。$I = h/L$，即两点水头差 h 与其水平距离 L 之比；

　　　K——土的渗透系数，m/d。

K 值的大小反映了土透水性的强弱。土的渗透系数可以通过室内渗透试验（见图 1-1）或现场抽水试验测定。一般土的渗透系数见表 1-2。

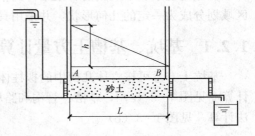

图 1-1　砂土的渗透试验

表 1-2		土 的 渗 透 系 数	
土的种类	土的渗透系数 K/（m/d）	土的种类	土的渗透系数 K/（m/d）
粘土	<0.005	粗砂	20～50
粉质粘土	0.005～0.1	均质粗砂	60～75
粉土	0.1～0.5	圆砾	50～100
黄土	0.25～0.5	卵石	100～500
粉砂	0.5～1.0	无充填、无卵石	500～1000

续表

土的种类	土的渗透系数 $K/$（m/d）	土的种类	土的渗透系数 $K/$（m/d）
细砂	1.0～5	稍有裂隙岩石	20～60
中砂	5～20	裂隙多的岩石	＞60
均质中砂	35～50		

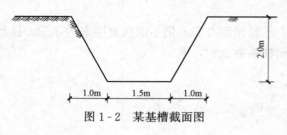

图 1-2　某基槽截面图

[例 1-1]　某建筑物外墙为条形毛石基础，基础平均截面面积为 3.0m²，基槽截面面积如图 1-2 所示，地基土为三类土（$K_s=1.3$，$K'_s=1.05$），计算 100m 长基槽土挖方量和弃土量。

解：（1）计算挖方量：

$$V_1 = (1.5\text{m}+1.5\text{m}+1\text{m}\times2)\text{m}\times2.0\text{m}\times\frac{1}{2}\times100\text{m} = 500\text{m}^3$$

（2）计算填方量：

$$V_2 = \frac{500-3\times100}{1.05}\text{m}^3 = 190\text{m}^3$$

（3）计算弃土量：

$$V_3 = (500-190)\times1.3\text{m}^3 = 403\text{m}^3$$

1.2　土方工程量的计算

在场地平整、基坑与基槽开挖等土方工程施工中，都必须计算土方量。各种土方工程的外形往往是复杂和不规则的，很难得到精确的计算结果。所以，在一般情况下，都是将工程区域划分成为一定的几何形状，并采用具有一定精度而又和实际情况近似的方法进行计算。

1.2.1　基坑、基槽土方量计算

基坑土方量可按立体几何中的拟柱体（由两个平行的平面做底的一种多面体）体积公式计算［见图 1-3（a）］，基槽、管沟和路堤的土方量可以沿长度方向分段后，再用同样的方法计算［见图 1-3（b）］。

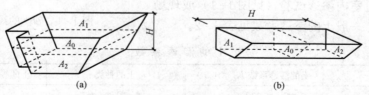

图 1-3　基坑、基槽土方量计算图
（a）基坑土方量计算图；（b）基槽土方量计算图

即

$$V = \frac{H}{6}(A_1 + 4A_0 + A_2) \tag{1-4}$$

或
$$V = \frac{H}{3}(A_1 + \sqrt{A_1A_2} + A_2) \tag{1-5}$$

式中 H——基坑深度或基槽长度，m；

A_1、A_2——基坑（或基槽）上、下两底面积，m^2；

A_0——基坑（或基槽）中截面面积，m^2。

1.2.2 场地平整土石方工程量计算

建筑场地平整的平面位置和标高，通常由设计单位在总平面布置图竖向设计中确定。场地平整通常是挖高填低。计算场地挖方量和填方量，首先要确定场地设计标高，由设计平面的标高和地面的天然标高之差，可以得到场地各点的施工高度（即填挖高度），由此可计算场地平整的挖方和填方的工程量。

1. 场地设计标高确定

场地设计标高是进行场地平整和土方量计算的依据，也是总图规划和竖向设计的依据。合理地确定场地的设计标高，对减少土方量、加快工程进度都有重要的经济意义。如图1-4所示，当场地设计标高为 H_0 时，填挖方基本平衡，可将土方移挖作填，就地处理；当设计标高为 H_1 时，填方大大超过挖方，则需从场地外大量取土回填；当设计标高为 H_2 时，挖方大大超过填方，则要向场外大量弃土。因此，在确定场地设计标高时，应结合现场的具体条件，反复进行技术经济比较，选择其中最优方案。

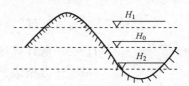

图1-4 场地不同设计标高的比较

（1）场地设计标高的影响因素。

1）应满足生产工艺和运输的要求；

2）充分利用地形（如分区或分台阶布置），尽量使挖填方平衡，以减少土方量，使运费最少；

3）要有一定泄水坡度（≥0.2%），使之能满足排水要求；

4）要考虑最高洪水位的影响。

（2）场地设计标高的确定。场地设计标高一般应在设计文件上规定，若设计文件对场地设计标高没有规定时，可按下述步骤来确定场地设计标高：

1）初步计算场地设计标高 H_0。初步计算场地设计标高的原则是场内挖填方平衡，即场内挖方总量等于填方总量（$\sum V_{挖} = \sum V_{填}$）。

在具有等高线的地形图上，将施工区域划分为边长 $a = 10 \sim 50m$ 的若干方格，如图1-5所示。

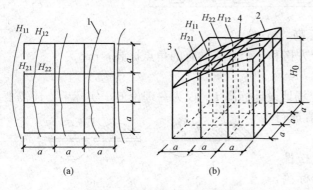

图1-5 场地设计标高简图

(a) 地形图上划分方格；(b) 设计标高示意图
1—等高线；2—自然地坪；3—设计标高平面；
4—自然地面与设计标高平面的交线（零线）

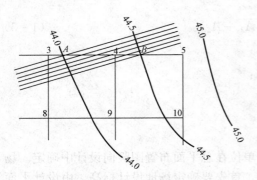

图 1-6　图解法确定角点高程

① 确定各小方格的角点高程。

a. 当地形平坦时，根据地形图上相邻两等高线的高程，用插入法计算求得；也可用一张透明纸，上面画 6 根等距离的平行线，把该透明纸放到标有方格网的地形图上，将 6 根平行线的最外两根分别对准 A、B 两点，这时 6 根等距离的平行线将 A、B 之间的高差分成 5 等份，于是便可直接读得 4 点的地面标高（见图 1-6）。

b. 在无地形图或地形不平坦时，可以在地面用木桩打好方格网，然后用仪器直接测出方格网角点标高。

② 按填挖方平衡确定设计标高 H_0。

$$H_0 Na^2 = \sum \left(a^2 \times \frac{H_{11} + H_{12} + H_{21} + H_{22}}{4} \right)$$

$$H_0 = \frac{\sum (H_{11} + H_{12} + H_{21} + H_{22})}{4N} \tag{1-6}$$

式中　　　　　H_0——所计算场地的设计标高，m；

　　　　　　　a——方格边长，m；

　　　　　　　N——方格数。

H_{11}、H_{12}、H_{21}、H_{22}——某一方格的 4 个角点标高，m。

由图 1-5 可知，H_{11} 系一个方格的角点标高，H_{12} 和 H_{21} 均系两个方格公共的角点标高，H_{22} 则是四个方格公共的角点标高，它们分别在式（1-6）中要加 1 次、2 次、4 次。此外，当实际地形在规划的方格网上缺角或内凹时，还可能出现需要加 3 次的角点标高，因此设计标高 H_0 的计算式可改写为：

$$H_0 = \frac{\sum H_1 + 2\sum H_2 + 3\sum H_3 + 4\sum H_4}{4N} \tag{1-7}$$

式中　　　　　H_1——一个方格仅有的角点标高，m；

H_2、H_3、H_4——分别为 2 个方格、3 个方格和 4 个方格共有的角点标高，m；

　　　　　　　N——方格数。

2）调整场地设计标高 H_{ij}。初步确定场地设计标高 H_0 仅为一理论值，实际上，还需要考虑以下因素对初步场地设计标高 H_0 值进行调整。

① 土的可松性影响。由于土具有可松性，会造成填土的多余，需相应地提高设计标高，如图 1-7 所示。

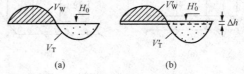

图 1-7　设计标高调整计算示意
(a) 理论设计标高；(b) 调整设计标高

设 Δh 为土的可松性引起的增长值，则设计标高调整后的总挖方体积 V_{w}' 应为：

$$V_{\mathrm{w}}' = V_{\mathrm{w}} - F_{\mathrm{w}} \Delta h \tag{1-8}$$

总填方体积为：
$$V'_T = V'_w K'_S = (V_w - F_w \Delta h) K'_S \qquad (1-9)$$

此时，填方区的标高也应与挖方区一样，提高 Δh，即

$$\Delta h = \frac{V'_T - V_T}{F_T} = \frac{(V_w - F_w \Delta h) K'_S - V_T}{F_T} \qquad (1-10)$$

经移项整理简化得（当 $V_T = V_w$）：

$$\Delta h = \frac{V_w (K'_S - 1)}{F_T + F_w K'_S} \qquad (1-11)$$

故考虑土的可松性后，场地设计标高应调整为：

$$H'_0 = H_0 + \Delta h \qquad (1-12)$$

式中　V_w、V_T——按初定场地设计标高计算得出的总挖方、总填方体积，m^3；

　　　　F_w、F_T——按初定场地设计标高计算得出的挖方区、填方区总面积，m^2；

　　　　K'_S——土的最后可松性系数。

②场内挖方和填方的影响。由于场地内大型基坑挖出的土方、修筑路堤填高的土方，以及从经济角度比较，将部分挖方就近弃于场外（简称弃土）或将部分填方就近取土于场外（简称借土）等，均会引起挖填土方量的变化。必要时，也需重新调整设计标高。

为简化计算，场地设计标高的调整可按下列近似公式确定，即

$$H''_0 = H'_0 \pm \frac{Q}{Na^2} \qquad (1-13)$$

式中　Q——假定按初定场地设计标高 H_0 平整后多余或不足的土方量；

　　　　N——场地方格数；

　　　　a——方格边长。

③考虑泄水坡度对设计标高的影响。按调整后的同一设计标高进行场地平整时，整个场地表面均处于同一水平面，但实际上由于排水的要求，场地表面需有一定的泄水坡度。平整场地的表面坡度应符合设计要求，如无设计要求时，排水沟方向的坡度不应小于 0.2%。因此，还需根据场地的泄水坡度的要求（单向泄水或双向泄水），计算出场内各方格角点实际施工所用的设计标高。

单向泄水时设计标高计算，是将已调整的设计标高 H''_0 作为场地中心线的标高（见图 1-8），场地内任意一点的设计标高则为：

$$H_{ij} = H''_0 \pm Li \qquad (1-14)$$

式中　H_{ij}——场地内任一点的设计标高；

　　　　L——该点至 H''_0—H''_0 中心线的距离；

　　　　i——场地单向泄水坡度（不小于 0.2%）。

双向泄水时设计标高计算，是将已调整的设计标高 H''_0 作为场地方向的中心点（见图 1-9），场地内任一点的设计标高为：

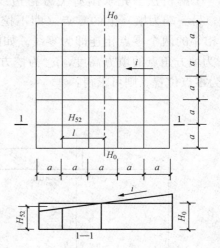

图 1-8　场地具有单向泄水坡度

$$H_{ij} = H''_0 \pm L_x i_x \pm L_y i_y \qquad (1-15)$$

式中　L_x、L_y——该点沿 x—x、y—y 方向距场地的中心线的距离；

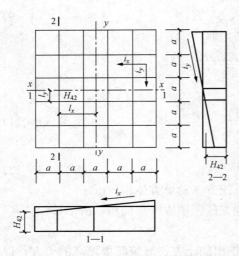

图 1-9 场地具有双向泄水坡度

i_x、i_y——该点沿 x—x、y—y 方向的泄水坡度。

2. 场地土方量计算

场地土方量计算方法常见的有方格网法、断面法及边坡计算法。

（1）方格网法。大面积场地平整的土方量，通常采用方格网法计算。即根据方格网各方格的自然地面标高和实际采用的设计标高，算出相应的角点填挖高度（施工高度），然后计算每一方格的土方量，并算出场地边坡的土方量。这样便可得整个场地的填、挖土方总量。其步骤如下：

1）计算场地各方格角点的施工高度。各方格角点的施工高度按式（1-16）计算。

$$h_n = H_n - H \qquad (1-16)$$

式中 h_n——角点施工高度，即填挖高度。以"＋"为填，"－"为挖；

H_n——角点的设计标高（若无泄水坡度时，即为场地的设计标高）；

H——角点的自然地面标高。

2）确定"零线"。如果一个方格中一部分角点的施工高度为"＋"，而另一部分为"－"时，则此方格中的土方一部分为填方，另一部分为挖方。计算此类方格的土方量需先确定填方与挖方的分界线，即零线。

零线位置的确定方法有解析法和图解法。

①解析法。先求出有关方格边线（此边线一端为挖，另一端为填）上的零点（即不挖不填的点），然后将相邻的两个零点相连即为零线。如图 1-10 所示，设 h_1 为填方角点的填方高度，h_2 为挖方角点的挖方高度，0 为零点位置。则可求得：

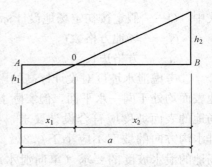

图 1-10 用解析法求解零点

$$x = \frac{ah_1}{h_1 + h_2} \qquad (1-17)$$

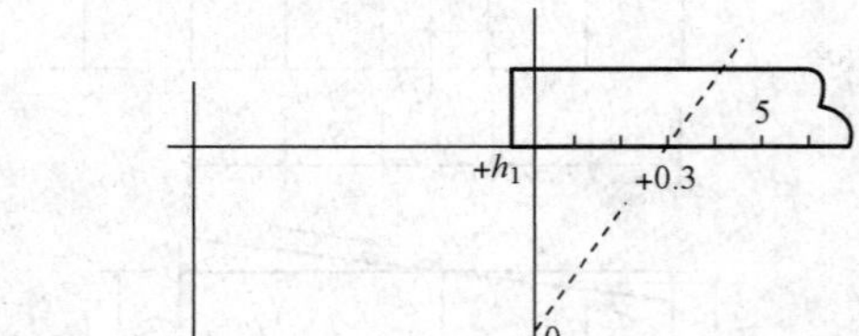

②图解法。以有零点的方格边为纵轴，以有零点方格边两端的方格边为横轴（为折线），然后用直尺将有零点的方格边两端的施工高度按比例标于纵轴两侧的横轴上。若角点的施工高度为"＋"时，其比例长度在纵轴的右侧量取；若角点的施工高度为"－"时，则比例长度应在纵轴的左侧量取。然后，用直尺将两个比例长度的终点相连，直尺与纵轴的交点，即为该方格边上的零点（见图 1-11）。用此法将方格网中所有零点找

图 1-11 零点位置计算示意图

出，依次将相邻的零点连接起来，即得到零线。

用图解法确定零点比较快捷，可避免计算或查表不慎而出错，故在实际工作中常用此法求解零点和零线。

3）计算场地填挖土方量。场地土方量计算可采用四方棱柱体法或三角棱柱体法。

①用四方棱柱体法计算时，依据方格角点的施工高度，分为三种类型。

a. 方格四个角点全部为填（或挖），如图 1-12 所示，其土方量为：

$$V = \frac{a^2}{4}(h_1 + h_2 + h_3 + h_4) \tag{1-18}$$

式中　　　　V——挖方或填方的体积，m^3；

h_1、h_2、h_3、h_4——方格角点的施工高度，以绝对值代入，m。

b. 方格的相邻两角点为挖，另两角点为填（见图 1-13），其挖方部分土方量为：

$$V_{1,2} = \frac{a^2}{4}\left(\frac{h_1^2}{h_1 + h_4} + \frac{h_2^2}{h_2 + h_3}\right) \tag{1-19}$$

填方部分的土方量为：

$$V_{3,4} = \frac{a^2}{4}\left(\frac{h_3^2}{h_2 + h_3} + \frac{h_4^2}{h_1 + h_4}\right) \tag{1-20}$$

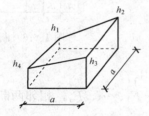
图 1-12　全挖或全填的方格

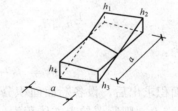
图 1-13　两挖和两填的方格

c. 方格的三个角点为挖，一角点为填（或相反），如图 1-14 所示，其填方部分的土方量为：

$$V_4 = \frac{a^2}{6} \times \frac{h_4^3}{(h_1 + h_4)(h_3 + h_4)} \tag{1-21}$$

挖方部分土方量为：

$$V_{1,2,3} = \frac{a^2}{6}(2h_1 + h_2 + 2h_3 - h_4) + V_4 \tag{1-22}$$

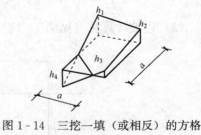
图 1-14　三挖一填（或相反）的方格

使用上面各式时，注意 h_1、h_2、h_3、h_4 是顺时针连续排列，第二种类型中 h_1、h_2 同号；h_3、h_4 同号；第三种类型中 h_1、h_2、h_3 同号，h_4 与 h_1、h_2、h_3 异号。

②用三角棱柱体法计算场地土方量，是将每一方格顺地形的等高线沿对角线划分为两个三角形，然后分别计算每一个三角棱柱（锥）体的土方量。

a. 三角形为全挖或全填时（见图 1-15）：

$$V = \frac{a^2}{6}(h_1 + h_2 + h_3) \tag{1-23}$$

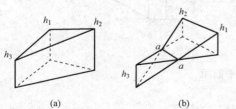
(a)　　　　　　　(b)

图 1-15　三角棱柱体法

(a) 全挖或全填；(b) 有挖有填

b. 三角形有挖有填时（见图 1-14）则其零线将三角形分为两部分，一部分是底面为三角形的锥体 V_3，另一部分是底面为四边形的楔体 $V_{1,2}$。其土方量分别为：

$$V_3 = \frac{a^2}{6} \times \frac{h_3^3}{(h_1 + h_3)(h_2 + h_3)} \tag{1-24}$$

$$V_{1,2} = \frac{a^2}{6} \left[\frac{h_3^3}{(h_1 + h_3)(h_2 + h_3)} - h_3 + h_2 + h_1 \right] \tag{1-25}$$

计算场地土方量的公式不同，计算结果精度也不尽相同。当地形平坦时，采用四棱柱体，并将方格划分得大些，可以减少计算工作量。当地形起伏变化较大时，则应将方格网划分得小一些，或采用三角棱柱体法计算，以使结果准确些。

（2）断面法。断面法是沿场地取若干个相互平行的断面（当精度要求不高时可利用地形图定出，若精度要求较高时，应实地测量定出），将所取的每个断面（包括边坡断面）划分为若干个三角形和梯形，如图 1-16 所示。对于任一断面，其三角形或梯形的面积计算为：

$$f_1 = \frac{1}{2} h_1 d_1$$

$$f_2 = \frac{1}{2}(h_1 + h_2)d_2$$

$$\cdots$$

$$f_n = \frac{1}{2} h_{n-1} d_n$$

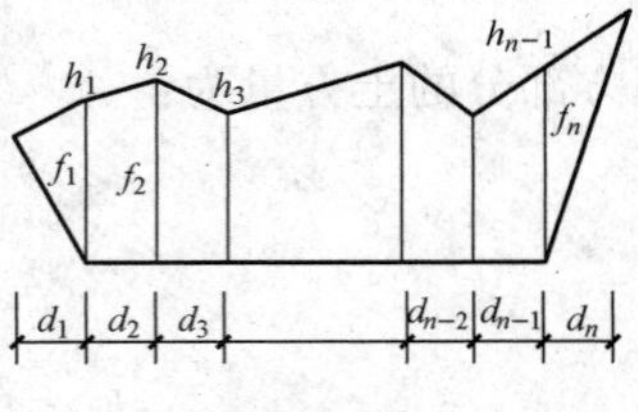

图 1-16　断面法示意图

断面面积为：

$$F_i = f_1 + f_2 + \cdots + f_n$$

各个断面面积求出后，设各断面面积分别为 F_1、F_2、$\cdots$、F_n，相邻两断面间的距离依次为 l_1、l_2、$\cdots$、l_n，则所求的土方体积为：

$$V = \frac{1}{2}(F_1 + F_2)l_1 + \frac{1}{2}(F_2 + F_3)l_2 + \cdots + \frac{1}{2}(F_{n-1} + F_n)l_n \tag{1-26}$$

（3）边坡计算法（见图 1-17）。

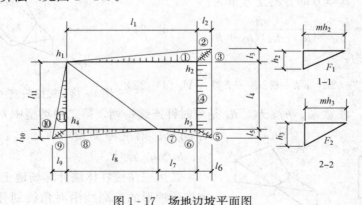

图 1-17　场地边坡平面图

1）三角棱锥体（图 1-17 中①～③、⑤～⑩部分）的计算：

$$V_1 = \frac{1}{3} A_1 l_1 \tag{1-27}$$

2）三角棱柱体（图1-17中④部分）的计算：

$$V_4 = \frac{1}{2}(A_1 + A_2)l_4 \qquad (1-28)$$

当三角棱柱体两端横断面面积相差较大时，则

$$V_4 = \frac{1}{6}(A_1 + 4A_0 + A_2)l_4 \qquad (1-29)$$

3. 场地平整土方量计算示例

[例1-2]　某建筑场地地形图和方格网（$a=40$m）如图1-18所示。土质为粉质粘土，场地设计泄水坡度 $i_x = 0.2\%$，$i_y = 0.3\%$，泄水方向根据地形确定，试确定场地设计标高（不考虑土的可松性影响，如有余土，可用以加宽边坡），并计算填、挖土方量（不考虑边坡土方量）。

解：（1）计算各方格角点的地面标高。

各方格角点的地面标高，可用插入法或6条线法求得，如图1-18所示。

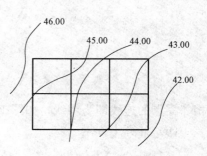

图1-18　场地地形图

（2）场地设计标高 H_0。

$$H_0 = \frac{\begin{aligned}&[45.80 + 43.00 + 44.10 + 42.20 + 2\times(45.20 + 44.00 + 44.80 +\\&42.80 + 44.20 + 42.90) + 4\times(44.60 + 43.70)]\end{aligned}}{4\times 6}\text{m} = 44.00\text{m}$$

（3）根据要求的泄水坡度计算方格角点的设计标高。以场地中心为 H_0（见图1-18，图中 i_x、i_y 仅代表设计泄水坡度，箭头代表泄水方向），各方格角点设计标高可按式（1-15）计算：

$$H_1 = 44.00\text{m} + 1.5\times 40\text{m}\times 0.2\% + 40\text{m}\times 0.3\% = 44.24\text{m}$$
$$H_2 = 44.00\text{m} + 0.5\times 40\text{m}\times 0.2\% + 40\text{m}\times 0.3\% = 44.16\text{m}$$
$$H_5 = 44.00\text{m} + 1.5\times 40\text{m}\times 0.2\% = 44.12\text{m}$$
$$H_{11} = 44.00\text{m} - 0.5\times 40\text{m}\times 0.2\% - 40\text{m}\times 0.3\% = 43.84\text{m}$$

其余角点设计标高详见图1-19。

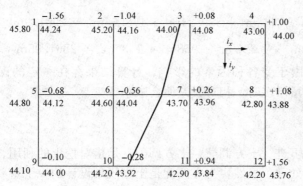

图1-19　方格网法计算简图

（4）计算各角点的施工高度。用式（1-16）计算，各角点的施工高度为：

$$h_1 = 44.24\text{m} - 45.80\text{m} = -1.56\text{m}$$

$$h_4 = 44.00\text{m} - 43.00\text{m} = +1.00\text{m}$$

$$h_5 = 44.12\text{m} - 44.80\text{m} = -0.68\text{m}$$

$$h_{12} = 43.76\text{m} - 42.20\text{m} = +1.56\text{m}$$

其余角点的施工高度详如图 1-18 所示。

（5）确定零线。确定零线，应首先求零点，零点位置由式（1-17）确定。

$$X_{2-3} = \frac{40 \times 1.04}{1.04 + 0.08}\text{m} = 37.14\text{m}$$

$$X_{6-7} = \frac{40 \times 0.56}{0.56 + 0.26}\text{m} = 27.32\text{m}$$

$$X_{10-11} = \frac{40 \times 0.28}{0.28 + 0.94}\text{m} = 9.18\text{m}$$

相邻零点的连线即为零线，如图 1-19 所示。

（6）计算土方量。

$$V_{1-2-5-6}^{挖} = \frac{40^2}{4} \times (1.56 + 1.04 + 0.68 + 0.56)\text{m}^3 = 1536\text{m}^3$$

$$V_{5-6-9-10}^{挖} = \frac{40^2}{4} \times (0.68 + 0.56 + 0.10 + 0.28)\text{m}^3 = 648\text{m}^3$$

$$V_{2-3-6-7}^{挖} = \frac{40^2}{4} \times \frac{1.04^2}{1.04 + 0.08}\text{m}^3 + \frac{0.56^2}{0.56 + 0.26}\text{m}^3 = 539.24\text{m}^3$$

$$V_{2-3-6-7}^{填} = \frac{40^2}{4} \times \frac{0.08^2}{0.08 + 1.04}\text{m}^3 + \frac{0.26^2}{0.26 + 0.56}\text{m}^3 = 35.25\text{m}^3$$

$$V_{6-7-10-11}^{挖} = \frac{40^2}{4} \times \frac{0.56^2}{0.56 + 0.26}\text{m}^3 + \frac{0.28^2}{0.28 + 0.94}\text{m}^3 = 178.66\text{m}^3$$

$$V_{6-7-10-11}^{填} = \frac{40^2}{4} \times \frac{0.26^2}{0.56 + 0.26}\text{m}^3 + \frac{0.94^2}{0.94 + 0.28}\text{m}^3 = 322.79\text{m}^3$$

$$V_{3-4-8-7}^{填} = \frac{40^2}{4} \times (0.08 + 1.00 + 1.08 + 0.26)\text{m}^3 = 968\text{m}^3$$

$$V_{7-8-12-11}^{填} = \frac{40^2}{4} \times (0.26 + 1.08 + 1.56 + 0.94)\text{m}^3 = 1536\text{m}^3$$

$$\sum V_{挖} = 1536\text{m}^3 + 648\text{m}^3 + 539.24\text{m}^3 + 178.66\text{m}^3 = 2901.9\text{m}^3$$

$$\sum V_{填} = 35.25\text{m}^3 + 322.7\text{m}^3 + 968\text{m}^3 + 1536\text{m}^3 = 2861.95\text{m}^3$$

理论上 $\sum V_{挖} = \sum V_{填}$，但由于受各种因素的影响，计算结果存在一定的误差也是难免的。当方格边长减小，方格数量增多时，相对误差便会减小。

1.2.3 土方调配

土方工程量计算完成后即可进行土方调配。土方调配就是指对挖土的利用、堆弃和填土三者之间的关系进行综合协调处理。显然，土方调配是土方规划设计的一个重要内容。

土方调配包括：划分调配区，计算土方调配区之间的平均运距，确定土方的最优调配方案，绘制土方调配图表。

1. 土方调配的原则

（1）应该使土方总运输费用最小。土方调配应力求基本达到挖、填方平衡和运距最短，减少重复挖运。但实际工程中往往难以同时满足上述要求，因此必须根据场地和周围地形条件综合考虑，必要时可以在填方区周围就近取土或在挖方区周围就近弃土，这样反而更经济、合理。取土或弃土须本着不占或少占农田和可耕地、并有利于改地造田的原则进行安排。

（2）分区调配应与全场调配相协调。避免只顾局部平衡，任意挖填而破坏全局平衡。

（3）便于机具调配、机械施工。土方工程施工应选择恰当的调配方向与运输路线，土方运输无对流和乱流现象，使土方机械和运输车辆的功效得到充分发挥。

（4）调配区划分应尽可能与大型地下建筑物的施工相结合，以避免土方重复开挖。

（5）考虑近期施工与后期利用相结合的原则。当工程分批施工时，先期工程的土方余额应结合后期工程的需要而考虑其利用数量和堆放位置，以便就近调配。堆放位置应尽可能为后期工程创造条件，力求避免重复挖运。先期工程有土方欠额时，也可由后期工程地点挖取。

总之，进行土方调配时，必须根据工程和现场情况、有关技术资料与进度要求、土方施工方法与运输方法，综合考虑上述几项原则，并经计算比较，选择出经济合理的最佳调配方案。

2. 土方调配的方法和步骤

（1）划分调配区。在平面图上先划出挖填区的分界线，并在挖方区和填方区适当划出若干调配区，其大小应满足土方机械的操作要求。

（2）计算各调配区的土方量，并标明在图上。

（3）确定调配区间平均运距。运距的计算一般是指挖方区重心到填方区重心之间的距离，再加上施工机械前进、后退和转弯必需的最短距离。当用铲运机或推土机在场地中运做平整时，挖方调配区和填方调配区土方重心之间的距离就是该填挖方调配区之间的平均运距。当填、挖方调配区之间的距离较远，采用汽车、自行式铲运机或其他运土工具沿工地道路或规定路线运土时，其运距应按照实际情况进行计算。

对于第一种情况，要确定平均运距，先要确定土方重心，为了方便计算，一般假定调配区平面的几何中心即为其体积的重心。可取施工场地或方格网中纵横两边为坐标轴，分别按下式求出各区土方的重心位置：

$$X = \frac{\sum V_i x_i}{\sum V_i} \qquad (1-30)$$

$$Y = \frac{\sum V_i y_i}{\sum V_i} \qquad (1-31)$$

式中　X、Y——调配区的重心坐标，m；

　　　　V_i——每个方格的土方工程量，m^3；

　　　x_i、y_i——每个方格的重心坐标，m。

每对调配区的平均运距为：

$$l_0 = \sqrt{(X_W - X_T)^2 + (Y_W - Y_T)^2} \qquad (1-32)$$

重心求出后，平均运距可通过计算或作图，按比例尺量出标于图上。

一般情况下，也可用作图法近似求出调配区的形心位置代替重心坐标，用比例尺量出每对调配区的平均运距。土方调配区示意图如图 1-20 所示。

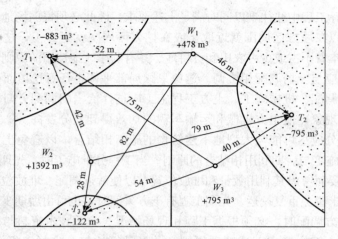

图 1-20   土方调配区示意图

（4）假设某工程有 m 个挖方区，用 $W_i(i=1, 2, \cdots, m)$ 表示，挖方量为 a_i；有 n 个填方区，用 $T_j(j=1, 2, \cdots, n)$ 表示，填方量为 b_j。挖方区 W_i 将土运输至填方区 T_j 的平均运距为 L_{ij}，见表 1-3。

表 1-3   挖填方量及平均运距表

填方区\挖方区	T_1		T_2		$\cdots$	T_j		$\cdots$	T_n		挖方量
W_1		L_{11}		L_{12}	$\cdots$		L_{21}	$\cdots$		L_{1n}	a_1
	x_{11}		x_{12}			x_{1j}			x_{1n}		
W_2		L_{21}		L_{22}	$\cdots$		L_{2j}	$\cdots$		L_{2n}	a_2
	x_{21}		x_{22}			x_{2j}			x_{2n}		
$\cdots$					$\cdots$			$\cdots$			
W_i		L_{i1}		L_{i2}	$\cdots$		L_{ij}	$\cdots$		L_{in}	a_i
	x_{i1}		x_{i2}			x_{ij}			x_{in}		
$\cdots$		$\cdots$		$\cdots$	$\cdots$		$\cdots$	$\cdots$		$\cdots$	
W_m		L_{m1}		L_{m2}	$\cdots$		L_{mj}	$\cdots$		L_{mn}	a_m
	x_{m1}		x_{m2}			x_{mj}			x_{mn}		
填方量	b_1		b_2		$\cdots$	b_j		$\cdots$	b_n		

表中 x_{ij} 表示从 a_i 挖方区调配给 b_j 填方区的土方量。土方调配问题可以转化为这样一个数学模型，即要求求出一组 x_{ij} 的值，使得目标函数：

$$Z = \sum_{1}^{m} \sum_{1}^{n} L_{ij} x_{ij} \tag{1-33}$$

为最小值，而且 x_{ij} 满足下列约束条件：

$$\sum_{j=1}^{n} x_{ij} = a_i \qquad i = 1, 2, \cdots, m \tag{1-34}$$

$$\sum_{i=1}^{m} x_{ij} = b_j \qquad j = 1, 2, \cdots, n \qquad\qquad (1\text{-}35)$$

$$x_{ij} \geqslant 0$$

（5）确定土方最优调配方案。对于线性规划中的运输问题，可用"表上作业法"求解，使总土方运输量 $Z = \sum_{i}^{m} \sum_{j}^{n} L_{ij} x_{ij}$（$L_{ij}$、$x_{ij}$ 分别为各调配区间的平均运距、各调配区的土方量）为最小值时，即为最优调配方案。

（6）绘制优化后的土方调配图。在土方调配图上标出调配方向、土方量及运距（平均运距再加施工机械前进、倒退和转弯必需的最短长度）。

3. 土方调配示例

用"表上作业法"求解平衡运输问题，首先给出一个初始方案，并求出该方案的目标函数值，经过检验，若此方案不是最优方案，则可对方案进行调整、改进，直到求得最优方案为止。

下面通过一个例子来说明"表上作业法"求解平衡运输问题的方法步骤。

［例1-3］ 一矩形场地，如图1-21所示现已知各调配区的土方量和各填、挖区相互之间的平均运距，试求最优土方调配方案。

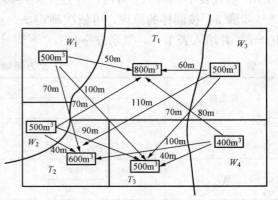

图1-21 各调配区的土方量和平均运距

把上述场地相应的挖填方量和各对调配区的运距填入表1-4中。

表1-4 挖填方以及平均运距 m

填方区 挖方区	T_1		T_2		T_3		挖方量/m³
W_1	50m	x_{11}	70m	x_{12}	100m	x_{13}	500
W_2	70m	x_{21}	40m	x_{22}	90m	x_{23}	500
W_3	60m	x_{31}	110m	x_{32}	70m	x_{33}	500
W_4	80m	x_{41}	100m	x_{42}	40m	x_{43}	400
填方量/m³	800		600		500		1900

解：表中可以看出：$x_{11} + x_{21} + x_{31} + x_{41} = 800\text{m}^3$

$$x_{11} + x_{12} + x_{13} = 500\text{m}^3$$

······

利用"表上作业法"进行调配的步骤为：

（1）用"最小元素法"编制初始调配方案。

步骤1：即先在运距表（小方格）中找到一个最小数值，如 $L_{22}=L_{43}=40\text{m}$（任取其中一个，现取 L_{43}），于是先确定 x_{43} 的值，使其尽可能地大，即取 $x_{43}=\min(400\text{m}^3,500\text{m}^3)=400\text{m}^3$。由于 W_4 挖方区的土方全部调到 T_3 填方区，同时使 $x_{41}=x_{42}=0$。此时，将 400 填入 x_{43} 格内，同时将 x_{41} 和 x_{42} 格内画上一个"×"号。

步骤2：在没有填上数字和"×"号的方格内再选一个运距最小的方格，即 $L_{22}=40\text{m}$，让 x_{22} 值尽可能的大，即 $x_{22}=\min(500\text{m}^3,600\text{m}^3)=500\text{m}^3$。同时使 $x_{21}=x_{23}=0$。同样将 500m^3 填入表1-5中 x_{22} 格内，并且在 x_{21}、x_{23} 格内画上"×"号。

步骤3：按同样的原理，可依次确定 $x_{11}=500\text{m}^3$，$x_{12}=x_{13}=0$；$x_{31}=300\text{m}^3$，$x_{32}=x_{33}=100\text{m}^3$，并填入表1-5，其余方格画上"×"号，该表即为初始调配方案。

表1-5　　土方初始调配方案

挖方区	填方区			挖方量/m³
	T_1	T_2	T_3	
W_1	50m³ (500m³)	70m³ ×	100m³ ×	500
W_2	70m³ ×	40m³ (500m³)	90m³ ×	500
W_3	60m³ (300m³)	110m³ (100m³)	70m³ (100m³)	500
W_4	80m³ ×	100m³ ×	40m³ (400m³)	400
填方量/m³	800	600	500	1900

（2）**最优方案的判别。** 由于利用"最小元素法"编制初始调配方案，也就优先考虑了就近调配的原则，所以求得的总运输量是较小的。但这并不能保证其总运输量最小，因此还需要进行最优方案的判别。只要所有检验数 $\lambda_{ij}\geq0$，则初始方案即为最优解。"表上作业法"中求检验数 λ_{ij} 的方法有"闭回路法"和"位势法"，其实质是一样的，都是求检验数 λ_{ij} 来判别。"位势法"较"闭回路法"简便，因此，这里只介绍用"位势法"求检验数。

首先将初始方案中有调配数方格的 L_{ij} 列出，然后按下式求出两组位势数 $u_i(i=1,2,\cdots,m)$ 和 $v_j(j=1,2,\cdots,n)$，即

$$L_{ij}=u_i+v_j \tag{1-36}$$

式中　L_{ij}——平均运距（或单位土方运价或施工费用）；

u_i、v_j——位势数。

位势数求出以后，便可根据下式计算各空格的检验数：

$$\lambda_{ij}=L_{ij}-u_i-v_j \tag{1-37}$$

如果所求出的检验数均为正数，则说明该方案是最优方案，否则该方案就不是最优方案，尚需进一步调整。

[例1-4] [例1-3]中两组位势数见表1-6。

表1-6　　　　　　　　　　　平均运距和位势数

挖方区 ＼ 位势数 填方区 ＼ v_j u_i		T_1 $v_1=50$	T_2 $v_2=100$	T_3 $v_3=60$
W_1	$u_1=0$	50m ⌐ 0		
W_2	$u_2=-60$		40m ⌐ 0	
W_3	$u_3=10$	60m ⌐ 0	110m 0	70m 0
W_4	$u_4=-20$			40m ⌐ 0

解：先令 $u_1=0$，则有：

$$v_1 = L_{11} - u_1 = 50 - 0 = 50；u_3 = L_{31} - v_1 = 60 - 50 = 10$$
$$v_2 = 110 - 10 = 100；u_2 = 40 - 100 = -60$$
$$v_3 = 70 - 10 = 60；u_4 = 40 - 60 = -20$$

本例中各空格的检验数见表1-7。例如：$\lambda_{21} = 70 - (-60) - 50 = 80$（在表1-7中只写"+"或"-"，可不必填入数值）。

表1-7　　　　　　　　　　位势、运距和检验数表

挖方区 ＼ 位势 填方区 ＼ v_j u_i		B_1 $v_1=50$	B_2 $v_2=100$	B_3 $v_3=60$
A_1	$u_1=0$	0	70m ⌐ －	100m ＋
A_2	$u_2=-60$	70m ⌐ ＋	0	90m ＋
A_3	$u_3=10$	0	0	0
A_4	$u_4=-20$	80m ⌐ ＋	100m ＋	0

从表1-7中已知，表内有为负检验数存在，说明该方案仍不是最优调配方案，还需做进一步调整，直至方格内全部检验数 $\lambda_{ij} \geqslant 0$ 为止。

（3）方案的调整。

1）在所有负检验数中选一个（一般可选最小的一个，本例中为 L_{12}），把它所对应的变量 x_{12} 作为调整的对象。

2）找出 x_{12} 的闭回路。从 x_{12} 出发，沿水平或者竖直方向前进，遇到适当的有数字的方格做 90°转弯，然后依次继续前进再回到出发点，形成一条闭回路，见表 1-8。

表 1-8　　　　　　　　　　　　　　x_{12} 的闭回路表　　　　　　　　　　　　　　m³

挖方区 ＼ 填方区	B_1	B_2	B_3
A_1	500 ←	↑ x_{12}	
A_2		500 ↑	
A_3	300 →	100 →	100
A_4			400

3）从空格 x_{12} 出发，沿着闭回路（方向任意）一直前进，在各奇数次转角点的数字中，挑出一个最小的〔本表即在（500m，100m）中选 100m〕，将它由 x_{32} 调到 x_{12} 方格中（即空格中）。

4）将 100m 填入 x_{12} 方格中，被调出的 x_{32} 为 0（变为空格）；同时将闭回路上其他奇数次转角上的数字都减去 100m，偶数次转角上数字都增加 100m，使得填、挖方区的土方量仍然保持平衡，这样调整后，便可得表 1-9 的新方案。

表 1-9　　　　　　　　　　　　　调整后的调配方案

挖方区 ＼ 填方区	位势数 v_j ／ u_i	T_1 ($v_1=50$)	T_2 ($v_2=70$)	T_3 ($v_3=60$)	挖方量 /m³
W_1	$u_1=0$	50m ／ 400m³	70m ／ 100m³	100m ／ +	500
W_2	$u_2=-30$	70m ／ +	40m ／ 500m³	90m ／ +	500
W_3	$u_3=10$	60m ／ 400m³	110m ／ +	70m ／ 100m³	500
W_4	$u_4=-20$	80m ／ +	100m ／ +	40m ／ 400m³	400
填方量/m³		800	600	500	1900

对新调配方案，仍然用"位势法"进行检验，看其是否为最优方案，若检验数中仍有负数出现就按上述步骤调整，直到求得最优方案为止。

表 1-9 中所有检验数均为正号，故该方案即为最优方案。其土方的总运输量为：

$$z = 400\text{m}^3 \times 50\text{m} + 100\text{m}^3 \times 70\text{m} + 500\text{m}^3 \times 40\text{m} + 400\text{m}^3 \times 60\text{m} + 100\text{m}^3 \times 70\text{m}$$
$$+ 400\text{m}^3 \times 40\text{m} = 94\,000\text{m}^3 \cdot \text{m}$$

（4）土方调配图（见图 1-22）。

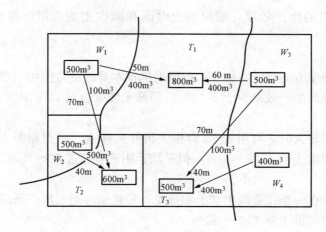

图 1-22　最优土方调配图

注：箭头上面的数字表示土方量，箭头下面的数字表示运距。

1.3　土方施工机械化

建筑工程中，除少量或零星土方量施工采用人工外，一般均应采用机械化、半机械化的施工方法，以减轻繁重的体力劳动，加快施工进度，降低工程成本。

土方工程施工机械的种类繁多，有推土机、铲运机、平土机、松土机、单斗挖土机及多斗挖土机和各种碾压、夯实机械等。而在房屋建筑工程施工中，以推土机、铲运机、单斗挖土机应用最广，也具有代表性。现就这几种类型机械的性能，适用范围及施工方法做以下介绍。

1.3.1　推土机施工

推土机（见图 1-23）实际上是一辆装有铲刀的拖拉机。按铲刀的操纵机构不同、可分为索式和油压式两种。索式推土机的铲刀是借其本身自重切入土中，因此在硬土中切土深度较小，油压推土机的铲刀用油压操纵，能强制切入土中，切土较深，且可以调升铲刀和调整铲刀的角度，因此具有更大的灵活性。

推土机操纵灵活，运转方便，所需工作面较小，行驶速度快，易于转移，能爬 30°左右的缓坡，因此应用范围较广。多用于场地清理和平整，开挖深度 1.5m 以内的基坑，填平沟坑，以及配合铲运机、挖土机工作等。此外，在推土机后面可安装松土装置，破松硬土和冻土；

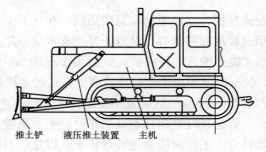

推土铲　　液压推土装置　　主机

图 1-23　推土机外形

也可拖挂羊足碾进行土方压实工作。推土机可以推挖一～三类土，经济运距 100m 以内，效率最高为 40～60m。

推土机的生产效率主要决定于推土刀推移土的体积及切土、推土、回程等工作循环时间。为了提高推土机的生产效率，缩短推土时间和减少土的失散，常采用以下几种施工方法：

1. 下坡推土

推土机顺地面坡度方向切土与推土，以借助机械本身的重力作用，增加推土能力和缩短推土时间。一般可提高生产效率 30%～40%，但推土坡度应在 15°以内。

2. 并列推土

平整场地的面积较大时，可用 2～3 台推土机并列作业。铲刀相距 150～300mm。一般两机并列推土可增加推土量 15%～30%，但平均运距不宜超过 50～70m，不宜小于 20m。

3. 槽形推土

推土机重复多次在一条作业线上切土和推土，使地面逐渐形成一条浅槽，以减少土从铲刀两侧流散，可以增加推土量 10%～30%。

4. 多铲集运

在硬质土中，切土深度不大，可以采用多次铲土，分批集中，一次推送的方法，以便有效地利用推土机的功率，缩短运土时间。

此外，还可以在铲刀两侧附加侧板，以增加铲刀前的推土量。

1.3.2　铲运机施工

铲运机（见图 1-24）是一种能独立完成铲土、装土、运土、卸土、填筑、整平的土方机械。铲运机按行走方式分为自行式铲运机和拖式铲运机两种，按铲斗的操纵系统可分为索式和油压式两种。

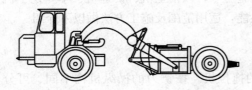
图 1-24　自行式铲运机外形

铲运机的工作装置是铲斗，铲斗前方有一个能开启的斗门，铲斗前设有切土刀片。切土时，铲斗门打开，铲斗下降，刀片切入土中。铲运机前进时，被切下的土挤入铲斗；铲斗装满土后，提起铲斗，放下斗门，将土运至卸土地点。

铲运机对行驶的道路要求较低，操纵灵活，行驶速度快，生产率高，且费用低，在土方工程中常应用于大面积场地平整、开挖大型基坑、填筑堤坝和路基等，最宜于开挖含水量不超过 27%的一～三类土，对于硬土需用松土机预松后才能开挖。自行式铲运机适用于运距 800～3500m 的大型土方工程施工，以运距在 800～1500m 的范围内生产效率最高。拖式铲运机适用于运距在 80～800m 的土方工程施工，而运距在 200～350m 时，效率最高。

铲运机在坡地行走或工作时，上下纵坡不宜超过 25°，横坡不宜超过 6°，不能在陡坡上急转弯，工作时应避免转弯铲土，以免铲刀受力不均引起翻车事故。

1. 铲运机的运行路线

铲运机运行路线应根据填方、挖方区的分布情况和当地具体条件进行合理选择。一般有以下两种形式。

（1）环形路线。当地形起伏不大，施工地段较短时，多采用环形路线，如图 1-25（a）、（b）所示。环形路线每一循环只完成一次铲土和卸土，挖土和填土交替；挖填之间距离较短时，则可采用大循环路线，如图 1-25（c）所示，一个循环能完成多次铲土和卸土，这样可减少铲运机的转弯次数，提高工作效率。采用环形路线，为了防止机械单侧磨损，应每隔一定时间按顺、逆时针方向交换行驶，避免仅向一侧转弯。

（2）"8"字形路线。施工地段较长或地形起伏较大时，多采用"8"字形运行路线，如图 1-25（d）、（e）所示。这种运行路线，铲运机在上下坡时斜向行驶，每一循环完成两次作业（两次铲土和卸土），比环形路线运行时间短，减少了转弯和空驶距离。

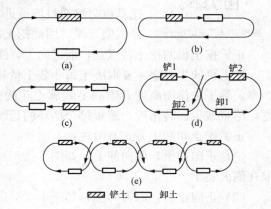

图 1-25 铲运机开行路线
（a）、（b）环形路线；（c）大环形路线；
（d）"8"字形路线；（e）连续"8"字形路线

2. 提高铲运机生产效率的措施

（1）下坡铲土法。铲运机利用地形进行下坡铲土，借助铲运机的重力，加深铲斗切土深度，缩短铲土时间。

（2）跨铲法。铲运机间隔铲土，预留土埂。这样，在间隔铲土时由于形成一个土槽，减少向外撒土量，铲土埂时，铲土阻力减少。一般土埂高不大于 300mm，宽度不大于拖拉机两履带间的净距。

（3）助铲法。地势平坦、土质较坚硬时，可用推土机在铲土机后面顶推，以加大铲刀切土能力，缩短铲土时间，提高生产率。推土机在助铲的空隙可兼作松土或平整工作，为铲运机创造作业条件。

当铲运机铲土接近设计标高时，为了正确控制标高宜沿平整场地区域每隔 10m 左右配合水准仪抄平，先铲出一条标准槽，以此为准使整个区域平整到设计要求。

1.3.3 单斗挖土机施工

单斗挖土机是大型基坑开挖中最常用的一种土方机械。根据其工作装置的不同，分为正铲、反铲、拉铲和抓铲四种（见图 1-26），常用的斗容量为 $0.5 \sim 2.0 m^3$。根据操纵方式不同，单斗挖土机分为液压传动和机械传动两种。在建筑工程中，单斗挖土机可挖掘基坑、沟槽，清理和平整场地，更换工作装置后还可以进行装卸、起重、打桩等作业，是建筑工程土方施工中不可缺少的机械设备。

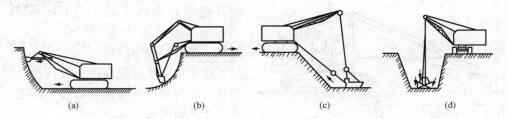

图 1-26 挖掘机工作简图
（a）正铲；（b）反铲；（c）拉铲；（d）抓铲

1. 正铲挖土机施工

它挖掘能力强，生产效率高，一般用于开挖停机面以上一～四类土。正铲挖土机（见图 1-27）需与汽车配合完成整个挖运任务。在开挖基坑时要通过坡道进入坑中挖土（坡道坡度为 1∶8 左右），并要求停机面干燥，因此挖土前须做好基坑排水工作。

正铲挖土机的挖土特点是：前进向上，强制切土。

挖土机的生产率主要取决于每斗装土量和每斗作业的循环延续时间。为了提高挖土机生产率，除了工作面高度必须满足装满土斗的要求外，还要考虑开挖方式和运土机械配合问题，尽量减少回转角度，缩短每个循环的延续时间。

正铲挖土和卸土方式有两种：

（1）正向挖土，侧向卸土，如图 1-28（a）所示，即挖土机沿前进方向挖土，运输工具停在侧面装土。

（2）正向挖土，后方卸土，如图 1-28（b）所示，即挖土机沿前进方向挖土，运输工具停在挖土机后方装土。

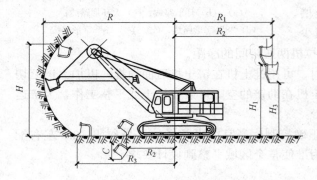

图 1-27　正铲挖掘机外形

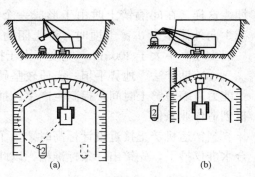

图 1-28　正铲挖掘机开挖方式
（a）正向开挖，后方装土；（b）正向开挖，侧向装土
1—正铲挖掘机；2—运输工具

2. 反铲挖土机施工

反铲挖土机（见图 1-29）的挖土特点是：后退向下，强制切土。

其挖掘力比正铲小，能开挖停机面以下的一～三类土，如开挖基坑、基槽、管沟等，也可用于地下水位较高的土方开挖。反铲挖土机可以与自卸汽车配合，装土运走，也可弃土于坑槽附近。

反铲挖土机的作业方式有沟端开挖和沟侧开挖两种，如图 1-30 所示。

（1）沟端开挖，就是挖土机停在沟端，

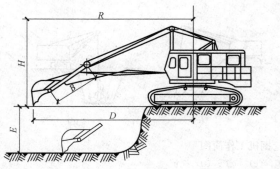

图 1-29　反铲挖掘机的外形

向后倒退着挖土，汽车停在两旁装土。此法的优点是挖土方便，开挖的深度可达到最大挖土深度。当基坑宽度超过 1.7 倍的最大挖土半径时，就要分次开挖或按"之"字形路线开挖。

（2）沟侧开挖，就是挖土机沿沟槽一侧直线移动，边走边挖。此法挖土宽度和深度较小，边坡不易控制。由于机身停在沟边工作，边坡稳定性差，因此在无法采用沟端开挖方式或挖出的土不需运走时采用。

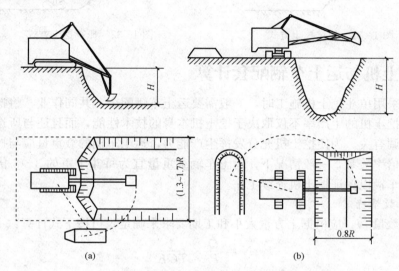

图 1-30　反铲挖掘机的开挖方式
(a) 沟端开挖；(b) 沟侧开挖

3. 拉铲挖土机施工

拉铲挖土机（见图 1-31）的土斗用钢丝绳挂在挖土机长臂上，挖土时土斗在自重作用下落到地面切入土中。其挖土特点是：后退向下，自重切土。其挖土深度和挖土半径均较大，能开挖停机面以下的一类土和二类土，但不如反铲动作灵活准确，适用于开挖大型基坑及水下挖土、填筑路基、修筑堤坝等。

视频 1-3：拉铲挖土机

拉铲挖土机的作业方式基本与反铲挖土机相似，也可分为沟端开挖和沟侧开挖。这两种开挖方式都有边坡留土较多的缺点，需要大量的人工清理。与反铲挖土机相比，拉铲的深度、挖土半径和卸土半径均较大，但开挖的精确性差，且大多将土弃于土堆，如需卸在运输工具上，则操作技术要求高，且效率低。

4. 抓铲挖土机施工

抓铲挖土机（见图 1-32）是在挖土机臂端用钢丝绳吊装一个抓斗。其挖土特点是：直上直下，自重切土。其挖掘力较小，只能开挖停机面以下一类土和二类土，如挖窄而深的基坑、疏通旧有渠道以及挖取水中淤泥等，或用于装卸碎石、矿渣等松散材料。在软土地基的地区，常用于开挖基坑、沉井，特别适宜于水下挖土。

视频 1-4：抓铲挖土机

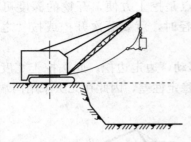

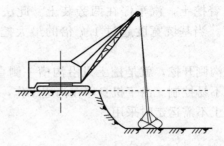

图 1-31　拉铲挖土方式　　　　　　图 1-32　抓铲挖土方式

1.3.4　挖土机与运土车辆配套计算

土方工程采用单斗挖土机施工时，一般需要运土车辆配合，共同作业，将挖出的土随时运走。因此，挖土机的生产率不仅取决于挖土机本身的技术性能，而且还与所选用的运土车辆是否与之协调有关。为使挖土机充分发挥生产能力，运土车辆的载重量应与挖土机的每斗土重保持一定倍率关系，一般情况下，运土车辆载重量宜为每斗土重的 3~5 倍，并应有足够数量的运土车辆以保证挖土机连续工作。

1. 挖土机数量确定

挖土机的数量 N，应根据土方量大小和工期要求来确定，可按下式计算：

$$N = \frac{Q}{P} \times \frac{1}{TCK} \tag{1-38}$$

式中　Q——土方量，m^3；

　　　P——挖土机生产率，$\text{m}^3/\text{台班}$；

　　　T——工期，工作日；

　　　C——每天工作班数，取 1~3；

　　　K——时间利用系数，取 0.8~0.9。

单斗挖土机的生产率 P，可按下式计算：

$$P = \frac{8 \times 3600}{t} q \frac{K_c}{K_s} K_B \quad (\text{m}^3/\text{台班}) \tag{1-39}$$

式中　t——挖土机每次作业循环延续时间，s，如 W_1－100 正铲挖土机为 25~40s；

　　　q——挖土机斗容量，m^3；

　　　K_c——土斗的充盈系数，取 0.8~1.1；

　　　K_s——土的最初可松性系数；

　　　K_B——工作时间利用系数，取 0.7~0.9。

在实际施工中，若挖土机的数量已定时，也可利用式（1-38）来计算工期 T。

2. 运土车辆配套计算

运土车辆的数量 N_1，应保证挖土机连续作业，可按下式计算：

$$N_1 = \frac{T_1}{t_1} \tag{1-40}$$

$$T_1 = t_1 + \frac{2l}{V_C} + t_2 + t_3 \tag{1-41}$$

$$t_1 = nt \tag{1-42}$$

$$n = \frac{Q_1}{q\dfrac{K_c}{K_s}\gamma} \tag{1-43}$$

式中　T_1——运土车辆每一工作循环延续时间，min；

　　　t_1——运土车辆每次装车时间，min；

　　　n——运土车辆每车装土次数（挖土机装土次数）；

　　　Q_1——运土车辆的载重量，t；

　　　γ——实土表观密度，t/m³，一般取 1.7t/m³；

　　　l——运土距离，m；

　　　V_c——重车与空车的平均速度，m/min 或 km/h，一般取 20～30km/h；

　　　t_2——卸土时间，一般为 1min；

　　　t_3——操纵时间（包括停放待装、候车、让车等）一般取 2～3min。

[例 1-5]　某厂房基坑土方开挖，土方量为 10 000m³，选用一台 W_1-100 正铲挖土机，斗容量为 1m³，两班制作业，采用载重量 4t 的自卸汽车配合运土，要求运土车辆数能保证挖土机连续作业，已知 $K_c = 0.9$，$K_s = 1.15$，$K = K_B = 0.85$，$t = 40s$，$l = 2km$，$V_c = 20km/h$，试求：

（1）挖土工期 T；

（2）运土车辆数 N_1。

解：

（1）挖土工期 T 由式（1-38）得：

$$T = \frac{Q}{P} \times \frac{1}{NCK}$$

挖土机生产率 P 按式（1-39）得：

$$P = \frac{8 \times 3600}{t} q \frac{K_c}{K_s} K_B$$

$$= \frac{8 \times 3600}{40} \times 1 \times \frac{0.9}{1.15} \times 0.85 \text{m}^3 / \text{台班} = 479(\text{m}^3 / \text{台班})$$

则挖土工期：

$$T = \frac{10\,000}{479 \times 2 \times 0.85} \text{d} = 12.3\text{d}$$

（2）运土车辆数 N_1 由式（1-40）得：

$$N_1 = \frac{T_1}{t_1}$$

每车装土次数　$n = \dfrac{Q_1}{q\dfrac{K_c}{K_s}\gamma} = \dfrac{4}{1 \times \dfrac{0.9}{1.15} \times 1.7} = 2.6$（次）　　（取 3 次）

每次装车时间　　　　　$t_1 = nt = 3 \times 40s = 120s = 2\text{min}$

运土车辆每一个工作循环延续时间：

$$T_1 = t_1 + \frac{2l}{V_c} + t_2 + t_3 = 2\text{min} + \frac{2 \times 2 \times 60}{20}\text{min} + 1\text{min} + 3\text{min} = 18\text{min}$$

则运土车辆数量：$N_1 = \dfrac{18}{2} = 9$（辆）

1.3.5　压实机械

压实机械（见图 1 - 33）是一种利用机械力使土、碎石等松散物料密实，以提高承载力的土方机械。主要用于地基、路基、堤坝等工程中压实土方，以提高土方的密实度、不透水性、强度和稳定性。压实机械的种类很多，按照工作原理，可以分为碾压式压实机械、振动压实机械和冲击式压实机械三种。

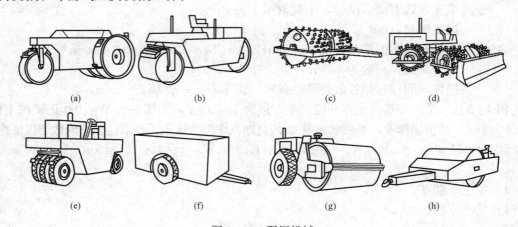

图 1 - 33　碾压机械

（a）自行式三轮光面碾；（b）自行式二轴串联光面碾；（c）拖式羊足碾；（d）自行式四轮凸块碾；
（e）自行式轮胎碾；（f）拖式轮胎碾；（g）铰接式轮胎驱动振动碾；（h）拖式振动碾

1. 碾压式压实机械

碾压式压实机械利用碾轮的重力作用，迫使被压土或碎石层产生永久变形而密实。碾轮表面分光面碾、槽纹碾、羊足碾和轮胎碾等。

2. 振动压实机械

振动压实机械是利用机械产生的振动，使土颗粒在振动中重新排列而密实。

振动压路机按照碾轮形状分光轮和羊足碾两种，前者适用于压实砂石、砂砾石、碎石、块石和沥青混凝土，压实效果好，不适用于粘性土。后者是一种通用性较大的压实机械，既可以碾压非粘性土，也可以压实含水量不大的粘性土和砂砾石。

3. 冲击式压实机械

冲击式压实机械利用机械的冲击力压实土，其特点是夯实厚度大，适用于狭小面积及基坑的夯实。

（1）爆炸夯。爆炸夯是一种小型夯土机具，它利用冲程内燃机原理进行工作，适用于建筑、公路、水利等工程的辅助性土的夯实工作。工作时，可燃气体进入上活塞的上面并燃爆，爆炸夯在燃爆力的作用下向上跃起，再在自重的作用下坠落地面，夯击土，机械由人工操纵移位。爆炸夯对各种土均有较好的夯实效果，尤其是对砂质粘土和灰土效果更佳。

（2）蛙式打夯机。蛙式打夯机［见图1-34（a）］是利用旋转惯性离心力的原理进行工作的，由于其结构简单，轻便灵活，广泛应用于夯实地基土和小面积土方，对灰土和粘土地坪的工作效果较好。

（3）表面振动器。表面振动器又称平板振动器［见图1-34（b）］，它将一个带有偏心块的电动振动器安装在一块平板（一般为铁板）上，通过平板与土表面接触而将振动力传给土而达到压实的目的。平板式振动夯实机作业效率高，夯实质量好，对各种土有较好的适应性，尤其是对砂质粘土、砾石、碎石等非粘性土，夯实效果更好。

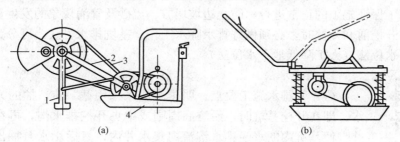

图1-34 冲击式压实机械

（a）蛙式打夯机；（b）平板振动机

1—夯头；2—夯架；3—三角胶带；4—底盘

1.4 土方工程施工准备与辅助工作

1.4.1 施工准备工作

1. 现场踏勘

摸清工程现场情况，收集施工需要的各项资料，包括地形、地貌、水文、地质、河流、气象、运输道路、邻近建筑物、地下埋设物、地面障碍物以及水电供应、通信设施等，以便研究制订施工方案和绘制总平面图。

2. 清理场地

清理场地包括拆除施工区域内的房屋、古墓，拆除或改建通信和电力设备、上下水道及其他建筑物，迁移树木及清除含有大量有机物的草皮、耕殖土、河塘淤泥等。

3. 排除地面水

为了不影响施工，应及时排走地面水或雨水。排除地面水一般采用排水沟、截水沟、挡水土坝等。临时性排水设施应尽量与永久性排水设施相结合。排水沟的设置应利用自然地形特征，使水直接排至场外或流向低洼处再用水泵抽走。主排水沟最好设置在施工区域的边缘或道路的两旁，其横断面和纵向坡度应根据当地气象资料，按照施工期内最大流量确定。但排水沟的横断面不应小于0.5m×0.5m，纵坡不应小于0.2%。出水口处应设置在远离建筑物或构筑物的低洼地点，并应保证排水畅通，排水暗沟的出水口处应防止冻结。

4. 修筑临时设施

修建临时性生产和生活设施，修筑临时道路及供水、供电等临时设施。

5. 设置测量控制网

根据国家永久性控制坐标和水准点，按建筑物总平面要求，引测到施工现场，设置区域测量控制网。控制网要避开建筑物、构筑物、机械操作面及运输线路，并有保护标志。

1.4.2　降水施工技术

在挖方前，应做好地面排水和降低地下水位工作。当地下水位较高，开挖的基坑或沟槽低于地下水位时，土的含水层被切断，地下水会不断地渗入基坑。雨期施工时，地面水也会流入基坑。为了保证施工的正常进行，防止边坡塌方、流砂及管涌现象的发生和地基承载力下降，在基坑开挖前和开挖时，必须做好排水降水工作。基坑排水方法，可分为明排水法和井点降低地下水位法（人工降低地下水位法）。

动画 1-1：明排水法

1. 明排水法

（1）明排水施工要点。明排水法系采用截、疏、抽的方法来进行排水。即在开挖基坑时，沿坑底周围或中央开挖排水沟，再在沟底设集水井，使基坑内的水经排水沟流向集水井内，然后用水泵抽出坑外，如图1-35 所示。如果基坑较深，可采用分层明沟排水法（见图 1-36），一层一层地加深排水沟和集水井，逐步达到设计要求的基坑断面和坑底标高。

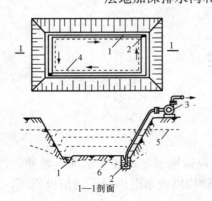

图 1-35　明沟、集水井排水方法
1—排水明沟；2—集水井；3—离心式水泵；
4—设备基础或建筑物基础边线；5—原地下水位线；
6—降低后地下水位线

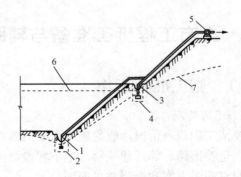

图 1-36　分层明沟、集水井排水法
1—底层排水沟；2—底层集水井；3—二层排水沟；
4—二层集水井；5—水泵；6—原地下水位线；
7—降低后地下水位线

为了防止基底土的颗粒随水流失而使土结构受到破坏，排水沟及集水井应设置于基础范围之外，地下水走向的上游。根据地下水量，基坑平面形状及水泵的抽水能力，排水沟截面一般为 0.5m×0.5m，坡度为 0.3%～0.5%，每隔 20～40m 设置一个集水井。集水井的直径或宽度一般为 0.6～0.8m，其深度随着挖土的加深而加深，并保持低于挖土面 0.8～1.0m。井壁可用竹木等简易加固。当基坑挖至设计标高后，井底应低于坑底 1～2m，并铺设 0.3m 碎石滤水层，以免由于抽水时间较长而将泥砂抽出，并防止井底的土被搅动。

（2）水泵及选用。水泵的种类很多，在建筑上最常用有离心水泵（见图 1-37）和潜水泵（见图 1-38）。常用离心泵技术性能见表 1-10。选择离心水泵的要点有：

1）正确确定水泵安装高度。由于水经过管有阻力而引起水头（扬程）损失，通常实际吸水扬程可按表 1-10 中吸水扬程减去 0.8（无底阀）～1.2m（有底阀）来进行估算。

2）水泵流量应大于基坑内的涌水量。一般选用口径为 2～4in(5.08～10.16cm) 的排水管，能满足水泵流量的要求。

3）吸水扬程应与降水深度保持一致。若不能保持一致时，可另选离心水泵，也可将离心水泵安装位置降低至基坑放线土壁台阶或坑底上。

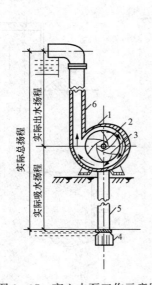

图 1-37　离心水泵工作示意图

1—泵壳；2—泵轴；3—叶轮；

4—底阀及滤网；5—吸水管；6—出水管

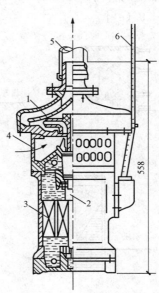

图 1-38　潜水泵构造及工作原理简图

1—叶轮；2—轴；3—电动机；

4—进水口；5—出水胶管；6—电缆

表 1-10　　　　　　　　　　　　常用离心泵技术性能

型号	流量/（m³/h）	总扬程/m	吸水扬程/m	电动机功率/kW
$1\frac{1}{2}$B17	6～14	20.3～14	6.6～6.0	1.7
2B19	11～15	21～16	8.0～6.0	2.8
2B31	10～30	34.5～24.0	8.7～5.7	4.5
3B19	32.4～52.2	21.5～15.6	6.5～5.0	4.5
3B33	30～55	35.5～28.8	7.3～3.0	7.0
4B20	65～110	22.6～17.1	5	10.0

注：1. 2B19 单级离心泵的进水口径为 2in(50.8mm)，总扬程为 19m。

　　2. B 为改进型。

2. 井点降低地下水位法

（1）井点降水工艺原理及作用。井点降低地下水位，就是在基坑开挖前，预先在基坑四周埋设一定数量的滤水管（井），利用抽水设备从中抽水，使地下水位降落在坑底以下，直至施工结束为止。这样，可使所挖的土始终保持干燥状态，改善施工条件，同时还使动力水压力方向向下，从根本上防止流砂发生，降低地下水位后，土中有效应力增加，土体固结，提高了土的强度。

其作用主要表现在：杜绝地下水漏入坑内［见图1-39（a）］、阻止边坡塌方［见图1-39（b）］、防止坑底土的管涌［见图1-39（c）］、减小侧向水平荷载［见图1-39（d）］、消除流砂现象［见图1-39（e）］。

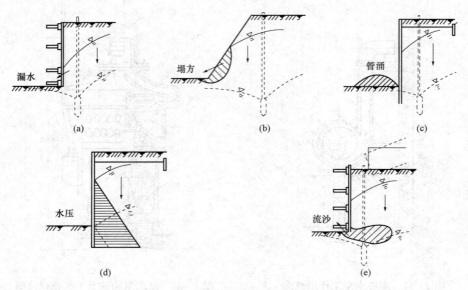

图1-39 井点降水的作用
(a) 杜绝漏水；(b) 阻止塌方；(c) 防止管涌；(d) 减小水平荷载；(e) 消除流砂

(2) 井点降水的方法。井点降低地下水位的方法有：轻型井点、喷射井点、电渗井点、管井井点及深井泵等。各种方法的选用，视土的渗透系数、降低水位的深度、工程特点、设备条件及经济比较等具体条件参照表1-11选用。其中以轻型井点采用较广，下面作重点介绍。

表1-11　　　　　　　　　　　　各种井点的适用范围

井点类型	土层渗透系数/(m/d)	降低水位深度/m	适用土质
一级轻型井点	0.1~50	3~6	粉质粘土，砂质粉土，粉砂，含薄层粉砂的粉质粘土
二级轻型井点	0.1~50	6~12	
喷射井点	0.1~5	8~20	
电渗井点	<0.1	根据选用的井点确定	粘土、粉质粘土
管井井点	20~200	3~5	粉质粘土、粉砂、含薄层粉砂的粘质粉土，各类砂土，砂砾
深井井点	10~250	>15	

（3）轻型井点降水。轻型井点降低地下水位，是沿基坑周围以一定的间距埋入井点管（下端为滤管），在地面上用集水总管将各井点管连接起来，并在一定位置设置抽水设备，利用真空泵和离心泵的真空吸力作用，使地下水经滤管进入井管，然后经总管排出，从而降低地下水位。

动画 1-2：轻型
井点降水

1）轻型井点设备。轻型井点设备由管路系统和抽水设备组成，如图 1-40 所示。管路系统由滤管、井点管、弯联管及总管等组成。

①滤管（见图 1-41）是长 1.0～1.2m、外径为 38～50mm 的无缝钢管，管壁上钻有直径为 12～19mm 的星棋状排列的滤孔，滤孔面积为滤管表面的 20%～25%。滤管外面包括两层孔径不同的滤网，内层为细滤网，采用 30～40 眼/cm^2 的铜丝布或尼龙丝布；外层为粗滤网，采用 5～10 眼/cm^2 的塑料纱布。为使水流畅通，管壁与滤网之间用塑料管或铁丝绕成螺旋形隔开，滤管外面再绕一层粗铁丝保护，滤管下端为一铸铁头。

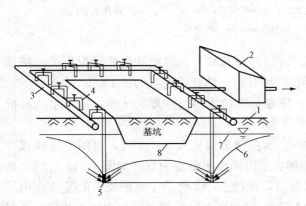

图 1-40　轻型井点法降低地下水位全貌图
1—地面；2—水泵；3—总管；4—井点管；5—滤管；
6—降落后的地下水位；7—原地下水位；8—基坑底面

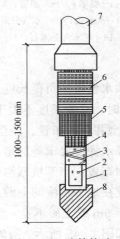

图 1-41　滤管构造
1—钢管；2—滤孔；3—缠绕的塑料管；4—细滤网；
5—粗滤网；6—粗铁丝保护；7—井点管；8—铸铁头

②井点管用直径 38～55mm、长 5～7m 的无缝钢管或焊接钢管制成。

③集水总管为直径 100～127mm 的无缝钢管，每节长 4m，各节间用橡皮套管连接，并用钢箍拉紧，防止漏水。总管上装有与井点管连接的短接头，间距为 0.8m、1.2m 或 1.6m。

④抽水设备由真空泵、离心泵和水汽分离器（又称为集水箱）等组成，其工作原理如图 1-42 所示。抽水时，先开动真空泵 19，将水气分离器 10 内部抽成一定程度的真空。在真空吸力作用下，地下水经滤管 1、井点管 2 吸上，经弯管 3 和阀门 4 进入总管 5，再经过滤箱 8（防止水流中的细砂进入离心泵引起磨损）进入水气分离器 10。当水气分离器内的水多起来时，浮筒 11 上升，此时即可开动离心泵 24，将在水气分离器内的水和空气向两个方向排出，水经离心泵排出，空气集中在上部由真空泵排出。为防止水进入真空泵（因为真空泵为干式），水气分离器顶装有阀门 12，并在真空泵与进气管这间装一副水气分离器 16。为对真空泵进行冷却，特设一个冷却循环水泵 23。

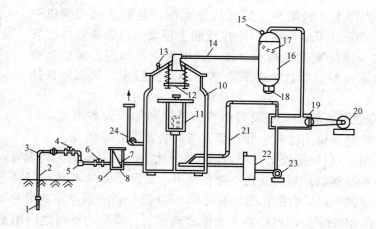

图 1-42　轻型井点设备工作原理

1—滤管；2—井点管；3—弯管；4—阀门；5—集水总管；6—闸门；7—滤网；8—过滤箱；
9—淘砂孔；10—水气分离器；11—浮筒；12—阀门；13—真空计；14—进水管；15—真空计；
16—副水气分离器；17—挡水板；18—放水口；19—真空泵；20—电动机；21—冷却水管；
22—冷却水箱；23—循环水泵；24—离心泵

　　一套抽水设备的负荷长度（即集水总管长度），与其型号、性能和地质情况有关。如采用 W_5 型泵时，总管长度不大于 100m；采用 W_6 型泵时，总管长度不大于 120m。

　　2）轻型井点的布置。轻型井点的布置，应根据基坑大小与深度、土质、地下水位高低与流向、降水深度要求等而定。

　　①平面布置：当基坑或沟槽宽度小于 6m、水位降低值不大于 5m 时，可用单排线状井点，应布置在地下水流的上游一侧，两端延伸长度以不小于槽宽为宜，如图 1-43 所示。如果宽度大于 6m 或土质不良，则用双排线状井点，如图 1-44 所示。面积较大的基坑宜用环状井点，如图 1-45 所示。有时也可布置为 U 形，以利挖土机械和运输车辆出入基坑。井点管距离基坑壁一般为 1.0~1.5m，以防止局部发生漏气。井点管间距一般为 0.8m、1.2m、1.6m，由计算或经验确定。井点管在总管四角部分应适当加密。

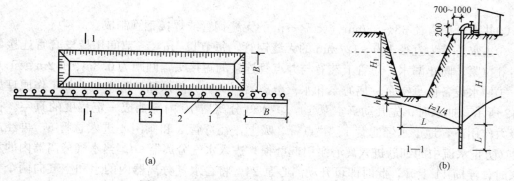

图 1-43　单排线状井点的布置（单位：mm）

（a）平面布置；（b）高程布置

1—总管；2—井点管

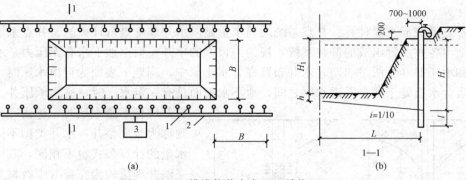

图1-44 双排线状井点布置（单位：mm）

(a) 平面布置；(b) 高程布置

1—井点管；2—抽水总管；3—抽水设备

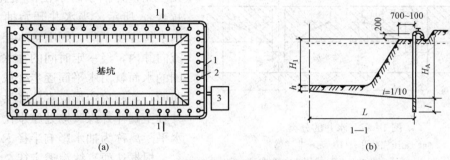

图1-45 环状井点布置（单位：mm）

(a) 平面布置；(b) 高程布置

1—抽水总管；2—井点管；3—抽水设备

②高程布置：井点降水深度，考虑抽水设备的水头损失以后，一般不超过6m。井点管，埋设深度 H 按下式计算：

$$H \geqslant H_1 + h + IL \tag{1-44}$$

式中　H_1——井点管埋设面至基坑底面的距离，m；

　　　h——基坑底面至降低后的地下水位线的最小距离，一般取 $0.5 \sim 1.0$m；

　　　I——水力坡度，根据实测：双排和环状井点为 $1/10$，单排井点为 $1/4 \sim 1/5$；

　　　L——井点管至基坑中心的水平距离，单排井点为井点管至基坑另一边的距离，m。

当一级井点达不到降水深度的要求时，可视土质情况，采用其他方法（如先用明排法挖去一层土再布置井点系统）或采用二级井点（即先挖去第一级井点所疏干的土，然后再布置第二级井点）使降水深度增加（见图1-46）。

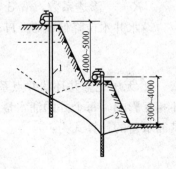

图1-46 二级轻型井点

1—第一级井点管；2—第二级井点管

3）轻型井点计算。轻型井点的计算包括：涌水量计算、井点管数量与井距确定，以及抽水设备的选用等。井点计算由于受水文地质条件和井点设备等许多不确定的因素影响，目前计算出的数值只是近似值。井点系统的涌水量按水井理论进行计算。

①井点系统涌水量计算。井点系统的涌水量是以水井理论进行计算的。井点系统总涌水量，可把由各井点管组成的群井系统，视为一口大的单井。根据地下水有无压力，水井分为无压井和承压井（见图1-47）。水井布置在含水土层中，当地下表面为自由水压时，称为无压井；当含水层处于两个不透水层之间，地下水表面具有一定水压时，称为承压井。当水井底部达到不透水层时，称为完整井，否则称为非完整井。水井类型不同，其涌水量的计算公式也不相同，其中以无压完整井理论较为完善（本教材只介绍无压井环状井点系统）。

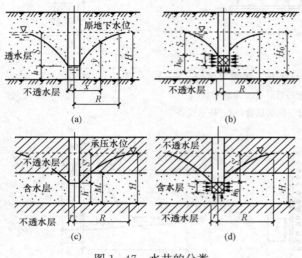

图1-47　水井的分类

(a) 无压完整井；(b) 无压非完整井；
(c) 承压完整井；(d) 承压非完整井

a. 无压完整井单井涌水量计算。无压完整井抽水时水位的变化如图1-47（a）所示。当水井开始抽水后，井内水位逐步下降，周围含水层中的水则流向井内，经一定时间的抽水后，井周围的水面就由水平面逐步变成漏斗状的曲面，渐趋稳定形成水位降落漏斗。自井轴至漏斗外缘（该处原水位不变）的水平距离称为抽水影响半径R。

根据达西直线渗透定律，无压完整井的涌水量Q为：

$$Q = 1.366K \frac{H^2 - h^2}{\lg R - \lg r} \qquad (1-45)$$

式中　Q——涌水量，m^3/d；

　　　H——含水层厚度，m；

　　　R——抽水影响半径，m；

　　　r——水井半径，m；

　　　h——井内水深，m；

　　　K——渗透系数，m/d。

设水井水位降低值$S = H - h$；代入式（1-45）后则得无压完整井单井涌水量计算公式：

$$Q = 1.366K \frac{(2H-S)S}{\lg R - \lg r} \qquad (1-46)$$

b. 无压完整井环状井点系统。井点系统是由许多井点同时抽水，各个单井水位降落漏斗相互影响，每个井的涌水量比单独抽水时小，所以总涌水量不等于各个单井涌水量之和。其涌水量的计算式为：

$$Q = 1.366K \frac{(2H-S)S}{\lg R - \lg x_0} \qquad (1-47)$$

$$R = 1.95S \sqrt{HK} \qquad (1-48)$$

$$x_0 = \sqrt{\frac{F}{\pi}} \qquad (1-49)$$

式中 Q——井点系统的涌水量，$\mathrm{m^3/d}$；

  K——土的渗透系数，$\mathrm{m/d}$，最好通过现场扬水试验确定，表 1-2 仅供参考；

  H——含水层厚度，m；

  S——水位降低值，m；

  R——抽水影响半径，m，常按式（1-48）计算；

  x_0——环状井点系统的假想半径，m，当矩形基坑的长宽比不大于 4，可按式（1-49）计算；

  F——环状井点系统所包围的面积，$\mathrm{m^2}$。

c. 无压非完整井环状井点系统。地下潜水不仅从井的侧面流入，还从井点底部渗入，因此涌水量较完整井大。为了简化计算，仍可采用式（1-49）。但此时式中 H 应换成有效抽水影响深度 H_0。H_0 值可按表 1-12 确定，当算得 H_0 大于实际含水层厚度 H 时，仍取 H 值。

表 1-12 　　　　　　　　有效抽水影响深度 H_0 值

$S'/(S'+l)$	0.2	0.3	0.5	0.8
H_0	$1.3\times(S'+l)$	$1.5\times(S'+l)$	$1.7\times(S'+l)$	$1.85\times(S'+l)$

注：S' 为井点管中水位降落值，l 为滤管长度。

②井点管数量与井距的确定。确定井点管数量需先确定单根井点管的抽水能力。单根井点管的最大出水量 q，取决于滤管的构造与尺寸和土的渗透系数，按式（1-50）计算。

$$q = 65\pi dl \sqrt[3]{K} \qquad (1-50)$$

式中 d——滤管内径，m；

  l——滤管长度，m；

  K——土的渗透系数，$\mathrm{m/d}$。

井点管的最少数量 n' 和井点管最大间距 D' 按下式确定：

$$n' = \frac{Q}{q} \qquad (1-51)$$

$$D' = \frac{L}{n'} \qquad (1-52)$$

式中 L——总管长度，m；

  Q、q——用式（1-47）和式（1-50）确定。

井点管间距经计算确定后，在实际采用时应与总管上接头尺寸相适应，可选用 0.8m、1.2m、1.6m 和 2.0m 四种间距。考虑井点管堵塞等因素，实际井点管的根数要大于 n'，一般乘以 1.1 的备用系数，即 $n=1.1n'$。

4）轻型井点的安装与使用。

井点系统的安装顺序是：挖井点沟槽、敷设集水总管→冲孔、沉设井点管、灌填砂滤料→用弯联管将井点管与集水总管连接→安装抽水设备→试抽。

井点管的埋设利用水冲法进行，可分为冲孔与埋管两个过程，如图 1-48 所示。

视频 1-5：井点管施工

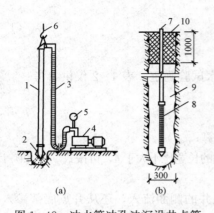

图 1-48　冲水管冲孔法沉设井点管

（单位：mm）

(a) 冲孔；(b) 埋管

1—冲管；2—冲嘴；3—胶皮管；4—高压水泵；
5—压力表；6—起重机吊钩；7—井点管；
8—滤管；9—填砂；10—粘土封口

冲孔时，先用起重设备将冲管吊起并插在井点的位置上，然后开动高压水泵，利用高压水由冲孔头部的喷水小孔，以急速的射流冲刷土，同时使冲孔管上、下、左、右转动，将土冲松，冲管则边冲边沉，逐渐在土中形成孔洞。井孔形成后，随即拔出冲孔管，插入井点管并及时在井点管与孔壁之间填灌砂滤层，防止孔壁塌土。

冲孔直径一般为 300mm，冲孔深度宜比滤管底深 0.5m 左右，以防冲管拔出时，部分土颗粒沉于底部。砂滤层的填灌质量是保证轻型井点顺利抽水的关键；宜先用干净粗砂，均匀填灌，并填至滤管顶上 1.0～1.5m，以保证水流畅通。井内填砂后，在地面以下 0.5～1.0m 的范围内，应用粘土封口，以防漏气。

井点系统全部安装完毕后，应接通总管与抽水设备进行试抽，检查有无漏气、漏水现象。

轻型井点使用时，应该连续抽水，以免引起滤孔堵塞和边坡塌方等事故。抽吸排水要保持均匀，达到细水长流，正常的出水规律是"先大后小，先浊后清"。使用中如果发现异常情况，应及时检修完好后再使用。

井点降水时，由于地下水流失造成井点周围的地下水位下降，往往会影响到周围建筑物基础下沉或房屋开裂，要有防止措施。一般采用在井点降水区域和原有建筑之间的土层中设置一道固体抗渗屏幕，以及用回灌井点补充地下水的办法来保持地下水位，从而达到不影响周围建筑物的目的。

5) 轻型井点降水设计计算示例。

[例 1-6]　某工程基坑开挖（见图 1-49），坑底平面尺寸为 20m×15m，天然地面标高为 ±0.00，基坑底标高为 -4.2m，基坑边坡坡度为 1：0.5；土质为：地面至 -1.5m 为杂填土，-1.5～-6.8m 为细砂层，细砂层以下为不透水层；地下水位标高为 -0.70m，经扬水试验，细砂层渗透系数 $K=18$m/d，采用轻型井点降低地下水位。

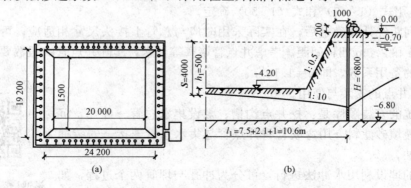

图 1-49　轻型井点系统布置图（单位：mm）

问题：（1）轻型井点系统的布置；

（2）轻型井点的计算及抽水设备选用。

解：（1）轻型井点系统布置。

总管的直径选用 127mm，布置在 ±0.00 标高上，基坑底平面尺寸为 20m×15m，上口平面尺寸为：

长＝20m＋（4.2×0.5）×2m＝24.2m；宽＝15m＋2×4.2×0.5m＝19.2m。

井点管布置距离基坑壁为 1.0m，采用环形井点布置，则总管长度：

$L=2\times(26.2+21.4)\text{m}=94.8\text{m}$

井点管长度选用 6m，直径为 50mm，滤管长为 1.0m，井点管露出地面为 0.2m，基坑中心要求降水深度：

$S=4.2\text{m}-0.7\text{m}+0.5\text{m}=4\text{m}$

采用单层轻型井点，井点管所需埋设深度：

$H_1=H_2+h_1+Il_1=4.2\text{m}+0.5\text{m}+0.1\times10.6\text{m}=5.76\text{m}<6\text{m}$，符合埋深要求。

井点管加滤管总长为 7m，井管外露地面 0.2m，则滤管底部埋深在 −6.8m 标高处，正好埋设至不透水层上。基坑长宽比小于 5，因此。可按无压完整井环形井点系统计算。

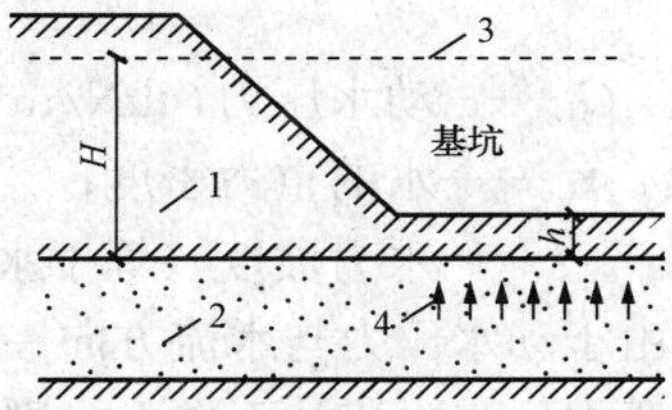

轻型井点系统布置如图 1-50 所示。

（2）基坑涌水量计算。

按无压完整井环形井点系统涌水量计算公式：

$$Q=1.366K\frac{(2H-S)S}{\lg R-\lg x_0}$$

其中

含水层厚度　$H=6.8\text{m}-0.7\text{m}=6.1\text{m}$

基坑中心降水深度　　　　　　$S=4\text{m}$

抽水影响半径　$R=1.95S\sqrt{HK}=1.95\times4\times\sqrt{6.1\times18}\text{m}=81.7\text{m}$

环形井点假想半径　$x_0=\sqrt{\dfrac{F}{\pi}}=\sqrt{\dfrac{26.2\times21.2}{3.1416}}\text{m}=13.3\text{m}$

所以　　　　　$Q=1.366\times18\times\dfrac{(2\times6.1-4)\times4}{\lg81.7-\lg13.3}\text{m}^3/\text{d}=1020.9\text{m}^3/\text{d}$

（3）井点管数量与间距计算。

单根井点出水量：

$$q=65\pi dl\sqrt[3]{K}=65\times3.1416\times0.05\times1.0\times\sqrt[3]{18}\text{m}^3/\text{d}=26.7\text{m}^3/\text{d}$$

井点管数量：

$$n=1.1Q/q=1.1\times1020.9/26.7=42.1（根）$$

井点管间距：

$$D=L/n=94.8\text{m}/42=2.2\text{m}，取1.6\text{m}$$

则实际井点管数量为：94.8/1.6≈60（根）

（4）抽水设备选用。

图 1-50　管涌冒砂
1—不透水层；2—透水层；
3—压力水位线；4—承压水的顶托力

根据总管长度为 94.8m，井点管数量 60 根。

水泵所需流量 $Q_1=1.1\times1020.9\text{m}^3/\text{d}=1123\text{m}^3/\text{d}=46.8\text{m}^3/\text{h}$（水泵的流量应比基坑涌水量增大 $10\%\sim20\%$）。

水泵的吸水扬程 $H_S=6.0\text{m}+1.0\text{m}=7.0\text{m}$。

根据 Q_1、H_S 查表 1-10 得知可选 3B33 型离心泵。

1.4.3 流砂的形成及其防治

用明排水法降水开挖土方，当开挖到地下水位以下时，有时坑底下的土会成流动状态，随地下水一起涌进坑内，这种现象称为流砂。发生流砂时，土完全丧失承载力，砂土边挖边冒，难以开挖到设计深度。流砂严重时会引起基坑倒塌，附近建筑物会因地基被流空而下沉、倾斜，甚至倒塌。因此，施工中要十分重视流砂现象。

当水由高水位处流向低水位的处时，水在土中渗流过程中受到土颗粒的阻力，同时水对土颗粒也作用一个压力，这个压力叫作动水压力 G_D。

动水压力与水的重力密度和水力坡度有关：
$$G_D = \gamma_w I \tag{1-53}$$

式中　G_D——动水压力，kN/m^3；

　　　γ_w——水的重力密度；

　　　I——水力坡度（等于水位差除以渗流路线长度）。

由于动水压力与水流方向一致，当水流从上向下，则动水压力与重力方向相同，加大土粒间压力；当水流从下向上，则动水压力与重力方向相反，减小土粒间的压力，也就是土粒除了受水的浮力外，还受到动水压力向上举的趋势。如果动水压力大于或等于土的浸水表观密度 γ'_w，即
$$G_D \geqslant \gamma'_w \tag{1-54}$$

则土颗粒失去自重，处于悬浮状态，土的抗剪强度等于零，土颗粒能随着渗流的水一起流动，这时，就产生了"流砂"现象。

在一定的动水压力作用下，细颗粒、颗粒均匀、松散而饱和的土容易产生流砂现象。

综上所述，当地下水位越高，坑内外水位差越大时，动水压力也就越大，越容易发生流砂现象。实践经验是：在可能发生流砂的土质处，基坑挖深超过地下水位线 0.5m 左右，就要注意防止流砂的发生。

此外当基坑坑底位于不透水层内，而其下面为承压水的透水层，基坑不透水层的覆盖厚度的重量小于承压水的顶托力时，基坑底部便可能发生管涌现象（见图 1-50），即
$$H\gamma_w > h\gamma \tag{1-55}$$

式中　H——压力水头，m；

　　　h——坑底不透水层厚度，m；

　　　γ_w——水的表观密度，取 1000kg/m^3；

　　　γ——土的表观密度，kg/m^3。

细颗粒（颗粒为 $0.005\sim0.05\text{mm}$）、颗粒均匀、松散（土的天然孔隙比大于 75%）、饱和的非粘性土容易发生流砂现象，但是否出现流砂现象的重要条件是动水压力的大小和方

向。因此，在基坑施工中要设法减小动水压力和使动水压力向下，其具体措施是：

（1）水下挖土法。采用不排水施工，使坑内水压与地下水压平衡，从而防止流砂产生。此法在沉井挖土下沉过程中常采用。

（2）打板桩法。将板桩（常用钢板桩）沿基坑外围打入坑底下面一定深度，增加地下水从坑外流入坑内的渗流长度，从而减小动水压力，防止流砂产生。

（3）抢挖法。此法是组织分段抢挖，使挖土速度超过冒砂速度，挖到设计标高后立即铺竹筏、芦席，并抛大石块以平衡动水压力，压住流砂。此法用以解决局部或轻微的流砂现象是有效的。

（4）人工降低地下水位。一般采用井点降水方法，使地下水的渗流向下，水不致渗入坑内，动水压力的方向朝下，因而可以有效地治理流砂现象。此法实用性较广，也较可靠。

（5）地下连续墙法。此法是在基坑周围先灌筑一道混凝土或钢筋混凝土的连续墙，以支承土壁，截水并防止流砂产生。

（6）冻结法。在含有大量地下水的土层或沼泽地区施工时，采用冻结土的方法防止流砂产生。

对于易发生流砂现象的地区的基础工程，应尽可能用桩基础或沉井施工，以节约防治流砂所增加的费用。

1.4.4 基坑土方放坡

土体边坡度是指为保持土体施工阶段的稳定性而放坡的程度，用土方边坡高度 h 与边坡底宽 b 之比来表示，即

$$基坑边坡坡度 = \frac{h}{b} = \frac{1}{b/h} = 1:m \qquad (1-56)$$

式中　$m=b/h$，称为坡度系数。

土方开挖或填筑的边坡可以做成直线形、折线形及阶梯形（见图1-51）。边坡的大小与土质、开挖深度、开挖方法、边坡留置时间的长短、边坡附近的震动和有无荷载、排水情况等有关。雨水、地下水或施工用水渗入边坡，往往是造成边坡塌方的主要原因。

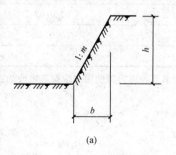 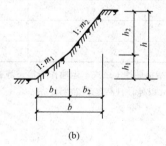 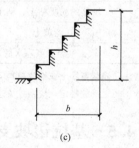

图1-51 土方边坡

（a）直线形；（b）折线形；（c）阶梯形

临时性挖方边坡坡度，应根据工程地质和边坡高度，结合当地同类土体的稳定坡度值确定。临时性挖方的边坡值应符合表1-13的规定。

表 1 - 13   临时性挖方边坡值

土的类别		边坡值（高：宽）
砂土（不包括细砂、粉砂）		1：25～1：1.50
一般性粘土	硬	1：0.75～1：1.00
	硬、塑	1：1.00～1：1.25
	软	1：1.50 或更缓
碎石类土	充填坚硬、硬塑粘性土	1：0.50～1：1.00
	充填砂土	1：1.00～1：1.50

注：1. 设计有要求时，应符合设计标准。
2. 如采用降水或其他加固措施，可不受本表限制，但应计算复核。
3. 开挖深度，对软土不应超过 4m，对硬土不应超过 8m。

当地质条件良好、土质均匀且地下水位低于基坑（槽）或管底面标高时，挖方边坡可做成直立壁不加支撑，但不宜超过下列规定：密实、中密的砂土和碎石类土（充填物为砂土），不超过 1.0m；硬塑、可塑的轻亚粘土及亚粘土，不超过 1.25m；硬塑、可塑的粘土和碎石类土（充填物为粘性土），不超过 1.5m；坚硬的粘土，不超过 2m。

挖方深度超过上述规定时，应考虑放坡或做直立壁加支撑。

当地质条件良好、土质均匀且地下水位低于基坑（槽）或管沟底面标高时，挖方深度在 5m 以内不加支撑边坡的最陡坡度应符合表 1 - 14 的规定。

表 1 - 14   深度在 5m 内的基坑（槽）、管沟边坡的最陡坡度（不加支撑）

土的类别	边坡坡度（高：宽）		
	坡顶无荷载	坡顶有静载	坡顶有动载
中密的砂土	1：1.00	1：1.25	1：1.50
中密的碎石类土（填充物为砂土）	1：0.75	1：1.00	1：1.25
硬塑的粉土	1：0.67	1：0.75	1：1.00
中密的碎石类土（填充物为粘性土）	1：0.50	1：0.67	1：0.75
硬塑的粉质粘土、粘土	1：0.33	1：0.50	1：0.67
老黄土	1：0.10	1：0.25	1：0.33
软土（经井点降水后）	1：1.00	—	—

注：静载指堆土或堆放材料等，动载指机械挖土或汽车运输作业等。静载或动载距挖方边缘的距离应保证边坡和直立壁的稳定，应距挖方边缘 0.8m 以外，且高度不超过 1.5m。

1.4.5　基坑边坡支护

基坑开挖采用放坡无法保证施工安全或场地无放坡条件时，一般采用支护结构临时支挡，以保证基坑的土壁稳定。深基坑支护结构既要确保坑壁稳定、坑底稳定、邻近建筑物与构筑物和管线的安全，又要考虑支护结构施工方便、经济合理、有利于土方开挖和地下室的建造。对于基坑不算太深的多层或小高层建筑，常用的基坑边坡支护方式有悬臂式护坡桩（无锚板桩）、支撑（拉锚）护坡桩、土层锚杆和土钉墙等。

1. 悬臂式护坡桩（无锚板桩）

对于粘土、砂土及地下水位较低的地基，用桩锤将工字钢桩打入土中，嵌入土层足够的深度保持稳定，其顶端设有支撑或锚杆，开挖时在桩间加插横板以挡土。

2. 支撑（拉锚）护坡桩

（1）水平拉锚护坡桩。基坑开挖较深施工时，在基坑附近的土体稳定区内先打设锚桩，然后开挖基坑1m左右装上横撑（围檩），在护坡桩背面挖沟槽拉上锚杆，其一端与挡土桩上的围檩（墙）连接，另一端与锚桩（锚梁）连接，用花篮螺栓连接并拉紧固定在锚桩上，基坑则可继续挖土至设计深度，如图1-52（a）所示。

（2）支护护坡桩。基坑附近无法拉锚时，或在地质较差、不宜采用锚杆支护的软土地区，可在基坑内进行支撑，支撑一般采用型钢或钢管制成。支撑主要支顶挡土结构，以克服水土所产生的侧压力。支撑形式可分为水平支撑和斜向支撑。水平支撑如图1-52（b）所示，斜向支撑如图1-52（c）所示。

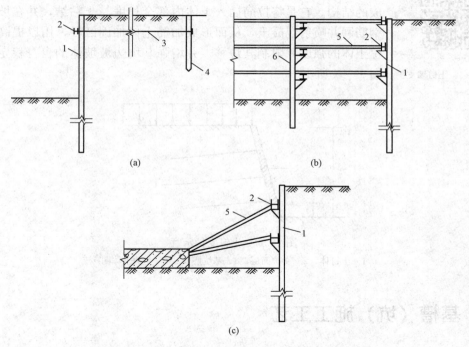

图 1-52　支撑（拉锚）护坡桩

(a) 拉锚板桩；(b) 水平支撑；(c) 斜向支撑

1—护坡桩；2—围檩；3—拉锚杆；4—锚碇桩；5—支撑；6—中间支撑桩

（3）土层锚杆，也称土锚，它的一端与支护结构连接，另一端锚固在土体中，将支护结构所承受的荷载（侧向的土压力、水压力以及水上浮力和风力带来的倾覆力等）通过拉杆传递到处于稳定土层中的锚固体上，再由锚固体将传来的荷载分散到周围稳定的土层中去。

土层锚杆一般由拉杆、锚头、腰梁、自由段保护套管和锚固体等组成，如图1-53所示。

视频 1-6：土层
锚杆施工

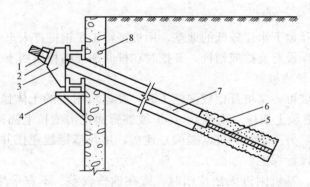

图 1-53 锚杆构造
1—锚具；2—垫板；3—台座；4—托架；5—拉杆；6—锚固体；7—套管；8—围护挡墙

视频 1-7：土钉墙支护

（4）土钉墙。土钉墙是采用土钉加固的基坑侧壁土体与护面等组成的结构。它是将拉筋插入土体内部全长度与土粘结，并在坡面上挂钢筋网并喷射混凝土，从而形成加筋土体加固区段，用以提高整个原位土体的强度并限制其位移，并增强基坑边坡坡体的自身稳定性，如图 1-54 所示。

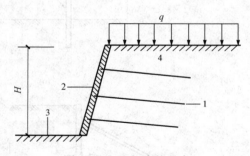

图 1-54 土钉支护示意
1—土钉体；2—支护面层；3—基坑底面；4—支护土体图

1.5 基槽（坑）施工工艺

1.5.1 定位与放线

土方开挖以前，要做好建筑物的定位与放线工作。

1. 定位

建筑物定位是在基础施工之前根据建筑总平面图设计要求，将拟建房屋的平面位置和零点标高在地面上固定下来。即将建筑物轴线交点测定到地面上，用木桩标定出来，桩顶钉小钉指示点位，这些桩叫作角桩，如图 1-55 所示。然后根据角桩进行细部测设。

为了方便地恢复各轴线位置，要把主要轴线延长到安全地点并做好标志，称为控制桩，为便于开槽后施工各阶段中确定轴线位置，把轴线位置引测到龙门板上，用轴线钉标定。龙

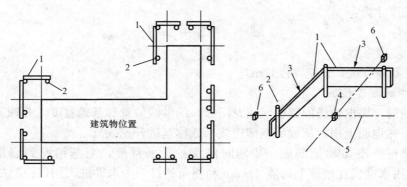

图 1-55 建筑物定位
1—龙门板（标志板）；2—龙门桩；3—轴线钉；4—轴线桩（角桩）；
5—轴线；6—控制桩（引桩、保险桩）

门板顶部标高一般定在 ±0.00m，主要是便于施工时控制标高。

2. 放线

放线是根据定位确定的轴线位置，用石灰划出开挖的边线。放线示意图如图 1-56 所示。放线尺寸的确定应根据基础的设计尺寸和埋置深度、土的类别及地下水情况，确定是否留工作面和放坡等，实际工作中常遇到以下几种情况：

（1）不放坡也不加挡土支撑。当基础埋置不深，土质较均匀且地下水低于基底，见表 1-14 规定的范围内的各类土可不放坡，不加支撑。此时，基础底边尺寸即是放线尺寸。

（2）不放坡留工作面。浇灌基础混凝土时，有时需要在基底尺寸外边立模板，要占用一定的坑底面积，这部分面积就是工作面。对于钢筋混凝土柱基，基坑底在地下水以上时，每边应留出工作面的宽度一般为 300mm。放线尺寸为：

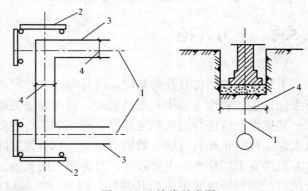

图 1-56 放线示意图
1—墙（柱）轴线；2—龙门板；
3—白灰线（基槽边线）；4—基槽宽度

$$d = a + 2c \tag{1-57}$$

式中　d——基础放线宽度，mm；

　　　a——基础宽度，mm；

　　　c——工作面宽度，mm。

（3）留工作面和加支撑。当基础埋置较深，场地又狭窄，不能放坡，必须加挡土支撑，以防止土壁坍塌发生事故。支撑的方法很多，此时，放线尺寸除考虑基础宽度、工作面宽外，还需加上支撑所需尺寸（一般为 100mm）：

$$d = a + 2c + 2 \times 100mm \tag{1-58}$$

（4）放坡。如果基槽（坑）深度超过规范规定时，要按照坡度系数要求进行放坡（见图

1-57)。放线尺寸为：

$$d = a + 2c + 2mH \tag{1-59}$$

式中 m——坡度系数；

　　　　H——基槽（坑）开挖深度，m。

3. 开挖中的深度控制

基础开挖前，根据轴线控制桩（或龙门板）的轴线位置和基础宽度，并顾及基础挖深应放坡的尺寸，在地面上用白灰放出基槽边线（或称基础开挖线）。

开挖基槽时，不得超挖基底，要随时注意挖土的深度，当基槽挖到离槽底 0.300 ～ 0.500m 时，用水准仪在槽壁上每隔 2 ～ 3m 和拐角处钉一个水平桩，用以控制挖槽深度及作为清理槽底和铺设垫层的依据。基槽深度施工测量见图 1-58 所示。

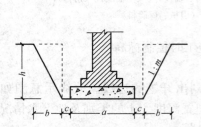

图 1-57　放坡基槽留工作面示意图

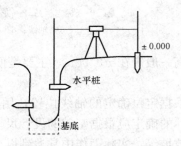

图 1-58　基槽深度施工测量

1.5.2　土方开挖

1. 无支护结构的开挖

采用无支护结构开挖的基坑，设计和施工必须十分谨慎，并要备有后续对策方案。在地下水位以上的粘性土层中开挖基坑时，可考虑垂直挖土或采用放坡。

其他情况应进行边坡稳定验算。较深的基坑应分层开挖，分层厚度依土质情况而定，不宜太深，以防止卸载过快有效应力减少，抗剪强度降低，从而引起边坡失稳。

当遇有上层滞水，土质较差，且为施工的基坑边坡，必须对边坡予以加固。可采用机械开挖时，需保持坑底土体原状结构，因此应在基坑底及坑壁留 150 ～ 300mm 厚土层，由人工挖掘修整。若出现超挖情况，应加厚混凝土垫层或用砂石回填夯实。同时，要设集水坑，及时用泵排除坑底积水。

必须在基坑外侧地面设置排水系统，进行有组织排水，严禁地表水或基坑排出的水倒流或渗入基坑周边土体内。

基坑开挖时，应对平面控制桩、水准点、基坑平面位置、水平标高、边坡坡度等经常复测检查。

基坑挖好后，应尽量减少暴露时间，及时清边验底，浇筑好混凝土垫层封闭基坑；垫层要做到基坑满封闭，以改善其受力状态。

2. 有支护结构的基坑开挖

基坑开挖前，应熟悉支护结构支撑系统的设计图纸，掌握支撑设置方法，支撑的刚度，第一道支撑的位置，预加应力的大小，围檩设置等设计要求。

　　基坑开挖必须遵守"由上到下，先撑后挖"的原则，支撑与挖土密切配合，严禁超挖，每次开挖深度不得超过支撑位置以下 500mm，避免立柱及支撑出现失稳的危险。在必要时，应分段（不大于 25m）、分层（不大于 5m）、分小段（不大于 6m），快挖快撑（开挖后 8h 内），充分利用土体结构的空间作用，减少支护后墙体变形。在挖土和支撑过程中，对支撑系统的稳定性有专人检查、观测，并做好记录，发生异常，应立即查清原因，采取针对性技术措施。

　　开挖过程中，对支护墙体出现的水土流失现象应及时进行封堵，同时留出泄水通道，严防地面大量沉陷，支护结构失稳等灾害性事故的发生。严格限制坑顶周围堆土等地面超载，适当限制与隔离坑顶周围振动荷载作用。应做好机械上下基坑坡道部位的支护。

　　基坑深度较大时，应分层开挖，以防开挖面的坡度过陡，引起土体位移、坑底面隆起、桩基侧移等异常现象发生。

　　基坑挖土时，挖土机械、车辆的通道布置、挖土的顺序及周围堆土位置安排都应计入对周围环境的影响因素。严禁在挖土过程中，碰撞支护结构体系和工程桩，严禁损坏防渗帷幕。开挖过程中，应定时检查井点降水深度。

　　3. 土方开挖的一般要求

　　（1）土方开挖前，应检查轴线，控制点有无位移、沉降现象，根据图纸校核基础轴线位置、尺寸及标高等。并应对原有地下管线情况进行调查处理，以防出现安全事故（触电、煤气泄漏）或造成停水、停电等事故。

　　（2）基槽（坑）边缘堆置土方和材料，或沿挖方边缘移动运输工具和机械，一般距基坑上部边缘不少于 1.2m，弃土堆置高度不应超过 1.5m；在垂直的坑壁边，此安全距离还应适当加大。

　　（3）在开挖过程中，应对土质情况、地下水位的变化做定时测量，并做好记录，以便随时进行分析、处理。

　　（4）土方开挖过程中，若发现古墓及文物时，要保护好现场，并立即通知文物管理部门，经查看处理后方可继续施工。

　　（5）土方开挖后应连续进行，尽快完成，防止积水。

　　（6）基槽（坑）开挖验槽后，应立即进行垫层和基础施工，防止暴晒和雨水浸刷，破坏基坑的原状结构。如果预计到挖土后不能进行垫层和基础施工，可保留 200～300mm 的暂不挖。待下道工序开始前挖除。

　　（7）基槽（坑）土方施工中及雨后，应对支护结构、周围环境进行监测，如有异常情况应及时处理，待恢复正常后方可继续施工。

　　（8）基槽（坑）开挖时，要加强垂直高度的量测，防止超挖扰动基底土层。

1.5.3　钎探与验槽

　　1. 钎探

　　在基坑（槽）挖成以后，为了防止基础的不均匀沉陷，需要检查地基下面有无地质资料未曾提供的硬（或软）的下卧层（凡持力层以下各土层称为下卧层）及土洞、暗墓等异常情况，一般采用钎探方法。

　　钎探是将钢钎打入土层，根据一定进尺所需的击数探测土层情况或粗

视频 1-8：钎探

略估计土层的容许承载力的一种简易的探测方法。钎探通常直径为 20～50mm，长约 1.5～3.0m，钢钎周围刻有向上开口的深度刻痕。钎探时用手压入土层（当土质稍硬时用锤击入土层），在插入一定深度时旋转钢钎，然后拔出钢钎，可从钢钎刻痕内带出的土样，检查土的组织和类别。又可按插入土层的难易程度，估计土的密实度。钎探的深度及间距见表 1 - 15。

表 1 - 15　　　　　　　　钎探深度和钎孔布置

槽宽 b/m	钎孔排列方式	钎探深度/m	钎探间距/m
$b<0.8$	中心一排	1.2	1.5～2.5，视地质复杂程度而定
$0.8<b<2.0$	两排错开	2.1	
$b>2.0$	梅花形	1.5	
柱基	梅花形	＞1.5 并不浅于短边的宽度	

遇到下列情况严禁钎探：当持力层为不厚的粘性土，而下面是含承压水的砂层时（如果刺透粘性土层，就会发生涌砂现象而破坏基底）；基坑（槽）底下面有电缆或水管时。

2. 验槽

基槽（坑）开挖完毕并清理好后，在垫层施工以前，施工单位应会同勘察单位、设计单位、监理单位、建设单位、监督部门一起进行现场检查并验收基槽，通常称为验槽。验槽的主要内容和方法如下：

（1）核对基槽（坑）的位置、平面尺寸、坑底标高。

（2）核对基槽（坑）的土质情况和地下水情况。

（3）检查地基下面有无地质资料未曾提供的硬（或软）的下卧层（凡持力层以下各土层称为下卧层）及土洞、暗墓等异常情况，一般采用钎探方法。

（4）对整个基槽（坑）底进行全面观察，检查土的颜色是否一致，土的硬度是否一样，局部含水量是否有异常现象。

验槽的重点应选择在桩基、柱基础、承重墙基础或其他受力较大的部位。验槽后应填写验槽记录或报告。

1.6 土方填筑施工

土是由矿物颗粒、水、气体组成的三相体系。其特点是分散性较大，颗粒之间没有坚强的联结，水容易浸入。因此，在外力作用下或自然条件下遭到浸水或冻融都会发生变形。为了保证填土的强度和稳定性要求，必须正确选择土料和填筑方法。

1.6.1 土料选择

要保证填方的强度与稳定性，填方土料应按设计要求验收，符合要求后方可填土，如设计无要求，应符合下列规定：

（1）碎石类土、砂石和爆破石渣（粒径不大于每层铺厚的 2/3）可用作表层下的填料。

（2）含水量符合压实要求的粘性土，可用作各层填土。

（3）碎块草皮和有机质含量大于 8% 的土，仅用于无压实的填方。

（4）淤泥和泥质土一般不能用作填料，但在软土或沼泽地区，经过处理，其含水量符合压实要求时，可用于填方中的次要部位。

1.6.2 填筑要求

为了保证回填土施工质量，具体注意事项如下：

（1）填土应分层进行，并尽量采用同类土填筑。如采用不同类土填筑时，应将透水性较大的土层置于透水性较小的土层之下，严禁将各种土混杂在一起使用，以免填方形成水囊或浸泡基础。

（2）当填方位于倾斜的山坡上时，应将斜坡改成阶梯状，以防填土横向移动。

（3）回填施工前，应清除填方区的积水和杂物，如遇软土、淤泥，必须进行换土回填。

（4）回填时应防止地面水流入，并预留一定的下沉高度。

（5）回填基坑和管沟时，应从四周或两侧均匀地分层进行，以防止基础和管道在土压力作用下产生偏移或变形。

1.6.3 填土的压实方法

填土的压实方法一般有碾压（包括振动碾压）、夯实、振动压实等几种，如图 1 - 59 所示。压实机具的选择可参考土方机械化施工一节。

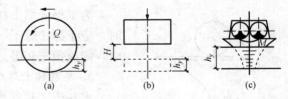

图 1 - 59 填土压实方法
（a）碾压；（b）夯实；（c）振动

1.6.4 影响填土压实的主要因素

填土压实质量与许多因素有关，其中主要影响因素为：压实功、土的含水量以及每层铺土厚度。

1. 压实功

填土压实后的密度与压实机械在其上所施加的功有一定的关系。土的密度与所耗的功的关系如图 1-60 所示。当土的含水量一定，在开始压实时，土的密度急剧增加，待到接近土的最大密度时，压实功虽然增加许多，而土的密度则变化甚小。实际施工中，对于砂土只需碾压或夯实 2～3 遍，对粉砂土只需 3～4 遍，对粉质粘土或粘土只需 5～6 遍。

2. 土的含水量的影响

在同一压实功的作用下，填土的含水量对压实质量有直接影响。较为干燥的土，由于土颗粒之间的摩阻力较大，因而不易压实。当土具有适当含水量时，水起了润滑作用，土颗粒之间的摩阻力减小，从而易压实。土在最佳含水量的条件下，使用同样的压实功进行压实，所得到的密度最大（见图 1-61）。各种土的最佳含水量和最大干密度可参考表 1-16。

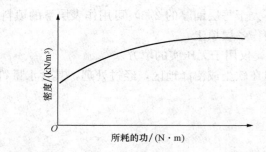
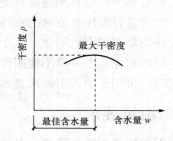

图 1-60 土的密度与压实功的关系示意图   图 1-61 填土压实干密度与含水量的关系

表 1-16   **土的最佳含水量和最大干密度可参考**

项次	土的种类	变动范围		项次	土的种类	变动范围	
		最佳含水量（%，质量比）	最大干密度/（g/cm³）			最佳含水量（%，质量比）	最大干密度/（g/cm³）
1	砂土	8～12	1.80～1.88	3	粉质粘土	12～15	1.85～1.95
2	粘土	19～23	1.58～1.70	4	粉土	16～22	1.61～1.80

注：1. 表中土的最大干密度根据现场实际达到的数字为准。

　　2. 一般性的回填土可不作此测定。

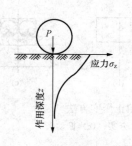

图 1-62 压实作用对填土厚度的影响曲线

为了保证填土在压实过程中处于最佳含水量状态，当土过湿时，应予翻松晾干，也可掺入同类干土或吸水性土料；当土过干时，则应预先润湿。

3. 每层铺土厚度

土在压实功的作用下，其应力随深度增加而逐渐减小（见图 1-62），其影响深度与压实机械、土的性质和含水量等有关。铺得过厚，要压很多遍才能达到规定的密实度。铺得过薄，则也要增加机械的总压实遍数。最优的铺土厚度应能使土方压实而机械功耗费最少，可按照表 1-17 选用。

表 1 - 17　　　　　　　　　　　　　　　填土施工时的分层厚度及压实遍数

压实机具	分层厚度/mm	每层压实遍数	压实机具	分层厚度/mm	每层压实遍数
平碾	250~300	6~8	推土机	200~300	6~8
振动压实机	250~350	3~4	羊足碾（5~16t）	200~350	6~16
柴油打夯机	200~250	3~4	蛙式打夯机（200kg）	200~250	3~4
人工打夯	<200	3~4			

1.6.5　填土压实的质量检查

填土压实后必须具有一定的密实度，以避免建筑物的不均匀沉陷。填土密实度以设计规定的控制干密度 ρ_d 或规定压实系数 λ_c 作为检查标准。利用填土作为地基时，设计规范规定了各种结构类型、各种填土部位的压实系数值。各种填土的最大干密度乘以设计的压实系数即得到施工控制干密度：

$$\lambda_c = \frac{\rho_d}{\rho_{d,max}} \tag{1 - 60}$$

式中　　λ_c——土的密实度（压实系数）；

$\quad\quad\rho_d$——土的实际干密度；

$\quad\rho_{d,max}$——土的最大干密度。

土的最大干密度 $\rho_{d,max}$ 由实验室通过试验或计算求得，再根据规范规定的压实系数 λ_c，即可算出填土控制干密度 ρ_d 值。填土压实后的实际干密度，应有 90% 以上符合设计要求，其余 10% 的最低值与设计值的差，不得大于 0.08g/cm³，且应分散，不得集中。

检查压实后的实际干密度，可采用环刀法取样。其取样组数为：基坑回填每 20~50m³ 取样一组（每个基坑不少于一组）；基槽或管沟回填每层按 400~900m² 取样一组。取样部位应在每层压实后的下半部。试样取出后，先测出土的天然密度（ρ），并烘干后测出含水量（ω），用下式计算土的实际干密度：

$$\rho_d = \frac{\rho}{1 + 0.01\omega} \tag{1 - 61}$$

思 考 题 与 习 题

1. 土方工程包括哪些施工过程？土方工程有哪些特点？
2. 什么是土的可松性？土的可松性对土方施工有何影响？
3. 场地设计标高的影响因素有哪些？
4. 常用的土方施工机械有哪些？
5. 试述明沟排水的施工方法。
6. 井点降水工艺原理是什么？
7. 什么是流砂？流砂如何产生？防治流砂具体措施有哪些？
8. 回填土土料如何选择？回填土填筑要求有哪些？填土压实有哪些方法？
9. 影响填土压实的主要因素有哪些？

10. 某工程基础（地下室）外围尺寸 40m×25m，埋深 4.8m，为满足施工要求，基坑底面积尺寸在基础外每侧留 0.5m 宽的工作面；基坑长短边均按 1∶0.5 放坡（已知 K_s＝1.25，K_s'＝1.05）。试计算：

（1）基坑开挖土方量（自然方量）；

（2）现场留回填土用的土方量（自然方量）；

（3）多余土用容量为 5m³ 自卸汽车外运，应运多少车次？

11. 某场地方格网及角点自然标高如图 1-63 所示，方格网边长 a＝30m，设计要求场地泄水坡度沿长度方向为 0.2%，沿宽度方向为 0.3%，泄水方向视地形情况确定。试确定场地设计标高（不考虑土的可松性影响，如有余土，用以加宽边坡），并计算填、挖土方工程量（不考虑边坡土方量）。

12. 试用"表上作业法"土方调配的最优调配方案，见表 1-18。

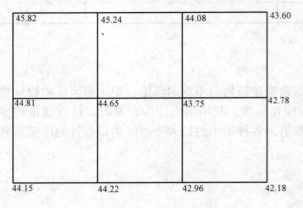

图 1-63　题 11 图

表 1-18　　　　　　　　土 方 调 配 运 距 表

挖方区＼填方区	T_1		T_2		T_3		T_4		挖方量/m³
W_1		150m		200m		180m		240m	1000
W_2		70m		140m		110m		170m	4000
W_3		150m		220m		120m		200m	4000
W_4		100m		130m		80m		160m	10 000
填方量/m³	1000		7000		2000		9000		19 000

13. 习题 10 基础工程施工中，地下水位在地面下 1.5m，不渗水层在地下 10m，地下水为无压水，渗透系数 K＝15m/d，地面标高取±0.000m，现采用轻型井点降低地下水位，试求：

（1）绘制轻型井点系统的平面和高程布置。

（2）计算涌水量。

（3）确定井点管数量和间距。

第 2 章

地基处理与桩基础施工

任何建筑工程都是建造在地基上，地基岩土的工程地质条件将直接影响建筑物安全。基础是房屋结构的底部承力构件，基础工程的施工质量对整个建筑的整体性乃至整个建筑的强度、刚度、稳定性起着重要的作用。

2.1 地基处理

地基是指基础下面支承建筑物全部重量的地层。对于新建工程，一般优先考虑利用天然土层作为地基。但在实际工程中，若遇到由于天然土层软弱或不良，致使地基的强度及稳定性、压缩性及不均匀沉降、防渗漏、抗液化等方面不能满足要求的情形，则必须对地基进行人工处理或采用桩基，才能保证建筑物的安全与正常使用。

地基处理方法很多，按其处理原理和效果可分为换填法、夯实法、振冲法、预压法（排水固结法）、水泥土搅拌法、高压喷射注浆法等，各种方法都有其适用范围和局限性，选用何种方法，应当进行技术经济综合分析。

2.1.1 换填法施工

换填法是将基础下一定范围内的土层挖去，然后换填密度大、强度高的砂、碎石、灰土、素土，以及粉煤灰、矿渣等性能稳定、无侵蚀性的材料，并分层夯（振、压）实至设计要求的密实度。换填法的处理深度通常控制在 3m 以内时较为经济合理。

换填法适用于处理淤泥、淤泥质土、湿陷性土、膨胀土、冻胀土、素填土、杂填土以及暗沟、暗塘、古井、古墓或拆除旧基础后的坑穴等浅层地基处理。对于承受振动荷载的地基，不应选择换填垫层法进行处理。

根据换填材料的不同，可将换土分为砂石（砂砾、碎卵石）垫层、土垫层（素土、灰土）、粉煤灰垫层、矿渣垫层等。

2.1.2 夯实法施工

夯实法是利用机械落锤产生的能量对地基进行夯击使其密实，提高土的强度和减小压缩量。夯实法包括重锤夯实法和强夯法。

1. 重锤夯实法施工

重锤夯实法是利用起重设备将夯锤（一般为 2～4t）提升到一定高度（3～5m），然后自由落锤，利用夯锤自由下落时的冲击能来夯实土层表面，重复夯打使浅层地基土或分层填土夯实，形成一层较为均匀的硬壳层，从而使地基得到加固。

重锤夯实法一般适用于处理地下水位以上稍湿的粘性土、砂土、杂填土和分层填土，以提高其强度，减少其压缩性和不均匀性；也可用于消除湿陷性黄土的表层湿陷性。但当夯击振动对邻近建筑物或设备产生不利影响时，或当地下水位高于有效夯实深度，以及当有效夯实深度内存在软弱土时，不得采用重锤夯实法。

视频2-1：重锤夯实法

2. 强夯法施工

强夯法是利用起重设备将重锤（一般为8～40t）提升到较大高度（一般为10～40m）后，自由落下，将产生的巨大冲击能量和振动能量作用于地基，从而在一定范围内提高地基的强度，降低压缩性，是改善地基抵抗振动液化的能力、消除湿陷性黄土的湿陷性的一种有效的地基加固方法。其加固深度可达15～20m。

强夯法适用于碎石土、砂土、低饱和度的粉土、粘性土、杂填土、素填土、湿陷性黄土等各类地基的处理。对淤泥和淤泥质土地基，强夯处理效果不佳，应慎重。另外，强夯法施工时振动大、噪声大，对邻近建筑物的安全和居民的正常生活有一定影响，所以在城市市区或居民密集的地段不宜采用。

2.1.3 振冲法施工

振冲法是以起重机吊起振冲器，起动潜水电动机后，带动偏心块，使振冲器产生高频振动，同时开动水泵，使高压水通过喷嘴喷射高压水流，在边振边冲的联合作用下，将振冲器沉到土中的设计深度。经过清孔后，就可从地面向孔中逐段填入砂石，每段填料均在振动作用下被振挤密实，达到所要求的密实度后提升振冲器，如此重复填料和振密，直到地面，从而在地基中形成一根大直径的密实的桩体。如图2-1所示为碎石桩制桩步骤。

振冲法对不同性质的土层分别具有置换、挤密、振动密实等作用。主要适用于处理松砂和软弱粘性土地基。按振冲法地基加固机理可分为置换法和密实法两类。在粘性土中，振冲主要起置换作用，由填料形成的桩体与原粘性土构成复合地基，称为振冲置换法。在砂性土中，振冲主要起挤密、振密作用，称振冲密实法。对于中粗砂地基，振冲器上提后由于孔壁极易坍落能自行填满下方的孔洞，可不必加填料，就地振密；对于粉细砂地基，必须加填料，填料可用粗砂、砾石、碎石、矿渣等材料，粒径一般控制在5～50mm。

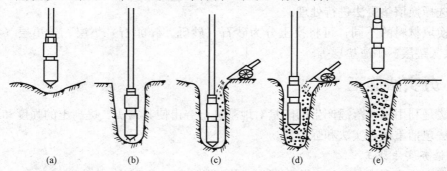

图2-1 碎石桩制桩步骤

(a) 定位；(b) 振冲下沉；(c) 加填料；(d) 振密；(e) 成桩

2.1.4　预压法施工

预压法是在建筑物建造前，对建筑物场地先行加载预压，使土体中的孔隙水排出，土体逐渐固结，地基发生沉降，同时强度逐步提高的一种方法。预压法适用于处理淤泥、淤泥质土和冲填土等饱和粘性土地基。

预压加固地基是加压系统和排水系统两部分共同作用的结果。加压系统的作用是对地基施加预压荷载，使地基上的固结压力增加而产生固结。根据加压系统的不同，可分为砂井（包括袋装砂井、塑料排水板等）堆载预压法和真空预压法两大类。排水系统的作用是改变地基原来的排水边界条件，缩短排水距离，改善孔隙水排出的途径。排水系统由水平排水体和竖向排水体构成。水平排水体一般采用砂垫层，竖向排水体一般采用普通砂井、袋装砂井或塑料排水板等。

2.1.5　水泥土搅拌法施工

水泥土搅拌法是用于加固饱和软粘土地基的一种方法，它利用水泥作为固化剂，通过特制的搅拌机械，在地基深处将软土和固化剂强制搅拌，利用固化剂和软土之间所产生的一系列物理化学反应，使软土硬结成具有整体性、水稳定性和一定强度的优质地基。水泥土搅拌法分为深层搅拌法（简称湿法）和粉体喷搅法（简称干法）。

视频 2-2：单轴水泥搅拌桩钻进喷浆

水泥土搅拌法适用于处理正常固结的淤泥与淤泥质土、粉土、饱和黄土、素填土、粘性土以及无流动地下水的饱和松散砂土等地基。

2.1.6　高压喷射注浆法施工

高压喷射注浆法是将注入剂形成高压喷射流，借助高压喷射流的切削和混合，使硬化剂和土体混合，形成圆柱状加固体，达到改良地基的方法。我国又称为"旋喷法"。

高压喷射注浆法适用于处理砂类土、标准贯入值 $N<10$ 的粘性土、淤泥和不含或含少量砾石的填土地基。对于含有卵石的砾砂层，需通过现场试验，取得处理效果后，再决定是否采用旋喷法。

2.2　桩基础施工

桩基础通常由若干根桩组成，桩身全部或部分埋入土中，顶部由承台或梁将各单桩连成一体，以承受上部结构的一种常用的基础形式。当天然浅层地基不能满足建筑物对其强度和变形方面的要求时，采用桩基础可将上部结构的荷载直接传递到深处承载力较大的土层上，或将软弱土挤密，以提高土层的密实度和承载力，从而保证建筑物的整体稳定性和减少地基沉降。同时，采用桩基础，通常可以减少土方量、节省降排水设施、改善施工条件，具有良好的经济效果。

桩的分类方式有很多，按其承载状态可分为摩擦型桩和端承型桩（见图 2-2）；按成桩时挤土状况可分为非挤土桩、部分挤土桩和挤土桩；按施工方法分为预制桩和灌注桩两类；

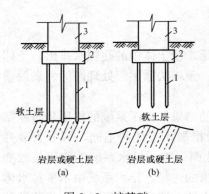

图 2-2　桩基础

（a）端承桩；（b）摩擦桩

1—桩；2—承台；3—上部结构

按桩径（设计直径 d）大小分类：小直径桩：$d \leqslant 250\text{mm}$、中等直径桩：$250\text{mm} < d < 800\text{mm}$ 和大直径桩：$d \geqslant 800\text{mm}$。

2.2.1　钢筋混凝土灌注桩施工

动画 2-1：灌注桩施工流程

（1）灌注桩是在施工现场的桩位上用机械或人工成孔，然后在孔内灌注混凝土（或钢筋混凝土）而成。根据成孔方法的不同分为：

1）泥浆护壁钻、挖、冲孔桩；

2）锤击（振动）沉管和振动冲击沉管成孔；

3）螺旋钻、机动洛阳铲干作业成孔灌注桩；

4）人工挖孔桩（现浇混凝土护壁、长钢套管护壁）。

（2）不同桩型的灌注桩适用条件应符合下列规定：

1）泥浆护壁钻孔灌注桩宜用于地下水位以下的粘性土、粉土、砂土、填土、碎石土及风化岩层；

2）旋挖成孔灌注桩宜用于粘性土、粉土、砂土、填土、碎石土及风化岩层；

3）冲孔灌注桩除宜用于上述地质情况外，还能穿透旧基础、建筑垃圾填土或大孤石等障碍物。在岩溶发育地区应慎重使用，采用时，应适当加密勘察钻孔。

4）长螺旋钻孔压灌桩后插钢筋笼宜用于粘性土、粉土、砂土、填土、非密实的碎石类土、强风化岩；

5）干作业钻、挖孔灌注桩宜用于地下水位以上的粘性土、粉土、填土、中等密实以上的砂土、风化岩层；

6）在地下水位较高，有承压水的砂土层、滞水层、厚度较大的流塑状淤泥、淤泥质土层中不得选用人工挖孔灌注桩；

7）沉管灌注桩宜用于粘性土、粉土和砂土；夯扩桩宜用于桩端持力层为埋深不超过 20m 的中、低压缩性粘性土、粉土、砂土和碎石类土。

（3）成孔设备就位后，必须平整、稳固，确保在成孔过程中不发生倾斜和偏移。应在成孔钻具上设置控制深度的标尺，并应在施工中进行观测记录。

成孔的控制深度应符合下列要求：

（1）摩擦型桩：摩擦桩应以设计桩长控制成孔深度；端承摩擦桩必须保证设计桩长及桩端进入持力层深度。当采用锤击沉管法成孔时，桩管入土深度控制应以标高为主，以贯入度控制为辅。

（2）端承型桩：当采用钻（冲），挖掘成孔时，必须保证桩端进入持力层的设计深度；当采用锤击沉管法成孔时，沉管深度控制以贯入度为主，以设计持力层标高对照为辅。

1. 泥浆护壁成孔灌注桩

泥浆护壁成孔是利用泥浆保护、稳定孔壁的机械钻孔方法。它通过循环泥浆将切削碎的泥渣屑悬浮后排出孔外，然后吊放钢筋笼，水下灌注混凝土而成桩。

其特点是：可用于各种地质条件，各种孔径（300～2000mm）和深度（40～100m），护壁效果好，成孔质量可靠；施工无噪声、无振动、无挤压；机具、设备简单，操作方便，费用较低。但其成孔速度较慢，效率低，用水量大，泥浆排放量大，污染环境，扩孔率较难控制。其适用于有地下水的软、硬土层，如淤泥、粘性土、砂土、软质岩等土层。

成孔机械有潜水钻机、冲击钻机、回转钻机等。成孔方式有正（反）循环回转钻机成孔、正（反）循环潜水钻机成孔、冲击钻机成孔、冲抓锥成孔、钻斗钻成孔等。

（1）工艺流程。

泥浆护壁成孔灌注桩的施工工艺流程为：测定桩位→埋设护筒（→桩机就位）→制备泥浆→机械成孔→验孔与清孔→安放钢筋笼→二次清孔、浇筑混凝土。

（2）施工要点。

1）测定桩位。平整、清理好施工场地后，设置桩基轴线定位点和水准点，根据桩位平面布置施工图，定出每根柱的位置，并做好标志。施工前，桩位要检查复核，以防被外界因素影响而造成偏移。

2）埋设护筒。护筒是埋置在钻孔口的圆筒，用以固定桩孔位置，保护孔口，防止塌孔及地面水流入，为钻头导向。在钻孔时，应在桩位处设护筒，以起定位、保护孔口、维持水头等作用。护筒设置应符合下列规定：

①护筒埋设应准确、稳定，护筒中心与桩位中心的偏差不得大于50mm；②护筒可用 4～8mm 厚钢板制作，其内径应大于钻头直径100mm，上部宜开设 1～2 个溢浆孔；③护筒的埋设深度：在粘性土中不宜小于1.0m；砂土中不宜小于1.5m。护筒下端外侧应采用粘土填实；其高度尚应满足孔内泥浆面高度的要求；④受水位涨落影响或水下施工的钻孔灌注桩，护筒应加高加深，必要时应打入不透水层。

3）制备泥浆：在粘土中钻孔时，可利用钻削下来的土与注入的清水混合成适合护壁的泥浆，称为自造泥浆；在砂土中钻孔时，应注入高粘性土（膨润土）和水拌和成的泥浆，称为制备泥浆。泥浆护壁效果的好坏直接影响成孔质量，在钻孔中，应经常测定泥浆性能。为保证泥浆达到一定的性能，还可加入加重剂、分散剂、增粘剂及堵漏剂等掺合剂。泥浆应根据施工机械、工艺及穿越土层情况进行配合比设计。泥浆护壁应符合下列规定：①施工期间护筒内的泥浆面应高出地下水位 1.0m 以上，在受水位涨落影响时，泥浆面应高出最高水位 1.5m 以上；②在清孔过程中，应不断置换泥浆，直至浇筑水下混凝土；③浇筑混凝土前，泥浆比重、含砂率、粘度应符合规范要求；④在容易产生泥浆渗漏的土层中应采取维持孔壁稳定的措施。

4）机械成孔。泥浆护壁成孔方法有冲击钻成孔、回转钻成孔、潜水钻机成孔等。

①冲击钻成孔。冲击钻成孔是将冲锤式钻头用动力装置提升，靠其自由下落的冲击力切削破碎岩层或冲击土层成孔（见图 2-3）。冲击钻头形式有十字形、工字形、人字形等。一般常用十字形冲击钻头（见图 2-4）。

冲击钻成孔适用于填土层、粘土层、粉土层、淤泥层、砂土层和碎石土层，也适用于砾卵石层、岩溶发育岩层和裂隙发育的地层施工。

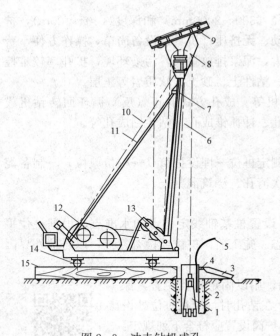

图 2-3　冲击钻机成孔

1—副滑轮；2—主滑轮；3—主杆；4—前拉索；

5—后拉索；6—斜撑；7—双滚筒卷扬机；

8—导向轮；9—垫木；10—钢管；11—供浆管；

12—溢流口；13—泥浆渡槽；14—护筒回填土；15—钻头

图 2-4　冲击钻钻头形式

（a）φ800mm 十字钻头；（b）φ920mm 三翼钻头

视频 2-5：回转钻成孔

②回转钻成孔。回旋钻机是由动力装置带动钻机的回旋装置转动，并带动带有钻头的钻杆转动，由钻头切削土壤。当在软土层中钻进时，应根据泥浆补给情况控制钻进速度；在硬层或岩层中的钻进速度应以钻机不发生跳动为准。如在钻进过程中发生斜孔、塌孔和护筒周围冒浆、失稳等现象时，应停钻，待采取相应措施后再进行钻进。正循环旋转钻孔如图 2-5 所示。

钻孔时，在桩外设置沉淀池，通过循环泥浆携带土渣流入沉淀池而起到排渣作用。根据泥浆循环方式的不同，分为正循环和反循环两种工艺。

正循环回转钻机成孔的工艺如图 2-6（a）所示。由空心钻杆内部通入泥浆或高压水，从钻杆底部喷出，携带钻下的土渣沿孔壁向上流动，由孔口将土渣带出流入泥浆池。

反循环回转机成孔的工艺如图 2-6（b）所示。泥浆带渣流动的方向与正循环回转机成孔的情形相反。反循环工艺的泥浆上流的速度较快，能携带较大的土渣。

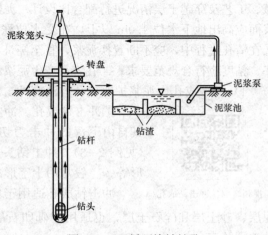

图 2-5　正循环旋转钻孔

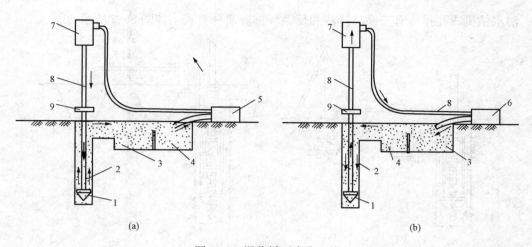

图 2-6 泥浆循环成孔工艺

（a）正循环；（b）反循环

1—钻头；2—泥浆循环方向；3—沉淀池；4—泥浆池；5—泥浆泵；6—砂石泵；7—水龙头；

8—钻杆；9—钻机回转装置

③潜水钻机成孔。潜水钻机成孔示意图如图 2-7 所示。

潜水钻机是一种旋转式钻孔机械，其防水电动机、变速机构和钻头密封在一起，定位后可潜入水、泥浆中钻孔。注入泥浆后通过正循环、反循环排渣法将孔内切削土粒、石渣排出孔外。

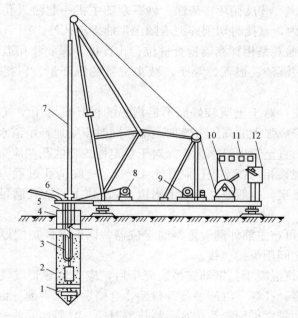

图 2-7 潜水钻机钻孔示意图

1—钻头；2—潜水钻机；3—电缆；4—护筒；5—水管；6—滚轮（支点）；7—钻杆；8—电缆盘；

9—5kN 卷扬机；10—10kN 卷扬机；11—电流电压表；12—启动开关

潜水钻机成孔排渣有正循环排渣和反循环排渣两种方式,如图2-8所示。

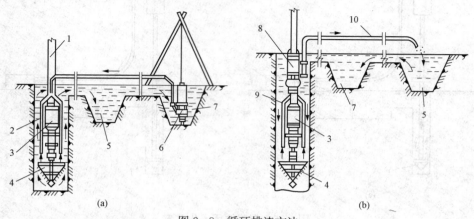

图2-8 循环排渣方法

(a) 正循环排渣; (b) 反循环排渣

1—钻杆; 2—送水管; 3—主机; 4—钻头; 5—沉淀池; 6—潜水泥浆泵; 7—泥浆泵; 8—砂石泵;
9—抽渣管; 10—排渣胶管

动画2-3: 正循环排渣

①正循环排渣法:在钻孔过程中,旋转的钻头将碎泥渣切削成浆状后,利用泥浆泵压送高压泥浆,经钻机中心管、分叉管送入到钻头底部强力喷出,与切削成浆状的碎泥渣混合,携带泥土沿孔壁向上运动,从护筒的溢流孔排出。

②反循环排渣法:砂石泵随主机一起潜入孔内,直接将切削碎泥渣随泥浆抽排出孔外。

5)验孔与清孔:验孔是用探测器检查桩位、孔直径、深度和孔道情况;清孔即清除孔底沉渣、淤泥、浮土,减小桩基的沉降量,以提高桩基的承载能力。

动画2-4: 反循环排渣

泥浆护壁成孔清孔:对于土质较好而不易坍塌的桩孔,可用空气吸泥机清孔,使管内形成强大的高压气流向上涌,同时不断地补足清水,被搅动的泥渣随气流上涌而从喷口排出,直至喷出清水为止。对于稳定性较差的孔壁应采用泥浆循环法清孔或抽筒排渣,清孔后的泥浆相对密度应控制在1.15~1.2。在清孔过程中必须随时补充足够的泥浆,以保持浆面的稳定,一般应高于地下水位1.0m以上。清孔满足要求后,应立即安放钢筋笼,浇筑混凝土。

6)安放钢筋笼:可在主筋外侧设置钢筋定位器,以确保保护层厚度。钢筋笼长度较大时可分段制作,两段之间用焊接连接。

7)二次清孔、浇筑混凝土:钢筋笼吊装完毕后,应安置导管或气泵管二次清孔,并进行孔位、孔径、垂直度、孔深、沉渣厚度等检验,合格后应立即灌注混凝土。

泥浆护壁成孔灌注桩常采用导管法水下浇筑混凝土。导管法是将密封连接的钢管作为水下混凝土的灌注通道,同时用隔水栓隔离泥浆,使其不与混凝土接触。在浇筑过程中,导管始终埋在灌入的混凝土拌和物内,导管内的混凝土在一定的落差压力作用下,压挤下部管口的混凝土在已浇的混凝土层内部流动、扩散,以完成混凝土的浇筑工作,形成连续密实的混凝土桩身。

水下灌注的混凝土应符合下列规定：①水下灌注混凝土必须具备良好的和易性，配合比应通过试验确定；坍落度宜为180～220mm；水泥用量不应少于360kg/m³（当掺入粉煤灰时水泥用量可不受此限）；②水下灌注混凝土的含砂率宜为40%～50%，并宜选用中粗砂；粗骨料的最大粒径应小于40mm；③水下灌注混凝土宜掺外加剂。

导管的构造和使用应符合下列规定：①导管壁厚不宜小于3mm，直径宜为200～250mm；直径制作偏差不应超过2mm，导管的分节长度可视工艺要求确定，底管长度不宜小于4m，接头宜采用双螺纹方扣快速接头；②导管使用前应试拼装、试压，试水压力可取为0.6～1.0MPa；③每次灌注后应对导管内外进行清洗。

使用的隔水栓应有良好的隔水性能，并应保证顺利排出；隔水栓宜采用球胆或与桩身混凝土强度等级相同的细石混凝土制作。

灌注水下混凝土的质量控制应满足下列要求：①开始灌注混凝土时，导管底部至孔底的距离宜为300～500mm；②应有足够的混凝土储备量，导管一次埋入混凝土灌注面以下不应少于0.8m；③导管埋入混凝土深度宜为2～6m。严禁将导管提出混凝土灌注面，并应控制提拔导管速度，应有专人测量导管埋深及管内外混凝土灌注面的高差，填写水下混凝土灌注记录；④灌注水下混凝土必须连续施工，每根桩的灌注时间应按初盘混凝土的初凝时间控制，对灌注过程中的故障应记录备案；⑤应控制最后一次灌注量，超灌高度宜为0.8～1.0m，凿除泛浆高度后必须保证暴露的桩顶混凝土强度达到设计等级。

2. 旋挖钻机成孔灌注桩

旋挖钻机成孔首先是通过底部带有活门的桶式钻头回转破碎岩土，并直接将其装入钻斗内，然后再由钻机提升装置和伸缩钻杆将钻斗提出孔外卸土，这样循环往复，不断地取土卸土，直至钻至设计深度。对粘结性好的岩土层，可采用干式或清水钻进工艺，无须泥浆护壁。而对于松散易坍塌地层，或有地下水分布，孔壁不稳定，必须采用静态泥浆护壁钻进工艺，向孔内投入护壁泥浆或稳定液进行护壁。旋挖钻机如图2-9所示。

视频2-6：泥浆护壁
旋挖机取土

图 2-9　旋挖钻机

旋挖钻机成孔灌注桩钻孔速度快、工效高、质量好；钻孔时不需输入泥浆，孔径规矩、孔底无沉渣；施工场地整洁、振动小、噪声低、对环境污染小；桩身质量有保证；施工机具适用地层广等，是灌注桩成孔工艺发展的方向。

旋挖桩施工工艺：测定桩位→埋设钢护筒→安装钻机、旋挖钻进→验孔与清孔→安放钢筋笼→二次清孔、浇筑水下混凝土。

旋挖钻机成孔灌注桩清孔方法如下：当钻孔深度达到设计要求时（不得用加深孔底深度的方法代替清孔），将钻斗留在原处，机械旋转数圈，将孔底虚土尽量装入斗内，起钻后仍需对孔底虚土进行清理。然后对孔深、孔径、孔位和孔形等进行检查，确认满足设计要求后，立即填写终孔检查证。清孔采用捞砂钻头将沉淀物清出孔位。

3. 锤击沉管灌注桩

锤击沉管灌注桩是套管成孔灌注桩的一种，是利用锤击打桩法将带有活瓣式桩尖或带有钢筋混凝土桩靴的钢套管沉入土中，然后边拔管边灌注混凝土而成。锤击沉管灌注桩机械设备示意图如图2-10所示。桩靴如图2-11所示。

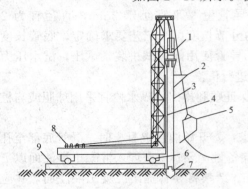

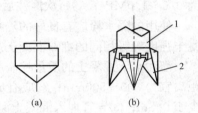

图2-10　锤击沉管灌注桩机械设备示意图
1—桩锤；2—混凝土漏斗；3—桩管；4—桩架；5—混凝土吊斗；
6—引驶用钢管；7—预制桩靴；8—卷扬机；9—枕木

图2-11　桩靴示意图
(a) 钢筋混凝土桩靴；(b) 钢活瓣桩靴
1—桩管；2—活瓣

　　套管成孔灌注桩利用套管保护孔壁，能沉能拔，施工速度快。适用于粘性土、粉土、淤泥质土、砂土及填土；在厚度较大、灵敏度较高的淤泥和流塑状态的粘性土等软弱土层中采用时，应制订可靠的质量保证措施。沉管灌注桩采用了锤击打管、振动沉管，在施工中要考虑挤土、噪声、振动等影响。套管成孔灌注桩施工过程如图2-12所示。

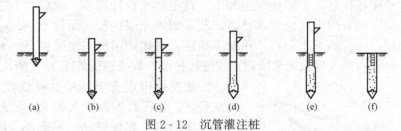

图2-12　沉管灌注桩
(a) 打桩机就位；(b) 沉管；(c) 浇灌混凝土；(d) 边拔管，边振动；(e) 安放钢筋笼，继续浇灌混凝土；(f) 成型

　　锤击沉管灌注桩施工程序包括：沉管、清孔、吊放钢筋笼、浇筑混凝土（拔管）。

　　(1) 沉管：锤击沉管灌注桩施工应根据土质情况和荷载要求，分别选用单打法、复打法或反插法进行。

　　1) 单打法，即在施工开始时，将桩管对准预先埋设在桩位上的预制钢筋混凝土桩靴上，校正桩管的垂直度后，即可用锤打击桩管。当桩管打至要求的贯入度或标高后，检查管内无泥浆或水进入，即可灌注混凝土。待混凝土灌满桩管后，开始拔管，拔管时要使速度均匀，同时使管内混凝土保持略高于地面，这样一直到桩管全部拔出地面为止。

　　2) 复打法（见图2-13），是在第一次打完并将混凝土灌注到桩顶设计标高、拔出桩管后，清除管外壁上的污泥和桩孔周围地面上的浮土，在原桩位上第二次安放桩靴做第二次沉

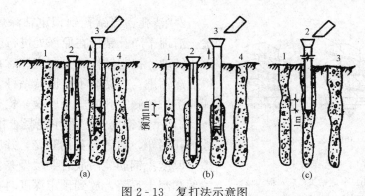

图 2-13　复打法示意图

(a) 全部复打；(b)、(c) 局部复打

1—单打桩；2—沉管；3—第二次浇筑混凝土；4—复打桩

管，使未凝固的混凝土向四周挤压扩大桩径，然后再第二次灌注混凝土。桩管在第二次打入时，应与第一次的轴线重合，并必须在第一次灌注的混凝土初凝之前完成扩大灌注第二次混凝土工作。施工时应注意：两次沉管轴线应重合，复打桩施工必须在第一次浇筑的混凝土初凝以前；完成第二次混凝土的浇筑和拔管工作；钢筋骨架应在第二次沉管后放入桩管内。

3）反插法，即桩管灌满混凝土之后，先振动再拔管，每次拔管高度 0.5～1.0m，反插深度在 0.3～0.5m；拔管过程中，应分段添加混凝土，保持管内混凝土面始终不低于地表面或高于地下水位 1.0～1.5m 以上，拔管速度应小于 0.5m/min。在桩尖处的 1.5m 范围内，宜多次反插以扩大桩的端部断面；穿过淤泥夹层时，应当放慢拔管速度，并减少拔管高度和反插深度，在流动性淤泥中不宜使用反插法。

（2）清孔：沉管施工时，套管与桩靴连接处要垫以麻、草绳，以防止地下水渗入管内。沉管结束后，要检查桩靴有无破坏、管内有无泥砂或水进入，保证清孔质量。

（3）吊放钢筋笼、浇筑混凝土（拔管）：清孔后即可吊放钢筋笼、浇筑混凝土。套管内混凝土应尽量灌满，然后开始拔管。混凝土的坍落度宜采用 80～100mm。

4. 干作业成孔灌注桩

干作业成孔灌注桩适用于地下水位较低、在成孔深度内无地下水的土质。目前常见的干作业成孔灌注桩有钻孔（扩底）灌注桩施工和人工挖孔桩灌注桩施工。

视频 2-7：干螺旋钻孔

（1）钻孔（扩底）灌注桩施工。钻孔（扩底）灌注桩是先用钻机在桩位处进行钻孔，然后将钢筋骨架放入桩孔内，再浇筑混凝土而成的桩。其施工程序包括：钻孔取土，清孔，吊放钢筋笼，浇筑混凝土。

1）钻孔取土：在施工准备工作完成后，按确定的成孔顺序，桩机就位。螺旋钻机通过动力旋转钻杆，使钻头的螺旋叶片旋转削土，土块沿螺旋叶片提升排出孔外，然后装卸到小型机动翻斗车（或手推车）中运离现场。当一节钻杆钻入地面后，可接第二节钻杆继续钻入，直至达到设计深度。操作时要求钻杆垂直，钻孔过程中如发现钻杆摇晃或难钻进时，可能是遇到石块等异物，应立即停机检查。全叶片螺旋钻机成孔直径一般为 300～800mm，钻孔深度为 8～25m。在钻进过程中，应随时清理孔口积土并及时检查桩位以及垂直度，遇到塌孔、缩孔等异常情况，应及时研究解决。螺旋钻头如图 2-14 所示。

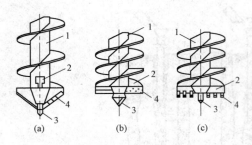

图 2-14　螺旋钻头

(a) 锥式钻头；(b) 平地钻头；(c) 耙式钻头

1—螺旋钻杆；2—切削片；3—导向尖；4—合金刀

2）清孔：当钻孔到预定钻深后，必须将孔底虚土清理干净。钻机在原深处进行空转清土，然后停止转动，提起钻杆卸土。应注意在空转清土时不得加深钻进；提钻时不得回转钻杆。清孔后可用重锤或沉渣仪测定孔底虚土厚度，检查清孔质量。

3）吊放钢筋笼：灌注混凝土前，应在孔口安放护孔漏斗，然后放置钢筋笼，并应再次测量孔内虚土厚度。钢筋笼吊放时要缓慢并保持竖直，防止放偏和刮土下落，放到预定深度时将钢筋笼上端妥善固定。

4）浇筑混凝土：浇筑混凝土宜用机动小车或混凝土泵车，应防止压坏桩孔。扩底桩灌注混凝土时，第一次应灌到扩底部位的顶面，随即振捣密实；浇筑桩顶以下 5m 范围内混凝土时，应随浇筑随振动，每次浇筑高度不得大于 1.5m。

（2）人工挖孔灌注桩施工。人工挖孔灌注桩，是指采用人工挖土成孔，然后安放钢筋笼，灌注混凝土成桩。

人工挖孔桩的孔径（不含护壁）不得小于 0.8m，且不宜大于 2.5m；孔深不宜大于 30m。当桩净距小于 2.5m 时，应采用间隔开挖。相邻排桩跳挖的最小施工净距不得小于 4.5m。人工挖孔桩混凝土护壁的厚度不应小于 100mm，混凝土强度等级不应低于桩身混凝土强度等级，并应振捣密实；护壁应配置直径不小于 8mm 的构造钢筋，竖向筋应上下搭接或拉接。

视频 2-8：人工挖孔

1）施工前的准备工作。施工机具准备：①锹、镐、土筐等挖土工具。必要时，还需准备风镐等；②电动葫芦和提土桶：用于孔内的垂直运输；③潜水泵：用于抽出孔中的积水；④鼓风机和输风管：用于向孔内输送新鲜空气；⑤低压照明灯、对讲机和电铃等。

清理平整场地：①修建临时进场道路，清除堆料场地和施工操作现场的杂物并进行平整；②安排或修建临时建筑物、设施等。

2）施工工艺。

①放线定位。开孔前，桩位应准确定位放样，在桩位外设置定位基准桩，安装护壁模板必须用桩中心点校正模板位置，并应由专人负责。

②挖土成孔。人工挖孔施工的方法有多种，最常用的有现浇混凝土圈衬砌法和多级套筒法两种，如图 2-15 所示。现介绍第一种方法，其构造示意图如图 2-16 所示。

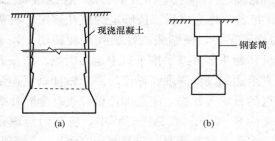

图 2-15　人工挖孔法

(a) 现浇混凝土圈衬砌法；(b) 多级套筒法

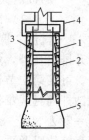

图 2-16　人工挖孔桩构造示意图

1—护壁；2—主筋；3—箍筋；4—承台；5—桩扩大头

a. 挖土。通常采取分段开挖，每段高度一般为 0.5～1.0m（若土质较好可适当加大），开挖孔径为设计桩基直径加 2 倍护壁的厚度。

b. 支设护壁模板。模板高度取决于开挖施工段的高度，一般为 1m，由 4～8 块活动弧形钢模板（或木模板）组合而成。

c. 在模板顶放置操作平台。平台可用角钢和钢板制成半圆形，用来临时放置混凝土和浇筑混凝土时作为操作平台。

d. 浇筑护壁混凝土。浇筑混凝土时应仔细捣实，保证护壁具有防止土壁塌陷和阻止水向孔内渗透的双重作用。

第一节井圈护壁应符合下列规定：井圈中心线与设计轴线的偏差不得大于 20mm；井圈顶面应比场地高出 100～150mm，壁厚应比下面井壁厚度增加 100～150mm。

修筑井圈护壁应符合下列规定：护壁的厚度、拉接钢筋、配筋、混凝土强度等级均应符合设计要求；上下节护壁的搭接长度不得小于 50mm；每节护壁均应在当日连续施工完毕；护壁混凝土必须保证振捣密实，应根据土层渗水情况使用速凝剂；护壁模板的拆除应在灌注混凝土 24h 之后；发现护壁有蜂窝、漏水现象时，应及时补强；同一水平面上的井圈任意直径的偏差不得大于 50mm。

当遇有局部或厚度不大于 1.5m 的流动性淤泥和可能出现涌土涌砂时，护壁施工可按下列方法处理：将每节护壁的高度减小到 300～500mm，并随挖、随验、随灌注混凝土；采用钢护筒或有效的降水措施。

e. 拆除模板继续下一段的施工。当护壁混凝土强度达到 1.2MPa，常温下约为 24h 方可拆除模板。当第一施工段挖土完成后，按上述步骤继续向下开挖，直至达到设计深度并按设计的直径进行扩底。

③验孔清底：a. 桩基成孔基本完成后，应对孔径位置、大小、是否偏斜等方面进行检验，并检查孔壁土层或护壁是否稳定或可能损坏，发现问题及时进行补救处理；b. 排出孔底积水；c. 检查孔底标高、孔内沉渣及核实桩底土层情况。对孔底沉渣，应首选清除，条件不便时，可采用重锤夯实或水泥浆加固。

④安放钢筋。验孔清底后即可按设计要求放置钢筋笼。安放钢筋笼时要注意平稳起吊，准确对位，严格控制倾斜等偏差，同时避免碰撞孔壁。钢筋笼的悬吊设施要可靠，防止自由下落到孔底。

⑤浇筑混凝土。挖至设计标高，终孔后应清除护壁上的泥土和孔底残渣、积水，并应进行隐蔽工程验收。验收合格后，应立即封底和灌注桩身混凝土。

灌注桩身混凝土时，混凝土必须通过溜槽；当落距超过 3m 时，应采用串筒，串筒末端距孔底高度不宜大于 2m；也可采用导管泵送；混凝土宜采用插入式振捣器振实。

当渗水量过大时，应采取场地截水、降水或水下灌注混凝土等有效措施。严禁在桩孔中边抽水边开挖边灌注，包括相邻桩的灌注。

3）人工挖孔桩施工应采取下列安全措施：

①孔内必须设置应急软爬梯供人员上下；使用的电葫芦、吊笼等应安全可靠，并配有自动卡紧保险装置，不得使用麻绳和尼龙绳吊挂或脚踏井壁凸缘上下。电葫芦宜用按钮式开关，使用前必须检验其安全起吊能力。

②每日开工前必须检测井下的有毒、有害气体，并应有足够的安全防范措施。当桩孔开挖深度超过 10m 时，应有专门向井下送风的设备，风量不宜少于 25L/s。

③孔口四周必须设置护栏，护栏高度宜为 0.8m。

④挖出的土石方应及时运离孔口，不得堆放在孔口周边 1m 范围内，机动车辆的通行不得对井壁的安全造成影响。

⑤施工现场的一切电源、电路的安装和拆除必须遵守《施工现场临时用电安全技术规范》（JGJ 46）的规定。

2.2.2　钢筋混凝土预制桩施工

预制桩是在工厂或施工现场预先制成各种材料和形式的桩（如木桩、混凝土方桩、预应力混凝土管桩、钢管或型钢的钢桩等），然后用沉桩设备将桩打入、压入或振入土中，或有的用高压水冲沉入土中。预制混凝土桩如图 2-17 所示。钢桩如图 2-18 所示。

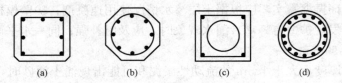

图 2-17　预制混凝土桩
(a) 方形；(b) 八边形；(c) 中空方形；(d) 中空圆形

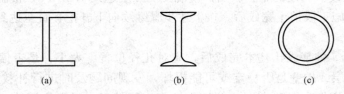

图 2-18　钢桩
(a) H 形（宽翼缘）；(b) 工字形；(c) 管形

1. 钢筋混凝土预制桩的制作

钢筋混凝土预制桩可以制作成各种需要的断面及长度，桩的制作及沉桩工艺简单，不受地下水位高低变化的影响，常用的为钢筋混凝土实心方桩和空心管桩。混凝土预制桩可在施工现场预制，预制场地必须平整、坚实。制桩模板宜采用钢模板，模板应具有足够刚度，并应平整，尺寸应准确。

钢筋骨架的主筋连接宜采用对焊和电弧焊，当钢筋直径不小于 20mm 时，宜采用机械接头连接。主筋接头配置在同一截面内的数量，应符合下列规定：①当采用对焊或电弧焊时，对于受拉钢筋，不得超过 50%；②相邻两根主筋接头截面的距离应大于 35mm（主筋直径），并不应小于 500mm。

在桩顶和桩尖处箍筋应加密，桩顶设置钢筋网片（见图 2-19）。如为多节桩，上节桩和下节桩尽量在同一纵轴线上制作，使上下钢筋和桩身减少偏差。桩的预制先后次序应与打桩次序对应，以缩短养护时间。

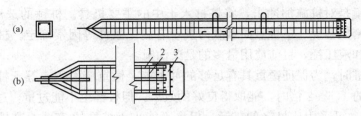

图 2-19　钢筋混凝土方桩

1—主筋；2—钢箍；3—钢筋网

确定桩的单节长度时应符合下列规定：①满足桩架的有效高度、制作场地条件、运输与装卸能力；②避免在桩尖接近或处于硬持力层中时接桩。

灌注混凝土预制桩时，宜从桩顶开始灌注，并应防止另一端的砂浆积聚过多。锤击预制桩的骨料粒径宜为 5~40mm。锤击预制桩，应在强度与龄期均达到要求后，方可锤击。

重叠法制作预制桩时，应符合下列规定：①桩与邻桩及底模之间的接触面不得粘连；②上层桩或邻桩的浇筑，必须在下层桩或邻桩的混凝土达到设计强度的 30% 以上时，方可进行；③桩的重叠层数不应超过 4 层。

2. 混凝土预制桩的起吊、运输和堆放

（1）混凝土实心桩的吊运应符合下列规定：①混凝土设计强度达到 70% 及以上方可起吊，达到 100% 方可运输；②桩起吊时应采取相应措施，保证安全平稳，保护桩身质量；③水平运输时，应做到桩身平稳放置，严禁在场地上直接拖拉桩体。

（2）预应力混凝土空心桩的吊运应符合下列规定：①出厂前应做出厂检查，其规格、批号、制作日期应符合所属的验收批号内容；②在吊运过程中应轻吊轻放，避免剧烈碰撞；③单节桩可采用专用吊钩钩住桩两端内壁直接进行水平起吊；④运至施工现场时应进行检查验收，严禁使用质量不合格及在吊运过程中产生裂缝的桩。

（3）预应力混凝土空心桩的堆放应符合下列规定：①堆放场地应平整坚实，最下层与地面接触的垫木应有足够的宽度和高度。堆放时桩应稳固，不得滚动；②应按不同规格、长度及施工流水顺序分别堆放；③当场地条件许可时，宜单层堆放；当叠层堆放时，外径为 500~600mm 的桩不宜超过 4 层，外径为 300~400mm 的桩不宜超过 5 层；④叠层堆放桩时，应在垂直于桩长度方向的地面上设置 2 道垫木，垫木应分别位于距桩端 0.2 倍桩长处；底层最外缘的桩应在垫木处用木楔塞紧；⑤垫木宜选用耐压的长木枋或枕木，不得使用有棱角的金属构件。

（4）取桩应符合下列规定：①当桩叠层堆放超过 2 层时，应采用吊机取桩，严禁拖拉取桩；②三点支撑自行式打桩机不应拖拉取桩。

3. 沉桩

（1）锤击法。锤击法是利用桩锤的冲击克服土对桩的阻力，使桩沉到预定深度或达到持力层。这是最常用的一种沉桩方法。

1）锤击法施工设备。打桩设备主要包括桩锤、桩架和动力装置三部分。根据地基土质情况，桩的种类、尺寸以及动力供应条件等因素综合确定。

动画 2-6：锤击沉桩

①桩锤。桩锤是对桩施加冲击，将桩打入土中的主要机具。桩锤的选用应根据地质条件、桩型、桩的密集程度、单桩竖向承载力及现有施工条件等因素确定。桩锤主要有落锤、蒸汽锤、柴油锤和液压锤，目前应用最多的是柴油锤。

用锤击法沉桩时，为保证锤重具有足够的冲击能，锤重应大于或等于桩重。实践证明，当锤重大于桩重的 1.5～2 倍时，能取得良好的效果，但桩锤也不能过重，过重易将桩打坏；当桩重大于 2t 时，可采用比桩轻的桩锤，但也不能小于桩重的 75%。这是因为在施工中，宜采用"重锤低击"，即锤的重量大而落距小，这样，桩锤不易产生回跃，不致损坏桩头，且桩易打入土中，效率高；反之，若"轻锤高击"，则桩锤易产生回跳，易损坏桩头，桩难以打入土中，不仅拖延工期，更影响桩基的质量。桩锤的选择应根据地质条件、桩的类型、桩的长度、桩身结构强度、桩群密集程度以及施工条件等因素确定。

②桩架。桩架是支持桩身和桩锤，在打桩过程中引导桩的方向，并保证桩锤能沿着所要求方向冲击的打桩设备。桩架的形式有很多，常用的通用桩架（能适应多种桩锤）有两种基本形式：一种是沿轨道行驶的多功能桩架；另一种是履带式桩架。

多功能桩架（见图 2-20）由立柱、斜撑、回转工作台、底盘及传动机构组成。这种桩架的机动性和适应性很大，在水平方向可做 360° 回转，立柱可前后倾斜（前斜 5°、后斜 18.5°），底盘下装有铁轮，可在钢轨上行走，可用于各种预制桩及灌注桩施工。缺点是机构较庞大，现场组装和拆迁比较麻烦。

履带式桩架（见图 2-21）以履带式起重机为底盘，增加立柱和斜撑后改装而成。由于行走时不需要轨道，故其机动性能较多功能桩架灵活，移动方便，可适应各种预制桩及灌注桩施工。

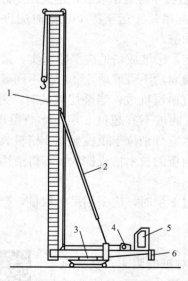

图 2-20　多功能桩架

1—立柱；2—斜撑；3—回转平台；

4—卷扬机；5—司机室；6—平衡重

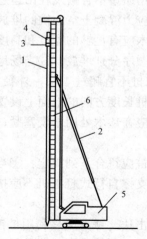

图 2-21　履带式桩架

1—桩；2—斜撑；3—桩帽；4—桩锤；

5—履带式起重机；6—立柱

③动力装置。动力装置的配置取决于所选的桩锤。当选用蒸汽锤时，则需配备蒸汽锅炉

和卷扬机。

2) 打桩施工。

打桩前应做好下列准备工作：处理架空高压线和地下障碍物，场地应平整，排水应畅通，并满足打桩所需的地面承载力；设置供电、供水系统；安装打桩机等。

施工前还应做好定位放线。桩基轴线的定位点及水准点，应设置在不受打桩影响的区域，水准点设置不少于两个，在施工过程中可据此检查桩位的偏差以及桩的入土深度。

①打桩顺序的确定。打桩顺序合理与否，直接影响打桩速度和打桩质量，同时对周围环境也会产生一定的影响。因此，应结合地形、地质及地基土挤压情况和桩的布置密度、工作性能、工期要求等综合考虑后予以确定，以确保桩基质量，减少桩架的移动和转向，加快打桩速度。

打桩顺序（见图 2-22）要求应符合下列规定：对于密集桩群，自中间向两个方向或四周对称施打；当一侧毗邻建筑物时，由毗邻建筑物处向另一方向施打；根据基础的设计标高，宜先深后浅；根据桩的规格，宜先大后小，先长后短。

②打桩施工工艺：桩机就位→吊桩→打桩→接桩→送桩→截桩。

a. 桩机就位：打桩机就位时装架应垂直平稳，导杆中心线与打桩方向一致，并检查桩位是否正确，校核无误后将其固定。

b. 吊桩：打桩机就位后，将桩锤和桩帽吊起，其高度应超过桩身，然后吊桩并送至导杆内，垂直对准桩位保证垂直度偏差不超过 0.5％，然后固定桩帽和桩锤，使桩、桩帽、桩锤在同一铅垂线上，确保桩能垂直下沉。为防止损伤桩顶，在桩锤和桩帽之间应加弹性衬垫，桩帽和桩顶周围四周应有 5～10mm 的间隙。将桩锤缓落到桩顶上，在桩锤的重量作用下，使桩缓缓送下插入土中一定深度，达到稳定位置，再次校正桩位及垂直度。

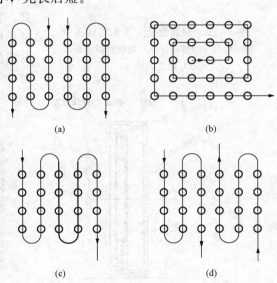

图 2-22　打桩顺序
(a) 由中间向两侧施打；(b) 由中部向四周施打；
(c) 逐排施打；(d) 由两侧向中间施打

c. 打桩：打桩开始时，应先用小落距轻打，待桩入土 1～2m 后，再按要求的落距锤击。锤击时，应使锤跳动正常。桩的入土速度应均匀，锤击间隔时间不要过长，要连续打入，否则，由于土的触变性，会使继续打桩时的摩擦力增大，桩难以打入。打桩时，应防止锤击偏心，以免桩产生偏位、倾斜，或打坏桩头、折断桩身。

桩打入时应符合下列规定：(a) 桩帽或送桩帽与桩周围的间隙应为 5～10mm；(b) 锤与桩帽、桩帽与桩之间应加设硬木、麻袋、草垫等弹性衬垫；(c) 桩锤、桩帽或送桩帽应和桩身在同一中心线上；(d) 桩插入时的垂直度偏差不得超过 0.5％。

桩终止锤击的控制应符合下列规定：(a) 当桩端位于一般土层时，应以控制桩端设计标高为主，贯入度为辅；（b）桩端达到坚硬、硬塑的粘性土、中密以上粉土、砂土、碎石类土及风化岩时，应以贯入度控制为主，桩端标高为辅；（c）贯入度已达到设计要求而桩端标高未达到时，应继续锤击3阵，并按每阵10击的贯入度不应大于设计规定的数值确认，必要时，施工控制贯入度应通过试验确定。

当遇到贯入度剧变，桩身突然发生倾斜、位移或有严重回弹、桩顶或桩身出现严重裂缝、破碎等情况时，应暂停打桩，并分析原因，采取相应措施。

d. 接桩：当设计桩较长时，需分段施打，并在现场接桩。桩的连接可采用焊接、法兰连接或机械快速连接（螺纹式、啮合式）。预制桩接头形式如图2-23、图2-24所示。

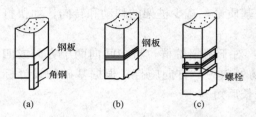

图2-23　钢筋混凝土预制桩接头

(a) 角钢绑焊接头；(b) 钢板对焊接头；

(c) 法兰盘接头

e. 送桩：当桩顶标高低于自然地面，则需用送桩管将桩送入土中时，桩与送桩管的纵轴线应在同一直线上，拔出送桩管后，桩孔应及时回填或加盖。

f. 截桩：打桩完毕后，按设计要求的桩顶标高，将桩头或无法打入的桩身凿去，但不得打裂桩顶标高以下的桩身混凝土，并保证桩顶嵌入承台内的长度不小于50mm，当桩主要承受水平力时，不小于100mm。

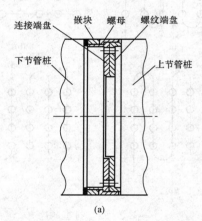

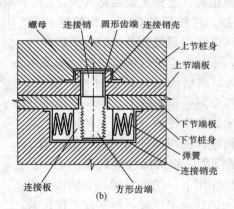

图2-24　钢筋混凝土预制桩接头

(a) 螺纹式机械快速连接；(b) 啮合式机械快速连接

（2）静力压桩法。静力压桩法是利用无振动、无噪声的静压力，将预制桩逐节压入土中的一种沉桩方法。它主要适用于软弱土层和周围环境对振动和噪声有限制的情况。

采用静压沉桩时，场地地基承载力不应小于压桩机接地压强的1.2倍，且场地应平整。静力压桩宜选择液压式和绳索式压桩工艺；宜根据单节桩的长度选用顶压式液压压桩机和抱压式液压压桩机。

静力压桩的施工，一般采用分段压入，逐段接长的方法，其施工顺序为：

测量定位→压桩机就位→吊桩、插桩→桩身对中调直→静压桩→接桩→再静压沉桩→送桩→终止压桩→截桩，如图2-25所示。

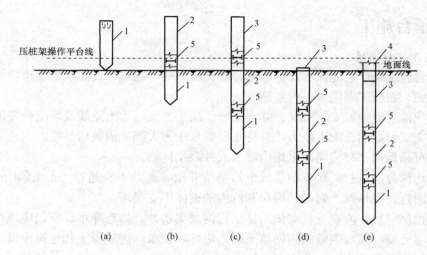

图 2-25　静力压桩工作程序

(a) 准备压第一段；(b) 接第二段桩；(c) 接第三段桩；(d) 整根桩压平至地面；(e) 采用送桩压桩完毕

1—第一段桩；2—第二段桩；3—第三段桩；4—送桩；5—接桩处

静力压桩施工的质量控制应符合下列规定：①第一节桩下压时垂直度偏差不应大于 0.5％；②宜将每根桩一次性连续压到底，且最后一节有效桩长不宜小于 5m；③抱压力不应大于桩身允许侧向压力的 1.1 倍。

终压条件应符合下列规定：①应根据现场试压桩的试验结果确定终压力标准；②终压连续复压次数应根据桩长及地质条件等因素确定。对于入土深度大于或等于 8m 的桩，复压次数可为 2～3 次；对于入土深度小于 8m 的桩，复压次数可为 3～5 次；③稳压压桩力不得小于终压力，稳定压桩的时间宜为 5～10s。

压桩顺序宜根据场地工程地质条件确定，并应符合下列规定：①对于场地地层中局部含砂、碎石、卵石时，宜先对该区域进行压桩；②当持力层埋深或桩的入土深度差别较大时，宜先施压长桩后施压短桩。

压桩过程中应测量桩身的垂直度。当桩身垂直度偏差大于 1‰的时，应找出原因并设法纠正；当桩尖进入较硬土层后，严禁用移动机架等方法强行纠偏。

出现下列情况之一时，应暂停压桩作业，并分析原因，采取相应措施：①压力表读数显示情况与勘察报告中的土层性质明显不符；②桩难以穿越具有软弱下卧层的硬夹层；③实际桩长与设计桩长相差较大；④出现异常响声；压桩机械工作状态出现异常；⑤桩身出现纵向裂缝和桩头混凝土出现剥落等异常现象；⑥夹持机构打滑；⑦压桩机下陷。

静压送桩的质量控制应符合下列规定：①测量桩的垂直度并检查桩头质量，合格后方可送桩，压、送作业应连续进行；②送桩应采用专制钢质送桩器，不得将工程桩用作送桩器；③当场地上多数桩的有效桩长 L 小于或等于 15m 或桩端持力层为风化软质岩，可能需要复压时，送桩深度不宜超过 1.5m；④除满足本条上述 3 款规定外，当桩的垂直度偏差小于 1‰，且桩的有效桩长大于 15m 时，静压桩送桩深度不宜超过 8m；⑤送桩的最大压桩力不宜超过桩身允许抱压压桩力的 1.1 倍。

2.2.3　承台施工

1. 基坑开挖和回填

桩基承台施工顺序宜先深后浅。当承台埋置较深时，应对邻近建筑物及市政设施采取必要的保护措施，在施工期间应进行监测。

基坑开挖前应对边坡支护形式、降水措施、挖土方案、运土路线及堆土位置编制施工方案，若桩基施工引起超孔隙水压力，宜待超孔隙水压力大部分消散后开挖。当地下水位较高需降水时，可根据周围环境情况采用内降水或外降水措施。

挖土应均衡分层进行，对流塑状软土的基坑开挖，高差不应超过 1m。挖出的土方不得堆置在基坑附近。机械挖土时必须确保基坑内的桩体不受损坏。

基坑开挖结束后，应在基坑底做出排水盲沟及集水井，如有降水设施仍应维持运转。在承台和地下室外墙与基坑侧壁间隙回填土前，应排除积水，清除虚土和建筑垃圾，填土应按设计要求选料，分层夯实，对称进行。

2. 钢筋和混凝土施工

绑扎钢筋前应将灌注桩桩头浮浆部分和预制桩桩顶锤击面破碎部分去除，桩体及其主筋埋入承台的长度应符合设计要求，钢管桩尚应焊好桩顶连接件，并应按设计施作桩头和垫层防水。

承台混凝土应一次浇筑完成，混凝土入槽宜采用平铺法。对大体积混凝土施工，应采取有效措施防止温度应力引起裂缝。

思 考 题 与 习 题

1. 按其处理原理和效果，常见的地基处理方法有哪些？
2. 什么是换填法？
3. 灌注桩按照成孔方法如何分类？
4. 混凝土灌注桩如何控制成孔深度？
5. 简述泥浆护壁成孔灌注桩的工艺流程。
6. 简述旋挖钻机成孔灌注桩工艺原理。
7. 简述锤击沉管灌注桩的施工工序。
8. 简述人工挖孔桩的施工工艺。
9. 简述预制桩沉桩方法。
10. 预制桩锤击桩和静压桩终桩如何控制？

第 3 章

砌 筑 工 程

砌筑工程是指粘土砖、石块和各种砌块的施工。由于砖石建筑取材方便、施工简单，在我国有悠久的历史，加上成本低廉，目前在土木工程中仍占有相当的比重。其主要缺点是自重大，施工仍以手工操作为主，劳动强度大、生产率低，而且烧制粘土砖占用大量农田。为保护土地资源和生态环境，节约能源，国家相关部门已出台措施限制和禁止使用普通粘土实心砖作为墙体材料，取而代之的是普通混凝土小型空心砌块、蒸压加气混凝土砌块、粉煤灰砌块等新型墙体材料，越来越多的用于砖混结构和其他结构中。

砌筑工程所需要的材料，一类是粘结材料，即砂浆；另一类是块体材料，如砖、石和砌块。

3.1 砌筑砂浆

根据不同的组分，砌筑砂浆可分为水泥砂浆、石灰砂浆和混合砂浆。为了改善砂浆的某些性能，在搅拌砂浆时可添加某些外加剂。砂浆种类选择及其等级的确定，应根据设计要求。

水泥砂浆和混合砂浆可用于砌筑潮湿环境和强度要求较高的砌体，但对于基础工程、地下工程及经常遇水的池槽等，砌筑时一般只用水泥砂浆。

石灰砂浆宜用于砌筑干燥环境中以及强度要求不高的砌体，不宜用于潮湿环境的砌体及基础，因为石灰属气硬性胶凝材料，在潮湿环境中，石灰膏不但难以结硬，而且会出现溶解流散现象。

砂浆的拌制一般用砂浆搅拌机，要求拌和均匀。为保证搅拌均匀，自投料完算起，搅拌时间应符合下列规定：

（1）水泥砂浆和水泥混合砂浆不得少于 2min；

（2）水泥粉煤灰砂浆和掺用外加剂的砂浆不得少于 3min；

（3）掺用有机塑化剂的砂浆，应为 3~5min。

砂浆应随拌随用，常温下，水泥砂浆和混合砂浆必须分别在搅拌后 3h 和 4h 内使用完毕，如气温在 30℃以上，则必须分别在 2h 和 3h 内用完。如使用时发现砂浆出现泌水现象，使用前应重新拌和。

3.2 砖砌体施工

砖砌体所用的砌筑块材为烧结普通砖、烧结多孔砖、蒸压灰砂砖、粉煤灰砖等。砌筑时，砖应提前1～2d（视天气情况而定）浇水湿润。砖的含水率要适当，含水率过低会造成砂浆中的水分被砖吸走，致使砂浆流动性降低，砌筑困难，并影响砂浆的粘结力和强度；含水率过高也会影响砂浆的密实性、强度和粘结力，而且会产生堕灰和砖块滑动现象，影响墙面外观。普通粘结砖、多孔砖，以及填充墙砌筑用空心砖的含水率宜为10%～15%；灰砂砖、粉煤灰砖含水率宜为8%～12%。

砌体结构施工前，应完成下列工作：①进场原材料的见证取样复验；②砌筑砂浆及混凝土配合比的设计；③砌块砌体应按设计及标准要求绘制排块图、节点组砌图；④检查施工操作人员的技能资格，并对操作人员进行技术、安全交底；⑤完成基槽、隐蔽工程、上道工序的验收，且经验收合格；⑥放线复核；⑦标志板、皮数杆设置；⑧施工方案要求砌筑的砌体样板已验收合格；⑨现场所用计量器具符合检定周期和检定标准规定。

3.2.1　砖基础砌筑

砖基础有带形基础和独立基础之分，基础下部扩大部分称为大放脚、上部为基础墙。大放脚基础的底宽应按照设计要求确定，大放脚各皮的宽度应为半砖长的整数倍（包括灰缝）。基础下面厚度一般为100mm混凝土垫层，垫层宽度每边比大放脚最下层宽100mm。

大放脚有等高式和间隔式两种，如图3-1所示。等高式大放脚采用两皮一收砌法，两边各收进1/4砖长（60mm）；不等高大放脚采用两皮一收和一皮一收相间隔砌筑，两边各收进1/4砖长。等高和间隔式大放脚（不包括基础下面的混凝土垫层）的最下层都应为两皮砖砌筑。

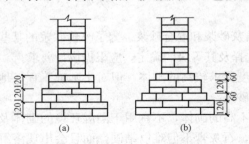

图3-1　砖基础大放脚形式
(a) 等高式；(b) 间隔式

砖基础砌筑工艺：（拌制砂浆→）确定组砌方法→排砖摺底→砌筑→抹防潮层。

1. 确定组砌方法

一般采用满丁满条。里外咬槎，上下皮垂直灰缝相互错开60mm。

2. 排砖摺底

基础大放脚的摺底尺寸及收退方法必须符合设计图纸规定，如一皮一收，里外均应砌丁砖；如两皮一收，第一皮为条砖，第二皮砌丁砖。砖基础的转角处、交接处，为错缝需要应加砌配3/4砖（或称七分头）、半砖或1/4砖。图3-2为底宽为2砖半等高式砖基础大放角转角处的分皮砌法。

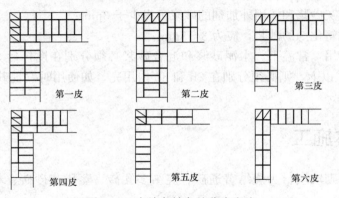

图3-2　大放角转角处分皮砌法

3. 砌筑

砖基础砌筑前，基础垫层表面应清扫干净，洒水湿润。先盘墙角，每次盘角高度不应超过五皮砖，随盘随靠平、吊直。

砌基础墙应挂线，240mm墙反手挂线，370mm以上墙应双面挂线。

基础标高不一致或有局部加深部位，从最低处往上砌筑，应经常拉线检查，以保持砌体通顺、平直，防止砌成"螺丝"墙。

基础大放脚砌至基础上部时，要拉线检查轴线及边线，保证基础墙身位置正确。同时还要对照皮数杆的砖层及标高，如有偏差时，应在水平灰缝中逐渐调整，使墙的层数与皮数杆一致。

暖气沟挑檐砖及上一层压砖，均应用丁砖砌筑，灰缝要严实，挑檐砖标高必须正确。

各种预留洞、埋件、拉结筋按设计要求留置，不可事后剔凿，以免影响砌体质量。

变形缝的墙角应按直角要求砌筑，先砌的墙要把舌头灰刮尽；后砌的墙可采用缩口灰，掉入缝内的杂物随时清理。

安装管沟和洞口过梁其型号、标高必须正确，底灰要饱满；如坐灰超过20mm厚，用细石混凝土铺垫，两端搭墙长度应一致。

4. 抹防潮层

将墙顶活动砖重新砌好，清扫干净，浇水湿润，随即抹防水砂浆，设计无规定时，宜采用1：2.5的水泥砂浆加防水剂铺设，其厚度可为20mm。抗震设防地区建筑物，不应采用卷材作基础墙的水平防潮层。

3.2.2　砖墙砌筑

砌墙施工通常包括抄平、放线、摆砖样、立皮数杆、挂准线、铺灰砌砖等工序。如是清水墙，则还要进行勾缝。

动画 3-1：砖墙砌筑

1. 抄平

砌砖墙前，先在基础顶面或楼面上按标准的水准点定出各层标高，并用水泥砂浆或细石混凝土找平，使各段砖墙底部标高符合设计要求。

2. 放线

建筑物底层墙身可按龙门板（见图3-3）上轴线定位将墙身中心轴线放到基础顶面上，根据控制轴线，弹出纵横墙身中心线与边线，定出门洞口位置。利用预先引测在外墙面上的复核墙身中心轴线，借助于经纬仪把墙身中心轴线引测到楼层上去；或用线锤下挂，对准外墙面上的墙身中心轴线，向上引测。根据标高控制点，测出水平标高，为竖向尺寸控制确定基准。

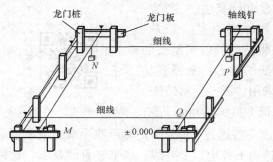

图 3-3　龙门板

3. 摆砖样

按选定的组砌方法，在墙基顶面放线位置试摆砖样（生摆，即不铺灰），尽量使门窗垛符合砖的模数，偏差小时可通过竖缝调整，以减小断砖数量，并保证砖及砖缝排列整齐、均匀，以提高砌砖效率。摆砖样在清水墙砌筑中尤为重要。整砖数量计算原理如图3-4所示。

4. 立皮数杆

立皮数杆（见图3-5）可以控制每皮砖砌筑的竖向尺寸，并使铺灰、砌砖的厚度均匀，保证砖皮水平。皮数杆上划有每皮砖和灰缝的厚度，以及门窗洞、过梁、楼板、梁底、预埋件等的标高。它立于墙的转角处，其基准标高用水准仪校正。皮数杆的间距不宜大于15m。

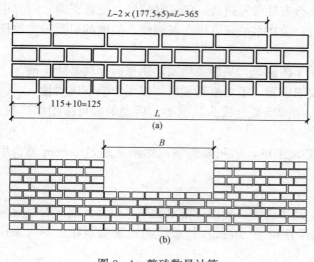

图 3-4　整砖数量计算

(a) 墙面排砖计算；(b) 洞口排砖计算

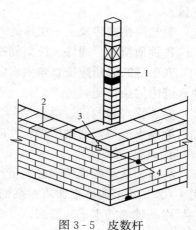

图 3-5　皮数杆

1—皮数杆；2—准线；3—竹片；4—圆铁钉

5. 挂准线

砌砖时，砖砌通常先在墙角以皮数杆进行盘角，然后将准线挂在墙侧，作为墙身砌筑的依据，每砌一皮或两皮，准线向上移动一次。

挂准线的具体操作是先挂上通线（一般二四墙可单面挂线，三七墙及以上的墙则应双面挂线），按所排的干砖位置把第一皮砖砌好，然后盘角。盘角又称立头角，指在砌墙时先砌墙角，然后从墙角处拉准线，再按准线砌中间的墙，保证墙面垂直平整。

动画3-2："三一"砌砖法

6. 铺灰砌砖

铺灰砌砖的操作方法很多，与各地区的操作习惯、使用工具有关。常用的有"三一"法和铺浆法。

"三一"砌砖法的操作要点是一铲灰、一块砖、一挤揉并随手将挤出的砂浆刮去的砌筑方法。操作时砖块要放平、跟线。这种砌法的优点：灰缝容易饱满，粘结性好，墙面整洁。故实心砖砌体宜采用"三一"砌砖法。

视频 3-1："三一"砌砖法

铺浆法即用灰勺、大铲或铺灰器在墙顶上铺 500～750mm 左右长的砂浆（施工期间气温超过 30℃时，铺浆长度不得超过 500mm），然后双手拿砖或单手拿砖，用砖挤入砂浆中一定厚度之后把砖放平，达到下齐边、上齐线、横平竖直的要求。这种砌法的优点：可以连续挤砌几块砖，减少烦琐的动作；平推平挤可使灰缝饱满、效率高、保证砌筑质量。

砌砖时，先挂上通线（一般二四墙可单面挂线，三七墙及以上的墙则应双面挂线），按所排的干砖位置把第一皮砖砌好，然后盘角。盘角又称立头角，指在砌墙时先砌墙角，然后从墙角处拉准线，再按准线砌中间的墙，保证墙面垂直、平整。

3.2.3　砌筑形式

砖墙根据其厚度不同，分为半砖墙（或称一二墙）、一砖墙（或称二四墙）、一砖半墙（或称三七墙）和二砖墙（或称四九墙）。根据墙体密实性，可分为空斗墙和实心墙，前者不宜做承重墙。

当墙体厚度等于 240mm 时，常采用一顺一丁、三顺一丁和梅花丁的砌筑形式（见图 3-6）。

1. 一顺一丁

一顺一丁砌法是一皮中全部顺砖与一皮中全部丁砖相互间隔砌成，上下皮间的竖缝相互错开 1/4 砖长，如图 3-6（a）所示。

2. 三顺一丁

三顺一丁砌法是三皮中全部顺砖与一皮中全部丁砖间隔砌成，上下皮顺砖与丁砖间竖缝错开 1/4 砖长，上下皮顺砖间竖缝错开 1/2 砖长，如图 3-6（b）所示。

3. 梅花丁

梅花丁砌法是每皮中丁砖与顺砖相隔，上皮丁砖坐中于下皮顺砖，上下皮间竖缝相互错开 1/4 砖长，如图 3-6（c）所示。

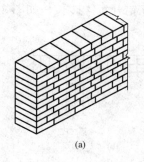 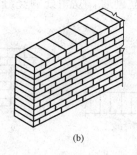 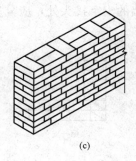

　　　　（a）　　　　　　　　　　（b）　　　　　　　　　　（c）

图 3-6　砖墙组砌形式

(a) 一顺一丁；(b) 三顺一丁；(c) 梅花丁

3.2.4　砌筑质量要求

1. 砌筑基本质量要求

砌筑工程质量的基本要求是：横平竖直，砂浆饱满、灰缝均匀，上下错缝、内外搭砌，接槎牢固。

（1）横平竖直。砌体抗压性能好，而抗剪拉能力差。为使砌体均匀受压，不产生剪力及水平推力，墙、柱等承受竖向荷载的砌体，其灰缝应横平竖直，否则，在竖向荷载作用下，沿水平灰缝与砖块的结合面会产生剪应力。当剪应力超过抗剪强度时，灰缝受剪破坏，随之对相邻砖块形成推力或挤压作用。当沿墙体横截面产生推力时，将使结构受力恶化。对于拱结构，为使砌体受压，而不产生剪切破坏作用，则灰缝应与作用力方向垂直，如图 3 - 7 所示。

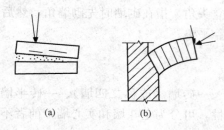

图 3 - 7　砌体受力情况

(a) 砌体不横平；(b) 拱结构

（2）砂浆饱满、灰缝均匀。对砌砖工程，上面砌体的重量主要通过砌体之间的水平灰缝传递到下面，水平灰缝不饱满或厚薄不均会使砖块不能均匀传力，而产生弯曲、剪切破坏作用，会造成砖块折断。为此，规定实心砖砌体水平灰缝的砂浆饱满度不得低于 80%。竖向灰缝的饱满程度，影响砌体抗透风和抗渗水的性能。水平缝厚度和竖缝宽度规定为 10mm±2mm，过厚的水平灰缝容易使砖块浮滑，墙身侧倾，过薄的水平灰缝会影响砌体之间的粘结能力。

（3）上下错缝、内外搭砌。上下错缝是指砖砌体上下两皮砖的竖缝应当错开，以避免上下通缝。在垂直荷载作用下，砌体会由于"通缝"丧失整体性而影响砌体强度。同时，内外搭砌使同皮的里外砌体通过相邻上下皮的砖块搭砌而组砌得牢固。为满足上下错缝、内外搭砌的要求，实心砖砌体一般采用一顺一丁、三顺一丁、梅花丁等组砌方法。

砖墙的转角处，当采用一顺一丁组砌时，七分头的顺面方向依次砌顺砖，丁面方向依次砌丁砖，如图 3 - 8（a）所示。

砖墙的丁字接头处，应分皮相互砌通，内角相交处的竖缝应错开 1/4 砖长，并在横墙端头处加砌七分头砖，如图 3 - 8（b）所示。

砖墙的十字接头处，应分皮相互砌通，立角处的竖缝相互错开 1/4 砖长，如图 3 - 8（c）所示。

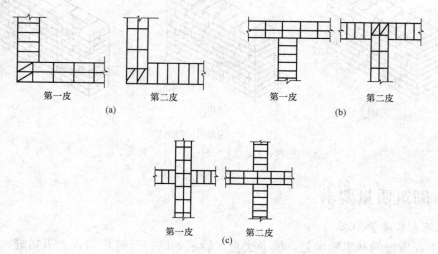

图 3 - 8　砖墙交接处组砌

(a) 一砖墙转角（一顺一丁）；(b) 一砖墙丁字交接处（一顺一丁）；(c) 一砖墙十字交接处（一顺一丁）

另外，为改善砌体受力性能，每层承重墙的最上一皮砖或梁、梁垫下面，或砖砌体的台阶水平面上及挑出部分最上一皮砖均应采用丁砌层砌筑。

（4）接槎牢固。"接槎"是指相邻砌体不能同时砌筑而设置的临时间断，它可便于先砌砌体与后砌砌体之间的接合。为使接槎牢固，须保证接槎部分的砌体砂浆饱满，砖砌体应尽可能砌成斜槎，斜槎的长度不应小于高度的 2/3 [图 3-9（a）]。临时间断处的高度差不得超过一步脚手架的高度。当留斜槎确有困难时，可从墙面引出不小于 120mm 的直槎 [图 3-9（b）]，并沿高度间距不大于 500mm 加设拉结筋的，拉结筋每 120mm 墙厚放置 1 根 Φ6 钢筋，埋入墙的长度每边均不小于 500mm。但砌体的 L 形转角处，不得留直槎。

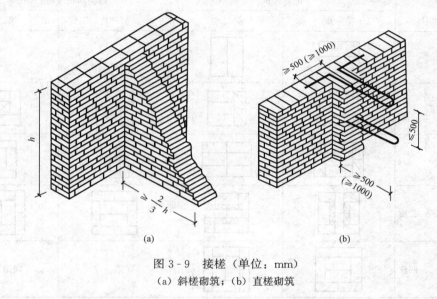

图 3-9　接槎（单位：mm）
（a）斜槎砌筑；（b）直槎砌筑

在补槎时应注意留槎处的表面清理干净，浇水湿润，填实砂浆，保证灰缝饱满、厚薄均匀、接缝平直。

在砌筑框架结构等房屋的填充墙时，墙体的拉结钢筋应与框架中预埋拉结钢筋连接起来，填充墙体与框架柱接槎处应采用砖和砂浆塞紧。墙体砌筑到框架梁底时，应用砖斜砌挤紧框架梁底，斜砖的角度宜为 60°左右。

2. 临时施工洞口留置

在墙上留置临时施工洞口，其侧边离交接处墙面不应小于 500mm，洞口净宽度不应超过 1m。临时施工洞口应做好补砌。

不得在下列墙体或部位设置脚手眼：①半砖厚墙；②过梁上与过梁成 60°角的三角形范围及过梁净跨度 1/2 的高度范围内；③宽度小于 1m 的窗间墙；④墙体门窗洞口两侧 200mm 和转角处 450mm 范围内；⑤梁或梁垫下及其左右 500mm 范围内；⑥设计不允许设置脚手眼的部位。

施工脚手眼补砌时，灰缝应填满砂浆，不得用干砖填塞。

设计要求的洞口、管道、沟槽应于砌筑时正确留出或预埋，未经设计同意，不得打凿墙体或在墙体上开凿水平沟槽。宽度超过 300mm 的洞口上部，应设置钢筋混凝土过梁。

正常施工条件下，砖砌体的每日砌筑高度宜控制在 1.5m 或一步架高度内。

砖墙工作段的分段位置，宜设在变形缝、构造柱或门窗洞口处；相邻工作段的砌筑高度不得超过一个楼层高度，也不宜大于 4m。

3. 砖柱和砖垛

（1）砖柱。砖柱一般砌成矩形断面，见表3-1，个别也有砌成圆形（见图3-10）、多角形断面（见图3-11）。由于方形或矩形断面砖柱方便施工，故采用最多。

表3-1　　　　　　　　　　　　　　　矩形砖柱的组砌形式

柱断面 /(mm×mm)		正确砌筑		错误砌筑（包心砌法）	
		第一皮	第二皮	第一皮	第二皮
240×240					
365×365					
365×490					
490×490	第一、二皮				
	第三、四皮			同第一皮	同第二皮

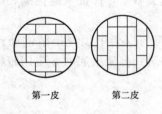

第一皮　　　　第二皮

图3-10　圆形柱砌法

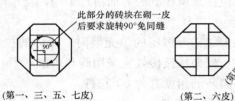

此部分的砖块在砌一皮后要求旋转90°免同缝

（第一、三、五、七皮）　　　（第二、六皮）　（第四、八皮）

图3-11　多角形柱砌法

砖柱断面尺寸不应小于240mm×365mm，且应选用整砖砌筑。砖柱砌筑时应保证砖柱外表面上下皮垂直灰缝相互错开1/4砖长，砖柱内部少通缝，为错缝需要应加配砖，不得采用包心砌法。砖柱中不得留脚手眼。表3-1给出了矩形断面砖柱的常见正确与错误的组砌形式。

砖柱的水平灰缝厚度、垂直灰缝宽度及砖柱水平灰缝砂浆饱满度的要求同砖墙。

成排同断面砖柱，宜先砌两端的砖柱，以此为准，拉准线砌中间部分砖柱，这样可保证各砖柱皮数相同，水平灰缝厚度相同。

（2）砖垛。砖垛砌筑前的准备工作与实心砖墙相同。砖垛宜用烧结普通砖与水泥混合砂浆砌筑。砖的强度等级不应低于MU7.5，砂浆强度等级不应低于M2.5。砖垛截面尺寸不应小于125mm×240mm。

砖垛的砌筑方法，应根据不同墙厚及垛的大小而定。无论哪种砌法，应使垛与墙体逐皮搭砌，切不可分离砌筑。搭砌长度不少于1/2砖长（个别情况下至少1/4砖长）。垛根据错缝需要，可加砌七分头砖或半砖。

砖垛砌筑应与墙体同时砌起，不能先砌墙后砌垛或先砌垛后砌墙。砖垛灰缝要求同实心砖墙。砖垛上不得留设脚手眼。砖垛每日砌筑高度应与相附墙体砌筑高度相等，不可一高一低。

图 3 - 12 所示是一砖墙的几种砖垛的砌法。

4. 柱和墙的允许自由高度

砖墙或砖柱顶面尚未安装楼板

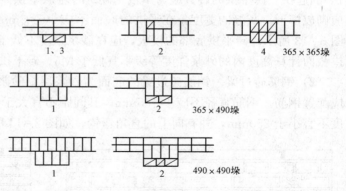

图 3 - 12　一砖墙的砖垛砌法（单位：mm）

或屋面板时，为保证砌体可能遇到大风时的安全稳定性，其允许自由高度不得超过表 3 - 2 的规定，否则应采取可靠的临时加固措施。

表 3 - 2　　　　　　　　　　　墙和柱的允许自由高度

墙、柱厚 /mm	墙和柱的允许自由高度/m					
	砌体重度＞16kN/m³（石墙、空心石墙）			砌体重度＞13kN/m³（空心砖墙、空斗墙）		
	风载/（kN/m²）			风载/（kN/m²）		
	0.30（大致相当于7级风）	0.40（大致相当于8级风）	0.60（大致相当于9级风）	0.30（大致相当于7级风）	0.40（大致相当于8级风）	0.60（大致相当于9级风）
190	—	—	—	1.4	1.1	0.7
240	2.8	2.1	1.4	2.2	1.7	1.1
370	5.2	3.9	2.6	4.2	3.2	2.1
490	8.6	6.5	4.3	7.0		3.5
620	14.0	10.5	7.0	11.4	8.6	5.71

注：本表适用于施工处标高 h 在 10m 范围内的情况，如 10m＜h≤15m、15m＜h≤20m 和 h＞20m 时，表内的允许自由高度值应分别乘以 0.9、0.8 和 0.75 的系数；若所砌筑的墙有横墙或其他结构与其连接，而且间距小于表中自由高度限值的 2 倍，砌筑高度可不受本表规定的限制。

3.2.5　砌筑质量检查

砌筑过程中应及时对砌筑质量进行检查，做到三皮一吊、五皮一靠，尤其应注意墙角的检查。墙身垂直度用托线板检查，墙身水平度用水平尺检查，灰缝砂浆饱满度用百格网随时抽查，各层外墙窗洞位置用线锤检查。

3.2.6　砖过梁和构造柱砌筑要求

（1）砖过梁。常用的砖过梁有砖平拱过梁和钢筋砖过梁。

1）砖平拱过梁。砖平拱应用整砖侧砌，平拱高度不小于一砖长（240mm）。砖平拱的拱脚下面应伸入墙内不小于 20mm。砖平拱砌筑时，应在其底部支设模板，模板中央应有

1‰的起拱。砖平拱的砖数应为单数。砌筑时应从平拱两端同时向中间进行。砖平拱的灰缝应砌成楔形。灰缝的宽度，在平拱的底面不应小于 5mm，在平拱顶面不应大于 15mm，如图 3-13 所示。砖平拱底部的模板，应在砂浆强度不低于设计强度 50% 时，方可拆除。砖平拱截面计算高度内的砂浆强度等级不宜低于 M5。砖平拱的跨度不得超过 1.2m。

2）钢筋砖过梁。钢筋砖过梁的底面为砂浆层，砂浆层厚度不宜小于 30mm。砂浆层中应配置钢筋，钢筋直径不应小于 5mm，其间距不宜大于 120mm，钢筋两端伸入墙体内的长度不宜小于 250mm，并有向上的直角弯钩，如图 3-14 所示。

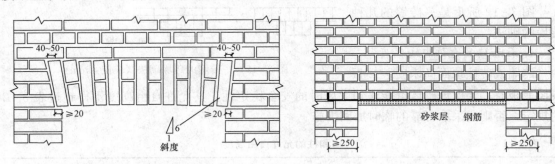

图 3-13　砖平拱（单位：mm）　　　　图 3-14　钢筋砖过梁（单位：mm）

　　钢筋砖过梁砌筑前，应先支设模板，模板中央应略有起拱；砌筑时，宜先铺 15mm 厚的砂浆层，把钢筋放在砂浆层上，使其弯钩向上，然后再铺 15mm 砂浆层，使钢筋位于 30mm 厚的砂浆层中间。之后，按墙体砌筑形式与墙体同时砌砖；钢筋砖过梁截面计算高度内（7 皮砖高）的砂浆强度不宜低于 M5；钢筋砖过梁的跨度不应超过 1.5m；钢筋砖过梁底部的模板，应在砂浆强度不低于设计强度 50% 时，方可拆除。

（2）构造柱。设有钢筋混凝土构造柱的墙体，应先绑扎构造柱钢筋，然后砌砖墙，最后支模浇筑混凝土。砖墙应砌成马牙槎（五退五进，先退后进），墙与柱应沿高度方向每 500mm 设水平拉结筋，每边伸入墙内不应少于 1m，在施工中拉结筋不得任意弯折。拉结筋的布置及马牙槎的设置如图 3-15 所示。

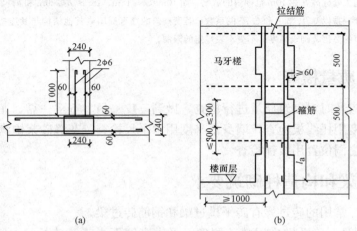

图 3-15　拉结钢筋布置及马牙槎（单位：mm）
(a) 平面图；(b) 立面图

3.3　石砌体施工

石砌体包括毛石砌体和料石砌体两种。石砌体施工包括石基础、石墙、石挡土墙、石桥梁墩台等的施工。

3.3.1　材料要求

石砌体采用的石材应质地坚实，无风化剥落和裂纹。用于清水墙、柱表面的石材，还应色泽均匀。石材及砌筑砂浆的强度等级应符合设计要求。

3.3.2　毛石砌体

1. 砌筑要点

毛石分为乱毛石和平毛石两种。乱毛石是指形状不规则的石块；平毛石是指形状不规则，但有两个平面大致平行的石块。毛石应呈块状，其中部厚度不宜小于 200mm。

毛石砌体采用铺浆法砌筑。砂浆饱满度应不少于 80%。

毛石砌体宜分皮卧砌，各皮石块间应利用自然形状经敲打修整使能与先砌石块基本吻合、搭砌紧密；应上下错缝，内外搭砌，不得采用外面侧立石块中间填心的砌筑方法。砌体中间不得有铲口石（尖石倾斜向外的石块）、斧刃石（尖石向下的石块）和过桥石（仅在两端搭砌的石块），如图 3-16 所示。

毛石砌体的灰缝厚度宜为 20～30mm，石块间不得有相互接触现象。石块间较大的空隙应先填塞砂浆后用碎石块嵌实，不得采用先摆碎石块后塞砂浆或干填碎石块的方法。

2. 毛石基础

毛石基础是用毛石与水泥砂浆或水泥混合砂浆砌成。所用毛石强度等级一般为 M20 以上，砂浆宜用水泥砂浆，强度等级应不低于 M5。

毛石基础可作墙下条形基础或柱下独立基础。按其断面形式有矩形、阶梯形和梯形。基础的顶面宽度应比墙厚大 200mm，即每边宽出 100mm，每阶高度一般为 300～400mm，并至少砌二皮毛石。上级阶梯的石块应至少压砌下级阶梯的 1/2，相邻阶梯的毛石应相互错缝搭砌，如图 3-17 所示。

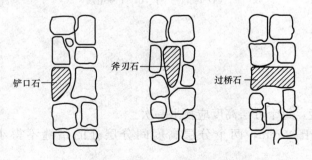

图 3-16　铲口石、斧刃石和过桥石

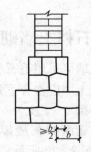

图 3-17　阶梯形毛石基础

毛石基础必须设置拉结石。毛石基础同皮内每隔 2m 左右设置一块。拉结石长度：如基础宽度小于或等于400mm，应与基础宽度相等；如基础宽度大于400mm，可用两块拉结石内外搭接，搭接长度不应小于150mm，且其中一块拉结石长度不应小于基础宽度的2/3。

3. 毛石墙

毛石墙的第一皮及转角处、交接处、洞口处，应选用较大的平毛石砌筑。

每个楼层墙体的最上一皮，宜选用较大的平毛石砌筑。

毛石墙必须设置拉结石，拉结石应均匀分布，相互错开，一般每0.7m²墙面至少应设置一块，且同皮内的中距不应大于2m。

拉结石长度：如墙厚小于或等于400mm，应与墙厚相等；如墙厚大于400mm，可用两块拉结石内外搭接，搭接长度不应小于150mm，且其中一块拉结石长度不应小于墙厚的2/3。

3.3.3　料石砌体

1. 料石基础

料石基础一般为阶梯形，每皮宽度应大于200mm。第一皮应坐浆丁砌，第二皮用顺砌，上下皮竖缝互相错开下阶料石长的1/3（见图3-18）。

2. 料石墙

料石墙厚度等于一块料石宽度时，可采用全顺砌筑形式。

料石墙厚度等于两块料石宽度时，可采用两顺一丁或丁顺组砌的砌筑形式（见图3-19）。

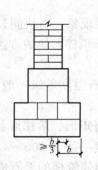

图3-18　阶梯形料石基础

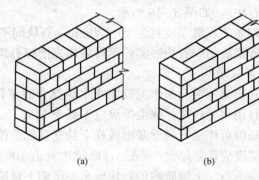

图3-19　料石墙砌筑形式
(a) 两顺一丁；(b) 丁顺组砌

3.3.4　石挡土墙砌筑

石挡土墙可采用毛石或料石砌筑。

毛石挡土墙应符合下列规定：

(1) 每砌3～4皮为一个分层高度，每个分层高度应找平一次。

(2) 外露面的灰缝厚度不得大于40mm，两个分层高度间分层处的错缝不得小于80mm，如图3-20所示。

(3) 料石挡土墙宜采用丁顺组砌的砌筑形式。当中间部分用毛石填砌时，丁砌料石伸入毛石部分的长度不应小于200mm。

当设计无规定时，挡土墙的泄水孔施工应符合下列规定：

（1）泄水孔应均匀设置，在每米高度上间隔 2m 左右设置一个泄水孔。

（2）泄水孔与土体间铺设长宽各为 300mm、厚 200mm 的卵石或碎石作疏水层。

挡土墙内侧回填土必须分层夯填，分层松土厚度应为 300mm。墙顶土面应有适当的坡度使流水流向挡土墙外侧面。

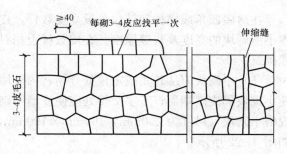

图 3-20　毛石挡土墙立面（单位：mm）

3.4　砌块砌体施工

砌块代替粘土砖作为墙体材料，是墙体改革的一个重要途径。中小型砌块按材料分有混凝土空心砌块、粉煤灰硅酸盐砌块、煤矸石硅酸盐空心砌块、加气混凝土砌块等。

小型砌块的施工方法同砖砌体施工方法一样，主要是手工砌筑。中型砌块的施工，是采用各种吊装机械及夹具将砌块安装在设计位置，一般要按建筑物的平面尺寸及预先设计的砌块排列图逐块地按次序吊装，就位固定。

3.4.1　普通混凝土小型空心砌块砌体施工

普通混凝土小型空心砌块（简称普通混凝土小砌块）以水泥、砂、碎石或卵石、水等预制成的。

普通混凝土小砌块分主规格和辅助规格，其主规格尺寸为 390mm×190mm×190mm，有两个方形孔，最小外壁厚应不小于 30mm，最小肋厚应不小于 25mm，空心率应不小于 25%。普通混凝土小型空心砌块孔洞设置在受压面，有单排孔、双排孔、三排孔及四排孔洞。主规格配以若干辅助规格，即可组成砌块基本系列，如图 3-21 所示。

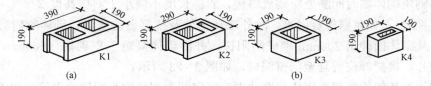

图 3-21　普通混凝土小型空心砌块

（a）主砌块；（b）辅助砌块

普通混凝土小型空心砌块施工要点如下：

（1）施工时所用的混凝土小型空心砌块的产品龄期不应小于 28d。

（2）砌筑小砌块时，应尽量采用主规格小砌块，并应清除表面污物和芯柱及小砌块孔洞底部的毛边，剔除外观质量不合格的小砌块。

（3）在天气炎热的情况下，可提前洒水湿润小砌块，小砌块表面有浮水时，不得施工。

（4）小砌块应底面朝上反砌于墙上。承重墙严禁使用断裂的小砌块。

在房屋四角或楼梯间转角处设立皮数杆，皮数杆间距不得超过15m。皮数杆上应画出各皮小型砌块的高度及灰缝厚度。在皮数杆上相对小型砌块上边线之间拉准线，小型砌块依准线砌筑。

（5）小砌块应从转角或定位处开始，内外墙同时砌筑，纵横墙交错搭接。外墙转角处应使小砌块隔皮露端面；T字交接处应使横墙小砌块隔皮露端面，纵墙在交接处改砌两块辅助规格小砌块（尺寸为290mm×190mm×190mm，一端开口），所有露端面用水泥砂浆抹平，如图3-22所示。

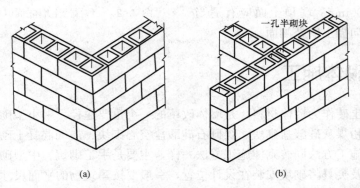

图3-22 小砌块墙转角处及T字交接处砌法
(a) 转角处；(b) T字交接处

（6）小砌块墙体应对孔错缝搭砌，搭接长度不应小于90mm。墙体的个别部位不能满足上述要求时，应在灰缝中设置拉结钢筋或钢筋网片，但竖向通缝不能超过两皮小砌块。

（7）小砌块砌体的灰缝应横平竖直，全部灰缝均应铺填砂浆；水平灰缝的砂浆饱满度不得低于90%；竖向灰缝的砂浆饱满度不得低于80%；砌筑中不得出现瞎缝、透明缝。水平灰缝厚度和竖向灰缝宽度应控制在8~12mm。当缺少辅助规格小砌块时，砌体通缝不应超过两皮砌块。

（8）小砌块砌体临时间断处应砌成斜槎，斜槎长度不应小于斜槎高度2/3（一般按一步脚手架高度控制）；如留斜槎有困难，除外墙转角处及抗震设防地区，砌体临时间断处不应留直槎外，从砌体面伸出200mm砌成阴阳槎，并沿砌体高每三皮砌块（600mm），设拉结筋或钢筋网片，接槎部位宜延至门窗洞口，如图3-23所示。

承重砌体严禁使用断裂小砌块或壁肋中有竖向凹形裂缝的小型砌块砌筑，也不得采用小型砌块与烧结普通砖等其他块体材料混合砌筑。

小砌块砌体内不宜设脚手眼，如必须设置时，可用辅助规格190mm×190mm×190mm小砌块侧砌，利用其孔洞作脚手眼，砌体完工后用不低于C20的混凝土填实。小砌块砌体不得设置脚手眼，具体规定参照前面砖砌体或者规范规定。

常温条件下，普通混凝土小型砌块的日砌筑高度应控制在1.5m内或一步架高度内。对砌体表面的平整度和垂直度，灰缝的厚度和砂浆饱满度应随时检查，校正偏差。小型砌块砌体相邻工作段的高度差不得大于一个楼层高度或4m。在砌完每一楼层后，应校核砌体的轴线尺寸和标高，允许范围内的轴线及标高的偏差，可在楼板面上予以校正。

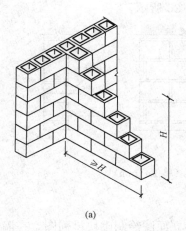
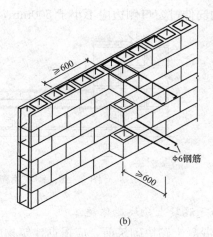

(a)　　　　　　　　　　　　　　　(b)

图 3-23　小砌块砌体斜槎和直槎
(a) 斜槎；(b) 直槎

3.4.2　蒸压加气混凝土砌块砌体施工

　　蒸压加气混凝土砌块是以水泥、矿渣、砂、石灰等为主要原料，加入发气剂，经搅拌成型、蒸压养护而成的实心砌块。

　　为保证砌筑质量和施工效率，砌筑蒸压加气混凝土砌块宜采用铺灰铲、锯、钻、镂、平直架等专用工具施工。

　　1. 加气混凝土砌块砌体构造

　　加气混凝土砌块可砌成单层墙或双层墙体。单层墙是将加气混凝土砌块立砌，墙厚为砌块的宽度。双层墙是将加气混凝土砌块立砌两层中间夹以空气层，两层砌块间，每隔 500mm 墙高在水平灰缝中放置 $\phi 4 \sim \phi 6$ 的钢筋扒钉，扒钉间距为 600mm，空气层厚度约 70～80mm（见图 3-24）。

　　承重加气混凝土砌块墙的外墙转角处、墙体交接处，均应沿墙高 1m 左右，在水平灰缝中放置拉结钢筋，拉结钢筋为 $3 \phi 6$，钢筋伸入墙内不少于 1000mm，如图 3-25 所示。

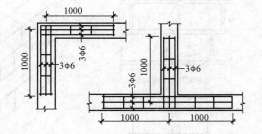

单层砌块墙　　　　　　　双层砌块墙

图 3-24　加气混凝土砌块墙（单位：mm）　　　图 3-25　承重砌块墙的拉结钢筋（单位：mm）

　　非承重加气混凝土砌块墙的转角处、与承重墙交接处，均应沿墙高 1m 左右，在水平灰缝中放置拉结钢筋，拉结钢筋为 $2 \phi 6$，钢筋伸入墙内不少于 700mm。

　　蒸压加气混凝土砌块外墙的窗口下一皮砌块下的水平灰缝应设置拉结钢筋，拉结钢筋为

3Φ6，钢筋伸过窗口侧边应不小于 500mm，如图 3-26 所示。

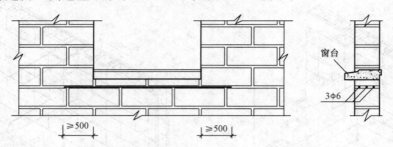

图 3-26　砌块墙窗口下配筋（单位：mm）

2. 加气混凝土砌块砌体施工

加气混凝土砌块砌筑前，应根据建筑物的平面、立面图绘制砌块排列图。在墙体转角处设置皮数杆，皮数杆上画出砌块皮数及砌块高度，并在相对砌块上边线间拉准线，依准线砌筑。

加气混凝土砌块的砌筑面上应适量洒水。

加气混凝土砌块墙的上下皮砌块的竖向灰缝应相互错开，相互错开长度宜为 300mm，并不小于 150mm。如不能满足时，应在水平灰缝设置 2Φ6 的拉结钢筋或Φ4 钢筋网片，拉结钢筋或钢筋网片的长度应不小于 700mm，如图 3-27 所示。

加气混凝土砌块墙的灰缝应横平竖直，砂浆饱满。水平灰缝砂浆饱满度不应小于 90%，竖向灰缝砂浆饱满度不应小于 80%。水平灰缝厚度宜为 15mm，竖向灰缝宽度宜为 20mm。

蒸压加气混凝土砌块墙的转角处，应使纵横墙的砌块相互搭接，隔皮砌块露端面。蒸压加气混凝土砌块墙的 T 字交接处，应使横墙砌块隔皮露端面，并坐中于纵墙砌块，如图 3-28 所示。每一楼层内的砌块墙体应连续砌完，不留接槎。如必须留槎时，应留成斜槎，或在门窗洞口侧边间断。

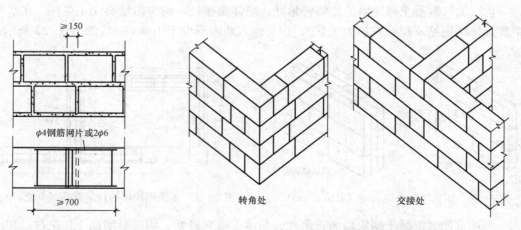

图 3-27　加气混凝土砌块墙中拉结筋　　　　图 3-28　加气混凝土砌块的转角处、
　　　　　　（单位：mm）　　　　　　　　　　　　　　交接处砌法

　　蒸压加气混凝土砌块墙的转角处、与结构柱交接处，均应沿墙高或柱高 1m 左右，在水平灰缝中放置拉结钢筋，拉结钢筋为 2Φ6，钢筋应预先埋置在结构柱内，伸入墙内时不少于 700mm。若墙体与构造柱连接，应将构造柱与墙体连接处的砌体砌成马牙搓，每个马牙搓高度不超过 300mm，搓口深度不小于 150mm，如图 3-29 所示。

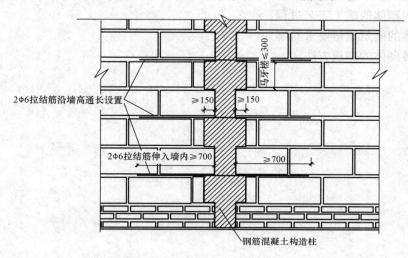

图 3-29　构造柱与墙体连接立面图（单位：mm）

　　加气混凝土砌块不能与其他块材混砌，不得在蒸压加气混凝土砌块墙上留设脚手眼。

　　此外，蒸压加气混凝土砌块墙如无切实有效措施，不得用于下列部位：①建筑物室内地面标高以下部位；②长期浸水或经常受干湿交替部位；③受化学环境侵蚀（如强酸、强碱）或高浓度二氧化碳等环境；④砌块表面经常处于 80℃ 以上的高温环境。

3.5　砌体冬期施工

　　当室外日平均气温连续 5d 稳定低于 5℃ 时，砖石工程的施工应按冬期施工的要求进行砌筑。

　　冬期施工所用的材料应符合如下规定：①砖和石材在砌筑前，应清除冰霜；②砂浆宜采用普通硅酸盐水泥拌制；③石灰膏、粘土膏和电石膏等应防止受冻，如遭冻应融化后使用；④拌制砂浆所用的砂，不得含有冰块或直径大于 1cm 的冰结块；⑤采用热水拌和砂浆时，水的温度不得超过 80℃，砂的温度不得超过 40℃。

　　普通砖在正温度条件下砌筑应适当浇水润湿，在负温度条件下砌筑时，如浇水有困难则须适当加大砂浆的稠度，且不得使用无水泥配制砂浆。

　　砖基础的施工和回填土前，均应防止地基遭受冻结。

　　砖石工程的冬期施工应以掺盐砂浆法为主。对保温、绝缘、装饰等方面有特殊要求的工程，可采用冻结法、暖棚法等施工方法。

　　在冬期施工中，每日砌筑后应在砌体表面覆盖保温材料。

思考题与习题

1. 常见砌筑砂浆有哪些种类？
2. 简述砖砌体的施工工艺过程。
3. 砖砌体的砌筑质量要求有哪些？
4. 简述砖砌体的砌筑方法。

第 4 章

混 凝 土 结 构 工 程

混凝土结构工程是将钢筋和混凝土两种材料，按设计要求浇筑而成各种形状的构件和结构。在土木工程施工中，混凝土结构工程不仅在项目的工程造价中占有绝对多的比例，而且对工期有很大的影响。混凝土结构工程按材料不同分为素混凝土、钢筋混凝土、预应力混凝土，按施工方法分为现浇整体式、预制装配式和装配整体式三类。本章只讲述现浇整体式钢筋混凝土结构施工。

混凝土结构工程包括钢筋工程、模板工程和混凝土工程，其施工工艺流程如图 4-1所示。

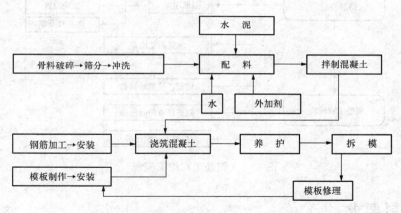

图 4-1　混凝土结构工程施工工艺流程图

4.1　钢筋工程

4.1.1　一般规定

钢筋工程宜采用专业化生产的成型钢筋。钢筋连接方式应根据设计要求和施工条件选用。当需要进行钢筋代换时，应办理设计变更文件。

在施工之前，钢筋工程应做一个施工方案，具体应包括下列内容：①钢筋材料选择及进场检查、验收要求；②钢筋加工的技术方案及计划；③钢筋连接技术方案及相关配套产品；④钢筋现场施工技术方案及质量控制措施。

在浇筑混凝土之前，应进行钢筋隐蔽工程验收，其内容包括：①纵向受力钢筋的品种、规格、数量、位置等。②钢筋的连接方式、接头位置、接头数量、接头面积百分率等。③箍筋、横向钢筋的品种、规格、数量、间距等。④预埋件的规格、数量、位置等。

钢筋工程施工流程如图 4-2 所示。

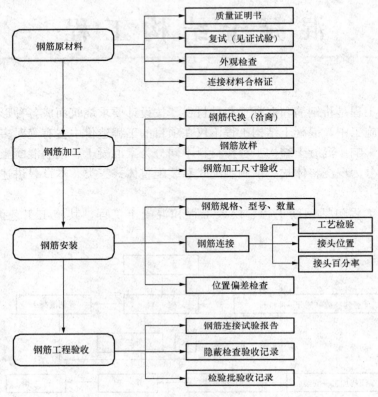

图 4-2　钢筋工程施工流程

4.1.2　材料要求

（1）钢筋的性能应符合国家现行标准的规定。常用钢筋公称直径、公称截面面积、计算截面面积及理论质量，应符合表 4-1～表 4-3 的规定。

表 4-1　　　　　钢筋的计算截面面积及理论质量

公称直径 /mm	不同根数钢筋的计算截面面积/mm²									单根钢筋理论质量 /（kg/m）
	1	2	3	4	5	6	7	8	9	
6	28.3	57	85	113	142	170	198	226	255	0.222
6.5	33.2	66	100	133	166	199	232	265	299	0.260
8	50.3	101	151	201	252	302	352	402	453	0.395
10	78.5	157	236	314	393	471	550	628	707	0.617
12	113.1	226	339	452	565	678	791	904	1017	0.888

公称直径/mm	不同根数钢筋的计算截面面积/mm²									单根钢筋理论质量/（kg/m）
	1	2	3	4	5	6	7	8	9	
14	153.9	308	461	615	769	923	1077	1231	1385	1.21
16	201.1	402	603	804	1005	1206	1407	1608	1809	1.58
18	254.5	509	763	1017	1272	1527	1781	2036	2290	2.00
20	314.2	628	942	1256	1570	1884	2199	2513	2827	2.47
22	380.1	760	1140	1520	1900	2281	2661	3041	3421	2.98
25	490.9	982	1473	1964	2454	2945	3436	3927	4418	3.85
28	615.8	1232	1847	2463	3079	3695	4310	4926	5542	4.83
32	804.2	1609	2413	3217	4021	4826	5630	6434	7238	6.31
36	1017.9	2036	3054	4072	5089	6107	7125	8143	9161	7.99
40	1256.6	2513	3770	5027	6283	7540	8796	10 053	11 310	9.87
50	1964	3928	5892	7856	9820	11 784	13 748	15 712	17 676	15.42

表 4 - 2　　　　　　　　钢绞线公称直径、公称截面面积及理论质量

种　类	公称直径/mm	公称截面面积/mm²	理论质量/（kg/m）
1×3	8.6	37.4	0.295
	10.8	59.3	0.465
	12.9	85.4	0.671
1×7 标准型	9.5	54.8	0.432
	11.1	74.2	0.580
	12.7	98.7	0.774
	15.2	139	1.101

表 4 - 3　　　　　　　　钢丝公称直径、公称截面面积及理论质量

公称直径/mm	公称截面面积/mm²	理论质量/（kg/m）	公称直径/mm	公称截面面积/mm²	理论质量/（kg/m）
5.0	19.63	0.154	8.0	50.26	0.394
6.0	28.27	0.222	9.0	63.62	0.499
7.0	38.48	0.302			

（2）对有抗震设防要求的结构，其纵向受力钢筋的性能应满足设计要求；当设计无具体要求时，对按一、二、三级抗震等级设计的框架和斜撑构件（伸臂桁架的斜撑、楼梯梯段）中的纵向受力钢筋应采用 HRB335E、HRB400E、HRB500E、HRBF335E、HRBF400E 或 HRBF500E 钢筋（牌号带"E"的钢筋是专门为满足本条性能要求生产的钢筋，其表面轧有专用标志），其强度和最大拉力下总伸长率的实测值应符合下列规定：①钢筋的抗拉强度实测值与屈服强度实测值的比值不应小于 1.25；②钢筋的屈服强度实测值与屈服强度标准值

的比值不应大于 1.30；③钢筋的最大拉力下总伸长率不应小于 9%。

（3）施工过程中应采取防止钢筋混淆、锈蚀或损伤的措施。

HRB（热轧带肋钢筋）、HRBF（细晶粒钢筋）、RRB（余热处理钢筋）是三种常用的带肋钢筋品种的英文缩写，钢筋牌号为该缩写加上代表强度等级的数字。各种钢筋表面的轧制标志各不相同，HRB335、HRB400、HRB500 分别为 3、4、5，HRBF335、HRBF400、HRBF500 分别为 C3、C4、C5，RRB400 为 K4。对于牌号带"E"的钢筋，轧制标志上也带"E"，如 HRB335E 为 3E、HRBF400E 为 C4E。

钢筋在运输和存放时不得损坏包装和标志，并应按牌号、规格、炉批分别堆放。钢筋加工后用于施工的过程中，要能够区分不同强度等级和牌号的钢筋，避免混用。

钢筋除防锈外，还应注意焊接、撞击等原因造成的钢筋损伤。后浇带外露钢筋在混凝土施工前也应避免锈蚀、损伤。

（4）施工中发现钢筋脆断、焊接性能不良或力学性能显著不正常等现象时，应停止使用该批钢筋，并对该批钢筋进行化学成分检验或其他专项检验。对于性能不良的钢筋批，可根据专项检验结果进行处理。

视频 4-1：钢筋操作
全过程

4.1.3　钢筋加工

钢筋加工是指对经过质量检验符合质量规定标准的钢筋按配料单和料牌进行的钢筋制作。钢筋加工工艺包括钢筋除锈、调直、切断、弯曲成形等。

钢筋加工地点可以在施工现场和工厂。钢筋

视频 4-2：钢筋加工

加工宜在常温状态下进行，加工过程中不应对钢筋进行加热。钢筋应一次弯折到位，不得反复弯折。钢筋弯折可采用专用设备、一次弯折到位，对于弯折过度的钢筋，不得回弯。

1. 钢筋除锈

钢筋加工前应将表面清理干净。表面有颗粒状、片状老锈或有损伤的钢筋不得使用。

钢筋加工前应清理表面的油渍、漆污和铁锈。清除钢筋表面的油漆、漆污和铁锈可采用除锈机、风沙枪等机械方法；当钢筋数量较少时，也可采用人工除锈。除锈后钢筋要尽快使用，长时间未使用的钢筋在使用前同样应按本条规定进行清理。有颗粒状、片状老锈或有损伤的钢筋性能无法保证，不应在工程中使用。对于锈蚀情况较轻的钢筋，也可根据实际情况直接使用。

2. 钢筋调直

钢筋加工前应调直钢筋，并应符合下列规定：①钢筋宜采用机械设备进行调直，也可采用冷拉方法调直；②当采用机械调直时，调直设备不应具有延伸功能；③当采用冷拉方法调直时，HPB300 光圆钢筋的冷拉率不宜大于 4%；HRB335、HRB400、HRB500、HRBF335、HRBF400、HRBF500 及 RRB400 带肋钢筋的冷拉率，不宜大于 1%；④钢筋调直过程中不应损伤带肋钢筋的横肋；⑤调直后的钢筋应平直，不应有局部弯折。

机械调直有利于保证钢筋质量，控制钢筋强度，是推荐采用的钢筋调直方式。无延伸功能指调直机械设备的牵引力不大于钢筋的屈服力。如采用冷拉调直，应控制调直冷拉率，以免影响钢筋的力学性能。带肋钢筋进行机械调直时，应注意保护钢筋横肋，以免横肋损伤造成钢筋锚固性能降低。钢筋无局部弯折一般指钢筋中心线同直线的偏差不应超过全长的 1‰。

3. 钢筋切断

钢筋下料时须按下料长度切断。钢筋剪切可采用钢筋切断机或手动切断器。后者一般只用于切断直径小于 12mm 的钢筋；前者可切断 40mm 的钢筋，大于 40mm 的钢筋常用氧乙炔焰或电弧割切或锯断。钢筋的下料长度应力求准确，其允许偏差为 ±10mm。

4. 钢筋弯曲成形

钢筋下料后，应按弯曲设备特点及钢筋直径和弯曲角度进行画线，以便弯曲成设计所要求的尺寸。如弯曲钢筋两边对称时，画线工作宜从钢筋中线开始向两边进行，当为弯曲形状比较复杂的钢筋时，可先放出实样，再进行弯曲。

视频 4 - 3：钢筋
自动成形机

钢筋弯曲宜采用弯曲机（见图 4 - 3）和弯箍机。弯曲机可弯直径 6～40mm 的钢筋。直径小于 25mm 的钢筋，当无弯曲机时也可采用扳钩弯曲。钢筋弯曲成形后，形状、尺寸必须符合设计要求，平面上没有翘曲、不平现象。

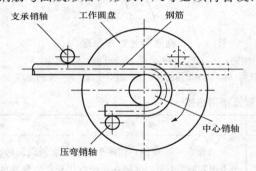

图 4 - 3　钢筋弯曲机工作原理图

5. 箍筋封闭焊接

焊接封闭箍筋宜采用闪光对焊，也可采用气压焊或单面搭接焊，并宜采用专用设备进行焊接。焊接封闭箍筋下料长度和端头加工应按不同焊接工艺确定。焊接封闭箍筋的焊点设置，应符合下列规定：①每个箍筋的焊点数量应为 1 个，焊点宜位于多边形箍筋中的某边中部，且距箍筋弯折处的位置不宜小于 100mm；②矩形柱箍筋焊点宜设在柱短边，等边多边形柱箍筋焊点可设在任一边；不等边多边形柱箍筋应加工成焊点位于不同边上；③梁箍筋焊点应设置在顶边或底边。

焊接封闭箍筋宜以闪光对焊为主；采用气压焊和单面搭接焊时，应注意最小适用直径。批量加工的焊接封闭箍筋应在专业加工场地采用专用设备弯成。对焊点部位的要求主要是考虑施焊、有利于结构安全等因素。

4.1.4　连接与安装

1. 钢筋焊接

采用焊接代替绑扎，可节约钢材，改善结构受力性能，提高功效，价低成本。但是焊接工艺也有质量稳定性影响因素多、焊接热量可能会引起钢筋性能的变化、某些焊接质量缺陷难以检查等缺陷。

钢筋焊接有压焊和熔焊两种形式。压焊包括闪光对焊、电阻点焊和气压焊；熔焊包括电弧焊和电渣压力焊。此外，钢筋与预埋件 T 形接头的焊接应采用埋弧压力焊，也可用电弧焊或穿孔塞焊，但焊接电流不宜过大，以防烧伤钢筋。

视频 4-4：钢筋闪光对焊

（1）闪光对焊。闪光对焊是将两钢筋安放成对接形式，利用电阻热使接触点金属熔化，产生强烈飞溅，形成闪光，迅速施加顶锻力完成的一种压焊方法。闪光对焊适用于直径为 8～20mm 的 HPB300 钢筋、直径为 6～40mm 的 HRB335 及 HRB400 钢筋。闪光对焊原理如图 4-4 所示。

闪光对焊是钢筋接头焊接中操作工艺简单、效率高、施工速度快、质量好、成本低的一种焊接方法。闪光对焊广泛用于钢筋的纵向连接及预应力钢筋与螺丝单杆的焊接。热轧钢筋的焊接宜优先选用闪光对焊，不可能时才用电弧焊。

1）对焊工艺。钢筋闪光对焊常用的工艺有连续闪光焊、预热闪光焊和闪光—预热—闪光焊等，根据钢筋品种、直径和所用焊机功率大小等选用。对可焊性差的钢筋（如 45SiMnV 钢筋），焊后还应通电处理，以消除热影响区内的淬硬组织。钢筋闪光对焊工艺过程及适用范围见表 4-4。

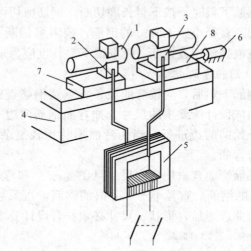

图 4-4　钢筋闪光对焊原理
1—钢筋；2—固定电极；3—可动电极；4—机座；
5—变压器；6—手动顶压机构；7—固定支座；8—滑动支座

表 4-4　　　　　　　　　　　　钢筋闪光对焊工艺过程及适用范围

工艺名称	工艺过程	适用范围	操 作 方 法
连续闪光焊	连续闪光、顶锻	适于焊接直径 25mm 以内的 HPB300、HRB335、HRB400 等钢筋，焊接直径较小的钢筋最适宜	1. 先闭合一次电路，使两根钢筋端面轻微接触。由于钢筋端部不平，接触点很快熔化并产生金属蒸气飞溅，形成闪光现象。慢慢移动钢筋，便形成连续闪光过程； 2. 当闪光达到预定程度（接头烧平、闪去杂质和氧化膜、白热熔化时），随即施加轴向压力迅速进行顶锻，使两根钢筋焊牢
预热闪光焊	预热、连续闪光、顶锻	钢筋直径超过 25mm，端面较平整的 HPB300、HRB335、HRB400 等钢筋	1. 在连续闪光焊前增加一次预热过程，以扩大焊接热影响区； 2. 施焊时，先闭合电源，然后使钢筋端面交替地接触和分开，这时钢筋端面的间隙即发出断续的闪光，形成预热过程； 3. 当钢筋达到预热温度后，随后顶锻而成
闪光—预热—闪光焊	一次闪光、预热、二次闪光、顶锻	适于端面不平整，且直径 20mm 以上的 HPB300、HRB335、HRB400 等钢筋及 RRB400 钢筋	1. 一次闪光：将不平整的钢筋端部烧化平整，使预热均匀； 2. 施焊时，使钢筋端部闪平，然后同预热闪光焊

工艺名称	工艺过程	适用范围	操　作　方　法
通电热处理	闪光—预热—闪光，通电热处理	适用于 RRB400 钢筋	1. 焊毕稍冷却后松开电极，将电极钳口调至最大距离，重新夹住钢筋； 2. 待接头冷至暗黑色（焊后约 20～30s），进行脉冲式通电热处理（频率约 2 次/s，通电 5～7s）； 3. 待钢筋表面呈橘红色并有微小氧化斑点出现时即可

2）对焊参数。为获得良好的对焊接头，应选择恰当的焊接参数。连续闪光焊的焊接参数包括：调伸长度、烧化留量、闪光速度、顶锻留量、顶锻速度、顶锻压力及变压器级数等。而当采用预热闪光焊时，除上述参数外，还应包括一次烧化留量、二次烧化留量、预热留量与预热频率等参数。

3）质量检验。对焊接头的表面不得有裂缝和明显的烧伤，接缝处应适当镦粗，毛刺均匀。接头处钢筋轴线偏移应不大于 $0.1d$，并不得大于 2mm。如接头处有弯折时，其偏角不得大于 3°。

对焊接头的力学性能检验应按钢筋品种和直径分批进行，每批选取 6 个试件，其中 3 个做拉伸试验，另外 3 个做弯曲试验。试验结果应符合热轧钢筋的力学性能指标或符合冷拉钢筋的力学性能指标。做破坏性试验时，也不应在焊缝处或热影响区内断裂。

（2）电阻点焊。钢筋点焊是将两根钢筋安放成交叉叠接形式，压紧于两电极之间，利用电阻热熔化母材金属，加压形成焊点的一种压焊方法。

电阻点焊主要用于钢筋的交叉连接，如用来焊接钢筋网片、钢筋骨架等，特别适于预制厂大量使用。它生产效率高、节约材料，应用广泛。

1）电阻点焊设备。电阻点焊机构造示意图如图 4-5 所示。常用的点焊机有单点电焊机、多点电焊机、悬挂式电焊机、手提式电焊机。其中多点电焊机一次可焊数点，用于焊接宽大的钢筋网；悬挂式电焊机可焊接各种形状的大型钢筋网和钢筋骨架；手提式电焊机主要用于施工现场。

2）电阻点焊工艺。点焊过程可分为预压、通电和锻压三个阶段。通电阶段包括两个过程：在通电开始一段时间内，接触点扩大，固态金属因加热膨胀，在焊接压力作用下，焊接处金属产生塑性变形，并挤向工作间缝隙中；继续加热后，开始出现熔化点，并逐渐扩大成所要求的核心尺寸时切断电流。

焊点应有一定的压入深度。点焊热轧钢筋时，压入深度为较小钢筋直径的 25%～45%；点焊冷拔低碳钢丝或冷轧带肋钢筋时，压入深度为较小钢（筋）丝直径的 25%～40%。

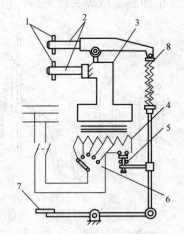

图 4-5　电阻点焊机工作示意图
1—电极；2—电极臂；3—变压器二次线圈；
4—变压器一次线圈；5—断路器；
6—调压开关；7—踏板；8—压紧机构

3）电阻点焊参数。电阻点焊的工艺参数包括：变压器级数、通电时间和电极压力。通电时间根据钢筋直径和变压器级数而定，电极压力则根据钢筋级别和直径选择。

4）质量检验。点焊质量检查包括外观和强度检验。外观要求焊点无脱焊、漏焊、气孔、裂纹和明显烧伤现象，焊点压入深度应符合规定，焊点应饱满。强度检验系指抽样做抗剪能力试验，其抗剪强度应不低于其中细钢筋的抗剪强度。拉伸试验时，不能在焊点处断裂。弯角试验时，不应有裂纹。

（3）气压焊。气压焊是利用氧乙炔火焰或其他火焰对两根钢筋对接处加热，使其达到塑性状态，或在熔化状态后，加压完成的一种压焊方法。其焊接机理是在还原性气体的保护下，发生塑性变形后，相互紧密地接触，促使端面金属晶体相互扩散渗透，使其再结晶、再排列，形成牢固的连接。在焊接过程中，加热温度只为钢材熔点的 0.8～0.9 倍，钢材未呈熔化状态，且加热时间短，所以不会出现钢材劣化倾向。气压焊具有设备简单轻便、使用灵活、效率高、节省电能、焊接成本低，可进行全方位的焊接，但对焊工要求较严，焊前对钢筋端部处理要求高。

其适用钢筋的范围为直径 14～20mm 的 HPB300 钢筋，直径 14～40mm 的 HRB335 和 HRB400 钢筋。当两钢筋直径不同时，其两直径之差不得大于 7mm。气压焊接的钢筋要用砂轮切割机断料，要求端面与钢筋轴线垂直。焊接前应打磨钢筋端面，清除氧化层和污物，使之现出金属光泽，并即喷涂一薄层焊接活化剂保护端面不再氧化。

1）气压焊工艺。气压焊设备示意图如图 4-6 所示。焊接分两个阶段进行，首先对钢筋适当预压（10～20MPa），用强碳化火焰对焊面加热约 30～40s，当焊口呈橘黄色（有油性亮光，温度 1000～1100℃），立即再加压（30～40MPa）到使缝隙闭合，然后改用中性焰对焊口往复摆动进行宽幅（范围约 2d）加热。当表面出现黄白色珠光体（温度达到 1050℃）时，再次顶锻加压（30～40MPa），使接缝处膨鼓的直径达到 1.4d，变形长度为 1.3～1.5d 时停止加热。待焊头冷至暗红色，拆除卡头，焊接即告完成，整个时间约 100～120s。

2）气压焊参数。气压焊焊接参数包括加热温度、挤压力、火焰功率等。

3）质量检验。在正式焊接生产前，采用与生产相同的钢筋，在现场条件下，进行钢筋焊接工艺性能试验，经试验合格，才允许正式生产。每批钢筋取 6 根试件，3 根作拉伸试验，另外 3 根作弯曲试验。

生产质量检验包括外观检查和强度检验，外观检查全部接头，首先由焊工自己负责进行，后由质检人员进行检查，发现不符合质量要求的，要校正或割去重新焊

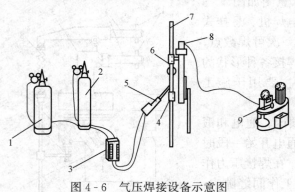

图 4-6　气压焊接设备示意图

1—乙炔瓶；2—氧气瓶；3—流量计；4—活动卡具；
5—加热器与焊炬；6—被焊接的钢筋；7—压接器；
8—加压液压泵；9—固定卡具

接。强度试验以 300 个接头为一批，不足 300 个接头的仍为一批，每批接头切取 3 个试件作强度试验，试验结果若有 1 个试件不符合要求，应取 2 倍试样，进行复验；若仍有 1 个试件不合格，则该批接头判为不合格品。

（4）电弧焊。电弧焊是利用弧焊机使焊条与焊件之间产生电弧高温，集中热量熔化钢筋端面和焊条末端，使焊条金属熔化在接头焊缝内，冷凝后形成焊缝，将金属结合在一起。焊接原理如图 4-7 所示。

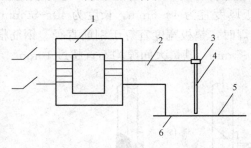

图 4-7　电弧焊工作原理

1—焊接变压器；2—变压器二次线圈；

3—焊钳；4—焊条；5、6—焊件

电弧焊焊接设备简单，价格低廉，维护方便，操作技术要求不高，可广泛用于钢筋接头、钢筋骨架焊接、装配式骨架接头的焊接、钢筋与钢板的焊接及各种钢结构的焊接。

视频 4-5：电弧焊

1）电弧焊设备。电弧焊的主要设备为弧焊机，分交流和直流两类。交流弧焊机结构简单，价格低廉，保养维修方便；直流弧焊机焊接电流稳定，焊接质量高，但价格高。当有的焊件要求采用直流焊条焊接时，或网路电源容量很小，要求三相用电均衡时，应选用直流弧焊机。弧焊机容量的选择可按照需要的焊接电流选择。

2）电弧焊工艺。电弧焊焊接接头形式分为搭接焊、帮条焊和坡口焊，坡口焊又分为平焊和立焊。

①搭接焊（见图 4-8）。采用搭接焊时，应先将钢筋预弯，使两根钢筋的轴线位于同一条直线上，用两点定位焊固定，施焊要求同帮条焊。

搭接焊也应采用双面焊，在操作位置受阻时才采用单面焊。

②帮条焊（见图 4-9）。采用帮条焊时，两主筋端面之间的间隙应为 2～5mm，帮条与主筋之间应先用四点定位焊固定，定位焊缝应距离帮条端部 20mm 以上。施焊引弧应在帮条内侧开始，将弧坑填满。多层施焊时，第一层焊接电流宜稍大，以增加熔化深度。主焊缝与定位焊缝，特别是在定位焊缝的始端与终端，应熔合良好。

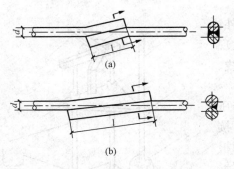

图 4-8　搭接焊接头

（a）双面焊；（b）单面焊

d—钢筋直径；l—搭接长度

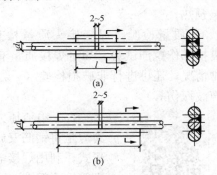

图 4-9　帮条搭接焊接头

（a）双面焊；（b）单面焊

d—钢筋直径；l—帮条长度

帮条焊应用四条焊缝的双面焊，有困难时，才采用单面焊。帮条总截面面积不应小于被焊钢筋截面积的 1.2 倍（HPB300 钢筋）和 1.5 倍（HRB335、HRB400 钢筋）。帮条宜采用与被焊钢筋同钢种、直径的钢筋，并使两帮条的轴线与被焊钢筋的中心处于同一平面内，如和被焊钢筋级别不同时，应按钢筋设计强度进行换算。

③坡口焊（见图 4-10）。采用坡口焊时，焊前应将接头处清除干净，保证坡口面平顺，切口边缘不得有裂纹、钝边和缺棱。钢筋坡口加工宜采用氧乙炔焰切割或锯割，不得采用电弧切割。坡口平焊时，V 形坡口角度宜为 55°～65°。立焊时，坡口角度宜为 40°～55°，其中下钢筋宜为 0°～10°，上钢筋宜为 35°～45°。钢垫板厚度宜为 4～6mm，长度为 40～60mm。坡口平焊时，垫板宽度应为钢筋直径加 10mm；立焊时，垫板宽度宜等于钢筋直径。钢筋根部间隙，坡口平焊时宜为 4～6mm，立焊时宜为 3～5mm，其最大间隙均不宜超过 10mm。

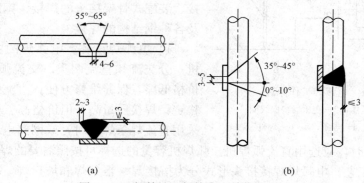

图 4-10　钢筋坡口焊接头（单位：mm）

(a) 平焊；(b) 立焊

施焊时，先进行定位焊，由坡口根部引弧，分层施焊作之字形运弧，逐层堆焊，直至略高出钢筋表面，焊缝根部、坡口端面及钢筋与钢垫板之间均应熔合良好，咬边应予补焊。为防止接头过热，采用几个接头轮流焊接。焊缝的宽度应大于 V 形坡口的边缘 2～3mm，焊缝余高不得大于 3mm，并宜平缓过渡至钢筋表面。

钢筋坡口焊应采取对称、等速施焊和分层轮流施焊等措施，以减少变形。当发现接头中有弧坑、气孔及咬边等缺陷时，应立即补焊。HRB400 钢筋接头冷却后补焊时，应采用氧乙炔焰预热。

3）质量检验。焊接接头质量检查除外观外，也需抽样作拉伸试验。如对焊接质量有怀疑或发现异常情况，还可进行非破损检验（χ 射线、γ 射线、超声波探伤等）。

视频 4-6：电渣压力焊

（5）电渣压力焊。电渣压力焊是将钢筋安放成竖向对接形式，利用焊接电流通过两根钢筋端面间隙，在焊剂层下形成电弧过程和电渣过程，产生电弧热和电阻热，熔化钢筋，加压完成的一种压焊方法。电渣压力焊（图 4-11）。其适用钢筋的范围为直径 14～20mm 的 HPB300 钢筋，直径 14～32mm 的 HRB335 和 HRB400 钢筋。

这种方法比电弧焊易于掌握、工效高、节省钢

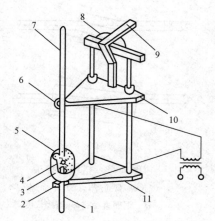

图 4-11　电渣压力焊示意

1、7—钢筋；2—固定电极；3—焊剂盒；
4—导电剂；5—焊剂；6—滑动电极；
8—标尺；9—操纵杆；10—滑动杆；11—固定架

材、成本低、质量可靠，适用于现浇钢筋混凝土结构中竖向或斜向（倾斜度在 4∶1 的范围内）钢筋的接长连接，但不宜用于热轧后余热处理的钢筋。

1）焊接设备。电渣压力焊的主要设备是竖向钢筋电渣压力焊机，按控制方式分为手动式钢筋电渣压力焊机、半自动式钢筋电渣压力焊机和全自动式钢筋电渣压力焊机。钢筋电渣压力焊机主要由焊接电源、控制箱、焊接夹具、焊剂盒等几部分组成。

2）焊接工艺。

操作流程：检查设备、电源→钢筋端头制备→选择焊接参数→安装焊接夹具和钢筋→安放铁丝球（也可省去）→安放焊剂盒、填装焊剂→试焊、作试件→确定焊接参数→施焊→回收焊剂→卸下夹具→质量检查。

电渣压力焊的工艺过程：闭合电路→引弧→电弧过程→电渣过程→挤压断电。具体施焊操作要点如下：

闭合回路、引弧：通过操纵杆或操纵盒上的开关，先后接通焊机的焊接电流回路和电源的输入回路，在钢筋端面之间引燃电弧，开始焊接。

电弧过程：引燃电弧后，应控制电压值。借助操纵杆使上下钢筋端面之间保持一定的间距，进行电弧过程的延时，使焊剂不断熔化而形成必要深度的渣池。

电渣过程：随后逐渐下送钢筋，使上钢筋端都插入渣池，电弧熄灭，进入电渣过程的延时，使钢筋全断面加速熔化。挤压断电：电渣过程结束，迅速下送上钢筋，使其端面与下钢筋端面相互接触，趁热排除熔渣和熔化金属。同时切断焊接电源。接头焊毕，应停歇 20～30s 后（在寒冷地区施焊时，停歇时间应适当延长），才可回收焊剂和卸下焊接夹具。

3）焊接参数。电渣压力焊的工艺参数为焊接电流、焊接电压、通电时间、钢筋熔化量等。钢筋直径不同时，根据较小直径的钢筋选择参数。

4）质量检查。钢筋电渣压力焊的质量检验首先是外观检查，检验方法有目测或量测两种，外观检查不合格的接头应切除重焊或采取补救措施，还需要进行力学性能检验。力学性能检验时，从每批接头中随机切取 3 个接头做拉伸试验。在一般构筑物中，以 300 个同钢筋级别接头作为一批。在现浇钢筋混凝土多层结构中，以每一楼层或施工区段的同级别钢筋接头作为一批，不足 300 个接头仍作为一批。

2. 钢筋的机械连接

钢筋机械连接是通过钢筋与连接件的机械咬合作用或钢筋端面承压作用，将一根钢筋中的力传递至另一根钢筋的连接方法。

钢筋的机械连接具有工艺简单、接头性能可靠、不受钢筋化学成分的影响、人为因素影响小、施工速度快等优点，适用于钢筋在任何位置与方向的连接，尤其对不能明火作业的施工现场和一些对施工防火有特殊要求的建筑更加安全可靠。

常见的钢筋机械连接形式有钢筋套筒挤压连接和钢筋螺纹套筒连接两种。

(1) 钢筋套筒挤压连接。钢筋套筒挤压连接是将两根待接钢筋插入优质钢套筒，用挤压连接设备沿径向或轴向挤压钢套筒，使之产生塑性变形，依靠变形后的钢套筒与被连钢筋纵、横肋产生的机械咬合实现钢筋的连接，如图 4-12 所示。适用于钢筋的竖向、横向及其他方向的连接。钢筋套筒挤压连接分径向挤压连接和轴向挤压连接。

1) 钢筋套筒径向挤压连接。径向挤压连接是采用挤压机，在常温下沿套筒直径方向从套筒中间依次向两端挤压套筒，使之产生塑性变形把插在套筒里的两根钢筋紧固成一体，如图 4-12（a）所示。适用于 16～40mm 的 HRB335、HRB400 级带肋钢筋的连接。包括同径和异径（直径相差不大于 5mm）的钢筋。

视频 4-7：钢筋径向挤压连接

①挤压设备。径向挤压设备主要由挤压机、高压泵、平衡器、吊挂小车及画标志用工具和检查压痕卡等配件组成。钢筋径向挤压连接如图 4-13 所示。

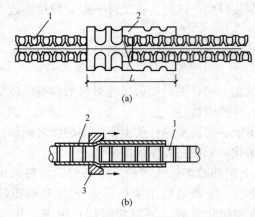

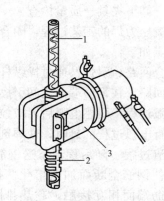

图 4-12 钢筋挤压连接
（a）径向挤压；（b）轴向挤压
1—钢筋；2—套筒；3—压模

图 4-13 钢筋径向挤压连接示意图
1—钢筋；2—钢套筒；3—径向挤压钳

②钢套筒。挤压所用套筒的材料宜选用热轧无缝钢管或由圆钢车削加工而成、强度适中、延性好的普通碳素钢，其设计屈服强度和极限承载力均应比钢筋的标准屈服强度和极限承载力高 10%以上。

③挤压连接工艺。

挤压连接顺序为：钢筋、套筒验收→钢筋断料→划套筒套入长度标记→套筒按规定长度套入钢筋→安装压接模具→开动液压泵逐道压套筒→卸下压接模具等→接头外观检查。

要求对不同直径钢筋的套筒不得串用；钢筋端部应画出定位标记与检查标记；为保证最大压接面能在钢筋的横肋上，压膜运动方向与钢筋两纵肋所在的平面应垂直。

为了减少高空作业难度，通常可在地面先预压接半个钢筋接头，另半个接头随钢筋就位后在施工区插入待接钢筋后再挤压完成。挤压钳就位时，应对正钢套筒压痕位置的标记，并应与钢筋轴线保持垂直；挤压钳施压顺序由钢套筒中部顺序向端部进行。每次施压时，主要控制压痕深度。

④质量检验。

a. 外观检查。挤压接头的外观检查按验收批进行。现场验收以 500 个同等级、同型号、同规格、同制作条件的接头为一个检验批，不足此数时也作为一个检验批。对每一检验批，应随机抽取 10%的挤压接头作外观质量检验，如外观质量不合格数少于抽检数的 10%，则该批挤压接头外观质量评为合格。当不合格数超过抽检数的 10%时，应对该批挤压接头逐个进行复检，对外观不合格的挤压接头采取补救措施，不能补救的挤压接头应做标记。外观检查应符合下列要求：挤压后套筒长度应为 1.10～1.15 倍原套筒长度，或压痕处套筒的外径为 0.8～0.9 倍原套筒的外径；挤压接头的压痕道数应符合型式检验确定的道数，接头处弯折不得大于 4°，挤压后的套筒不得有肉眼可见的裂缝。

b. 强度检验。在不合格数超过抽检数 10% 的外观不合格的接头中抽取 6 个试件作抗拉强度试验，若有 1 个试件的抗拉强度值低于规定值，则该批外观不合格的挤压接头应会同设计单位协商处理，并记录存档。

2）钢筋套筒轴向挤压连接。轴向挤压连接［见图 4-12（b）］是采用挤压机和压膜，对钢筋套筒和插入的两根对接钢筋，沿轴线方向进行挤压，使套筒咬合到变形钢筋的肋间，结合成一体。轴向挤压连接可用于相同直径钢筋的连接，也可用于相差一个等级直径（如 φ25～φ28、φ28～φ32）的钢筋的连接。

①挤压设备。轴向挤压连接的挤压设备有挤压机、半挤压机、超高压泵等。常用 GTZ32 型挤压机和 GTZ32 型半挤压机，前者适用于全套筒钢筋接头的连接，后者适用于半套筒钢筋接头的压接。

②钢套筒。钢套筒的材质应为优质碳素结构钢。

③压模。分挤压机用压膜和半挤压机用压膜，使用时要按钢筋的规格选用。

④挤压连接工艺。清除钢套筒及钢筋压接部位的油污、铁锈、砂浆等杂物；钢筋端部的扭曲、弯折应切除或矫直，端部尺寸不规则时应用手提砂轮机修磨，严禁用电气焊切割。钢筋下料断面应与钢筋轴线垂直。

为能够准确地判断钢筋插入钢套筒内的长度，在钢筋两端用标尺画出油漆标志线。按照施工使用的钢筋、套筒、挤压机和压模等，先挤压 3 根 650～700mm 套筒接头和 3 根同样长度的母材钢筋，分别作抗拉试验，满足要求后才能施工。否则要加倍试验，直到满足要求为止。

压接后的接头，应用量规检测，凡量规通不过的套筒接头，可补压一次。若仍达不到要求，则需要更换压模再行挤压。经过两次挤压，套筒接头仍达不到要求时，该压模不得继续使用。

⑤质量检验。同钢筋径向挤压连接。

（2）钢筋螺纹套筒连接。钢筋螺纹套筒连接分锥螺纹套筒连接与直螺纹套筒连接两种。它是把钢筋的连接端加工成螺纹（简称丝头），通过螺纹连接套把两根带丝头的钢筋，按规定的力矩值连接成一体的钢筋接头。适用于直径为 16～40mm 的 HPB300、HRB335 带肋钢筋的连接，也可用于异径钢筋的连接。

1）钢筋锥螺纹套筒连接。钢筋锥螺纹套筒连接是利用钢筋端头加工成的锥形螺纹与内壁带有相同内螺纹（锥形）的连接套筒相互拧紧形成一体的一种钢筋连接，如图 4-14 所示。

连接套筒是用专用机床加工而成的定型产品，一般在工厂进行。

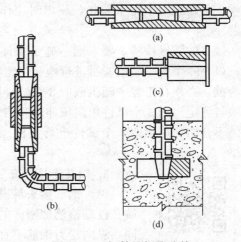

图 4-14　钢筋锥螺纹连接
（a）直钢筋连接；（b）直、钢筋连接；
（c）在钢板上连接钢筋；（d）混凝土构件中插接钢筋

一般一根钢筋只需一头拧上保护帽，另一头可直接采用扭力扳手，按规定的力矩值将锥螺纹连接套预先拧上，这样既可保护钢筋丝头又能提高工作效率。待在施工现场连接另一端时，先回收钢筋端部的塑料保护帽和连接套上的密封盖，并再次检查丝头质量，检查合格后，即可将待接钢筋用手拧入一端已拧上钢筋的连接套内，再用扭力扳手按规定的力矩值拧紧钢筋接头，直到扭力扳手在调定的力矩值发出响声为止。并随手画上油漆标记，以防止漏拧。

视频 4-8：钢筋
直螺纹加工

2）钢筋直螺纹套筒连接。钢筋直螺纹套筒连接是通过对钢筋端部冷镦扩粗、切削螺纹，再用连接套筒对接钢筋。这种接头综合了套筒挤压接头和锥螺纹套筒连接接头的优点，具有强度高、接头不受扭紧力矩影响、质量稳定、施工方便、连接速度快、应用范围广、经济、便于管理等优点，如图 4-15 所示。

钢筋直螺纹套筒连接的制作工艺分以下三个步骤：钢筋端部冷镦扩粗→在镦粗端切削直螺纹→用连接套管对接钢筋。

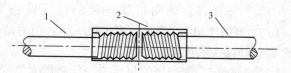

图 4-15　钢筋直螺纹套筒连接
1—已连接的钢筋；2—直螺纹套筒；3—正在拧入的钢筋

钢筋端部经局部冷镦扩粗后，不仅横截面扩大而且强度也有所提高，再在镦粗段上切削螺纹时不会造成钢筋母材横截面的削弱，因而能保证充分发挥钢筋母材强度。

为充分发挥钢筋母材强度，连接套筒的设计强度应大于或等于钢筋抗拉强度标准值的 1.2 倍。直螺纹标准套筒长度均为 2 倍钢筋直径，以直径 35mm 钢筋为例，套筒长度 70mm，钢筋丝头长度 35mm。套筒一端拧入钢筋并用扳手拧紧后，钢筋丝头端面即在套筒中央，再将需连接钢筋丝头拧入套筒另一端，并用普通扳手拧紧，利用两端丝头相互对顶力锁定套筒位置，便完成钢筋的连接。

钢筋接头的外观检查主要检查丝头是否全部拧入连接套筒。一般要求套筒两侧外露的钢筋丝头不超过一个完整丝扣，超出时应作适当调节使其居中，并确认丝头已拧到套筒中线位置。

接头的强度检验，要求同一施工条件下采用同一批材料的同等级、同形式、同规格接头，以 500 个为一个检验批进行检验与验收，不足 500 个也作为一个检验批。对接头的每一检验批，必须在工程中随机截取 3 个试件作单向拉伸试验，按设计要求的接头性能等级进行检验与评定。当 3 个试件单向拉伸试验结果都符合强度要求时，该检验批为合格，如有 1 个试件不合格，应再取 6 个试件进行复检。复检中如仍有 1 个试件不合格，则该检验批为不合格。

3. 钢筋连接与安装基本规定

（1）钢筋接头易设置在受力较小处；有抗震设防要求的结构中，梁端、柱端箍筋加密区的范围内不宜设置钢筋接头，且不应进行钢筋搭接。同一纵向受力钢筋不宜设置两个或两个以上的接头。接头末端至钢筋弯起点的距离，不应小于钢筋直径的 10 倍。

视频 4-9：钢筋绑扎

梁柱端加密区按现行设计规范规定。如需在箍筋加密区内设置接头，应采用性能良好的机械连接或者焊接接头。大跨度梁接头数量可以适当放宽。

（2）钢筋机械连接施工应符合下列规定：

1）加工钢筋接头的操作人员应经专业培训合格后上岗，钢筋接头的加工应经工艺检验合格后方可进行。

2）机械连接接头的混凝土保护层厚度应符合《混凝土结构设计规范》（GB 50010）中受力钢筋的混凝土保护层最小厚度规定，且不得小于 15mm。接头之间的横向净间距不宜小于 25mm。

3）螺纹接头安装后应使用专用扭力扳手校核拧紧扭力矩。挤压接头压痕直径的波动范围应控制在允许波动范围内，并使用专用量规进行检验。

4）机械连接接头的适用范围、工艺要求、套管材料及质量要求等应符合《钢筋机械连接技术规程》（JGJ 107）的有关规定。

（3）钢筋焊接施工应符合下列规定：

1）从事钢筋焊接施工的焊工应持有钢筋焊工考试合格证，并应按照合格证规定的范围上岗操作。

2）在钢筋工程施工前，参与该项工程施焊的焊工应进行现场条件下的焊接工艺试验，经试验合格后，方可进行焊接。焊接过程中，如果钢筋牌号、直径发生变更，应再次进行焊接工艺试验。工艺试验使用的材料、设备、辅料及作业条件均应与实际施工一致。

3）细晶粒热轧钢筋及直径大于 28mm 的普通热轧钢筋，其焊接参数应经试验确定；余热处理钢筋不宜焊接。

4）电渣压力焊只适用于柱、墙等构件中竖向受力钢筋的连接。

5）钢筋焊接接头的适用范围、工艺要求、焊条及焊剂选择、焊接操作及焊接质量要求等接应符合《钢筋焊接及验收规程》（JGJ 18）的有关规定。

（4）当纵向受力钢筋采用机械连接接头或焊接接头时，接头的设置应符合下列规定：

1）同一构件内的接头宜分批错开。

2）接头连接区段的长度应为 $35d$，不宜小于 500mm，凡接头中点位于该连接区段长度内的接头均应属于同一连接区段；其中 d 为相互连接两根钢筋中较小直径。

同一构件内不同连接钢筋计算的连接区段长度不同时取大值。

3）同一连接区段内，纵向受力钢筋接头面积百分率为该区段内有接头的纵向受力钢筋截面面积与全部纵向受力钢筋截面面积的比值；纵向受力钢筋的接头面积百分率应符合下列规定：①受拉接头不宜大于 50%；受压接头可不受限制；②板、墙、柱中手拉机械连接接头，可根据实际情况放宽；装配式混凝土结构构件连接处的受拉接头可根据实际情况放宽；③直接承受动力荷载的结构构件中，不宜采用焊接接头；当采用机械连接接头时，不应超过 50%。

（5）纵向受力钢筋的绑扎搭接接头时，接头的设置应符合下列规定：

1）同一构件内的接头易分批错开。各接头的横向净距 s 不应小于钢筋直径，且不应小于 25mm。

2）接头连接区段的长度应为 1.3 倍搭接长度，凡接头中点位于该连接区段长度内的接头均应属于同一连接区段。搭接长度可取相互连接两根钢筋中较小直径计算。纵向受力钢筋的最小搭接长度应符合下列规定：

①当纵向受拉钢筋的绑扎搭接接头面积百分率不大于 25％时，其最小搭接长度应符合表 4-5 的规定。

表 4-5   纵向受拉钢筋的最小搭接长度

钢筋类型		混凝土强度等级								
		C20	C25	C30	C35	C40	C45	C50	C55	≥C60
光圆钢筋	HPB300	$48d$	$41d$	$37d$	$34d$	$31d$	$29d$	$28d$	—	—
带肋钢筋	HRB335	$46d$	$40d$	$36d$	$33d$	$30d$	$29d$	$27d$	$26d$	$25d$
	HRB400	—	$48d$	$43d$	$39d$	$36d$	$34d$	$33d$	$31d$	$30d$
	HRB500	—	$58d$	$52d$	$47d$	$43d$	$41d$	$39d$	$38d$	$36d$

②当纵向受拉钢筋搭接接头面积百分率为 50％时，其最小搭接长度应按表 4-5 中的数值乘以系数 1.15 取用；当接头面积百分率为 100％时，应按表 4-5 中的数值乘以系数 1.35 取用；当接头面积百分率为 25％～100％的其他中间值时修正系数可按内插取值。

③纵向受拉钢筋的最小搭接长度根据①、②条确定后，可按下列规定进行修正。但在任何情况下，受拉钢筋的搭接长度不应小于 300mm：

a. 当带肋钢筋的直径大于 25mm 时，其最小搭接长度应按相应数值乘以系数 1.1 取用。

b. 对环氧树脂涂层的带肋钢筋，其最小搭接长度应按相应数值乘以系数 1.25 取用。

c. 当在混凝土凝固过程中受力钢筋易受扰动时，其最小搭接长度应按相应数值乘以系数 1.1 取用。

d. 末端采用弯钩或机械锚固措施的带肋钢筋，其最小搭接长度可按相应数值乘以系数 0.6 取用。

e. 当带肋钢筋的混凝土保护层厚度大于搭接钢筋直径的 3 倍，且配有箍筋时，其最小搭接长度可按相应数值乘以系数 0.8 取用；当带肋钢筋的混凝土保护层厚度为搭接钢筋直径的 5 倍，且配有箍筋时，其最小搭接长度可按相应数值乘以系数 0.7 取用；当带肋钢筋的混凝土保护层厚度大于搭接钢筋直径 3 倍且小于 5 倍，修正系数可按内插取值。

f. 对有抗震要求的受力钢筋的最小搭接长度，对一、二级抗震等级应按相应数值乘以系数 1.15 采用；三级抗震等级应按相应数值乘以系数 1.05 采用。

注：本条中第 d 款、第 e 款同时存在时，可仅选其中之一执行。

④纵向受压钢筋绑扎搭接时，其最小搭接长度应根据①～③条的规定确定相应数值后，乘以系数 0.7 取用。在任何情况下，受压钢筋的搭接长度不应小于 200mm。

3）同一连接区段内，纵向受力钢筋接头面积百分率为该区段内有接头的纵向受力钢筋截面面积与全部纵向受力钢筋截面面积的比值（见图 4-16）；纵向受压钢筋的接头百分率可不受限制；纵向受拉钢筋的接头百分率应符合下列规定：①梁类、板类及墙类构件，不宜超过 25％，基础筏板不宜超过 50％；②柱类构件，不宜超过 50％；③当工程中确有必要增大接头面积百分率时，对梁类构件，不应大于 50％；对其他构件，可根据实际情况适当放宽。

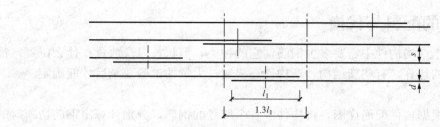

图 4 - 16　钢筋绑扎搭接接头连接区段及接头面积百分率

注：图中所示搭接接头同一连接区段内的搭接钢筋为 2 根，当各钢筋直径相同时，接头面积百分率为 50%。

（6）在梁、柱类构件的纵向受力钢筋搭接长度范围内应按设计要求配置箍筋，并符合下列规定：①箍筋直径不应小于搭接钢筋较大直径的 25%；②受拉搭接区段的箍筋间距不应大于搭接钢筋较小直径的 5 倍，且不应大于 100mm；③受压搭接区段的箍筋间距不应大于搭接钢筋较小直径的 10 倍，且不应大于 200mm；④当柱中纵向受力钢筋直径大于 25mm 时，应在搭接接头两个端面外 100mm 范围内各设置 2 个箍筋，其间距宜为 50mm。

（7）钢筋绑扎应符合下列规定：①钢筋的绑扎搭接接头应在接头中心和两端用铁丝扎牢；②墙、柱、梁钢筋骨架中各竖向面钢筋网交叉点应全数绑扎，底部钢筋网除边缘部分外可间隔交错绑扎；③梁、柱的箍筋弯钩及焊接封闭的焊点应沿纵向受力钢筋方向错开设置；④构造柱纵向钢筋宜与承重结构同步绑扎；⑤梁及柱中箍筋、墙中水平分布钢筋、板中钢筋距构件边缘的起始距离宜为 50mm。

（8）构件交接处的钢筋位置应符合设计要求。当设计无具体要求时，应保证主要受力构件和构件中主要受力方向的钢筋位置。框架节点处梁纵向受力钢筋宜放在柱纵向钢筋内侧；当主次梁底部标高相同时，次梁下部钢筋应放在主梁下部钢筋之上；剪力墙中水平分布钢筋宜放在外侧，并宜在墙边弯折锚固。

（9）钢筋安装应采用定位件固定钢筋的位置，并采用专用定位件。定位件应具有足够的承载力、刚度、稳定性和耐久性。定位件的数量、间距和固定方式应能保证钢筋的位置偏差符合国家现行标准的规定。混凝土框架梁、柱保护层内，不宜采用金属定位件。

（10）钢筋安装过程中，因施工操作需要对钢筋进行焊接时，应符合《钢筋焊接及验收规程》（JGJ 18）的有关规定。

（11）采用复合箍筋时，箍筋外围应封闭。梁类构件复合箍筋内部，宜选用封闭箍筋，奇数肢也可采用单肢箍筋；柱类构件复合箍筋内部可部分采用单肢箍筋。

由多个封闭箍筋或封闭箍筋、单肢箍筋共同组成的多肢箍筋即为复合箍筋。复合箍筋的外围应选用一个封闭箍筋。对于偶数肢的梁箍筋，复合箍筋均宜由封闭箍筋组成；对于奇数肢的梁箍筋，复合箍筋宜由若干封闭箍筋和一个拉筋组成；柱箍筋内部可根据施工需要选择使用封闭箍筋和拉筋。单肢箍筋在复合箍筋内部交错布置，有利于构件均匀受力。当采用单肢箍筋时，单肢箍筋的弯钩应符合前面钢筋加工相关规定。

（12）钢筋安装应采取防止钢筋受模板、模具内表面的脱模剂污染的措施。

4.1.5　钢筋的配料与代换

在钢筋混凝土结构构件中需要多少钢筋，它的种类、形状，以及放置在什么位置，都要通过设计及详细的计算，有些新结构、新构件还要通过大量的试验总结后才能确定。

1. 钢筋配料

钢筋配料是根据构件配筋详图，将构件中各个编号的钢筋，分别计算出钢筋切断时的直线长度（简称为下料长度）；并且统计出每个构件中每一种规格的钢筋数量，以及该项目中各种规格的钢筋总数量，填写配料单，以便进行钢筋的备料和加工。各种钢筋下料长度计算式：

$$钢筋下料长度＝外包尺寸＋弯钩增加长度－量度差值$$

（1）钢筋长度。施工图（钢筋图）中所指的钢筋长度是钢筋外缘至外缘之间的长度，即外包尺寸。

（2）混凝土保护层厚度。混凝土保护层厚度是指混凝土结构构件中最外层钢筋（箍筋、构造筋、分布钢筋等）的外边缘至混凝土表面的距离。其作用是保护钢筋在混凝土中不被锈蚀。混凝土的保护层厚度（见表 4-6 和表 4-7），一般用水泥砂浆垫块或塑料卡垫在钢筋与模板之间控制。塑料卡的形状有塑料垫块和塑料环圈两种。塑料垫块用于水平构件，塑料环圈用于垂直构件。

表 4-6　　　　　　　　　　　混凝土保护层的最小厚度 c　　　　　　　　　　　　　mm

环境类别	板、墙、壳	梁、柱、杆	环境类别	板、墙、壳	梁、柱、杆
一	15	20	三 a	30	40
二 a	20	25	三 b	40	50
二 b	25	35			

注：1. 混凝土强度等级不大于 C25 时，表中保护层厚度数值应增加 5mm；

　　2. 钢筋混凝土基础宜设置混凝土垫层，基础中钢筋的混凝土保护层厚度应从垫层顶面算起，且不应小于 40mm。

表 4-7　　　　　　　　　　　　　　混凝土构件环境类别

环境类别		条件
一		室内正常环境
二	a	室内潮湿环境，非严寒和非寒冷地区的露天环境，与无侵蚀性的水或土壤直接接触的环境
	b	严寒和寒冷地区的露天环境，与无侵蚀性的水或土壤直接接触的环境
三		使用除冰盐的环境，严寒和寒冷地区冬季水位变动的环境；滨海室外环境
四		海水环境
五		受人为或自然的侵蚀性物质影响的环境

构件中普通钢筋及预应力钢筋的混凝土保护层厚度应满足下列要求：

1）构件中受力钢筋的保护层厚度不应小于钢筋的公称直径 d；

2）设计使用年限为 50 年的混凝土结构，最外层钢筋的保护层厚度应符合表 4-6 的规定；设计使用年限为 100 年的混凝土结构，最外层钢筋的保护层厚度不应小于表 4-6 中数值的 1.4 倍。

当有充分依据并采取下列措施时，可适当减小混凝土保护层的厚度：

1）构件表面有可靠的防护层。

2）采用工厂化生产的预制构件。

3）在混凝土中掺加阻锈剂或采用阴极保护处理等防锈措施。

4）当对地下室墙体采取可靠的建筑防水做法或防护措施时，与土层接触一侧钢筋的保护层厚度可适当减少，但不应小于 25mm。

当梁、柱、墙中纵向受力钢筋的保护层厚度大于 50mm 时，宜对保护层采取有效的构造措施。当在保护层内配置防裂、防剥落的钢筋网片时，网片钢筋的保护层厚度不应小于 25mm。

（3）钢筋接头增加值。建筑钢筋除少数以盘圆（直径 10mm 或者 10mm 以内的钢筋）形式供货外，大部分则以 9m、12m（或 9~12m）的定尺直条形式供货。而有的钢筋混凝土结构的尺寸很大，需要对钢筋进行接长。钢筋接头增加值见表 4-5、表 4-8、表 4-9。

表 4-8　　　　　　　　　　　钢筋对焊长度损失值　　　　　　　　　　　　　mm

钢筋直径	<16	16~25	>25
损失值	20	25	30

表 4-9　　　　　　　　　　　钢筋搭接焊最小搭接长度

焊接类型	HPB300 光圆钢筋	HRB335、HRB400 月牙肋钢筋
双面焊	4d	5d
单面焊	8d	10d

（4）弯曲量度差值。钢筋弯折的弯弧内直径应符合下列规定：

1）光圆钢筋，不应小于钢筋直径的 2.5 倍。

2）HRB335 级、HRB400 级带肋钢筋，不应小于钢筋直径的 4 倍。

3）HRB500 级带肋钢筋，当直径为 28mm 及以下时不应小于钢筋直径的 6 倍；当直径为 28mm 及以上时不应小于钢筋直径的 7 倍。

4）位于框架结构顶层端节点处的梁上部纵向钢筋和柱外侧纵向钢筋，在节点角部弯折处，当钢筋直径为 28mm 以下时，弯弧内直径不宜小于钢筋直径的 12 倍，当钢筋直径为 28mm 及以上时，弯弧内直径不宜小于钢筋直径的 16 倍。

5）箍筋弯折处尚不应小于纵向受力钢筋直径；箍筋弯折处纵向受力钢筋为搭接钢筋或并筋时，应按钢筋实际排布情况确定箍筋弯弧内直径。拉筋弯折处，弯弧内直径还应考虑拉筋实际勾住钢筋的具体情况。

纵向受力钢筋的弯折后平直段长度应符合设计要求及《混凝土结构设计规范》（GB 50010）的有关规定。光圆钢筋末端做 180°弯钩时，弯钩的弯折后平直段长度不应小于钢筋直径的 3 倍。

在进行钢筋的配料计算中，关键是计算钢筋下料长度。由于结构受力上的要求，大多数钢筋需在中间弯曲和两端做成弯钩。钢筋因弯曲或弯钩会使其长度变化，其外壁伸长，内壁

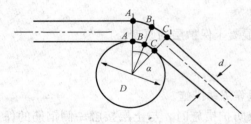

图 4 - 17　钢筋中部弯曲

缩短，而中心线长度不改变。但是构件配筋图中注明的尺寸一般是外包尺寸，且不包括端头弯钩长度。显然外包尺寸大于中心线长度，它们之间存在一个差值，称为"量度差值"。

钢筋中部弯曲时的量度差值与弯心直径 D 及弯曲角度 α 有关。从图 4 - 17 可得出弯曲处的量度差值的计算：

$$量度差值 = (A_1B_1 + B_1C_1) - \overset{\frown}{ABC} = 2A_1B_1 - \overset{\frown}{ABC}$$

$$= 2\left(\frac{D}{2} + d\right)\tan\frac{\alpha}{2} - \pi(D + d)\frac{\alpha}{360}$$

当钢筋弯曲角度不大于 90°时，其弯心直径及量度差值（计算及下料取值）见表 4 - 10。

表 4 - 10　　　　　　　　　　钢筋弯曲时的量度差值

钢筋弯曲角度 / 取值类型 / 钢筋类型	30°		45°		60°		90°	
	计算取值	下料取值	计算取值	下料取值	计算取值	下料取值	计算取值	下料取值
HPB300 级光圆钢筋，取 $D = 2.5d$	$0.3d$	$0.5d$	$0.49d$	$0.5d$	$0.766d$	$1.0d$	$1.75d$	$2.0d$
HRB335 级、HRB400 级带肋钢筋取 $D = 4d$	$0.3d$	$0.5d$	$0.522d$	$0.5d$	$0.846d$	$1.0d$	$2.075d$	$2d$
HRB500 级带肋钢筋，当 $d < 28mm$，取 $D = 6d$	$0.312d$	$0.5d$	$0.565d$	$0.5d$	$0.953d$	$1.0d$	$2.505d$	$2.5d$
HRB500 级带肋钢筋，当 $d \geqslant 28mm$，取 $D = 7d$	$0.319d$	$0.5d$	$0.586d$	$0.5d$	$1.006d$	$1.0d$	$2.720d$	$2.5d$
位于框架结构顶层端节点处的梁上部纵向钢筋和柱外侧纵向钢筋，在节点角部弯折处，当 $d < 28mm$，取 $D = 12d$	$0.350d$	$0.5d$	$0.694d$	$0.5d$	$1.275d$	$1.5d$	$3.795d$	$4.0d$
位于框架结构顶层端节点处的梁上部纵向钢筋和柱外侧纵向钢筋，在节点角部弯折处，当 $d \geqslant 28mm$，取 $D = 16d$	$0.376d$	$0.5d$	$0.780d$	$1.0d$	$1.490d$	$1.5d$	$4.665d$	$4.5d$

（5）机械锚固与钢筋弯钩增长长度。

1）基本规定。

①光圆钢筋末端应做 180°弯钩，弯曲后平直段长度不应小于 $3d$，但作受压钢筋时，可不做弯钩。

②当纵向受拉普通钢筋末端采用弯钩或机械锚固措施时，包括弯钩或锚固端头在内的锚固长度（投影长度）可取为基本锚固长度 l_a 的 60%。弯钩和机械锚固的形式（见图 4-11）和技术要求应符合表 4-11 的规定。

表 4-11　　　　　　　　　　　钢筋弯钩和机械锚固的形式和技术要求

锚固形式	技术要求
90°弯钩	末端 90°弯钩，弯钩内径 $4d$，弯后直段长度 $12d$
135°弯钩	末端 135°弯钩，弯钩内径 $4d$，弯后直段长度 $5d$
一侧贴焊锚筋	末端一侧贴焊长 $5d$ 同直径钢筋
两侧贴焊锚筋	末端两侧贴焊长 $3d$ 同直径钢筋
焊端锚板	末端与厚度 d 的锚板穿孔塞焊
螺栓锚头	末端旋入螺栓锚头

注：1. 焊缝和螺纹长度应满足承载力要求；
　　2. 螺栓锚头和焊接锚板的承压净面积不应小于锚固钢筋截面积的 4 倍；
　　3. 螺栓锚头的规格应符合相关标准的要求；
　　4. 螺栓锚头和焊接锚板的钢筋净间距不宜小于 $4d$，否则应考虑群锚效应的不利影响；
　　5. 截面角部的弯钩和一侧贴焊锚筋的布筋方向宜向截面内侧偏置。

2）钢筋机械锚固。机械锚固是相对于纵筋的锚固来说的，当纵筋受到支座宽度等限制时，可能无法满足直锚长度或弯锚平直段的最小要求，而采取的锚固端加强的一种措施。如图 4-18 所示。

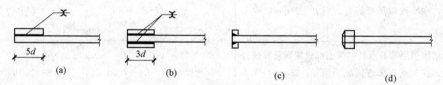

图 4-18　机械锚固的形式和技术要求

（a）一侧贴焊锚筋；（b）丙侧贴焊锚筋；（c）穿孔塞焊锚板；（d）螺栓锚头

3）钢筋弯钩增长长度。

钢筋的弯钩形式有三种：半圆弯钩、直弯钩［见图 4-19（a）］及斜弯钩［图 4-19（b）］。半圆弯钩是最常用的一种弯钩。直弯钩只用在柱钢筋的下部、箍筋和附加钢筋中。

①半圆弯钩（180°）增长长度。

下面以 HPB300 级钢筋末端 180°弯钩为例（$D=2.5d$），计算每个弯钩的增长长度（见图 4-20）：

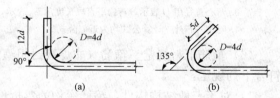

图 4-19　弯钩形式

（a）90°弯钩；（b）135°弯钩

$$E'F' = ABC + FC - AE = \frac{1}{2}\pi(D+d) + 3d - \left(\frac{D}{2}+d\right)$$

$$= \frac{1}{2}\pi(2.5d+d) + 3d - \left(\frac{2.5d}{2}+d\right) = 6.25d$$

②直弯钩（90°）、斜弯钩（135°）末端增长长度，见表 4-12。

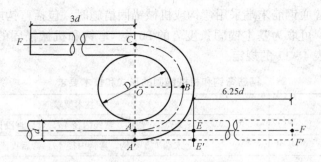

图 4-20　钢筋端头弯钩计算简图

表 4-12　　　　　直弯钩（90°）、斜弯钩（135°）末端增长长度

钢筋末端弯曲角度 　　　　　　　　　计算公式 钢筋类型	90°（$L_p=12d$）	135°（$L_p=5d$）
	$L'=-0.215D-1.215d+L_p$	$L'=-0.11D-0.215d+L_p$
HPB300 级钢筋，$D=2.5d$	$L'=-1.75d+L_p=10.25d$	
HRB335MPa 级、HRB400MPa 级带肋钢筋取 $D=4d$	$L'=-2d+L_p=10d$	$L'=-0.5D+L_p=4.5d$
HRB500 级带肋钢筋，当 $d<28$mm，取 $D=6d$	$L'=-2.5d+L_p=9.5d$	$L'=-1.0D+L_p=4d$
HRB500 级带肋钢筋，当 $d\geqslant28$mm，取 $D=7d$	$L'=-3.0d+L_p=9d$	$L'=-1.0D+L_p=4d$
位于框架结构顶层端节点处的梁上部纵向钢筋和柱外侧纵向钢筋，在节点角部弯折处，当 $d<28$mm，取 $D=12d$	$L'=-4.0d+L_p=8d$	$L'=-1.5D+L_p=3.5d$
位于框架结构顶层端节点处的梁上部纵向钢筋和柱外侧纵向钢筋，在节点角部弯折处，当 $d\geqslant28$mm，取 $D=16d$	$L'=-4.5d+L_p=7.5d$	$L'=-2.0D+L_p=3d$

注：1. 上表中 d 取值，HRB335 级以上钢筋 16G101 图集 57 页，表述为 $d<25$mm 或 $d\geqslant25$mm；

　　2. 平直段长度取值参考 16G101 图集；

　　3. 弯心直径用 D 表示，弯钩平直段长度用 L_p 表示，L_p 参照表 4-11。增长长度用 L' 表示；

　　4. 除第一行外，计算公式均为近似公式。

（6）箍筋下料规定。箍筋（非焊接封闭箍筋）、拉筋的末端应按设计要求作弯钩，并应符合下列规定：

1）对于一般结构构件，箍筋弯钩的弯折长度不应小于 90°，弯折后平直段长度不应小于箍筋直径的 5 倍；对有抗震设防要求或设计有专门要求的结构构件，箍筋弯钩的弯折角度不应小于 135°，弯折后平直段长度不应小于箍筋直径的 10 倍和 75mm 两者之中的较大者。

2）圆形箍筋的搭接长度不应小于其受拉锚固长度，且两末端均应做不小于 135°的弯钩，弯折后平直段长度对一般结构构件不应小于箍筋直径的 5 倍，对有抗震设防要求的结构构件不应小于箍筋直径的 10 倍和 75mm 的较大者。

3）拉筋用作梁、柱复合箍筋中单肢箍筋或梁腰筋间拉结筋时，两端弯钩的弯折角度均不应小于 135°，弯折后平直段长度应符合第 1）款对箍筋的有关规定；拉筋用作剪力墙、楼板等构件中拉结筋时，两端弯钩可采用一端135°，另一端90°，弯折后平直段长度不应小于拉筋直径的 5 倍。

4）加工两端135°拉筋时，可做成一端135°，另一端90°，现场安装后再将90°弯钩弯成满足要求的135°弯钩。

5）非框架梁以及不考虑地震作用的悬挑梁，箍筋及拉筋弯钩平直段长度可为 5d；当其抗扭时，应为 10d（16G101 - 1 第 62 页注）。

常见的箍筋形式如图 4 - 21 所示。箍筋末端增长长度见表 4 - 13。

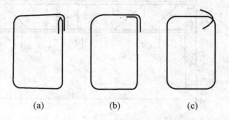

图 4 - 21　箍筋示意图
(a) 90°/180°；(b) 90°/90°；(c) 135°/135°

表 4 - 13（a）　　　　　　　　箍筋末端增长长度

箍筋末端弯曲角度	90° ($L_p=5d$)	135°		180°	
		非抗震 $L_p=5d$	抗震 $L_p=\max(10d、75mm)$	非抗震 $L_p=5d$	抗震 $L_p=\max(10d、75mm)$
计算公式	$L'=-0.215D-1.215d+L_p$	$L'=-0.11D-0.215d+L_p$	$L'=-0.11D-0.215d+L_p$	$L'=\frac{1}{2}\pi(D+d)+L_p-\left(\frac{D}{2}+d\right)$	$L'=\frac{1}{2}\pi(D+d)+L_p-\left(\frac{D}{2}+d\right)$
HPB300 取 $D=2.5d$	$L'=-1.75d+L_p=3.248d\approx3.25d$	$L'=4.51d\approx4.5d$	$L'=\max(9.51d、75mm-0.325d)$	$L'=8.25d$	$L'=\max(13.25d、3.25d+75mm)$
HPB335、HPB400 取 $D=4d$	$L'=-2d+L_p=2.925d\approx3.0d$	$L'=-0.5D+L_p=3d$	$L'=\max(9.345d、75mm-0.655d)$	$L'=9.85d$	$L'=\max(14.85d、4.85d+75mm)$

表 4 - 13（b）　　　　　箍筋末端增长长度简表（近似取值供参考）

钢筋类型 箍筋末端弯曲角度		90° ($L_p=5d$)	135°		180°	
			非抗震 $L_p=5d$	抗震 $L_p=\max(10d、75mm)$	非抗震 $L_p=5d$	抗震 $L_p=\max(10d、75mm)$
HPB300 取 $D=2.5d$	$d=6mm$	$L'=30mm$	$L'=40mm$	80	$L'=50mm$	110
	$d=8mm$				$L'=70mm$	
	$d=10mm$	$L'=40mm$	$L'=60mm$	100	$L'=90mm$	140
	$d=12mm$			120	$L'=100mm$	160
HPB335、HPB400 取 $D=4d$	$d=6mm$	$L'=30mm$	$L'=30mm$	80	$L'=60mm$	120
	$d=8mm$				$L'=80mm$	
	$d=10mm$	$L'=40mm$	$L'=40mm$	95	$L'=100mm$	150
	$d=12mm$			120	$L'=120mm$	180

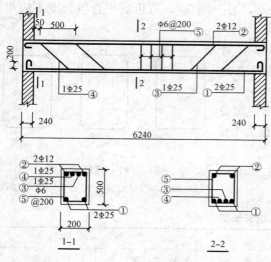

图 4-22　例 4-1 图（单位：mm）

[**例 4-1**]　某建筑物简支梁一般构件〔设计使用年限 50 年；C25 混凝土；一类环境；箍筋采用图 4-20（b）示意〕配筋如图 4-22 所示，试计算钢筋下料长度。（梁编号为 L1 共 10 根）

解：因混凝土强度等级不大于 C25，钢筋保护层取 20mm＋5mm＝25mm

图 4-22 分析：主筋外皮至梁上下混凝土外边缘的距离为 25mm＋6mm＝31mm

主筋外皮至梁左右混凝土外边缘的距离为 25mm

①钢筋下料长度

6240mm＋2×200mm－2×25mm－2×2×25mm＋2×6.25×25mm＝6802.5mm，取 6803mm

②号钢筋下料长度

6240mm－2×25mm＋2×6.25×12mm＝6340mm

③号弯起钢筋下料长度

上直段钢筋长度 240mm＋50mm＋500mm－25mm＝765mm

斜段钢筋长度（500－2×31）×1.414mm＝619mm

中间直段长度 6240mm－2×（240＋50＋500＋500－25×2）mm＝3760mm

下料长度（765＋619）×2mm＋3760mm－4×0.5×25mm＋2×6.25×25mm＝6790.5mm，取 6791mm

④号钢筋下料长度计算为 6791mm。

⑤号箍筋下料长度

箍筋外包尺寸：

宽度：200mm－2×25mm＝150mm

高度：500mm－2×25mm＝450mm

箍筋末端弯钩增长值：3.25d

下料长度：（150＋450）×2mm－3×2×6mm＋2×3.25×6mm＝1203mm

绘出各种钢筋简图，填写配料单见表 4-14。

表 4-14　　　　　　　　　　　　　钢筋配料单

构件名称	钢筋编号	简　图	钢号	直径/mm	下料长度/mm	单根根数	合计根数	质量/kg
L1 梁（共 10 根）	①	200⌐ 6190 ⌐ 2Φ25	Φ	25	6803	2	20	523.83

续表

构件名称	钢筋编号	简　图	钢号	直径/mm	下料长度/mm	单根根数	合计根数	质量/kg
	②	6190	Φ	12	6340	2	20	112.60
L1 梁（共 10 根）	③	765 619 3760	Φ	25	6791	1	10	261.45
	④	265 619 4760	Φ	25	6791	1	10	261.45
	⑤	150 450	Φ	6	1203	32	320	85.06
	合计		Φ6：85.06kg；Φ12：112.6kg；1046.73kg					

2. 钢筋代换

当施工中遇有钢筋的品种或规格与设计要求不符时，应经设计单位同意，应办理设计变更文件。钢筋代换的主要原则如下：

（1）钢筋不同牌号、规格、数量的代换，应按钢筋受拉承载力设计值相等的原则进行。

（2）当构件受裂缝宽度或挠度控制时，钢筋代换后应进行裂缝宽度或挠度验算。

（3）钢筋代换后应符合《混凝土结构设计规范》及本规范的有关钢筋材料及配筋构造要求。

（4）不宜用光圆钢筋代换带肋钢筋。

（5）代换后的钢筋加工、钢筋连接要求应符合规范的有关规定。

钢筋代换的方法如下：

（1）等强代换。当不同等级品种的钢筋进行代换，若构件受强度控制时，钢筋可按强度相等原则进行代换，即只要代换钢筋的承载能力值和原设计钢筋的承载能力值相等，就可以代换。

代换后的钢筋根数可用下式计算：

$$n_2 \geqslant \frac{n_1 d_1^2 f_{y1}}{d_2^2 f_{y2}} \tag{4-1}$$

式中　n_2——代换钢筋根数；

　　　n_1——原设计钢筋根数；

　　　d_2——代换钢筋直径；

　　　d_1——原设计钢筋直径；

　　　f_{y2}——代换钢筋抗拉强度设计值；

　　　f_{y1}——原设计钢筋抗拉强度设计值。

（2）等面积代换。当构件按最小配筋率配筋时，钢筋要按面积相等原则进行代换。用下式计算：

$$n_2 \geqslant n_1 \frac{d_1^2}{d_2^2} \tag{4-2}$$

（3）当结构构件按裂缝宽度或抗裂性要求控制时，钢筋的代换需进行裂缝及抗裂性验算。

钢筋代换后，有时由于受力钢筋直径加大或根数增多而需要增加排数，则构件截面的有效高度 h_0 减小，截面强度降低。通常对这种影响可凭经验适当增加钢筋面积，然后再作截面强度复核。

对矩形截面的受弯构件，可根据弯矩相等，按式（4-3）复核截面强度。

$$N_2\left(h_{02}-\frac{N_2}{2\alpha_1 f_c b}\right) \geqslant N_1\left(h_{01}-\frac{N_1}{2\alpha_1 f_c b}\right) \tag{4-3}$$

式中　N_1——原设计的钢筋拉力，等于 $A_{s1}f_{y1}$（A_{s1} 为原设计钢筋的截面面积，f_{y1} 为原设计钢筋的抗拉强度设计值）；

N_2——代换钢筋拉力，等于 $A_{s2}f_{y2}$（A_{s2} 为代换钢筋的截面面积，f_{y2} 为代换钢筋的抗拉强度设计值）；

h_{01}——原设计钢筋的合力点至构件截面受压边缘的距离；

h_{02}——代换钢筋的合力点至构件截面受压边缘的距离；

f_c——混凝土的轴心抗压强度设计值，MPa；

α_1——与混凝土强度相关的系数；

b——构件截面宽度。

[例4-2]　某钢筋混凝土构件设计主筋为 5 根 HPB300 级直径为 22mm 的钢筋（$f_{y1}=270N/mm^2$），今现场无 HPB300 级钢筋，拟用 HRB335 级直径为 20mm 的钢筋（$f_{y2}=300N/mm^2$）代换，试计算需几根钢筋？若用 HPB300 级直径为 18mm 的钢筋代换，当梁宽为 250mm 时，钢筋用一排布置能否排下？

解：（1）$n_2=\dfrac{5\times\left(\frac{22}{2}\right)^2\times 270}{\left(\frac{20}{2}\right)^2\times 300}$ 根 $=5.45$ 根 ≈ 6 根

（2）$n_2=\dfrac{5\times 22^2}{18^2}$ 根 $=7.46$ 根 ≈ 8 根

当梁宽为 250mm，若布置一排，钢筋间的净距≤25mm，故需要布置二排。

4.1.6　质量检查

（1）钢筋进场检查应符合下列规定：①应检查钢筋的质量证明文件；②应按国家现行标准的规定抽样检验屈服强度、抗拉强度、伸长率及单位长度重量偏差；③经产品认证符合要求的钢筋，其检验批量可扩大一倍。在同一工程项目中，同一厂家、同一牌号、同一规格的钢筋连续三次进场检验均一次检验合格时，其后的检验批量可扩大一倍；④钢筋的外观质量；⑤当无法准确判断钢筋品种、牌号时，应增加化学成分、晶粒度等检验项目。

（2）成形钢筋进场时，应检查成形钢筋的质量证明文件、成形钢筋所用材料的质量证明文件及检验报告，并应抽样检验成形钢筋的屈服强度、抗拉强度、伸长率和重量偏差。检验批量可由合同约定，且同一工程、同一原材料来源、同一组生产设备生产的成型钢筋，检验批量不宜大于 30t。

（3）钢筋调直后，应检查力学性能和单位长度重量偏差。但采用无延伸功能的机械设备调直的钢筋，可不进行本条规定的检查。

（4）钢筋加工后，应检查尺寸偏差；钢筋安装后，应检查品种、级别、规格、数量及位置。

（5）钢筋连接施工的质量检查应符合下列规定：①钢筋焊接和机械连接施工前均进行工艺检验。机械连接应检查有效的型式检验报告；②钢筋焊接接头和机械连接接头应全数检查外观质量，搭接连接接头应抽检搭接长度；③螺纹接头应抽检拧紧扭矩值；④钢筋在焊接施工中，焊工应及时自检。当发现焊接缺陷及异常现象时，应查找原因，并采取措施及时消除缺陷；⑤施工中应检查钢筋接头百分率；⑥应按《钢筋机械连接技术规程》（JGJ 107）、《钢筋焊接及验收规程》（JGJ 18）的有关规定抽取钢筋机械连接接头、焊接接头试件作力学性能检验。

4.2　模板工程

4.2.1　概述

在混凝土结构中，模板是使钢筋混凝土构件成型的模型，已浇筑的混凝土需要在此模型内养护、硬化、增加强度，形成所要求的结构构件。据统计，现浇混凝土结构用模板工程的造价约占钢筋混凝土工程总造价的 30%，总用工量的 50%。因此，推广应用先进、适用的模板技术，对提高工程质量、加快施工速度、提高劳动生产率、降低工程成本和实现文明施工，都具有十分重要的意义。

模板工程包括模板和支架两部分。模板面板、支撑面板的次楞和主楞以及对拉螺栓等组件统称为模板。模板背侧的支承（撑）架和连接件等统称为支架或模板支架。

模板工程的一般规定：

（1）模板工程应编制专项施工方案。滑模、爬模、飞模等工具式模板及高大模板支架工程的专项施工方案，应进行技术论证；

（2）模板及支架应根据施工中的各种工况进行设计，应具有足够的承载力和刚度，并应保证其整体稳固性；

（3）模板及支架应保证工程结构和构件各部分形状、尺寸和位置准确，且应便于钢筋安装和混凝土浇筑、养护。

模板工程专项施工方案一般包括下列内容：模板及支架的类型；模板及支架的材料要求；模板及支架的计算书和施工图；模板及支架安装、拆除相关技术措施；施工安全和应急措施（预案）；文明施工、环境保护技术要求。

根据混凝土成形工艺的要求，模板工程宜优选采用传力直接可靠、装拆快速、周转使用次数多的工具化模板和支架体系。

模板工程施工前应编制专项施工方案并应经过审批，高大模板工程专项施工方案还应经专家评审。现行规范中高大模板工程所指的对象为：搭设高度 8m 及以上；搭设跨度 18m 及以上，施工总荷载 15kN/m² 及以上；集中线荷载 20kN/m 以上的模板支架工程。

模板工程施工前应采取有效的防止施工作业人员坠落和支架失稳坍塌等风险源控制措施，并应充分考虑施工作业人员的人身安全和劳动保护要求。

模板施工工艺流程如图 4-23 所示。

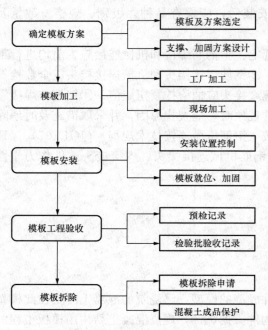

图 4-23　模板施工工艺流程

4.2.2　模板工程材料分类及要求

根据施工方法可分为：现场装拆式模板、固定式模板、移动式模板和永久性模板四类。

（1）现场装拆式模板是按照设计要求的结构形状、尺寸及空间位置在施工现场组装的模板，当混凝土达到拆模强度后拆除模板。该模板多用定型模板和工具式支撑，主要包括组合钢模板、工具式模板等。

（2）固定式模板一般用来制作预制构件，按照构件的形状、尺寸在现场或预制厂制作模板。各种胎模（土胎模、砖胎模、混凝土胎模）即属固定式模板。

（3）移动式模板是指随着混凝土的浇筑，模板可沿水平或垂直方向移动，如烟囱、水塔、墙柱混凝土浇筑用的滑升模板、提升模板、爬升模板、大模板；高层建筑楼板施工采用的飞模；筒壳混凝土浇筑时采用的水平移动式模板等。

（4）永久性模板，又称一次性消耗模板，即在现浇混凝土结构浇筑后模板不再拆除，其中有的模板与现浇结构叠合后组合成共同受力构件。目前国内外常用的有异形金属薄板、预应力混凝土薄板、玻璃纤维水泥模板、钢桁架混凝土板、钢丝网水泥模板等。该类模板多用于现浇钢筋混凝土楼（顶）板工程，也有用于竖向现浇结构。

永久性模板的最大特点和优点是：简化了现浇钢筋混凝土结构的模板支拆工艺，使模板的支拆工作量大大减少，从而改善了劳动条件，节约了模板支拆用工，加快了施工进度。

模板工程材料应本着就地取材、经济合理、有利于环境保护、减少废弃物和保护资源的原则进行选择。从国内目前建筑行业现浇混凝土施工的模板状况，使用木方做背楞、竹（木）胶合板做面板的模板是主流，但木方的大量使用不利于保护国家有限的森林资源，应提倡"以钢代木"和使用速生林木材和竹材。

模板工程材料选择要求如下：

（1）模板及支架材料的技术指标应符合国家现行标准的规定。

（2）模板及支架宜选用轻质、高强、耐用的材料。连接件宜选用标准定型产品。

（3）接触混凝土的模板表面应平整，并具有良好的耐磨性和硬度；清水混凝土的模板面板材料应保证脱模后所需的饰面效果。

（4）脱模剂涂于模板表面后，应能有效减小混凝土与模板间的吸附力，有一定的成膜强度，且不应影响脱模后混凝土表面的后期装饰。

　　模板工程的木材应选用质地坚硬、无腐朽的松木和杉木，不宜低于三等材，含水率应低于 25%，不得采用脆性、严重扭曲和受潮后容易变形的木材。

　　竹（木）胶合板应选用边角整齐、表面光滑、防水、耐磨、耐酸碱，无脱胶空鼓的胶合板。对有周转使用要求的胶合板，不得选用脲醛树脂作为胶合材料的胶合板。

　　施工现场大量废旧模板的建筑垃圾处理应引起重视，为符合我国"四节一环保"的要求，提倡使用重复使用次数多和可再生资源的模板材料。

　　连接件将面板材料和支架材料连接为可靠的整体，连接件采用标准定型的产品有利于操作安全和重复利用。

　　模板支架虽少数地区仍使用圆木杆支架，但为节约资源和保证支架的承载力，应选用钢支架或高强铝合金支架，不提倡采用木支架。

　　脱模剂的选用应满足有效脱模、不污染混凝土表面、不影响装修质量的要求，并宜采用环保型脱模剂。

　　模板按所用材料分为：木模板、组合钢模板、胶合板模板、钢框木（竹）胶合板模板、塑料模板、玻璃钢模板、铝合金模板、钢丝网水泥模板和钢筋混凝土模板等。

　　1. 木模板

　　木模板、胶合板模板一般为散装散拆式模板，也有的加工成基本元件（拼板），在现场进行拼装，拆除后也可周转使用。

视频 4 - 10：模板支架

　　拼板由一些板条用拼条钉拼而成（胶合板模板则用整块胶合板），板条厚度一般为 25～50mm，板条宽度不宜超过 200mm，以保证干缩时缝隙均匀，浇水后易于密缝。但梁底板的板条宽度不限制，以减少漏浆。拼板的拼条（小肋）间距取决于新浇混凝土的侧压力和板条的厚度，多为 400～500mm。

　　(1) 基础模板。基础支模方法和构造如图 4 - 24 (a) 所示。条形基础模板主要模板部件是侧模和支撑系统的横杠和斜撑。条形基础支模方法和模板构造如图 4 - 24 (b) 所示。

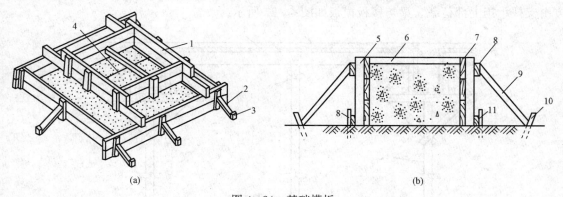

(a)　　　　　　　　　　　　　　　　(b)

图 4 - 24　基础模板

(a) 独立基础模板；(b) 条形基础模板

1—侧模；2—斜撑；3—木桩；4—对拉螺栓；5—立楞；6—支撑；7—侧模；8—横杠；9—斜撑；10—木桩；11—钢筋头

　　(2) 柱模板。图 4 - 25 为矩形柱模板。柱侧模主要承受柱混凝土的侧压力，并经过柱侧模传给柱箍，由柱箍承受侧压力。柱箍的间距取决于混凝土侧压力的大小和侧模板的厚度。柱模上部开有与梁模板连接的梁口。底部开设有清扫口。模板底部设有底框用以固定柱模的水平位置。独立柱支模时，四周应设斜撑。如果是框架柱，则应在柱间设置水平和斜向拉杆，将柱连为稳定整体。

（3）墙模板。钢筋混凝土墙的模板由相对的两片侧模和它的支撑系统组成。由于墙侧模较高，应设立楞和横杠，以抵抗墙体混凝土的侧压力。两片侧模之间设撑木和螺杆与铅丝，以保证模板的几何尺寸（见图 4 - 26）。

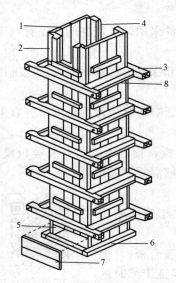

图 4 - 25 矩形柱模板

1—内拼板；2—外拼板；3—柱箍；4—梁口；
5—清扫口；6—拉紧螺栓；7—底框；8—盖板

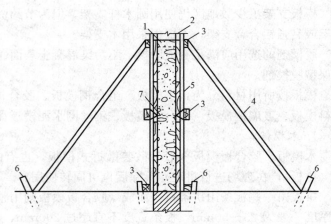

图 4 - 26 墙模板

1—内支撑木；2—侧模；3—横杠；
4—斜撑；5—立楞；6—木桩；7—铅丝

（4）梁、板模板。梁模基本与单梁模板相同，而楼板模板是由底模和横楞组成，横楞下方由支柱承担上部荷载。梁与楼板模板如图 4 - 27 所示。

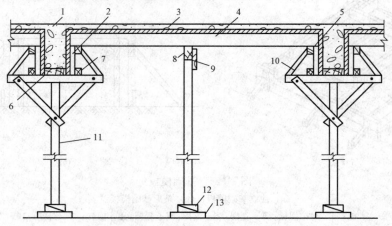

图 4-27 梁、板模板

1—梁侧模；2—立档；3—底模；4—横楞；5—托木；6—梁底模；
7—横带；8—横杠；9—连接板；10—斜撑；11—立柱；12—木楔子；13—垫板

梁与楼板支模，一般先支梁模板后支楼板的横楞再依次支设下面的横杠和支柱。在楼板与梁的连接处靠托木支撑，经立档传至梁下支柱。楼板底模铺在横楞上。

（5）楼梯模板的构造与楼板相似，不同点是要倾斜支设和做成踏步（见图 4 - 28）。

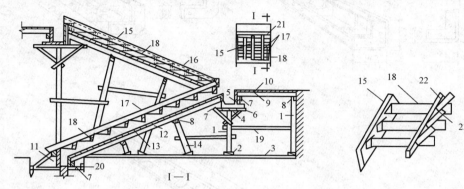

图 4 - 28　楼梯模板支设

1—支柱；2—木楔；3—垫板；4—平台梁底板；5—侧板；6—夹板；7—托板；
8—牵杠；9—木楞；10—平台底板；11—楼基侧板；12—斜木楞；13—楼梯底板；14—斜向支柱；
15—外帮板；16—横挡板；17—反三角板；18—踏步侧板；19—拉杆；20—木桩；21—平台梁模；
22—长木条；23—小木条

2. 组合钢模板

组合钢模板又称组合式定型小钢模，是目前使用较广泛的一种通用性组合模板，主要由钢模板、连接件和支承件三部分组成。

视频 4 - 11：墙体小钢模

组合钢模板的优点是通用性强、组装灵活、节省用工；浇筑的构件尺寸准确、棱角整齐、表面光滑；模板周转次数多；节约大量木材。缺点是一次投资大，浇筑成形的混凝土表面过于光滑，不利于表面装修等。

（1）钢模板。钢模板主要包括平面模板（见图 4 - 29）和转角模板（见图 4 - 30），转角模板又分为阴角模板、阳角模板和连接角模三种。钢模板面板厚度为 2.3mm、2.5mm。钢模板采用模数制设计，宽度以 100mm 为基础，以 50mm 为模数进级；长度以 450mm 为基础，以 150mm 为模数进级，当长度超过 900mm 时，以 300mm 为模数进级，肋高 55mm。

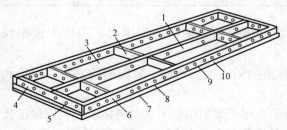

图 4 - 29　平面模板

1—中纵肋；2—中横肋；3—面板；4—横肋；
5—插销孔；6—纵肋；7—凸棱；8—凸鼓；
9—U 形卡孔；10—钉子孔

钢模板的代号为□××××，其中□为钢模板类型代号，前两个数代表钢模板的表面宽度，后两个位钢模板表面长度。如 P2015 表示平面模板，其宽度为 200mm，长度为 1500mm；E1512 表示阴角模板，其宽度 150mm × 150mm，长度为 1200mm；Y0504 表示阳角模板，其宽度为 50mm × 50mm，长度为 400mm；J0515 表示连接角模，其宽度为 50mm × 50mm，长度为 1500mm。详见钢模板规格编码表 4 - 15。

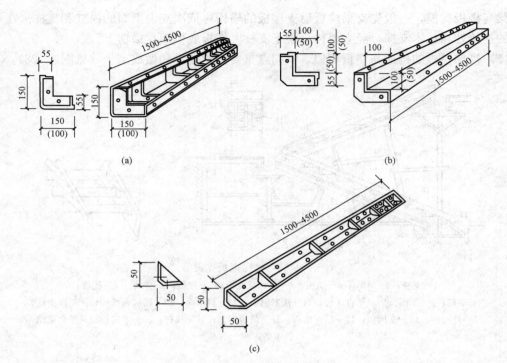

图 4 - 30 转角模板
(a) 阴角模板；(b) 阳角模板；(c) 连接角模板

表 4 - 15		钢 模 板 规 格		mm
名　称	代　号	宽　度	长　度	肋　高
平面模板	P	100、150、200、250、300、350、 400、450、500、550、600	450、600、750、900、 1200、1500、1800	55
阳角模板	Y	50×50、100×100		
阴角模板	E	100×100、150×150		
连接角模	J	50×50		

在现场拼接过程中，对某些特殊部位当定型钢模板不能满足要求时，需用少量木模填补。

(2) 连接件。连接件主要包括 U 形卡、L 形插销、钩头螺栓、紧固螺栓、对拉螺栓和扣件等，如图 4-31～图 4-36 所示。

U 形卡主要用于模板纵横向的拼接；L 形插销用于增加钢模的纵向拼接刚度，以保证接头处板面的平整；钩头螺栓用于钢模板与内、外钢楞间的连接固定；紧固螺栓用于紧固内、外钢楞，增加模板拼装后的整体刚度；对拉螺栓用于连接两侧模板，保持两侧模板的设计间距，并承受混凝土侧压力及其他荷载，确保模板的强度和刚度；扣件是用于固定螺杆和钢管的中间连接零件。

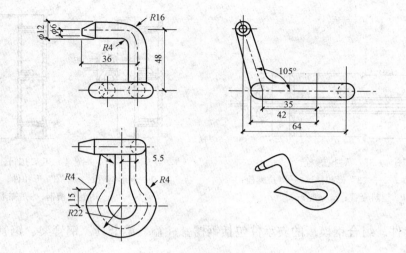

图 4 - 31　U 形卡（单位：mm）

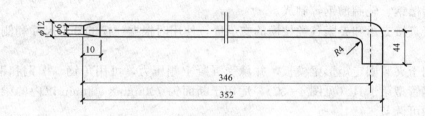

图 4 - 32　L 形插销（单位：mm）

图 4 - 33　钩头螺栓（单位：mm）

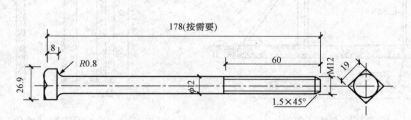

图 4 - 34　紧固螺栓（单位：mm）

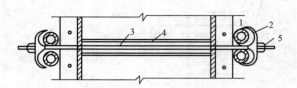

图 4-35　对拉螺栓

1—圆钢管钢楞；2—"3"形扣件；3—对拉螺栓；

4—塑料套管；5—螺母

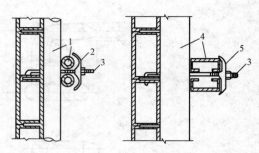

图 4-36　扣件

1—圆形钢管；2—"3"形扣件；3—钩头螺栓；

4—内卷边槽钢；5—蝶形扣件

（3）支承件。组合钢模板的支承件包括钢楞、柱箍、梁卡具、钢管架、钢管脚手架、平面可调桁架等。

钢楞也称龙骨，常用于支撑钢模板并加强其整体刚度，可采用圆钢管、矩形钢管、内卷边槽钢、轻型槽钢、轧制槽钢等制成。

柱箍用于直接支承和夹紧各类柱模的支承件，使用时根据柱模的外形尺寸和侧压力大小等选用。

梁卡具用于夹紧固定矩形梁模板，并承受混凝土侧压力，可用角钢、槽钢和钢管制作。较为常用的钢管型梁卡具（见图 4-37），适用于断面为 700mm×500mm 以内的梁，卡具的高度和宽度均可调节。

钢管架又称钢支撑，用于承受水平模板传来的竖向荷载，一般由内外两节钢管组成，可以伸缩调节支柱高度，如图 4-38 所示，立柱容许荷载见表 4-16。

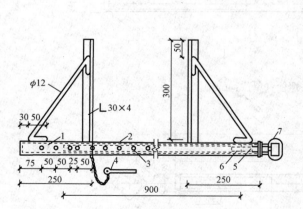

图 4-37　钢管型梁卡具（单位：mm）

1—φ32 钢管；2—φ25 钢管；3—圆孔；

4—钢筋；5—螺栓；6—螺母；7—钢筋环

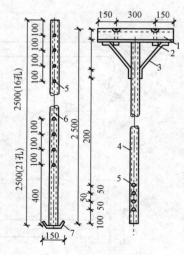

图 4-38　钢管架（单位：mm）

1—垫木；2—φ12 螺栓；3—φ16 钢筋；4—内径管；

5—φ14 孔；6—φ50 钢管；7—150×150 钢板

表 4 - 16　　　　　　　　　　　钢管支架立柱容许荷载

横杆步距 L/m	$\phi 48\times 3$ 钢管		$\phi 48\times 3.5$ 钢管	
	对接	搭接	对接	搭接
	N/kN	N/kN	N/kN	N/kN
1.0	34.4	12.8	39.1	14.5
1.25	31.7	12.3	36.2	14.0
1.50	28.6	11.8	32.4	13.3
1.80	24.5	10.9	27.6	12.3

　　钢桁架用于楼板、梁等水平模板的支架，用它作支撑，可以节省模板支撑及扩大楼层的施工空间。钢桁架的类型较多，常用的有轻型桁架和组合桁架两种。轻型桁架由两榀桁架组合而成，其跨度可调整到 2100～3500mm。

　　常见的组合钢模板的构造如下：

　　①基础模板。阶梯形基础所选钢模板的宽度最好与阶梯高度相同，若阶梯高度不符合钢模板宽度的模数，剩下不足 50mm 宽度部分可加镶木板。上台阶外侧模板较长，需用两块模板拼接，拼接处除用两根 L 形插销外，上下可加扁钢并用 U 形卡连接。上台阶内侧模板长度应与阶梯等长，与外侧模板拼接处上下应加 T 形扁钢板并用 U 形卡连接。下台阶钢模板的长度最好与下阶梯等长，四角用连接角模拼接。若无合适长度的钢模板，则可选用长度较长的钢模板，转角处用 T 形扁钢板连接，剩余长度可顺序向外伸出。其他构造要求参考图 4 - 39。

　　②柱模板。柱模板由四块拼板围成，每块拼板由若干块钢模板组成，柱模四角由连接角模连接。柱顶梁缺口用钢模板组合往往不能满足要求，可在梁底标高以下用钢模板，以上与梁模板接头部分用木板镶拼，如图 4 - 40 所示。

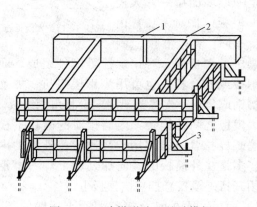

图 4 - 39　阶梯形独立基础模板
1—扁钢连接杆；2—T 形连接杆；3—角钢三角撑

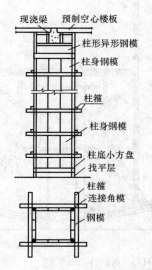

图 4 - 40　组合钢模板矩形柱模

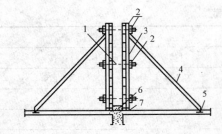

图 4-41　组合钢模墙模

1—对拉螺栓；2—钢楞；3—钢模板；4—钢管斜撑；
5—预埋铁件；6—导墙；7—找平层

模板与梁或堵墙板连接，如图 4-42 所示。

③墙模板。墙模板的每片大模板由若干平面钢模板拼成，这些平面模板可以横拼也可以竖拼，外面用横、竖钢楞加固，并用斜撑保持稳定，如图 4-41 所示。

④梁板模板。现浇钢筋混凝土梁板模板由梁模板和板的底模部分及梁板下面的空间支撑系统两大部分组成。梁的底模板与两侧模板用连接角模连接；侧模板与楼板模板则用阴角模板连接。楼板模板由平面钢模板拼装而成，其周边用阴角

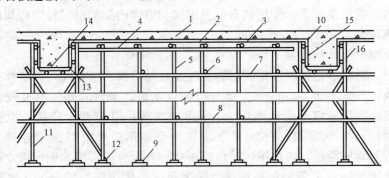

图 4-42　组合钢模板梁、板模板示意

1—混凝土楼板；2—楼板底模；3—短管龙骨（楞）；4—托管大龙骨（楞）；5—立杆；6—连系横杆；
7—通常上横杆；8—通常下横杆；9—底座；10—阴角模板；11—长夹杆；12—剪刀撑；13—阳角模板；
14—梁底模板；15—梁侧模板；16—梁围檩钢管

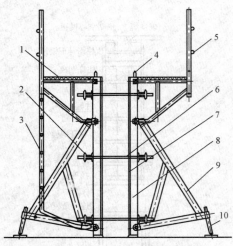

图 4-43　大模板组成示意

1—操作平台挑架；2—背楞；3—爬梯；4—吊钩；
5—钢管护栏；6—对拉螺栓；7—面板；8—竖肋；
9—斜撑；10—调节丝杠

3. 其他模板

（1）大模板。大模板为一块大尺寸的工具式模板，一般是一块墙面用一块大模板。大模板（图 4-43）由面板、钢骨架、角模、斜

视频 4-12：大模板施工

撑、操作平台挑架、对拉螺栓等配件组成。面板多为钢板或胶合板，也可用小钢模组拼；加劲肋多用槽钢或角钢；支撑桁架用槽钢和角钢组成。

大模板之间的连接：内墙相对的两块平模是用穿墙螺栓拉紧，顶部用卡具固定。外墙的内外模板，多是在外模板的竖向加劲肋上焊一槽钢横梁，用其将外模板悬挂在内模板上。

1）面板。面板是直接与混凝土接触的部分，可采用胶合板、钢框木（竹）胶合板、木模板、

钢模板等制作。

2）加劲肋。加劲肋的作用是固定面板，可做成水平肋或垂直肋，把混凝土传递给面板的侧压力传递给竖楞。加劲肋与金属面板用断续焊焊接固定，与胶合板、木模板则用螺栓固定。它一般用Ｃ65或Ｌ65制作，间距由面板的大小、厚度及墙体厚度确定，一般为300～500mm。

3）竖楞。竖楞的作用是加强大模板的整体刚度，承受模板传来的混凝土侧压力和垂直力，通常用Ｃ65或Ｃ80成对放置。两槽钢间留有空隙，以通过穿墙螺栓，间距一般为1000～1200mm。

4）支撑桁架和稳定机构。支撑桁架用螺栓或焊接与竖楞固连，其作用是承受风荷载等水平力，防止大模板倾覆。桁架上部可搭设操作平台。

稳定机构为大模板两端的桁架底部伸出支腿上设置的可调接螺旋千斤顶。在模板使用阶段，用以调整模板的垂直度，并把作用力传递到地面或楼面上；在模板堆放时，用来调整模板的倾斜度，以保证模板稳定。

5）操作平台。操作平台是施工人员操作的场所，有两种做法：①将脚手板直接铺在桁架的水平弦杆上，外侧设栏杆。特点是工作面小，但投资少，装拆方便。②在两道横墙之间的大模板的边框上用角钢连接成为格栅，再在其上满铺脚手板。特点是施工安全，但耗钢量大。

（2）滑升模板。液压滑升模板（简称"滑模"）施工工艺，是按照施工对象的平面尺寸和形状，在地面组装好模板、液压提升设备和操作平台的滑模装置，然后绑扎钢筋、浇筑混凝土，利用液压提升设备不断竖向提升模板，完成混凝土构件施工的一种方法。滑模施工多用于烟囱、水塔、筒仓等筒壁构件以及高层和超高层的民用建筑。

视频4-13：滑升模板

滑模的装置主要包括模板系统、操作平台系统和液压提升系统三部分，具体由模板、围圈、提升架、操作平台、内外吊脚手架、支撑杆及千斤顶等组成，如图4-44所示。

动画4-1：滑模

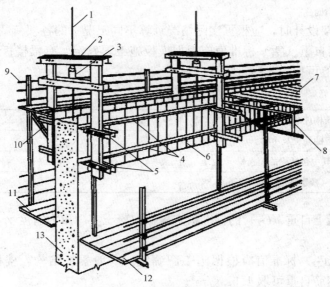

图4-44 滑升模板组成示意

1—支承柱；2—提升架；3—液压千斤顶；4—围圈；5—围圈支托；6—模板；7—内操作平台；
8—平台桁架；9—栏杆；10—外挑三脚架；11—外吊脚手；12—内吊脚手；13—混凝土墙体

1）模板系统。模板系统主要包括模板、围圈、提升架等基本构件。其作用是根据滑模工程的结构特点组成成形结构，使混凝土能按照设计的几何形状及尺寸准确成形，并保证表面质量符合要求；其在滑升施工过程中，主要承受浇筑混凝土时的侧压力以及滑动时的摩阻力和模板滑空、纠偏等情况下的外加荷载。

2）操作平台系统。操作平台系统主要包括操作平台，外挑脚手架，内、外吊脚手架以及某些增设的辅助平台，以供材料、工具、设备的堆放。

3）液压提升系统。液压提升系统主要包括支承杆、液压千斤顶、液压控制系统三部分，是液压滑模系统的重要组成部分，也是整套滑模施工装置中的提升动力和荷载传递系统。

4.2.3 模板工程设计

模板及支架的形式和构造应根据工程结构形式、荷载大小、地基土类别、施工设备和材料供应等条件确定。

模板及支架的设计应符合下列规定：①模板及支架的结构设计宜采用以分项系数表达的极限状态设计方法；②模板及支架的结构分析中所采用的计算假定和分析模型，应有理论或试验依据，或经工程验证可行；③模板及支架应根据施工过程中各种受力工况进行结构分析，并确定其最不利的作用效应组合；④承载力计算应采用荷载基本组合；变形验算可仅采用永久荷载标准值。

模板设计主要任务是确定模板构造及各部分尺寸，进行模板与支撑的结构计算。一般的工程施工中，普通结构、构件的模板不要求进行计算，但特殊的结构和跨度很大时，则必须进行验算，以保证结构和施工安全。

模板及支架设计应包括下列内容：①模板及支架的选型及构造设计；②模板及支架上的荷载及其效应计算；③模板及支架的承载力、刚度验算；④模板及支架的抗倾覆验算；⑤绘制模板及支架施工图。

（1）模板及支架设计时，应根据实际情况计算不同工况下的各项荷载及其组合。

1）模板及支架自重（G_1）标准值应根据模板施工图确定。有梁楼板及无梁楼板的模板及支架的自重标准值可按表 4-17 采用。

表 4-17　　　　　　　　　　　　　　　模板及支架的自重标准值　　　　　　　　　　　　　　kN/m²

模板构件名称	木模板	定型组合钢模板
无梁楼板的模板及小楞	0.3	0.50
楼板模板（其中包括梁的模板）	0.50	0.75
楼板模板和支架（楼层高度为 4m 以下）	0.75	1.10

2）新浇筑混凝土自重（G_2）的标准值宜根据混凝土实际重力密度 γ_c 确定。普通混凝土 γ_c 可取 24kN/m³。

3）钢筋自重（G_3）标准值应根据施工图确定。一般梁板结构，楼板的钢筋自重可取 1.1kN/m³，梁的钢筋自重可取 1.5kN/m³。

4）采用插入式振捣器且浇筑速度不大于 10m/h、混凝土坍落度不大于 180mm 时，新浇筑的混凝土对模板的侧压力（G_4）的标准值，可按下式计算，并应取其中的较小值：

$$F = 0.28\gamma_c t_0 \beta V^{\frac{1}{2}} \tag{4-4}$$

$$F = \gamma_c H \tag{4-5}$$

当浇筑速度大于 10m/h，或混凝土坍落度大于 180mm 时，侧压力（G_4）的标准值可按公式 $F = \gamma_c H$ 计算。

式中　F——新浇筑混凝土作用于模板的最大侧压力标准值，kN/m^2；

γ_c——混凝土的重力密度，kN/m^3；

t_0——新浇混凝土的初凝时间，h，可按实测确定；当缺乏试验资料时可采用 $t_0 = 200/(T+15)$ 计算，T 为混凝土的温度，℃；

β——混凝土坍落度影响修正系数；当坍落度大于 50mm 且不大于 90mm 时，β 取 0.85；当坍落度大于 90mm 且不大于 130mm 时，β 取 0.9；当坍落度大于 130mm 且不大于 180mm 时，β 取 1.0；

V——浇筑高度，取混凝土浇筑高度（厚度）与浇筑时间的比值，m/h；

H——混凝土侧压力计算位置处至新浇筑混凝土顶面的总高度，m。

混凝土侧压力的计算分布图形如图 4-45 所示；图中 $h = F/\gamma_c$。

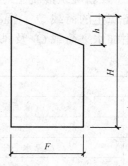

5）施工人员及施工设备产生的荷载 Q_1 标准值，可按实际情况计算，且不应小于 $2.5kN/m^2$。

6）混凝土下料产生的水平荷载 Q_2 的标准值可按表 4-18 采用，其作用范围可取在新建筑混凝土侧压力的有效压头高度 h 之内。

图 4-45　混凝土侧压力分布图
h—有效压头高度；
H—模板内混凝土总高度；F—最大侧压力

表 4-18	混凝土下料产生的水平荷载标准值	kN/m^2
下料方式		水平荷载
溜槽、串筒、导管或泵管下料		2
吊车配备斗容量下料或小车直接倾倒		4

7）泵送混凝土或不均匀堆载等因素产生的附加水平荷载 Q_3 的标准值，可取计算工况下竖向永久荷载标准值的 2%，并应作用在模板支架上端水平方向。

8）风荷载 Q_4 标准值，可按《建筑结构荷载规范》（GB 50009）的有关规定确定，此时基本风压可按 10 年一遇的风压取值，但基本风压不应小于 $0.20kN/m^2$。

（2）模板及支架结构构件应按短暂设计状况进行承载力计算，承载力计算应符合下式要求：

$$\gamma_0 S \leqslant \frac{R}{\gamma_R} \tag{4-6}$$

式中　γ_0——结构重要性系数。对重要的模板及支架宜取 $\gamma_0 \geqslant 1.0$；对于一般的模板及支架应取 $\gamma_0 \geqslant 0.9$；

S——荷载基本组合的效应设计值，可按第 3 条的规定进行计算；

R——模板及支架结构构件的承载力设计值，应按国家现行标准计算；

γ_R——承载力设计值调整系数，应根据模板及支架重复使用情况取用，不应小于 1.0。

（3）模板及支架的荷载基本组合的效应设计值，可按下式计算：

$$S = 1.35\alpha \sum_{i \geqslant 1} S_{G_{ik}} + 1.4\Psi_{cj} \sum_{j \geqslant 1} S_{Q_{jk}} \qquad (4-7)$$

式中　$S_{G_{ik}}$——第 i 个永久荷载标准值产生的荷载效应值；

$S_{Q_{jk}}$——第 j 个可变荷载标准值产生的荷载效应值；

α——模板及支架的类型系数：对侧面模板，取 0.9；对底面模板及支架，取 1.0；

Ψ_{cj}——第 j 个可变荷载的组合值系数，宜取 $\Psi_{cj} \geqslant 0.9$。

（4）模板及支架承载力计算的各项荷载可按表 4-19 确定，并应采用最不利的荷载基本组合进行设计。参与组合的永久荷载应包括模板及支架自重 G_1、新浇筑混凝土自重 G_2、钢筋自重 G_3 及新浇筑混凝土对模板的侧压力 G_4 等；参与组合的可变荷载宜包括施工人员及施工设备产生的荷载 Q_1、混凝土下料产生的水平荷载 Q_2、泵送混凝土或不均匀堆载等因素产生的附加水平荷载 Q_3 及风荷载 Q_4 等。

表 4-19　　　　　　　　　参与模板及支架承载力计算的各项荷载

计算内容		参与荷载项
模板	底面模板的承载力	$G_1+G_2+G_3+Q_1$
	侧面模板的承载力	G_4+Q_2
支架	支架水平杆及节点的承载力	$G_1+G_2+G_3+Q_1$
	立杆的承载力	$G_1+G_2+G_3+Q_1+Q_4$
	支架结构的整体稳定	$G_1+G_2+G_3+Q_1+Q_3$ $G_1+G_2+G_3+Q_1+Q_4$

注：表中的"+"仅表示各项荷载参与组合，而不表示代数相加。

（5）模板及支架的变形验算应符合下列要求：

$$a_{fG} \leqslant a_{f,lim} \qquad (4-8)$$

式中　a_{fG}——按永久荷载标准值计算的构件变形值；

$a_{f,lim}$——构件变形限值，按下面第（6）条的规定确定。

（6）模板及支架的变形限值应根据结构工程要求确定，并应符合下列规定：①对结构表面外露的模板，其挠度限值宜取为模板构件计算跨度的 1/400；②对结构表面隐蔽的模板，其挠度限值宜取为模板构件计算跨度的 1/250；③支架的轴向压缩变形限值或侧向挠度限值，宜取为计算高度或计算跨度的 1/1000。

（7）支架的高宽比不宜大于 3；当高宽比大于 3 时，应加强整体稳固性措施。

（8）支架应按混凝土浇筑前和混凝土浇筑时两种工况进行抗倾覆验算。支架的抗倾覆验算应满足下式要求：

$$\gamma_0 M_o \leqslant M_r \qquad (4-9)$$

式中　M_o——支架的倾覆力矩设计值，按荷载基本组合计算，其中永久的分项系数取 1.3，可变荷载的分项系数取 1.5；

M_r——支架的抗倾覆力矩设计值，按荷载基本组合计算，其中永久的分项系数取

0.9，可变荷载的分项系数取 0。

（9）支架结构中钢构件的长细比不应超过表 4 - 20 规定的容许值。

表 4 - 20　　　　　　　　模板支架结构钢构件容许长细比

构件类别	容许长细比
受压构件的支架立柱及桁架	180
受压构件的斜撑、剪刀撑	200
受拉构件的钢杆件	350

（10）多层楼板连续支模时，应分析多层楼板间荷载传递对支架和楼板结构的影响。

（11）支架立柱或竖向模板支撑在土层上时，应按《建筑地基基础设计规范》（GB 50007）的有关规定对土层进行验算；支架立柱或竖向模板支撑在混凝土结构构件上时，应按《混凝土结构设计规范》（GB 50010）的有关规定对混凝土结构构件进行验算。

（12）采用钢管和扣件搭设的支架设计时应符合下列规定：①钢管和扣件搭设的支架宜采用中心传力方式；②单根立杆的轴力标准值不宜大于 12kN，高大模板支架单根立杆的轴力标准值不宜大于 10kN；③立杆顶部承受水平杆扣件传递的垂直荷载时，立杆应按不小于 50mm 的偏心距进行承载力验算，高大模板支架的立杆应按不小于 100mm 的偏心距进行承载力验算；④支承模板荷载的顶部水平杆可按受弯构件进行承载力验算；⑤扣件抗滑移承载力验算可按《建筑施工扣件式钢管脚手架安全技术规范》（JGJ 130）的有关规定执行。

（13）采用门式、碗扣式、盘扣式或盘销式等钢管架搭设的支架，应采用支架立柱杆端插入可调托座的中心传力方式，其承载力及刚度可按国家现行标准的规定进行验算。

[例 4 - 3]　求某楼面外露单梁（300×600）的底模（木模板厚 5cm）支撑间距。如图 4 - 46 所示。（木材 $f=1.1\times10^4\,kN/m^2$，$f_v=1.2\times10^3\,kN/m^2$，$E=9\times10^6\,kN/m^2$，木材自重为 $0.5kN/m^2$）

注：模板设计中，一般可按三跨连续梁计算，其中 $M_{max}=\frac{1}{10}ql^2$，$u=0.006\,77\frac{ql^4}{EI}$，$V_{max}=0.6ql$

解： 1. 绘制计算简图

计算简图如图 4 - 46 所示。

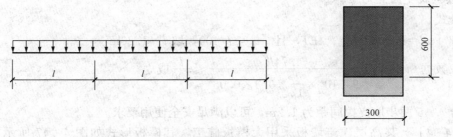

图 4 - 46　单梁底模计算简图（单位：mm）

2. 求荷载

模板及支架自重标准值 G_{1k}：$0.5kN/m^2\times0.3m=0.15kN/m$

新浇混凝土自重 G_{2k}：$24kN/m^3\times0.6m\times0.3m=4.32kN/m$

钢筋自重 G_{3k}：1.5kN/m³×0.6m×0.3m=0.27kN/m

施工人员及施工设备荷载 Q_{1k}：3.0kN/m²×0.3m=0.9kN/m

3. 荷载组合

据公式 $S = 1.35\alpha\sum\limits_{i\geqslant 1}S_{G_{ik}} + 1.4\Psi_{cj}\sum\limits_{j\geqslant 1}S_{Q_{jk}}$ 计算，取 $\Psi_{cj}=1.0$，$\alpha=1.0$。

计算承载力：$G_1+G_2+G_3+Q_1$

q_1=1.35×1.0×(0.15+4.32+0.27)kN/m+1.4×1.0×0.9kN/m=7.659kN/m

验算刚度：$G_{1k}+G_{2k}+G_{3k}$

$\qquad q_{2k}$=0.15kN/m+4.32kN/m+0.27kN/m=4.74kN/m

4. 承载力验算

取 γ_0=0.9，γ_R=1.0，根据公式 $\gamma_0 S \leqslant \dfrac{R}{\gamma_R}$ 验算。

（1）抗弯承载能力验算

计算弯矩：$M=q_1 l^2/10=0.7659L^2$

抵抗弯矩：$M_T=fW$=1.1×10⁴×0.3×0.05²/6kN·m=1.375kN·m

取 $\gamma_0 S=\dfrac{R}{\gamma_R}$

由 0.9×0.7659l^2=1.375

得 l=1.41m，假定施工时暂时取 l=1.2m。

（2）抗剪承载能力验算

取 l=1.20m 时

$$\tau = \frac{VS}{Ib} = \frac{0.6\times q\times l\times 1/2\times 0.3\times 0.05\times 1/4\times 0.05}{0.3\times 0.05^2/12\times 0.3}kN/m^2$$

$$= \frac{0.6\times 7.659\times 1.2\times 1/2\times 0.3\times 0.05\times 1/4\times 0.05}{0.3\times 0.05^3/12\times 0.3}kN/m^2$$

$$= 551.448kN/m^2 \leqslant f_V$$

符合 $\gamma_0 S \leqslant \dfrac{R}{\gamma_R}$ 的要求。

5. 模板及支架变形验算

据公式 $a_{fG} \leqslant a_{f,lim}$ 验算

已知 $[u]$=0.006 77$q_{2k}l^4/EI$，且 $[u] \leqslant l/400$，取 l=1.20m

代入数据 $0.006\ 77\dfrac{4.74l^4}{9\times 10^6\times \dfrac{1}{12}\times 0.3\times 0.05^3} \leqslant \dfrac{l}{400}$ 成立

综合 4、5 两步取支撑间距为 1.2m，可以满足安全使用要求。

［例 4-4］　某高层建筑墙板采用大模板施工，其模板形式如图 4-47 所示，墙板厚 180mm，高 3.0m，宽 3.3m，采用 P3015 模板，已知混凝土的重力密度为 24kN/m³，浇筑温度为 20℃，不加外加剂，混凝土的坍落度为 7cm，混凝土浇筑速度为 1.8m/h，采用插入式振捣器，风荷载标准值为 1.2kN/m²。验算对销螺栓 M18 的内力（螺栓 M18 的容许拉力为 29.6kN）。

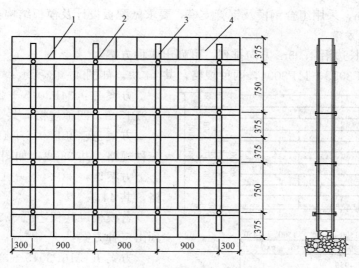

图 4-47 组合钢模板示意图

1—外钢楞；2—对拉螺栓；3—外钢楞；4—模板

解： 1. 荷载标准值计算

（1）新浇混凝土对模板的侧压力标准值。

取公式 $F=0.28\gamma_c t_0 \beta V^{\frac{1}{2}}$ 和 $F=\gamma_c H$ 计算中的较小值

其中 $t_0=\dfrac{200}{T+15}=\dfrac{200}{20+15}=5.71$，$\beta$ 取 0.85

$$G_{4k}=0.28\gamma_c t_0 \beta V^{\frac{1}{2}}$$

$$=0.28\times24\times5.71\times0.85\times1.8^{\frac{1}{2}} \qquad G_{4k}=\gamma_c H=24\times3=72\text{kN/m}^2$$

$$=43.76\text{kN/m}^2$$

取两者中小值，即 $G_{4k}=43.76\text{kN/m}^2$。

（2）混凝土下料产生的水平荷载标准值 Q_{2k}（有效压头高度范围内）。

假设采用吊车配备斗容量下料，取 $Q_{2k}=4\text{kN/m}^2$。

（3）侧面模板的承载力。

根据式 $S=1.35\alpha\sum_{i\geqslant1}S_{G_{ik}}+1.4\Psi_{cj}\sum_{j\geqslant1}S_{Q_{jk}}$ 计算，取 $\Psi_{cj}=1.0$，$\alpha=0.9$ 进行效应组合。

$$S=G_4+Q_3=1.35\times0.9\times43.76\text{kN/m}^2+1.4\times1.0\times4\text{kN/m}^2=58.77\text{kN/m}^2$$

2. 对拉螺栓验算

据公式 $\gamma_0 S\leqslant\dfrac{R}{\gamma_R}$ 进行验算，取 $\gamma_0=1.0$，$\gamma_R=1.0$，已知螺栓容许拉力 29.6kN

验算 $\gamma_0\times S\times$ 内楞间距 $\times$ 外楞间距 $\leqslant\dfrac{R}{\gamma_R}$ 是否成立

$$1.0\times58.77\times0.9\times0.75\text{kN}=39.67\text{kN}>29.6\text{kN}$$

$\gamma_0 S\leqslant\dfrac{R}{\gamma_R}$ 不成立，对拉螺栓 M18 不能满足要求。

［例 4-5］ 某框架结构现浇混凝土板，厚度为 100mm，其支模尺寸为 3.3m×4.95m，

楼层高度为 4.5m，采用组合钢模及钢管支模，要求做配板设计及模板结构布置与验算。

解：1. 配板方案

若模板以其长边沿 4.95m 方向排列，可列出 4 种方案：

方案一：33P3015＋11P3004，两种规格，共 44 块，如图 4-48 所示；

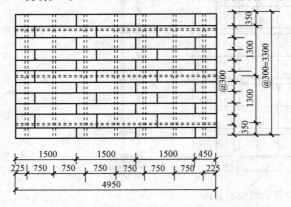

方案二：34P3015＋2P3009＋1P1515＋2P1509，四种规格，共 39 块；

方案三：35P3015＋1P3004＋2P1515，三种规格，共 38 块，如图 4-49 所示；

方案四：33P3015＋11P3004，两种规格，共 44 块。

若模板以其长边沿 3.3m 方向排列，可列出三种方案：

方案五：16P3015＋32P3009＋1P1515＋2P1509，四种规格，共 51 块；

方案六：35P3015＋1P3004＋2P1515，三种规格，共 38 块；

图 4-48　楼板模板按错缝排列的配板图

方案七：34P3015＋1P1515＋2P1509＋2P3009，四种规格，共 39 块；

方案三及方案六模板规格及块数少，比较合宜。方案三（见图 4-49）错缝排列，刚性好，宜用于预拼吊装的情况，现取方案（三）做模板结构布置及验算的依据。

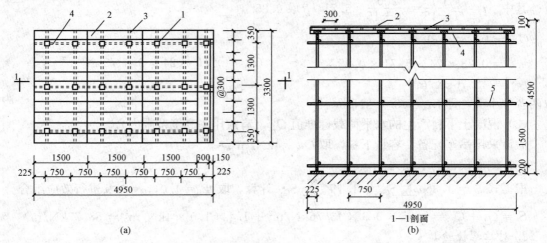

图 4-49　楼板模板的配板及支撑

（a）配板图；（b）1—1 剖面

1—ϕ51×3 钢管支柱；2—钢模板；3—内钢楞 2□60×40×2.5；
4—外钢楞 2□60×40×2.5；5—水平撑 ϕ48×3.5

2. 模板结构布置

如图 4-49 所示，其内外钢楞用矩形钢管 2□60×40×2.5，钢楞截面面积矩 $S=15.65cm^3$，惯性矩 $I=46.95cm^4$，弹性模量 $E=2×10^5 N/mm^2$，抗弯强度设计值 $f=205N/$

mm^2，抗剪强度设计值 $f_v=125N/mm^2$。内钢楞间距为 0.75m。外钢楞间距为 1.3m。内外钢楞交点处用 $\phi51\times3$ 钢管作支架。

3. 模板结构验算

（1）每平方米支撑面模板荷载标准值计算；

平板的模板及次楞自重标准值 $G_{1k}=500N/m^2$

新浇筑混凝土自重标准值 $G_{2k}=24\,000N/m^3\times0.1m=2400N/m^2$

钢筋自重标准值 $G_{3k}=1100N/m^2\times0.1m=110N/m^2$

施工人员及施工设备荷载标准值 $Q_{1k}=3000N/m^2$

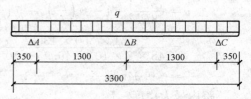

假定风荷载标准值为 $1200N/m^2$

（2）内钢楞验算。内钢楞计算简图如图 4-50 所示，悬臂 $a=0.35m$，内跨长 $l=1.3m$。

图 4-50　计算简图

1）抗弯验算。

根据公式 $S=1.35\alpha\sum_{i\geqslant1}S_{G_{ik}}+1.4\Psi_{cj}\sum_{j\geqslant1}S_{Q_{jk}}$ 计算，取 $\Psi_{cj}=1.0$，$\alpha=1.0$ 进行效应组合。

$$
\begin{aligned}
\text{面荷载}\quad q' &= 1.35\times1.0\times(G_{1k}+G_{2k}+G_{3k})+1.4\times1.0\times Q\\
&= 1.35\times3010N/m^2+1.4\times3000N/m^2\\
&= 8263.5N/m^2
\end{aligned}
$$

线荷载　　　　　　　$q=8263.5\times0.75N/m=6197.63N/m$

支点 A 弯矩　　　$M_A=1/2qa^2=1/2\times6197.63\times0.35^2=379.60N\cdot m$

支点 B 弯矩

$$
\begin{aligned}
M_B &= \frac{1}{8}ql^2\left[1-2\left(\frac{a}{l}\right)^2\right]\\
&= \frac{1}{8}\times6197.63\times1.3^2\times\left[1-2\times\left(\frac{0.35}{1.3}\right)^2\right]N\cdot m = 1119.45N\cdot m
\end{aligned}
$$

抗弯强度

$$
\sigma=\frac{M_B}{W}=\frac{1119.45\times10^3}{14.58\times10^3}N/mm^2=76.78N/mm^2
$$

根据公式 $\gamma_0 S\leqslant\dfrac{R}{\gamma_R}$ 进行验算，取 $\gamma_0=1.0$，$\gamma_R=1.0$，已知 $f=205N/mm^2$

则 $1.0\times76.78N/mm^2\leqslant\dfrac{205}{1.0}N/mm^2$ 成立，抗弯满足要求。

2）抗剪验算。

由图 4-50 知，$V_{A左}=qa=2169.17N$，$V_{BA}=\dfrac{M_B-M_A+\frac{1}{2}ql^2}{l}=4597.57N$，$V_{AB}=\dfrac{M_A-M_B+\frac{1}{2}ql^2}{l}=3459.34N$，面积矩 $S=9.53cm^3=9.53\times10^{-6}m^3$

则　　　　　$\tau=\dfrac{VS}{Ib}=\dfrac{4.60\times9.53\times10^{-6}}{46.95\times10^{-8}\times0.08}=9337.17kN/m^2=9.34N/mm^2$

据公式 $\gamma_0 S \leqslant \dfrac{R}{\gamma_R}$ 进行验算，取 $\gamma_0 = 1.0$，$\gamma_R = 1.0$，$f_v = 125\text{N/mm}^2$

$1.0 \times 9.34 \leqslant \dfrac{125}{1.0}$ 成立，抗剪满足要求。

3）挠度验算。

支架挠度限值为计算跨度的 $1/1000$。$q = 0.75(G_{1k} + G_{2k} + G_{3k} + Q_{1k}) = 4.51\text{N/mm}$

悬臂端挠度

$$u = \frac{qal^3}{48EI}\left[-1 + 6\left(\frac{a}{l}\right)^2 + 6\left(\frac{a}{l}\right)^3\right]$$

$$= \frac{4.51 \times 350 \times 1300^3}{48 \times 2 \times 10^5 \times 46.95 \times 10^4} \times \left[-1 + 6 \times \left(\frac{350}{1300}\right)^2 + 6 \times \left(\frac{350}{1300}\right)^3\right]\text{mm}$$

$$= -0.34\text{mm}$$

跨内最大挠度

$$u = \frac{0.1ql^4}{24EI} = \frac{0.1 \times 4.15 \times 1300^4}{24 \times 2 \times 10^5 \times 46.95 \times 10^4}\text{mm} = 0.53\text{mm}$$

据公式 $a_{fG} \leqslant a_{f,lim}$ 验算

悬臂端 $0.34\text{mm} \leqslant 350 \times 1/1000\text{mm} = 0.35\text{mm}$ 符合要求

跨内 $0.53\text{mm} \leqslant 1300 \times 1/1000\text{mm} = 1.3\text{mm}$ 符合要求

（3）立杆验算。

根据公式 $S = 1.35\alpha \sum\limits_{i \geqslant 1} S_{G_{ik}} + 1.4\Psi_{cj} \sum\limits_{j \geqslant 1} S_{Q_{jk}}$ 计算，取 $\Psi_{cj} = 1.0$，$\alpha = 1.0$ 进行效应组合。

面荷载 $q = G_1 + G_2 + G_3 + Q_1 + Q_4 = 1.35 \times 3010\text{N/m}^2 + 1.4 \times 1200\text{N/m}^2 = 5743.5\text{N/m}^2$

立柱竖向荷载设计值 $N_{ut} = 0.75 \times 1.3q = 5599.91\text{N}$

1）立杆长细比验算。

据《建筑施工扣件式钢管模板支架技术规程》（DB 33/T 1035—2018）查出 $\lambda = \dfrac{l_0}{i} = \dfrac{\{k\mu h_d, \ h_d + 2a\}_{max}}{i}$ 中，当步距 $h_d = 1500\text{mm}$，立杆伸出水平杆中心线至支撑点的距离 $a = 200\text{mm}$ 时，$k = 1.73$，$\mu = 1.167$ 时，$\lambda = \dfrac{l_0}{i} = \dfrac{\{k\mu h_d, \ h_d + 2a\}_{max}}{i} = \dfrac{\{3028.37, \ 1900\}_{max}}{17} = 178.14 \leqslant 180$，成立

2）立杆轴心受压强度验算。

据公式 $\gamma_0 S \leqslant \dfrac{R}{\gamma_R}$ 进行验算，取 $\gamma_0 = 1.0$，$\gamma_R = 1.0$，$f = 205\text{N/mm}^2$

$$\sigma = \frac{N_{ut}}{A_n} = \frac{5599.91}{\pi(51^2 - 45^2)}\text{N/mm}^2 = 3.10\text{N/mm}^2$$

则 $1.0\sigma \leqslant \dfrac{f}{1.0}$ 成立

3）立杆轴心受压稳定性验算。

据《建筑施工扣件式钢管模板支架技术规程》（DB 33/T 1035—2018）查出

$$\frac{N_{ut}}{\varphi AK_H} + \frac{M_w}{W} \leqslant f, \ K_H = \frac{1}{1 + 0.005(H-4)} = 0.998, \ A = 452\text{mm}^2,$$

$M_w = 0.85 \times 1.4 M_{wk} = \dfrac{0.85 \times 1.4 W_k l_a h^2}{10} = 2.41 \times 10^5 \text{N} \cdot \text{mm}$（其中风荷载标准值 $W_k =$ $1.2 \times 10^{-3} \text{N/mm}^2$，$l_a = 750\text{mm}$，$h = 1500\text{mm}$），计算立杆段的轴向力设计值 $N_{ut} = 5599.91\text{N}$，截面面积矩 $W = 5.13\text{cm}^3$，回转半径 $i = 17\text{mm}$，查出 $\varphi = 0.225$。

则 $\dfrac{N_{ut}}{\varphi AK_H} + \dfrac{M_w}{W} = \dfrac{5599.91}{0.225 \times 452 \times 0.998} \text{N/mm}^2 + \dfrac{2.41 \times 10^5}{5.13 \times 10^3} \text{N/mm}^2 = 55.17\text{N/mm}^2 + 46.98\text{N/mm}^2 = 102.15\text{N/mm}^2$

据公式 $\gamma_0 S \leqslant \dfrac{R}{\gamma_R}$ 进行验算，取 $\gamma_0 = 1.0$，$\gamma_R = 1.0$，$f = 205\text{N/mm}^2$

$1.0 \times \left(\dfrac{N_{ut}}{\varphi AK_H} + \dfrac{M_w}{W} \right) = 102.15\text{N/mm}^2 \leqslant \dfrac{f}{1.0} = 205\text{N/mm}^2$ 成立。

4.2.4　制作与安装

（1）模板应按图纸加工、制作。模板可在工厂或施工现场加工、制作。通用性强的模板宜制作成定型模板。

（2）模板面板背楞的截面高度宜统一。模板制作与安装时，板面拼缝应严密。有防水要求的墙体，其模板对拉螺栓中部应设止水片，止水片应与对拉螺栓环焊。

（3）与通用钢管支架匹配的专用支架，应按图加工、制作。搁置于支架顶端可调托座上的主梁，可采用木方、木工字梁或截面对称的型钢制作。

（4）支架立柱和竖向模板安装在土层上时，应符合下列规定：①应设置具有足够强度和支承面积的垫板；②土层应坚实，并应有排水措施；对湿陷性黄土、膨胀土，应有防水措施；对冻胀性土，应有防冻胀措施；③对软土地基，必要时可采用堆载预压的方法调整模板面板安装高度。

（5）安装模板时，应进行测量放线，并应采取保证模板位置准确的定位措施。对竖向构件的模板及支架，应根据混凝土浇筑高度和浇筑速度，采取竖向模板抗侧移、抗浮和抗倾覆措施。对水平构件的模板及支架，应结合不同的支架和模板面板形式，采取支架间和模板间的有效拉结措施。对可能承受较大风荷载的模板，应采取防风措施。

（6）对跨度不小于 4m 的梁、板，其模板施工起拱高度宜为梁、板跨度的 1/1000～3/1000。起拱不得减少构件的截面高度。

（7）采用扣件式钢管作模板支架时，支架搭设应符合下列规定：

1）模板支架搭设所采用的钢管、扣件规格，应符合设计要求；立杆纵距、立杆横距、支架步距以及构造要求，应符合专项施工方案的要求。

2）立杆纵距、立杆横距不应大于 1.5m，支架步距不应大于 2.0m；立杆纵距和立杆横距易设置扫地杆，纵向扫地杆距立杆底部不宜大于 200mm，横向扫地杆在纵向扫地杆的下方；立杆底部易设置底座或垫板。

3）立杆接长除顶层步距可采用搭接外，其余各层步距接头应采用对接和扣件连接，两个相邻立杆的接头不应设置在同一步距内。

4）立杆步距的上下两端应设置双向水平杆，水平杆与立杆的交错点应采用扣件连接，双向水平杆与立杆的连接扣件之间的距离不应大于 150mm。

5）支架周围应连续设置竖向剪刀撑。支架长度或宽度大于 6m 时，应设置中部纵向或竖向的竖向剪刀撑，剪刀撑的间距和单幅剪刀撑的宽度均不宜大于 8m，剪刀撑与水平杆的夹角宜为 45°～60°；支架高度大于 3 倍步距时，支架顶部宜设置一道水平剪刀撑，剪刀撑应延伸至周边。

6）立杆、水平杆、剪刀撑的搭接长度，不应小于 0.8m，且不应少于 2 个扣件连接，扣件盖板边缘至杆端不应小于 100mm。

7）扣件螺栓的拧紧力矩不应小于 40N·m，且不应大于 65N·m。

8）支架立杆搭设的垂直偏差不宜大于 1/200。

（8）采用扣件式钢管作高大模板支架时，支架搭设除应符合第（7）条的规定外，还应符合下列规定：

1）宜在支架立杆顶部插入可调托座。可调托座螺杆外径不应小于 36mm，螺杆插入钢管的长度不应小于 150mm，螺杆伸出钢管的长度不应大于 300mm，可调托座伸出顶层水平杆的悬臂长度不应大于 500mm（图 4-51）。

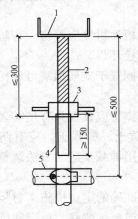

图 4-51 扣件式钢管支架顶部的
可调托座（单位：mm）

1—可调托座；2—螺杆；3—调节螺母；
4—扣件式钢管支架立杆；
5—扣件式钢管支架水平杆

2）立杆的纵、横向间距不应大于 1.2m，支架步距不应大于 1.8m。

3）立杆顶层步距内采用搭接时，搭接长度不应小于 1m，且不应少于 3 个扣件连接。

4）立杆纵向和横向应设置扫地杆，纵向扫地杆距立杆底部不宜大于 200mm。

5）宜设置中部纵向或横向的竖向剪刀撑，剪刀撑的间距不宜小于 5m；沿支架高度方向搭设的水平剪刀撑的间距不宜大于 6m。

6）立杆的搭设垂直偏差不宜大于 1/200，且不宜大于 100mm。

7）应根据周边结构的情况，采取有效的连接措施加强支架整体稳固性。

8）采用满堂支架的高大模板时，在支架中间区域设置少量的用塔吊标准节安装的桁架柱，或用加密的钢管立杆、水平杆及斜杆搭设成等高承载力的临时柱，形成防止模板支架整体坍塌的二道防线，经实践证明是行之有效的。

（9）采用碗扣式、盘扣式或盘销式钢管架作模板支架时，支架搭设应符合下列规定：

1）碗扣式、盘扣式或盘销式的水平杆与立柱的扣接应牢靠，不应滑脱。

2）立杆上的上、下层水平杆间距不应大于 1.8m。

3）插入立杆顶端可调托座伸出顶层水平杆的悬臂长度不应大于 650mm，螺杆插入钢管的长度不应小于 150mm，其直径应满足与钢管内径间隙不大于 6mm 的要求。架体最顶层的水平杆步距应比标准步距缩小一个碗扣或者盘扣节点间距，更利于立杆的稳定性

（图 4-52）。

4）立柱间应设置专用斜杆或扣件钢管斜杆加强模板支架。

碗扣式钢管架的竖向剪刀撑和水平剪刀撑可采用扣件钢管搭设，一般形成的基本网格为 4～6m；盘扣式钢管架的竖向剪刀撑和水平剪刀撑直接采用斜杆，并要求纵、横向每 5 跨每层设置斜杆，竖向每 4 步设置斜杆。

（10）采用门式钢管架搭设模板支架时，应符合《建筑施工门式钢管脚手架安全技术规范》（JGJ 128）的有关规定。当支架高度较大或荷载较大时，主立杆钢管直径不宜小于 48mm，并应设水平加强杆。

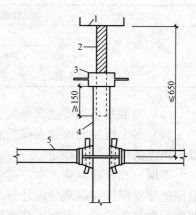

图 4-52 碗扣式、盘扣式或盘销式钢管支架顶部的可调托座
（单位：mm）
1—可调托座；2—螺杆；3—调节螺母；
4—立杆；5—水平杆

（11）支架的竖向斜撑和水平斜撑应与支架同步搭设，支架应与成形的混凝土结构拉结。钢管支架的竖向斜撑和水平斜撑的搭设应符合国家现行钢管脚手架标准的规定。

（12）对现浇多层、高层混凝土结构，上、下楼层模板支架的立杆应对准。模板及支架钢管等应分散堆放。

（13）模板安装应保证混凝土结构构件各部分形状、尺寸和相对位置准确，并应防止漏浆。

（14）模板安装应与钢筋安装配合进行，梁柱节点的模板宜在钢筋安装后安装。

（15）模板与混凝土接触面应清理干净并涂刷脱模剂，脱模剂不得污染钢筋和混凝土接槎处。

（16）后浇带的模板及支架应独立设置。后浇带部位的模板及支架通常需保留到设计允许封闭后浇带的时间。该部分模板及支架应独立设置，便于两侧的模板及支架及时拆除，加快模板及支架的周转使用。

（17）固定在模板上的预埋件、预留孔和预留洞，均不得遗漏，且应安装牢固、位置准确。

4.2.5 拆除与维护

（1）模板拆除时，可采取先支的后拆、后支的先拆，先拆非承重模板、后拆承重模板的顺序，并应从上而下进行拆除。

（2）底模及支架应在混凝土强度达到设计要求后再拆除；当设计无具体要求时，同条件养护试件的混凝土抗压强度应符合表 4-21 规定。

表 4-21　　　　　　　　　　　底模拆除时的混凝土强度要求

构件类型	构件跨度/m	按达到混凝土强度等级值的百分率计（%）
板	≤2	≥50
	>2，≤8	≥75
	>8	≥100

构件类型	构件跨度/m	按达到混凝土强度等级值的百分率计（%）
梁、拱、壳	≤8	≥75
	>8	≥100
悬臂构件		≥100

（3）当混凝土强度能保证其表面及棱角不受损伤时，方可拆除侧模。

（4）多个楼层间连续支模的底层支架拆除时间，应根据连续支模的楼层间荷载分配和混凝土强度的增长情况确定。

多层、高层建筑施工中，连续2层或3层模板支架的拆除要求与单层模板支架不同，需根据连续支模层间荷载分配计算以及混凝土的增长情况确定底层支架拆除时间。高层建筑冬期施工时，气温低，混凝土强度增长慢，连续模板支架层数一般不少于3层。

（5）快拆支架体系的支架立杆间距不应大于2m。拆模时，应保留立杆并顶托支承楼板，拆模时的混凝土强度按第（2）条中构件跨度为2m的规定确定。

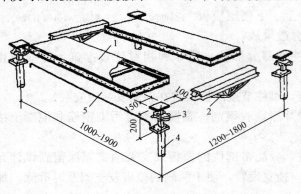

图4-53 早拆模板体系全貌（单位：mm）

1—模板块；2—托梁；3—升降头；4—可调支柱；
5—跨度定位杆

快拆支架体系（见图4-53）也称为早拆模板体系或保留支柱施工法。能实现模板块早拆的基本原理是因支柱保留，将拆模跨度由长跨改为短跨，所需的拆模强度降至设计强度的一定比例，从而加快了承重模板的周转速度。支柱顶部早拆柱头是其核心部件，它既能维持顶托板支撑住混凝土构件的底面，又能将支架梁连带模板块一起降落。

（6）后张预应力混凝土结构构件，侧模宜在预应力张拉前拆除；底模支架不应在结构构件建立预应力前拆除。

（7）拆下的模板及支架杆件不得抛掷，应分散堆放在指定地点，并应及时清运。

（8）模板拆除后应将其表面清理干净，对变形和损伤部位应进行修复。

4.2.6 质量检查

（1）模板、支架杆件和连接件的进场检查，应符合下列规定：

1）模板表面应平整；胶合板模板的胶合层不应脱胶翘角；支架杆件应平直，应无严重变形和锈蚀；连接件应无严重变形和锈蚀，并不应有裂纹；

2）模板规格和尺寸，支架杆件的直径和壁厚及连接件的质量，应符合设计要求；

3）施工现场组装的模板，其组成部分的外观和尺寸，应符合设计要求；

4）必要时，应对模板、支架杆件和连接件的力学性能进行抽样检查；

5）应在进场时和周转使用前全数检查。

（2）模板安装后应检查尺寸偏差。固定在模板上的预埋件、预留孔和预留洞，应检查其数量和尺寸。

（3）采用扣件式钢管作模板支架时，质量检查应符合下列规定：

1）梁下支架立杆间距的偏差不宜大于 50mm，板下支架立杆间距的偏差不宜大于 100mm；水平杆间距的偏差不宜大于 50mm；

2）应检查支架顶部承受模板荷载的水平杆与支架立杆连接的扣件数量，采用双扣件构造设置的抗滑移扣件，其上下应顶紧，间隙不应大于 2mm。

3）支架顶部承受模板荷载的水平杆与支架立杆连接的扣件拧紧力矩，不应小于 40N·m，且不应大于 65N·m；支架每步双向水平杆应与立杆扣接，不得缺失。

（4）采用碗扣式、盘扣式或盘销式钢管架作模板支架时，质量检查应符合下列规定：

1）插入立杆顶端可调托撑伸出顶层水平杆的悬臂长度，不应超过 650mm；

2）水平杆杆端与立杆连接的碗扣、插接和盘销的连接状况，不应松脱；

3）按规定设置的垂直和水平斜撑。

4.3　混凝土工程

混凝土工程包括混凝土制备、运输、浇筑、振捣和养护等施工过程，各个施工过程相互联系和影响，其中任一施工过程处理不当都会影响混凝土工程的最终质量。近年来随着混凝土外加剂和商品混凝土的发展和广泛应用，极大地影响了混凝土的性能和施工工艺；此外，自动化、机械化的发展和新的施工机械和施工工艺的应用，也大大地改变了混凝土工程施工的落后面貌。混凝土施工过程如图 4-54 所示。

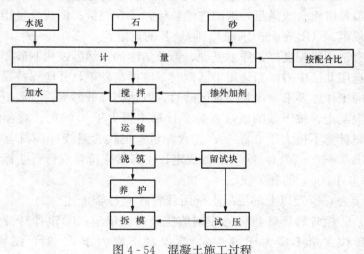

图 4-54　混凝土施工过程

4.3.1　混凝土的制备与运输

混凝土的制备就是根据混凝土的配合比，把水泥、砂子、石子、外加剂、矿物掺合料和水通过搅拌的手段使其成为均质的混凝土。混凝土制备应采用符合质量要求的原材料，按规定的配合比配料，混合料应拌和均匀，以保证结构设计所规定的混凝土强度等级，满足设计提出的其他特殊要求（如抗冻、抗渗等）和施工和易性要求，并应符合节约水泥，减轻劳动强度等原则。

1. 一般规定

混凝土结构施工宜采用预拌混凝土。混凝土制备应符合下列规定：①预拌混凝土应符合《预拌混凝土》（GB 14902）的有关规定；②现场搅拌混凝土宜采用具有自动计量装置的设备集中搅拌；③当不具备本条第1、2款规定的条件时，应采用符合《混凝土搅拌机》（GB/T 9142）的搅拌机进行搅拌，并应配备计量装置。

混凝土运输应符合下列规定：①混凝土宜采用搅拌运输车运输，运输车辆应符合国家现行有关标准的规定；②运输过程中应保证混凝土拌和物的均匀性和工作性；③应采取保证连续供应的措施，并应满足现场施工的需要。

2. 原材料

（1）混凝土原材料的主要技术指标应符合《混凝土结构工程施工规范》（GB 50666—2011）附录F和国家现行有关标准的规定。

（2）水泥的选用应符合下列规定：①水泥品种与强度等级应根据设计、施工要求，以及工程所处环境条件确定；②普通混凝土结构宜选用通用硅酸盐水泥；有特殊需要时，也可选用其他品种水泥；③对于有抗渗、抗冻融要求的混凝土，宜选用硅酸盐水泥或普通硅酸盐水泥；④处于潮湿环境的混凝土结构，当使用碱活性骨料时，宜采用低碱水泥。

（3）粗骨料宜选用粒形良好、质地坚硬的洁净碎石或卵石，并应符合下列规定：①粗骨料最大粒径不应超过构件截面最小尺寸的1/4，且不应超过钢筋最小净间距的3/4；对实心混凝土板，粗骨料的最大粒径不宜超过板厚的1/3，且不应超过40mm；②粗骨料宜采用连续粒级，也可用单粒级组合成满足要求的连续粒级；③含泥量、泥块含量指标应符合《混凝土结构工程施工规范》（GB 50666—2011）附录F的规定。

（4）细骨料宜选用级配良好、质地坚硬、颗粒洁净的天然砂或机制砂，并应符合下列规定：①细骨料宜选用Ⅱ区中砂。当选用Ⅰ区砂时，应提高砂率，并应保持足够的胶凝材料用量，满足混凝土的工作性要求；当采用Ⅲ区砂时，宜适当降低砂率；②混凝土细骨料中氯离子含量，对钢筋混凝土，按干砂的质量百分率计算不得大于0.06%；对预应力混凝土，按干砂的质量百分率计算不得大于0.02%；③含泥量、泥块含量指标应符合《混凝土结构工程施工规范》（GB 50666—2011）附录F的规定；④海砂应符合现行行业标准《海砂混凝土应用技术规范》（JGJ 206）的有关规定。

（5）强度等级为C60及以上的混凝土所用骨料除应符合上述（2）、（3）的规定外，尚应符合下列规定：①粗骨料压碎指标的控制值应经试验确定；②粗骨料最大粒径不宜大于25mm，针片状颗粒含量不应大于8.0%，含泥量不应大于0.5%，泥块含量不应大于0.2%；③细骨料细度模数宜控制为2.6～3.0，含泥量不应大于2.0%，泥块含量不应大于0.5%。

（6）对于有抗渗、抗冻融或其他特殊要求的混凝土，宜选用连续级配的粗骨料，最大粒径不宜大于40mm，含泥量不应大于1.0%，泥块含量不应大于0.5%；所用细骨料含泥量不应大于3.0%，泥块含量不应大于1.0%。

（7）矿物掺合料的选用应根据设计、施工要求，以及工程所处环境条件确定，其掺量应通过试验确定。

（8）外加剂的选用应根据设计、施工要求，混凝土原材料性能以及工程所处环境条件等因素通过试验确定，并应符合下列规定：①当使用碱活性骨料时，由外加剂带入的碱含量（以当量氧化钠计）不宜超过 $1.0kg/m^3$，混凝土总碱含量尚应符合《混凝土结构设计规范》（GB 50010）等的有关规定；②不同品种外加剂首次复合使用时，应检验混凝土外加剂的相容性。

（9）混凝土拌和及养护用水应符合《混凝土用水标准》（JGJ 63）的有关规定。

（10）未经处理的海水严禁用于钢筋混凝土结构和预应力混凝土结构中混凝土的拌制和养护。

（11）原材料进场后，应按种类、批次分开贮存与堆放，应标识明晰，并应符合下列规定：①散装水泥、矿物掺合料等粉体材料应采用散装罐分开储存。袋装水泥、矿物掺合料、外加剂等应按品种、批次分开码垛堆放，并应采取防雨、防潮措施，高温季节应有防晒措施；②骨料应按品种、规格分别堆放，不得混入杂物，并应保持洁净与颗粒级配均匀。骨料堆放场地的地面应做硬化处理，并应采取排水、防尘和防雨等措施；③液体外加剂应放置阴凉干燥处，应防止日晒、污染、浸水，使用前应搅拌均匀；如有离析、变色等现象，应经检验合格后再使用。

3. 混凝土施工配合比

（1）混凝土施工配合比的确定。一般混凝土的配合比是实验室配合比（理论配合比），即假定砂、石等材料处于完全干燥状态下。但在现场施工中，砂石一般都露天堆放，因此不可避免地含有一些水分，并且含水量随气候而变化。配料时必须把材料的含水率加以考虑，以确保混凝土配合比的准确，从而保证混凝土的质量。根据施工现场砂、石含水率，调整以后的配合比称为施工配合比。

若混凝土的实验室配合比为水泥∶砂∶石 $=1∶S∶G$，水灰比为 W/C，施工现场测出的砂的含水率为 W_S，石的含水率为 W_G，则换算后的施工配合比为：水泥∶砂∶石∶水 $=1∶S(1+W_S)∶G(1+W_G)∶(W-SW_S-GW_G)$，即原水灰比 W/C 保持不变，用水量要减去砂石中的含水量。

[例 4-6]　已知某混凝土的实验室配合比为 $1∶2.93∶3.93$，水灰比为 $W/C=0.63$，每 m^3 混凝土水泥用量 $C=280kg$，现场实测砂含水率为 $W_S=3.5\%$，石子含水率为 $W_G=1.2\%$。求施工配合比及每立方米混凝土各种材料用量。

解： 1）施工配合比。

$$水泥∶砂∶石∶水 = 1∶S(1+W_S)∶G(1+W_G)∶(W-SW_S-GW_G)$$
$$= 1∶2.93×(1+3.5\%)∶3.93×(1+1.2\%)∶$$
$$(0.63-2.93×3.5\%-3.93×1.2\%)$$
$$= 1∶3.03∶3.98∶0.48$$

2）按施工配合比每立方米混凝土各组成材料用量：

水泥：$C=280kg$

砂：$S=280kg×3.03=848.4kg$

石：$G=280kg×3.98=1114.4kg$

水：$W=280\text{kg}\times0.48=134.40\text{kg}$

（2）混凝土施工配合比相关规定。

对于施工配合比，应填写配合比报告单，并提交有关人员批准。混凝土配合比使用过程中，应根据混凝土质量反馈的动态信息，及时对配合比进行调整。

对首次使用的配合比或配合比使用间隔时间超过三个月时应进行开盘鉴定，开盘鉴定应包括以下内容：①搅拌使用的原材料应与配合比设计一致；②出机混凝土工作性应符合配合比设计要求；③符合混凝土配制强度要求。

遇有下列情况时，应重新进行配合比设计：①当混凝土性能指标有变化或者有其他特殊要求时；②水泥、外加剂或矿物掺合料品种、质量改变时；③同一配合比的混凝土生产间断三个月以上时。

4. 混凝土搅拌

混凝土搅拌是指将各种组成材料（水、水泥和粗细骨料）搅拌成质地均匀、颜色一致、具备一定流动性的混凝土拌和物。

混凝土搅拌方式可分为预拌混凝土搅拌站搅拌、现场集中搅拌和现场小规模搅拌。预拌混凝土搅拌站和现场集中搅拌的混凝土搅拌站应选择具有自动计量装置的搅拌设备；现场小规模搅拌混凝土，宜采用强制式搅拌机。

混凝土搅拌应计量准确，搅拌均匀，各项匀质性指标应符合设计要求。

（1）混凝土搅拌机械设备。

1）混凝土搅拌机。混凝土制备的方法，除工程量很小且分散用人工拌制外，皆应采用机械搅拌。混凝土搅拌机按其搅拌原理分为自落式和强制式两类。

视频 4-14：自落式
搅拌机

①自落式搅拌机。自落式搅拌机主要是以重力机理设计的，其搅拌机理为交流掺合机理。自落式搅拌机的搅拌筒内壁焊有弧形叶片，当搅拌筒绕水平轴旋转时，弧形叶片不断将物料提高，然后自由落下而互相混合。由于下落时间、落点和滚动距离不同，使物料颗粒相互穿插、翻拌、混合而达到均匀。

自落式搅拌机宜于搅拌塑性混凝土和低流动性混凝土。筒体和叶片磨损较小，易于清理，但动力消耗大，效率低。搅拌时间一般为 90～120s/盘。我国现场常用的自落式搅拌机目前只要有锥形反转出料式和锥形倾翻出料式两种类型，见表 4-22。

表 4-22　　　　　　　　　　　　自落式搅拌机的类型

锥式	
反转出料	倾翻出料

②强制式搅拌机。强制式搅拌机是利用剪切搅拌机理进行设计的，其搅拌机理为剪切掺合机理。强制式搅拌机一般筒身固定，水平放置，物料的运动主要以水平位移为主。搅拌机

搅拌时叶片旋转，叶片转动时对物料施加剪切、挤压、翻滚和抛出等的组合作用进行拌和。其类型见表 4 - 23。

表 4 - 23　　　　　　　　　　　　强制式混凝土搅拌机的类型

立 轴 式			卧 轴 式	
蜗浆式	行 星 式		单轴	双轴
	定盘式	盘转式		
		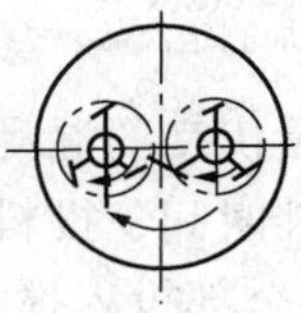		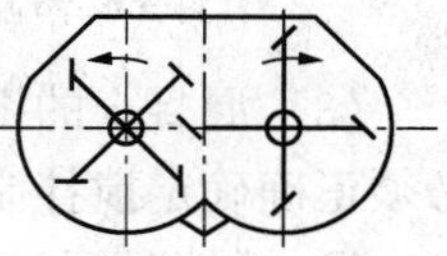

　　强制式搅拌机适用于搅拌坍落度在 3cm 以下的普通混凝土和轻骨料混凝土。但强制式搅拌机的转速比自落式搅拌机高，动力消耗大，叶片、衬板等磨损也大，一般需用高强合金钢或其他耐磨材料做内衬，多用于集中搅拌站或预制厂。

　　选择搅拌机时，要根据工程量大小、混凝土的坍落度、骨料尺寸等而定。既要满足技术上的要求，也要考虑经济效益和节约能源。

　　2) 混凝土搅拌站。混凝土搅拌站是将混凝土拌和物，在一个集中点统一拌制成预拌（商品）混凝土，用混凝土运输车分别输送到一个或若干个施工现场进行浇筑使用。

　　搅拌站根据其组成部分在竖向方式的不同分为单阶式和双阶式（见图 4 - 55）。在单阶式混凝土搅拌站中，原材料经皮带机、螺旋输送机等运输设备一次提升后经过贮料斗，然后靠自重下落进入称量和搅拌工序。这种工艺流程，原材料从一道工序到下一道工序的时间短，效率高，自动化程度高，搅拌站占地面积小，适用于专门预制厂和供应商品混凝土的大型搅拌站。在双阶式混凝土搅拌站中，原材料第一次提升后，依靠自重进入贮料斗，下落经称量配料后，再经第二次提升进入搅拌机。这种工艺流程的搅拌站的建筑物高度小，运输设备简单，投资少，建设快，但效率和自动化程度相对较低。建筑工地上设置的临时性混凝土搅拌站多属此类。

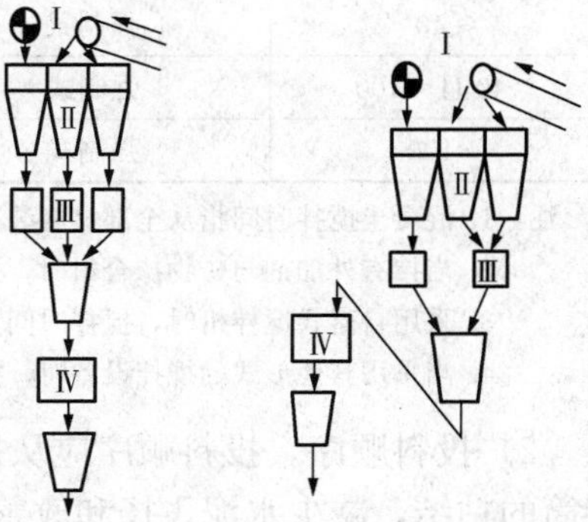

图 4 - 55　混凝土搅拌站的工艺流程
(a) 单阶式；(b) 双阶式
Ⅰ—运输设备；Ⅱ—料斗设备；
Ⅲ—称量设备；Ⅳ—搅拌设备

　　(2) 原材料计量。当粗、细骨料的实际含水量发生变化时，应及时调整粗、细骨料和拌和用水的用量。混凝土搅拌时应对原材料用量准确计量，并应符合下列规定：

　　1) 计量设备的精度应符合《混凝土搅拌站（楼）》（GB 10171）的有关规定，并应定期校准。使用前设备应归零；

　　2) 原材料的计量应按质量计，水和外加剂溶液可按体积计，其允许偏差应符合表 4 - 24 的规定。

表 4-24		混凝土原材料计量允许偏差				%
原材料品种	水泥	细骨料	粗骨料	水	矿物掺合料	外加剂
每盘计量允许偏差	±2	±3	±3	±1	±2	±1
累计计量允许偏差	±1	±2	±2	±1	±1	±1

注：1. 现场搅拌时原材料计量允许偏差应满足每盘计量允许偏差要求；

2. 累计计量允许偏差指每一运输车中各盘混凝土的每种材料累计称量的偏差。该项指标仅适用于采用计算机控制计量的搅拌站；

3. 骨料含水率应经常测定，雨、雪天施工应增加测定次数。

（3）混凝土的搅拌制度。为了获得质量优良的混凝土拌和物，除正确选择搅拌机外，还必须正确确定搅拌制度，具体内容包括搅拌时间、投料顺序和进料容量等。

1）搅拌时间。搅拌时间是指从原材料全部投入搅拌筒时起，到开始卸料时为止所经历的时间。它与搅拌质量密切有关，随搅拌机类型、容量、混凝土材料和混凝土的和易性的不同而变化。在一定范围内随搅拌时间的延长而强度有所提高，但过长时间的搅拌既不经济也不合理。因为搅拌时间过长，不坚硬的粗骨料在大容量搅拌机中会因脱角、破碎等而影响混凝土的质量。

混凝土宜搅拌均匀，宜采用强制式搅拌机搅拌。混凝土搅拌的最短时间可按表 4-25 采用，当能保证搅拌均匀时可适当缩短搅拌时间。搅拌强度等级 C60 及以上的混凝土时，搅拌时间应适当延长。

表 4-25		混凝土搅拌的最短时间		s
混凝土坍落度/mm	搅拌机机型	搅拌机出料量/L		
		<250	250~500	>500
≤40	强制式	60	90	120
>40 且<100	强制式	60	60	90
≥100	强制式	60		

注：1. 混凝土搅拌时间指从全部材料装入搅拌筒中起，到开始卸料时止的时间段；

2. 当掺有外加剂与矿物掺合料时，搅拌时间应适当延长；

3. 采用自落式搅拌机时，搅拌时间宜延长 30s；

4. 当采用其他形式的搅拌设备时，搅拌的最短时间也可按设备说明书的规定或经试验确定。

2）投料顺序。投料顺序应从提高搅拌质量，减少叶片和衬板的磨损，减少拌和物与搅拌筒的粘结，减少水泥飞扬和改善工作环境等方面综合考虑确定。按原材料投料不同，混凝土的投料方法可分为一次投料法和分次投料法。分次投料法包括先拌水泥净浆法、先拌砂浆法、水泥裹砂法或水泥裹砂石法等。

采用分次投料搅拌方法时，应通过试验确定投料顺序、数量及分段搅拌的时间等工艺参数。矿物掺合料宜与水泥同步投料，液体外加剂宜滞后于水和水泥投料；粉状外加剂宜溶解后再投料。

①一次投料法是将原材料（砂、水泥、石子）一起同时投入搅拌机内进行搅拌。为了减少水泥飞扬和粘壁现象，对自落式搅拌机要在搅拌筒内先加部分水，投料时砂压住水泥，水泥不致飞扬，且水泥和砂先进入搅拌筒形成水泥砂浆，可缩短包裹石子的时间。对立

轴强制式搅拌机，因出料口在下部，不能先加水，应在投入原料的同时，缓慢均匀分散地加水。

②先拌水泥净浆法是指先将水泥和水充分搅拌成均匀的水泥净浆后，再加入砂和石搅拌成混凝土。

③先拌砂浆法是指先将水泥、砂和水投入搅拌筒内进行搅拌，成为均匀的水泥砂浆后，再加入石子搅拌成均匀的混凝土。

④水泥裹砂法是指先将全部砂子投入搅拌机中，并加入总拌和水量 70% 左右的水（包括砂子的含水量），搅拌 10～15s，再投入水泥搅拌 30～50s，最后投入全部石子、剩余水及外加剂，再搅拌 50～70s 后出罐。

⑤水泥裹砂石法是指先将全部的石子、砂和 70% 拌和水投入搅拌机，拌和 15s，使骨料湿润，再投入全部水泥搅拌 30s 左右，然后加入 30% 拌和水再搅拌 60s 左右即可。

3）进料容量。

①搅拌机容量。搅拌机容量有三种表达方式即进料容量、出料容量和几何容量。进料容量是将搅拌前各种材料的体积累积起来的容量，又称干料容量；出料容量是搅拌机每次从搅拌筒内可卸出的最大混凝土体积；几何容量是指搅拌筒内的几何容积。进料容量 V_j 与搅拌机搅拌筒的几何容量 V_g 有一定的比例关系，一般情况下 $V_j/V_g = 0.22～0.40$，该比值称为搅拌筒的利用系数。出料容量与进料容量的比值称为出料系数，其值一般为 0.60～0.70，一般常取出料系数为 0.65。我国规定以搅拌机的出料容量来标定其规格，如 JZC - 500 混凝土搅拌机，其出料容量为 500L，进料容量为 800L。一般搅拌机不能任意超载（进料容量超过10% 以上），就会使材料在搅拌筒内无充分的空间进行拌和，影响混凝土拌和物的均匀性。反之，如装料过少，则又不能充分发挥搅拌机的效能。因此，因此投料量应控制在搅拌机的额定进料容量内。

②一次投料量。施工配合比换算是以每立方米混凝土为计算单位的，搅拌时要根据搅拌机的出料容量（即一次可搅拌出的混凝土量）来确定一次投料量。

[例 4 - 7]　按例题 4 - 6，若已知条件不变，采用进料容量 400L 混凝土搅拌机，求搅拌时的一次投料量。

解：（1）400L 搅拌机每次可搅拌出混凝土 $= 400L \times 0.65 = 260L = 0.26m^3$

（2）搅拌时的一次投料量：

水泥：$C = 280kg \times 0.26 = 72.8kg$

砂：$S = 72.8 \times 3.03 = 220.58kg$

石：$G = 72.8 \times 3.98 = 289.74kg$

水：$W = 72.8 \times 0.48 = 34.94kg$

搅拌混凝土时，根据计算出的各组成材料的一次投料量，按重量投料。投料时允许偏差不超过下列规定：

水泥、外掺混合材料：$\pm 2\%$；粗、细骨料：$\pm 3\%$；水、外加剂：$\pm 2\%$。

（4）开盘鉴定。对首次使用的配合比应进行开盘鉴定，开盘鉴定应包括下列内容：①混凝土的原材料与配合比设计所使用原材料的一致性；②出机混凝土工作性与配合比设计要求的一致性；③混凝土强度；④混凝土凝结时间；⑤工程有要求时，尚应包括混凝土耐久性能等。

开盘鉴定一般按照下列要求进行组织：施工现场拌制的混凝土，其开盘鉴定由监理工程师组织，施工单位项目技术负责人、混凝土专业工长和试验室代表等共同参加。预拌混凝土搅拌站的开盘鉴定，由预拌混凝土搅拌站总工程师组织，搅拌站技术、质量负责人和试验室代表等参加，当有合同约定时则应按照合同约定进行。

5. 混凝土的运输

混凝土运输方案的选择，应根据建筑结构特点、混凝土工程量、运输距离、地形、道路和气候条件，以及现有设备情况等进行考虑。

（1）混凝土运输工具。混凝土运输分为水平运输、垂直运输两种情况，水平运输又分为地面运输和楼面运输两种情况。

1）混凝土水平运输工具。

①手推车。推车是施工工地上普遍使用的水平运输工具，其种类有独轮、双轮和三轮手推车等多种。手推车具有小巧、轻便等特点，不但适用于一般的地面水平运输，还能在脚手架、施工栈道上使用；也可与塔吊、井架等配合使用，解决垂直运输混凝土、砂浆等材料的需要。

②机动翻斗车，是用柴油机装配而成的翻斗车，功率7355W，最大行驶速度达35km/h。车前装有容量为400L、载重1000kg的翻斗。机动翻斗车具有轻便灵活、结构简单、操纵简便、转弯半径小、速度快、能自动卸料等特点。适用于短距离水平运输。

视频4-15：混凝土运输

③混凝土搅拌输送车，如图4-56所示是运送混凝土的专用设备。其特点是在运量大、运距远的情况下，能保证混凝土的质量均匀，一般用于混凝土制备点（商品混凝土站）与浇筑点距离较远时采用。运送方式有两种：一是在10km范围内作短距离运送时，只作运输工具使用，即将拌和好的混凝土接送至浇筑点，在运输途中为防止混凝土分离，搅拌筒只作低速搅动，避免混凝土拌和物分离或凝固；二是在运距较长时，搅拌运输两者兼用：即先在混凝土拌和站将干料（砂、石、水泥）按配比装入搅拌鼓筒内，并将水注入配水箱，开始只作干料运送，然后在到达距使用点10～15min路程时，启动搅拌筒回转，并向搅拌筒注入定量的水，这样在运输途中边运输边搅拌成混凝土拌和物，送至浇筑点卸出。

2）混凝土垂直运输工具。混凝土垂直运输工具有塔式起重机、混凝土提升机、井式升降机、桅杆式起重机等。

图4-56 混凝土搅拌运输车

①塔式起重机，主要用于大型建筑和高层建筑的垂直运输。塔式起重机可通过料灌（又称料斗）将混凝土直接送到浇筑地点。料灌上部开口，下部有门；装料时平卧地上由搅拌机或汽车将混凝土自上口装入，吊起后料灌直立，在浇筑地点通过下口浇入模板内。

②混凝土提升机，是供快速输送大量混凝土的垂直提升设备。它是由钢井架、混凝土提

升斗、高速卷扬机等组成，其提升速度可达 50～100m/min。当混凝土提升到施工楼层后，卸入楼面受料斗，再采用其他楼面水平运输工具（如手推车等）运送到施工部位浇筑。一般每台容量为 0.5m³×2 的双斗提升机，当其提升速度为 75m/min，最高高度达 120m，混凝土输送能力可达 20m³/h。因此对于混凝土浇筑量较大的工程，特别是高层建筑，在缺乏其他高效能机具的情况下，是较为经济适用的混凝土垂直运输机具。

③井式升降机，一般由井架、台灵拔杆、卷扬机、吊盘、自动倾卸吊斗及钢丝缆风绳等组成，具有一机多用、构造简单、装拆方便等优点。

使用井式升降机时一般有两种方式：

a. 混凝土用小车推到井式升降机的升降平台上，提升到楼层后再运到浇筑地点。

b. 将搅拌机直接安装在井式升降机旁，混凝土卸入升降机的料斗内，提升到楼层后再卸入小车内运到浇筑地点。

用小车运送混凝土时，楼层上要架设行车跳板，以免压坏已扎好的钢筋。

④桅杆式起重机，具有制作简单、装拆方便，起重量大（可达 200t 以上）及受地形限制小等特点，能安装其他起重机所不能安装的一些特殊构件和设备。如在山区的建筑施工中，大型起重机不能运入时，桅杆式起重机的作用就显得尤为显著。但其灵活性差、服务半径小、移动较困难，并且需拉设较多的缆风绳。

（2）混凝土搅拌运输基本要求。

1）采用混凝土搅拌运输车运输混凝土时，应符合下列规定：①接料前，搅拌运输车应排净罐内积水；②在运输途中及等候卸料时，应保持搅拌运输车罐体正常转速，不得停转；③卸料前，搅拌运输车罐体宜快速旋转搅拌 20s 以上后再卸料。

2）采用搅拌运输车运输混凝土时，施工现场车辆出入口处应设置交通安全指挥人员，施工现场道路应顺畅，有条件时宜设置循环车道；危险区域应设警戒标志；夜间施工时，应有良好的照明。

3）采用搅拌运输车运送混凝土，当坍落度损失较大不能满足施工要求时，可在运输车罐内加入适量的与原配合比相同成分的减水剂。减水剂加入量应事先由试验确定，并应做出记录。加入减水剂后，搅拌运输车应快速旋转搅拌均匀，并应达到要求的工作性能后再泵送或浇筑。

4）当采用机动翻斗车运输混凝土时，道路应通畅，路面应平整、坚实，临时坡道或支架应牢固，铺板接头应平顺。

6. 质量检查

（1）原材料进场时，供方应对进场材料按材料进场验收所划分的检验批提供相应的质量证明文件。外加剂产品尚应提供使用说明书。当能确认连续进场的材料为同一厂家的同批出厂材料时，可按出厂的检验批提供质量证明文件。

（2）原材料进场时，应对材料外观、规格、等级、生产日期等进行检查，并应对其主要技术指标按第（3）条的规定划分检验批进行抽样检验，每个检验批检验不得少于 1 次。

经产品认证符合要求的水泥、外加剂，其检验批量可扩大一倍。在同一工程中，同一厂家、同一品种、同一规格的水泥、外加剂，连续三次进场检验均一次合格时，其后的检验批量可扩大一倍。

（3）原材料进场质量检验应符合下列规定：

1）应对水泥的强度、安定性及凝结时间进行检验。同一生产厂家、同一等级、同一品种、同一批号且连续进场的水泥，袋装水泥不超过 200t 应为一批，散装不超过 500t 应为一批；

2）应对粗骨料的颗粒级配、含泥量、泥块含量、针片状含量指标进行检验，压碎指标可根据工程需要进行检验。应对细骨料颗粒级配、含泥量、泥块含量指标进行检验。当设计文件有要求或结构处于易发生碱骨料反应环境中时，应对骨料进行碱活性检验。抗冻等级 F100 及以上的混凝土用骨料，应进行坚固性检验。骨料不超过 400m³ 或 600t 为一检验批。

3）应对矿物掺合料细度（比表面积）、需水量比（流动度比）、活性指数（抗压强度比）、烧失量指标进行检验。粉煤灰、矿渣粉、沸石粉不超过 200t 为一检验批，硅灰不超过 30t 应为一检验批。

4）应按外加剂产品标准规定对其主要匀质性指标和掺外加剂混凝土性能指标进行检验。同一品种外加剂不超过 50t 为一检验批。

5）当采用饮用水作为混凝土用水时，可不检验。当采用中水、搅拌站清洗水或施工现场循环水等其他来源水时，应对其成分进行检验。

（4）当在使用中对水泥质量受不利环境影响或水泥出厂超过三个月（快硬硅酸盐水泥超过一个月）时，应进行复验，并应按复验结果使用。

（5）混凝土在生产过程中的质量检查应符合列规定：①生产前应检查混凝土所用原材料的品种、规格是否与施工配合比一致。在生产过程中应检查原材料实际称量误差是否满足要求，每一工作班应至少检查 2 次；②生产应检查生产设备和控制系统是否正常，计量设备是否归零；③混凝土拌和物的工作性检查每 100m³ 不应少于 1 次，且每一工作班不应少于 2 次，必要时可增加检查次数；④骨料含水率的检验每工作班不应少于 1 次；当雨雪天气等外界影响导致混凝土骨料含水率变化时，应及时检验；

视频 4-16：做抗渗试块

（6）混凝土应进行抗压强度试验。有抗冻、抗渗等耐久性要求的混凝土，还应进行抗冻性、抗渗性等耐久性指标的试验。其试件留置方法和数量，应按《混凝土结构工程施工质量验收规范》（GB 50204）的有关规定执行。

（7）采用预拌混凝土时，供方应提供混凝土配合比通知单、混凝土抗压强度报告、混凝土质量合格证和混凝土运输单；当需要其他资料时，供需双方应在合同中明确约定。预拌混凝土质量控制资料的保存期限，应满足工程质量追溯的要求。

（8）混凝土坍落度、维勃稠度的质量检查应符合下列规定：①坍落度和维勃稠度的检验方法，应符合《普通混凝土拌和物性能试验方法标准》（GB/T 50080）的有关规定；②坍落度、维勃稠度的允许偏差应符合表 4-26 的规定；③预拌混凝土的坍落度检查应在交货地点进行；④坍落度大于 220mm 的混凝土，可根据需要测定其坍落扩展度，扩展度的允许偏差为 ±30mm。

视频 4-17：现场坍落度试验

表 4 - 26　　　　　　　　　　混凝土坍落度、维勃稠度的允许偏差

坍落度/mm			
设计值/mm	≤40	50～90	≥100
允许偏差/mm	±10	±20	±30
维勃稠度/s			
设计值/s	≥11	10～6	≤5
允许偏差/s	±3	±2	±1

（9）掺引气剂或引气型外加剂的混凝土拌和物，应按《普通混凝土拌和物性能试验方法标准》（GB/T 50080）的有关规定检验含气量，含气量宜符合表 4 - 27 规定。

表 4 - 27　　　　　　　　　　掺引气型外加剂混凝土含气量限值

粗骨料最大公称粒径/mm	混凝土含气量限值（%）
20	≤5.5
25	≤5.0
40	≤4.5

4.3.2　现浇结构工程

1. 一般规定

（1）混凝土浇筑前应完成下列工作：①隐蔽工程验收和技术复核；②对操作人员进行技术交底；③根据施工方案中的技术要求，检查并确认施工现场具备实施条件；④施工单位应填报浇筑申请单，并经监理单位签认。

（2）混凝土拌和物入模温度不应低于 5℃，且不应高于 35℃。

（3）混凝土运输、输送、浇筑过程中严禁加水；混凝土运输、输送、浇筑过程中散落的混凝土严禁用于混凝土结构构件的浇筑。

（4）混凝土应布料均衡。应对模板及支架进行观察和维护，发生异常情况应及时进行处理。混凝土浇筑和振捣应采取防止模板、钢筋、钢构、预埋件及其定位件移位的措施。

2. 混凝土输送

（1）混凝土泵输送。混凝土泵运输又称泵送混凝土，是利用混凝土泵的压力将混凝土通过管道输送到浇筑地点，一次完成水平运输和垂直运输，是发展较快的一种混凝土运输方法。该方法具有输送能力大、速度快、效率高、节省人力、能连续输送等特点。适用于大型设备基础、坝体、现浇高层建筑、水下与隧道等工程的垂直与水平运输。混凝土输送宜采用泵送方式。

根据驱动方式，混凝土泵主要有气压泵、挤压泵和活塞泵三种，但目前用得较多的主要是活塞泵。液压活塞泵是一种较为先进的混凝土泵，其工作原理如图 4 - 57 所示。

活塞泵工作时，利用活塞的往复运动，将混凝土吸入或压出。将搅拌好的混凝土倒入料斗，分配阀开启、另一分配阀关闭，液压活塞在液压作用下通过活塞杆带动活塞后移，料斗

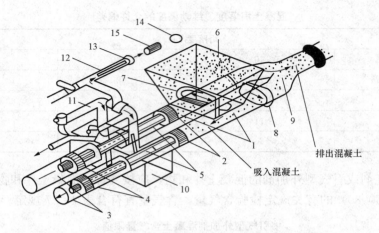

图 4 - 57　液压活塞式混凝土泵工作原理图

1—混凝土缸；2—混凝土活塞；3—液压缸；4—液压活塞；5—活塞杆；6—料斗；7—吸入端水平片阀；
8—排出端竖直片阀；9—Y形输送管；10—水箱；11—水洗装置换向阀；12—水洗用高压软管；
13—水洗法兰；14—海绵球；15—清洗活塞

内的混凝土在重力和吸力作用下进入混凝土缸。然后，液压系统中压力油的进出方向相反，活塞右移，同时分配阀关闭，而另一分配阀开启，混凝土缸中的混凝土拌和物被压入输送管，送至浇筑地点。由于有两个缸体交替进料和出料，因而能连续稳定的排料。不同型号的混凝土泵，其排量不同，水平运距和垂直运距也不同，常用者，混凝土排量 $30\sim90m^3/h$，水平运距 $200\sim900m$，垂直运距 $50\sim300m$。

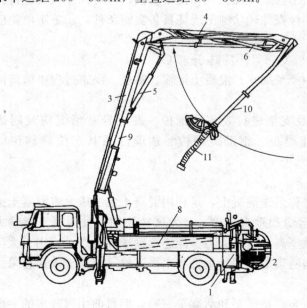

图 4 - 58　移动式混凝土泵车

1—混凝土泵；2—混凝土输送机；3—布料杆支撑装置；
4—布料杆臂杆；5、6、7—油缸；8、9、10—混凝土输送管；
11—软管

按泵体能否移动，混凝土泵还可分为固定式和移动式。固定式混凝土泵使用时需用其他车辆将其拖至现场，它具有输送能力大，输送高度高等特点。一般最大水平输送距离为 $250\sim600m$，最大垂直输送高度为 $150m$，输送能力为 $60m^3/h$ 左右。适用于高层建筑的混凝土工程施工。移动式混凝土泵车（见图 4 - 58）的输送能力一般为 $80m^3/h$。

混凝土输送管道一般用钢管制成，常用的管径主要有 100mm、125mm、150mm 等。标准管长 3m，另有 2m 和 1m 长的配套管。并配有 90°、45°、30°、15°等不同角度的弯管，以便管道转折处使用。管径选择主要根据混凝土骨料的最大粒径、输送距离、输送高度及其他工程条件来决定。

泵送混凝土工艺对混凝土的配合比提出了要求：碎石最大粒径与输送管内径之比见表 4-28；如用轻骨料则以吸水率小者为宜，并宜用水预湿，以免在压力作用下强烈吸水，使坍落度降低而在管道中形成阻塞。砂宜用中砂，通过 0.315mm 筛孔的砂应不少于 15%。砂率宜控制在 35%～45%，如粗骨料为轻骨料还可适当提高。水泥用量不宜过少，否则泵送阻力增大，胶凝材料总量不小于 300kg/m³。用水量与胶凝材料总量之比不宜大于 0.6。泵送混凝土的坍落度不宜小于 10cm，对于各种如泵送坍落度不同的混凝土，其泵送高度不宜超过表 4-29 的规定。

视频 4-18：泵送混凝土施工

表 4-28 粗骨料最大粒径与输送管径之比

粗骨料品种	泵送高度/m	粗骨料最大粒径与输送管径之比
碎石	<50	≤1：3.0
	50～100	≤1：4.0
	>100	≤1：5.0
卵石	<50	≤1：2.5
	50～100	≤1：3.0
	>100	≤1：4.0

表 4-29 混凝土入泵坍落度与泵送高度关系表

入泵坍落度/cm	10～14	14～16	16～18	18～20	20～22
最大泵送高度/m	30	60	100	400	400 以上

混凝土输送泵的选择及布置应符合下列规定：①输送泵的选型应根据工程特点、混凝土输送高度和距离、混凝土工作性确定；②输送泵的数量应根据混凝土浇筑量和施工条件确定，必要时应设置备用泵；③输送泵设置的位置应满足施工要求，场地应平整、坚实，道路应畅通；④输送泵的作业范围不得有阻碍物；输送泵设置位置应有防范高空坠物的设施。

混凝土输送泵管与支架的设置应符合下列规定：①混凝土输送泵管应根据输送泵的型号、拌和物性能、总输出量、单位输出量、输送距离以及粗骨料粒径等进行选择；②混凝土粗骨料最大粒径不大于 25mm 时，可采用内径不小于 125mm 的输送泵管；混凝土粗骨料最大粒径不大于 40mm 时，可采用内径不小于 150mm 的输送泵管；③输送泵管安装接头应严密，输送泵管道转向宜平缓；④输送泵管应采用支架固定，支架应与结构牢固连接，输送泵管转向处支架应加密；支架应通过计算确定，设置位置的结构应进行验算，必要时应采取加固措施；⑤向上输送混凝土时，地面水平输送泵管的直管和弯管总的折算长度不宜小于竖向输送高度的 20% 倍，且不宜小于 15m；⑥输送泵管倾斜或垂直向下输送混凝土，且高差大于 20m 时，应在倾斜或竖向管下端设置直管或弯管，直管或弯管总的折算长度不宜小于高差的 1.5 倍；⑦输送高度大于 100m 时，混凝土输送泵出料口处的输送泵管位置应设置截止阀；⑧混凝土输送泵管及其支架应经常进行检查和维护。输送混凝土的管道、容器、溜槽不应吸水、漏浆，并应保证输送畅通。输送混凝土时应根据工程所处环境条件采取保温、隔热、防雨等措施。

输送泵输送混凝土应符合下列规定：①应先进行泵水检查，并应湿润输送泵的料斗、活塞等直接与混凝土接触的部位；泵水检查后，应清除输送泵内积水；②输送混凝土前，宜先输送水泥砂浆对输送泵和输送管进行润滑，然后开始输送混凝土；③输送混凝土速度应先慢后快、逐步加速，应在系统运转顺利后再按正常速度输送；④输送混凝土过程中，应设置输送泵集料斗网罩，并应保证集料斗有足够的混凝土余量。

（2）混凝土输送布料设备设置。输送布料设备即混凝土布料机（见图4-59），它是泵送混凝土的末端设备，其作用是将泵压来的混凝土通过管道送到要浇筑构件的模板内。

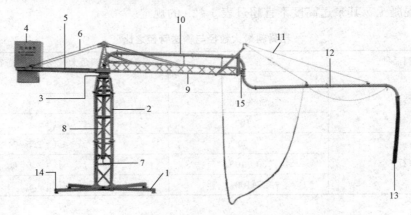

图4-59　混凝土布料机

1—伸缩支腿；2—立架；3—回转支承；4—配重箱；5—平衡臂；6—平衡拉杆；7—进料口；
8—立管；9—上主梁架；10—上横杆；11—前拉杆；12—前横杆；13—出料口；14—插销；15—回转支座

混凝土输送布料设备的设置应符合下列规定：①布料设备的选择应与输送泵相匹配；布料设备的混凝土输送管内径宜与混凝土输送泵管内径相同；②布料设备的数量及位置应根据布料设备工作半径、施工作业面大小以及施工要求确定；③布料设备应安装牢固，且应采取抗倾覆措施；布料设备安装位置处的结构或专用装置应进行验算，必要时应采取加固措施。④应经常对布料设备的弯管壁厚进行检查，磨损较大的弯管应及时更换；⑤布料设备作业范围不得有阻碍物，并应有防范高空坠物的设施。

（3）吊车配备斗容器输送混凝土。吊车配备斗容器输送混凝土时应符合下列规定：①应根据不同结构类型以及混凝土浇筑方法选择不同的斗容器；②斗容器的容量应根据吊车吊运能力确定；③运输至施工现场的混凝土宜直接装入斗容器进行输送；④斗容器宜在浇筑点直接布料。

（4）升降设备配备小车输送混凝土。升降设备配备小车输送混凝土时应符合下列规定：①升降设备和小车的配备数量、小车行走路线及卸料点位置应能满足混凝土浇筑需要；②运输至施工现场的混凝土宜直接装入小车进行输送，小车宜在靠近升降设备的位置进行装料。

3. 混凝土的浇筑

本教材着重讲述现浇多层钢筋混凝土框架结构的浇筑。浇筑这种结构首先要划分施工层和施工段，施工层一般按结构层划分，而每一施工层如何划分施工段，则要考虑工序数量、技术要求、结构特点等。一般水平方向以结构平面的伸缩缝分段，垂直方向按结构层次分层。在每层中先浇筑柱，再浇筑梁、板。要做到当木工在第一施工层安装完模板，准备转移到第二施工层的第一施工段时，下面第一施工层和第一施工段所浇筑的混凝土强度应达到允许工人在上面操作的强度（1.2MPa）。施工层与施工段确定后，就可求出每班（或每小时）应完成的工程量，据此选择施工机具和设备并计算其数量。

浇筑混凝土具体技术要求如下：

（1）浇筑混凝土前，应清除模板内或垫层上的杂物。表面干燥的地基、垫层、模板上应洒水湿润；现场环境温度高于35℃时宜对金属模板进行洒水降温；洒水后不得留有积水。

（2）混凝土浇筑应保证混凝土的均匀性和密实性。混凝土宜一次连续浇筑。

（3）混凝土应分层浇筑，分层厚度应符合后边第 4 条的规定，上层混凝土应在下层混凝土初凝之前浇筑完毕。

（4）混凝土运输、输送入模的过程应保证混凝土连续浇筑，从运输到输送入模的延续时间不宜超过表 4 - 30，且不应超过表 4 - 31 的规定。掺早强型减水剂、早强剂的混凝土，以及有特殊要求的混凝土，应根据设计及施工要求，通过试验确定允许时间。

表 4 - 30　　　　　　　　运输到输送入模的延续时间　　　　　　　　　　min

条件	气温	
	≤25℃	>25℃
不掺外加剂	90	60
掺外加剂	150	120

表 4 - 31　　　　　　运输、输送入模及其间歇总的时间限值　　　　　　　min

条件	气温	
	≤25℃	>25℃
不掺外加剂	180	150
掺外加剂	240	210

（5）混凝土浇筑的布料点宜接近浇筑位置，应采取减少混凝土下料冲击的措施，并应符合下列规定：①宜先浇筑竖向结构构件，后浇筑水平结构构件；②浇筑区域结构平面有高差时，宜先浇筑低区部分，再浇筑高区部分。

（6）柱、墙模板内的混凝土浇筑不得发生离析，倾落高度应符合表 4 - 32 的规定；当不能满足表的要求时，应加设串筒、溜管、溜槽等装置（见图 4 - 60）。

表 4 - 32　　　　　　柱、墙模板内混凝土浇筑倾落高度限值　　　　　　　m

条件	浇筑倾落高度限值
粗骨料粒径大于25mm	≤3
粗骨料粒径小于等于25mm	≤6

注：当有可靠措施能保证混凝土不产生离析时，混凝土倾落高度可不受本表限制。

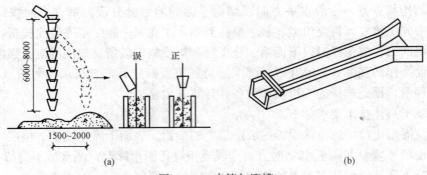

图 4-60　串筒与溜槽
(a) 串筒；(b) 溜槽

（7）混凝土浇筑后，在混凝土初凝前和终凝前，宜分别对混凝土裸露表面进行抹面处理。为避免混凝土浇筑后裸露表面产生塑性收缩裂缝，在初凝、终凝前进行抹面是非常关键的。每次抹面建议采用铁板压光磨平两遍或用木蟹抹平搓毛两遍的工艺方法。对于梁板结构以及易产生裂缝的结构部位应适当增加抹面次数。

（8）柱、墙混凝土设计强度等级高于梁、板混凝土设计强度等级时，混凝土浇筑应符合下列规定：①柱、墙混凝土设计强度比梁、板设计强度高一个等级时，柱、墙位置梁、板高度范围内的混凝土经设计单位确认，可采用与梁、板混凝土设计强度等级相同的混凝土进行浇筑；②柱、墙混凝土设计强度比梁、板混凝土设计强度高两个等级及以上时，应在交界区域采取分隔措施。分隔位置应在低强度等级的构件中，且距高强度等级构件边缘不应小于 500mm；③宜先浇筑高强度等级混凝土，后浇筑低强度等级混凝土。

（9）泵送混凝土浇筑应符合下列规定：①宜根据结构形状及尺寸、混凝土供应、混凝土浇筑设备、场地内外条件等划分每台输送泵浇筑区域及浇筑顺序；②采用输送管浇筑混凝土时，宜由远而近浇筑；采用多根输送管同时浇筑时，其浇筑速度宜保持一致；③润滑输送管的水泥砂浆用于湿润结构施工缝时，水泥砂浆应与混凝土浆液成分相同；接浆厚度不应大于30mm，多余水泥砂浆应收集后运出；④混凝土泵送浇筑应连续进行；当混凝土不能及时供应时，应采取间歇泵送方式。所谓间歇式就是在预计后续混凝土不能就是供应的情况下，通过间歇式泵送，控制性地放慢现场现有混凝土的泵送速度，以达到后续混凝土供应后仍能保持混凝土连续浇筑的过程；⑤混凝土浇筑后，应清洗输送泵和输送管。

（10）施工缝或后浇带处浇筑混凝土。混凝土结构多要求整体浇筑，如因技术或组织上的原因不能连续浇筑时，且停顿时间有可能超过表 4-31 规定的时间时，则应事先确定在适当位置留置施工缝。

施工缝指的是在混凝土浇筑过程中，因设计要求或施工需要分段浇筑而在先、后浇筑的混凝土之间所形成的接缝。施工缝并不是一种真实存在的"缝"，它只是因后浇筑混凝土超过初凝时间，而与先浇筑的混凝土之间存在一个结合面，该结合面就称之为施工缝。

后浇带是为在现浇钢筋混凝土结构施工过程中，克服由于温度、收缩而可能产生有害裂缝而设置的临时施工缝。后浇带对避免混凝土结构的温度收缩裂缝等有较大作用，其位置应按设计要求留置，其浇筑时间和处理方法应事先在施工技术方案中确定。

施工缝与后浇带具体留设要求如下：

1）施工缝和后浇带的留设位置应在混凝土浇筑前确定。施工缝和后浇带宜留设在结构受剪力较小且便于施工的位置。受力复杂的结构构件或有防水抗渗要求的结构构件，施工缝留设位置应经设计单位认可。

2）水平施工缝的留设位置应符合下列规定：

①柱、墙施工缝可留设在基础、楼层结构顶面，柱施工缝与结构上表面的距离宜为 0～100mm，墙施工缝与结构上表面的距离宜为 0～300mm（图 4-61）；

②柱、墙施工缝也可留设在楼层结构底面，施工缝与结构下表面的距离宜为 0～50mm；当板下有梁托时，可留设在梁托下 0～20mm；

③高度较大的柱、墙、梁以及厚度较大的基础，可根据施工需要在其中部留设水平施工缝；当因施工缝留设改变受力状态而需要调整构件配筋时，应经设计单位确认；

④特殊结构部位留设水平施工缝应经设计单位确认。

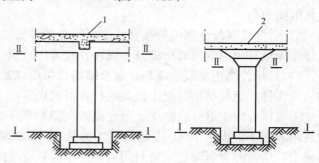

图 4-61　柱子的施工缝位置
1—肋形楼板；2—无梁楼板
注：Ⅰ-Ⅰ、Ⅱ-Ⅱ表示施工缝的位置

3）竖向施工缝和后浇带的留设位置应符合下列规定：①有主次梁的楼板施工缝应留设在次梁跨度中间的 1/3 范围内（图 4-62）；②单向板施工缝应留设在与跨度方向平行的任何位置；③楼梯梯段施工缝宜设置在梯段板跨度端部的 1/3 范围内；④墙的施工缝宜设置在门洞口过梁跨中 1/3 范围内，也可留设在纵横交接处；⑤后浇带留设位置应符合设计要求；⑥特殊结构部位留设竖向施工缝应征得设计单位确认。

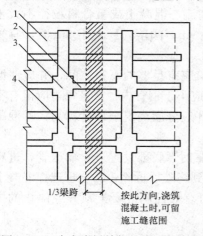

1/3梁跨

按此方向，浇筑混凝土时，可留施工缝范围

图 4-62　有主次梁楼板的施工缝位置
1—楼板；2—次梁；3—柱；4—主梁

4）设备基础施工缝留设位置应符合下列规定：①水平施工缝应低于地脚螺栓底端，与地脚螺栓底端的距离应大于 150mm；当地脚螺栓直径小于 30mm 时，水平施工缝可留设在深度不小于地脚螺栓埋入混凝土部分总长度的 3/4 处；②竖向施工缝与地脚螺栓中心线的距离不应小于 250mm，且不应小于螺栓直径的 5 倍。

5）承受动力作用的设备基础施工缝留设位置，应符合下列规定：①标高不同的两个水平施工缝，其高低接合处应留设成台阶形，台阶的高宽比不应大于 1.0；②竖向施工缝或台阶形施工缝的断面处应加插钢筋，插筋数量和规格应由设计确定；③施工缝的留设应经设计单位确认。

6）施工缝、后浇带留设界面，应垂直于结构构件和纵向受力钢筋。结构构件厚度或高度较大时，施工缝或后浇带界面宜采用专用材料封挡。

7）混凝土浇筑过程中，因特殊原因需临时设置施工缝时，施工缝留设应规整，并宜垂直于构件表面，必要时可采取增加插筋、事后修凿等技术措施。

8）施工缝和后浇带应采取钢筋防锈或阻锈等保护措施。

施工缝或后浇带处浇筑混凝土，应符合下列规定：

1）结合面应采用粗糙面；结合面应清除浮浆、疏松石子、软弱混凝土层；

2）结合面处应洒水湿润，并不得有积水；

3）施工缝处已浇筑混凝土的强度不应小于1.2MPa；

4）柱、墙水平施工缝水泥砂浆接浆层厚度不应大于30mm，接浆层水泥砂浆应与混凝土浆液同成份；

5）后浇带混凝土强度等级及性能应符合设计要求；当设计无具体要求时，后浇带混凝土强度等级宜比两侧混凝土提高一级，并宜采用减少收缩的技术措施。

（11）超长结构混凝土浇筑。超长结构是指按规范要求需要设缝或因种种原因无法设缝的结构构件。超长结构混凝土浇筑应符合下列规定：

①可留设施工缝分仓浇筑，分仓浇筑间隔时间不应少于7d；②当留设后浇带时，后浇带封闭时间不得少于14d；③超长整体基础中调节沉降的后浇带，混凝土封闭时间应通过监测确定，应在差异沉降稳定后封闭后浇带；④后浇带的封闭时间尚应经设计单位确认。

（12）型钢混凝土结构浇筑应符合下列规定：①混凝土粗骨料最大粒径不应大于型钢外侧混凝土保护层厚度的1/3，且不宜大于25mm；②浇筑应有足够的下料空间，并应应使混凝土充盈整个构件各部位；③型钢周边混凝土浇筑宜同步上升，混凝土浇筑高差不应大于500mm。

（13）钢管混凝土结构浇筑应符合下列规定：①宜采用自密实混凝土浇筑；②混凝土应采取减少收缩的措施。采用聚羧酸类外加剂配制的混凝土其收缩率会大幅减少，在施工中可以根据实际情况加以选用；③钢管截面较小时，应在钢管壁适当位置留有足够的排气孔，排气孔孔径不应小于20mm；浇筑混凝土应加强排气孔观察，并应在确认浆体流出和浇筑密实后再封堵排气孔；④当采用粗骨料粒径不大于25mm的高流态混凝土或粗骨料粒径不大于20mm的自密实混凝土时，混凝土最大倾落高度不宜大于9m；倾落高度大于9m时，宜采用串筒、溜槽、溜管等辅助装置进行浇筑；

1）混凝土从管顶向下浇筑时应符合下列规定：①浇筑应有足够的下料空间，并应使混凝土充盈整个钢管；②输送管端内径或斗容器下料口内径应小于钢管内径，且每边应留有不小于100mm的间隙；③应控制浇筑速度和单次下料量，并应分层浇筑至设计标高；④混凝土浇筑完毕后应对管口进行临时封闭。

2）混凝土从管底顶升浇筑时应符合下列规定：①应在钢管底部设置进料输送管，进料输送管应设止流阀门，止流阀门可在顶升浇筑的混凝土达到终凝后拆除；②合理选择混凝土顶升浇筑设备，配备上、下方通信联络工具，并应采取可有效控制混凝土顶升或停止的措施；③应控制混凝土顶升速度，并均衡浇筑至设计标高。

（14）自密实混凝土浇筑。自密实混凝土是指在自身重力作用下，能够流动、密实，即使存在致密钢筋也能完全填充模板，同时获得很好均质性，并且不需要附加振动的混凝土。

自密实混凝土浇筑应符合下列规定：①应根据结构部位、结构形状、结构配筋等确定合适的浇筑方案；②自密实混凝土粗骨料最

视频4-19：泡沫混凝土施工

大粒径不宜大于 20mm；③浇筑应能使混凝土充填到钢筋、预埋件、预埋钢构周边及模板内各部位；④自密实混凝土浇筑布料点应结合拌和物特性选择适宜的间距，必要时可通过试验确定混凝土布料点下料间距。

（15）清水混凝土结构浇筑。清水混凝土又称装饰混凝土；因其极具装饰效果而得名。它属于一次浇筑成型，不做任何外装饰，直接采用现浇混凝土的自然表面效果作为饰面，因此不同于普通混凝土，表面平整光滑、色泽均匀、棱角分明、无碰损和污染，只是在表面涂一层或两层透明的保护剂，显得十分天然，庄重。

清水混凝土结构浇筑应符合下列规定：①应根据结构特点进行构件分区，同一构件分区应采用同批混凝土，并应连续浇筑；②同层或同区内混凝土构件所用材料牌号、品种、规格应一致，并应保证结构外观色泽符合要求；③竖向构件浇筑时应严格控制分层浇筑的间歇时间。

（16）基础大体积混凝土结构浇筑应符合下列规定：①采用多条输送泵管浇筑时，输送泵管间距不宜大于 10m，并宜由远而近浇筑；②采用汽车布料杆输送浇筑时，应根据布料杆工作半径确定布料点数量，各布料点浇筑速度应保持均衡；③宜先浇筑深坑部分再浇筑大面积基础部分；④宜采用斜面分层浇筑方法，也可采用全面分层、分块分层浇筑方法，层与层之间混凝土浇筑的间歇时间应能保证混凝土浇筑连续进行；⑤混凝土分层浇筑应采用自然流淌形成斜坡，并应沿高度均匀上升，分层厚度不宜大于 500mm；⑥抹面处理应符合上面第（7）条的规定，抹面次数宜适当增加；⑦应有排除积水或混凝土泌水的有效技术措施。

4. 混凝土振捣

（1）混凝土振捣的原理。混凝土振捣的原理，在于产生振动的机械将一定频率、振幅和激振力的振动能量通过某种方式传递给混凝土拌和物时，拌和物中所有的骨料颗粒都受到强迫振动，并使混凝土拌和物之间的粘着力和内摩擦力大大降低，受振混凝土拌和物，在其自重作用下向新的稳定位置沉落，排除存在于混凝土拌和物中的气体，消除空隙，使骨料和水泥浆在模板中得到致密的排列和迅速有效的填充。

视频 4-20：混凝土振捣

混凝土振捣应能使模板内各个部位混凝土密实、均匀，不应漏振、欠振、过振。

（2）混凝土振捣机械的类型。混凝土振捣应采用振动棒、附着振动器或表面振动器，必要时可采用人工辅助振捣，如图 4-63 所示。

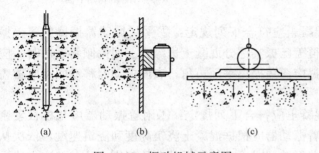

图 4-63　振动机械示意图

（a）振动棒；（b）附着式振动器；（c）平板振动器

1）振动棒，又称插入式振动器（见图 4-64），是工地用得最多的一种，其工作部分是一棒状空心圆柱体，内部装有偏心振子，在电动机带动下高速转动而产生高频微幅的振动。内部振动器只用一人操作，具有振动密实，效率高，结构简单，使用维修方便的优点，但劳动强度大。主要适用于梁、柱、墙、厚板和大体积混凝土等结构和构件的振捣。当钢筋十分稠密或结构厚度很薄时，其使用会受到一定的限制。

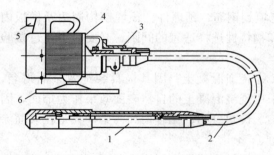

图 4-64　插入式振动器

1—振动棒；2—软轴；3—防逆装置；

4—电动机；5—电器开关；6—支座

2）平板振动器是由带偏心块的电动机和平板（木板或钢板）等组成。振动力通过平板传给混凝土，由于其振动作用较小，仅适用于面积大且平整、厚度小的结构或构件，如楼板、地面、屋面等薄型构件，不适于钢筋稠密、厚度较大的结构件使用。

3）附着式振动器是通过螺栓或夹钳等固定在模板外部，利用偏心块旋转时产生的振动力，通过模板将振动传给混凝土拌和物，因而模板应有足够的刚度。其振动效果与模板的重量、刚度、面积以及混凝土结构构件的厚度有关，若配置得当，振实效果好。外部振动器体积小，结构简单，操作方便，劳动强度低，但安装固定较为繁琐。适用于钢筋较密、厚度较小、不宜使用插入式振动器的结构构件。

（3）振动器的使用。

1）振动棒。振动棒振捣混凝土应符合下列规定：①应按分层浇筑厚度分别进行振捣，振动棒的前端应插入前一层混凝土中，插入深度不应小于 50mm（见图 4-65）；②振动棒应垂直于混凝土表面并快插慢拔均匀振捣；当混凝土表面无明显塌陷、有水泥浆出现、不再冒气泡时，可结束该部位振捣；③振动棒与模板的距离不应大于振动棒作用半径的 50%；振捣插点间距不应大于振动棒的作用半径的 1.4 倍（见图 4-66）。

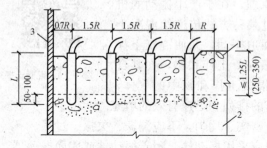

图 4-65　内部振动器插入深度

1—新浇筑层；2—已浇筑层；3—模板

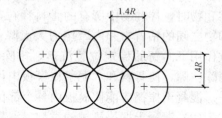

图 4-66　方格型排列振动棒插点布置图

R—振动棒的作用半径

2）平板振动器。平板振动器振捣混凝土应符合下列规定：①平板振动器振捣应覆盖振捣平面边角；②平板振动器移动间距应覆盖已振实部分混凝土边缘；③振捣倾斜表面时，应由低处向高处进行振捣；平板振动器振捣应覆盖振捣平面边角，表面振动器移动间距应覆盖已振实部分混凝土边缘。

3）附着振动器。附着振动器振捣混凝土应符合下列规定：①附着振动器应与模板紧密连接，设置间距应通过试验确定；②附着振动器应根据混凝土浇筑高度和浇筑速度，依次从下往上振捣；③模板上同时使用多台附着振动器时，应使各振动器的频率一致，并应交错设置在相对面的模板上。

（4）混凝土振捣综合技术规定。混凝土分层振捣的最大厚度应符合表 4-33 的规定。

表 4 - 33　　　　　　　　　　　　　混凝土分层振捣的最大厚度

振捣方法	混凝土分层振捣最大厚度
振动棒	振动棒作用部分长度的 1.25 倍
平板振动器	200mm
附着振动器	根据设置方式，通过试验确定

特殊部位的混凝土应采取下列加强振捣措施：①宽度大于 0.3m 的预留洞底部区域，应在洞口两侧进行振捣，并应适当延长振捣时间；宽度大于 0.8m 的洞口底部，应采取特殊的技术措施；②后浇带及施工缝边角处应加密振捣点，并应适当延长振捣时间；③钢筋密集区域或型钢与钢筋结合区域，应选择小型振动棒辅助振捣、加密振捣点，并应适当延长振捣时间；④基础大体积混凝土浇筑流淌形成的坡脚，不得漏振。

5. 混凝土养护

混凝土养护就是在混凝土浇筑后，在一定时间内采取措施对外露面保持适当温度和湿度，使混凝土有良好硬化条件。

混凝土浇筑后应及时进行保湿养护，保湿养护可采用洒水、覆盖、喷涂养护剂等方式。选择养护方式应根据现场条件、环境温湿度、构件特点、技术要求、施工操作等因素。

混凝土强度达到 1.2MPa 前，不得在其上踩踏、堆放物料、安装模板及支架。同条件养护试件的养护条件应与实体结构部位养护条件相同，并应妥善保管。施工现场应具备混凝土标准试件制作条件，并应设置标准试件养护室或养护箱。标准试件养护应符合国家现行有关标准的规定。

混凝土的养护时间应符合下列规定：①采用硅酸盐水泥、普通硅酸盐水泥或矿渣硅酸盐水泥配制的混凝土，不应少于 7d；采用其他品种水泥时，养护时间应根据水泥性能确定；②采用缓凝型外加剂、大掺量矿物掺合料配制的混凝土，不应少于 14d；③抗渗混凝土、强度等级 C60 及以上的混凝土，不应少于 14d；④后浇带混凝土的养护时间不应少于 14d；⑤地下室底层墙、柱和上部结构首层墙、柱，宜适当增加养护时间；⑥大体积混凝土养护时间应根据施工方案确定。

常见的混凝土养护方法有洒水养护、覆盖养护和喷涂养护剂养护。

1）洒水养护。对养护环境没有特殊要求的结构构件，可采用洒水养护的方式。洒水养护应符合下列规定：①洒水养护宜在混凝土裸露表面覆盖麻袋或草帘后进行，也可采用直接洒水、蓄水等养护方式；洒水养护应保证混凝土处于湿润状态；②洒水养护用水应符合第 2 条的相关规定；③当日最低温度低于 5℃ 时，不应采用洒水养护。

混凝土的洒水养护应根据温度、湿度、风力情况、阳光直射条件等，通过观察不同结构混凝土表面，确定洒水次数，确保混凝土处于饱和湿润状态。当室外日平均气温连续 5 日稳定低于 5℃ 时应按冬期施工相关要求进行养护；当日最低温度低于 5℃ 时，可能已处在冬期施工期间，为了防止可能产生的冰冻情况而影响混凝土质量，不应采用洒水养护。

2）覆盖养护。覆盖养护的原理是通过混凝土的自然温升在塑料薄膜内产生凝结水，从而达到润湿养护的目的。

覆盖养护应符合下列规定：①覆盖养护宜在混凝土裸露表面覆盖塑料薄膜、塑料薄膜加麻袋、塑料薄膜加草帘进行；②塑料薄膜应紧贴混凝土裸露表面，塑料薄膜内应保持有凝结水；③覆盖物应严密，要求覆盖物相互搭接不小于 100mm。覆盖物的层数应按施工方案确定。

基础大体积混凝土裸露表面应采用覆盖养护方式；当混凝土表面以内 40～100mm 位置的温度与环境温度的差值小于 25℃时，可结束覆盖养护。覆盖养护结束但尚未到达养护时间要求时，可采用洒水养护方式直至养护结束。

3）喷涂养护剂养护。喷涂养护剂养护的原理是通过喷涂养护剂，使混凝土裸露表面形成致密的薄膜层，薄膜层能封住混凝土表面，阻止混凝土表面水分蒸发，达到混凝土养护的目的。

喷涂养护剂养护应符合下列规定：①应在混凝土裸露表面喷涂覆盖致密的养护剂进行养护；②养护剂应均匀喷涂在结构构件表面，不得漏喷；养护剂应具有可靠的保湿效果，保湿效果可通过试验检验；③养护剂使用方法应符合产品说明书的有关要求。

柱、墙混凝土养护方法应符合下列规定：①地下室底层和上部结构首层柱、墙混凝土带模养护时间，不宜少于 3d；带模养护结束后，可采用洒水养护方式继续养护，也可采用覆盖养护或喷涂养护剂养护方式继续养护；②其他部位柱、墙混凝土可采用洒水养护；也可采用覆盖养护或喷涂养护剂养护。

6. 大体积混凝土裂缝控制

根据《普通混凝土配合比设计规程》(JGJ 55—2011) 规定，大体积混凝土是指体积较大、可能有胶凝材料水化热引起的温度应力导致有害裂缝的结构混凝土（也可定义为：混凝土结构实体最小几何尺寸不小于 1m 的大体量混凝土，或预计会因混凝土中胶凝材料水化引起的温度变化和收缩而导致有害裂缝产生的混凝土）。

在工业建筑中多为设备基础，在高层建筑中多为厚大的桩基承台或基础底板等，其上有巨大的荷载，整体性要求较高，往往不允许留施工缝，要求一次连续浇筑完毕。另外，大体积混凝土结构浇筑后水泥的水化热量大，水化热聚积在内部不易散发，混凝土内部温度显著升高，而表面散热较快，这样形成较大的内外温差，内部产生压应力，而表面产生拉应力，如温差过大则易在混凝土表面产生裂纹。当混凝土内部逐渐散热冷却产生收缩时，由于受到基底或已浇筑的混凝土约束，接触处将产生很大的拉应力，当拉应力超过混凝土的极限抗拉强度时，与约束接触处会产生裂缝，甚至会贯穿整个混凝土块体，由此带来严重的危害。

大体积混凝土结构的浇筑方案，一般分为全面分层、分段分层和斜面分层三种（见图 4-67）。全面分层方案一般适用于平面尺寸不大的结构，混凝土浇筑时从短边开始，沿着长边方向进行浇筑，第一层浇筑完毕回头浇筑第二层，浇筑第二层时第一层混凝土还未初凝，如此逐层进行，直至混凝土全部浇筑振捣完毕；分段分层方案适用于结构厚度不大而面积或长度较大时采用，浇筑时从底层开始，浇筑一段距离后，在回头浇筑第二层，如此依次进行浇筑以上各层，要求全部混凝土浇筑完毕，底层混凝土还未产生初凝；斜面分层方案适用于结构的长度超过结构的 3 倍，振捣工作从浇筑层的下端开始逐渐上移，以保证混凝土的浇筑质量。混凝土浇筑时的分层厚度取决于混凝土供应量的大小、振动器长短和振动力的大小，一般取 20～30cm。这三种浇筑方案是控制大体积混凝土裂缝的有效技术措施。

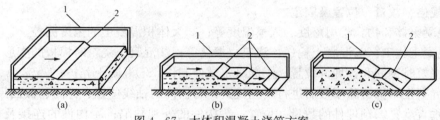

图 4 - 67 大体积混凝土浇筑方案

(a) 全面分层；(b) 分段分层；(c) 斜面分层

1—模板；2—浇筑分层

要防止大体积混凝土浇筑后产生裂缝，就要降低混凝土的温度应力。为此，在施工中可采取以下措施：

(1) 大体积混凝土宜采用后期强度作为配合比设计、强度评定及验收依据。基础混凝土，确定混凝土强度时龄期可取为 60d（56d）或 90d；柱墙混凝土强度等级不低于 C80 确定混凝土强度时的龄期可取为 60d（56d）。确定混凝土强度时采用大于 28d 的龄期时，龄期应经设计单位确认。

(2) 大体积混凝土施工配合比设计应符合本章 4.3.1 中的相关规定，并应加强混凝土养护。

(3) 混凝土施工时，应对混凝土进行温度控制，并应符合下列规定：①混凝土入模温度不宜大于 30℃；混凝土最大绝热温升不宜大于 50℃；②在覆盖养护或带模养护阶段，混凝土浇筑体表面以内 40～100mm 位置处的温度与混凝土浇筑体表面温度差值不应大于 25℃；结束覆盖养护或拆模后，混凝土浇筑体表面以内 40～100mm 位置处的温度与环境温度差值不应大于 25℃；③混凝土浇筑体内部相邻两侧温点的温度差值不应大于 5℃；④混凝土降温速率不宜大于 2.0℃/d；当有可靠经验时，降温速率要求可适当放宽。

7. 质量检查

(1) 混凝土结构施工质量检查可分为过程控制检查和拆模后的实体质量检查。过程控制检查应在混凝土施工全过程中，按施工段划分和工序安排及时进行；拆模后的实体质量检查应在混凝土表面未做处理和装饰前进行。

(2) 混凝土结构施工的质量检查，应符合下列规定：①检查的频率、时间、方法和参加检查的人员，应当根据质量控制的需要确定；②施工单位应对完成施工的部位或成果的质量进行自检，自检应全数检查；③混凝土结构质量检查应做出记录。对于返工和修补的构件，应有返工修补前后的记录，并应有图像资料；④已经隐蔽的工程内容，可检查隐蔽工程验收记录；⑤需要对混凝土结构的性能进行检验时，应委托有资质的检测机构检测，并应出具检测报告。

视频 4 - 21：混凝土取芯

(3) 混凝土浇筑前应检查混凝土送料单，核对混凝土配合比，确认混凝土强度等级，检查混凝土运输时间，测定混凝土坍落度，必要时还应测定混凝土扩展度。

(4) 混凝土结构施工过程中，应进行下列检查：

1) 模板：①模板及支架位置、尺寸；②模板的变形和密封性；③模板涂刷脱模剂及必要的表面湿润；④模板内杂物清理。

2) 钢筋及预埋件：①钢筋的规格、数量；②钢筋的位置；③钢筋的混凝土保护层厚度；

④预埋件规格、数量、位置及固定。

3）混凝土拌和物：①坍落度、入模温度等；②大体积混凝土的温度测控。

4）混凝土施工：①混凝土输送、浇筑、振捣等；②混凝土浇筑时模板的变形、漏浆等；③混凝土浇筑时钢筋和预埋件位置；④混凝土试件制作；⑤混凝土养护；

（5）混凝土结构拆除模板后进行下列检查：①构件的轴线位置、标高、截面尺寸、表面平整度、垂直度；②预埋件的数量、位置；③构件的外观缺陷；④构件的连接及构造做法；⑤结构的轴线位置、标高、全高垂直度。

（6）混凝土结构拆模后实体质量检查的方法与判定，应符合《混凝土结构工程施工质量验收规范》（GB 50204）等的有关规定。

8. 混凝土强度的检验评定

（1）基本规定。

1）混凝土的强度等级应按立方体抗压强度标准值划分。混凝土强度等级应采用符号 C 与立方体抗压强度标准值（以 N/mm² 计）表示。

2）立方体抗压强度标准值应为按标准方法制作和养护的边长为 150mm 的立方体试件，用标准试验方法在 28d 龄期测得的混凝土抗压强度总体分布中的一个值，强度低于该值的概率应为 5%。

3）混凝土强度应分批进行检验评定。一个检验批的混凝土应由强度等级相同、试验龄期相同、生产工艺条件和配合比基本相同的混凝土组成。

4）对大批量、连续生产混凝土的强度应按下面 3）中第①中规定的统计方法评定。对小批量或零星生产混凝土的强度应按下面 3）中第②中规定的非统计方法评定。

（2）混凝土的取样与试验。

1）混凝土的取样。

①混凝土的取样，宜根据《混凝土强度检验评定标准》（GB/T 50107—2010）规定的检验评定方法要求制定检验批的划分方案和相应的取样计划。

②混凝土强度试样应在混凝土的浇筑地点随机抽取。

③试件的取样频率和数量应符合下列规定：每 100 盘，但不超过 100m³ 的同配合比混凝土，取样次数不应少于一次；每一工作班拌制的同配合比混凝土，不足 100 盘和 100m³ 时其取样次数不应少于一次；当一次连续浇筑的同配合比混凝土超过 1000m³ 时，每 200m³ 取样不应少于一次；对房屋建筑，每一楼层、同一配合比的混凝土，取样不应少于一次。

④每批混凝土试样应制作的试件总组数，除满足 2）中第①条规定的混凝土强度评定所必需的组数外，还应留置为检验结构或构件施工阶段混凝土强度所必需的试件。

2）混凝土试件的制作与养护：①每次取样应至少制作一组标准养护试件；②每组 3 个试件应由同一盘或同一车的混凝土中取样制作；③检验评定混凝土强度用的混凝土试件，其成形方法及标准养护条件应符合《普通混凝土力学性能试验方法标准》（GB/T 50081）的规定；④采用蒸汽养护的构件，其试件应先随构件同条件养护，然后应置入标准养护条件下继续养护，两段养护时间的总和应为设计规定龄期。

3）混凝土试件的试验。

①混凝土试件的立方体抗压强度试验应根据《普通混凝土力学性能试验方法标准》

（GB/T 50081）的规定执行。每组混凝土试件强度代表值的确定，应符合下列规定：a. 取 3 个试件强度的算术平均值作为每组试件的强度代表值；

b. 当一组试件中强度的最大值或最小值与中间值之差超过中间值的 10% 时，取中间值作为该组试件的强度代表值；

c. 当一组试件中强度的最大值和最小值与中间值之差均超过中间值的 15% 时，该组试件的强度不应作为评定的依据。

注：对掺矿物掺合料的混凝土进行强度评定时，可根据设计规定，可采用大于 28d 龄期的混凝土强度。

②当采用非标准尺寸试件时，应将其抗压强度乘以尺寸折算系数，折算成边长为 150mm 的标准尺寸试件抗压强度。尺寸折算系数按下列规定采用：a. 当混凝土强度等级低于 C60 时，对边长为 100mm 的立方体试件取 0.95，对边长为 200mm 的立方体试件取 1.05；b. 当混凝土强度等级不低于 C60 时，宜采用标准尺寸试件；c. 使用非标准尺寸试件时，尺寸折算系数应由试验确定，其试件数量不应少于 30 对组。

9. 混凝土缺陷修整

（1）混凝土结构缺陷可分为尺寸偏差缺陷和外观缺陷。尺寸偏差缺陷和外观缺陷可分为一般缺陷和严重缺陷。混凝土结构尺寸偏差超出规范规定，但尺寸偏差对结构性能和使用功能未构成影响时，应属于一般缺陷；而尺寸偏差对结构性能和使用功能构成影响时，应属于严重缺陷。外观缺陷分类应符合表 4-34 的规定。

表 4-34　　　　　　　　　　　　混凝土结构外观缺陷分类

名称	现象	严重缺陷	一般缺陷
露筋	构件内钢筋未被混凝土包裹而外露	纵向受力钢筋有露筋	其他钢筋有少量露筋
蜂窝	混凝土表面缺少水泥砂浆而形成石子外露	构件主要受力部位有蜂窝	其他部位有少量蜂窝
孔洞	混凝土中孔穴深度和长度均超过保护层厚度	构件主要受力部位有孔洞	其他部位有少量孔洞
夹渣	混凝土中夹有杂物且深度超过保护层厚度	构件主要受力部位有夹渣	其他部位有少量夹渣
疏松	混凝土中局部不密实	构件主要受力部位有疏松	其他部位有少量疏松
裂缝	缝隙从混凝土表面延伸至混凝土内部	构件主要受力部位有影响结构性能或使用功能的裂缝	其他部位有少量不影响结构性能或使用功能的裂缝
连接部位缺陷	构件连接处混凝土有缺陷及连接钢筋、连接件松动	连接部位有影响结构传力性能的缺陷	连接部位有基本不影响结构传力性能的缺陷
外形缺陷	缺棱掉角、棱角不直、翘曲不平、飞边凸肋等	清水混凝土构件有影响使用功能或装饰效果的外形缺陷	其他混凝土构件有不影响使用功能的外形缺陷
外表缺陷	构件表面麻面、掉皮、起砂、沾污等	具有重要装饰效果的清水混凝土构件有外表缺陷	其他混凝土构件有不影响使用功能的外表缺陷

（2）施工过程中发现混凝土结构缺陷时，应认真分析缺陷产生的原因。对严重缺陷施工单位应制定专项修整方案，方案应经论证审批后再实施，不得擅自处理。

（3）混凝土结构外观一般缺陷修整应符合下列规定：①露筋、蜂窝、孔洞、夹渣、疏松、外表缺陷，应凿除胶结不牢固部分的混凝土，应清理表面，洒水湿润后应用1:2～1:2.5水泥砂浆抹平；②应封闭裂缝；③连接部位缺陷、外形缺陷可与面层装饰施工一并处理。

（4）混凝土结构外观严重缺陷修整应符合下列规定：

1）露筋、蜂窝、孔洞、夹渣、疏松、外表缺陷，应凿除胶结不牢固部分的混凝土至密实部位，清理表面，支设模板，洒水湿润，涂抹混凝土界面剂，应采用比原混凝土强度等级高一级的细石混凝土浇筑密实，养护时间不应少于7d。

2）开裂缺陷修整应符合下列规定：①民用建筑的地下室、卫生间、屋面等接触水介质的构件，均应注浆封闭处理。民用建筑不接触水介质的构件，可采用注浆封闭、聚合物砂浆粉刷或其他表面封闭材料进行封闭；②对于无腐蚀介质工业建筑的地下室、屋面、卫生间等接触水介质的构件以及有腐蚀介质的所有构件，均应注浆封闭处理。无腐蚀介质工业建筑不接触水介质的构件，可采用注浆封闭、聚合物砂浆粉刷或其他表面封闭材料进行封闭。

3）清水混凝土的外形和外表严重缺陷，宜在水泥砂浆或细石混凝土修补后用磨光机械磨平。

（5）混凝土结构尺寸偏差一般缺陷，可采用装饰工程进行修整。

（6）混凝土结构尺寸偏差严重缺陷，应会同设计单位共同制定专项修整方案，结构修整后应重新检查验收。

10. 冬期、高温和雨季施工

（1）一般规定。

1）根据当地多年气象资料统计，当室外日平均气温连续5日稳定低于5℃时，应采取冬期施工措施；当室外日平均气温连续5日稳定高于5℃时，可解除冬期施工措施。当混凝土未达到受冻临界强度而气温骤降至0℃以下时，应按冬期施工的要求采取维护保温措施。

2）当日平均气温达到30℃及以上时，应按高温施工要求采取措施。

3）雨季和降雨期间，应按雨期施工要求采取措施。

4）混凝土冬期施工应按《建筑工程冬期施工规程》（JGJ/T 104）的有关规定进行热工计算。

（2）冬期施工。

1）混凝土冬季施工原理。混凝土所以能凝结、硬化并获得强度，是由于水泥和水进行水化作用的结果。水化作用的速度在一定湿度条件下主要取决于温度，温度愈高，强度增长也愈快，反之则慢。当温度降至0℃以下时，水化作用基本停止，温度再继续降至-2～4℃，混凝土内的水开始结冰，水结冰后体积膨胀8%～9%，在混凝土内部产生冰晶应力，使强度很低的水泥石结构内部产生微裂纹，同时减弱了水泥与砂石和钢筋之间的粘结力，从而使混凝土强度降低。

混凝土在受冻前如已具有一定的抗拉强度，混凝土内剩余游离水结冰产生的冰晶应力，如不超过其抗拉强度，则混凝土内就不会产生微裂缝，早期冻害就很轻微。一般把遭冻结后其抗压强度损失在 5% 以内的预养强度值，定为"混凝土受冻临界强度"。由试验得知，临界强度与水泥品种、混凝土标号有关。

2）混凝土冬期施工材料要求。

①冬期施工配制混凝土宜选用硅酸盐水泥或普通硅酸盐水泥。采用蒸汽养护时，宜选用矿渣硅酸盐水泥。

②用于冬期施工混凝土的粗、细骨料中，不得含有冰、雪冻块及其他易冻裂物质。

③冬期施工混凝土用外加剂应符合《混凝土外加剂应用技术规范》（GB 50119）的有关规定。采用非加热养护方法时，混凝土中宜掺入引气剂、引气型减水剂或含有引气组分的外加剂，混凝土含气量宜控制在 3.0%～5.0%。

④冬期施工混凝土配合比应根据施工期间环境气温、原材料、养护方法、混凝土性能要求等经试验确定，并宜选择较小的水胶比和坍落度。

⑤冬期施工混凝土搅拌前，原材料的预热应符合下列规定：a. 宜加热拌和水。当仅加热拌和水不能满足热工计算要求时，可加热骨料。拌和水与骨料的加热温度可通过热工计算确定，加热温度不应超过表 4-35 的规定；b. 水泥、外加剂、矿物掺合料不得直接加热，应事先贮于暖棚内预热。

表 4-35　　　　　　　　　　　拌和水及骨料最高加热温度　　　　　　　　　　　℃

水泥强度等级	拌和水	骨料
42.5 以下	80	60
42.5、42.5R 及以上	60	40

3）混凝土冬期施工方法选择。混凝土冬期施工方法常见的方法有蓄热法、综合蓄热法、暖棚法、蒸汽加热法、负温养护法、电热法等。

选择混凝土冬期施工方法，应考虑的主要因素是：自然气温条件、结构类型、水泥品种、工期限制和经济指标。对工期不紧和无特殊限制的工程，从节约能源和降低冬季施工费用着眼，应优先选用蓄热法或掺外加剂法。否则要经过经济比较才能确定，比较时不应只比较冬季施工增加费，还应考虑对工期影响等综合经济效益。

①蓄热法。蓄热法系将混凝土组成材料（水泥除外）进行适当加热、搅拌，使浇筑后具有一定的温度混凝土成型后在外围用保温材料严密覆盖，利用混凝土预加的热量及水泥的水化热量进行保温，使混凝土缓慢冷却，并在冷却过程中逐渐硬化，当混凝土冷却到 0℃ 时，便达到抗冻临界强度或预期的强度。

蓄热法保温应选用导热系数小、就地取材、价廉耐用的材料，如稻草板、草垫、草袋、稻壳、麦秸、稻草、锯末、炉渣、岩棉毡、聚苯乙烯板等，并要保持干燥。保温方式可成层或散装覆盖，或做成工具式保温模板，在保温时再在表面覆盖（或包）一层塑料薄膜、油毡或水泥袋纸等不透风材料，可有效地提高保温效果，或保持一定空气间层，形成一密闭的空气隔层，起保温作用。

　　②综合蓄热法。掺早强剂或早强型外加剂的混凝土浇筑后，利用原材料加热及水泥水化热的热量，通过适当保温，延迟混凝土冷却，使混凝土温度降到0℃或设计规定温度前达到预期要求确定的施工方法。

　　③暖棚法。暖棚法是将被养护的混凝土构件或结构置于搭设的棚中，内部设置散热器、排管、电热器或火炉等加热棚内空气，使混凝土处于正温环境下养护的方法。

　　④蒸汽加热法。蒸汽加热法是利用低压饱和蒸汽（不高于0.07MPa，湿度90%～95%）对新浇筑的混凝土构件进行加热养护。

　　蒸汽加热法除去预制构件厂用的蒸汽养护窑之外，还有汽套法、毛细管模板法、热拌热膜法和构件内部通气法等。

　　⑤负温养护法。在混凝土中掺入防冻剂，浇筑后混凝土不加热也不做蓄热保温养护，使混凝土在负温条件下能不断硬化的施工方法。

　　⑥电热法。电热法是利用电流通过不良导体混凝土（或通过电阻丝）所发出的热量来养护混凝土。其设备简单，施工方便，但耗电量大，施工费用高，应慎重选用。

　　电热法养护混凝土，分电极法、电热器法和工频涡流加热法三类。

　　4）混凝土冬期施工搅拌与运输要求。

　　①冬期施工混凝土搅拌应符合下列规定：a. 液体防冻剂使用前应搅拌均匀，由防冻剂溶液带入的水分应从混凝土拌和水中扣除；b. 蒸汽法加热骨料时，应加大对骨料含水率测试频率，并应将由骨料带入的水分从混凝土拌和水中扣除；c. 混凝土搅拌前应对搅拌机械进行保温或采用蒸汽进行加温，搅拌时间应比常温搅拌时间延长30～60s；d. 混凝土搅拌时应先投入骨料与拌和水，预拌后再投入胶凝材料与外加剂。胶凝材料、引气剂或含引气组分外加剂不得与60℃以上热水直接接触。

　　②混凝土拌和物的出机温度不宜低于10℃，入模温度不应低于5℃；对预拌混凝土或需远距离输送的混凝土，混凝土拌和物的出机温度可根据运输和输送距离经热工计算确定，但不宜低于15℃。大体积混凝土的入模温度可根据实际情况适当降低。

　　③混凝土运输、输送机具及泵管应采取保温措施。当采用泵送工艺浇筑时，应采用水泥浆或水泥砂浆对泵和泵管进行润滑、预热。混凝土运输、输送与浇筑过程中应进行测温，温度应满足热工计算的要求。

　　5）混凝土浇筑与养护。

　　①混凝土浇筑前，应清除地基、模板和钢筋上的冰雪和污垢，并应进行覆盖保温。

　　②混凝土分层浇筑时，分层厚度不应小于400mm。在被上一层混凝土覆盖前，已浇筑层的温度应满足热工计算要求，且不得低于2℃。

　　③采用加热方法养护现浇混凝土时，应考虑加热产生的温度应力对结构的影响，并应合理安排混凝土浇筑顺序与施工缝留置位置。

　　④冬期浇筑的混凝土，其受冻临界强度应符合下列规定：a. 当采用蓄热法、暖棚法、加热法施工时，采用硅酸盐水泥、普通硅酸盐水泥配制的混凝土，不应低于设计混凝土强度等级值的30%；采用矿渣硅酸盐水泥、粉煤灰硅酸盐水泥、火山灰质硅酸盐水泥、复合硅酸盐水泥配制的混凝土时，不应低于设计混凝土强度等级值的40%；b. 当室外最低气温不低于−15℃时，采用综合蓄热法、负温养护法施工的混凝土受冻临界强度不应低于

4.0MPa；当室外最低气温不低于－30℃时，采用负温养护法施工的混凝土受冻临界强度不应低于5.0MPa；c. 强度等级等于或高于C50的混凝土，不宜低于设计混凝土强度等级值的30%；d. 有抗渗要求的混凝土，不宜小于设计混凝土强度等级值的50%；e. 有抗冻耐久性要求的混凝土，不宜低于设计混凝土强度等级值的70%；f. 当采用暖棚法施工的混凝土中掺入早强剂时，可按综合蓄热法受冻临界强度取值；g. 当施工需要提高混凝土强度等级时，应按提高后的强度等级确定受冻临界强度。

⑤混凝土结构工程冬期施工养护应符合下列规定：a. 当室外最低气温不低于－15℃时，对地面以下的工程或表面系数不大于5m⁻¹的结构，宜采用蓄热法养护，并应对结构易受冻部位加强保温措施；对表面系数为5～15m⁻¹的结构，宜采用综合蓄热法养护。采用综合蓄热法养护时，混凝土中应掺加具有减水、引气性能的早强剂或早强型外加剂；b. 对不易保温养护且对强度增长无具体要求的一般混凝土结构，可采用掺防冻剂的负温养护法进行施工；c. 当本条第a. 和b. 款不能满足施工要求时，可采用暖棚法、蒸汽加热法、电加热法等方法，但应采取降低能耗的措施。

⑥混凝土浇筑后，对裸露表面应采取防风、保湿、保温措施，对边、棱角及易受冻部位应加强保温。在混凝土养护和越冬期间，不得直接对负温混凝土表面浇水养护。

⑦模板和保温层的拆除除应符合模板工程规范现行规范相关要求外，尚应符合下列规定：a. 在混凝土应达到临界强度，且混凝土表面温度不应高于5℃。b. 对墙、板等薄壁结构构件，宜推迟拆模。

⑧混凝土强度未达到受冻临界强度和设计要求时，应继续进行养护。当混凝土表面温度与环境温度之差大于20℃时，拆模后的混凝土表面应立即进行保温覆盖。

6）混凝土冬期施工试验相关规定。

①混凝土工程冬期施工应加强对骨料含水率、防冻剂掺量的检查，以及原材料、入模温度、实体温度和强度的监测；应依据气温的变化，检查防冻剂掺量是否符合配合比与防冻剂说明书的规定，并应根据需要进行配合比的调整。

②混凝土冬期施工期间，应按国家现行有关标准的规定对混凝土拌和水温度、外加剂溶液温度、骨料温度、混凝土出机温度、浇筑温度、入模温度以及养护期间混凝土内部和大气温度进行测量。

③冬期施工混凝土强度试件的留置除应符合《混凝土结构工程施工质量验收规范》（GB 50204）的有关规定外，尚应增设与结构同条件养护试件，养护试件不应少于2组。同条件养护试件应在解冻后进行试验。

（3）高温施工。

1）高温施工时，对露天堆放的粗、细骨料应采取遮阳防晒等措施。必要时，可对粗骨料进行喷雾降温。

2）高温施工混凝土配合比设计除应符合现行规范的规定外，尚应符合下列规定：①应分析原材料温度、环境温度、混凝土运输方式与时间对混凝土初凝时间、坍落度损失等性能指标的影响，根据环境温度、湿度、风力和采取温控措施的实际情况，对混凝土配合比进行调整；②宜在近似现场运输条件、时间和预计混凝土浇筑作业最高气温的天气条件下，通过混凝土试拌和与试运输的工况试验后，调整并确定适合高温天气条件下施工的混凝土配合比；③宜采用低水泥用量的原则，并可采用矿物掺合料替代部分水泥。宜选用水化热较低的水泥；④混凝土坍落度不宜小于 70mm。

3）混凝土的搅拌应符合下列规定：

①应对搅拌站料斗、储水器、皮带运输机、搅拌楼采取遮阳防晒措施；

②对原材料进行直接降温时，宜采用对水、粗骨料进行降温的方法。当对水直接降温时，可采用冷却装置冷却拌和用水，并应对水管及水箱加设遮阳和隔热设施，也可在水中加碎冰作为拌和用水的一部分。混凝土拌和时掺加的固体冰应确保在搅拌结束前融化，且在拌和用水中应扣除其质量；

③原材料入机温度不宜超过表 4-36 的规定。

表 4-36　　　　　　　　　　　　原材料最高入机温度　　　　　　　　　　　　　　　　　℃

原材料	入机温度	原材料	入机温度
水泥	60	水	25
骨料	30	粉煤灰等掺合料	60

④混凝土拌和物出机温度不宜大于 30℃。必要时，可采取掺加干冰等附加控温措施。

4）混凝土宜采用白色涂装的混凝土搅拌运输车运输；对混凝土输送管应进行遮阳覆盖，并应洒水降温。

5）混凝土浇筑入模温度不应高于 35℃。

6）混凝土浇筑宜在早间或晚间进行，且宜连续浇筑。当水分蒸发较快时，应在施工作业面采取挡风、遮阳、喷雾等措施。

7）混凝土浇筑前，施工作业面宜采取遮阳措施，并应对模板、钢筋和施工机具采用洒水等降温措施，但浇筑时模板内不得有积水。

8）混凝土浇筑完成后，应及时进行保湿养护。侧模拆除前宜采用带模湿润养护。

（4）雨期施工。

1）雨期施工期间，对水泥和掺合料应采取防水和防潮措施，并应对粗、细骨料含水率实时监测，及时调整混凝土配合比。

2）应选用具有防雨水冲刷性能的模板脱模剂。

3）雨期施工期间，对混凝土搅拌、运输设备和浇筑作业面应采取防雨措施，并应加强施工机械检查维修及接地接零检测工作。

4）除采用防护措施外，小雨、中雨天气不宜进行混凝土露天浇筑，且不应开始大面积作业面的混凝土露天浇筑；大雨、暴雨天气不应进行混凝土露天浇筑。

5）雨后应检查地基面的沉降，并应对模板及支架进行检查。

6）应采取防止基槽或模板内积水的措施。基槽或模板内和混凝土浇筑分层面出现积水时，应在排水后再浇筑混凝土。

7）混凝土浇筑过程中，对因雨水冲刷致使水泥浆流失严重的部位，应采取补救措施后再继续施工。

8）在雨天进行钢筋焊接时，应采取挡雨等安全措施。

9）混凝土浇筑完毕后，应及时采取覆盖塑料薄膜等防雨措施。

10）台风来临前，应对尚未浇筑混凝土的模板及支架采取临时加固措施；台风结束后，应检查模板及支架，已验收合格的模板及支架应重新办理验收手续。

思 考 题 与 习 题

1. 在施工之前，钢筋工程应做一个施工方案，具体应包括哪些内容？

2. 在浇筑混凝土之前，应进行钢筋隐蔽工程验收，其验收内容有哪些？

3. 什么是钢筋加工？常用的钢筋加工工艺有哪些？

4. 钢筋焊接有哪些形式？

5. 什么是气压焊？

6. 什么是电弧焊？

7. 电渣压力焊工艺原理是什么？

8. 钢筋机械连接是什么？常见的机械连接方法有哪些？

9. 钢筋进场检查应符合哪些规定？

10. 模板工程专项施工方案一般包括哪些内容？

11. 简述组合钢模板的优缺点。

12. 模板及支架设计应包括哪些内容？

13. 模板的拆除顺序是什么？

14. 混凝土搅拌分次投料法包括哪些？它们的施工工艺分别是什么？

15. 简述搅拌机三种容量的关系。

16. 对首次使用的配合比应进行开盘鉴定，开盘鉴定应包括哪些内容？开盘鉴定组织程序如何？

17. 混凝土浇筑后对混凝土抹面有哪些要求？

18. 什么是施工缝？什么是后浇带？

19. 施工缝或后浇带处浇筑混凝土，应符合哪些规定？

20. 什么是混凝土养护？

21. 某梁设计主筋为 3 根 HRB335 级直径为 22mm 的钢筋，今现场无 HRB335 级钢筋，拟用 HPB300 级钢筋直径为 24 的钢筋代换，试计算需几根钢筋？若用 HRB335 级直径为 20 的钢筋代换，当梁宽为 250mm 时，钢筋用一排布置能排下否？

22. 计算图 4-68 所示钢筋的下料长度。

23. 已知混凝土的理论配合比为 1∶2.5∶4.75∶0.65。现测得砂的含水率为 3.3%，石子含水率为 1.2%，试计算其施工配合比。若搅拌机的进料容量为 400L，试计算每搅拌一次所需材料的数量（假定为袋装水泥）。

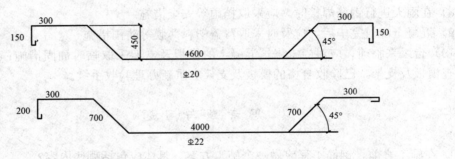

图 4 - 68   计算题第 3 题图形

第5章

预应力混凝土工程

预应力混凝土是预先在结构或构件的受拉区施加一定的预压应力并产生一定压缩变形，当结构或构件受力后，受拉区混凝土的拉应力和拉伸变形首先与预压应力和压缩变形相互抵消，然后随着外力的增加，混凝土才产生拉应力和拉伸变形，从而推迟裂缝的出现和限制裂缝的开展，提高结构或构件的抗裂性能和刚度。

预应力技术是最近几十年发展起来的一项新技术随着高强钢材和高强度等级混凝土的不断出现，更推动着预应力施工工艺的不断发展和完善。

5.1 概述

预应力专项施工方案内容一般包括：施工顺序和工艺流程；预应力施工工艺，包括预应力筋制作、孔道预留、预应力筋安装、预应力筋张拉、孔道灌浆和封锚等；材料采购和检验、机具配备和张拉设备标定；施工进度和劳动力安排、材料供应计划；有关分项工程的配合要求；施工质量要求和质量保证措施；施工安全要求和安全保证措施；施工现场管理措施等。

预应力混凝土的主要施工工艺有先张法、后张法和无粘结预应力等。

5.1.1 材料要求

用于预应力混凝土结构中的预应力钢筋有如图 5-1 所示中的几种。

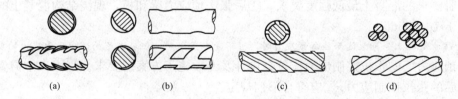

图 5-1　预应力混凝土用钢筋
（a）热处理钢筋；（b）刻痕钢丝；（c）螺旋肋钢筋；（d）钢绞线

预应力筋的性能应符合国家现行有关标准的规定。常用预应力筋的公称直径、公称截面面积、计算截面面积及理论重量应符合表 4-1～表 4-3 的规定。

预应力筋用锚具、夹具和连接器的性能，应符合《预应力筋用锚具、夹具和连接器》（GB/T 14370）的有关规定，其工程应用应符合现行行业标准《预应力筋用锚具、夹具和连接器应用技术规程》（JGJ 85）的有关规定。

预应力筋等材料在运输、存放、加工、安装过程中，应采取防止其损伤、锈蚀或污染的措施，并应符合下列规定：①有粘结预应力筋展开后应平顺、不应有弯折，表面不应有裂纹、小刺、机械损伤、氧化铁皮和油污等；②预应力筋采用锚具、夹具和连接器和锚垫板表面应无污物、锈蚀、机械损伤和裂纹；③无粘结预应力筋护套应光滑、无裂纹、无明显褶皱；④后张预应力用成孔管道内外表面应清洁，无锈蚀，不应有油污、孔洞和不规则的褶皱，咬口不应有开裂和脱落。

5.1.2　预应力不同施工工艺的基本要求

（1）预应力工程施工应根据环境温度采取必要的质量保证措施，并应符合下列规定：①当工程所处环境温度低于−15℃时，不宜进行预应力筋张拉；②当工程所处环境温度高于35℃或日平均环境温度连续 5 日低于5℃时，不宜进行灌浆施工；当在环境温度高于35℃或日平均环境温度连续 5 日低于5℃条件下进行灌浆施工时，应采取专门的质量保证措施。

（2）当预应力筋需要代换时，应进行专门计算，并应经原设计单位确认。

（3）预应力筋张拉前，应进行下列准备工作：①计算张拉力和张拉伸长值，根据张拉设备标定结果确定油泵压力表读数；②根据工程需要搭设安全可靠的张拉作业平台；③清理锚垫板和张拉端预应力筋，检查锚垫板后混凝土的密实性。

（4）预应力筋张拉设备及油压表应定期维护和标定。张拉设备和油压表应配套标定和使用，标定期限不应超过半年。当使用过程中出现反常现象或张拉设备检修后，应重新标定。

注：1. 压力表的量程应大于张拉工作压力读值。压力表的精确度等级不应低于1.6级。

2. 标定张拉设备用的试验机或测力计的测力示值不确定度，不应大于1.0%。

3. 张拉设备标定时，千斤顶活塞的运行方向应与实际张拉工作状态一致。

（5）施加预应力时，混凝土强度应符合设计要求，且同条件养护的混凝土立方体抗压强度，应符合下列规定：①不应低于设计混凝土强度等级值的75%；②采用消除应力钢丝或钢绞线作为预应力筋的先张法构件，尚不应低于30MPa；③不应低于锚具供应商提供的产品技术手册要求的混凝土最低强度要求。④后张法预应力梁和板，现浇结构混凝土的龄期分别不宜小于 7d 和 5d。

注：为防止混凝土早期裂缝而施加预应力时，可不受本条限制，但应满足局部受压承载力的要求。

（6）预应力筋的张拉控制应力应符合设计及专项施工方案的要求。当施工中需要超张拉时，调整后的张拉控制应力 σ_{con} 应符合下列规定：

1）消除应力钢丝、钢绞线：

$$\sigma_{con} \leqslant 0.80 f_{ptk} \tag{5-1}$$

2）中强度预应力钢丝：

$$\sigma_{con} \leqslant 0.75 f_{ptk} \tag{5-2}$$

3）预应力螺纹钢筋：

$$\sigma_{con} \leqslant 0.90 f_{pyk} \tag{5-3}$$

式中　σ_{con}——预应力筋张拉控制应力；

f_{ptk}——预应力筋极限强度标准值；

f_{pyk}——预应力筋屈服强度标准值。

（7）采用应力控制方法张拉时，应校核张拉力下预应力筋伸长值。实测伸长值与计算伸长值的偏差控制在±6％之内，否则应查明原因并采取措施后再张拉。必要时，宜进行现场孔道摩擦系数测定，并可根据实测结果调整张拉控制力。预应力筋张拉伸长值的计算和实测值的确定及孔道摩擦系数的测定，可分别按《混凝土结构工程施工规范》（GB 50666—2011）附录 D、附录 E 的规定执行。

（8）预应力筋的张拉顺序应符合设计要求，并应符合下列规定：①应根据结构受力特点、施工方便及操作安全等因素确定张拉顺序；②预应力筋宜符合均匀、对称的原则张拉；③现浇预应力混凝土楼盖，宜先张拉楼板、次梁的预应力筋，后张拉主梁的预应力筋；④对预制屋架等平卧叠浇构件，应从上而下逐榀张拉。

（9）预应力筋张拉时，应从零力加载至初拉力后，量测伸长值初读数，再以均匀速率加载至张拉控制力。塑料波纹管内的预应力筋，张拉力达到张拉控制力后宜持荷 2～5min。

（10）预应力筋张拉或放张时，应采取有效的安全防护措施，预应力筋两端正前方不得站人或穿越。

（11）预应力筋张拉时，应对张拉力、压力表读数、张拉伸长值、锚固回缩值及异常情况等做出详细记录。

5.2　先张法施工

先张法是在浇筑混凝土前张拉预应力筋，然后浇筑混凝土，待混凝土养护达到不低于混凝土设计强度值的 75％，放松预应力筋，借助于混凝土与预应力筋的粘结，对混凝土施加预应力的施工工艺，如图 5-2 所示。

动画 5-1　先张法
施工工艺

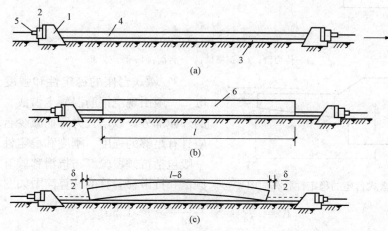

图 5-2　先张法预应力钢筋混凝土结构施工程序示意图
(a) 预应力钢筋张拉；(b) 混凝土浇筑及养护；(c) 预应力钢筋放张
1—台座；2—横梁；3—台面；4—预应力钢筋；5—夹具；6—钢筋混凝土构件

5.2.1　施工设备

先张法施工主要设备，包括预应力钢筋的固定用夹具、张拉用台座和张拉机具。

1. 台座

台座是先张法生产中的主要设备之一，要求有足够的强度和稳定性，以免台座变形、倾覆、滑移而引起预应力值的损失。台座按构造不同，可分为墩式台座和槽式台座两类。

（1）墩式台座。墩式台座一般用于生产小型构件。生产钢弦混凝土构件的墩式台座，其长度常为100～150m，这样既可利用钢丝长的特点，张拉一次可生产多根构件，减少张拉及临时固定工作，又可减少钢丝滑动或台座横梁变形引起的应力损失。

1）墩式台座的形式。墩式台座有重力式和构架式两种（见图5-3）。重力式台座主要靠自重平衡张拉力所产生的倾覆力矩，构架式台座主要靠土压力来土平衡张拉力所产生的倾覆力矩。

2）墩式台座是由传力墩、台面和横梁组成的。

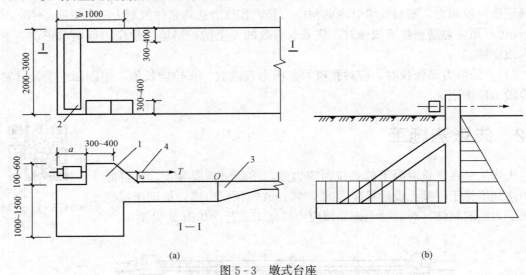

(a)　　　　　　　　　　　　　　　(b)

图5-3　墩式台座

1—传力墩；2—钢横梁；3—台面；4—预应力筋

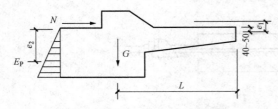

图5-4　墩式台座的稳定性验算简图

3）墩式台座的稳定性和强度验算。承力台墩，一般由现浇钢筋混凝土做成。台墩应有合适的外伸部分，以增大力臂而减少台墩自重。台墩应具有足够的强度、刚度和稳定性。稳定性验算一般包括抗倾覆验算与抗滑移验算。墩式台座抗倾覆和抗滑移验算的计算简图如图5-4所示。

$$K = \frac{M_1}{M} = \frac{GL + E_P e_2}{N e_1} \geqslant 1.50 \qquad (5-4)$$

式中　K——抗倾覆安全系数，一般不小于1.50；

M——倾覆力矩，由预应力筋的张拉力产生；

N——预应力筋的张拉力；

e_1——张拉力合力作用点至倾覆点的力臂；

M_1——抗倾覆力矩，由台座自重力和土压力等产生；

　G——台墩的自重力；

　L——台墩重心至倾覆点的力臂；

E_P——台墩后面的被动土压力合力，当台墩埋置深度较浅时，可忽略不计；

e_2——被动土压力合力至倾覆点的力臂。

台墩的抗滑移验算，可按下式进行：

$$K_c = \frac{N_1}{N} \geqslant 1.30 \qquad (5-5)$$

式中　K_c——抗滑移安全系数，一般不小于 1.30；

　　　N_1——抗滑移的力，对独立的台墩，由侧壁土压力和底部摩阻力等产生。

（2）槽式台座。浇筑中小型吊车梁时，由于张拉力矩和倾覆力矩都很大。一般多采用槽式台座（见图 5-5），它由钢筋混凝土立柱、上下横梁及台面组成。台座长度应便于生产多种构件：一般为 45m（可生产 6 根 6m 长的吊车梁）或 76m（可生产 10 根 6m 长的吊车梁，或 24m 屋架 3 榀，或 18m 屋架 4 榀）。为便于拆迁移，台座式应设计成装配式。此外，在施工现场也可利用条石或已预制好的柱、桩和基础梁等构件，装配成简易式台座。

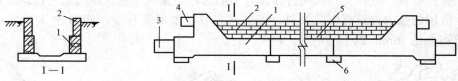

图 5-5　槽式台座结构

1—钢筋混凝土端柱；2—砖墙；3—下横梁；4—上横梁；5—传力柱；6—柱垫

2. 夹具

夹具是先张法构件施工时保持预应力筋拉力，并将其固定在张拉台座（或设备）上的临时性锚固装置。按其工作用途不同分为锚固夹具和张拉夹具，锚固夹具又分为钢丝锚固夹具和钢筋锚固夹具。

（1）钢丝锚固夹具。

1）锥形夹具可分为圆锥齿板式夹具和圆锥槽式夹具，如图 5-6 所示。

2）镦头夹具：如图 5-7 所示，采用镦头夹具时，将预应力筋端部热镦或冷镦，通过承力分孔板锚固。

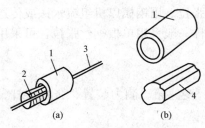

图 5-6　钢质锥形夹具

（a）圆锥齿板式；（b）圆锥槽式

1—套筒；2—齿板；3—钢丝；4—锥塞

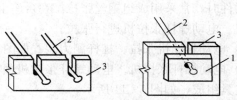

图 5-7　固定端镦头夹具

1—垫片；2—镦头钢丝；3—承力板

（2）钢筋锚固夹具。钢筋锚固常用圆套筒三片式夹具，由套筒和夹片组成（见图5-8）。其型号有 YJ12、YJ14，适用于先张法；用 YC-18 型千斤顶张拉时，适用于锚固直径为 12mm、14mm 的单根冷拉 HRB335、HRB400、RRB400 级钢筋。

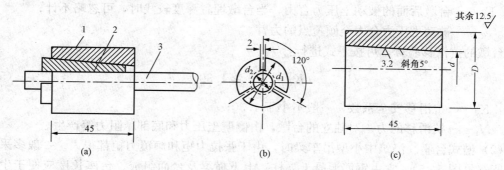

图 5-8　圆套筒三片式夹具

（a）装配图；（b）夹片；（c）套筒

1—套筒；2—夹片；3—预应力钢筋

（3）张拉夹具。张拉夹具是夹持住预应力筋后，与张拉机械连接起来进行预应力筋张拉的机具。常用的张拉夹具有钳式夹具、偏心式夹具、楔形夹具等，如图5-9所示，适用于张拉钢丝和直径 16mm 以下的钢筋。

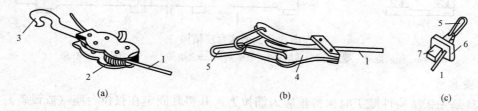

图 5-9　钢丝的张拉夹具

（a）钳式；（b）偏心式；（c）楔形

1—钢丝；2—钳齿；3—拉钩；4—偏心齿条；5—拉环；6—锚板；7—楔块

3. 张拉设备

张拉机具的张拉力应不小于预应力筋张拉力的 1.5 倍；张拉机具的张拉行程不小于预应力筋伸长值的 1.1～1.3 倍。

（1）钢丝张拉设备。钢丝张拉分单根张拉和成组张拉。用钢模以机组流水法或传送带法生产构件时，常采用成组钢丝张拉。在台座上生产构件一般采用单根钢丝张拉，可采用电动卷扬机、电动螺杆张拉机进行张拉。

1）电动卷扬机张拉、杠杆测力装置如图5-10所示。

2）电动螺杆张拉机。电动螺杆张拉机由电动机、变速箱、测力装置、张拉螺杆、承力架和夹具组成，如图5-11所示。

（2）钢筋张拉设备。穿心式千斤顶用于直径 12～20mm 的单根钢筋、钢绞线或钢丝束的张拉。用 YC-20 型穿心式千斤顶（图5-12）张拉时，高压油泵启动，从后油嘴进油，前油嘴回油，被偏心夹具夹紧的钢筋随液压缸的伸出而被拉伸。YC-20 型穿心式千斤顶的最

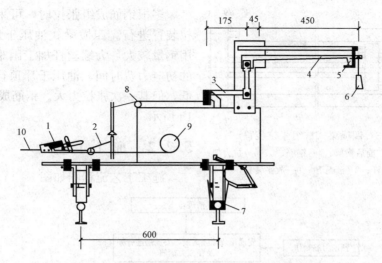

图 5-10　卷扬机张拉、杠杆测力装置示意图

1—钳式张拉夹具；2—钢丝绳；3、4—杠杆；5—断电器；6—砝码；7—夹轨器；
8—导向轮；9—卷扬机；10—钢丝

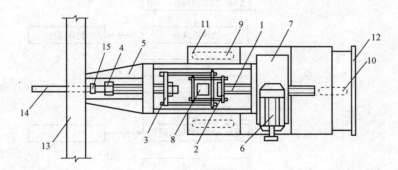

图 5-11　电动螺杆张拉机构造图

1—螺杆；2、3—拉力架；4—张拉夹具；5—顶杆；6—电动机；7—减速器；
8—测力计；9、10—胶轮；11—底盘；12—手柄；13—横梁；14—钢丝；15—锚固夹具

大张拉力为 20kN，最大行程为 200mm。适用于用圆套筒三片式夹具张拉锚固 12～20mm 单根冷拉 HRB335、HRB400 和 RRB400 钢筋。

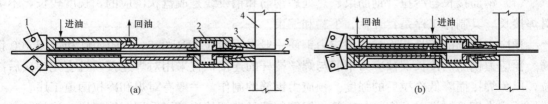

图 5-12　YC-20 型穿心式千斤顶

（a）张拉；（b）复位

1—偏心块夹具；2—弹性顶压头；3—夹具；4—台座横梁；5—预应力筋

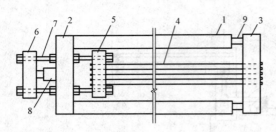

图 5-13 四横梁式成组张拉装置

1—台座；2、3—前后横梁；4—钢筋；5、6—拉力架；
7—螺丝杆；8—千斤顶；9—放张装置

多根钢筋成组张拉时，可采用四横梁式张拉装置进行。四横梁式油压千斤顶张拉装置，用钢量较大，大螺丝杆加工困难，调整预应力的初应力费时间，油压千斤顶行程小，工效较低，但其一次张拉力大。钢筋成组张拉如图 5-13 所示。

5.2.2 施工工艺

施工工艺流程图如图 5-14 所示。

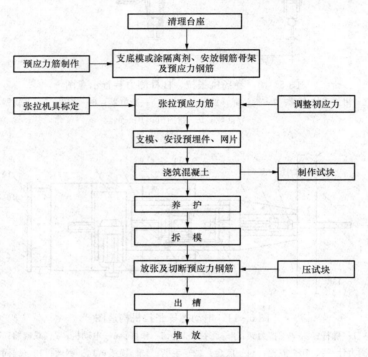

图 5-14 施工工艺流程图

1. 张拉前的准备

（1）钢筋接长与冷拉。钢筋束、热处理钢筋和钢绞线是成盘状供应的，长度较长，不需对焊接长。其制作工序是：开盘、下料和编束。

预应力钢筋的接长与冷拉：预应力钢筋一般采用冷拉 HRB335、HRB400 和 RRB400 钢筋。预应力钢筋的接长及预应力钢筋与螺丝端杆的连接，宜采用对焊连接，且应先焊接后冷拉，以免焊接而降低冷拉后的强度。预应力钢筋的制作，一般有对焊和冷拉两道工序。

预应力钢筋铺设时，钢筋与钢筋、钢筋与螺丝端杆的连接可采用套筒双拼式连接。

（2）钢筋（丝）的镦头。预应力筋（丝）固定端采用镦头夹具锚固时，钢筋（丝）端头要镦粗形成镦粗头。镦头一般有热镦和冷镦两种工艺。热镦在手动电焊机上进行，钢筋（丝）端部在喇叭口紫铜模具内，进行多次脉冲式通电加热、加压形成镦粗头（见图 5-15）。

（3）预应力筋张拉设备及油压表应定期维护和标定。张拉设备和油压表应配套标定和使用，标定期限不应超过半年。当使用过程中出现反常现象或张拉设备检修后，应重新标定。

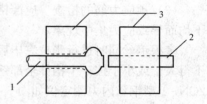

图 5 - 15　钢筋热镦示意图
1—钢筋；2—紫铜棒；3—电极

注：①压力表的量程应大于张拉工作压力读值。压力表的精确度等级不应低于 1.6 级；②标定张拉设备用的试验机或测力计的测力示值不确定度，不应大于 1.0%；③张拉设备标定时，千斤顶活塞的运行方向应与实际张拉工作状态一致。

（4）预应力筋（丝）的铺设。长线台座面（或胎模）在铺放钢丝前，应清扫并涂刷隔离剂。一般涂刷皂角水溶性隔离剂，易干燥，污染钢筋易清除。涂刷均匀不得漏涂，待其干燥后，铺设预应力筋，一端用夹具锚固在台座横梁的定位承力板上，另一端卡在台座张拉端的承力板上待张拉。在生产过程中，应防止雨水或养护水冲刷掉台面隔离剂。

（5）张拉前检查事项。检查预应力筋的品种、级别、规格、数量（排数、根数）是否符合设计要求。

预应力筋的外观质量应全数检查，预应力筋应符合展开后平顺，没有弯折，表面无裂纹、小刺、机械损伤、氧化铁皮和油污等。

张拉设备是否完好，测力装置是否校核准确。

横梁、定位承力板是否贴合及严密稳固。

张拉、锚固预应力筋应专人操作，实行岗位责任制，并做好预应力筋张拉记录。

应合理确定截面内预应力筋的张拉顺序，原则上应尽量避免使台座承受过大的偏心压力，故宜先张拉靠近台座截面重心处的预应力筋，防止台座产生弯曲变形。

2. 预应力钢筋的张拉

（1）预应力筋的张拉力 P_j 应按下式计算：

$$P_j = \sigma_{con} A_P \tag{5-6}$$

超张拉力

$$p_j = (1.03 \sim 1.05)\sigma_{con} A_P \tag{5-7}$$

式中　σ_{con}——预应力筋的张拉控制应力，应在设计图纸上表明；

　　　A_P——预应力筋的截面面积。

（2）张拉程序的确定〔据《预应力混凝土结构设计规程》（DGJ 08-69—2007）〕。

为了减少预应力的松弛损失，采用超张拉方法张拉时，其张拉程序可根据张拉方式、预应力筋种类及锚具类型进行如下选择：

1）0→初应力→$1.05\sigma_{con}$（持荷 2min）→σ_{con}（锚固）。

2）0→初应力→$1.03\sigma_{con}$（持荷 2min）锚固。

〔例 5 - 1〕　某预应力空心板采用光面消除应力钢丝Φ^P4，$f_{ptk}=1570$MPa，作为预应力筋，如采用一次张拉法施工，求单根钢丝的张拉力为多少？

解：单根钢丝的截面面积：$A_P=12.6$mm^2

取张拉控制应力：$\sigma_{con}=0.7f_{ptk}\leqslant0.8f_{ptk}$

采用一次张拉法施工：0→$1.03\sigma_{con}$则其单根钢丝的张拉力为：

$$P_j=1.03\sigma_{con}A_P=1.03\times0.7\times1570\times12.6\text{N}=14.26\text{kN}$$

（3）预应力筋的检查。应严格控制多根钢筋之间内应力的一致性，避免产生因内力大小不均而导致应力集中现象。

多根钢丝同时进行张拉完毕后，应抽查钢丝的内应力值，一根钢丝的预应力值的偏差，不得大于或小于按一个构件全部钢丝预应力总值的 5%，避免各钢丝受力的不均衡性。国产 2CN-1 型钢丝内力测定仪如图 5-16 所示。

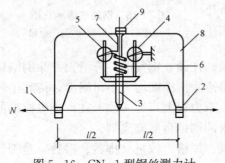

图 5-16　CN-1 型钢丝测力计

1—钢丝；2—挂钩；3—测头；
4—测挠度百分表；5—测力百分表；
6—弹簧；7—推杆；8—表架；9—螺栓

预应力筋张拉后，对设计位置的偏差不得超过 5mm，同时也不得大于构件截面最短边尺寸的 4%。否则，将会影响设计的受力状况。

在浇筑混凝土前发生断裂或滑脱的预应力筋必须予以更换。

在已张拉钢筋（丝）上进行绑扎钢筋、安装预埋铁件、支承安装模板等操作时，要防止踩踏、敲击或碰撞钢丝。

3. 混凝土的浇筑

预应力混凝土构件的混凝土浇筑，应一次连续浇筑完成，不允许留设施工缝。浇筑时应充分捣实，尤其要注意靠近端部混凝土的密实度。这些都是为了减少混凝土在预加应力作用下的收缩和徐变值，从而减小应力损失。

预应力钢丝张拉、绑扎钢筋、预埋铁件安装及立模工作完成后，应立即浇筑混凝土，每条生产线应一次连续浇筑完成。采用机械振捣密实时，要避免碰撞钢丝。混凝土未达到一定强度前，不允许碰撞或踩踏钢丝。

采用重叠法生产构件时，应待下层构件的混凝土强度达到 5MPa 后，方可浇筑上层构件的混凝土。当平均温度高于 20℃ 时，每两天可迭捣一层。气温较低时，可采用早强措施，以缩短养护时间，加速台座周转，提高生产率。

预应力叠合梁和叠合板的叠合面及预应力芯棒与后浇混凝土的接触面应划毛，必要时做成凹凸面，以提高叠合面的抗剪能力。

预应力混凝土可采用自然养护、蒸汽养护或太阳能养护等方法。自然养护不得少于 14d。干硬性混凝土浇筑完毕后，应立即覆盖进行养护。当预应力混凝土采用蒸汽养护时，要尽量减少由于温度升高而引起的预应力损失。为了减少温差造成的应力损失，应采用二阶段（次）升温法，第一阶段升温的温差控制在 20℃ 以内（一般以不超过 10~20℃/h 为宜），待混凝土强度达 10MPa 以上时，再按常规升温制度养护。

4. 预应力筋的放张

放张时混凝土的强度不得低于设计强度标准值的 75%。具体放张时间要通过同条件养护的混凝土试块试压结果决定。先张法预应力筋的放张顺序，应符合下列规定：①宜采取缓慢放张工艺进行逐根或整体放张；②对轴心受压构件，所有预应力筋宜同时放张；③对受弯或偏心受压的构件，应先同时放张预压应力较小区域的预应力筋，再同时放张预压应力较大区域的预应力筋；④当不能按本规定①~③款放张时，应分阶段、对称、相互交错放张；⑤放张后，预应力筋的切断顺序，宜从张拉端开始逐次切向另一端。

对预应力筋配置较多的构件，不允许采用剪断或割断等方式突然放张，应采用千斤顶或在台座与横梁之间设置楔块（见图 5-17）或砂箱（见图 5-18）进行缓慢放张。

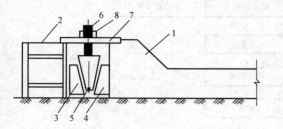
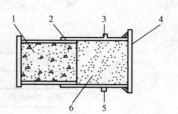

图 5-17　楔块放张示意图

1—台座；2—横梁；3、4—钢块；5—钢楔块；

6—螺杆；7—承力板；8—螺母

图 5-18　砂箱放张示意图

1—活塞；2—钢套箱；3—进砂口；4—钢套箱底板；

5—出砂口；6—砂子

5.3　后张法施工

后张法是先制作混凝土构件，并在预应力筋的位置预留出相应孔道，待混凝土强度达到设计规定的数值后，穿入预应力筋进行张拉，并利用锚具把预应力筋锚固，最后进行孔道灌浆。预应力混凝土后张法生产工艺如图 5-19 所示。

动画 5-2　后张法
施工工艺

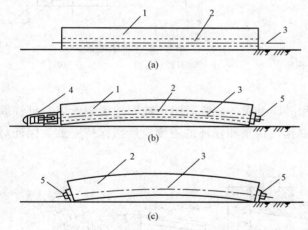

图 5-19　后张法构件施工程序示意图

（a）制作构件、预留孔道；（b）穿筋、张拉、锚固；

（c）孔道灌浆

1—钢筋混凝土构件；2—预留孔道；3—预应力筋；

4—千斤顶；5—锚具

后张法施工由于直接在钢筋混凝土构件上进行预应力筋的张拉，所以不需要固定台座设备，不受地点限制，它既适用于预制构件生产，也适用于现场施工大型预应力构件，而且后张法又是预制构件拼装的手段。

后张法的工艺流程如图 5-20 所示。

5.3.1　常用锚具

1. 螺纹端杆锚具

螺纹端杆锚具它由螺纹端杆、螺母和垫板组成，如图 5-21 所示，是单根预应力粗钢筋张拉端常用的锚具。

2. 帮条锚具

帮条锚具（见图 5-22）由帮条和衬板组成。帮条筋采用与预应力筋同级钢筋，而衬板则可用普通低碳钢钢板，焊条应选用 E5003。焊接帮条时，三根帮条与衬板相接触面应在同一垂直平面上，防止受力后产生扭曲。

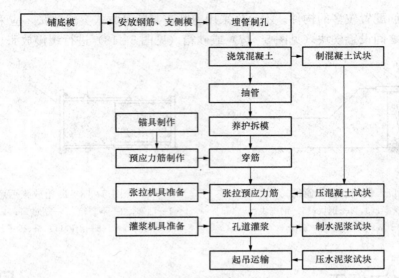

图 5-20　后张法生产工艺流程

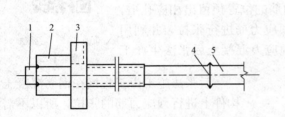

图 5-21　螺丝端杆锚具

1—螺丝端杆；2—螺母；3—垫板；4—焊接接头；5—钢筋

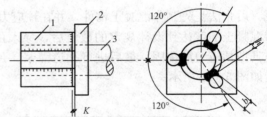

图 5-22　帮条锚具

1—帮条；2—衬板；3—预应力钢筋

3. 钢质锥形锚具

钢质锥形锚具（见图 5-23）由锚塞和锚环组成。一般适用于锚固碳素钢丝束，可锚固 12～24 根钢丝。锚塞和锚环均用 45 号钢制作。锚塞和锚环的锥度应严格保持一致，保证对钢丝的挤压力均匀，不致影响摩擦阻力。

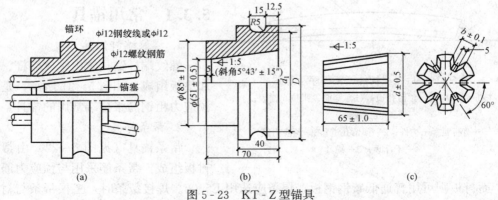

图 5-23　KT-Z 型锚具

(a) 装配；(b) 锚环；(c) 锚塞

4. 镦头锚具

镦头锚具由锚环、锚板和螺母组成（见图 5-24）。镦头锚具适用锚固 12～24 根碳素钢丝。

5. 锥形螺杆锚具

锥形螺杆锚具是由锥形螺杆、套筒、螺母和垫板组成（见图 5-25）。该锚具适用于 14～28 根碳素钢丝的锚固。

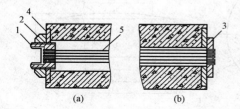

图 5-24 镦头锚具示意图

1—锚环；2—螺母；3—锚板；4—垫板；5—墩头预应力钢丝

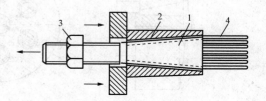

图 5-25 锥形螺杆锚具

1—锥形螺杆；2—套筒；3—螺帽；4—预应力钢丝束

6. JM-12 型锚具

JM-12 锚具由锚环和夹片组成（见图 5-26）。多用于钢绞线束的锚固。JM-12 锚具有良好的锚固性能，预应力筋滑移量比较小，施工方便，但是加工量大且成本高。

动画 5-3 JM-12 锚具

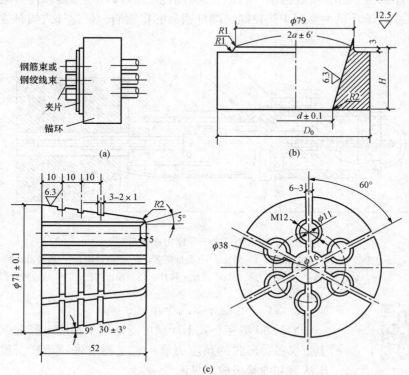

图 5-26 JM 型锚具

（a）装配图；（b）锚板；（c）夹片

7. 多孔夹片锚具

它也称群锚，由多孔的锚板与夹片组成（见图 5 - 27）。在每个锥形孔内装一副夹片，夹持一根钢绞线。这种锚具的优点是每束钢绞线的根数不受限制；任何一根钢绞线锚固失效，都不会引起整束锚固失效。

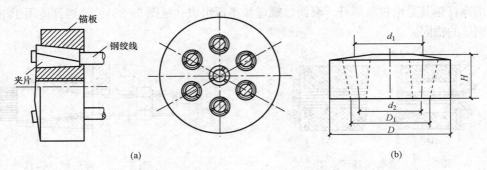

图 5 - 27　XM 型锚具

(a) 装配图；(b) 锚板

5.3.2　张拉机械

1. 拉杆式千斤顶

拉杆式千斤顶由主缸、主缸活塞、副缸、副缸活塞、拉杆、连接器和传力架等组成（见图 5 - 28）。拉杆式千斤顶主要用于张拉螺纹端杆锚具的粗钢筋、带螺杆式锚具或镦头式锚具的钢丝束。

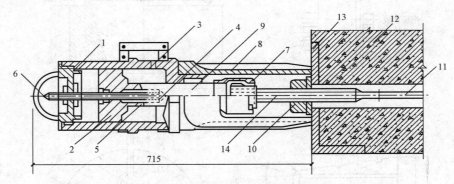

图 5 - 28　拉杆式千斤顶构造示意图

1—主缸；2—主缸活塞；3—主缸油嘴；4—副缸；5—副缸活塞；6—副缸油嘴；7—连接器；8—顶杆；9—拉杆；10—螺母；11—预应力筋；12—混凝土构件；13—预埋钢板；14—螺纹端杆

动画 5 - 4　穿心式千斤顶

2. YC - 60 型穿心式千斤顶

YC - 60 型穿心式千斤顶广泛地用于预应力筋的张拉。它适用于张拉各种形式的预应力筋。它主要由张拉油缸、顶压油缸、顶压活塞和弹簧组成（见图 5 - 29）。

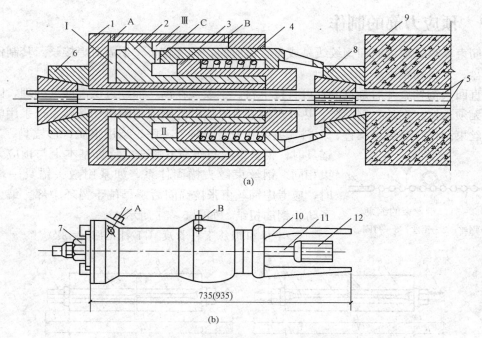

(a)

(b)

图 5-29　YC-60 型穿心式千斤顶的构造示意图

（a）构造简图；（b）加顶杆后的 YC-60 型千斤顶

Ⅰ—张拉工作油室；Ⅱ—顶压工作油室；Ⅲ—张拉回程油室

A—张拉缸油嘴；B—顶压缸油嘴；C—油孔

1—张拉液压缸；2—顶压液压缸（即张拉活塞）；3—顶压活塞；4—弹簧；5—预应力筋；

6—工具式锚具；7—螺母；8—工作锚具；9—混凝土构件；10—顶杆；11—拉杆；12—连接器

3. 锥锚式双作用千斤顶

锥锚式双作用千斤顶用于张拉锥形锚具锚固的预应力钢丝束。它是由主缸、主缸活塞、副缸、副缸活塞、顶压头、卡环和销片等主要部件所组成，其构造和张拉工作过程如图 5-30 所示。

动画 5-5　锥锚式千斤顶

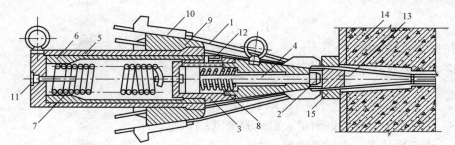

图 5-30　锥锚式双作用千斤顶构造示意图

1—预应力筋；2—顶压头；3—副缸；4—副缸活塞；5—主缸；6—主缸活塞；

7—主缸拉力弹簧；8—副缸压力弹簧；9—锥形卡环；10—模块；11—主缸油嘴；

12—副缸油嘴；13—锚塞；14—构件；15—锚环

5.3.3　预应力筋的制作

钢筋束、热处理钢筋和钢绞线是成盘状供应的，长度较长，不需对焊接长。其制作工序是：开盘、下料和编束。

矫直回火钢丝放开后是直的，可直接下料。钢绞线在出厂前经过低温回火处理，因此在进场后无须预拉。钢丝、钢绞线、热处理钢筋宜采用砂轮锯或切断机切断，不得采用电弧切割。钢丝束制作一般需经调直、下料、编束和安装锚具等工序。当用钢质锥形锚具、XM 型

图 5 - 31　钢丝束的编束
1—钢丝；2—铅丝；3—衬圈

锚具时，钢丝束的制作和下料长度计算基本上与预应力钢筋束相同。钢丝束镦头锚固体系，如采用镦头锚具一端张拉时，应考虑钢丝束张拉锚固后螺母位于锚环中部。编束是为了防止钢筋扭结，如图 5 - 31 所示。

1. 单根粗钢筋下料长度（下料见图 5 - 32）

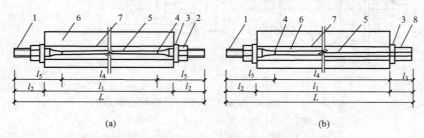

(a)　　　　　　　　　　　　(b)

图 5 - 32　粗钢筋下料长度计算示意图
(a) 两端用螺杆锚具；(b) 一端用螺杆锚具

1—螺丝杆端；2—螺母；3—垫板；4—对焊接头；5—预应力钢筋；6—混凝土构件；7—孔道；
8—帮条锚具 L—成品全长（包括螺杆全长）；l_1—构件的孔道长度；l_2—螺杆伸出构件外的长度
（按下式计算：张拉端，$l_2 = 2H + h + 5\text{mm}$；锚固端，$l_2 = H + h + 10\text{mm}$。其中 H、h 分别为螺母高度和
垫板厚度。构件的孔道长度）；l_3—墩头或帮条锚具长度（包括垫板厚度 h）；
l_4—钢筋段冷拉后的长度；l_5—螺杆长度

（1）当预应力筋两端采用螺杆锚具［见图 5 - 32 (a)］时，其成品全长 L（包括螺杆全长）为

$$L = l_1 + 2l_2 \tag{5-8}$$

钢筋段冷拉后的成品长度 $\qquad l_4 = L - 2l_5 \tag{5-9}$

冷拉前预应力筋钢筋部分的下料长度

$$l = \frac{l_4}{1 + \gamma - \delta} + n\Delta \tag{5-10}$$

式中　　δ——钢筋的冷拉弹性回缩量，由试验确定；

　　　　γ——钢筋冷拉率，由试验确定；

　　　　Δ——每个对焊接头的压缩长度，根据焊时所需要的闪光留量和顶锻留量而定，经验
　　　　　　去钢筋直径；

　　　　n——对焊接头的数量。

（2）当预应力筋一端用螺丝端杆，另一端用帮条（或镦头）锚具［见图 5 - 32 (b)］时

$$L = l_1 + l_2 + l_3 \tag{5-11}$$

钢筋段冷拉后的成品长度

$$l_4 = L - l_5 - l_3 \tag{5-12}$$

冷拉前预应力筋钢筋部分的下料长度公式同式（5-10）。

2. 预应力钢丝束下料长度

（1）采用钢质锥形锚具，以锥锚式千斤顶张拉（见图 5-33）时，钢丝的下料长度 L 为：

两端张拉　　　　　　　　　$L = l + 2(l_1 + l_2 + 80) \tag{5-13}$

一端张拉　　　　　　　　　$L = l + 2(l_1 + 80) + l_2 \tag{5-14}$

式中　l_1——锚环厚度；

　　　l_2——千斤顶分丝头至卡盘外端距离。

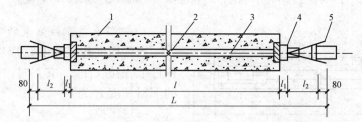

图 5-33　采用钢质锥形锚具时钢丝下料长度计算简图
1—混凝土构件；2—孔道；3—钢丝束；4—钢质锥形锚具；5—锥锚式千斤顶

（2）采用镦头锚具，以拉杆式或穿心式千斤顶在构件上张拉（图 5-34）时，钢丝的下料长度 L 为：

两端张拉　　　　　　$L = l + 2h + 2\Delta - (H_1 - H) - \Delta L - c \tag{5-15}$

一端张拉　　　　　　$L = l + 2h + 2\Delta - 0.5(H_1 - H) - \Delta L - c \tag{5-16}$

式中　h——锚环底部厚度或锚板厚度；

　　　Δ——钢丝墩头流量，对 $\phi^{s}5$ 取 10mm；

　　　H——张拉端锚环高度；

　　　H_1——螺母高度；

　　　ΔL——钢丝绳张拉伸长值，$\Delta = \dfrac{FL}{E_{s}A_{P}}$；

　　　c——张拉时构件混凝土的弹性压缩值，mm，对直线筋 $c = \dfrac{FL}{E_{c}A_{C}}$（曲线筋可实测）

　　　F——钢丝全长的平均拉力，N；

E_{s}、E_{c}——钢丝束、张拉时构件混凝土的弹性模量，N/mm^2；

A_{P}、A_{C}——钢丝束、张拉时构件混凝土的截面面积，mm^2。

（3）采用锥形螺杆锚具，以拉杆式千斤顶在构件上张拉（见图 5-35）时，钢丝的下料长度 L 为：

$$L = l + 2l_2 - 2l_1 + 2(l_6 + a) \tag{5-17}$$

式中　l_6——锥形螺杆锚具的套筒长度；

　　　a——钢丝伸出套筒长度，取 $a = 20$mm。

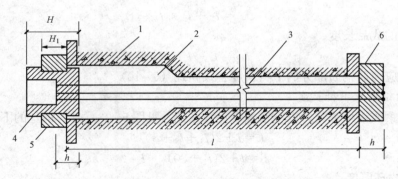

图 5-34　采用镦头锚具时钢丝下料长度计算简图

1—混凝土构件；2—孔道；3—钢丝束；4—锚杯；5—螺母；6—锚板

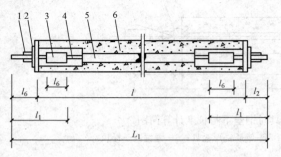

图 5-35　采用锥形螺杆锚具时钢丝下料
长度计算简图

1—螺母；2—垫板；3—锥形螺杆锚具；
4—钢丝束；5—孔道；6—混凝土构件

3. 钢筋束或钢绞线束的下料长度

当采用夹片式锚具，以穿心式千斤顶在构件上张拉（图 5-36）时，钢筋束钢绞线束的下料长度 L 为：

一端张拉：

$$L=l+2(l_1+100)+l_2+l_3 \quad (5-18)$$

两端张拉：

$$L=l+2(l_1+l_2+l_3+100) \quad (5-19)$$

式中　l_1——夹片式工作锚厚度，mm；

　　　l_2——穿心式千斤顶长度，mm；

　　　l_3——夹片式工具锚厚度，mm。

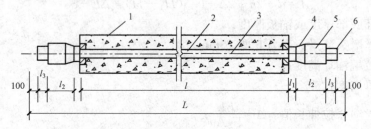

图 5-36　钢筋束下料长度计算简图

1—混凝土构件；2—孔道；3—钢筋束；4—夹片式工作锚；5—穿心式千斤顶；6—夹片式工作锚

5.3.4　后张法施工

后张法施工工艺与预应力施工有关的是孔道留设、预应力筋张拉和孔道灌浆及封锚三部分。

1. 孔道留设

（1）基本要求。构件中留设孔道主要为穿预应力钢筋（束）及张拉锚固后灌浆用。孔道留设的基本要求：①孔道直径应保证预应力筋（束）能顺利穿过；②孔道应按设计要求的位置、尺寸埋设准确、牢固，浇筑混凝土时不应出现移位和变形；③在设计规定位置上留设灌浆孔；④在曲线孔道的曲线波峰部位应设置排气兼泌水管，必要时可在最低点设置排水管；⑤灌浆孔及泌水管的孔径应能保证浆液畅通。

（2）孔道留设方法。预留孔道形状有直线、曲线和折线形，孔道留设方法：

1）钢管抽芯法。预先将平直、表面圆滑的钢管埋设在模板内预应力筋孔道位置上。在开始浇筑至浇筑后拔管前，间隔一定时间要缓慢匀速地转动钢管；待混凝土初凝后至终凝之前，用卷扬机匀速拔出钢管即在构件中形成孔道。

视频 5-1：钢管抽芯法

钢管抽芯法只用于留设直线孔道，钢管长度不宜超过 15m，钢管两端各伸出构件 500mm 左右，以便转动和抽管。

构件较长时，可采用两根钢管，中间用套管连接（图 5-37）。

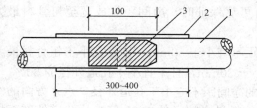

图 5-37　钢管连接方式

1—钢管；2—白铁皮套管；3—硬木塞

曲线或折线孔道成型。

抽管时间与水泥品种、浇筑气温和养护条件有关。

采用钢筋束镦头锚具和锥形螺杆锚具留设孔道时，张拉端的扩大孔也可用钢管成型，留孔时应注意端部扩孔应与中间孔道同心。

2）胶管抽芯法。胶管采用 5～7 层帆布夹层，壁厚 6～7mm 的普通橡胶管，用于直线、

胶管一端密封，另一端接上阀门，安放在孔道设计位置上；待混凝土初凝后、终凝前，将胶管阀门打开放水（或放气）降压，胶管回缩与混凝土自行脱落。一般按先上后下、先曲后直的顺序将胶管抽出。

3）预埋管法。预埋管法是用钢筋井字架将金属波纹管（也叫螺旋管，见图 5-38）、钢管、塑料波纹管固定在设计位置上，在混凝土构件中埋管成型的一种施工方法。

适用于预应力筋密集或曲线预应力筋的孔道埋设。

（3）成孔管道、预应力筋及其附件安装。

视频 5-2：预应力　　视频 5-3：预应力曲线
波纹管　　　　　孔洞施工

1）成孔管道的连接应密封，并应符合下列规定：

①圆形金属波纹管接长时，可采用大一规格的同波型波纹管作为接头管，接头管长度可取其直径的 3 倍，且不宜小于 200mm，两端旋入长度宜相等，且两端应采用防水胶带密封。

②塑料波纹管接长时，可采用塑料焊接机热熔焊接或采用专用连接管。

③钢管连接可采用焊接连接或套筒连接。

2）预应力筋或成孔管道应按设计规定的形状和位置安装，并应符合下列规定：

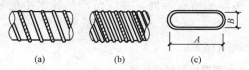

图 5-38　金属螺旋管（波纹管）规格

（a）圆形单波纹；（b）圆形双波纹；（c）扁形

①预应力筋或成孔管道应平顺并与定位钢筋绑扎牢固，定位钢筋直径不宜小于 10mm，间距不宜大于 1.2m，板中无粘结预应力筋的定

位间距可适当放宽，扁形管道、塑料波纹管或预应力筋曲线曲率较大处的定位间距，宜适当缩小。

②凡施工时需要预先起拱的构件，预应力筋或成孔管道宜随构件同时起拱。

③预应力筋或成孔管道竖向位置偏差应符合表 5-1 的规定。

表 5-1　　　　　预应力筋或成孔管道竖向位置允许偏差

构件截面高（厚）度/mm	≤300	300～1500	>1500
允许偏差/mm	±5	±10	±15

3）预应力筋和预应力孔道的间距和保护层厚度，应符合下列规定：

①先张法预应力筋之间的净间距不宜小于预应力筋的公称直径或等效直径的 2.5 倍和混凝土粗骨料最大粒径的 1.25 倍，且对预应力钢丝、三股钢绞线和七股钢绞线分别不应小于 15mm、20mm 和 25mm。当混凝土振捣密实性有可靠保证时，净间距可放宽至粗骨料最大粒径的 1.0 倍。

②对后张法预制构件，孔道之间的水平净间距不宜小于 50mm，且不宜小于粗骨料最大粒径的 1.25 倍；孔道至构件边缘的净间距不宜小于 30mm，且不宜小于孔道外径的 50%。

③在现浇混凝土梁中，曲线孔道在竖直方向的净间距不应小于孔道外径，水平方向的净间距不宜小于孔道外径的 1.5 倍，且不应小于粗骨料最大粒径的 1.25 倍；从孔道外壁至构件边缘的净间距，梁底不宜小于 50mm，梁侧不宜小于 40mm；裂缝控制等级为三级的梁，从孔道外壁至构件边缘的净间距，梁底不宜小于 60mm，梁侧不宜小于 50mm。

④预留孔道的内径宜比预应力束外径及需穿过孔道的连接器外径大 6mm～15mm，且孔道的截面积宜为穿入预应力束截面积的 3～4 倍。

⑤当有可靠经验并能保证混凝土浇筑质量时，预应力孔道可以水平并列贴紧布置，但每一并列束中的孔道数量不应超过 2 个。

4）预应力孔道应根据工程特点设置排气孔、泌水孔及灌浆孔，排气孔可兼作泌水孔或灌浆孔，并应符合下列规定：

①当曲线孔道波峰和波谷的高差大于 300mm 时，应在孔道波峰设置排气孔，排气孔间距不宜大于 30m。

②当排气孔兼作泌水孔时，其外接管道伸出构件顶面长度不宜小于 300mm。

5）锚垫板、局部加强筋和连接器应按设计要求的位置和方向安装牢固，并应符合下列规定：

①锚垫板的承压面应与预应力筋或孔道曲线末端的切线垂直。预应力筋曲线起始点与张拉锚固点之间的直线段最小长度应符合表 5-2 的规定。

②采用连接器接长预应力筋时，应全面检查连接器的所有零件，并应按产品技术手册要求操作。

③内埋式固定端锚垫板不应重叠，锚具与锚垫板应贴紧。

表 5-2　　　　　预应力筋曲线起始点与张拉锚固点之间直线段最小长度

预应力筋张拉力/kN	<1500	1500～6000	>6000
直线段最小长度/mm	400	500	600

6）后张法有粘结预应力筋穿入孔道及其防护，应符合下列规定：

①对采用蒸汽养护的预制构件，预应力筋应在蒸汽养护结束后穿入孔道。

②预应力筋穿入孔道后至灌浆的时间间隔不宜过长：当环境相对湿度大于 60％或近海环境时，不宜超过 14d；当环境相对湿度不大于 60％时，不宜超过 28d。

③当不能满足本规定第②条时，宜对预应力筋采取防锈措施。

7）当采用减摩材料降低孔道摩擦阻力时，应符合下列规定：

①减摩材料不应对预应力筋、成孔管道及混凝土产生不利的影响。

②灌浆前应将减摩材料清除干净。

2. 预应力筋张拉

预应力筋的张拉控制应力应符合设计要求，施工时预应力筋需超张拉，可比设计要求提高 3％～5％。

视频 5-4：后张预应力 构件张拉　　视频 5-5　T 梁后张法 预应力施工放张

（1）穿筋。成束的预应力筋将一头对齐，按顺序编号套在穿束器上（见图 5-39）。

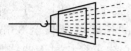

图 5-39　穿束器

（2）预应力筋张拉程序。参考先张法张拉程序。

（3）预应力筋的张拉顺序。

图 5-40 所示是预应力混凝土屋架下弦预应力筋张拉顺序。

图 5-41 所示是预应力混凝土吊车梁预应力筋采用两台千斤顶的张拉顺序，对配有多根不对称预应力筋的构件，应采用分批分阶段对称张拉。

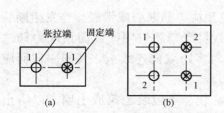

图 5-40　屋架下弦杆预应力筋张拉顺序
（a）两束；（b）四束

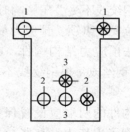

图 5-41　吊车梁预应力筋的张拉顺序
1、2、3—预应力筋的分批张拉顺序

平卧重叠制作的构件，宜先上后下逐层进行张拉。张拉平卧重叠制作构件的预应力筋时，在相同张拉力的情况下，各层构件的弹性压缩变形值会自上而下逐步减小，这主要是由于上层构件的重量所产生的摩擦阻力阻止下层构件的自由变形所引起的。当构件起吊后，摩阻力影响消失，构件压缩变形增加，导致预应力筋的应力值降低。因此，为减少因摩阻引起的预应力损失，可自上而下逐层加大张拉力。

采用分批张拉方案时，后批预应力筋张拉时对混凝土构件产生弹性压缩变形，从而引起前批张拉并锚固好的预应力筋的应力值降低，因此，前批张拉预应力筋的张拉应力值应增加 $\alpha_E \sigma_{pci}$，即

$$p_j = A_P(m\sigma_{con} + \alpha_E \sigma_{pci}) \tag{5-20}$$

$$\sigma_{pci} = \frac{(\sigma_{con} - \sigma_{L1})A_P}{A_n} \tag{5-21}$$

式中　p_j——前批预应力筋的张拉力，N；

　　　σ_{con}——张拉控制应力，N/mm²；

　　　m——超张拉系数，$m=1.03\sim1.05$；

　　　α_E——预应力筋与混凝土两者弹性模量的比值；

　　　σ_{pci}——为张拉后批预应力筋时在已张拉预应力筋重心处产生的混凝土法向应力；

　　　σ_{L1}——预应力筋的第一批应力损失，N/mm²；

　　　A_n——混凝土构件的净截面面积，mm²。

当 $\alpha_E\sigma_{pci}$ 较大时，可能使实际张拉控制应力高于规范或规程的规定，这是不允许的。因此，在实际施工中也可采取下列办法解决分批张拉预应力损失问题：①采用同一张拉值，逐根复位补足；②采用同一张拉值，在设计中扣除弹性压缩损失平均值；③对重要的预应力混凝土结构，为了使结构均匀受力并减少弹性压缩损失，可分两阶段建立预应力，即全部预应力筋先张拉50%以后，再第二次拉至100%。

（4）预应力筋的张拉方法。预应力筋应根据设计和专项施工方案的要求采用一端或两端张拉。采用两端张拉时，宜两端同时张拉，也可一端先张拉锚固，另一端补张拉。

当设计无具体要求时，应符合下列规定：有粘结预应力筋长度不大于20m时，可一端张拉，大于20m时，宜两端张拉；预应力筋为直线形时，一端张拉的长度可延长至35m；安装张拉设备时，对于直线预应力筋，应使张拉力的作用线与孔道中心线重合；对于曲线预应力筋，应使张拉力的作用线与孔道中心线末端的切线方向重合。

后张法有粘结预应力筋应整束张拉。对直线形或平行编排的有粘结预应力钢绞线束，当能确保各根钢绞线不受叠压影响时，也可逐根张拉。

（5）张拉安全事项。预应力筋张拉中应避免预应力筋断裂或滑脱。当发生断裂或滑脱时，对后张法预应力结构构件，断裂或滑脱的数量严禁超过同一截面预应力筋总根数的3%，且每束钢丝或每根钢绞线不得超过一根；对多跨双向连续板，其同一截面应按每跨计算。

在张拉构件的两端应设置保护装置，如用麻袋、草包装土筑成土墙，以防止螺帽滑脱、钢筋断裂飞出伤人；在张拉操作中，预应力筋的两端严禁站人，操作人员应在侧面工作。

3. 灌浆及封锚

后张法预应力筋张拉完毕并经检查合格后，应尽早进行孔道灌浆，孔道内水泥浆应饱满、密实。灌浆的作用有二：一是保护预应力筋，以免锈蚀；二是使预应力筋与构件混凝土有效的粘结，以控制超载时裂缝的间距与宽度并减轻梁端锚具的负荷状况。

后张法预应力筋锚固后的外露多余长度，宜采用机械方法切割，也可采用氧-乙炔焰方法切割，其外露长度不宜小于预应力筋直径的1.5倍，且不宜小于30mm。

（1）孔道灌浆前应进行下列准备工作：①应确认孔道、排气兼泌水管及灌浆孔畅通；对预埋管成型孔道，可采用压缩空气清孔；②应采用水泥浆、水泥砂浆等材料封闭端部锚具缝隙，也可采用封锚罩封闭外露锚具；③采用真空灌浆工艺时，应确认孔道的密封性。

（2）配置水泥浆用水泥、水及外加剂除应符合国家现行有关标准的规定外，尚应符合下列规定：①宜采用普通硅酸盐水泥或硅酸盐水泥；②拌和用水和掺加的外加剂中不应含有预应力筋或水泥有害的成分；③外加剂应与水泥作配合比试验并确定掺量。

（3）灌浆用水泥浆的性能应符合下列规定：①采用普通灌浆工艺时稠度宜控制在 12～20s，采用真空灌浆工艺时稠度宜控制在 18s～25s；②水灰比不应大于 0.45；③3h 自由泌水率宜为 0，且不应大于 1%，泌水应在 24h 内全部被水泥浆吸收；④24h 自由膨胀率，采用普通灌浆工艺时不应大于 6%；采用真空灌浆工艺时，稠度宜控制在 18～25s；⑤水泥浆中氯离子含量不应超过水泥重量的 0.06%；⑥28d 标准养护的边长为 70.7mm 的立方体水泥砂浆试块抗压强度不应低于 30MPa；⑦稠度、泌水率及自由膨胀率的试验方法应符合《预应力管道灌浆剂》（GB/T 25182）的规定。

注：1. 一组水泥浆试块由 6 个试块组成；

2. 抗压强度为一组试块的平均值，当一组试块中抗压强度最大值或最小值与平均值相差超过 20% 时，应取中间 4 个试块强度的平均值。

（4）灌浆用水泥浆的制备及使用应符合下列规定：①水泥浆宜采用高速搅拌机进行搅拌，搅拌时间不应超过 5min；②水泥浆使用前应经筛孔尺寸不大于 1.2mm×1.2mm 的筛网过滤；③搅拌后不能在短时间内灌入孔道的水泥浆，应保持缓慢搅动；④水泥浆应在初凝前灌入孔道，搅拌后至灌浆完毕的时间不宜超过 30min。

（5）灌浆施工应符合下列规定：①宜先灌注下层孔道，后灌注上层孔道；②灌浆应连续进行，直至排气管排除的浆体稠度与注浆孔处相同且没有出现气泡后，再顺浆体流动方向将排气孔依次封闭；全部封闭后，宜继续加压 0.5～0.7MPa，并稳压 1～2min 后封闭灌浆口；③当泌水较大时，宜进行二次灌浆或泌水孔重力补浆；④因故停止灌浆时，应用压力水将孔道内已注入的水泥浆冲洗干净。

（6）其他要求。真空辅助灌浆时，应用压力水将未灌注完孔道内已注入的水泥浆冲洗干净。孔道灌浆应填写灌浆记录。外露锚具及预应力筋应按设计要求采取可靠保护措施。

[例 5-2]　21m 预应力屋架的孔道长为 20.80m，预应力筋为冷拉 HRB400 钢筋，直径为 22mm，每根长度为 8m，实测冷拉率 $\gamma = 4\%$，弹性回缩率 $\delta = 0.4\%$，张拉应力为 $0.85 f_{pyk}$。螺丝端杆长为 320mm，帮条长为 50mm，垫板厚为 15mm。计算：

（1）两端用螺丝端杆锚具锚固时预应力筋的下料长度？

（2）一端用螺丝端杆，另一端为帮条锚具时预应力筋的下料长度？

（3）选用超张拉法，预应力筋的最大张拉力为多少？

解：（1）按三段焊接考虑，所以对焊接头 $n = 4$；每个对焊接头的压缩量 $\Delta = 22$mm，$l_5 = 320$mm 则预应力筋下料长度

由式（5-6）得：

$$l = \frac{l_4}{1+\gamma-\delta} + n\Delta = \frac{L-2l_5}{1+\gamma-\delta} + n\Delta = \frac{21\,000 - 2 \times 320}{1+0.04-0.004}\text{mm} + 4 \times 22\text{mm} = 19\,741\text{mm}$$

（2）按三段焊接考虑，所以对焊接头 $n = 4$；每个对焊接头的压缩量 $\Delta = 22$mm。帮条固定端，帮条长为 50mm，垫板厚 15mm，则 $l_3 = 50+15 = 65$mm，$l_5 = 320$mm。

钢筋段冷拉后的成品长度：

$$l_4 = L - l_5 - l_3 = 21\,000\text{mm} - 320\text{mm} - 65\text{mm} = 20\,615\text{mm}$$

冷拉前预应力筋钢筋部分的下料长度：

$$l = \frac{l_4}{1+\gamma-\delta} + n\Delta = \frac{20\ 615}{1+0.04-0.004}\text{mm} + 4 \times 22\text{mm} = 19\ 987\text{mm}$$

（3）超张拉法张拉程序：$0 \rightarrow 1.05\sigma_{con}$（持荷 2min）$\rightarrow \sigma_{con}$。

所以预应力筋的最大张拉力：

$$P_j = 1.05\sigma_{con}A_P = 1.05 \times 0.85 \times 400 \times 3.14/4 \times 22^2\text{N} = 135\ 638.58\text{N}$$

其张拉控制应力为 $0.89f_{pyk}$，小于 $0.95f_{pyk}$，符合规程规定。

[例 5-3]   后张法施工的某预应力混凝土梁，混凝土强度等级 C40，孔道长 30m，每根梁配有 7 束 $\phi^s15.2$ 钢绞线，每束钢绞线截面面积为 139mm²，钢绞线 $f_{ptk}=1860\text{N/mm}^2$，弹性模量 $E_s=1.95\times10^5\text{N/mm}^2$，张拉控制应力 $\sigma_{con}=0.7f_{ptk}$，设计规定混凝土达到立方体抗压强度标准值的 80% 时才能张拉，试问：

（1）确定张拉程序；

（2）计算同时张拉 7 束钢绞线的张拉力；

（3）计算 $0 \rightarrow 1.0\sigma_{con}$ 过程中，钢绞线的伸长值；

（4）张拉时混凝土应达到的强度值。

解：

（1）采用 $0 \rightarrow 1.03\sigma_{con}$ 张拉程序；

（2）同时张拉 7 束钢绞线的张拉力为：

$$P_j = \sigma_{con}A_P = 0.70 \times 1860 \times 7 \times 139\text{N} = 1266.8\text{kN}$$

（3）单根钢绞线的张拉力为：

$$P_j = \sigma_{con}A_P = 0.70 \times 1860 \times 139\text{N} = 180\ 978\text{N}$$

则计算 $0 \rightarrow 1.0\sigma_{con}$ 过程中，单根钢绞线的伸长值为：

$$\Delta L = \frac{p_j L}{A_P E_s} = \frac{180\ 978 \times 30\ 000}{139 \times 1.95 \times 10^5}\text{mm} = 200.3\text{mm}$$

（4）张拉时混凝土应达到的强度值为：

$$f_c = 40\text{N/mm}^2 \times 80\% = 68.3\text{N/mm}^2$$

5.4 无粘结预应力施工

无粘结预应力混凝土施工是将预先加工好的无粘结预应力筋和普通钢筋一样直接放置在模板内，然后浇筑混凝土，待混凝土达到设计强度后，进行张拉锚固的一种施工工艺。

这种施工工艺与普通后张法施工的区别在于不需要在放置预应力筋的部位预留孔道和穿筋，预应力筋张拉完毕后，也不需进行孔道灌浆。广泛应用于各种结构的梁与连接梁、双向连续平板和密肋板中。

5.4.1 无粘结预应力筋

无粘结预应力筋是由 7 根 $\phi5\text{mm}$ 高强钢丝组成的钢丝束或扭结成的钢绞线，通过专门设备涂包涂料层和包裹外包层构成的（见图 5-42、图 5-43）。

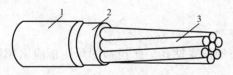

图 5-42　无粘结预应力筋
1—塑料护套；2—油脂；3—钢绞线或钢丝束

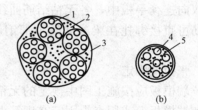

图 5-43　无粘结筋横截面示意图
（a）无粘结钢绞线束；（b）无粘结钢丝束或单根钢绞线
1—钢绞线；2—沥青涂料；3—塑料布外包层；
4—钢丝；5—油脂涂料

涂料层一般采用防腐沥青。

无粘结预应力混凝土中，锚具必须具有可靠的锚固能力，要求不低于无粘结预应力筋抗拉强度的 95%。

5.4.2　无粘结预应力混凝土施工工艺

无粘结预应力混凝土施工工艺流程见图 5-44。

1. 无粘结预应力筋的铺放与定位

无粘结预应力筋的表面，如有破损，可用塑料胶带缠绕修补；胶带搭接宽度不应小于胶带的 1/2，缠绕长度应超过破损长度 50mm。严重破损的部分，应切除。

（1）铺设顺序。

在单向板中，无粘结预应力筋的铺设与非预应力筋铺设基本相同。

在双向板中，无粘结预应力筋需要配置成两个方向的悬垂曲线。无粘结筋相互穿插，施工操作较为困难，必须事先编出无粘结筋的铺设顺序。其方法是将各向无粘结筋各搭接点的标高标出，对各搭接点相应的两个标高分别进行比较，若一个方向某一无粘结筋的各点标高均分别低于与其相交的各筋相应点标高时，则此筋可先放置。按此规律编出全部无粘结筋的铺设顺序。

无粘结预应力筋的铺设，通常是在底部钢筋铺设后进行。水电管线一般宜在无粘结筋铺设后进行，且不得将无粘结筋的竖向位置抬高或压低。支座处负弯矩钢筋通常是在最后铺设。

（2）就位固定。

无粘结预应力筋应严格按设计要求的曲线形状就位并固定牢靠。

无粘结筋的垂直位置，宜用支撑钢筋或钢筋马镫，其间距为 1~2m。无粘结筋的水平位置应保持顺直。

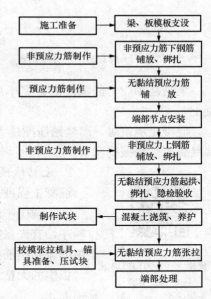

图 5-44　无粘结预应力混凝土施工
工艺流程图

在双向连续平板中，各无粘结筋曲线高度的控制点用铁马镫垫好并扎牢。在支座部位，无粘结筋可直接绑扎在梁或墙的顶部钢筋上；在跨中部位，无粘结筋可直接绑扎在底部钢筋上。

（3）张拉端固定。

张拉端模板应按施工图中规定的无粘结预应力筋的位置钻孔。张拉端的承压板应采用钉子固定在端模板上或用点焊固定在钢筋上。

无粘结预应力曲线筋或折线筋末端的切线应与承压板相垂直，曲线段的起始点至张拉锚固点应有不小于 300mm 的直线段。

当张拉端采用凹入式做法时，可采用塑料穴模或泡沫塑料，木块等形成凹口（见图 5 - 45）。

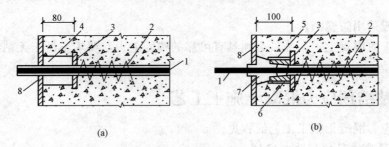

图 5 - 45　无粘结筋张拉端凹口作法

(a) 泡沫穴模；(b) 塑料穴模

1—无粘结筋；2—螺旋筋；3—承压钢板；4—泡沫穴模；5—锚环；6—带杯口的塑料套管；7—塑料穴模；8—模板

无粘结预应力筋铺设固定完毕后，应进行隐蔽工程验收，当确认合格后，方可浇筑混凝土。

混凝土浇筑时，严禁踏压撞碰无粘结预应力筋、支撑钢筋及端部预埋件；张拉端与固定端混凝土必须振捣密实。

视频 5 - 6：无粘结预应力张拉实验

2. 无粘结预应力筋张拉与锚固

混凝土强度达到设计强度时才能进行张拉。张拉程序采用 $0 \rightarrow 103\%$ σ_{con}。张拉顺序应根据设计顺序，先铺设的先张拉，后铺设的后张拉。张拉顺序，宜先张拉楼板，后张拉楼面梁。板中的无粘结筋，可依次张拉。梁中的无粘结筋宜对称张拉。

板中的无粘结筋一般采用前卡式千斤顶单根张拉，并用单孔夹片锚具锚固。

无粘结预应力筋长度不大于 40m 时，可一端张拉，大于 40m 时，宜两端张拉。

在梁板顶面或墙壁侧面的斜槽内张拉无粘结预应力筋时，宜采用变角张拉装置（图 5 - 46）。变角张拉装置是由顶压器、变角块、千斤顶等组成，其关键部位是变角块。变角块可以是整体的或分块的。前者仅为某一特定工程用，后者通用性强。分块式变角块（图 5 - 47）的搭接，采用阶梯形定位方式。每一变角块的变角量为 5°，通过叠加不同数量的变角块，可以满足 5°~6°的变角要求。变角块与顶压器和千斤顶的连接，都要一个过渡块。如顶压器重新设计，则可省去过渡块。安装变角块时要注意块与块之间的槽口搭接，一定要保证变角轴线向结构外侧弯曲。

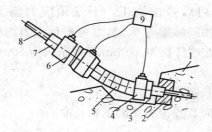

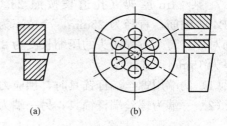

图 5‑46　变角张拉装置　　　　　图 5‑47　变角块示意图

1—凹口；2—锚垫板；3—锚具；4—液压顶压器；5—变角块；　　　(a) 变角块；(b) 无粘结钢绞线

6—千斤顶；7—工具锚；8—预应力筋；9—油泵

3. 锚固区防腐蚀处理

无粘结预应力筋张拉完毕后，应及时对锚固区进行保护。无粘结预应力筋的锚固区，必须有严格的密封防护措施，严防水汽进入，锈蚀预应力筋。

无粘结预应力筋锚固后的外露长度不小于 30mm，多余部分宜用手提砂轮锯切割，不得采用电弧切割。在锚具与承压板表面涂刷防水涂料。为了使无粘结筋端头全封闭，在锚具端头涂防腐润滑油脂后，罩上封端塑料盖帽，如图 5‑48 所示。

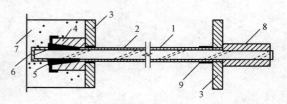

图 5‑48　无粘结预应力筋全密封构造

1—护套；2—钢绞线；3—承压钢板；4—锚环；

5—夹片；6—塑料帽；7—封头混凝土；8—挤压锚具；

9—塑料套管或橡胶带

对凹入式锚固区，锚具表面经上述处理后，再用微胀混凝土或低收缩防水砂浆密封。对凸出式锚固区，可采用外包钢筋混凝土圈梁封闭。

对留有后浇带的锚固区，可采取二次浇筑凝土的方法封端。锚固区混凝土或砂浆净保护层最小厚度：梁为 25mm，板为 20mm。

思 考 题 与 习 题

1. 简述预应力混凝土的概念。

2. 什么是先张法？什么是后张法？

3. 后张法构件孔道留设的方法有哪几种？孔道留设的基本要求是什么？

4. 孔道灌浆作用？怎样进行孔道灌浆？

5. 简述无粘结预应力混凝土施工工艺，此工艺与后张法工艺的区别是什么？

6. 先张法生产某种预应力混凝土空心板，混凝土强度等级为 C40，预应力钢丝采用光面消除应力钢丝 $\phi^P 5$，其极限抗拉强度 $f_{ptk}=1570\text{N/mm}^2$，单根张拉。

(1) 试确定张拉程序及张拉控制应力。

(2) 计算张拉力并考虑张拉机具如何选择。

(3) 计算预应力放张时，混凝土应达到的强度值。

7. 某 24m 屋架（孔道长按照 23.08m），采用后张法施工，下弦预应力筋为冷拉 HRB400 钢筋，直径为 25mm，冷拉率为 4%，弹性回缩率为 0.5%。每根预应力筋用 3 根钢筋对焊，每个对焊接头的压缩长度为 25mm。螺丝端杆长为 320mm，帮条长为 50mm，垫板厚为 15mm。试计算：

（1）两端用螺丝端杆锚具时，预应力筋的下料长度。

（2）一端为螺丝端杆锚具，另一端为帮条锚具时，预应力筋的下料长度。

第6章

装配式混凝土结构工程

由混凝土部件（预制构件）构成的建筑的结构系统就是装配式混凝土建筑。由预制混凝土构件通过可靠的连接方式装配而成的混凝土结构就是装配式混凝土结构。装配式混凝土结构包括装配整体式混凝土结构和全装配式混凝土结构。

装配整体式混凝土结构是指由预制混凝土构件通过可靠的连接方式进行连接并与现场后浇混凝土、水泥基灌浆料形成整体的装配式混凝土结构。简言之，装配整体式混凝土结构的连接以"湿连接"为主要方式。装配整体式混凝土结构有较好的整体性和抗震性。目前，大多数多层和全部高层装配式混凝土建筑都是装配整体式，有抗震要求的低层装配式建筑也多是装配整体式结构。

全装配式混凝土结构是指预制构件靠干法连接（如螺栓连接、焊接等），形成整体的装配式结构。预制钢筋混凝土单层厂房就属于全装配混凝土结构。国外一些低层建筑或非抗震地区的多层建筑常常采用全装配混凝土结构。

装配式混凝土结构主要有以下特点：

（1）主要构件在工厂或现场预制，采用机械化吊装，可与现场各专业施工同步进行，具有施工速度快、工程建设周期短、利于冬期施工的特点。

（2）构件预制采用定型模板平面施工作业，代替现浇结构立体交叉作业，具有生产效率高、产品质量好、安全环保、有效降低成本等特点。

（3）在预制构件生产环节可采用反打一次成型工艺或立模工艺等将保温、装饰、门窗附件等特殊要求的部件与混凝土墙板在工厂生产完成，可以提高窗框四周防水性能和保温层耐久性，同时解决外墙装饰性能。

（4）功能高度集成，减少了物料损耗和施工工序。

（5）由于对从业人员的技术管理能力和工程实践经验要求较高，因此，装配式建筑的设计施工应做好前期策划，具体包括工期进度计划、构件标准化深化设计及资源优化配置方案等。

装配式混凝土建筑施工准备如下：

（1）装配式混凝土结构施工应制定专项方案。专项施工方案宜包括工程概况、编制依据、进度计划、施工场地布置、构件运输与存放、安装与连接施工、绿色施工、安全管理、质量管理、信息化管理、应急预案等内容。

（2）预制构件、安装用材料及配件等应符合国家现行有关标准及产品应用技术手册的规定，并应按照国家现行相关标准的规定进行进场验收。

（3）施工现场应根据施工平面规划设置运输通道和存放场地，并应符合下列规定：

1）现场运输道路和存放场地应坚实平整，并应有排水措施。

2）施工现场内道路应按照构件运输车辆的要求合理设置转弯半径及道路坡度。

3）预制构件运送到施工现场后，应按规格、品种、使用部位、吊装顺序分别设置存放场地。存放场地应设置在吊装设备的有效起重范围内，且应在堆垛之间设置通道。

4）构件的存放架应具有足够的抗倾覆性能。

5）构件运输和存放对已完成结构、基坑有影响时，应经计算复核。

（4）安装施工前，应进行测量放线，设置构件安装定位标识。测量放线应符合《工程测量规范》（GB 50026）的有关规定。

（5）安装施工前，应核对已施工完成结构、基础的外观质量和尺寸偏差，确认混凝土强度和预留预埋符合设计要求，并应核对预制构件的混凝土强度及预制构件和配件的型号、规格、数量等符合设计要求。

（6）安装施工前，应复核吊装设备的吊装能力。应按《建筑机械使用安全技术规程》（JG 33）的有关规定，检查复核吊装设备及吊具处于安全操作状态，并核实现场环境、天气、道路状况等满足吊装施工要求。防护系统应按照施工方案进行搭设、验收，并应符合下列规定：

1）工具式外防护架应试组装并全面检查，附着在构件上的防护系统应复核其与吊装系统的协调。

2）防护架应经计算确定。

3）高处作业人员应正确使用安全防护用品，宜采用工具式操作架进行安装作业。

6.1 起重机具

6.1.1 起重机械

起重机械是装配式混凝土结构工程中不可缺少的重要设备，起重机的种类很多，常用于工业与民用建筑结构施工的有履带式起重机、汽车式起重机、轮胎式起重机、塔式起重机和桅杆式起重机。在这里，主要介绍常用的起重机械。

视频 6-1：履带式
起重机

1. 履带式起重机

履带式起重机操作方便、机动灵活、起吊高度较大，适用于一般单层工业厂房和工业与民用建筑的结构安装，是一种比较适用的起重机。

（1）履带式起重机的构件特点。履带式起重机由行走装置、工作操作系统、传动装置、回转机构、卷扬机、起重臂、滑车组等组成，如图 6-1 所示。

行走装置为链式履带，回转机构可使机身回转 360°，起重臂为角钢组成的格构式杆件，可随机身回转。履带式起重机可以负荷行驶，能在一般平整坚实的场地上行驶和吊装作业。

（2）履带式起重机的型号及性能。履带式起重机是中小型工业厂房结构安装中使用最广泛的一种，主要有国产 W_1-50、W_1-100、W_1-200、西北 78D 等型号。

W_1-50 型履带式起重机最大起重量为 10t，起重臂长度有 10m 和 18m 两种，适用于吊装跨度在 18m 以下、高度在 10m 以内的单层工业厂房构件。

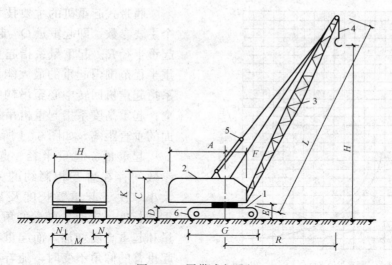

图 6-1　履带式起重机

1—回转机构；2—机身；3—起重臂；4—起重滑轮组；5—变幅滑轮组；6—行走装置

A、B、…、K—外形尺寸；L—起重臂长度；H—起升高度；R—工作幅度

　　W_2-100 型履带式起重机最大起重量为 15t，起重臂长度有 10m 和 18m 两种，适用于吊装跨度在 18～24m、高度为 15m 左右的单层工业厂房。

　　W_1-200 型履带式起重机最大起重量为 50t，起重臂长可达 40m，适用于吊装大型单层工业厂房。

　　履带式起重机的外形尺寸见表 6-1。

表 6-1　　　　　　　　　　　　履带式起重机外形尺寸　　　　　　　　　　　　　　mm

符号	名　称	型　号		
		W_1-50	W_1-100	W_1-200
A	机棚尾部到回转中心距离	2900	3300	4500
B	机棚宽度	2700	3120	3200
C	机棚顶部距地面高度	3220	3675	4123
D	回转平台底面距地面高度	1000	1045	1190
E	起重臂枢轴中心距地面高度	1555	1700	2100
F	起重臂枢轴中心至回转中心的距离	1000	1300	1600
G	履带长度	3420	4005	4950
M	履带架宽度	2850	3200	4050
N	履带板宽度	550	675	800
J	行走底架距地面高度	300	275	390
K	双足支架顶部距地面高度	3480	4170	4300

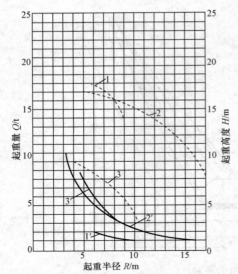

图 6-2　W₁-50 型履带式起重机性能曲线

1—L＝18m 有鸟嘴时 R-H 曲线；2—L＝18m 时 R-H 曲线；
3—L＝10m 时 R-H 曲线；1′—L＝18m 有鸟嘴时 Q-R 曲线；
2′—L＝18m 时 Q-R 曲线；3′—L＝10m 时 Q-R 曲线

　　履带式起重机的主要技术性能包括三个主要参数，即起重量 Q、起重高度 H 和起重半径 R。起重量系指起重机在一定起重半径范围内起重的最大能力；起重半径系指起重机回转中心至吊钩中心的水平距离；起重高度系指起重机吊钩中心至停机面的垂直距离，如图 6-1 所示。

　　起重量、起重半径、起重高度三个参数间存在着互相制约的关系，其取值大小取决于起重臂长度及其仰角。当起重臂长度一定时，随着仰角的增大，起重量和起重高度增加，而起重半径减小；当起重臂的仰角不变时，随着起重臂长度的增加，起重半径和起重高度增加，而起重量减小。三个参数的关系如图 6-2～图 6-4 所示。履带式起重机的主要技术性能见表 6-2。

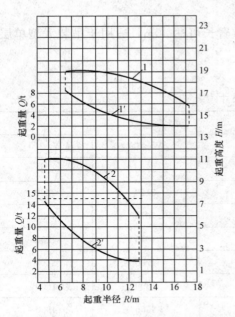

图 6-3　W₁-100 型履带式起重机性能曲线

1—L＝23m 时 R-H 曲线；
1′—L＝23m 时 Q-R 曲线；
2—L＝13m 时 R-H 曲线；
2′—L＝13m 时 Q-R 曲线

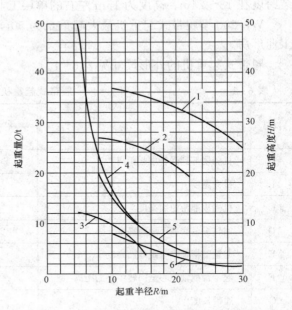

图 6-4　W₁-200 型起重机工作性能曲线

1—起重臂长 40m 时起重高度曲线；
2—起重臂长 30m 时起重高度曲线；
3—起重臂长 15m 时起重高度曲线；
4—起重臂长 15m 时起重量曲线；
5—起重臂长 30m 时起重量曲线；
6—起重臂长 40m 时起重量曲线

表 6 - 2 履 带 式 起 重 机 性 能

参 数		单位	型 号								
			W$_1$-50			W$_1$-100				W$_1$-200		
起重臂长度		m	10	18	18（带鸟嘴）	13	23	27	30	15	30	40
最大起重半径		m	10.0	17.0	10.0	12.5	17.0	15.0	15.0	15.5	22.5	30.0
最小起重半径		m	3.7	4.5	6	4.23	6.5	8.0	9.0	4.5	8.0	10.0
起重量	最小起重半径	t(10kN)	10.0	7.5	2.0	15.0	8.0	5.0	3.6	50.0	20.0	8.0
	最大起重半径	t(10kN)	2.6	1.0	1.0	3.5	1.7	1.4	0.9	8.2	4.3	1.5
起重高度	最小起重半径	m	9.2	17.2	17.2	11.0	19.0	23.0	26.0	12.0	26.8	36
	最大起重半径	m	3.7	7.6	14	5.8	16.0	21.0	23.8	3.0	19	25

（3）履带式起重机稳定性验算。当考虑吊装荷载及附加荷载（风荷载、刹车惯性力和回转离心力等）时应满足下式要求：

$$K_1 = \frac{稳定力矩}{倾覆力矩} \geqslant 1.15 \qquad (6 - 1)$$

当仅考虑吊装荷载时应满足下式要求：

$$K_2 = \frac{稳定力矩}{倾覆力矩} \geqslant 1.40 \qquad (6 - 2)$$

由于 K_1 计算十分复杂，现场施工常用 K_2 简化验算。由图 6 - 5 可得。

$$K_2 = \frac{G_1 l_1 + G_2 l_2 + G_0 l_0 - G_3 d}{Q(R - l_2)} \geqslant 1.40 \quad (6 - 3)$$

式中
G_0——起重机平衡重；
G_1——起重机可转动部分的重量；
G_2——起重机机身不转动部分的重量；
G_3——起重臂重量（起重臂接长时为接长后的重量）；

l_0、l_1、l_2、d——以上各部分的重心至倾覆中心的距离。

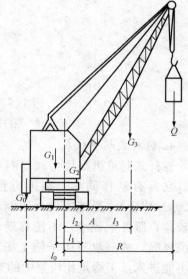

图 6 - 5 履带式起重机稳定性验算

2. 汽车式起重机

汽车式起重机是将起重机构安装在普通载重汽车或专用汽车底盘上的一种自行式全回转起重机（见图 6 - 6）。这种起重机的优点是运行速度快，能迅速转移，对路面破坏性很小。但吊装作业时必须支腿，因而不能负荷行驶。且不适合松软或泥泞地面作业。

视频 6 - 2：汽车式起重机

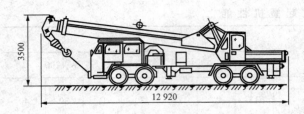

图 6-6   Q₂-32 型汽车式起重机

视频 6-3：塔式起重机

3. 塔式起重机

塔式起重机有高大的钢结构塔身和较长的起重臂，具有较大工作量，起重高度大。因此，塔式起重机较广泛地应用于多层和高层的工业与民用建筑的施工。

塔式起重机的种类较多，一般分为固定式、轨道式、内爬式和附着式四类，如图 6-7 所示。

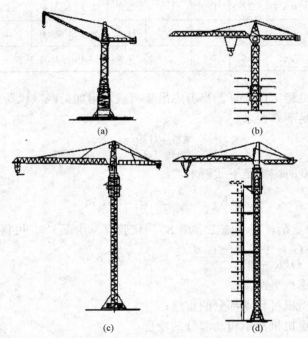

图 6-7   常用塔式起重机的几种主要类型示意

(a) 轨道式；(b) 内爬式；(c) 固定式；(d) 附着式

4. 桅杆式起重机

桅杆式起重机是用金属材料和木材制作的起重设备，它具有制作简单、装拆方便、起重量大（可达 2000kN 以上），受施工场地限制小的特点。但它灵活性较差，服务半径小，不便移动，而且需要拉设较多的缆风绳，故一般只用于施工场地窄小，大型起重设备不能进入，工程量比较集中的工程。

动画 6-1：桅杆式起重机
对称吊装施工

动画 6-2：独脚
拔杆的竖立

桅杆式起重机按构造不同，又分为独脚拔杆、人字拔杆、悬臂式拔杆和牵缆式桅杆起重机等，如图 6-8 所示。

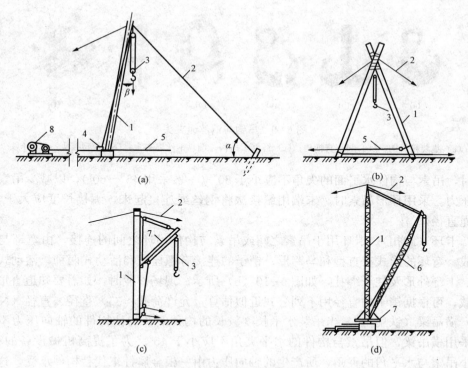

图 6-8　桅杆式起重机

(a) 独脚拔杆；(b) 人字拔杆；(c) 悬臂拔杆；(d) 牵缆式桅杆起重机

1—把杆；2—缆风绳；3—起重滑轮组；4—导向装置；5—拉索；6—起重臂；7—回转盘；8—卷扬机

6.1.2　索具设备与锚碇装置

构件吊装常用的索具设备包括钢丝绳、吊具（吊钩、夹头、卡环、横吊梁）、千斤顶、卷扬机等。锚碇装置包括卷扬机的锚固和各种起重机缆风绳的锚固等。

1. 吊装索具

钢丝绳是吊装作业的常用绳索，具有强度高、韧性好、耐磨损等优点。在磨损后它的表面能产生毛刺，易于发现，便于防止事故的发生。

常用钢丝绳的规格有 6×19+1（共 6 股，每股 19 根钢丝，加一根绳芯。钢丝直径较粗、坚硬、耐磨、不易弯曲，一般作缆风绳用）、6×37+1（钢丝较柔软，用于吊索和穿滑车组）和 6×61+1（钢丝质地柔软、用于起重吊重型机械设备）。

2. 吊装工具

(1) 吊钩和钢丝夹头。吊钩有单钩和双钩两种，结构吊装中一般多用单钩，双钩用于塔式吊车或桥式吊车上。

钢丝夹头用于固定钢丝绳端部，选用时，U 形环内的净距应恰好等于钢丝绳的直径，如图 6-9 所示。

(2) 吊索（千斤绳）。作吊索用的钢丝绳，如图 6-10 (a) 所示，要求质地软、易于弯曲，且直径大于 11mm。根据形式不同，吊索可分为环形吊索（万能索）和开口索。吊索起

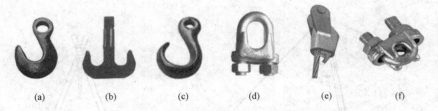

图 6-9 吊钩与钢丝绳夹头

(a) 集装箱吊钩；(b) 起重直柄钩；(c) 纤维索吊钩；(d) 钢丝绳夹头；(e) 模型接头；(f) 卡头

吊构件时，吊索与构件水平面的夹角不应小于 30°（一般采用 45°~60°），以减少吊索对构件的水平压力。采用环形吊索时，末端用编接法将钢丝绳连接起来，编接长度应大于 $20d$（d 为钢丝绳直径）。

（3）卡环（卸扣）。卡环用于吊索之间或吊索与构件吊环之间的连接，由弯环与销子两部分组成。弯环的形式有直型和马蹄形。销子的连接有螺栓式和活动式两种，活动式用于吊装柱子、卡环外形及柱子绑扎，如图 6-10（b）所示。现场作业时，如需要知道直形卡环的允许荷载，可根据销子的直径用下列公式近似估算：允许荷载≈35×直径×直径（N）。

（4）横吊梁（铁扁担）。当吊装水平长度较长的构件时，为使构件的轴向压力不至于过大，可采用横吊梁，但吊索与构件的水平夹角不应小于 45°。为了提高机械设备的利用率，必须缩小吊索与水平角的夹角，所产生的轴向压力由一根金属杆来代替构件承受，这种金属支杆即为横吊梁。常用的横吊梁有吊装柱子用的钢板横吊梁［见图 6-10（c）］以及用于吊装屋架等构件用的槽钢横吊梁［也叫铁扁担，见图 6-10（d）］。

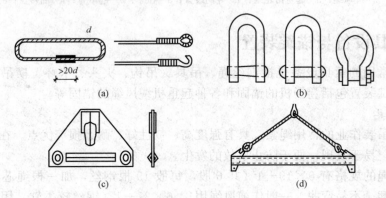

图 6-10 钩具

(a) 吊索；(b) 卡环；(c) 钢板横吊梁；(d) 铁扁担

3. 滑轮组

所谓滑轮组，即由一定数量的定滑轮和动滑轮组成，并由通过绕过它们的绳索联系成为整体，从而达到省力和改变力方向的目的。

由于滑轮的起重能力大，同时又便于携带，所以滑轮是安装工程中常用的工具。

手扳葫芦是滑轮组的实际应用形式，有制动装置的手动省力起重工具，包括手拉葫芦、手摇葫芦及手扳葫芦，如图 6-11 所示。

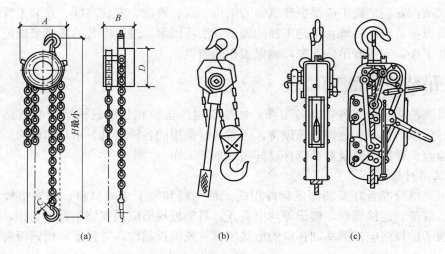

图 6-11　滑轮示意图

（a）手拉葫芦；（b）手摇葫芦；（c）手扳葫芦

4. 卷扬机

结构安装中的卷扬机，有手动和电动两类，其中电动卷扬机又分慢速和快速两种。慢速卷扬机（JJM 型）主要用于吊装结构、冷拉钢筋和张拉预应力筋；快速卷扬机（JJK 型）主要用于垂直运输和水平运输，以及打桩作业。卷扬机在使用时必须有可靠的锚固，以防止在工作中产生滑移或倾覆。

5. 锚碇

锚碇又叫地锚，用来固定缆风绳、卷扬机、导向滑车、拔杆的平衡绳索等，如图 6-12 所示。使用时，将地锚埋入一定深度的地锚坑内，固定在地锚上的钢绞线或连接在地锚上钢丝绳套与地面成一定角度从马道引出，填土夯实。

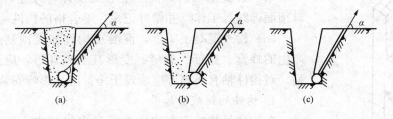

图 6-12　常见锚碇

（a）普通埋土地锚；（b）半嵌入式局部埋土地锚；（c）全嵌入式不埋土地锚

6.2　单层工业厂房的结构安装

单层工业厂房的结构安装，是将装配式结构建筑物的各种构件按照设计部位和标高，采用机械的施工方法在现场进行安装，完成一幢工业建筑物骨架的整个施工过程。

动画 6-3：单层厂房组成

装配式结构安装的施工应根据建筑物的结构型式、跨度、安装高度、安装工程量、构件重量、机具设备、现场环境、土建工程的施工方法等因素，进行综合的考虑来确定，并应做好吊装准备工作，安排好吊装顺序，确保工程的质量。

6.2.1 吊装的准备工作

构件吊装前必须做好各项准备工作，如修筑构件运输和起重机械运行的道路、平整场地、准备好供水、供电、电焊机等设备，还需备好常用的各种索具、吊具和材料，对构件进行清理、检查、弹线编号及对基础杯口标高抄平等工作。

1. 吊装用材料

构件吊装前应准备好安装固定构件用的工程用料和施工用的材料，如平垫板、斜形垫板、枕木、焊条、连接螺栓、楔子等均应备齐。斜垫板规格应根据施工需要制作，临时固定柱子用的楔子的规格应根据基础杯口的形状用木材或钢板制作，工程上常用钢板楔子可多次使用。

2. 场地清理和铺设道路

按照场地平面布置要求，标出起重机的开行路线和构件的堆放位置，清理道路上的杂物，平整和压实道路。雨季施工要做好排水设施。

3. 构件的清理和检查

为了保证工程质量，构件在安装前应进行全面的质量检查和验收。

（1）检查构件型号、数量、预埋件位置，构件混凝土强度以及构件有无损伤、变形、裂缝等。

（2）检查构件的规格，外形尺寸是否符合设计和施工规范要求。

（3）构件混凝土的强度应不低于设计规定的吊装强度。一般柱的混凝土强度应不低于设计强度等级的70%；跨度较大的梁及屋架的混凝土强度应达到100%设计强度等级。

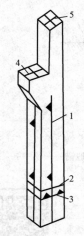

图6-13 柱子弹线图
1—柱中心线；2—地坪标高线；
3—基础顶面线；4—吊车梁对位线；
5—柱顶中心线

（4）检查基础的标高、中心线及杯口尺寸，杯底抄平、杯口顶面弹线等工作，并做好记录，不合格的构件一律不得吊装。

（5）检查混凝土质量，混凝土构件如因预制或运输等原因产生的蜂窝、露筋、裂缝、变形甚至破坏等，应进行修复和补强。对构件粘有污物等应清理干净，防止影响安装质量。

4. 构件的弹线和编号

在构件吊装前应在构件表面弹出吊装中心线，以作为吊装就位、校正偏差的依据。不易辨别上下左右的构件应在构件上标明记号，以防安装时搞错方向。

（1）柱子。在柱子的柱身弹出安装中心线。柱中心线的位置应与柱基础表面上安装中心线位置相对应。矩形截面按几何中心弹线；为方便观察和避免视差，工字形截面柱应靠柱边弹一条与中心线平行的准线。如图6-13所示。

（2）屋架。屋架上弦顶面应弹出几何中心线，并从跨度中间向两端分别弹出天窗架、屋面板、檩条的安装中心线。屋架的两头应弹出屋梁的吊装中心线。

（3）吊车梁。在吊车梁的两端及顶面应弹出安装中心线。在弹线的同时，以上构件应根据图纸进行编号。

5. 基础杯口的标高抄平

基础杯口抄平是为了消除柱子预制的长度和基础施工的标高偏差，保证柱子安装标高的正确。柱基础施工中杯底标高一般比设计标高低 50mm 左右，使柱子的长度有误差时便于调整。杯底标高的调整方法是先实测杯底标高（小柱测中间一点，大柱测四个角点），牛腿面设计标高与杯底设计标高的差值，就是柱子牛腿面到柱底的应有长度，与实际量得的长度相比就可得到底面制作误差，再算出杯口底标高调整值，然后用高标号水泥砂浆或细石混凝土将杯底抹至所需标高。标高的允许偏差为±5mm。

6. 构件的运输与堆放

在预制厂制作的构件一般采用汽车和平板拖车运输。运输过程中应注意以下几个问题：

（1）钢筋混凝土构件在运输时，混凝土的强度不应低于设计规定混凝土强度等级的75％。

（2）构件的支垫位置要符合设计的受力情况，防止因支垫位置不当而产生过大应力，引起构件开裂和破坏。

（3）构件在运输过程中必须保证构件不变形，不损坏，运输道路应平整坚实，装卸和起吊要平稳。

构件进场后要按事先拟定的预制件布置进行堆放，避免二次搬运。一般大型构件，如柱、屋架等应按施工组织设计构件平面位置图进行就位，构件要放置稳妥，屋架等大型构件应从两边撑牢，各构件之间应留有不小于 200mm 的间距。构件堆垛的高度应根据混凝土的强度、垫木的强度和堆垛的稳定性而定，一般梁可叠放 2～3 层，构件吊钩要向上，标志向外。

6.2.2　构件的吊装工艺

预制构件的安装过程包括绑扎、起吊、就位、临时固定、校正和最后固定等工序。

1. 柱子的吊装

（1）绑扎。柱子的绑扎方法与其质量、形状、吊装方法有关。吊具有吊索、卡环、柱销、横吊梁等。一般 13t 以下的中小型柱绑扎一点，细长柱或重型柱应两点绑扎，常用的绑扎方法有：

1）一点绑扎斜吊法，如图 6-14 所示。这种绑扎方法，不需要翻动柱身，但要求柱子的抗弯能力能满足吊装要求。

2）一点绑扎直吊法。当柱子的宽度方向抗弯能力不足时，可在吊装前，先将柱子翻身后再起吊。这时，柱子在起吊时的抗弯能力强，但要求起重机的起重高度和起重臂长都比斜吊法要大些。这种方法，起吊后柱身呈直立状态，便于垂直插入杯口，如图 6-15 所示。

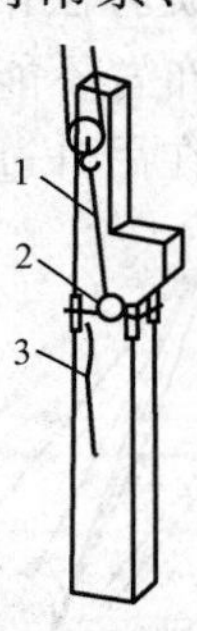

图 6-14　一点斜吊绑扎法
1—吊索；2—活络卡环；
3—活络卡环插销拉绳

3）两点绑扎法。柱身较长，若采用一点绑扎法，则柱的抗弯能力不足，这时，可采用两点绑扎起吊。绑扎点的位置，应选在使下绑扎点距柱重心的距离小于上绑扎点至柱重心的距离，以保证将柱起吊后能自行旋转直立，如图 6-16 所示。

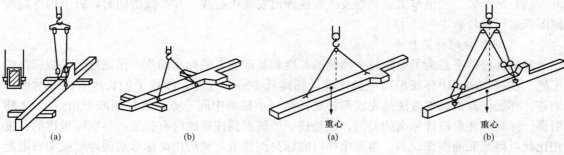

图 6-15　一点直吊绑扎法
（a）柱的直吊绑扎法；（b）柱的翻身绑扎法

图 6-16　两点绑扎法
（a）斜吊；（b）直吊

（2）起吊。就起吊的方法而言，有旋转法和滑行法两种。根据柱子的重量、长度、起重性能和施工现场条件，又分单机起吊和双机起吊。

动画 6-4：单机旋转法
吊装施工

1）单机吊装旋转法。采用旋转法吊装柱时，柱的平面布置一般要做到：绑扎点、柱脚中心与柱基础杯口中心三点同弧，在吊柱时起重半径 R 为半径的圆弧上，柱脚靠近基础。这样，起吊时起重半径不变，起重臂边升钩，边回转。柱在直立前，柱脚不动，柱顶随起重机回转及吊钩上升而逐渐上升，使柱在柱脚位置竖直，然后，把柱吊离地面，回转起重臂把柱吊至杯口上方，插入杯口（见图 6-17）。采用旋转法，柱受振动小，生产效率高。

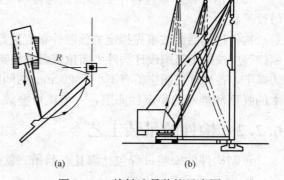

图 6-17　旋转法吊装柱示意图
（a）柱的平面布置；（b）柱的吊升过程

采用旋转法吊柱时，若受施工现场的限制，柱的布置不能做到三点共弧时，则可采用绑扎点与基础中心或柱脚与基础中心两点共弧布置，但在吊升过程中需改变回转半径和起重机仰角，工作效率低，且安全度较差。

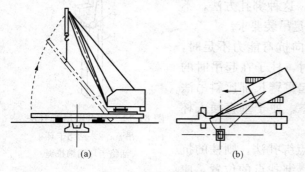

图 6-18　滑行法吊装柱
（a）滑行过程；（b）平面布置

动画 6-5：单机滑行法吊装施工

2）单机吊装滑行法。滑行法吊升柱时，起重机只升钩，起重臂不转动，使柱脚沿地面滑行逐渐直立，然后插入杯口，如图 6-18 所示。采用滑行法布置柱的预制场地或排放位置时，柱子的绑扎点，应布置在杯口附近，并与杯口中心位于起重机的同一工作半径的圆弧上，以便将柱子吊离地面后，稍转动吊臂即可就位。为了减少滑行时柱脚与地面的摩擦阻力，需要在柱脚下设一托木、滚筒，并铺设滑行道。

采用滑行法吊升柱的缺点是滑行过程中柱受一定的震动，耗用一定的滑行材料。当柱较重，较长或起重机在安全荷载下的回转半径不够时，或现场较狭窄无法按旋转法排放，或采用桅杆式起重机吊装时，采用滑行法吊装较合适。

3）双机抬吊。重型柱子单机起重不足时，可采用两台起重机共同吊装一根柱子，起吊方法仍采用滑行法或旋转法。当采用滑行法吊装柱子时，如图 6-19 所示：双机停在柱基础一侧，双机吊装柱子的牛腿部，操作要领与单机滑行法基本相同。为了保证柱子双机抬吊容易直立，应根据柱子的特征设计横梁（双机通过横梁吊装比较方便，也可起防止起重臂相撞）。采用双机旋转法吊装柱子时，如图 6-20 所示：双机位于柱子的一侧，主吊机吊柱上端，副吊机吊柱下端，以单机旋转法吊装柱的操作要领起吊。两台机起吊时，回转吊升工作速度应缓慢保持一致。

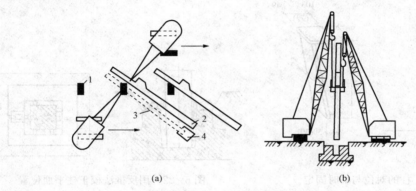

(a)　　　　　　　　　　　　(b)

图 6-19　双机抬吊滑行法

(a) 俯视图；(b) 立面图

1—基础；2—柱预制位置；3—柱的翻身后位置；4—滚动支座

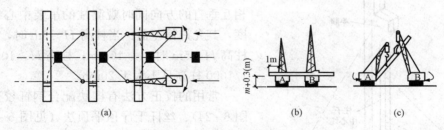

(a)　　　　　　(b)　　　　(c)

图 6-20　双机抬吊旋转法

(a) 柱的平面布置；(b) 双机同时提升吊钩；(c) 双机同时向杯口旋转

（3）柱的就位和临时固定。将吊起的柱子插入杯口后，进行就位，并使柱身基本垂直，由两个人在柱的两个对面各放入两个楔块，共八个楔块，并用撬棍撬动柱脚，进行微动，使柱子的安装中心线对准杯口的准线后，即可将柱放下至杯底，对中心线进行复查对准。之后，两人从相对的两个面，面对面地打紧四周的八个楔块，再将起重机吊钩脱开柱子，如图 6-21 所示。

当柱较高、杯口深度与柱长之比小于 1/20 时，或柱有较大的牛腿时，仅靠楔块不能保证柱的临时固定，应增设缆风绳或斜撑来加强临时固定。

（4）柱子校正。

1）平面位置校正。平面位置校正有以下两种方法：

①钢钎校正法：将钢钎插入基础杯口下部，两边垫一旗形钢板，然后敲打钢板移动柱脚。

②反推法：假定柱子偏左，需向右移，先在左边杯口与柱间空隙中部放一大锤，如柱脚卡了石子，应将右边的石子拨走或打碎，然后在右边杯口上放丝杆千斤顶推动柱，使之绕大锤旋转以移动柱脚，如图 6-22 所示。

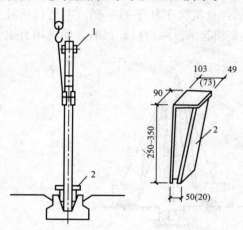

图 6-21 柱的对位与临时固定

1—安装缆风绳或挂操作台的夹箍；2—钢楔

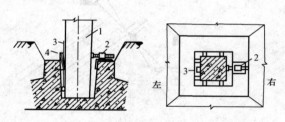

图 6-22 用反推法校正柱平面位置

1—柱；2—丝杠千斤顶；3—大锤；4—木楔

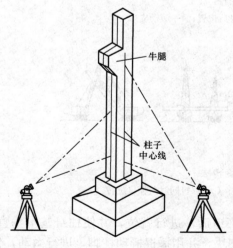

图 6-23 柱子垂直度校正

2）柱垂直度校正。柱的校正主要是垂直度校正，如图 6-23 所示。用两台经纬仪从柱的两个相互垂直的方向同时观测柱的吊装中心线的垂直度，其允许偏差值：当柱高 $H \leqslant 5m$ 时，为 5mm；柱高 $H > 5m$ 时，为 10mm；柱高 $H > 10m$ 时，为 1/1000 柱高且不大于 20mm。

常用的校正方法有楔块配合钢钎校正法（见图 6-24）、丝杆千斤顶平顶法（见图 6-25）、千斤顶矫正法（见图 6-26）、钢管支撑斜顶法（见图 6-27）以及对于双肢柱校正的千斤顶立顶法（见图 6-28）等。在柱子较高或其他特殊情况下，除柱脚用千斤顶，楔块外，尚需收紧或放松在柱顶的缆风绳。

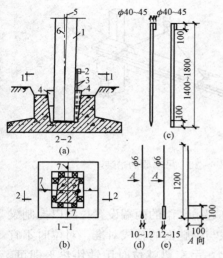

图 6-24　敲打钢钎法校正柱垂直度
(a) 2-2 剖视；(b) 1-1 剖视；(c) 钢钎详图；
(d) 甲型旗形钢板；(e) 乙型旗形钢板
1—柱；2—钢钎；3—旗形钢板；4—钢楔；
5—柱中线；6—垂直线；7—直尺

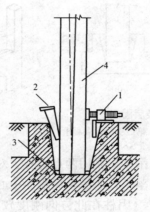

图 6-25　丝杠千斤顶平顶法
校正柱子垂直度
1—丝杠千斤顶；2—楔子；
3—石子；4—柱

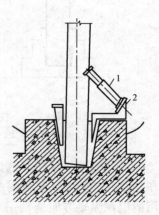

图 6-26　螺旋千斤顶校正器
1—螺旋千斤顶；2—千斤顶支座

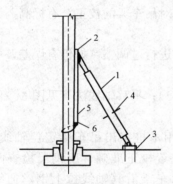

图 6-27　钢管撑杆校正器
1—钢管校正器；2—头部摩擦板；3—底板；
4—转动手柄；5—钢丝绳；6—卡环

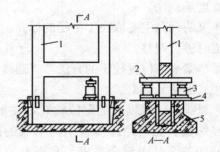

图 6-28　千斤顶立顶法校正双肢柱垂直度
1—双肢柱；2—钢梁；3—千斤顶；
4—垫木；5—基础

（5）柱的最后固定。柱经校正后，即在柱脚与杯口空隙浇筑比柱混凝土强度等级高一级的细石混凝土。混凝土分两次浇筑：第一次浇至楔块底面，待混凝土强度达 25% 时拔去楔块；再用混凝土浇满杯口，待第二次混凝土强度达 70% 后，方可吊装上部构件，如图 6-29所示。

2. 吊车梁的吊装

吊车梁的类型有 T 型、鱼腹型和组合型等，长度一般为 6～12m，重量为 3～5t。当杯口内二次浇筑的混凝土达 70% 强度时，即可进行吊车梁的安装，其安装内容包括绑扎、起吊、就位、校正和最后固定，如图 6-30 所示。

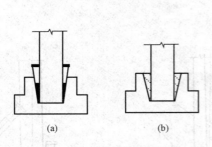

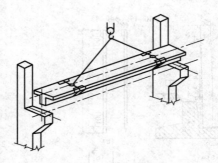

图 6-29   柱的最后固定   图 6-30   吊车梁的吊装
(a) 第一次浇筑混凝土；(b) 第二次浇筑混凝土

(1) 绑扎、起吊和就位。吊车梁采用两点绑扎、对称起吊。梁的两端设置拉绳以控制梁在悬空时的转动。就位时缓慢落下，使吊车梁端面中心线与牛腿面的轴线对准。对位时不宜用撬棍在纵轴方向撬动吊车梁（因柱在此方向刚度较差）。吊车梁就位时用铁块垫平即可，不需采用临时固定措施。但吊车梁高宽比大于 4 时，除了用铁块垫平外，可用铁丝临时绑在柱子上，以防倾倒。

(2) 校正和最后固定。吊车梁的校正工作可在屋盖结构吊装前进行，也可在屋盖吊装后进行，但要考虑安装屋架、支撑等构件时可能引起的柱子变位，影响吊车梁的准确位置。对较重的吊车梁，由于摘除吊钩后校正困难，宜边吊边校。对吊车梁的校正，有标高、平面位置和垂直度等。

吊车梁的标高主要取决于牛腿的标高。柱子吊装前已进行过调整，如仍有误差，可以在安装轨道时进行调整。

对吊车梁平面位置校正的方法，有通线法（见图 6-31）；平移轴线法（见图 6-32）；边吊边校法（见图 6-33）。

(1) 通线法。根据柱的定位轴线，在车间两端地面用木桩定出吊车梁定位轴线位置，并设置经纬仪。先用经纬仪将车间两端的四根吊车梁位置校正准确，用钢尺检查两列吊车梁之间的跨距是否符合要求，在根据校正好的端部吊车梁沿其轴线拉上钢丝通线，逐根拔正。

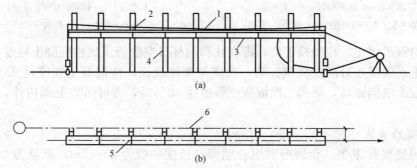

图 6-31   通线法校正吊车梁示意图
1—通线；2—支架；3—经纬仪；4—木桩；5—柱；6—吊车梁

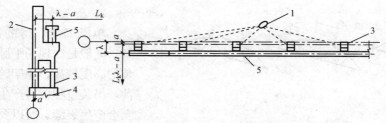

图 6 - 32　平移轴线法校正吊车梁
1—经纬仪；2—标志；3—柱；4—柱基础；5—吊车梁

（2）平移轴线法。在柱列边设置经纬仪，逐根将杯口中柱的吊装准线投影到吊车梁顶面处的柱身上，并做出标志。若准线到柱的定位轴线的距离为 a，则标志距吊车梁定位轴线应为 $\lambda - a$（一般 $\lambda = 750\text{mm}$），据逐根拨正吊车梁安装中心线。

（3）边吊边校法：在吊车梁吊装前，先在厂房跨度一端距吊车梁中线为 $40\sim60\text{cm}$ 的地面上架设经纬仪，使经纬仪的视线与吊车梁的中线平行，然后在一木尺上画两条短线，记号为 A 和 B，此两条短线的距离，必须与经纬仪视线至吊车梁中线的距离相等。吊装时，将木尺的一条线 A 与吊车梁中线重合，用经纬仪看木尺另一条线 B，并用撬杠拨动吊车梁，使短线 B 与经纬仪望远镜上的十字竖线重合。用此法时，须经常目测检查已装好吊车梁的直线度，并用钢尺抽点复查跨距，以防操作时因经纬仪有走动而发生差错。

吊车梁的垂直度测量一般用靠尺、线锤进行，如图 6 - 34 所示。它的允许偏差在 5mm 以内，如偏差超进规定值时，可在支座处加铁片垫平。

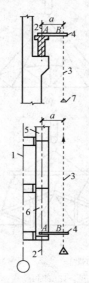

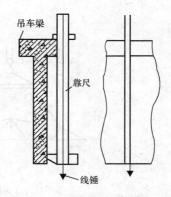

图 6 - 33　边吊边校法校正吊车梁的平面位置
1—柱轴线；2—吊车梁中线；3—经纬仪视线；4—木尺；
5—已吊装、校正的吊车梁；6—正吊装、校正的吊车梁；7—经纬仪

图 6 - 34　吊车梁的垂直度测量

吊车梁校正完毕后，将吊车梁与柱子的预埋铁件焊牢，并在吊车梁与柱的空隙处浇筑细石混凝土。

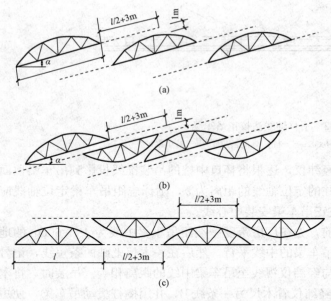

图 6-35　屋架预制时的布置方式

(a) 下面斜向布置；(b) 正反斜向布置；(c) 正反纵向布置

3. 屋架吊装

单层工业厂房的钢筋混凝土屋架，一般是在现场平卧叠浇。屋架安装的高度较高，屋架跨度大，厚度较薄，吊装过程中易产生平面变形，甚至会产生裂缝。所以要采取必要的加固措施，方可进行吊装。屋架预制时的布置方式如图 6-35 所示。

屋架安装的过程包括绑扎，扶直（翻身）、就位、临时固定、校正和最后固定等。

(1) 屋架的绑扎。屋架的绑扎点应选在上弦节点处或附近，对称于屋架中心。吊点的数目应满足设架要求，各吊索拉力的合力作用点要高于屋架中心。吊索与水平线的夹角不宜小于 45°（以免屋架承受过大的横向压力），必要时，应采用横吊梁。屋架的绑扎方法如图 6-36 所示。

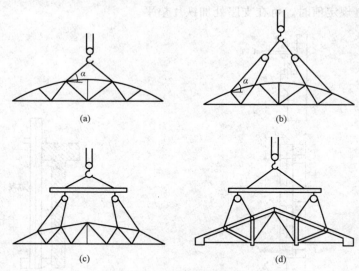

图 6-36　屋架绑扎方法示例

(a) 屋架跨度≤18m 时；(b) 屋架跨度＞18m 时；

(c) 屋架跨度＞30m 时；(d) 三角形组合屋架

吊点数目、位置与屋架的跨度和形式有关。一般当屋架跨度小于 18m 以内时，采用两点绑扎；跨度大于 18m 时，采用四点绑扎；跨度大于 30m 时，应考虑采用横吊梁以减少轴向压力；对刚度较差的组合屋架，因下弦不能承受压力，也应采用横吊梁四点绑扎。

(2) 屋架的扶直与就位。由于屋架在现场采用平卧叠浇预制方法，因此安装前先要将屋架翻身扶直，并将其调运至预定地点就位。屋架是一个平面受力构件，侧向刚度较差。扶直时，在自重作用下屋架承受平面外的力，部分杆件将改变受力情况（特别是上弦杆极易扭曲开裂），所以吊装前必须进行吊装应力验算和采取一定的技术措施，保证安全施工。

扶直时应注意下列问题：

1）起重机的吊钩应对准屋架中心，吊索应左右对称，吊索与水平面的夹角不小于 45°。

2）当屋架数榀重叠浇筑时，为防止在扶直过程中屋架下滑造成损伤，应在屋架梁两端搭设枕木垛（其高度与屋架的底面平齐）。

3）叠浇的屋架之间粘结严重时，应用撬杆等消除粘结后再扶直。

扶直屋架时，按照起重机与屋架相对位置的不同，有正向扶直和反向扶直两种方式。

1）正向扶直。扶直时起重机位于屋架下弦一边，将吊钩对准上弦中点，钩好吊索，收紧吊钩，再略抬起吊臂，使上下榀屋架分开，接着升钩、起臂、使屋架以下弦为轴慢慢转为直立状态，如图 6-37 和图 6-38（a）所示。

2）反向扶直。起重机位于屋架上弦一边，吊钩对准上弦中点，随着升钩、降臂，使屋架绕下弦转动而直立，如图 6-38（b）所示。

正向扶直与反向扶直的最大不同点是在扶直过程中，正向扶直为升臂，反向扶直为降臂，均以保持吊钩始终在上弦中点的垂直上方。升臂比降臂易于操作且较安全，故应尽可能采用正向扶直。

屋架扶直后应立即就位，即移到吊装前规定的位置。屋架就位位置应在预制时事先加以考虑，以便确定屋架两端的朝向及预埋件位置。屋架就位位置与起重机性能和安装方法有关：当与屋架的预制位置在起重机开行路线同一侧时，叫同侧就位〔见图 6-38（a）〕。当与屋架的预制位置分别在起重机开行路线各一侧时，叫异侧就位〔见图 6-38（b）〕。采用哪一种方法，应视施工现场条件而定。

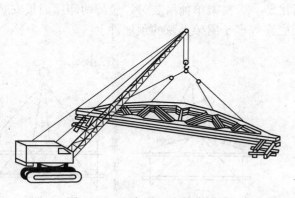

图 6-37　屋架的正向扶直详图

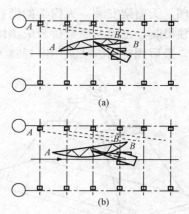

图 6-38　屋梁的扶直
(a) 正向扶直；(b) 反向扶直
（虚线表示屋架就位的位置）

（3）屋架的吊升、对位与临时固定。屋架采用悬吊法吊升。屋架起吊后旋转至设计位置上方，超过柱顶约 300mm，然后缓缓下落在柱顶上，力求对准安装准线。

屋架对位后应立即进行临时固定（见图 6-39）。第一榀屋架的临时固定必须十分重视，因为它是单片结构，侧向稳定较差，而且还是第二榀屋架的支撑。第一榀屋架的临时固定，可用四根缆风绳从两边拉牢。当先吊装抗风柱时可将屋架与抗风柱连接。第二榀屋架以及以后各榀屋架可用工具式支撑（见图 6-40）临时固定在前一榀屋架上。

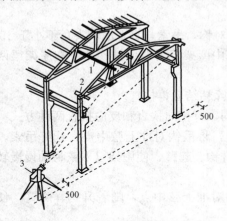

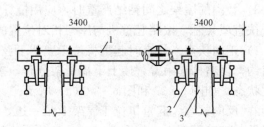

图 6-39　屋架的临时固定与校正
1—工具式支撑；2—卡尺；3—经纬仪

图 6-40　工具式支撑的构造
1—钢管；2—撑脚；3—屋架上弦

（4）屋架的校正与屋架最后固定。校正可用垂球或经纬仪检查屋架的垂直度，并用工具式撑杆纠正屋架的垂直偏差。屋架校正完毕应立即按设计规定用螺母或电焊固定，屋架固定后起重机才可松钩。中、小型屋架一般均用单机吊装，当屋架跨度大于 24m 或重量较大时可考虑采用双机抬吊。

（5）屋面板吊装。屋面板四角一般都预埋有吊环，用四根等长的带吊钩吊索吊升。就位后应立即电焊固定。吊装顺序自两边檐口对称地吊向屋脊，以避免屋架半边受荷，如图 6-41 所示。

（6）天窗架安装。天窗架的绑扎可以采用 2 点绑扎或 4 点绑扎（见图 6-42）。安装常采用单独吊装，也可与屋架拼装成整体同时吊装。天窗架单独吊装时，应待两侧屋面板安装后进行，最后固定的方法是用电焊将天窗架底脚焊牢于屋架上弦的预埋件上。

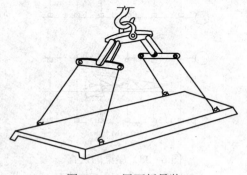

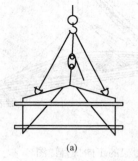

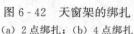

图 6-41　屋面板吊装

图 6-42　天窗架的绑扎
（a）2 点绑扎；（b）4 点绑扎

6.2.3　结构安装方案

单层工业厂房结构吊装方案包括起重机的选择、起重机开行路线、构件平面布置和结构安装方法。

1. 起重机型号的选择

履带式起重机的型号应根据所吊装构件的尺寸、重量以及吊装位置来确定。所选型号的起重机的三个工作参数，起重量 Q、起重高度 H 和超重半径 R，均应满足结构吊装的要求。

(1) 起重量。起重机的起重量必须大于所吊装构件的重量与索具重量之和。

$$Q \geqslant Q_1 + Q_2 \qquad (6-4)$$

式中　Q——起重机的起重量，kN；

　　　Q_1——构件的重量，kN；

　　　Q_2——索具的重量，kN。

(2) 起重高度。起重机的起重高度必须满足所吊构件的吊装高度要求（见图 6-43），对于吊装单层厂房应满足：

$$H \geqslant h_1 + h_2 + h_3 + h_4 \qquad (6-5)$$

式中　H——起重机的起重高度，m，从停机面算起至吊钩；

　　　h_1——安装支座表面高度，m，从停机面算起；

　　　h_2——安装空隙，一般不小于 0.3m；

　　　h_3——绑扎点至所吊构件底面的距离，m；

　　　h_4——索具高度，m，自绑扎点至吊钩中心，视具体情况而定。

(3) 起重半径。当起重机可以不受限制地开到所吊装构件附近去吊装构件时，可不验算起重半径。但当起重机受限制不能靠近吊装位置去吊装构件时，则应验算当起重机的起重半径为一定值时的起重量与起重高度能否满足吊装构件的要求。

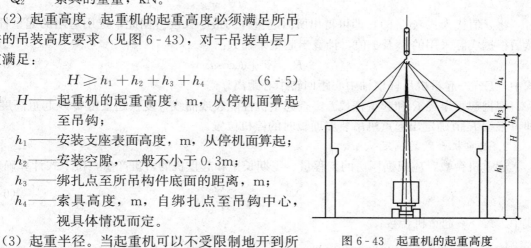

图 6-43　起重机的起重高度

动画 6-6：起重臂长的选择

(4) 起重机最小杆长的决定。当起重机的起重杆须跨过已安装好的屋架去安装屋面板时，为了不与屋架相碰，必须求出起重机的最小杆长。求最小杆长一般可采用数解法，如图 6-44 所示。

$$L \geqslant L_1 + L_2 = \frac{h}{\sin\alpha} + \frac{f+g}{\cos\alpha} \qquad (6-6)$$

$$h = h_1 - E$$

式中　L——起重杆的长度，m；

　　　h——起重杆底铰至构件吊装支座的高度，m；

　　　f——起重钩需跨过已吊装结构的距离，m；

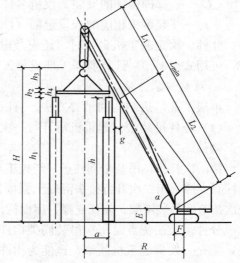

图 6-44　数解法求最小起重臂长

g——起重杆轴线与已吊装屋架间的水平距离，至少取 1m；

E——起重杆底铰至停机面的距离，m；

α——起重杆的仰角。

为了求得最小杆长，可对上式进行微分，并令 $\dfrac{\mathrm{d}L}{\mathrm{d}\alpha}=0$；

$$\frac{\mathrm{d}L}{\mathrm{d}\alpha}=\frac{-h\cos\alpha}{\sin^2\alpha}+\frac{(f+g)\sin\alpha}{\cos^2\alpha}=0$$

$$\frac{(f+g)\sin\alpha}{\cos^2\alpha}=\frac{h\cos\alpha}{\sin^2\alpha}，\ \text{即}\ \frac{\sin^3\alpha}{\cos^3\alpha}=\frac{h}{f+g}$$

得
$$\alpha=\arctan\sqrt[3]{\frac{h}{f+g}} \qquad (6-7)$$

将 α 值代入式（6-6），即可得出所需起重杆的最小长度。据此，选用适当的起重杆长，然后根据实际采用的 L 及 α 值，计算出起重半径 R：

$$R=F+L\cos\alpha \qquad (6-8)$$

式中 F——起重机吊杆枢轴中心距回转中心距离。

根据起重半径 R 和起重杆长 L，查起重机性能表或曲线，复核超重量 Q 及起重高度 H，即可根据 R 值确定出起重机吊装屋面板时的停机位置。

2. 起重机台数的确定

起重机台数，应根据厂房的工程量、工期长短和起重机的台班产量，按下式计算确定：

$$N=\frac{1}{TCK}\Sigma\frac{Q_i}{p_i} \qquad (6-9)$$

式中 N——起重机台数；

T——工期，d；

C——每天工作班数；

K——时间利用系数，一般取 0.8～0.9；

Q_i——每种构件的安装工程量（件或 t）；

p_i——起重机相应的产量定额（件/台班或 t/台班）。

此外，决定起重机台数时，还应考虑到构件装卸、拼装和就位的需要。当起重机数量已定，可用式（6-9）计算所需工期或每天应工作的天数。

3. 结构安装方法

单层工业厂房结构的吊装方法，有以下两种，分件吊装法和综合吊装法。

（1）分件吊装法。起重机每开行一次，仅吊装一种或几种构件。通常分三次开行吊装完全部构件。

第一次开行，吊装全部柱子，经校正及最后固定；第二次开行，吊装全部吊车梁、连系梁及柱间支撑（第二次开行接头混凝土强度需达到 70% 设计强度后，方可进行）；第三次开行，依次按节间吊装屋架、屋面支撑、屋面构件（屋面板、天窗架、天沟等），如图 6-45 所示。

分件吊装法优点是每次吊装同类构件，构件可分批进场，索具不需经常更换，吊装速度快，能充分发挥起重机效率，也能为构件校正、接头焊接和灌筑接头混凝土、养护提供充分的时间。缺点是不能为后续工序尽早提供工作面，起重机的开行路线较长。

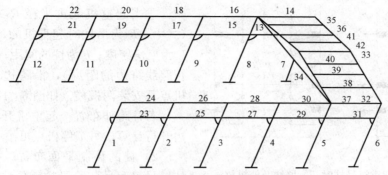

图 6 - 45　分件吊装时的构件吊装顺序

（2）综合吊装法。以节间为单位，起重机每移动一次吊装完节间所有构件。

动画 6 - 7：结构综合
吊装

吊装的顺序如图 6 - 46 所示。即先吊装四根柱子，并加以校正和最后固定；随后吊装这个节间内的吊车梁、连系梁、屋架和屋面板等构件。一个节间的全部构件吊装完后，起重机移至下一节间进行吊装，直至整个厂房结构吊装完毕。

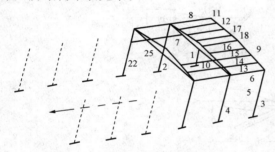

图 6 - 46　综合吊装时的构件吊装顺序

综合吊装法方法的优点是：开行路线短，停机次数少，为后续工种提早让开工作面，加快了施工进度缩短了工期。缺点是：由于同时吊装不同类型的构件，索具更换频繁，吊装速度慢，使构件供应紧张和平面布置复杂，构件的校正困难等，因此目前该法很少采用。但对于某些特殊结构（如采用门式框架结构）或采用桅杆式起重机，因移动比较困难，可采用综合吊装法。

4. 起重机开行路线及现场预制构件的平面布置

现场预制构件布置方式、起重机开行路线、停机位置与起重机的性能、构件重量和结构安装方法有关。单层工业厂房除柱、屋架、吊车梁等较重构件在施工现场预制外，其余构件都在预制厂预制。

（1）柱的预制构件平面布置和柱起重机开行路线。

1）吊柱起重机开行路线。吊柱起重机开行路线根据厂房跨度、起重机性能、柱的平面布置方式等，分为跨中开行或跨边开行，如图 6 - 47 所示。

动画 6 - 8：单厂吊装
开行路线

①当起重半径 $R \geqslant L/2$ 时，起重机沿跨中开行，每个停机点吊 2 根柱，如图 6 - 47（a）所示。

②当起重半径 $R \geqslant \sqrt{(L/2)^2 + (b/2)^2}$，起重机沿跨中开行，每个停机点吊四根柱，如图 6 - 47（b）所示。

③当起重半径 $R < L/2$ 时，起重机沿跨边开行，每个停机点吊一根柱，如图 6 - 47（c）所示。

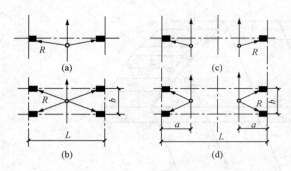

图 6 - 47　起重机吊柱时开行路线及停机位置
(a)、(b) 跨中开行；(c)、(d) 跨边开行

④当起重机起重半径 $R \geqslant \sqrt{a^2 + (b/2)^2}$（式中，$R$ 为吊柱时起重机的计算起重半径；L 为厂房跨度；b 为柱的间距；a 为起重机开行路线跨边的距离），沿跨边开行，每个停机点可安装两根柱，如图 6 - 47（d）所示。

若柱跨外布置，起重机开行路线可按跨边开行计算，每个停机点可吊一根或两根柱。

2）柱的预制平面布置。柱的现场预制位置尽量为吊装阶段的就位位置。采用旋转法吊装时，柱斜向布置；采用滑行法吊装时，柱可纵向也可斜向布置。

①旋转法吊装柱时的平面布置。柱子若采用旋转法起吊，场地空旷，可按三点共弧布置，即杯口中心、柱脚中心和绑扎点中心共弧，如图 6 - 48（a）所示。由于场地限制，很难做到三点共弧，也可两点共弧，即杯口中心、柱脚中心二点共弧〔见图 6 - 48（b）〕或者绑扎点与杯口中心二点共弧〔见图 6 - 48（c）〕。

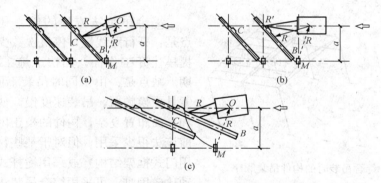

图 6 - 48　旋转法吊装柱时的平面布置
(a) 三点同弧；(b) 柱脚与柱基础中心共弧；(c) 绑扎点与杯口中心共弧

②滑行法吊装柱时的平面布置。柱子若采用滑行法起吊，也可以绑扎点与杯口中心二点共弧。在布置上既可以斜向布置也可以纵向布置，如图 6 - 49 所示。

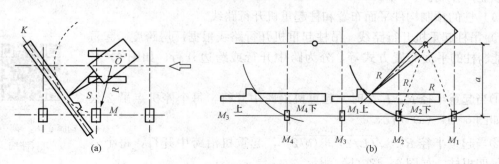

图 6 - 49　滑行法吊装柱时的平面布置
(a) 斜向布置；(b) 纵向布置

（2）吊屋架及屋盖系统起重机开行路线和屋架预制构件平面布置。

1）吊屋架及屋盖系统起重机沿跨中开行或稍偏于跨中一点开行，屋架扶直时起重机沿跨内开行。

2）屋架预制构件平面布置。为便于吊装，屋架一般在跨内叠层预制，每叠 3～4 榀。布置的方式有：正面斜向布置、正反斜向布置、正反纵向布置，如图 6-50 所示。

屋架采用正面斜向布置时，下弦与厂房纵轴线的夹角 α 一般为 $10°$～$20°$。预应力混凝土屋架，当采用钢管抽芯法两端抽管时，屋架两端应留出 $L/2+3m$ 的一段距离（L 为屋架的跨度）作为抽管穿筋的场地；当一端抽管时，应留出 $L+3m$ 的距离。另外，每两垛屋架之间应留 1m 空隙，以便支模和浇混凝土。

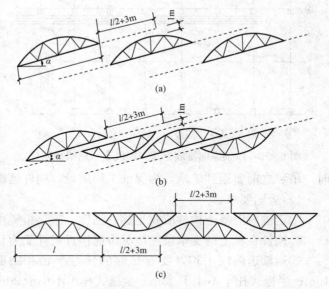

图 6-50　屋架预制时的布置方式
(a) 正面斜向布置；(b) 正反斜向布置；(c) 正反纵向布置

以图 6-51 为例具体布置步骤如下：

①确定起重机开行路线及停机点。起重机跨中开行，在开行路线上定出吊装每榀屋架的停机点，即以屋架轴线中点 M 为圆心，以 R 为半径画弧与开行路线交于 O 点，即为停机点。

②确定屋架排放范围。先定出 P-P 线，该线距柱边缘不小于 200mm；再定 Q-Q 线，该线距开行路线不小于 $A+0.5m$（mm，A 为起重机机尾长，B 为柱宽）；在 P-P 线与 Q-Q 线之间定出中线 H-H 线；屋架在 P-P、Q-Q 线之间排放，其中点均应在 H-H 线上。

③确定屋架排放位置。一般从第二榀开始，以停机点 O_2 为圆心，以 R 为半径画弧交 H-H 于 G，G 即为屋架就位中心点。再以 G 为圆心，以 1/2 屋架跨度为半径画弧交 P-P、Q-Q 于 E、F，连接 E、F 即为屋架吊装位置，依此类推。第一榀因有抗风柱，可灵活布置。

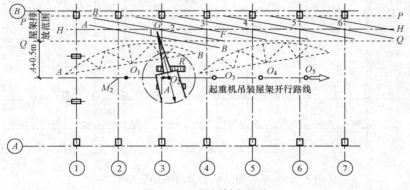

图 6-51　屋架斜向就位

屋架的纵向排放方式用于重量较轻的屋架，允许起重机吊装时负荷行驶。纵向排放一般以4榀为一组，靠柱边顺轴线排放，屋架之间的净距离不大于200mm，相互之间用铁丝及支撑拉紧撑牢。每组屋架之间预留约3m间距作为横向通道。为防止在吊装过程与已安装屋架相碰，每组屋架的跨中要安排在该组屋架倒数第二榀安装轴线之后约2m处（见图6-52）。

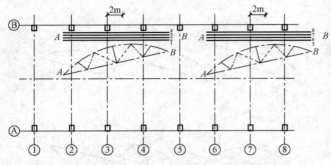

图6-52 屋架纵向排放方式（虚线表示屋架预制位置）

（3）吊车梁、连系梁、屋面板运输和堆放。单层工业厂房当吊车梁、连系梁、屋面板在预制厂预制时，吊装之前要运到工地，为保证工程质量，构件运输和堆放时必须满足运输和堆放要求。

1）运输要求。

①运输时混凝土构件应有足够的强度，梁、板类构件不低于设计强度的75％。

②构件在车上的支承位置应尽可能接近设计受力状态，支承要牢固。

③运输道路应平坦，要有足够的转弯半径和路面宽度，对载重汽车转弯半径不小于10m；半拖式托车不小于15m；全拖式托车不小于20m。

2）堆放要求。

①吊车梁、连系梁在柱列附近，跨内、跨外均可，堆垛高度2～3层，有时也可不就位，直接从运输车上吊到设计位置。

②屋面板就位，跨内、跨外均可，按起重半径跨内就位时，约后退3～4个节间开始堆放；跨外就位时，后退1～2个节间。堆垛高度6～8层。

构件堆放时，要按接近于设计状态放在垫木上，重叠构件之间也要加以垫木，而且上下层垫木应在同一垂直线上。另外，构件之间应留20cm的孔隙，以免构件吊装时相碰。

［例6-1］ 单层工业厂房结构吊装实例

某车间为单层、单跨18m的工业厂房，柱距6m，共13个节间，厂房平面图、剖面图如图6-53所示，主要构件尺寸如图6-54所示，车间主要构件一览表见表6-3。

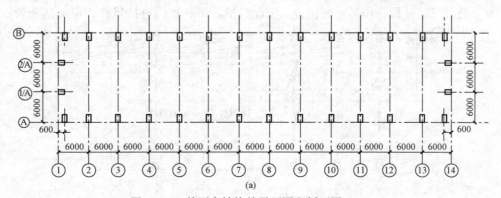

(a)

图6-53 某厂房结构的平面图和剖面图（一）

(a) 平面图

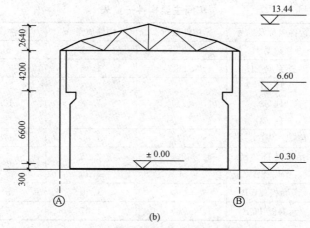

(b)

图 6 - 53　某厂房结构的平面图和剖面图（二）

（b）剖面图

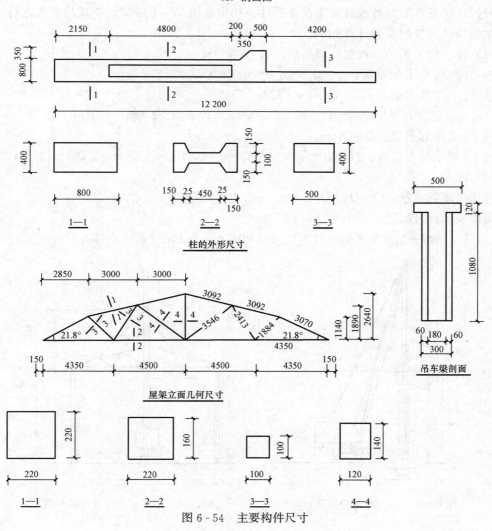

图 6 - 54　主要构件尺寸

表 6-3　　　　　　　　　　　　　　　车间主要构件一览表

厂房轴线	构件名称及编号	构件数量	构件质量/t	构件长度/m	安装标高/m
(A)、(B)、(1)、(14)	基础梁 JL	32	1.51	5.95	
(A)、(B)	连系梁 LL	26	1.75	5.95	+6.60
(A)、(B)	柱 Z1	4	7.03	12.20	-1.40
(A)、(B)	柱 Z2	24	7.03	12.20	-1.40
(A/1)、(B/2)	柱 Z3	4	5.8	13.89	-1.20
(1) ~ (14)	屋架 YWJ18-1	14	4.95	17.70	+10.80
(A)、(B)	吊车梁 DL-8Z	22	3.95	5.95	+6.60
(A)、(B)	DL-8B	4	3.95	5.95	+6.60
—	屋面板 YWB	156	1.30	5.97	+13.80
(A)、(B)	天沟板 TGB	26	1.07	5.97	+11.40

1. 起重机的选择及工作参数计算

根据厂房基本概况及现有起重设备条件，初步选用 W_1-100 型履带式起重机进行结构吊装。主要构件吊装的参数计算如下：

（1）柱。柱子采用一点绑扎斜吊法吊装。

柱 Z1、Z2 要求起重量：$Q = Q_1 + Q_2 = 7.03t + 0.2t = 7.23t$

柱 Z1、Z2 要求起升高度（见图 6-55）：
$$H = h_1 + h_2 + h_3 + h_4 = 0 + 0.3m + 7.05m + 2.0m = 9.35m$$

柱 Z3 要求起重量：$Q = Q_1 + Q_2 = 5.8t + 0.2t = 6.0t$

柱 Z3 要求起升高度：$H = h_1 + h_2 + h_3 + h_4 = 0 + 0.30m + 11.5m + 2.0m = 13.8m$

（2）屋架。

屋架要求起重量：$Q = Q_1 + Q_2 = 4.95t + 0.2t = 5.15t$

屋架要求起升高度（见图 6-56）：
$$H = h_1 + h_2 + h_3 + h_4 = 10.8m + 0.3m + 1.14m + 6.0m = 18.24m$$

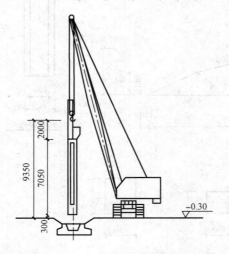

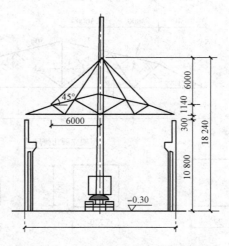

图 6-55　Z1、Z2 起重高度计算简图　　　　图 6-56　屋架起升高度计算简图

（3）屋面板。吊装跨中屋面板时，起重量：

$$Q = Q_1 + Q_2 = 1.3\text{t} + 0.2\text{t} = 1.5\text{t}$$

起升高度（见图 6-57）：

$$H = h_1 + h_2 + h_3 + h_4 = (10.8 + 2.64)\text{m} + 0.3\text{m} + 0.24\text{m} + 2.5\text{m} = 16.48\text{m}$$

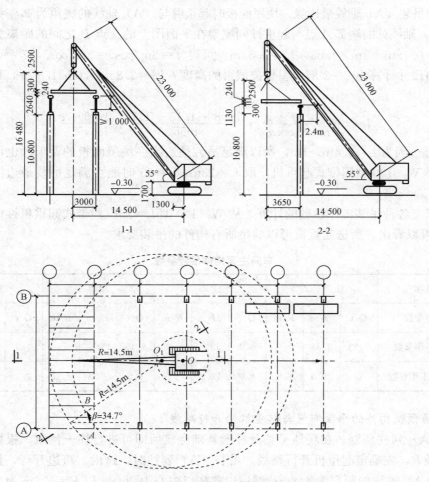

图 6-57　屋面板吊装工作参数计算简图

起重机吊装跨中屋面板时，起重钩需伸过已吊装好的屋架上弦中线 $f = 3\text{m}$，且起重臂中心线与已安装好的屋架中心线至少保持 1m 的水平距离，因此，起重机的最小起重臂长度及所需起重仰角 α 为：

$$\alpha = \arctan\sqrt[3]{\frac{h}{f+g}} = \arctan\sqrt[3]{\frac{10.8 + 2.64 - 1.7}{3 + 1}} = 55.07° \approx 55°$$

$$L = \frac{h}{\sin\alpha} + \frac{f+g}{\cos\alpha} = \frac{11.74\text{m}}{\sin 55.7°} + \frac{4\text{m}}{\cos 55.7°} = 21.34\text{m}$$

根据上述计算，选 W_1-100 型履带式起重机吊装屋面板，起重臂长 L 取 23m，起重仰角 $\alpha = 55°$，则实际起重半径为：

$$R = F + L\cos\alpha = 1.3\text{m} + 23\text{m} \times \cos55° = 14.5\text{m}$$

查 W_1-100 型 23m 起重臂的性能曲线或性能表知，$R = 14.5\text{m}$ 时，$Q = 2.3\text{t} > 1.5\text{t}$，$H = 17.3\text{m} > 16.48\text{m}$，所以选择 W_1-100 型 23m 起重臂符合吊装跨中屋面板的要求。

以选取的 $L = 23\text{m}$，$\alpha = 55°$ 复核能否满足吊装跨边屋面板的要求。

起重臂吊装（A）轴线最边缘一块屋面板时起重臂与（A）轴线的夹角为 β，$\beta = 34.7°$，则屋架在（A）轴线处的端部 A 点与起重杆同屋架在平面图上的交点 B 之间的距离为 $0.75\text{m} + 3\text{m} \times \tan\beta = 0.75\text{m} + 3\text{m} \times \tan34.7° = 2.83\text{m}$。可得 $f = 3\text{m}/\cos\beta = 3\text{m}/\cos34.7° = 3.65\text{m}$；由屋架的几何尺寸计算出 2—2 剖面屋架被截得的高度 h 屋 $= 2.83\text{m} \times \tan21.8° = 1.13\text{m}$。

根据

$$L = \frac{h}{\sin\alpha} + \frac{f+g}{\cos\alpha} = \frac{10.8 + 1.13 - 1.7}{\sin55°} + \frac{3.65+g}{\cos55°}$$

得 $g = 2.4\text{m}$。因为 $g = 2.4\text{m} > 1\text{m}$，所以满足吊装最边缘一块屋面板的要求。也可以用作图法复核选择 W_1-100 型履带式起重机，取 $L = 23\text{m}$，$\alpha = 55°$ 时能否满足吊装最边缘一块屋面板的要求。

根据以上各种吊装工作参数的计算，从 W_1-100 型 $L = 23\text{m}$ 履带式起重机性能曲线表并列表 6-4 可以看出，所选起重机可以满足所有构件的吊装要求。

表 6-4 车间主要构件吊装参数

构件名称	柱 Z1、Z2			柱 Z3			屋架			屋面板		
吊装工作参数	Q/t	H/m	R/m	Q/t	H/m	R/m	Q/t	H/m	R/m	Q/t	H/m	R/m
计算所需工作参数	7.23	9.35	—	6.0	13.8	—	5.15	18.24	—	1.5	16.48	—
23m 起重臂工作参数	8	20.5	6.5	6.9	20.3	7.26	6.9	20.3	7.26	2.3	17.5	14.5

2. 现场预制构件的平面布置与起重机的开行路线

（1）（A）列柱预制。在场地平整及杯形基础浇筑后即可进行柱子预制。根据现场情况及起重半径 R，先确定起重机开行路线，吊装（A）列柱时，跨内、跨边开行，且起重机开行路线距（A）轴线的距离为 4.8m；然后以各杯口中心为圆心，以 $R = 6.5\text{m}$ 为半径画弧与开行线路相交，其交点即为吊装各柱的停机点，再以各停机点为圆心，以 $R = 6.5\text{m}$ 为半径画弧，该弧均通过各杯口中心，并在杯口附近的圆弧上定出一点作为柱脚中心，然后以柱脚中心为圆心，以柱脚至绑扎点的距离 7.05m 为半径作弧与以停机点为圆心，以 $R = 6.5\text{m}$ 为半径的圆弧相交，此交点即柱的绑扎点。根据圆弧上的两点（柱脚中心及绑扎点）做出柱子的中心线，并根据柱子尺寸确定出柱的预制位置，如图 6-58（a）所示。

（2）（B）列柱预制。根据施工现场情况确定（B）列柱跨外预制，由（B）轴线与起重机的开行路线的距离为 4.2m，定出起重机吊装（B）列柱的开行路线，然后按上述同样的方法确定停机点及柱子的布置位置，如图 6-58（a）所示。

（3）抗风柱的预制。抗风柱在①轴及（14）轴外跨外布置，其预制位置不能影响起重机的开行。

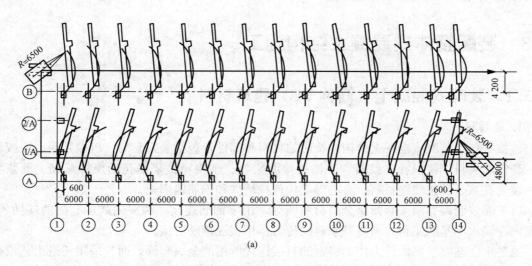

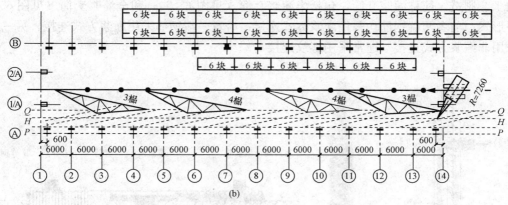

图 6-58　预制构件的平面布置与起重机的开行线路

(a) 柱子预制阶段的平面布置及吊装时起重机开行路线；(b) 屋架预制阶段的平面布置及扶直、
排放屋架的开行路线

（4）屋架的预制。屋架的预制安排在柱子吊装完后进行；屋架以 3～4 榀为一叠安排在跨内叠浇。在确定屋架的预制位置之前，先定出各屋架排放的位置，据此安排屋架的预制位置。屋架的预制位置及排放布置如图 6-58（b）所示。

按图 6-58 的布置方案，起重机的开行路线及构件的安装顺序如下：

起重机首先自（A）轴跨内进场，按⑭→①的顺序吊装（A）列柱；其次，转至（B）轴线跨外，按①→⑭的顺序吊装（A）列柱；第三，转至（A）轴线跨内，按⑭→①的顺序吊装（A）列柱的吊车梁、连系梁、柱间支撑；第四，转至（B）轴线跨内，按①→⑭的顺序吊装（B）列柱的吊车梁、连系梁、柱间支撑；第五，转至跨中，按⑭→①的顺序扶直屋架，使屋架、屋面板排放就位后，吊装①轴线的两根抗风柱；第六，按①→⑭的顺序吊装屋架、屋面支撑、大型屋面板、天沟板等；最后，吊装⑭轴线的两根抗风柱后退场。

6.3　装配整体式混凝土结构施工

6.3.1　装配式混凝土（简称 PC）建筑材料

1. 连接材料

连接材料是装配式混凝土结构连接用的材料和部件，包括灌浆套筒、机械套筒、注胶套筒、套筒灌浆料、浆锚孔波纹管、浆锚搭接灌浆料、坐浆料、浆锚孔约束螺旋筋、灌浆导管、灌浆孔塞、灌浆堵缝材料、夹心保温构件拉结件和钢筋锚固板。

（1）灌浆套筒。灌浆套筒是金属材质圆筒，用于钢筋连接。两根钢筋从套筒两端插入，套筒内注满水泥基灌浆料，通过灌浆料的传力作用实现钢筋对接。

通过水泥基灌浆料的传力作用将钢筋对接连接所用的金属套筒，通常采用铸造工艺或机械加工艺制造，简称灌浆套筒，包括半灌浆套筒（见图 6-59）和全灌浆套筒（见图 6-60）两种形式；前者两端钢筋均采用灌浆方式连接；后者一端钢筋采用灌浆方式连接，另一端钢筋采用非灌浆方式连接（通常采用螺纹连接）。

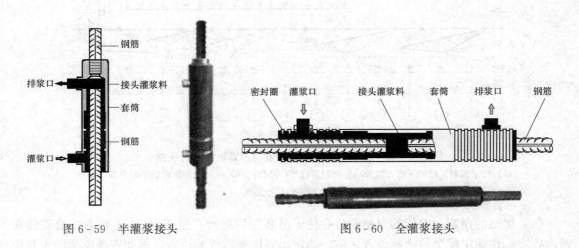

图 6-59　半灌浆接头　　　　　　　　　　　　图 6-60　全灌浆接头

（2）机械套筒和注胶套筒。机械连接套筒和注胶套筒不是预埋在混凝土中，而是在浇筑混凝土前连接钢筋。与焊接、搭接的作用一样。国内多用机械套筒，日本用注胶套筒。机械套筒和注胶套筒的材质与灌浆套筒一样。

1）机械连接套筒。机械连接套筒与钢筋连接方式包括螺纹连接和挤压连接，最常用的是螺纹连接。此两种连接方式，第 4 章已经学习过。

2）注胶连接套筒。钢筋注胶套筒连接是把带肋钢筋从两端插入套筒内部，然后从灌胶口注入专用凝胶，从而实现钢筋连接的一种钢筋连接方式。可用于梁与梁钢筋连接。日本应用较多。

（3）套筒灌浆料。钢筋连接用套筒灌浆料是一种有水泥、细骨科、多种混凝土外加挤预拌而成的水泥基干混材料，现场按照要求加水搅拌均匀后形成自流浆体，具有粘度液、流动性好、强度高、微膨胀不收缩等优点。

（4）浆锚孔波纹管。浆锚孔波纹管是浆锚搭接连接方式用的材料，预埋于装配式混凝土构件中，形成浆锚孔内壁。

（5）浆锚搭接灌浆料。浆锚连接灌浆料是一种以水泥为基本材料，配以适当的细骨料，以及少量的外加剂和其他材料组成的干混料。具有大流动度、早强、高强微膨胀性，填充于带肋钢筋间隙内，形成钢筋灌浆连接接头等特点。但抗压强度低于套筒灌浆料。

（6）坐浆料。坐浆料用于多层预制剪力墙底部接缝处，以代替该处的灌浆料。也用于高层剪力墙结构预制墙板连接处的灌浆分区隔离带（也称为分仓隔离）。坐浆料应有良好的流动性、早强、无收缩微膨胀等性能。

（7）浆锚孔约束螺旋筋。浆锚搭接方式在浆锚孔周围用螺旋钢筋约束。钢筋直径，螺旋圈直径，螺旋间距根据设计要求确定。

（8）灌浆导管、灌浆孔塞、灌浆堵缝材料。

1）灌浆导管。当灌浆套筒或灌浆孔距离混凝土边缘较远时，需要在装配式混凝土构件中埋置灌浆导管。灌浆导管一般采用 PVC 中型（M 型）管，壁厚 1.2mm 即电器用的套管。外径应为套筒或浆锚孔灌浆出浆口的内径，一般是 16mm。

2）灌浆孔塞。灌浆孔塞用于封堵灌浆套筒和灌浆孔的灌浆口与出浆孔，避免孔道被异物堵塞。灌浆孔塞可用橡胶塞或木塞。如图 6 - 61 所示。

3）灌浆堵缝材料。灌浆堵缝材料用于灌浆构件的接缝，有橡胶条、木条和封堵速凝砂浆等，日本有用充气橡胶条的。灌浆堵缝材料要求封堵密实，不漏浆，作业便利，如图 6 - 62 所示。

图 6 - 61　灌浆孔塞

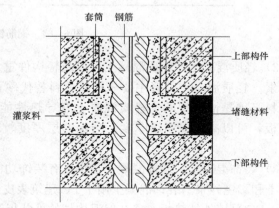

图 6 - 62　灌浆堵缝材料示意图

（9）夹芯保温构件拉结件。夹芯保温板即"三明治"板，是两层钢筋混凝土板中间夹着保温材料的装配式混凝土外墙构件。两层钢筋混凝土板（内叶板和外叶板）靠拉结件连接。拉结件有金属和非金属（主要为树脂拉结件，又称 FRP 拉结件）两类。图 6 - 63 为夹芯保温板构造示意图。

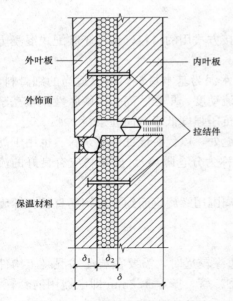

图 6-63 夹芯保温板构造示意图

（10）钢筋锚固板。钢筋锚固板是设置于钢筋端部用于锚固钢筋的承压板。在装配式混凝土建筑中，用于后浇带节点受力钢筋的锚固。如图 6-64 所示。

2. 结构主材

PC 建筑的结构主材包括混凝土及其原材料、钢筋、钢板等。

（1）PC 建筑关于混凝土的要求。

1）普通混凝土。PC 建筑往往采用比现浇建筑强度等级高一些的混凝土和钢筋。

《装配式混凝土结构技术规程》（JGJ 1—2014）要求"预制构件的混凝土强度等级不宜低于 C30；预应力混凝土预制构件的强度等级不宜低于 C30，现浇混凝土强度等级不应低于 C25。"

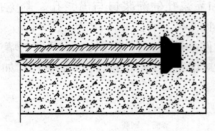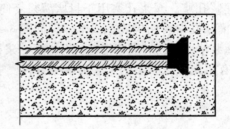

图 6-64 钢筋锚固板

2）轻质混凝土。轻质混凝土可以减轻构件重量和结构自重荷载。重量是 PC 拆分的制约因素。轻质混凝土的轻主要靠轻质骨料替代砂石实现。用于 PC 建筑的轻质混凝土的轻质骨料必须是憎水型的。轻质混凝土有导热性能好的特点，用于外墙板和夹芯保温板的外叶板，可以减薄保温层厚度。当保温层厚度较薄时，也可以用轻质混凝土替代 EPS 保温层。

3）装饰混凝土。装饰混凝土是指具有装饰功能的水泥基材料，包括清水混凝土、彩色混凝土和彩色砂浆。装饰混凝土用于 PC 建筑表皮，包括直接裸露的柱、梁构件、剪力墙外墙板、PC 幕墙外挂墙板。夹芯保温构件的外叶板等。

（2）水泥。原则上讲，可以用普通混凝土结构的水泥都可以用你 PC 建筑。PC 工厂应当使用质量稳定的优质水泥。PC 工厂一般自设搅拌站，使用罐装水泥。表面装饰混凝土，可能用到白水泥，白水泥一般是袋装。

（3）骨料。粗骨料应采用质地坚实、均匀洁净、级配合理粒形良好、吸水率小的碎石。个别构件用到的彩砂为人工砂，是人工破碎的粒径小于 5mm 白色或彩色的岩石颗粒。

（4）混凝土外加剂。

1）内掺外加剂。PC 构件所用的内掺外加剂，与现浇混凝土常用的外加剂品种基本一样。只是不用泵送剂，也不用像商品混凝土那样为远途运输混凝土而添加延缓混凝土凝结时间的外加剂。

PC 构件最常用的外加剂包括减水剂、引气剂、早强剂、防水剂等。

2）外涂外加剂。外涂外加剂是 PC 构件为形成与后浇混凝土接触界面的粗糙面而使用的缓凝剂。涂刷或喷涂在要形成粗糙面的模具表面，延缓该处混凝土凝结。构件脱模后，用压力水枪将未凝结的水泥浆料冲去，形成粗糙面。

（5）颜料。在制作装饰一体化 PC 构件时，可能会用到彩色混凝土。需要在混凝土中掺入颜料。彩色混凝土颜料产量不仅要考虑色彩需要，还要考虑原料对强度等力学、物理性能的影响。原料配合比应当做力学、物理性能的比较试验。颜料掺量不应超过 6%。年龄应当储存在通风、干燥处，防止受潮，严禁与酸碱物品接触。

（6）钢筋间隔件。钢筋间隔件即保护层垫块，用于控制钢筋保护层厚度和钢筋间距的物件。按材料分为水泥基类、塑料类和金属类。

（7）脱模剂。脱模剂的种类通常有水性脱模剂和油性脱模剂两种。PC 工厂宜采用水性脱模剂，降低材料成本，提高构件质量，便于施工。

（8）修补料。

1）普通构件修补料。PC 构件生产、运输和安装过程中难免会出现磕碰掉角、裂缝等，通常需要用修补料来进行修补。常用的修补料有普通水泥砂浆、环氧砂浆和丙乳砂浆等。

环氧砂浆是以环氧树脂为主剂，配以促进剂等一系列助剂，经混合固化后形成一种高强度、高粘结力的固结体，具有优异的抗渗、抗冻、耐盐、耐碱、耐弱酸防腐蚀性能及修补加固性能。

丙乳砂浆是丙烯酸酯共聚乳液水泥砂浆的简称，属于高分子聚合物乳液改性水泥砂浆。丙乳砂浆是一种新型混凝土建筑物的修补材料，具有优异的粘结、抗裂、防水、防氯离子渗透、耐磨、耐老化等性能，和树脂基修补材料相比具有成本低、耐老化、易操作、施工工艺简单及质量容易保证等优点。

2）清水混凝土和装饰混凝土表面修补。清水混凝土或装饰混凝土表面修补通常要求颜色一致，无痕迹等。修补料通常需在普通修补料的基础上加入无机颜料来调制出色彩一致的酱料，削弱修补瘢痕，等修补香料达到强度后，轻轻打磨与周边平滑顺畅。

（9）钢筋。钢筋在装配式混凝土结构构件中除了结构设计配筋外，还可能用于制作浆锚连接的螺旋加强筋、构件脱模或安装用的吊环、预埋件或内埋式螺母的锚固"胡子筋"等。

1）《装配式混凝土结构技术规程》（JCJ 1—2014）规定："普通钢筋采用套灌浆连接和浆锚搭接连接时，钢筋应采用热轧带肋钢筋。"

2）在装配式混凝土建筑结构设计时，考虑到连接套筒、浆螺旋筋、钢筋连接和预埋件相对现浇结构"拥挤"，宜选用大直径高强度钢筋，以减少钢筋根数，避免间距过小对混凝土浇筑的不利影响。

3）吊环应采用未经过冷拉的 HPB300 钢筋制作。

4）PC 构件不能使用冷拉钢筋。当用冷拉法调直钢筋时必须控制冷拉率。光圆钢筋冷拉率小于 4% 时，带肋钢筋冷拉率小于 1%。

（10）型钢和钢板。PC 结构中用到的型钢和钢板包括埋置在构件中的外挂墙板安装连接件等。型钢宜采用 Q235 和 Q345 钢。

3. 辅助材料

PC 建筑的辅助材料是指与预制构件有关的材料和配件，包括内埋式螺母、内埋式吊钉、内埋式螺栓、螺栓、密封胶、密封橡胶条、防雷引下线、保温材料等，以及反打在构件表面的石材、瓷砖、表面涂料等。

6.3.2　装配式混凝土构件制作

PC 构件制作一般是在工厂进行。PC 构件制作工艺有两种方式：固定方式和流动方式。固定方式是模具布置在固定的位置，包括固定模台工艺、立模工艺和预应力工艺等。流动方式是模具在流水线上移动，也称为流水线工艺，包括手控流水线、半自动流水线和全自动流水线。

1. 固定模台工艺

固定模台工艺是固定式生产的主要工艺，也是 PC 构件制作应用最广的工艺。

固定模台工艺是一块平整度较高的钢结构平台，也可以是高平整度高强度的水泥基材料平台。固定模台作为 PC 构件的底模，在模台上固定构件侧模，组合成完整的模具。固定模台也被称为底模、平台、台模。固定模台如图 6-65 所示。

图 6-65　固定模台

固定模台工艺的设计主要是根据生产规模，在车间里布置一定数量的固定模台，组模、放置钢筋与预埋件、浇筑振捣混凝土、养护构件和拆模都在固定模台上进行。固定模台生产工艺，模具是固定不动的，作业人员和钢筋、混凝土等材料在各个模台间"流动"。绑扎或焊接好的钢筋用起重机送到各个固定模台处、混凝土用送料车或送料吊斗送到模台处，养护蒸汽管道也通到各个模台下。PC 构件就地养护，构件脱模后再用起重机送到存放区。

固定模台工艺可以生产柱、梁、楼板、墙板、楼梯、飘窗、阳台板、转角构件等各式构件。它的最大优势是适用范围广，灵活方便，适应性强，启动资金较少。

有些构件的模具自带底模，如立式浇筑的柱子，在 U 形模具中制作的梁、柱等。自带底模的模具不用固定在固定模台上，其他工艺流程与固定模台工艺一样。

（1）固定模台工艺流程。根据构件制作图计划采购各种原材料（钢筋、水泥、石子、中砂、预埋件、涂装材料等），包括固定模台与侧模。将模具按照模具图组装，然后吊入已加工好的钢筋笼，同时安放好各种预埋件（脱模、支撑、翻转、固定模板等），将预拌好的混凝土通过布料机注入模具内，浇筑后就地覆盖构件，经过蒸汽养护使其达到脱模强度，脱模后如需要修补涂装，经过修补涂装后搬运到存放场，待强度达到设计强度 75% 时即可出厂安装。图 6 - 66 为固定模台工艺流程图。

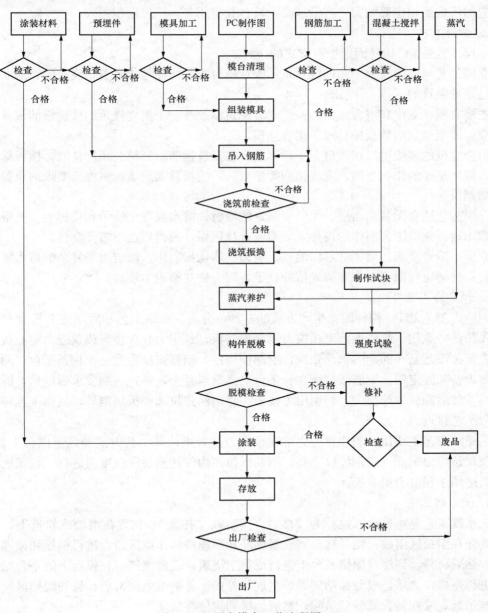

图 6 - 66　固定模台工艺流程图

（2）模台尺度。固定模台一般为钢制模台，也可用钢筋混凝土或超高性能混凝土模台。

常用模台尺寸：预制墙板模台 4m×9m；预制叠合楼板一般 3m×12m；预制柱梁构件 3m×9m。

固定模台生产完构件后在原地通蒸汽养护，所以需要一定的厂房面积来摆放固定模台，还要考虑留出作业通道及安全通道。

（3）生产规模与模台数量的关系。每块模台最大有效使用面积在 70% 左右，很多异形构件还达不到这个比例，约 40%。因此，如果需要产量上一定的规模，模台数量就要增加，相对应的厂房面积也要加大。产量越高，模台数量越多，厂房面积越大。

2. 立模工艺

立模工艺是 PC 构件固定生产方式的一种。

立模工艺与固定模台工艺的区别是：固定模台工艺构件是"躺着"浇筑的，而立模工艺构件是立着浇筑的。

立模有独立立模和组合立模。一个立着浇筑柱子或一个侧立浇筑的楼梯板的模具属于独立立模；成组浇筑的墙板模具属于组合立模。

组合立模的模板可以在轨道上平行移动，在安放钢筋、套筒、预埋件时，模板移开一定距离，留出足够的作业空间，安放钢筋等结束后，模板移动到墙板宽度所要求的位置，然后再封堵侧模。

立模工艺适合无装饰面层、无门窗洞口的墙板、清水混凝土柱子和楼梯等。其最大优势是节约用地。立模工艺制作的构件，立面没有抹压面，脱模后也不需要翻转。

立模不适合楼板、梁、夹芯保温板、装饰一体化板制作；侧边出筋复杂的剪力墙板也不大适合；柱子也仅限于要求 4 面光洁的柱子，因为柱立模成本较高。

3. 预应力工艺

预应力工艺是 PC 构件固定生产方式的一种，分为先张法工艺和后张法工艺。

先张法一般用于制作大跨度预应力混凝土楼板、预应力叠合楼板或预应力空心楼板。

先张法工艺是在固定的钢筋张拉台上制作构件。钢筋张拉台是一个长条平台，两端是钢筋张拉设备和固定端，钢筋张拉后在长条台上浇筑混凝土，养护达到要求强度后，拆卸边模和肋模，然后卸载钢筋拉力，切制应力楼板。除钢筋张拉和楼板切割外，其他工艺环节与固定模台工艺接近。

后张法工艺主要用于制作预应力梁或预应力叠合梁，其工艺方法与固定模台工艺接近，构件预留预应力钢筋（或钢绞线）孔，钢筋张拉在构件达到要求强度后进行。后张法预应力工艺只适用于预应力梁、板。

4. 流水线工艺

流水线工艺是将模台（也称为"移动台模"或"托盘"）放置在滚轴或轨道上，使其移动。首先在组模区组模；然后移动到放置钢筋和预理件的作业区段，进行钢筋和预理件入模作业；然后再移动到浇筑振捣平台上进行混凝土浇筑；完成浇筑后，模台下的平台振动对混凝土进行振捣；之后，模台移动到养护窑进行养护；养护结束出窑后，移到脱模区脱模，构件或被吊起，或在转台翻转后吊起，然后运送到构件存放区。

流水线工艺适合非预应力叠合楼板、双面空心墙板和无装饰层墙板的制作。有全自动化、半自动化和手控三种类型的流水线。

类型单一、出筋不复杂、作业环节不复杂的构件，流水线可达到很高的自动化和智能化水平：自动清扫模具、自动涂刷脱模剂、计算机在模台上画出模具边线和预埋件位置、机械臂安放磁性边模和预埋件、自动化加工钢筋网、自动安放钢筋网、自动布料浇筑振捣、养护窑计算机控制养护温度与湿度、自动脱模翻转、自动回收边模等。

（1）全自动化流水线。全自动化流水线由混凝土成型设备及全自动钢筋加工设备两部分组成。通过计算机编程软件控制，将设备实现全自动对接。图样输入、模板清理、划线、组模、脱模剂喷涂、钢筋加工、钢筋入模、混凝土浇筑、振捣、养护等全过程都由机械手自动完成，真正意义上实现全部自动化。图 6 - 67 为全自动化流水线流程图。

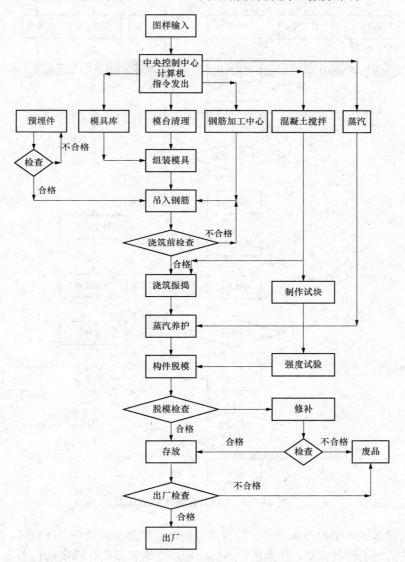

图 6 - 67　全自动化流水线流程图

（2）半自动化流水线。半自动化流水线包括混凝土成型设备，不包括全自动钢筋加工设备，半自动化流水线实现了图样输入、模板清理、划线、组模、脱模剂喷涂、混凝土浇筑、振捣等自动化，但是钢筋加工、入模仍然需要人工作业。图 6-68 为半自动化流水线流程图。

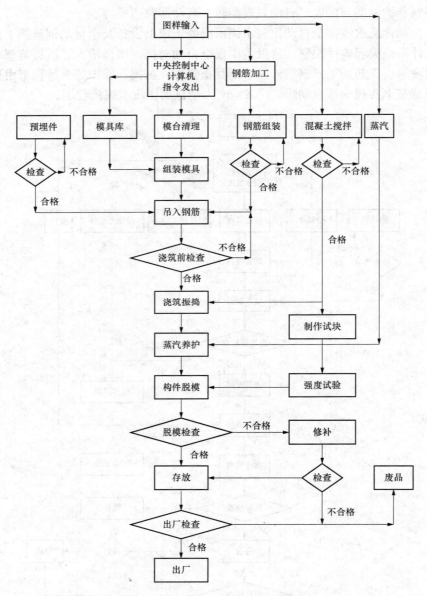

图 6-68　半自动化流水线流程图

（3）手控流水线。手控流水线是将模台通过机械装置移送到每一个作业区，完成一个循环后进入养护区实现了模台流动，作业区、人员固定，浇筑和振捣在固定的位置上。图 6-69 为手控流水线流程图。

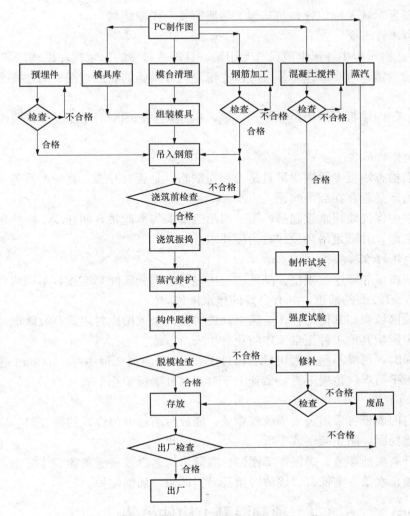

图 6-69 手控（流水线）流程图

6.3.3 预制混凝土构件运输、临时堆放

1. PC 构件的运输路线及运输道路要求

运输路线应在正式运输前制订，并实际考察该运输路线的路况、是否限行、限高、限重。运输道路应平整，少坑洼。

现场运输道路应平整坚实，以防止车辆摇晃时引致构件碰撞、扭曲和变形。运输车辆进入施工现场的道路，应满足 PC 构件的运输要求。

2. 吊车与构件临时存放区域设置

吊车选型应考虑最重墙板的重量，预制墙板临时堆放场地需在吊车作业范围内，且应在吊车一侧，避免在吊车工盲区作业。

临时存放区域应与其他工种作业区质检设置隔离带或做成封闭式存放区域，尽量避免吊装过程中在其他工种工作区内经过，影响其他工种正常作业。

应该设置警示牌及标识牌，与其他工种要有安全作业距离。

3. PC 构件的运输

PC 构件运输过程中，车上应设有专用架，且需有可靠的稳定构件措施；车辆启动应慢，车速应匀，转弯错车时要减速，并且应留意稳定构件措施的状态，需要时在安全的情况下尽快进行加固。

PC 外墙板/内墙板可采用竖立方式运输，PC 叠合板、PC 阳台板、PC 楼梯可采用平方方式运输。

4. PC 构件的吊装

卸车前需检查墙板专用横梁吊具是否存在缺陷，是否有开裂，腐蚀严重等问题，且需检查墙板预埋吊环是否存在起吊问题。

起吊过程中保证墙板垂直起吊，可采用吊运钢梁均衡起吊，防止 PC 构件起吊时单点起吊引起构件变形，并满足吊环设计时角度要求。

5. PC 构件的堆放

堆放时应按吊装顺序、规格、品种、所用幢号房等分区配套堆放，不同构件堆放之间宜设宽度为 0.8～1.2m 的通道，并有良好的排水措施。

临时存放区域应与其他工种作业区之间设置隔离带或做成封闭式存放区域，避免墙板吊装转运过程中影响其他工种正常工作防止发生安全事故。

平放码垛时，每垛不超过六块且不超过 1.5m，底部垫 2 根 100×100mm 通长木方且支垫位置在墙板平吊埋件位置下方，做到上下对齐（外墙板禁止平放）。

6. 墙板的堆放

外墙板与内墙板可采用竖立插放或靠放，插放时通过专门设计的插放架，应有足够的刚度，并需支垫稳固，防止倾倒或下沉。

墙板宜升高离地存放，确保根部面饰、高低口构造、软质缝条和墙体转角等保持质量不受损；对连接止水条、高低口、墙体转角等易损部位应加强保护。

视频 6-4：某城装配式
施工全流程 BIM 演示

6.3.4　预制混凝土构件吊装

（1）预制构件安装应按施工方案要求的顺序进行吊装，并符合下列规定：

1）预制构件起吊前，相应位置垫片、调解螺栓或支架标高应调整完成。

2）预制构件应采用慢起、稳升、缓放，起吊过程中构件应保持平稳，不得出现倾斜和扭转。

3）预制构件吊装时应系揽风绳，就位前通过揽风绳调整构件在空中位置和方向。

4）预制构件就位前，应确定钢筋连接、构件控制线位置无误后方可缓慢下降到预定位置。

5）预制构件就位后，应同步进行临时支撑，并经测量、校验、调整正确后进行临时固定。

（2）预制墙柱构件临时支撑应符合下列规定：

1）预制柱沿高度方向临时支撑可为 1 道，高度宜为预制柱高度的 2/3，不应小于预制柱高度的 1/2，应沿水平两个方向各设置 1 道支撑。

2）预制柱定位后，宜通过其他专用工具调整预制柱位置。

3）预制墙沿高度方向临时支撑宜为 2 道，每个预制墙临时支撑不应少于 2 组，定位后可通过临时支撑进行位置微调。

1. 预制柱吊装

（1）预制柱安装要点应符合下列要求。

1）安装顺序：与现浇连接的柱先行吊装，其他宜按照先角柱、边柱、中柱顺序进行。

2）定位：以轴线和外轮廓线为控制线，对于边柱和角柱，应以外轮廓线控制为主。

3）调整就位：可通过千斤顶调整预制柱平面位置，通过在柱脚位置的预埋螺栓，使用专门调整工具进行微调，调整垂直度。

4）连接部位灌浆封堵：调整就位后，柱脚连接部位宜采用柔性材料和木方组合封堵，也可用专用高强水泥砂浆封堵。

（2）预制柱吊装工艺流程图如图 6 - 70 所示。

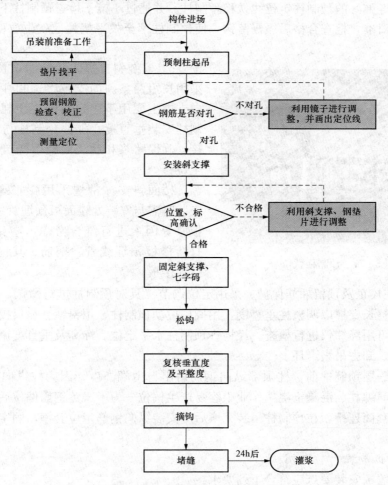

图 6 - 70　预制柱吊装工艺流程图

1）测量定位。楼面混凝土达到上人强度后，清理结合面，由技术人员测量定位控制轴线、预制柱安装的定位边线及 200mm 控制线，并做好标识。

2）预留钢筋矫正。使用自制钢筋定位控制钢套板对板面预留竖向钢筋进行复核，检查预留钢筋位置、垂直度、钢筋预留长度是否准确，对不符合要求的钢筋进行矫正，对偏位的钢筋及时进行调整。

3）垫片找平。每个预制柱下部四个角部位根据实测数值放置相应高度的垫片进行标高找平，并防止垫片移位。

垫片安装应注意避免堵塞注浆孔及灌浆连通腔。

4）预制柱起吊。吊装施工前由技术人员核对预制柱型号、尺寸，检查质量无误后，由专人负责挂钩，待挂钩人员撤离至安全区域时，由下面信号工确认构件四周安全情况，确认无误后进行试吊，指挥缓慢起吊。起吊到距离地面约 0.5m 左右时，进行起吊装置安全确认，确定起吊装置安全后，继续起吊作业。

5）预制柱就位。预制柱吊运至施工楼层距离楼面 200mm 时，略做停顿，安装工人对着楼地面上已经弹好的预制柱定位线扶稳预制柱，并通过小镜子检查预制柱下口套筒与连接钢筋位置是否对准，检查合格后缓慢落钩，使预制柱落至找平垫片上就位放稳，如图 6-71 所示。

图 6-71   预制柱就位

6）安装斜支撑。装配体系预制柱就位后，采用长短两条斜向支撑将预制柱临时固定。斜向支撑主要用于固定与调整预制柱体，确保预制柱安装垂直度，加强预制柱与主体结构的连接，确保灌浆和后浇混凝土浇筑时，柱体不产生位移。

楼面斜支撑常规采用膨胀螺栓进行安装。安装时需与安装处楼面板预埋管线及钢筋位置、板厚等因素进行统合考虑，避免损坏、打穿、打断楼板预埋线管、钢筋、其他预埋装置等，打穿楼板。

7）预制柱校正及预留插筋保护。采用定位调节工具对预制柱进行微调。调整短支撑调节柱位置，调整长支撑以调整柱垂直度，用撬棍拨动预制柱、用铅锤、靠尺校正柱体的位置和垂直度，并可用经纬仪进行检查。经检查预制柱水平定位、标高及垂直度调整准确无误后紧固斜向支撑，卸去吊索卡环。

在安装下一层预制柱前，柱顶部纵向钢筋留出自由端高度，因为柱纵向钢筋自由端较长，在后续钢筋绑扎、混凝土浇捣作业中容易产生偏位。为了避免钢筋偏位后无法与下一层预制柱的预留套筒连接，在预制柱吊装完毕后应安装纵向钢筋定位套箍，固定柱顶部纵向钢筋位置。

2. 预制墙板吊装

（1）预制墙板安装要点应符合下列要求：

1）安装顺序：与现浇连接的墙板先行吊装，其他宜按照外墙先行吊装的原则进行吊装。

2) 定位：以轴线和轮廓线为控制线，对于外墙，应以轴线和外轮廓线双控制。

3) 调整就位：安装到指定位置后，测量预制墙板的水平位置、倾斜度、高度等，通过墙底垫片（预埋螺丝）、临时斜支撑进行调整。

4) 连接部位灌浆封堵：调整就位后，墙底部连接部位可用柔性材料和木方组合封堵，也可用专用高强水泥砂浆封堵。

（2）预制墙板吊装工艺流程图如图 6 - 72 所示。

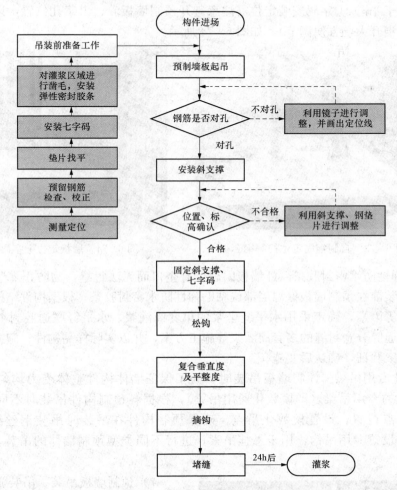

图 6 - 72　预制墙板吊装工艺流程图

1) 测量定位。楼面混凝土上强度后，清理结合面，根据定位轴线，在已施工完成的楼层板面上放出预制墙体定位边线及 200mm 控制线，并做好 200mm 控制线的标识，在预制墙体上弹出 1000mm 水平控制线。方便施工操作及墙体控制。

2) 预留钢筋校正。使用自制钢筋定位控制钢套板对板面预留竖向钢筋进行复核，检查预留钢筋位置、垂直度、钢筋预留长度是否准确，对不符合要求的钢筋进行矫正，偏位的要及时进行调整，确保上层预制墙体内的套筒与下一层的预留插筋能够顺利对孔。如图 6 - 73 为自制钢筋定位控制钢套板。

3）垫片找平。预制墙板下口与楼板间设计有约 20mm 缝隙（灌浆用），同时为保证墙板上下口齐平，每块墙板下部四个角部根据实测数值放置相应高度的垫片进行标高找平，并防止垫片移位。

垫片安装应注意避免堵塞注浆孔及灌浆连通腔。

4）安装墙板定位七字码。七字码设置于预制墙体底部，主要用于加强预制墙体与主体结构的连接，确保灌浆和后浇混凝土浇筑时，墙体不产生位移。每块墙板应安装不少于 2个，间距不大于 4m。七字码安装定位需注意避开预制墙板灌、出浆孔位置，以免影响灌浆作业（孔应适当开大，方便调节），如图 6-74 所示。

图 6-73 自制钢筋定位控制钢套板　　　　　图 6-74 墙板定位七字码

5）粘贴弹性防水密封胶条。外墙板因设计有企口而无法封缝，为防止灌浆时浆料外侧渗漏，墙板吊装前在预制墙板保温层部位粘贴弹性防水密封胶条。根据构件结构特点、施工环境温度条件等因素，确定采用水平缝坐浆的单套筒灌浆、水平缝联通腔封缝的多套筒灌浆、水平缝联通腔分仓封缝的多套筒灌浆等施工方案，并以实际样品构件、施工机具、灌浆材料等进行方案验证，确认后实施。

6）模数化专用吊梁。预制墙板吊装时，为了保证墙体构件整体受力均匀，应采用 H型钢焊接而成的专用吊梁（即模数化通用吊梁），根据各预制构件吊装时不同尺寸、重量及不同的起吊点位置，设置模数化吊点，确保预制构件在吊装时吊装钢丝绳保持竖直。专用吊梁下方设置专用吊钩，用于悬挂吊索，进行不同类型预制墙体的吊装，如图 6-75所示。

图 6-75 模数化专用吊梁

7）预制墙板吊装。吊装施工前由质量工程师核对墙板型号、尺寸，检查质量无误后，由专人负责挂钩，待挂钩人员撤离至安全区域时，由下面信号工确认构件四周安全情况，确认无误后进行试吊，指挥缓慢起吊。起吊到距离地面约 0.5m 左右时，进行起吊装置安全确认，确定起吊装置安全后，继续起吊作业。

8）预制墙板就位。预制墙板吊运至施

工楼层距离楼面 200mm 时，略做停顿，安装工人对着楼地面上弹好的预制墙板定位线扶稳墙板，并通过小镜子检查墙板下口套筒与连接钢筋位置是否对准，检查合格后缓慢落钩，使墙板落至找平垫片上就位放稳。

9）安装斜支撑。装配体系预制墙板（内墙板、外墙板）就位后，采用长短两条斜向支撑将预制墙板临时固定。斜向支撑主要用于固定与调整预制墙体，确保预制墙体安装垂直度，加强预制墙体与主体结构的连接，确保灌浆和后浇混凝土浇筑时，墙体不产生位移。

10）预制墙板校正。墙体吊装之前可在室内架设激光扫平仪，扫平标高设置为 1000mm。墙体定位完成缓慢降落过程中通过激光线与墙体 1000mm 控制线进行校核，墙体下部通过调节钢垫片进行标高调节，直至激光线与墙体 1000mm 控制线重合。墙体吊装完成后，控制线距楼层标高应为 1000mm±3mm。

3. 预制叠合梁吊装

（1）预制梁安装要点应符合下列要求：

1）支架调整：吊装前，支架标高应调整完成。

2）定位：以轮廓线为控制线，对于采用钢筋套筒灌浆连接的预制梁，应以套筒钢筋连接完成后，在进行定位调整。

3）临时斜支撑：安装就位后，每个预制梁应设置 2 道斜支撑。

4）调整就位：通过支架和斜支撑进行调整。

（2）预制叠合梁吊装工艺流程图如图 6-76 所示。

1）测量定位。墙体楼面混凝土上强度后，清理楼面，并根据结构平面布置图，放出定位轴线及叠合梁定位控制边线，做好控制线标识。

2）搭设支撑体系。装配式预制叠合梁支撑体系宜采用可调式独立钢支撑体系。采用装配式结构独立钢支撑系统的支撑高度不宜大于 4m。当支撑高度大于 4m 时，宜采用满堂钢管支撑脚手架体系。

可调式独立钢支撑体系施工前应编制专项施工方案，并应经审核批准后实施。施工方案应包括：工程概况、编制依据、独立钢支柱支撑布置方案、施工部署、施工检测、搭设与拆除、施工安全质量保证措施、计算书及相关图纸等，并应按照钢

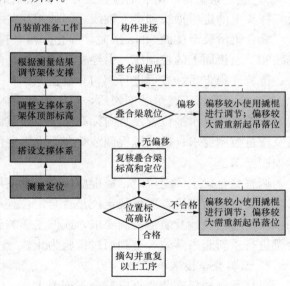

图 6-76　预制叠合梁吊装工艺流程图

支撑上的荷载以及钢支撑容许承载力，计算钢支撑的间距和位置。

可调式独立钢支撑体系搭设前，项目技术负责人应按专项施工方案的要求对现场管理人员和作业人员进行技术和安全作业交底。

图 6-77 为可调式独立钢支撑图。

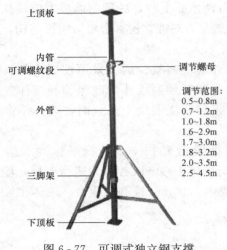

图 6-77　可调式独立钢支撑

上顶板

内管
可调螺纹段　　　　　　调节螺母

　　　　　　　　　　　调节范围:
外管　　　　　　　　　　0.5~0.8m
　　　　　　　　　　　0.7~1.2m
　　　　　　　　　　　1.0~1.8m
　　　　　　　　　　　1.6~2.9m
　　　　　　　　　　　1.7~3.0m
　　　　　　　　　　　1.8~3.2m
三脚架　　　　　　　　　2.0~3.5m
　　　　　　　　　　　2.5~4.5m

下顶板

3) 调整支撑体系顶部架体标高。支撑安装先利用手柄将调节螺母旋至最低位置,将上管插入下管至接近所需的高度,然后将销子插入位于调节螺母上方的调节孔内,把可调钢支顶移至工作位置,搭设支架上部工字钢梁,旋转调节螺母,调节支撑使铝合金工字钢梁上口标高至叠合梁底标高,待预制梁底支撑标高调整完毕后进行吊装作业。

4) 叠合梁吊装。支撑体系搭设完毕后,按照施工方案制定的安装顺序,将有关型号、规格的预制梁配套码放,在预制叠合梁两端弹好定位控制轴线(或中线),理顺调直两端伸出的钢筋。

在预制柱已吊装加固完成的开间内进行预制叠合梁吊装作业。梁吊装宜遵循先主梁后次梁的原则,分间吊装预制叠合楼板。

应按照图纸上的规定或施工方案中所确定的吊点位置,进行挂钩和锁绳。注意吊绳的夹角一般不得小于45°角。如使用吊环起吊,必须同时拴好保险绳。当采用兜底吊运时,必须用卡环卡牢。

5) 叠合梁就位。吊装前应检查柱头支点钢垫的标高、位置是否符合安装要求。就位时找好柱头上的定位轴线和梁上轴线之间的相互关系,控制梁正确就位。

叠合梁吊装至楼面 500mm 时,停止降落,操作人员稳住叠合梁,参照柱、墙顶垂直控制线和下层板面上的控制线,引导叠合梁缓慢降落至柱头支点上方。

待构件稳定后,方可进行摘勾和校正。

6) 叠合梁校正。吊装摘勾后,根据预制墙体上弹出的水平控制线及竖向楼板定位控制线,校核叠合梁水平位置及竖向标高情况。通过调节竖向独立支撑,确保叠合梁满足设计标高及质量控制要求;通过撬棍调节叠合梁水平定位,确保叠合梁满足设计图纸水平定位及质量控制要求。

调整叠合梁水平定位时,撬棍应配合垫木使用,避免损伤预制梁边角。

调整完成后应检查梁吊装定位是否与定位控制线存在偏差。采用铅垂和靠尺进行检测,如偏差仍超出设计及质量控制要求,或偏差影响到周边叠合梁或叠合楼板的吊装,应对该叠合梁进行重新起吊落位,直到通过检验为止。

4. 预制叠合楼板吊装

(1) 预制楼板安装要点应符合下列要求:

1) 支架调整:吊装前,支架标高应调整完成。

2) 定位:以轮廓线为控制线,板边线不应超过实际控制线。

3) 调整:浇筑混凝土前,检查和调整楼板底面平整度。

(2) 预制叠合楼板吊装工艺流程图如图 6-78 所示。

1) 测量定位。墙体楼面混凝土上强度后,清理楼面,并根据结构平面布置图,放出定位轴线及叠合楼板定位控制边线，做好控制线标识。

2）搭设支撑体系。同预制叠合梁吊装。

3）调整支撑体系架体顶部标高。同预制叠合梁吊装。

4）叠合楼板吊装。支撑体系搭设完毕后，将叠合楼板从运输构件车辆上或预制构件堆放场地挂钩起吊至操作面。预制叠合楼板专用吊架如图6-79所示。

5）叠合楼板就位。叠合楼板吊装至楼面500mm时，停止降落，操作人员稳住叠合楼板，参照墙顶垂直控制线和下层板面上的控制线，引导叠合楼板缓慢降落至支撑上方，调整叠合楼板位置，根据板底标高控制线检查标高。待构件稳定后，方可进行摘勾和校正，如图6-80所示。

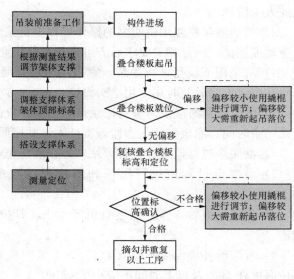

图6-78　预制叠合楼板吊装工艺流程图

图6-79　预制叠合楼板专用吊架

图6-80　预制叠合楼板就位

6）叠合楼板校正。吊装前摘勾后，根据预制墙体上弹出的水平控制线及竖向楼板定位控制线，校核叠合楼板水平位置及竖向标高情况。通过调节竖向独立支撑，确保叠合楼板满足设计标高及质量控制要求；通过撬棍调节叠合楼板水平定位，确保叠合楼板满足设计图纸水平定位及质量控制要求。如图6-81所示。

图6-81　叠合楼板校正

5.钢筋套筒灌浆连接施工

（1）套筒和连接部位灌浆要点应符合下列要求：

1）灌浆料使用前，应检查产品包装上的有效期和产品外观。

2）在灌浆施工前，应对灌浆部位进行机

械或人工清理。

3）按照灌浆料使用说明书的操作规程进行浆料搅拌，每次灌浆料搅拌完成后应进行初始流动度测试，满足相关要求后方可进行灌浆作业。

4）应采用下位孔进行灌浆，宜采用电动泵灌浆，灌浆拌和物应在 30min 内使用完毕，灌浆孔出浆饱满后及时用专用堵头封堵。

5）灌浆作业时应及时进行记录作业信息，应包含灌浆部位、环境温度、灌浆开始时间、灌浆结束时间、灌浆责任人、监理责任人，并按照每个班组制作 1 组试件，每组 3 个试件。

6）灌浆全过程监理应进行旁站，并在灌浆作业记录单上签字确认。

7）灌浆全过程应进行影像和图片资料记录存档，影像资料不少于灌浆部位总数的 30%。

8）灌浆完成后，养护期不宜低于 24h，养护期间内严禁人员攀爬，避免振动或受到冲击。

9）灌浆时环境温度不应低于 5℃，必要时应对灌浆部位进行局部加温措施，保证灌浆部位温度在 10℃ 及以上时间不应小于 48h。

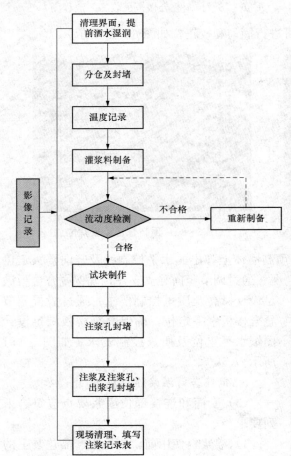

图 6-82　钢筋套筒灌浆连接工艺流程图

10）灌浆作业前应制定灌浆操作的专项质量保证措施。灌浆施工的操作人员应经专业培训后上岗。套筒灌浆连接应采用由接头型式检验确定的相匹配的灌浆套筒、灌浆料。

11）预制构件内已安装的灌浆套筒，其接头型检报告中的灌浆料为首选材料。灌浆料使用及灌浆连接应符合接头提供单位的技术要求。

12）施工现场灌浆料宜存储在室内，并采取有效的防雨、防潮、防晒措施，避免灌浆料受潮失效。灌浆料使用时应检查产品包装上印制的有效期和产品的外观，无过期和异常后方可开袋使用。每工作班应检查灌浆料拌和物初始流动度不少于 1 次，确认合格后，方可用于灌浆；留置灌浆料强度检验试件的数量应符合验收及施工控制要求。

13）灌浆操作全过程应有专职检验人员负责现场监督并及时形成施工检查记录，并做好灌浆作业全过程影像记录。

（2）钢筋套筒灌浆连接工艺流程，如图 6-82 所示。

1）清理界面，提前洒水湿润。预制构件安装校正固定稳妥后，使用风机清理预留板缝，并用水将封堵部位润湿。

2）分仓及封堵。预制剪力墙板的灌浆作业一般采取分仓的方式（图 6 - 83），采用灌浆机进行连续灌浆时，一般单仓长度应在 1.0～1.5m 之间；采用手动灌浆枪灌浆则单仓长度不应大于 0.3m。也可以经过实体灌浆试验确定合理的单仓长度。

分仓通常采用抗压强度为 50MPa 的座浆料等材料，并严格按照产品说明要求加水搅拌均匀，分仓结束且浆料达到灌浆要求的强度后方可进行灌浆作业。

分仓作业要严格控制分隔条的宽度及分隔条与连接主筋的距离，分隔条的宽度一般控制在 20～30mm 之间，分隔条与连接主筋的间距应大于 50mm。

接缝封堵常用的方式有：木方封堵、充气管封堵、座浆料座浆方式封堵、座浆料抹浆方式封堵、塑胶海绵胶条封堵等。

应根据具体情况选择适宜的封堵方式。封堵前要确保结合面干净无灰尘和异物，封堵要严密、牢固可靠。采用座浆料等封堵料

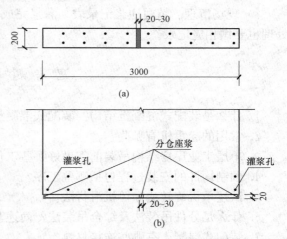

图 6 - 83　预制剪力墙板灌浆分仓示意图
（a）平面示意图；（b）立面示意图

时要严格按照产品说明要求加水搅拌均匀，封堵完成且浆料达到灌浆作业要求的强度后再进行灌浆作业。

3）温度记录。灌浆施工时，利用测温仪进行温度测定。环境温度应符合灌浆料产品使用说明书要求。灌浆施工时环境温度应高于 5℃以上，必要时，应对连接处采取保温加热措施，保证浆料在 48h 凝结硬化过程中连接部位温度不低于 10℃。低于 0℃时不得施工。当环境温度高于 30℃时，应采取降低灌浆料拌和物温度的措施。

4）灌浆料制备。拌和水量应按灌浆料使用说明书要求确定，并按重量计量。灌浆料拌和应采用电动设备。拌制灌浆料，首先将全部拌和水加入搅拌桶，然后加入约为 70% 的灌浆干粉料，搅拌至大致均匀（1～2min），最后将剩余干料全部加入，再搅拌 3～4min 至浆体均匀，静置 2～3min 排气，搅拌充分、均匀，宜静置 2min 后使用，然后注入灌浆泵中进行灌浆作业。灌浆料搅拌完成后，任何情况下不得再次加水。

5）流动度检测。检查拌和后的浆液流动度，流动度合格方可使用。

6）试块制作。每个施工段留置一组灌浆试块，用三联强度模做同条件养护试块，制作好的试块在接头实际环境温度下放置并密封保存。

7）注浆及注浆孔、出浆孔封堵。灌浆作业，宜采用机械灌浆。同一分仓要求注浆连续进行，每次拌制的浆料需在 30min 内用完。注浆封堵宜采用专用橡胶塞封堵。

竖向钢筋套筒灌浆连接，灌浆应采用压浆法从灌浆套筒下方灌浆孔注入，当灌浆料从构件其他灌浆孔、出浆孔流出后应及时封堵。

竖向钢筋套筒灌浆连接采用连通腔灌浆时，宜采用一点灌浆的方式。当一点灌浆遇到问题而需要改变灌浆点时，各套筒已封堵灌浆孔、出浆孔应重新打开，待灌浆料拌和物再次流

出后进行封堵。

水平钢筋套筒灌浆连接，灌浆作业应采用压浆法从灌浆套筒灌浆孔注入，当灌浆套筒灌浆孔、出浆孔的连接管或连接头处的灌浆料拌和物均应高于套筒外表面最高点时应停止灌浆，及时封堵。

8）现场清理、填写注浆记录表。灌浆完成后，填写灌浆作业记录表。发现问题的补救处理也要做相应记录。

思 考 题 与 习 题

1. 什么是装配式混凝土结构？装配式混凝土结构分为哪些类型？
2. 常用的起重机有哪些？
3. 单层工业厂房结构吊装前需做好哪些工作？
4. 预制构件的安装过程包括哪些工序？
5. 试述单机旋转法和单机滑行法。
6. 什么是分件吊装法及综合吊装法？简述其优点、缺点及适用范围。
7. 装配式混凝土有哪些连接材料？
8. 简述装配式混凝土构件制作工艺分类。

第7章

钢结构工程

钢结构是由多种规格尺寸的钢板、型钢等按照设计图纸进行裁剪、制作、加工成众多的零构（部）件，然后经过组装、拼装、连接、矫正、涂漆等工序后制成成品，运到施工现场进行安装而成的结构体系。钢结构强度高，自重轻，有良好的塑性、韧性，抗震性能好，工业化程度高，安装容易，施工周期短，投资回收快，环境污染少，建筑造型美观等综合优势。钢结构建筑被称为"21世纪的绿色工程"。

7.1 结构钢用钢材

钢材的品种繁多，性能各异，但在钢结构中采用的钢材按其化学元素组成，主要有碳素结构钢（分为普通碳素结构钢和优质碳素结构钢）、低合金高强度结构钢、耐候钢（分为高耐候结构钢和焊接结构用耐候钢）、其他钢材（桥梁用结构钢、耐火钢、铸钢、不锈钢及高强度钢等）等。

7.1.1 结构钢材的品种

钢材的主要品种有以下类型：

1. 钢板、钢带

钢板和钢带的主要区别在于钢板是平板状矩形的钢材，而钢带是指成卷交货的钢材。钢板按轧制方法可以分为冷轧钢板和热轧钢板，在建筑钢结构中主要用热轧钢板。根据厚度、长度与宽度的变化，钢板分为薄板、厚板、特厚板和扁钢等。薄板主要用来制造冷弯薄壁型钢；厚板用作梁、柱、实腹式框架等构件的腹板和翼缘，以及桁架中心节点板；特厚板用于钢结构高层建筑箱形柱等；扁钢可作为组合梁的翼缘板、各种构件的连接板等。

2. 普通型材

工字钢、槽钢、角钢三种类型是工程结构中使用最早的型钢。

（1）工字钢，有普通热轧工字钢和轻型工字钢两种。翼缘内表面有着1:6倾斜度，使翼缘外薄而内厚，就造成工字钢在两个主平面内的截面特性相差极大。不宜单独用作轴心受压构件或承受斜弯曲和双向弯曲的构件，在应用中难以发挥钢材的强度特性，已逐渐被H型钢所淘汰。

（2）槽钢，有普通热轧槽钢和轻型槽钢两种，其伸出肢较大，可用于屋盖檩条，承受斜弯曲或双向弯曲。另外槽钢翼缘内表面斜度1:10比工字钢平缓，安装螺栓较容易，但其腹板较厚，使槽钢组成的构件用钢量较大。相比而言，型号相同的轻型槽钢比普通槽钢的翼缘宽而薄，腹板厚度更小，截面特性更好。

（3）角钢，是传统钢结构工程中应用非常广泛的型材，有等边角钢和不等边角钢两大类，可以组成独立的受力构件，或作为受力构件之间的连接零件。

3. H型钢

H型钢有热轧H型钢和焊接H型钢两种。H型钢与工字钢相比，其翼缘宽，两个主轴方向的惯性矩接近，抗弯、抗扭、抗压、抗震能力强；翼缘内表面没有斜度，上下表面平行，便于机械加工、结构连接和安装。H型钢的截面特性要明显优于传统的普通型钢，受力更加合理，故已广泛用于钢结构高层建筑建筑中。

4. 冷弯型钢

是由薄钢板或钢带经冷轧（弯）或压模而成，其截面形式有等边角钢、卷边等边角钢、Z型钢、卷边Z型钢、槽钢、卷边槽钢等开口截面以及方形和矩形闭口截面等，如图7-1所示。

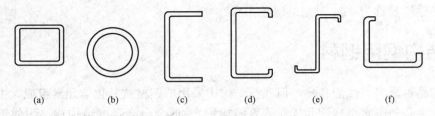

图7-1　冷弯薄壁型钢
（a）方钢管；（b）焊接薄壁钢管；（c）槽钢；（d）卷边槽钢；（e）卷边Z型钢；（f）卷边等肢角钢

冷弯型钢在轻型钢结构、大跨度钢结构中有着不容忽视的地位。

5. 厚度方向性能钢板

厚度方向性能钢板，俗称"Z向板"，是用于防止板材的层状撕裂，主要连接处的板材或者在板厚方向承受重大拉应力的板材，也称Z向钢、又称"抗层状撕裂钢"，即平时所说的Z向性能。

7.1.2　钢材选材及代用

各种结构对钢材各有要求，建筑钢材选择时根据规范要求对钢材的强度、塑性、韧性、耐疲劳性能、焊接性能、耐锈性能等全面考虑，确定钢材的牌号及其质量等级。钢材的选用原则是既能使结构安全可靠和满足要求，又要最大可能节约钢材和降低造价，不同的使用条件应有不同的质量要求。一般应考虑：结构的重要性、荷载情况、连接方法、结构所处的温度和工作环境等几方面的情况。

钢结构应按照选用钢材的原则选用钢材的钢号并提出对钢材的性能要求。钢结构工程所采用的钢材必须附有钢材的质量证明书，各项指标应符合设计文件的要求和国家现行有关标准的规定。施工单位不宜随意更改或代用。只有在供方无法满足设计要求又没有其他货源的情况下，经原设计单位同意时方可代换，并可根据钢材选择的原则灵活调整。对材质的要求，受拉构件高于受压构件；焊接结构高于螺栓连接的结构；厚钢板结构高于薄钢板结构；低温结构高于常温结构；受动力荷载的结构高于受静力荷载的结构。一般确定钢材必须代换时，应注意以下各点：

（1）代用钢材的化学成分和机械性能与原设计应一致。钢号虽然满足设计要求，但生产厂家提供的材质保证书中缺少设计部门提出的部分性能要求时，应做补充试验。

（2）钢材性能虽然满足设计要求，但钢号的质量优于设计提出的要求时，应注意节约。

（3）如钢材性能满足设计要求，而钢号质量低于设计要求时，一般不允许代用。如结构性质和使用条件允许，在材质相差不大的情况下，经设计单位同意亦可代用。

（4）钢材的钢号和性能都与设计的要求不符时，如 Q235 钢代 Q345 钢，首先应根据上述（1）和（2）的规定检查是否合理，然后按钢材的设计强度重新计算，根据计算结果改变结构的截面，焊缝尺寸和节点构造。

（5）对于成批混合的钢材，如用于主要承重结构时，必须逐根按现行标准对其化学成分和机械性能分别进行试验，如检验不符合要求时，可根据实际情况用于非承重结构构件。

（6）采用进口钢材时，应验证其化学成分和机械性能是否满足相应钢号的标准。

（7）当采用代用钢材而引起构件的强度、稳定性和刚度变化较大，并产生较大的偏心影响时，要重新进行设计。

（8）钢材的规格尺寸与设计要求不同时，不能随意以大代小，须经计算后才能代用。

7.1.3　钢材的验收

对钢结构的钢材进行验收是保证钢结构工程质量的重要环节，应该遵照《钢结构工程施工质量验收标准》（GB 50205）对钢材的有关规定执行。其主要内容包括以下几项。

（1）钢材的数量和品种是否与订货单符合。

（2）钢材的质量保证书是否与钢材上打印的记号符合。每批钢材必须具备生产厂家提供的材质证明书，写明钢材的炉号、化学成分和机械性能等项目。应检查各项目是否齐全，并根据现行国标中的有关规定，核对钢材的各项指标。

以上验收检查的数量为全数检查；检验的方法是检查质量合格证明文件及检验报告等。

（3）检验钢材的表面质量，其表面不得有结疤、裂纹、折叠和分层等缺陷，其深度不得大于该钢材厚度负允许偏差值的 1/2。本项检查验收的数量为全数检查；检验方法是观察检查。

（4）根据国标中的有关规定核对钢材的规格尺寸以及各类钢材外形尺寸的允许偏差。

本项检查验收的数量为每一品种、规格的钢材或型钢抽查 5 处；检验的方法是用钢尺或游标卡尺量测。

（5）属于下列情况之一的钢材，钢材必须具备材质质量保证书和试验报告。同时应进行抽样复验，复验结果应符合现行国家产品标准和设计要求。

1）国外进口钢材。

2）钢材混批。

3）钢材质量保证书的项目少于设计要求（应提供缺少项目的试验报告）。

4）板厚大于 40mm 且设计有 Z 向性能要求的厚板。

5）设计有复验要求的钢材。

6）对质量有疑义的钢材。

本项检查验收的数量为全数检查；检验的方法是检查质量保证书、试验报告及复验报告。

其中（1）、（2）、（5）为钢材验收的主控项目；（3）、（4）为钢材验收的一般项目。

7.2 钢结构的连接技术

钢结构的连接是通过一定的方式将各个板件或杆件连成整体。板件、杆件间要保持正确的相互位置，连接部位应有足够的静力强度和疲劳强度，来满足传力和使用要求。因此连接是钢结构制作和施工中重要的环节。一般好的连接，应当符合安全可靠、节省钢材、构造简单和施工方便的原则。

我国钢结构高层建筑在制作和安装施工时采用的连接方法，根据结构的特点，主要有焊接连接和高强度螺栓连接等。

7.2.1 焊接连接的方法、原理及操作工艺

视频 7 - 1：电弧焊

1. 手工电弧焊

凡电极的送给、前进和摆动三个动作均靠手工操作来实现的都称为手工电弧焊。它是钢结构中常用的焊接方法，其设备简单，操作灵活方便，适用于各种位置的焊接；但生产效率较差，质量较低。在钢结构高层建筑的制造过程中一般用作焊缝打底；在现场焊接中，是广泛采用的一种焊接技术。

图 7 - 2 是手工电弧焊的原理示意图。它是由焊条、焊钳、焊件、电焊机和导线等组成电路。通过引弧后，在涂有焊药的焊条端和焊件间的间隙产生电弧，使焊条熔化，熔滴滴入被电弧吹成的焊件熔池中，同时焊药燃烧，在熔池周围形成保护气体，稍冷后在焊缝熔化的金属表面又形成熔渣，隔绝熔池中的液体金属和空气中的氧、氮等气体的接触，避免形成脆性易裂的化合物。焊缝金属冷却后就与焊件熔成一体。

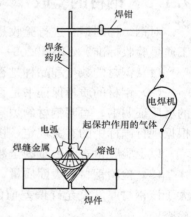

图 7 - 2 手工电弧焊原理

视频 7 - 2 埋弧焊

2. 自动埋弧焊

埋弧焊是利用电弧作为热源的焊接方法，焊接时电弧在颗粒状的焊剂下层燃烧而完成焊接过程。

自动埋弧焊的原理如图 7 - 3 所示。主要设备是自动电焊机，它可沿轨道按设定的速度移动。一般焊丝成卷装置在焊丝转盘上，焊丝外表裸露不涂焊剂，焊剂成散状颗粒装置在焊剂漏斗中。通电使焊丝末端和焊件之间产生电弧后，电弧下的焊丝和附近焊件金属熔化形成熔池，焊剂也熔化并不断地从漏斗流下，将熔融的焊缝金属覆盖，焊剂将熔成焊渣浮在熔融的焊缝金属表面。部分蒸发的焊剂蒸汽将电弧周围的

焊剂熔渣排开，形成封闭空间，使电弧与外界空气隔绝，故而焊接时看不见强烈的电弧光，称为埋弧焊。当埋弧焊的全部装备固定在小车上，由小车按规定的速度沿轨道前进进行焊接时，这种方法就称为自动埋弧焊。

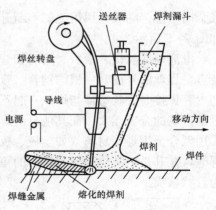

图 7-3　自动埋弧焊的原理图

自动埋弧焊由于焊剂对电弧空间保护可靠，电弧热量集中，熔深大，焊接速度快，热影响区较小，焊接变形小；且自动化操作，焊接工艺条件好，焊缝质量稳定，光洁平直，内部缺陷少，化学成分和机械性能较均匀，生产效率也高。广泛用于焊接中厚度板的有规律的直长对接和贴角焊缝，可焊接碳素钢、低合金钢、不锈钢、耐热钢及其复合钢等。但由于采用颗粒状焊剂，一般只适用于平焊位置。

视频 7-3：二氧化碳气体保护焊

3. 气体保护焊

气体保护焊的原理如图 7-4 所示。气体保护焊又称气电焊，它是利用惰性气体或二氧化碳气体作为保护介质的一种电弧熔焊方法。它直接依靠保护气体在电弧周围形成局部的保护层，以防止有害气体的侵入，从而保持焊接过程的稳定。

气体保护焊的优点是焊工能够清楚地看到焊缝成型的过程，熔滴过渡平缓，焊缝强度比手工电弧焊高，塑性和抗腐蚀性能好。适用于全位置的焊接，但不适用于野外或有风的地方施焊。

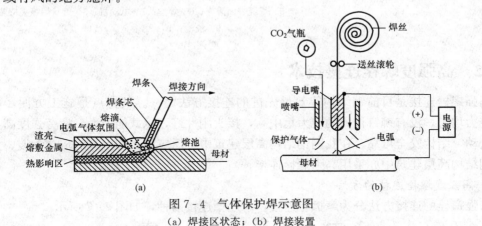

图 7-4　气体保护焊示意图
（a）焊接区状态；（b）焊接装置

4. 电渣焊

电渣焊也是一种自动焊，主要用于中碳钢及中、高强度结构钢在竖直位置上的对接焊接。其原理同电弧焊有本质区别。

视频 7-4：电渣焊

电渣焊开始一般先在电极和引弧板之间产生电弧，利用其热量使周围的焊剂熔化而变成液态熔渣。当液态熔渣在焊件和冷却滑块的空间内达到一定深度（即形成渣池）时，电弧熄灭，此时电弧过程即转变为电渣过程。当焊接电流由电极经过渣池至焊件时，渣池产生的电阻热使电极和焊件熔化，在渣池下面形成金属熔池。随着金属熔池的不断升高，远离热源的熔池金属逐渐冷却而形成焊缝。其过程如图 7-5 所示。

电渣焊有丝极、板极、熔嘴和管状熔嘴等数种，其中管状熔嘴是一种新的工艺方法。其特点是焊丝的外面套一根细钢管（直径 $d=12mm$，壁厚 3mm），其外壁涂有一层厚 2mm 的药皮，焊接时管状熔嘴与焊丝一起不断送进和熔化。其药皮既自动补充熔渣，又向焊缝金属过渡一定的合金元素。而其他电渣焊要通过焊剂向焊缝过渡合金元素相当困难，因而不得不采用低合金钢焊接材料（如丝极、板极等）。熔嘴电渣焊适用于建筑结构的厚板对接、角接焊缝，尤其是钢结构高层建筑中的箱形柱柱面板与内置横隔板的立缝焊接。如图 7-12 所示为管状熔嘴。

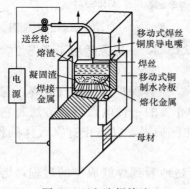 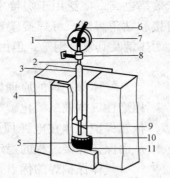

图 7-5　电渣焊接法　　　　图 7-6　管状熔嘴电渣焊

1—送进压轮；2—管状熔嘴；3—药皮；4—水冷铜块；
5—焊缝表面渣壳；6—焊丝；7—电动机；8—管状熔嘴夹持器；
9—渣池；10—熔融金属；11—焊缝

7.2.2　高强度螺栓连接技术

高强螺栓连接是目前钢结构建筑最先进的连接方法之一。其特点是施工方便，可拆可换，传力均匀，没有铆钉传力的应力集中高，接头刚性好，承载能力大，疲劳强度高，螺母不易松动，结构安全可靠。在我国钢结构高层建筑中广泛应用，如上海的瑞金大厦、金茂大厦等钢结构高层建筑中亦采用高强螺栓连接。

1. 高强度螺栓连接的方法

高强螺栓的连接方法分为摩擦型连接，承压型连接两种，如图 7-7 所示。

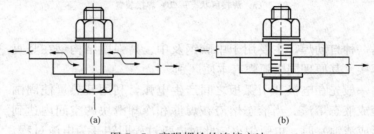

图 7-7　高强螺栓的连接方法
（a）摩擦型连接；（b）承压型连接

（1）摩擦型连接。该连接是拧紧螺母后，螺栓杆产生强大拉力，把接头处各层钢板压得很紧，以巨大的抗滑移力来传递内力，连接件之间产生相对滑移作为承载能力极限状态。摩擦力的大小是根据钢板表面的粗糙程度（与摩擦面处理的方法有关）和螺栓杆对钢板施加压力的大小来决定。摩擦型连接螺栓形式有六角头型和扭剪型两种，两者的连接性能和本身的力学性能都是相同的，都是以扭矩的大小取决螺栓轴向力的大小；其区别在于外形和施工方法不同，前者的扭矩是由施工工具来控制，后者的扭矩是由螺栓尾部切口的扭断力矩来控制。两者相比，扭剪型更具有施工简便、检查直观、受力良好、质量可靠等优点。近年来钢结构高层建筑工程上绝大部分采用这种形式。

（2）承压型连接。该连接是由螺栓拧紧后所产生的抗滑移力及螺栓杆在螺孔内和连接钢板间产生的承压力来传递应力的一种方法。在荷载设计值下，以螺栓或连接件达到最大承载能力，作为承载能力极限。承压型连接不得用于直接承受动力荷载的构件连接、承受反复荷载作用的构件连接和冷弯薄壁型钢构件连接。所以在钢结构高层建筑中都是应用摩擦型连接。

2. 高强度螺栓的材料要求

大六角头高强螺栓连接副由一个螺栓杆、一个螺母和两个垫圈组成，如图 7-8（a）所示。螺栓性能等级分为 8.8 级和 10.9 级。

扭剪型高强螺栓连接副由一个螺栓杆、一个螺母和一个垫圈组成，如图 7-8（b）所示。螺栓性能等级只有 10.9 级。

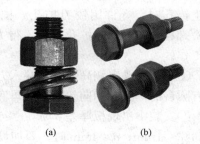

(a)　　　　(b)

图 7-8　高强螺栓
(a) 大六角头高强螺栓；(b) 扭剪型高强螺栓

3. 施工工艺

高强螺栓的施工，包括摩擦面处理、安装、初拧、终拧和检验等工作。

（1）栓杆长度确定。

$$L = A + B + C + D$$

式中　L——螺栓需要总长度，mm；

　　　A——节点各层钢板厚度总和，mm；

　　　B——垫圈厚度，mm；

　　　C——螺母厚度，mm；

　　　D——拧紧后露出 2～4 扣的长度，mm。

（2）备料数量：按计算的数量增加 5%的施工损耗。

（3）工艺要点。

1）安装前注意：

①高强螺栓连接副应按批号分别存放，并应在同批内配套使用。在储存、运输和施工过程中不得混用，轻装、轻卸，防止受潮、生锈、玷污和碰伤。

②高强螺栓节点钢板的抗滑移面，应按规定的工艺进行摩擦面处理，并达到设计要求的抗滑移动系数（摩擦系数）。

③高强螺栓使用前，应按有关规定对高强螺栓的各项性能进行检验。

④安装高强螺栓时，接头摩擦面上不允许有毛刺、铁屑、油污、焊接飞溅物。摩擦面应干燥、没有结露、积霜、积雪，并不得在雨天进行安装。

⑤使用定扭矩扳子紧固高强度螺栓时，班前应对定扭矩扳子进行核校，合格后方能使用。

2）安装时注意：

①一个接头上的高强螺栓，应从螺栓群中部开始安装，逐个拧紧。初拧、复拧、终拧都应从螺栓群中部开始向四周扩展逐个拧紧，每拧紧一遍均应用不同颜色的油漆做上标记，防止漏拧。终拧后应用腻子封严四周，防止雨水侵入，初拧、复拧、终拧必须在同一天内完成。

②接头如有高强度螺栓连接又有电焊连接时，是先紧固还是先焊接，应按设计要求规定的顺序进行。当设计无规定时，按先栓后焊的施工工艺顺序进行。

③高强螺栓应自由穿入螺栓孔内，严禁用榔头等工具强行打入或用扳手强行拧入螺孔，否则螺杆产生挤压力，使扭矩转化为拉力，使钢板压紧力达不到设计要求。当板层发生错孔时，允许用铰刀扩孔。扩孔时，铁屑不得掉入板层间。扩孔数量不得超过一个接头螺栓孔的 1/3，扩孔直径不得大于原孔径再加 2mm。严禁用气割进行高强螺栓孔的扩孔工作。

④一个接头多颗高强螺栓穿入方向应一致。垫圈有倒角的一侧应朝向螺栓头和螺母，螺母有圆台的一面应朝向垫圈，螺母和垫圈不应装反。并以扳手向下压的紧固方向为最佳。

⑤安装中出现板厚差 δ 时，$\delta \leqslant 1mm$ 可不处理；$\delta > 1mm$，将厚板一侧磨成 1∶5 缓坡，使间隙 $< 1mm$；$\delta > 3mm$ 时，要加设填板，填板制孔、表面处理与母材相同。

⑥当气温低于 $-10℃$ 和雨、雪天气时，在露天作业的高强螺栓应停止作业。当气温低于 $0℃$ 时，应先做紧固轴力实验，不合格者，当日应停止作业。

⑦高强螺栓紧固方法。高强螺栓的紧固是用专门扳手拧紧螺母，使螺栓杆内产生要求的拉力。

大六角头高强螺栓一般用两种方法拧紧，即扭矩法和转角法（见图 7 - 9）。扭矩法分初拧和终拧二次拧紧，进行初拧扭矩用终拧扭矩的 60%～80%，其目的是通过初拧，使接头各层钢板达到充分密贴。再用终拧扭矩把螺栓拧紧。如板层较厚，板叠较多，初拧后板层达不到充分密贴，还要增加复拧，复拧扭矩和初拧扭矩相同。转角法也是以初拧和终拧二次进行。初拧用扭矩法，终拧用转角法。初拧用定扭矩扳子以终拧扭矩的 50%～80% 进行，使接头各层钢板达到充分密贴，再在螺母和螺栓杆上面通过圆心画一条直线，然后用扭矩扳子转动螺母一个角度，使螺栓达到终拧要求。转动角度的大小在施工前由实验确定。

扭剪型高强螺栓紧固也分初拧和终拧二次进行。初拧用定扭矩扳手，以终拧扭矩的 50%～80% 进行，使接头各层钢板达到充分密贴，再用电动扭剪型扳子把梅花头拧掉，使螺栓杆达到设计要求的轴力。电动扭剪型扳子一般有大小各两套管，大套管卡住螺母，小套管卡住梅花头，接通电源后，两个套管按反向旋转，螺母逐渐拧紧，梅花头切口受剪力逐渐加大，螺母达到所需要的扭矩时，梅花头切口剪断，梅花头掉下。这时螺栓达到要求的轴力，如图 7 - 10 所示。

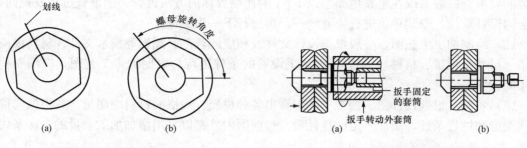

图 7-9 转角法施工

图 7-10 扭剪型高强螺栓终拧示意图
(a) 拧紧中；(b) 拧紧完成

7.3 钢结构的制作和安装

7.3.1 钢结构构件的制作

由于钢结构高层建筑工程规模大、构件类型多，技术复杂、制作工艺要求严格，一般均由专业工厂来加工制作，组织大流水作业生产。这样做有利于结合工厂条件，便于采用先进技术。钢结构生产工艺流程（见图 7-11）。

视频 7-5：钢结构
加工制作

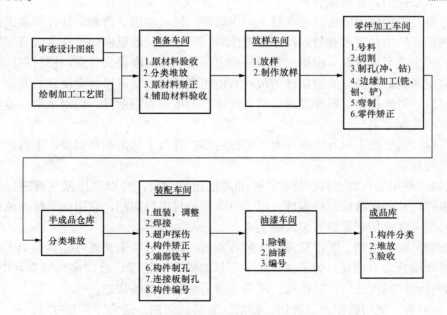

图 7-11 钢结构构件制作工艺流程

1. 加工制作前的准备工作

（1）审查设计图纸。即核对图纸中的构件数量，各构件的相对关系，接头的细部尺寸等；审查构件之间各部分尺寸有无矛盾，技术上是否合理，构件分段是否符合制作、运输、安装的要求。一般采取在平整地面上以 1∶1 的比例放样的方法进行。如审查过程发现问题，应会同设计单位、安装单位进行协商统一，再进行下一步工作。

（2）绘制加工工艺图。一般根据设计文件及相应的规范、规程等技术文件、材料供应的规格（尺寸、重量、材料），结合工厂加工设备的条件进行。根据加工工艺图，应编制构件制作的指导书。

（3）备料。根据设计图、加工工艺图算出各种材质、规格的材料净用量，并根据构件的不同类型和供货条件，增加一定的损耗量。目前国内外都以采用增加加工余量的方法来代替损耗。

（4）钢材的准备。检验钢材材质的质量保证书（记载着本批钢材的钢号、规格、长度、根数、出产单位、日期、化学成分和力学性能）；检查钢材的外形尺寸、钢材的表面缺陷；检验钢结构用辅助材料（包括螺栓、电焊条、焊剂、焊丝等）的化学成分，力学性能及外观。所有检验结构均应符合设计文件要求和国家有关标准。

（5）堆放。检验合格的钢材应按品种、牌号、规格分类堆放，其底部应垫平、垫高，防止积水。注意堆放不得造成地基下陷和钢材永久变形。

2. 零件加工

（1）放样。根据加工工艺图，以 1∶1 的要求放出整个结构的大样，制作出样板和样杆以作为下料、铣边、剪制、制孔等加工的依据。放样应在专门的钢平台或平板上进行，样板和样杆是构件加工的标准，应使用质轻、坚固、不宜变形的材料（如铁皮、扁铁、塑料板等）制成并精心使用，妥善保管。

（2）号料。以放样为依据，在钢材上画出切割、铣、刨边、弯曲、钻孔等加工位置。号料前，应根据图纸用料要求和材料尺寸合理配料，尺寸大、数量多的零件应统筹安排、长短搭配、先大后小或套材号料；根据工艺图的要求尽量利用标准接头节点，使材料得到充分的利用而耗损率降到最低值；大型构件的板材宜使用定尺料，使定尺的宽度或长度为零件宽度或长度的倍数；另外根据材料厚度的切割方法适当的增加切割余量。切割余量、号料的允许偏差应符合有关规定。

（3）下料。钢材的下料方法有气割、机械剪切、等离子切割和锯切等，下料的允许偏差应符合相应的规定。

1）气割。利用氧气和燃料燃烧时产生的高温熔化钢材，并以高压氧气流进行吹扫，使金属按要求的尺寸和形状切割成零件。可以对各种钢材进行切割，它用的氧气的纯度对气体消耗量、切割速度、切割质量有很大的关系。

氧气切割是钢材切割工艺中最简单、最方便的一种，近年来又通过提高切割火焰的喷射速度使效率和质量大为提高，为了提高气割下料的效率和精度，目前多头切割和电磁仿形、光电跟踪等自动切割也已经广泛使用。适用于多头切割和曲线切割。

2）机械剪切。使用机械力（剪切、锯割、磨削）切割，适合于厚度在 12～16mm 以下钢板的直线性切割。相应的机械有剪板机、锯床、砂轮机等。剪刀采用碳工具钢和合金工具钢，剪刀的间隙应根据板厚调整。

3）等离子切割。利用特殊的割炬，在电流、气流及冷却水的作用下，产生高达 20 000～30 000℃的等离子弧线流实现切割，切割时不受材质的限制，具有切割速度高、切口狭窄、热影响区小，变形小且切割质量好的特点，适用于切割用气割所不能切割或难以切割的不锈钢等高熔点的钢材。

(4) 制孔。制孔分钻孔和冲孔两类，各级螺栓孔、孔距等的允许偏差应符合相关规定。

1) 钻孔。钻孔适用性广，孔壁损伤小，孔的精度高。对于重要结构的节点，先预钻一级孔眼的尺寸，在装配完成调整好尺寸后，扩成设计孔径；一次钻成设计孔径时，为了使孔眼位置有较高的精度，一般均先制成钻模，钻模贴在工件上调好位置，在钻模内钻孔。为提高钻孔效率，可以把零件叠在一起钻几块钢板，或用多头钻进行钻孔。一般钻孔在钻床上进行，若工件太大，不便在钻床上进行时，可用电磁座钻加工。

2) 冲孔。冲孔一般只能用冲较薄的钢板和型钢，且孔径大小一般大于钢材厚度，否则易损坏冲头。冲孔效率高，但孔的周围会产生冷作硬化，孔壁制质量差，只用于次要连接。冲孔一般用冲床。当碳素结构钢在环境温度低于 $-20℃$、低合金结构钢在环境温度低于 $-15℃$ 时，不得进行冲孔。

(5) 边缘加工。边缘加工包括：为消除切割造成的边缘硬化而将板边刨去 $2\sim4mm$；为了保证焊缝质量而将钢板边刨成坡口；为了装配的准确性及保证压力的传递，而将钢板刨直或铣平。

边缘加工的方法有刨边、铣边、铲边、碳弧气刨、气割坡口等。刨边使用刨床，可刨直边也可刨斜边；铣边为端面加工，光洁度比刨边差一些，用铣床加工；铲边可以用手工或风铲，加工精度较差；碳弧气刨利用碳棒与被刨削的金属产生的电弧将工件熔化，压缩空气随即将熔化的金属吹掉；气割坡口将割炬嘴偏斜成所需要的角度，然后对准开坡口的位置运行割炬。边缘加工的允许偏差应符合相应的规定。

(6) 弯曲。根据设计要求，利用加工设备和一定的工装模具把板材或型钢弯制成一定形状的工艺方法。一般油冷弯和热弯两种方法。

1) 冷弯。钢板或型钢冷弯的工艺方法有滚圆机滚弯、压力机压弯以及顶弯、拉弯等，各种工艺方法均应按型材的截面形状、材质、规格及弯曲半径制作相应的胎膜，并经试弯符合要求后方准正式加工。冷弯后零件的自由尺寸的允许偏差应符合相应的规定。

2) 热弯。也称煨弯，是将钢材加热到 $1000\sim1100℃$（暗黄色）时立即进行煨弯，并在 $500\sim550℃$（暗黑色）之前结束。钢材加热如超过 1100，则晶格将会发生裂隙，材料变脆，致使质量急剧降低而不能使用；如低于 $550℃$，则钢材产生蓝脆而不能保证煨弯的质量，因此一定要掌握好加热温度。

(7) 变形矫正。钢材在运输、装卸、堆放和切割过程中，有时会产生不同的弯曲波浪变形，如变形值超过规范规定的允许值时，必须在下料以前及切割之后进行变形矫正。钢结构的矫正时通过外力和加热作用，迫使已发生变形的钢材反变形，以使材料或构件达到平直及设计的几何形状的工艺方法。常用的平直矫正方法有人工矫正、机械矫正、火焰矫正等。钢材校正后的允许偏差符合相应规定。

1) 人工矫正。人工矫正采用锤击法，锤子使用木锤，如用铁锤，应设平垫；锤的大小、锤击点的着力的轻重程度应根据型钢的截面尺寸和板料的厚度合理选择。该法适用薄板或截面比较小的型钢构件的弯曲、局部凸出的矫正，但普通碳素钢在低于 $-16℃$、低合金钢低于 $-12℃$ 时，不得使用本法，以免产生裂纹。矫正后的钢材表面不应有明显的凹面和损伤，锤痕深度不应大于 0.5mm。

2）机械矫正。机械矫正采用多辊平板机，利用上、下两排辊子将板料的弯曲部分矫正调直；型钢变形多采用型钢调直机。适用于一般板件和型钢构件的矫正，但普通碳素钢在低于－16℃，低合金钢在低于－12℃时不得使用本法，以免产生裂纹。

3）火焰矫正。用氧乙炔焰或其他火焰对构件或成品变形部位进行矫正，加热方式有点状加热，线状加热和三角形加热三种。点状加热适于矫正板料局部弯曲或凹凸不平，加热点直径一般为 10～30mm，点距为 5～100mm；线状加热多用于 10mm 以上板的角变形和局部圆弧、弯曲变形的矫正，线的宽度应控制在工件厚度的 0.5～2.0 倍范围；三角形加热面积大，收缩量也大，适于型钢、钢板及构件纵向弯曲及局部弯曲矫正，三角加热面面积的高度与底边宽度应控制在型材高度的 1/5～2/3 范围内，三角形顶点在内侧，底面在外侧。火焰加热的温度一般为 700℃，最高不应超过 900℃。一般只适用于低碳钢和 16Mn 钢，对于中碳钢、高合金钢、铸铁和有色金属等脆性较大的材料，由于冷却收缩变形产生裂纹而不宜采用。

3. 构件的组装和预拼装

视频 7-6：钢结构组装

（1）组装。组装是将设备完成的零件或半成品按要求的运输单元，通过焊接或螺栓连接等工序装配成部件或构件。组装应按工艺方法的组装次序进行，当有隐蔽焊缝时，必须先施焊，经检验合格后方可覆盖；为减少大件组装焊接的变形，一般采用小件组装，经矫正后再整体大部件组装；组装要在平台上进行，平台应测平，胎膜须牢固地固定在平台上；根据零件的加工编号，对其材料、外形尺寸严格检验考核，毛刺飞边应清除干净，对称零件要注意方向以免错装；组装好的构件或结构单元，应按图纸用油漆编号。钢构件组装的方法及适用范围见表 7-1。

表 7-1　　　　　　　　　　钢构件组装方法及适用范围

名称	装配方法	适用范围
地样法	用比例 1∶1 在装配平台上放出构件实样。然后根据零件在实样上的位置，分类组装起来成为构件	桁架、框架等少批量结构组装
仿形复制装配法	先用地样法组成单面（单片）结构，并且必须定位点焊，然后翻身作为复制胎膜，在上装配另一单位结构，往返 2 次组装	横断面互为对称的桁架结构
立装	根据构件的特点，及其零件的稳定位置，选择自上而下或自下而上的装配	用于放置平稳，高度不大的结构或大直径圆筒
卧装	构件放置平卧位置配置	用于断面不大但长度较大的细长构件
胎膜装配法	把构件的零件用胎膜定位在其装配位置上的组装（布置胎膜时，必须注意各种加工余量）	用于制造构件批量大、精度高的产品

（2）预拼装。由于受运输、安装设备能力的限制，或者为了保证安装的顺利进行，在工厂里将多个成品构件按设计要求的空间设置试装成整体，以检验各部分之间的连接状况，称为预拼装。

　　预拼装一般分平面预拼装和立体预拼装两种状态，拼装的构件应处于自由状态，不得强行固定。预拼装检验合格后，应在构件上标注上下定位中心线、标高基准线、交线中心点等必要标记，必要时焊上临时撑件和定位器等。其允许偏差应符合相应的规定。

　　4．钢构件验收

　　钢构件制作完成后应按照施工图和现行施工规范及技术规程的规定进行成品验收。构件外形尺寸的允许偏差应符合相应的规范规定。构件出厂时，制造单位应提交下列资料。

　　（1）产品合格证。

　　（2）钢结构施工图和设计更改文件，设计变更的内容在施工图中相应部位注明。

　　（3）钢构件制作过程中的技术协商文件。

　　（4）钢材、连接材料和涂装材料的质量证明书和试验报告。

　　（5）焊接工艺评定报告。

　　（6）高强度螺栓接头处的摩擦系数试验报告及涂层的检测质料。

　　（7）焊缝质量无损检验报告。

　　（8）主要构件验收记录和预拼装记录。

　　（9）构件的发运和包装清单。

7.3.2　钢结构的安装

　　1．安装顺序及安装要点

　　（1）流水段划分原则。多高层建筑钢结构的安装，必须按照建筑物的平面形状、结构型式、安装机械的数量和位置等，合理划分安装施工流水区段，确定安装顺序。

　　1）平面流水段的划分应考虑钢结构在安装过程中的对称性和整体稳定性。其安装顺序一般应由中央向四周扩展，以利焊接误差的减少和消除。筒体结构的安装顺序为先内筒后外筒；对称结构采用全方位对称方案安装。

　　2）立面流水段的划分以一节钢柱（各节所含层数不一）为单元。每个单元安装顺序以主梁或钢支撑、带状桁架安装成框架为原则；其次是安装次梁、楼板及非结构构件。塔式起重机的提升、顶升与锚固，均应满足组成框架的需要。

　　（2）安装顺序。多高层建筑钢结构安装前，应根据安装流水段和构件安装顺序，编制构件安装顺序表。表中应注明每一构件的节点型号、连接件的规格数量、高强度螺栓规格数量、栓焊数量及焊接量、焊接形式等。构件从成品检验、运输、现场核对、安装、校正到安装后的质量检查，应统一使用该安装顺序表。

动画 7 - 1：门式钢结构
厂房安装

　　安装多采用综合法，其顺序一般是：平面内从中间的一个节间（标准节框架）开始，以一个节间的柱网为一个安装单元，先安装柱，后安装梁，然后往四周扩展。垂直方向自下而上组成稳定结构后分层次安装次要构件，一节间一节间钢框架，一层楼一层楼安装完成，以便消除安装误差累积和焊接变形，使误差减低到最小限度。筒体结构的安装顺序一般为先内筒后外筒，对称结构采用全方位对称方案安装。凡有钢筋混凝土内筒体的结构，应先浇注筒体。

　　一般钢结构标准单元施工顺序如图 7 - 12 所示。

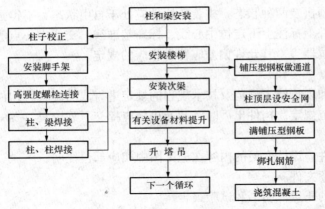

图 7-12 钢结构标准单元施工顺序

（3）安装要点。

1）凡在地面拼装的构件，需设置拼装架组拼（立拼），易变形的构件应先进行加固，组拼后的尺寸经校检无误后，方可安装。

2）各类构件的吊点，宜按下述方法设置：钢柱平运两点起吊，安装一点立吊。立吊是需在柱子根部垫以垫木，以回转法起吊，严禁根部拖地。钢梁，用特制吊卡两点平吊或串吊。钢构件的组合件因组合件形状、

尺寸不同，可通过计算重心来确定吊点，并可采用两点、三点或四点吊。

3）钢构件的零件及附件应随构件一并起吊，对尺寸较大、质量较大的节点板，应用铰链固定在构件上；钢柱上的爬梯，大梁上的轻便走道也应牢固固定在构件上。

4）每个流水段一节柱的全部钢构件安装完毕并验收合格后，方能进行下一流水段钢结构的安装。

5）在安装前、安装中及竣工后均应采取一定的测量手段来保证工程质量测量，测量预控程序如图 7-13 所示。

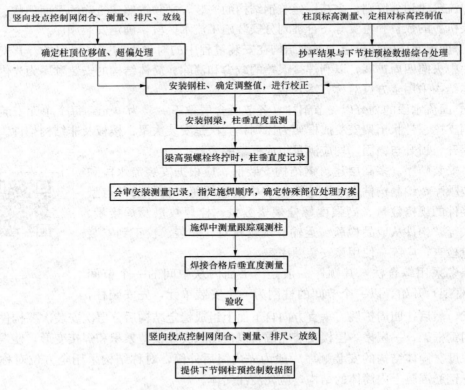

图 7-13 钢结构安装测量预控程序

6）当天安装的构件，应形成空间稳定体系，以确保安装质量和结构的安全；当一节柱的各层梁安装校正后，应立即安装本节各层楼梯，铺好各层楼面的压型钢板；预制外墙板应根据建筑物的平面形状对称安装，使建筑物各侧面均匀加载；楼面上的施工荷载不得超过梁和压型钢板的承载力；叠合楼板的施工应随着钢结构的安装进度进行，两个工作面相距不宜超过 5 个楼层。

7）安装时，应注意日照、焊接等温度引起的热影响，施工中应有调整因构件伸长、缩短、弯曲而引起的偏差的措施。

为控制安装误差，对钢结构高层建筑先确定标准柱（能控制框架平面轮廓的少数柱子），一般选平面转角柱为标准柱。其垂直度观测取柱基中心线为基准点用激光经纬仪进行。

2. 构件吊点设置与起吊

（1）钢柱。平运 2 点起吊，安装 1 点立吊。立吊时，需在柱子根部垫上垫木，以回转法起吊，严禁根部拖地。吊装 H 型钢柱、箱形柱时，可利用其接头耳板作吊环，配以相应的吊索、吊架和销钉。钢柱起吊如图 7-14 所示。

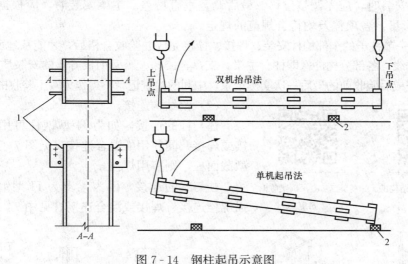

图 7-14 钢柱起吊示意图
1—吊耳；2—垫木

（2）钢梁。距梁端 500mm 处开孔，用特制卡具 2 点平吊，次梁可三层串吊，如图 7-15 所示。

（3）组合件。因组合件形状、尺寸不同，可计算重心确定吊点，采用 2 点吊、3 点吊或 4 点吊。凡不易计算者，可加设倒链协助找重心，构件平衡后起吊。

（4）零件及附件。钢构件的零件及附件应随构件一并起吊。尺寸较大、重量较重的节点板，钢柱上的爬梯、大梁上的轻便走道等，应牢固固定在构件上。

视频 7-7：钢梁　　视频 7-8：钢屋架
吊装　　　　　　吊装

3. 构件安装与校正

（1）工艺要求。

1）柱子、主梁、支撑等大构件安装时，应立即进行校正，校正正确后，应立即进行永

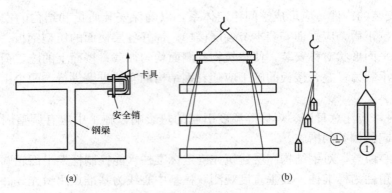

图 7-15 钢梁吊装示意图

(a) 卡具设置示意；(b) 钢梁吊装

久的固定，以确保安装质量。

2）柱子安装时，应先调整位移，最后调整垂直偏差。主梁安装时，应根据焊缝收缩量预留焊缝变形量。各项偏差均符合规范的规定。

3）当每一节柱子的全部构件安装、焊接、栓接完成并验收合格后，才能从地面引测上一节柱子的定位轴线。各部分构件（即柱、主梁、支撑、楼梯、压型钢板等）的安装质量检查记录，必须是安装完成后验收前的最后一次实测记录，中间的检查记录不得作为竣工验收的记录。

视频 7-9：钢结构的
焊接

视频 7-10：钢梁临时
固定

（2）钢结构连接。

柱与柱的连接，如为 H 型钢柱可用高强螺栓连接或焊接共同使用的混合连接（见图 7-16）；如为箱型截面柱，则多用焊接。

柱与梁的连接，因为梁多为 H 型钢梁，可用高强螺栓连接、焊接或混合连接（见图 7-17）。

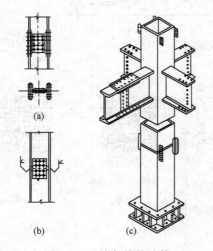

图 7-16 柱与柱的连接

(a) H 型钢柱的高强螺栓连接；(b) H 型钢柱的混合连接；
(c) 箱形截面柱的焊接连接

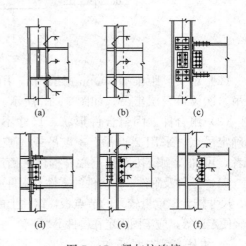

图 7-17 梁与柱连接

(a)、(b) 焊接连接；(c)、(d) 高强螺栓连接；
(e)、(f) 混合连接

梁与梁的连接，支撑与梁、柱的连接，同样可用高强螺栓连接或焊接连接。

（3）钢柱安装与校正。

1）首节钢柱的安装与校正。安装前，应对建筑物的定位轴线、首节柱的安装位置、基础的标高和基础混凝土强度进行复检，合格后才能进行安装。

视频 7-11：钢柱柱固定脚

①柱顶标高调整　根据钢柱实际长度、柱底平整度，利用柱子底板下地脚螺栓上的调整螺母调整柱底标高，以精确控制柱顶标高（见图 7-18）。

②纵横十字线对正　首节钢柱在起重机吊钩不脱钩的情况下，利用制作时在钢柱上划出的中心线与基础顶面十字线对正就位。

③垂直度调整　用两台呈 90°的经纬仪投点，采用缆风法校正。在校正过程中不断调整柱底板下螺母，校毕将柱底板上面的 2 个螺母拧上，缆风松开，使柱身呈自由状态，再用经纬仪复核。如有小偏差，微调下螺母，无误后将上螺母拧紧。柱底板与基础面间预留的空隙，用无收缩砂浆以捻浆法垫实。

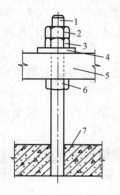

图 7-18　采用调整螺母控制标高

1—地脚螺栓；2—止退螺母；3—紧固螺母；4—螺母垫圈；5—柱子底板；6—调整螺母；7—钢筋混凝土基础

2）上节钢柱安装与校正。上节钢柱安装时，利用柱身中心线就位，为使上下柱不出现错口，尽量做到上、下柱定位轴线重合。上节钢柱就位后，按照先调整标高，再调整位移，最后调整垂直度的顺序校正。

校正时，可采用缆风法校正法或无缆风校正法。目前多采用无缆风校正法（见图 7-19），即利用塔吊、钢楔、垫板、撬棍以及千斤顶等工具，在钢柱呈自由状态下进行校正。此法施工简单、校正速度快、易于吊装就位和确保安装精度。为适应无缆风校正法，应特别注意钢柱节点临时连接耳板的构造。上下耳板的间隙宜为 15～20mm，以便于插入钢楔。

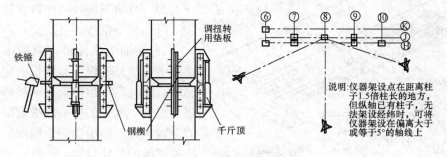

图 7-19　无缆风校正法示意图

①标高调整　钢柱一般采用相对标高安装，设计标高复核的方法。钢柱吊装就位后，合上连接板，穿入大六角高强度螺栓，但不夹紧，通过吊钩起落与撬棍拨动调节上下柱之间间隙。量取上柱柱根标高线与下柱柱头标高线之间的距离，符合要求后在上下耳板间隙中打入钢楔限制钢柱下落。正常情况下，标高偏差调整至零。若钢柱制造误差超过 5mm，则应分次调整。

②位移调整 钢柱定位轴线应从地面控制轴线直接引上，不得从下层柱的轴线引上。钢柱轴线偏移时，可在上柱和下柱耳板的不同侧面夹入一定厚度的垫板加以调整，然后微微夹紧柱头临时接头的连接板。钢柱的位移每次只能调整3mm，若偏差过大只能分次调整。起重机至此可松吊钩。校正位移时应注意防止钢柱扭转。

③垂直度调整 用两台经纬仪在相互垂直的位置投点，进行垂直度观测。调整时，在钢柱偏斜方向的同侧锤击钢楔或微微顶升千斤顶，在保证单节柱垂直度符合要求的前提下，将柱顶偏轴线位移校正至零，然后拧紧上下柱临时接头的大六角高强度螺栓至额定扭矩。

注意：为达到调整标高和垂直度的目的，临时接头上的螺栓孔应比螺栓直径大4.0mm。由于钢柱制造允许误差一般为-1~5mm，螺栓孔扩大后能有足够的余量将钢柱校正准确。

（4）钢梁的安装与校正。

1）钢梁安装时，同一列柱，应先从中间跨开始对称地向两端扩展；同一跨钢梁，应先安上层梁再安中下层梁。

2）在安装和校正柱与柱之间的主梁时，可先把柱子撑开，跟踪测量、校正，预留接头焊接收缩量，这时柱产生的内力，在焊接完毕焊缝收缩后也就消失了。

3）一节柱的各层梁安装好后，应先焊上层主梁后焊下层主梁，以使框架稳固，便于施工。一节柱（三层）的竖向焊接顺序是：上层主梁→下层主梁→中层主梁→上柱与下柱焊接。

每天安装的构件，应形成空间稳定体系，确保安装质量和结构安全。

4. 楼层压型钢板安装

多高层钢结构楼板，一般多采用压型钢板与混凝土叠合层组合而成（见图7-20）。一节柱的各层梁安装校正后，应立即安装本节柱范围内的各层楼梯，并铺好各层楼面的压型钢板，进行叠合楼板施工。

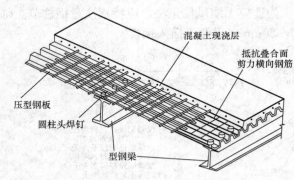

图7-20 压型钢板组合楼板的构造

楼层压型钢板安装工艺流程是：弹线→清板→吊运→布板→切割→压合→侧焊→端焊→封堵→验收→栓钉焊接。

（1）压型钢板安装铺设。

1）在铺板区弹出钢梁的中心线。主梁的中心线是铺设压型钢板固定位置的控制线，并决定压型钢板与钢梁熔透焊接的焊点位置；次梁的中心线决定熔透焊栓钉的焊接位置。因压型钢板铺设后难以观察次梁翼缘的具体位置，故将次梁的中心线及次梁翼缘反弹在主梁的中心线上，固定栓钉时再将其反弹在压型钢板上。

2）将压型钢板分层分区按料单清理、编号，并运至施工指定部位。

3）用专用软吊索吊运。吊运时，应保证压型钢板板材整体不变形、局部不卷边。

4）按设计要求铺设。压型钢板铺设应平整、顺直、波纹对正，设置位置正确；压型钢板与钢梁的锚固支承长度应符合设计要求，且不应小于50mm。

5）采用等离子切割机或剪板钳裁剪边角。裁减放线时，富余量应控制在5mm范围内。

6）压型钢板固定。压型钢板与压型钢板侧板间连接采用咬口钳压合，使单片压型钢板间连成整板；然后用点焊将整板侧边及两端头与钢梁固定，最后采用栓钉固定。为了浇筑混凝土时不漏浆，端部肋作封端处理。

（2）栓钉焊接。为使组合楼板与钢梁有效地共同工作，抵抗叠合面间的水平剪力作用，通常采用栓钉穿过压型钢板焊于钢梁上。栓钉焊接的材料与设备有栓钉、焊接瓷环和栓钉焊机。

焊接时，先将焊接用的电源及制动器接上，把栓钉插入焊枪的长口，焊钉下端置入母材上面的瓷环内。按焊枪电钮，栓钉被提升，在瓷环内产生电弧，在电弧发生后规定的时间内，用适当的速度将栓钉插入母材的融池内。焊完后，立即除去瓷环，并在焊缝的周围去掉卷边，检查焊钉焊接部位。栓钉焊接工序如图 7-21 所示。

栓钉焊接质量检查：

1）外观检查　栓钉根部焊脚应均匀，焊脚立面的局部未熔合或不足 360° 的焊脚应进行修补。

2）弯曲试验检查：栓钉焊接后应进行弯曲试验检查，可用锤击使栓钉从原来轴线弯曲 30° 或采用特制的导管将栓钉弯成 30°，若焊缝及热影响区没有肉眼可见的裂纹，即为合格。

压型钢板及栓钉安装完毕后，即可绑扎钢筋，浇筑混凝土。

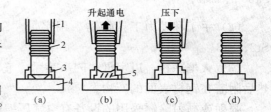

图 7-21　栓钉焊接工序
(a) 焊接准备；(b) 引弧；(c) 焊接；(d) 焊后清理
1—焊枪；2—栓钉；3—瓷环；4—母材；5—电弧

7.4　钢结构的涂装施工技术

钢结构在常温大气环境中安装、使用，易受大气中水分、氧和其他污染物的作用而被腐蚀。钢结构的腐蚀不仅造成经济损失，还直接影响到结构安全。另外，钢材由于其导热快，比热小，虽是一种不燃烧材料，但极不耐火。未加防火处理的钢结构构件在火灾温度作用下，温度上升很快，只需十几分钟，自身温度就可达 540℃ 以上，此时钢材的力学性能如屈服点、抗拉强度、弹性模量及载荷能力等都将急剧下降；达到 600℃ 时，强度则几乎为零，钢构件不可避免地扭曲变形，最终导致整个结构的垮塌毁坏。

因此，根据钢结构所处的环境及工作性能采取相应的防腐与防火措施，是钢结构设计与施工的重要内容。目前国内外主要采用涂料涂装的方法进行钢结构的防腐与防火。

7.4.1　钢结构防腐涂装工程

1. 钢材表面除锈等级与除锈方法

钢结构构件制作完毕，经质量检验合格后应进行防腐涂料涂装。涂装前钢材表面应进行除锈处理，以提高底漆的附着力，保证涂层质量。除锈处理后，钢材表面不应有焊渣、焊疤、灰尘、油污、水和毛刺等。

《涂覆涂料前钢材表面处理表面清洁度的目视评定　第 1 部分：未涂覆过的钢材表面和

全面清除原有涂层后的钢材表面的锈蚀等级和处理等级》（GB/T 8923.1—2011）将除锈等级分成喷射或抛射除锈、手工和动力工具除锈、火焰除锈三种类型。

视频 7 - 12：防腐除锈
喷砂机

(1) 喷射或抛射除锈。按其利用的动力划分为干法喷射和湿法喷射除锈两种。干法喷射除锈，是利用无油压缩空气为动力将干燥的磨料，通过胶管（胶带）、喷嘴高速喷射到基体表面上，依靠磨料棱角的冲击和摩擦除掉锈蚀和一切杂质，以获得具有一定粗糙度，并能显现出金属本色的表面。此种方法适用于大面积（或大型设备）。湿法喷射除锈，是利用高压水为动力，将磨料喷射到基体表面上实现的除锈方法。

喷射或抛射除锈用字母"Sa"表示，按除锈效果的质量递增分四个等级：Sa1、Sa2、Sa2 $\frac{1}{2}$、Sa3。

(2) 手工和动力工具除锈   用字母"St"表示，按除锈效果的质量递增分两个等级：St2、St3。

(3) 火焰除锈   以字母"F1"表示，它包括在火焰加热作业后，以动力钢丝刷清除加热后附着在钢材表面的产物。

喷射或抛射除锈采用的设备有空气压缩机、喷射或抛射机、油水分离器等，该方法能控制除锈质量、获得不同要求的表面粗糙度，但设备复杂、费用高、污染环境。手工和动力工具除锈采用的工具有砂布、钢丝刷、铲刀、尖锤、平面砂轮机、动力钢丝刷等，该方法工具简单、操作方便、费用低，但劳动强度大、效率低、质量差。

《钢结构工程施工质量验收规范》（50205—2020）规定，钢材表面的除锈方法和除锈等级应与设计文件采用的涂料相适应。当设计无要求时，钢材表面除锈等级应符合表 7 - 2 的规定。

表 7 - 2   各种底漆或防锈漆要求最低的除锈等级

涂料品种	除锈等级
油性酚醛、醇酸等底漆或防锈漆	St2
高氯化聚乙烯、氯化橡胶、氯磺化聚乙烯、环氧树脂、聚氨酯等底漆或防锈漆	Sa2
无机富锌、有机硅、过氧乙烯等底漆	Sa2 $\frac{1}{2}$

目前国内各大、中型钢结构加工企业一般都具备喷、抛射除锈的能力，所以应将喷、抛射除锈作为首选的除锈方法，而手工和电动工具除锈仅作为喷射除锈的补充手段。随着科学技术的不断发展，不少喷、抛射除锈设备已采用微机控制，具有较高的自动化水平，并配有效除尘器，消除粉尘污染。

2. 钢结构防腐涂料

钢结构防腐涂料是一种含油或不含油的胶体溶液，涂敷在钢材表面，结成一层薄膜，使钢材与外界腐蚀介质隔绝。涂料分底漆和面漆两种。

钢结构的防腐涂层，可由几层不同的涂料组合而成。涂料的层数和总厚度是根据使用条件来确定的，一般室内钢结构要求涂层总厚度为 $125\mu m$，即底漆和面漆各二道。高层建筑钢结构一般处在室内环境中，而且要喷涂防火涂层，所以通常只刷二道防锈底漆。

3. 防腐涂装方法

钢结构防腐涂装，常用的施工方法有刷涂法和喷涂法两种。

（1）刷涂法。应用较广泛，适宜于油性基料刷涂。因为油性基料虽干燥得慢，但渗透性大，流平性好，不论面积大小，刷起来都会平滑流畅。一些形状复杂的构件，使用刷涂法也比较方便。

（2）喷涂法。施工工效高，适合于大面积施工，对于快干和挥发性强的涂料尤为适合。喷涂的漆膜较薄，为了达到设计要求的厚度，有时需要增加喷涂的次数。喷涂施工比刷涂施工涂料损耗大，一般要增加 20％左右。

视频 7-13：厚型钢结构
防火涂料施工

4. 防腐涂装质量要求

（1）涂料、涂装遍数、涂层厚均应符合设计要求。当设计对涂层厚度无要求时，涂层干漆膜总厚度：室外应为 $150\mu m$，室内应为 $125\mu m$，其允许偏差为 $-25\mu m$。每遍涂层干漆膜厚度的允许偏差为 $-5\mu m$。

（2）配制好的涂料不宜存放过久，涂料应在使用的当天配制。稀释剂的使用应按说明书的规定执行，不得随意添加。

（3）涂装时的环境温度和相对湿度应符合涂料产品说明书的要求，当产品说明书无要求时，环境温度宜在 $5\sim38℃$ 之间，相对湿度不应大于 85％。涂装时构件表面不应有结露；涂装后 4h 内应保护免受雨淋。

（4）施工图中注明不涂装的部位不得涂装。焊缝处、高强度螺栓摩擦面处，暂不涂装，待现场安装完后，再对焊缝及高强度螺栓接头处补刷防腐涂料。

（5）涂装应均匀，无明显起皱、流挂、针眼和气泡等，附着应良好。

（6）涂装完毕后，应在构件上标注构件的编号。大型构件应标明其重量、构件重心位置和定位标记。

7.4.2　钢结构防火涂装工程

钢结构防火涂料能够起到防火作用，主要有三个方面的原因：一是涂层对钢材起屏蔽作用，隔离了火焰，使钢构件不至于直接暴露在火焰或高温之中；二是涂层吸热后，部分物质分解出水蒸气或其他不燃气体，起到消耗热量，降低火焰温度和燃烧速度，稀释氧气的作用；三是涂层本身多孔轻质或受热膨胀后形成炭化泡沫层，热导率均在 $0.233W/(m \cdot K)$ 以下，阻止了热量迅速向钢材传递，推迟了钢材受热温升到极限温度的时间，从而提高了钢结构的耐火极限。

1. 钢结构防火涂料

（1）防火涂料分类。钢结构防火涂料按涂层的厚度分为两类：

1）B 类，即薄涂型钢结构防火涂料，涂层厚度一般为 $2\sim7mm$，有一定装饰效果，高温时涂层膨胀增厚，耐火极限一般为 $0.5\sim2h$，故又称为钢结构膨胀防火涂料。

2）H 类，厚涂型钢结构防火涂料，涂层厚度一般为 $8\sim50mm$，粒状表面，密度较小，热导率低，耐火极限可达 $0.5\sim3h$，又称为钢结构防火隔热涂料。

(2) 防火涂料选用。

1) 室内裸露钢结构、轻型屋盖钢结构及有装饰要求的钢结构，当规定其耐火极限在 1.5 及以下时，宜选用薄涂型钢结构防火涂料。

2) 室内隐蔽钢结构、多层及高层全钢结构、多层厂房钢结构，当规定其耐火极限在 2.0 及以上时，宜选用厚涂型钢结构防火涂料。

3) 露天钢结构，如石油化工企业、油（汽）罐支撑、石油钻井平台等钢结构，应选用符合室外钢结构防火涂料产品规定的厚涂型或薄涂型钢结构防火涂料。

选用防火涂料时，应注意不应把薄涂型钢结构防火涂料用于保护 2h 以上的钢结构；不得将室内钢结构防火涂料，未加改进和采取有效的防火措施，直接用于喷涂保护室外的钢结构。

2. 防火涂料涂装的一般规定

(1) 防火涂料的涂装，应在钢结构安装就位，并经验收合格后进行。

(2) 钢结构防火涂料前钢材表面应除锈，并根据设计要求涂装防腐底漆。防腐底漆与防火涂料不应发生化学反应。

(3) 防火涂料涂装基层不应有油污、灰尘和泥沙等污垢。钢构件连接处 4~12mm 宽的缝隙应采用防火涂料或其他防火材料，如硅酸铝纤维棉，防火堵料等填补堵平。

(4) 对大多数防火涂料而言，施工过程中和涂层干燥固化前，环境温度应宜保持在 5~38℃ 之间，相对湿度不应大于 85%，空气应流动。涂装时构件表面不应有结露；涂装后 4h 内应保护免受雨淋。

3. 厚涂型防火涂料涂装

(1) 施工方法与机具。厚涂型防火涂料一般采用喷涂施工。机具可为压送式喷涂机或挤压泵，配能自动调压的 0.6~0.9m³/min 的空压机，喷枪口径为 6~12mm，空气压力为 0.4~0.6MPa。局部修补可采用抹灰刀等工具手工抹涂。

(2) 涂料的搅拌与配置。

1) 由工厂制造好的单组分湿涂料，现场应采用便携式搅拌器搅拌均匀。

2)) 由工厂提供的干粉料，现场加水或用其他稀释剂调配，应按涂料说明书规定配比混合搅拌，边配边用。

3) 由工厂提供的双组分涂料，按配制涂料说明规定的配比混合搅拌，边配边用。特别是化学固化干燥的涂料，配制的涂料必须在规定的时间内用完。

4) 搅拌和调配涂料，使稠度适宜，即能在输送管道中畅通流动，喷涂后不会流淌和下坠。

(3) 施工操作。

1) 喷涂应分 2~5 次完成，第一次喷涂以基本盖住钢材表面即可，以后每次喷涂厚度为 5~10mm，一般以 7mm 左右为宜。通常情况下，每天喷涂一遍即可。

2) 喷涂时，应注意移动速度，不能在同一位置久留，以免造成涂料堆积流淌；配料及往挤压泵加料应连续进行，不得停顿。

3) 施工工程中，应采用测厚针检测涂层厚度，直到符合设计规定的厚度，方可停止喷涂。

4) 喷涂后的涂层要适当维修，对明显的乳突，应采用抹灰刀等工具剔除，以确保涂层表面均匀。

4. 薄涂型防火涂料涂装

（1）施工方法与机具。

1）喷涂底层、主涂层涂料，宜采用重力（或喷斗）式喷枪，配能自动调压的 0.6～0.9m³/min 的空压机。喷嘴直径为 4～6mm，空气压力为 0.4～0.6MPa。

2）面层装饰涂料，一般采用喷吐施工，也可以采用刷涂或滚涂的方法。喷涂时，应将喷涂底层的喷嘴直径换为 1～2mm，空气压力调为 0.4MPa。

3）局部修补或小面积施工，可采用抹灰刀等工具手工抹涂。

（2）施工操作。

1）底层及主涂层一般应喷 2～3 遍，每遍间隔 4～24h，待前遍基本干燥后再喷后一遍。头遍喷涂以盖住基底面 70％即可，二、三遍喷涂每遍厚度不超过 2.5mm 为宜。施工工程中应采用测厚针检测涂层厚度，确保各部位涂层达到设计规定的厚度。

2）面层涂料一般涂饰 1～2 遍。若头遍从左至右喷涂，二遍则应从右至左喷涂，以确保全部覆盖住下部主涂层。

5. 防火涂装质量要求

（1）薄涂型防火涂料的涂层厚度应符合有关耐火极限的设计要求。厚涂型防火涂料涂层的厚度，80％及以上面积应符合有关耐火极限的设计要求，且最薄处厚度不应低于设计要求的 85％。

（2）薄涂型防火涂料涂层表面裂纹宽度不应大于 0.5mm；厚涂型防火涂料涂层表面裂纹宽度不应大于 1mm。

（3）防火涂料不应有误涂、漏涂，涂层应闭合无脱层、空鼓、明显凹陷、粉化松散和浮浆等外观缺陷。

7.5 钢结构工程安全技术

7.5.1 钢结构安装工程安全技术

钢结构安装工程，绝大部分工作都是高空作业，除此之外还有邻边、洞口、攀登、悬空、立体交叉作业等；施工中还使用有起重机、电焊机、切割机等用电设备和氧气瓶、乙炔瓶等化学危险品，以及吊装作业、电弧焊与气切割明火作业等，因此，施工中必须贯彻"安全第一、预防为主"的方针，确保人身安全和设备安全。此外由于钢结构耐火性能差，任何消防隐患都可能造成重大经济损失，还必须加强施工现场的消防安全工作。

1. 施工安全要求

（1）高空安装作业时，应戴好安全带，并应对使用的脚手架或吊架等进行检查，确认安全后方可施工。操作人员需要在水平钢梁上行走时，安全带要挂在钢梁上设置的安全绳上，安全绳的立杆钢管必须与钢梁连接牢固。

（2）高空操作人员携带的手动工具、螺栓、焊条等小件物品，必须放在工具袋内，互相传递要用绳子，不准扔掷。

（3）凡是附在柱、梁上的爬梯、走道、操作平台、高空作业吊篮、临时脚手架等，要与钢构件连接牢固。

（4）构件安装后，必须检查连接质量，无误后才能摘钩或拆除临时固定。

（5）风力大于 5 级，雨、雪天和构件有积雪、结冰、积水时，应停止高空钢结构的安装作业。

（6）高层建筑钢结构安装时，应按规定在建筑物外侧搭设水平和垂直安全网。第一层水平安全网离地面 5～10m，挑出网宽 6m；第二层水平安全网设在钢结构安装工作面下，挑出 3m。第一、二层水平安全网应随钢结构安装进度往上转移，两者相差一节柱距离。网下已安装好的钢结构外侧，应安设垂直安全网，并沿建筑物外侧封闭严密。建筑物内部的楼梯、电梯井口、各种预留孔洞等处，均要设置水平防护网、防护挡板或防护栏杆。

（7）构件吊装时，要采取必要措施防止起重机倾翻。起重机行驶道路，必须坚实可靠；尽量避免满负荷行驶；严禁超载吊装；双机抬吊时，要根据起重机的起重能力进行合理的负荷分配，并统一指挥操作；绑扎构件的吊索须经过计算，所有起重机具应定期检查。

（8）使用塔式起重机或长吊杆的其他类型起重机时，应有避雷防触电设施。

（9）各种用电设备要有接地装置，地线和电力用具的电阻不得大于 4Ω。各种用电设备和电缆（特别是焊机电缆），要经常进行检查，保证绝缘良好。

2. 施工现场消防安全措施

（1）钢结构安装前，必须根据工程规模、结构特点、技术复杂程度和现场具体条件等，拟定具体的安全消防措施，建立安全消防管理制度，并强化进行管理。

（2）应对参加安装施工的全体人员进行安全消防技术交底，加强教育和培训工作。各专业工程应严格执行本工种安全操作规程和本工程指定的各项安全消防措施。

（3）施工现场应设置消防车道，配备消防器材，安排足够的消防水源。

（4）施工材料的堆放、保管，应符合防火安全要求，易燃材料必须专库堆放。

（5）进行电弧焊、栓钉焊、气切割等明火作业时，要有专职人员值班防火。氧、乙炔瓶不应放在太阳光下暴晒，更不可接近火源（要求与火源距离不小于 10m）；冬季氧、乙炔瓶阀门发生冻结时，应用干净的热布把阀门烫热，不可用火烤。

（6）安装使用的电气设备，应根据使用性质的不同，设置专用电缆供电。其中塔式起重机、电焊机、栓钉焊机三类用电量大的设备，应分成三路电源供电。

（7）多层与高层钢结构安装施工时，各类消防设施（灭火器、水桶、砂袋等）应随安装高度的增加及时上移，一般不得超过二个楼层。

7.5.2　钢结构涂装工程安全技术

1. 防腐涂装安全技术

钢结构防腐涂料的溶剂和稀释剂大多为易燃品，大部分有不同程度的毒性，且当防腐涂料中的溶剂与空气混合达到一定比例时，一遇火源（往往不是明火）即发生爆炸。为此应重视钢结构防腐涂装施工中的防火、防暴、防毒工作。

（1）防火措施。

1）防腐涂装施工现场或车间不允许堆放易燃物品，并应远离易燃物品仓库。

2）防腐涂装施工现场或车间严禁烟火，并应有明显的禁止烟火标志。

3）防腐涂装施工现场或车间必须备有消防水源和消防器材。

4）擦过溶剂和涂料的棉纱应存放在带盖的铁桶内，并定期处理掉。

5）严禁向下水道倾倒涂料和溶剂。

（2）防暴措施

1）防明火。防腐涂装施工现场或车间禁止使用明火，必须加热时，要采用热载体、电感加热，并远离现场。

2）防摩擦和撞击产生的火花。施工中应禁止使用铁棒等物体敲击金属物体和漆桶；如需敲击时，应使用木质工具。

3）防电火花。涂料仓库和施工现场使用的照明灯应有防爆装置，电器设备应使用防爆型的，并要定期检查电路及设备的绝缘情况。在使用溶剂的场所，应严禁使用闸刀开关，要用三线插销的插头。

4）防静电。所使用的设备和电器导线应接地良好，防止静电聚集。

（3）防毒措施

1）施工现场应有良好的通风排气装置，使有害气体和粉尘的含量不超过规定浓度。

2）施工人员应戴防毒口罩或防毒面具；对接触性的侵害，施工人员应穿工作服、戴手套和防护眼镜等，尽量不与溶剂接触。

2. 防火涂装安全技术

（1）防火涂装施工中，应注意溶剂型涂料施工的防火安全，现场必须配备消防器材，严禁现场明火、吸烟。

（2）施工中应注意操作人员的安全保护。施工人员应戴安全帽、口罩、手套和防尘眼镜，并严格执行机械设备安全操作规程。

（3）防火涂料应储存在阴凉的仓库内，仓库温度不宜高于35℃，不应低于5℃，严禁露天存放、日晒雨淋。

思 考 题 与 习 题

1. 按其化学元素组成不同，结构用钢材的种类有哪些？
2. 结构钢材的品种有哪些？
3. 钢结构的连接方式有哪些？
4. 简述高强螺栓的施工工艺。
5. 简述钢结构安装的程序。

第 8 章

脚 手 架 工 程

脚手架是由杆件或结构单元、配件通过可靠连接而组成，能承受相应荷载，具有安全防护功能，为建筑施工提供作业条件的结构架体，包括作业脚手架和支撑脚手架。

作业脚手架是由杆件或结构单元、配件通过可靠连接而组成，支承于地面、建筑物上或附着于工程结构上，为建筑施工提供作业平台和安全防护的脚手架；包括以各类不同杆件（构件）和节点形式构成的落地作业脚手架、悬挑脚手架、附着式升降脚手架等。简称作业架。

支撑脚手架是由杆件或结构单元、配件通过可靠连接而组成，支承于地面或结构上，可承受各种荷载，具有安全保护功能，为建筑施工提供支撑和作业平台的脚手架；包括以各类不同杆件（构件）和节点形式构成的结构安装支撑脚手架、混凝土施工用模板支撑脚手架等。简称支撑架。

8.1 概述

当施工到一定高度后，不搭设脚手架工程将难以进行。例如：砌筑工程中，考虑到工作效率和施工组织等因素，每次搭设脚手架的高度在 1.2m 左右，称为"一步架高度"。

脚手架是满足施工要求的一种临时设施，应满足适用、方便、安全和经济的基本要求，具体有以下几个方面：有适当的宽度、步架高度，能满足工人操作、材料堆放和运输需要；有足够的强度、刚度和稳定性，保证施工期间在各种荷载作用下的安全性；搭拆和搬运方便，能多次周转使用，节省施工费用；因地制宜，就地取材，尽量节约用料。

8.1.1 脚手架分类

脚手架有以下几种分类方式：

(1) 按用途分类：有结构用脚手架、装修用脚手架、防护用脚手架、支撑用脚手架。

(2) 按组合方式分类：有多立杆式脚手架、框架组合式脚手架、格构件组合式脚手架、台架。

(3) 按设置形式分类：有单排脚手架、双排脚手架、多排脚手架、满堂脚手架、满高脚手架、交圈脚手架。

(4) 按支固方式分类：有落地式脚手架、悬挑式脚手架、悬吊式脚手架、附着式升降脚手架。

(5) 按材料分类：木脚手架、竹脚手架、钢管脚手架。

（6）按搭设位置：外脚手架、里脚手架。

脚手架分类方式有很多，工程中常用的钢管脚手架又可分为扣件式钢管脚手架、碗扣式钢管脚手架、门式脚手架、盘扣式脚手架等。

8.1.2　安全等级和安全系数

脚手架结构设计应根据脚手架种类、搭设高度和荷载采用不同的安全等级。脚手架安全等级的划分应符合表 8-1 的规定。

表 8-1　　　　　　　　　　　　　　　　　　　　**脚手架的安全等级**

落地作业脚手架		悬挑脚手架		满堂支撑脚手架（作业）		支撑脚手架		安全等级
搭设高度/m	荷载标准值/kN	搭设高度/m	荷载标准值/kN	搭设高度/m	荷载标准值/kN	搭设高度/m	荷载标准值/kN	
≤40	—	≤20	—	≤16	—	≤8	≤15kN/m² 或≤20kN/m 或≤7kN/点	Ⅱ
>40	—	>20	—	>16	—	>8	>15kN/m² 或>20kN/m 或>7kN/点	Ⅰ

注：1. 支撑脚手架的搭设高度、荷载中任一项不满足安全等级为Ⅱ级的条件时，其安全等级应划为Ⅰ级；

　　2. 附着式升降脚手架安全等级均为Ⅰ级；

　　3. 竹、木脚手架搭设高度在其现行行业规范限值内，其安全等级均为Ⅱ级。

8.1.3　材料、构配件

（1）脚手架所使用的钢管、型钢、钢板、圆钢、铸铁、木、竹子等材质应符合现行国家相关标准的规定。

（2）木脚手架主要受力杆件应选用剥皮杉木或落叶松木。

（3）竹脚手架主要受力杆件应选用生长期为 3～4 年的毛竹，竹竿应挺直、坚韧，不得使用枯脆、腐烂、虫蛀及裂纹连通两节以上的竹竿。

（4）脚手板应满足强度、耐久性和重复使用要求；冲压钢板脚手板的钢板厚度不宜小于 1.5mm，板面冲孔内切圆直径应小于 25mm。

（5）底座和托座应经设计计算后加工制作，并应符合现行规范规定。

（6）脚手架挂扣式连接、承插式连接的连接件应有防止退出或防止脱落的措施。

（7）周转使用的脚手架杆件、构配件应制定维修检验标准，每使用一个安装拆除周期后，应及时检查、分类、维护、保养，对不合格品应及时报废。

（8）脚手架构配件应具有良好的互换性，且可重复使用。构配件出厂质量应符合相关产品标准的要求，杆件、构配件的外观质量应符合下列要求：

1）不得使用带有裂纹、折痕、表面明显凹陷、严重锈蚀的钢管；

2）铸件表面应光滑，不得有砂眼、气孔、裂纹、浇冒口残余等缺陷，表面粘砂应清除干净；

3）冲压件不得有毛刺、裂纹、明显变形、氧化皮等缺陷；

4）焊接件的焊缝应饱满，焊渣应清除干净，不得有未焊透、夹渣、咬肉、裂纹等缺陷。

（9）工厂化制作的构配件应有生产厂的标志。

8.2　脚手架类型介绍

8.2.1　扣件式钢管脚手架

视频 8-1　扣件式
钢管脚手架

扣件式钢管脚手架由钢管杆件用扣件连接而成，具有搭设高度大、工作可靠、装拆方便和适应性强等特点，是目前我国使用最为普遍的一种多立杆式脚手架。它可用于外脚手架（见图 8-1），也可作内部的满堂脚手架。

扣件式钢管脚手架由钢管、扣件和底座组成。

钢管杆件包括立杆、大横杆、小横杆、栏杆、剪刀撑、斜撑和抛撑（在脚手架立面之外设置的斜撑），贴地面设置的横杆也称"扫地杆"。钢管杆件材料一般有两种，一种外径 48mm，壁厚 3.5mm；另一种外径 51mm，壁厚 3mm 的焊接钢管或无缝钢管。

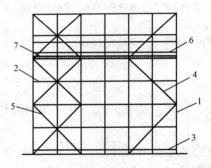
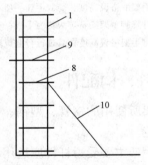

图 8-1　扣件式钢管外脚手架

1—立杆；2—大横杆；3—扫地杆；4—斜撑；5—剪刀撑；6—栏杆；7—脚手板；8—小横杆；9—连墙杆；10—抛撑

扣件为钢管之间的扣接连接件，其基本形式有三种。①直角扣件：用于连接扣紧两根互相垂直交叉的钢管；②回转扣件：用于连接扣紧两根平行或呈任意角度相交的钢管；③对接扣件：用于竖向钢管的对接接长（见图 8-2）。

底座是设于立杆底部的垫座，用于承受脚手架立柱传递下来的荷载。可用厚 8mm、边长 150mm 的钢板作底板，与外径 60mm、壁厚 3.5mm、长度 150mm 的钢管套筒焊接而成，如图 8-3 所示。

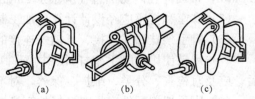

(a)　　　(b)　　　(c)

图 8-2　扣件

(a) 直角扣件；(b) 对接扣件；(c) 回转扣件

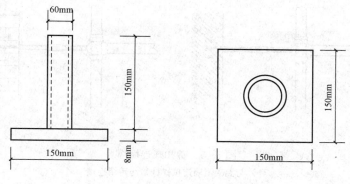

图 8-3 底座

8.2.2 碗扣式钢管脚手架

碗扣式钢管脚手架是一种杆件轴心相交（接）的承插锁固式钢管脚手架，采用带连接件的定型杆件，组装简便，具有比扣件式钢管脚手架更强的稳定性和承载能力。碗扣型多功能脚手架接头构造合理，制作工艺简单，作业容易，使用范围广，能充分满足房屋、桥涵、隧道、烟囱、水塔等多种建筑物的施工要求。

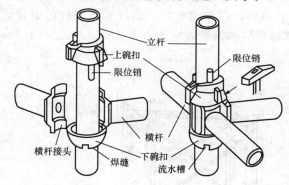

图 8-4 碗扣接头

碗扣接头是该脚手架系统的核心部件，它由上、下碗扣等组成（见图 8-4）。一个碗扣接头可同时连接 4 根横杆，可以相互垂直或偏转一定角度。钢管杆件材料主要是 48mm，壁厚 3.5mm 的焊接钢管或无缝钢管。

视频 8-2 碗扣式钢管脚手架

安装横杆时，先将上碗扣的缺口对准限位销，即可将上碗扣沿立杆向上移动，再把横杆接头插入下碗扣圆槽内，随后将上碗扣沿限位销滑下并顺时针旋转以扣紧横杆接头（可使用锤子敲击几下即可达到扣紧要求）。碗扣式接头的拼接完全避免了螺栓作业，大大提高了施工工效。

连墙撑是使脚手架与建筑物的墙体结构等牢固连接，加强脚手架抵御风荷载及其他水平荷载的能力，防止脚手架倒塌且增强稳定承载力的构件。有碗扣式连墙撑和扣件式连墙撑两种形式。碗扣式连墙撑可直接用碗扣接头同脚手架连在一起，受力性能好（见图 8-5）；扣件式连墙撑是用钢管和扣件同脚手架相连，位置可随意设置，使用方便。

8.2.3 门式脚手架

门式钢管脚手架具有几何尺寸标准化，结构合理，受力性能好，充分利用钢材强度，承载能力高，施工中装拆容易、架设效率高，省工省时、安全可靠、经济适用，是一种具有良

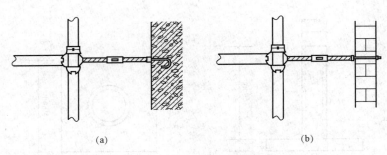

图 8-5　碗扣式连墙撑
(a) 与混凝土墙连接；(b) 与砖墙连接

好推广价值和发展前景的新型多功能组合脚手架。门式钢管脚手架应用范围十分广泛，可以作为高层建筑、高耸构筑物施工用的结构和装修脚手架；又可以用于结构、设备安装等满堂脚手架；还广泛用于建筑、桥梁、隧道、地铁等工程施工的模板支撑架；若门架下部安放轮子，也可以作为机电安装，油漆粉刷、设备维修、广告制作的活动平台。

视频 8-3　门式
脚手架

　　门式脚钢管手架由门架（见图 8-6）、交叉支撑、连接棒、挂扣式脚手板或水平架、锁臂等构成基本组合单元（见图 8-7）。将基本组合单元相互连接起来并增设梯形架、栏杆等部件即构成整片脚手架。

　　门架及配件除有特殊要求外，门架的立杆、横杆和水平杆的钢管规格为 $\phi 42mm \times 2.5mm$，其他杆件的钢管规格为 $\phi(22\sim26)mm \times (1.5\sim 2.6)mm$。

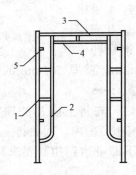

图 8-6　门架

1—立杆；2—立杆加强杆；3—横杆；
4—横杆加强杆；5—锁销

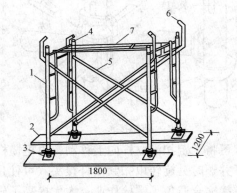

图 8-7　门式钢管脚手架的基本单元（单位：mm）

1—门架；2—垫木；3—可调底座；4—连接棒；
5—交叉支撑；6—锁臂；7—水平架

8.2.4　盘扣式脚手架

　　盘扣式脚手架又叫圆盘式脚手架。前面介绍的几种脚手架杆件一般采用 Q235 材质，而盘扣式脚手架主材采用 Q345B 材质，所以承载力高，尤其是 60 系列盘扣式脚手架，更是远远高于其他传统脚手架；同样的工程若采用此类脚手架可大大减少脚手架用量，节省人工和工期；同时此类脚手架表面热镀锌，整体美观；缺点是脚手架材料生产成本较高。

　　盘扣脚手架主要杆件由立杆、水平杆、斜杆、可调托等构成。盘扣脚手架的立杆圆盘之间距离 500mm，所以，立杆的规格模数为 500mm，具体常用的规格有 500mm、1000mm、1500mm、2000mm、2500mm、3000mm 等，另外还有基座 200mm。盘扣脚手架立杆如图 8-8 所示。

　　盘扣节点由焊接于立杆上的连接盘、水平杆杆端扣接头和斜杆杆端扣接头组成。立杆采用承插型盘扣式钢管支架，管径为 60mm，壁厚为 3.2mm。横杆采用管径为 48mm，壁厚为 2.75mm。斜拉杆采用管径为 42.8mm，壁厚为 2.5mm。盘扣节点如图 8-9 所示。

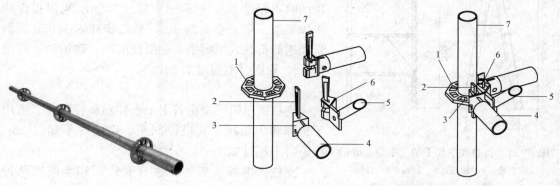

图 8-8　盘扣脚手架立杆

图 8-9　盘扣结点

1—连接盘；2—插销；3—水平杆杆端扣接头；4—水平杆；

5—斜杆；6—斜杆杆端扣接头；7—立杆

　　承插型盘扣式架体的连接形式：采用横杆和斜杆端头的铸钢接头上的自锁式楔形销，插入立杆上按 500mm 模数分布的花盘上的孔，用榔头由上至下垂直击打销子，销子的自锁部位与花盘上的孔型配合而锁死，拆除时，只有用榔头由下向上击打销子方可解锁。承插型盘扣式架体的连接形式如图 8-10 所示。

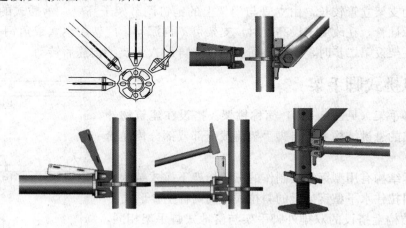

图 8-10　承插型盘扣式架体的连接形式

8.2.5　砌筑工程里脚手架

　　里脚手架搭设于建筑物内部，每砌完一层墙后，即将其转移到上一层楼面，进行新的一层砌体砌筑，它可用于内外墙的砌筑和室内装饰施工。里脚手架用料少，但装拆频繁，故要求轻便灵活，装拆方便。其结构形式有折叠式、支柱式和门架式等多种。

1. 折叠式

折叠式里脚手架适用于民用建筑的内墙砌筑和内粉刷，也可用于砖围墙、砖平房的外墙砌筑和粉刷。根据材料不同，分为角钢、钢管和钢筋折叠式里脚手架。

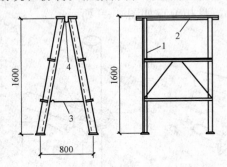

图 8-11　折叠式里脚手架（单位：mm）

1—立柱；2—横楞；3—挂钩；4—铰链

角钢折叠式里脚手（见图 8-11）的架设间距，砌墙时不超过 2m，粉刷时不超过 2.5m。可以搭设两步脚手架，第一步高约 1m，第二步高约 1.65m。钢管和钢筋折叠式里脚手架的架设间距，砌墙时不超过 1.8m，粉刷时不超过 2.2m。

2. 支柱式

支柱式里脚手架由若干个支柱和横杆组成。适用于砌墙和内粉刷。其搭设间距，砌墙时不超过 2m，粉刷时不超过 2.5m。

支柱式里脚手架的支柱有套管式和承插式两种形式。

套管式支柱，它是将插管插入立管中，以销孔间距调节高度，在插管顶端的凹形支托内搁置方木横杆，横杆上铺设脚手板。架设高度为 1.5～2.1m。

3. 门架式

门架式里脚手架由两片 A 形支架与门架组成。适用于砌墙和粉刷。支架间距，砌墙时不超过 2.2m，粉刷时不超过 2.5m。按照支架与门架的不同结合方式，分为套管式和承插式两种。

A 形支架有立管和套管两部分，支脚可用钢管、钢筋或角钢焊成。

套管式的支架立管较长，由立管与门架上的销钉调节架子高度。承插式的支架立管较短，采用双承插管，在改变架设高度时，支架可不再挪动。门架用钢管或角钢与钢管焊成，承插式门架在架设第二步时，销孔要插上销钉，防止 A 形支架被撞后转动。

8.2.6　悬挑式脚手架

悬挑式脚手架（见图 8-12）简称挑架。搭设在建筑物外边缘向外伸出的悬挑结构上，将脚手架荷载全部或部分传递给建筑结构。

悬挑支承结构有用型钢焊接制作的三角桁架下撑式结构以及用钢丝绳斜拉住水平型钢挑梁的斜拉式结构两种主要形式。

在悬挑结构上搭设的双排外脚手架与落地式脚手架相同，分段悬挑脚手架的高度一般控制在 25m 以内。

该形式的脚手架适用于高层建筑的施工。由于脚手架系沿建筑物高度分段搭设，故在一定条件下，当上层还在施工时，其下层即可提前交付使用；而对于有裙房的高层建筑，则可使裙房与主楼不受外脚手架的影响，同时展开施工。

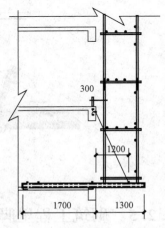

图 8-12　悬挑脚手架侧面图
（单位：mm）

8.2.7　悬吊式脚手架

悬吊式脚手架（也称吊篮）是通过特设的支承点，利用吊索悬吊吊架或吊篮进行高层或超高层建筑外装修工程操作的一种脚手架。其主要组成包括吊架或吊篮、支承设施、吊索及升降装置等。其设备简单，操作方便，工效高，经济效益好。因此在平时建筑设备的安装、维修保养和外墙的清洁等工作中，也得到了日益广泛的应用。

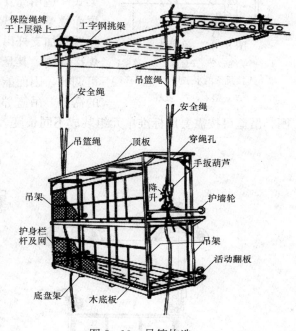

图 8-13　吊篮构造

吊篮分为手动吊篮（手扳葫芦）和电动吊篮两大类。吊篮邻墙一侧距墙面 100～200mm，相邻吊篮间隙不大于 200mm。

（1）手动吊篮。其构造如图 8-13 所示。手动吊篮结构采用薄壁型钢或铝合金型材制成，可整体拆卸和快速组拼；采用两台手动提升机进行升降；设有安全锁和独立的安全钢丝绳，当吊篮发生意外超速下降时，安全锁便会自动将吊篮锁定在安全钢丝绳上，因而能确保施工人员安全；吊篮的屋面机构为移动式悬挂臂架或女儿墙夹紧悬挂机构，移动方便，架设迅速，适应性强。

安全绳（或称保险绳）与吊篮的连接方式有两种：钢丝绳兜住底部；钢丝绳与安全锁连接，如图 8-14 所示。

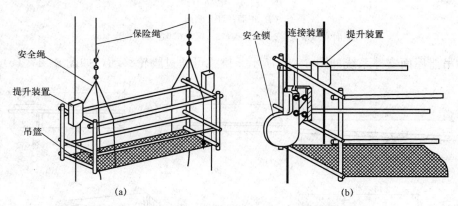

图 8-14　安全绳（或称保险绳）与吊篮的连接方式
(a) 钢丝绳兜住底部；(b) 钢丝绳与安全锁连接

挑梁构造如图 8-15 所示。

（2）电动吊篮。电动吊篮（见图 8-16）的提升机构由电动机、制动器、减速器、压绳和绕绳机构组成。其有可靠的安全装置，通常称为安全锁或限速器。当吊篮下降速度超过

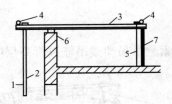

图 8 - 15　挑梁构造

1—钢丝绳；2—安全绳；3—挑梁；
4—连接挑梁的水平杆；5—拉杆；
6—垫木；7—支柱

1.6～2.5 倍额定提升速度时，该安全装置便会自动地煞住吊篮，不使吊篮继续下降，从而保证施工人员的安全。

　　电动吊篮的屋面挑梁形式可分为简单固定梁式、移动挑梁式、适用高女儿墙的挑梁和大悬臂挑梁。在构造上，各种屋面挑梁形式基本上均由挑梁、支柱、配重架、配重块、加强臂附加支杆以及脚轮或行走台车组成。挑梁系统采用型钢焊接结构，其悬挑长度、前后支腿距离、挑梁支柱高度均是可调的，因而能灵活地适应不同屋顶结构以及不同立面造型的需要。吊篮邻墙一侧设滚轮，底部设脚轮，顶部设护头棚。吊篮可按需要用标准单元组装成不同长度，如 4～10m。

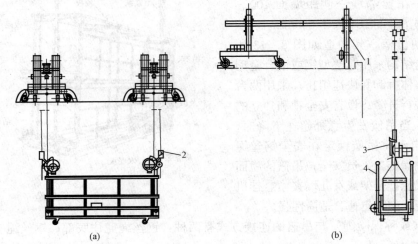

图 8 - 16　电动吊篮

（a）正面；（b）侧面

1—屋面支撑系统；2—安全锁；3—提升机构；4—吊篮体系

电动吊篮屋面支撑系统如图 8 - 17 所示。挑梁可通过脚轮移动，如图 8 - 17（e）所示。

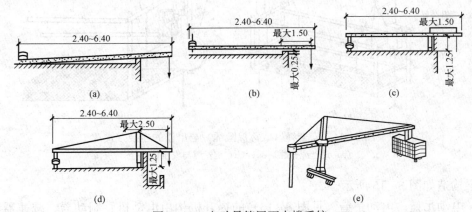

图 8 - 17　电动吊篮屋面支撑系统

（a）简单固定梁式；（b）移动挑梁式；（c）适用高女儿墙的挑梁；（d）大悬臂挑梁（一）；（e）大悬臂挑梁（二）

8.3　脚手板

脚手板铺在脚手架的小横杆上，作为工人施工活动和堆放材料等用，要求有足够强度和板面平整度。

8.3.1　脚手板的分类

按其所用材料的不同，分为木脚手板、竹脚手板、钢脚手板及钢木脚手板等。

1. 木脚手板

木脚手板一般常用杉木或松木，凡腐朽、扭纹、破裂及大横透节的木板均不能用。板厚≥50mm，板宽 200～250mm，板长 3～6m。为了防止使用过程中端头破裂损坏，可在距板端 80mm 处，用 10 号铅丝紧箍 2 道（或用薄铁皮包箍并予钉牢）。

2. 竹脚手板

（1）竹笆片脚手板。竹笆片脚手板是南方地区最常见的脚手板，常用两年以上生长期的成年毛竹或楠竹纵劈成宽度 30mm 的竹片编制成。竹笆片脚手板的纵筋不少于 5 道，并且每道为双片，横筋则反正相间，四边端部纵、横筋交点用铁丝穿过钻孔扎牢。每张竹笆片脚手板沿纵向用铁丝扎两道宽 40mm 的双面夹筋，不得用圆钉固定。竹笆板长为 1.5～2.5m，宽 0.8～1.2m。竹笆片脚手板常用于竹、木脚手架、扣件式钢管脚手架及斜道铺设，其优点为材源广、价格低廉、装拆便利，但缺点为承托杆件间距较密、容易附着建筑垃圾、强度较差、周转次数少。

（2）竹串片脚手板。竹串片脚手板是一种常见的脚手板。竹串片脚手板常用两年生长期的成年毛竹或楠竹劈成宽度不小于 50mm 的竹片，并采用螺栓穿过并列的竹片拧紧制成，螺栓直径为 8～10mm，间距 500～600mm，离板端 200～250mm，螺栓孔径不大于 10mm。竹串片脚手板长为 2.0～3.0m，宽 0.25～0.3m，板厚不小于 50mm。竹串片脚手板适用于竹、木和扣件式钢管脚手架，其特点及适用范围与竹笆片脚手板相近，但其强度及周转使用次数略大于竹笆片脚手板，其缺点是受荷后易扭动。

3. 钢脚手板

钢脚手板是用厚度 2mm 的钢板冲压而成，常用的构造尺寸为厚 50mm，宽 250mm，长度有 2m、3m、4m 等几种。脚手板的一端压有连接卡口，以便在铺设时扣住另一块板的端肋，首尾相接，使脚手板不致在横杆上滑脱。为了防滑，板面冲成梅花形布置的 $\phi25$ 凸包或圆孔。

4. 钢木脚手板

钢木脚手板指的是钢框木（竹）胶合板模板，是以热轧异型钢为钢框架，以木、竹胶合板等做面板，而组合成的一种组合式模板。模板面板与边框的连接构造有明框型和暗框型两种。明框型的框边与面板平齐，暗框型的边框位于面板之下。

8.3.2　脚手板的设置

脚手板的设置应符合下列规定：

（1）脚手板铺设时，要求铺满、铺稳，严禁铺探头板、弹簧板。钢脚手板在靠墙一侧及端部必须与小横杆绑牢，以防滑出。靠墙一块板离墙面应有120～150mm的距离，供砌筑过程中检查操作质量。但距离不宜过大，以免落物伤人。

（2）冲压钢脚手板、木脚手板、竹串片脚手板等，应设置在三根横向水平杆上。当脚手板长度小于2m时，可采用两根横向水平杆支承，但应将脚手板两端与其可靠固定，严防倾翻。此三种脚手板的铺设可采用对接平铺，亦可搭接翻设。脚手板对接平铺时，接头处必须设两根横向水平杆，脚手板外伸长度应取130～150mm，两块脚手板外伸长度之和不应大于300mm，如图8-18（a）所示；脚手板搭接铺设时，接头必须支在横向水平杆上，搭接长度应大于200mm，其伸出横向水平杆的长度不应小于100mm，如图8-18（b）所示。

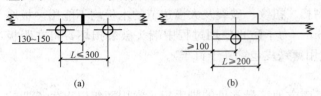

（a） （b）

图8-18　脚手板对接、搭接构造

(a) 脚手板对接；(b) 脚手板搭接

（3）竹笆脚手板应按其主竹筋垂直于纵向水平杆方向铺设，且采用对接平铺，四个角应用直径1.2mm的镀锌钢丝固定在纵向水平杆上。

（4）作业层端部脚手板探头长度应取150mm，其板长两端均应与支撑杆可靠固定。

（5）每砌完一步架子要翻脚手板时，应先将板面碎石块和砂浆硬块等杂物扫净，按每挡由里向外翻，即先将里边的板翻上去，而后往外逐块翻上去。板铺好后，再拆移下面的小横杆周转使用，但要与抛撑相连，连墙杆也不能拆掉。此外通道上面的脚手板要保留，以防高空坠落使用，但要与抛撑相连，连墙杆也不能拆掉。此外通道上面的脚手板要保留，以防高空坠物伤人。

8.4　脚手架构造要求

8.4.1　一般规定

（1）脚手架的构造和组架工艺应能满足施工需求，并应保证架体牢固、稳定。

（2）脚手架杆件连接节点应满足其强度和转动刚度要求，应确保架体在使用期内安全，节点无松动。

（3）脚手架所用杆件、节点连接件、构配件等应能配套使用，并应能满足各种组架方法和构造要求。

（4）脚手架的竖向和水平剪刀撑应根据其种类、荷载、结构和构造设置，剪刀撑斜杆应与相邻立杆连接牢固；可采用斜撑杆、交叉拉杆代替剪刀撑。门式钢管脚手架设置的纵向交叉拉杆可替代纵向剪刀撑。

（5）竹脚手架应只用于作业脚手架和落地满堂支撑脚手架，木脚手架可用于作业脚手架和支撑脚手架。竹、木脚手架的构造及节点连接技术要求应符合脚手架相关的国家现行标准的规定。

8.4.2　作业脚手架

（1）作业脚手架的宽度不应小于 0.8m，且不宜大于 1.2m。作业层高度不应小于 1.7m，且不宜大于 2.0m。

（2）作业脚手架应按设计计算和构造要求设置连墙件，并应符合下列要求：

1）连墙件应采用能承受压力和拉力的构造，并应与建筑结构和架体连接牢固。

2）连墙点的水平间距不得超过 3 跨，竖向间距不得超过 3 步，连墙点之上架体的悬臂高度不应超过 2 步。

3）在架体的转角处、开口型作业脚手架端部应增设连墙件，连墙件的垂直间距不应大于建筑物层高，且不应大于 4.0m。

（3）在作业脚手架的纵向外侧立面上应设置竖向剪刀撑，并应符合下列要求：

1）每道剪刀撑的宽度应为 4～6 跨，且不应小于 6m，也不应大于 9m；剪刀撑斜杆与水平面的倾角应在 45°～60°之间。

2）搭设高度在 24m 以下时，应在架体两端、转角及中间每隔不超过 15m 各设置一道剪刀撑，并由底至顶连续设置；搭设高度在 24m 及以上时，应在全外侧立面上由底至顶连续设置；剪刀撑设置如图 8-19 所示。

3）悬挑脚手架、附着式升降脚手架应在全外侧立面上由底至顶连续设置。

（4）当采用竖向斜撑杆、竖向交叉拉杆替代作业脚手架竖向剪刀撑时，应符合下列规定：

1）在作业脚手架的端部、转角处应各设置一道。

2）搭设高度在 24m 以下时，应每隔 5～7 跨设置一道；搭设高度在 24m 及以上时，应每隔 1～3 跨设置一道；相邻竖向斜撑杆应朝向对称呈八字形设置（见图 8-20）。

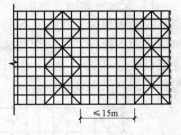

图 8-19　剪刀撑布置

3）每道竖向斜撑杆、竖向交叉拉杆应在作业脚手架外侧相邻纵向立杆间由底至顶按步连续设置。

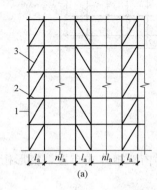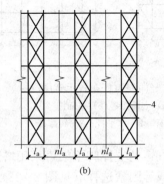

图 8-20　作业脚手架竖向斜撑杆布置示意图

(a) 竖向斜撑杆布置图；(b) 竖向交叉拉杆布置图

1—立杆；2—水平杆；3—斜撑杆；4—交叉拉杆

（5）作业脚手架底部立杆上应设置纵向和横向扫地杆。

（6）悬挑脚手架立杆底部应与悬挑支承结构可靠连接；应在立杆底部设置纵向扫地杆，并应间断设置水平剪刀撑或水平斜撑杆。

（7）作业脚手架的作业层上应满铺脚手板，并应采取可靠的连接方式与水平杆固定。当作业层边缘与建筑物间隙大于 150mm 时，应采取防护措施。作业层外侧应设置栏杆和挡脚板。

8.4.3　支撑脚手架

（1）支撑脚手架的立杆间距和步距应按设计计算确定，且间距不宜大于 1.5m，步距不应大于 2.0m。

（2）支撑脚手架独立架体高宽比不应大于 3.0。

（3）当有既有建筑结构时，支撑脚手架应与既有建筑结构可靠连接，连接点至架体主节点的距离不宜大于 300mm，应与水平杆同层设置，并应符合下列规定：

1）连接点竖向间距不宜超过 2 步。

2）连接点水平向间距不宜大于 8m。

（4）支撑脚手架应设置竖向剪刀撑，并应符合下列规定：

1）安全等级为 Ⅱ 级的支撑脚手架应在架体周边、内部纵向和横向每隔不大于 9m 设置一道。

2）安全等级为 Ⅰ 级的支撑脚手架应在架体周边、内部纵向和横向每隔不大于 6m 设置一道。

3）每道竖向剪刀撑的宽度宜为 6～9m，剪刀撑斜杆与水平面的倾角应为 45°～60°。

（5）当采用竖向斜撑杆、竖向交叉拉杆代替支撑脚手架竖向剪刀撑时，应符合下列规定：

1）安全等级为 Ⅱ 级的支撑脚手架应在架体周边、内部纵向和横向每隔 6～9m 设置一道；安全等级为 Ⅰ 级的支撑脚手架应在架体周边、内部纵向和横向每隔 4～6m 设置一道；每道竖向斜撑杆、竖向交叉拉杆可沿支撑脚手架纵向、横向每隔 2 跨在相邻立杆间从底至顶连续设置（见图 8-21）；也可沿支撑脚手架竖向每隔 2 步距连续设置。斜撑杆可采用八字形对称布置（见图 8-22）。

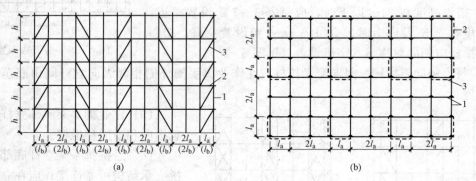

图 8-21　竖向斜撑杆布置示意图（一）
(a) 立面图；(b) 平面图
1—立杆；2—水平杆；3—斜撑杆

2）被支撑荷载标准值大于 30kN/m² 的支撑脚手架可采用塔形桁架矩阵式布置，塔形桁架的水平截面形状及布局，可根据荷载等因素选择（见图 8-23）。

（6）支撑脚手架应设置水平剪刀撑，并应符合下列规定：

1）安全等级为 Ⅱ 级的支撑脚手架宜在架顶处设置一道水平剪刀撑。

2）安全等级为 Ⅰ 级的支撑脚手架应在架顶、竖向每隔不大于 8m 各设置一道水平剪

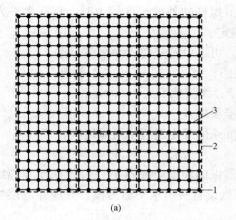
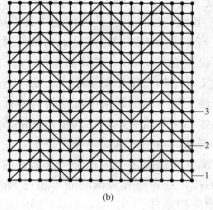

(a)　　　　　　　　　　　　　(b)

图 8-22　竖向斜撑杆布置示意图（二）

(a) 平面图；(b) 立面图

1—立杆；2—斜撑杆；3—水平杆

刀撑。

3）每道水平剪刀撑应连续设置，剪刀撑的宽度宜为 6～9m。

（7）当采用水平斜撑杆、水平交叉拉杆代替支撑脚手架每层的水平剪刀撑时，应符合下列规定（见图 8-23）：

1）安全等级为Ⅱ级的支撑脚手架应在架体水平面的周边、内部纵向和横向每隔不大于 12m 设置一道；

2）安全等级为Ⅰ级的支撑脚手架宜在架体水平面的周边、内部纵向和横向每隔不大于 8m 设置一道；

3）水平斜撑杆、水平交叉拉杆应在相邻立杆间连续设置。

（8）支撑脚手架剪刀撑或斜撑杆、交叉拉杆的布置应均匀、对称。

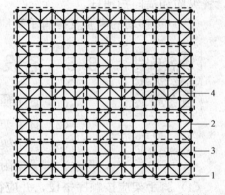

图 8-23　竖向塔形桁架、水平斜撑杆
布置示意图

1—立杆；2—水平杆；3—竖向塔形桁架；
4—水平斜撑杆

（9）支撑脚手架的水平杆应按步距沿纵向和横向通长连续设置，不得缺失。

在支撑脚手架立杆底部应设置纵向和横向扫地杆，水平杆和扫地杆应与相邻立杆连接牢固。

（10）安全等级为Ⅰ级的支撑脚手架顶层两步距范围内架体的纵向和横向水平杆宜按减小步距加密设置。

（11）当支撑脚手架顶层水平杆承受荷载时，应经计算确定其杆端悬臂长度，并应小于 150mm。

（12）当支撑脚手架局部所承受的荷载较大，立杆需加密设置时，加密区的水平杆应向非加密区延伸不少于一跨；非加密区立杆的水平间距应与加密区立杆的水平间距互为倍数。

（13）支撑脚手架的可调底座和可调托座插入立杆的长度不应小于 150mm，其可调螺杆的外伸长度不宜大于 300mm。当可调托座调节螺杆的外伸长度较大时，宜在水平方向设有限位措施，其可调螺杆的外伸长度应按计算确定。

（14）当支撑脚手架同时满足下列条件时，可不设置竖向、水平剪刀撑：

1）搭设高度小于 5m，架体高宽比小于 1.5；

2）被支承结构自重面荷载不大于 5kN/m²；线荷载不大于 8kN/m；

3）杆件连接节点的转动刚度应符合本标准要求；

4）架体结构与既有建筑结构按本标准第 3 条的规定进行了可靠连接；

5）立杆基础均匀，满足承载力要求。

（15）满堂支撑脚手架应在外侧立面、内部纵向和横向每隔 6～9m 由底至顶连续设置一道竖向剪刀撑，在顶层和竖向间隔不超过 8m 处设置一道水平剪刀撑，并应在底层立杆上设置纵向和横向扫地杆。

（16）可移动的满堂支撑脚手架搭设高度不应超过 12m，高宽比不应大于 1.5。

应在外侧立面、内部纵向和横向间隔不大于 4m 由底至顶连续设置一道竖向剪刀撑。应在顶层、扫地杆设置层和竖向间隔不超过 2 步分别设置一道水平剪刀撑。并应在底层立杆上设置纵向和横向扫地杆。

（17）可移动的满堂支撑脚手架应有同步移动控制措施。

视频 8-4 脚手架搭设
讲解及操作

8.5 搭设与拆除

（1）脚手架搭设和拆除作业应按专项施工方案施工。

（2）脚手架搭设作业前，应向作业人员进行安全技术交底。

（3）脚手架的搭设场地应平整、坚实，场地排水应顺畅，不应有积水。脚手架附着于建筑结构处混凝土强度应满足安全承载要求。

（4）脚手架应按顺序搭设，并应符合下列要求：

1）落地作业脚手架、悬挑脚手架的搭设应与工程施工同步，一次搭设高度不应超过最上层连墙件两步，且自由高度不应大于 4m；

2）支撑脚手架应逐排、逐层进行搭设；

3）剪刀撑、斜撑杆等加固杆件应随架体同步搭设，不得滞后安装；

4）构件组装类脚手架的搭设应自一端向另一端延伸，自下而上按步架设，并应逐层改变搭设方向；

5）每搭设完一步架体后，应按规定校正立杆间距、步距、垂直度及水平杆的水平度。

（5）作业脚手架连墙件的安装必须符合下列规定：

1）连墙件的安装必须随作业脚手架搭设同步进行，严禁滞后安装；

2）当作业脚手架操作层高出相邻连墙件以上 2 步时，在上层连墙件安装完毕前，必须采取临时拉结措施。

（6）悬挑脚手架、附着式升降脚手架在搭设时，其悬挑支承结构、附着支座的锚固和固定应牢固可靠。

（7）附着式升降脚手架组装就位后，应按规定进行检验和升降调试，符合要求后方可投入使用。

（8）脚手架的拆除作业必须符合下列规定：

1）架体的拆除应从上而下逐层进行，严禁上下同时作业；

2）同层杆件和构配件必须按先外后内的顺序拆除；剪刀撑、斜撑杆等加固杆件必须在拆卸至该部位杆件时再拆除；

3）作业脚手架连墙件必须随架体逐层拆除，严禁先将连墙件整层或数层拆除后再拆架体。拆除作业过程中，当架体的自由端高度超过 2 步时，必须加设临时拉结。

（9）模板支撑脚手架的安装与拆除作业应符合《混凝土结构工程施工规范》 （GB 50666）的规定。

（10）脚手架的拆除作业不得重锤击打、撬别。拆除的杆件、构配件应采用机械或人工运至地面，严禁抛掷。

（11）当在多层楼板上连续搭设支撑脚手架时，应分析多层楼板间荷载传递对支撑脚手架、建筑结构的影响，上下层支撑脚手架的立杆宜对位设置。

（12）脚手架在使用过程中应分阶段进行检查、监护、维护、保养。

8.6　质量控制

（1）施工现场应建立健全脚手架工程的质量管理制度和搭设质量检查验收制度。

（2）脚手架工程应按下列规定进行质量控制：

1）对搭设脚手架的材料、构配件和设备应进行现场检验；

2）脚手架搭设过程中应分步校验，并应进行阶段施工质量检查；

3）在脚手架搭设完工后应进行验收，并应在验收合格后方可使用。

（3）搭设脚手架的材料、构配件和设备应按进入施工现场的批次分品种、规格进行检验，检验合格后方可搭设施工，并应符合下列要求：

1）新产品应有产品质量合格证，工厂化生产的主要承力杆件、涉及结构安全的构件应具有型式检验报告；

2）材料、构配件和设备质量应符合本标准及国家现行相关标准的规定；

3）按规定应进行施工现场抽样复验的构配件，应经抽样复验合格；

4）周转使用的材料、构配件和设备，应经维修检验合格。

（4）在对脚手架材料、构配件和设备进行现场检验时，应采用随机抽样的方法抽取样品进行外观检验、实量实测检验、功能测试检验。抽样比例应符合下列规定：

1）按材料、构配件和设备的品种、规格应抽检 1%～3%；

2）安全锁扣、防坠装置、支座等重要构配件应全数检验；

3）经过维修的材料、构配件抽检比例不应少于 3%。

（5）脚手架在搭设过程中和阶段使用前，应进行阶段施工质量检查，确认合格后方可进行下道工序施工或阶段使用，在下列阶段应进行阶段施工质量检查：

1）搭设场地完工后及脚手架搭设前；附着式升降脚手架支座、悬挑脚手架悬挑结构固定后；

2）首层水平杆搭设安装后；

3）落地作业脚手架和悬挑作业脚手架每搭设一个楼层高度，阶段使用前；

4）附着式升降脚手架在每次提升前、提升就位后和每次下降前、下降就位后；

5）支撑脚手架每搭设 2～4 步或不大于 6m 高度。

（6）脚手架在进行阶段施工质量检查时，应依据本标准及脚手架相关的国家现行标准的要求，采用外观检查、实量实测检查、性能测试等方法进行检查。

（7）在落地作业脚手架、悬挑脚手架、支撑脚手架达到设计高度后，附着式升降脚手架安装就位后，应对脚手架搭设施工质量进行完工验收。脚手架搭设施工质量合格判定应符合下列要求：

1）所用材料、构配件和设备质量应经现场检验合格；

2）搭设场地、支承结构件固定应满足稳定承载的要求；

3）阶段施工质量检查合格，符合本标准及脚手架相关的国家现行标准、专项施工方案的要求；

4）观感质量检查应符合要求；

5）专项施工方案、产品合格证及型式检验报告、检查记录、测试记录等技术资料应完整。

8.7 安全管理

8.7.1 一般规定

（1）施工现场应建立脚手架工程施工安全管理体系和安全检查、安全考核制度。

（2）脚手架工程应按下列规定实施安全管理：

1）搭设和拆除作业前，应审核专项施工方案；

2）应查验搭设脚手架的材料、构配件、设备检验和施工质量检查验收结果；

3）使用过程中，应检查脚手架安全使用制度的落实情况。

（3）脚手架的搭设和拆除作业应由专业架子工担任，并应持证上岗。

（4）搭设和拆除脚手架作业应有相应的安全设施，操作人员应佩戴个人防护用品，穿防滑鞋。

（5）脚手架在使用过程中，应定期进行检查，检查项目应符合下列规定：

1）主要受力杆件、剪刀撑等加固杆件、连墙件应无缺失、无松动，架体应无明显变形；

2）场地应无积水，立杆底端应无松动、无悬空；

3）安全防护设施应齐全、有效，应无损坏缺失；

4）附着式升降脚手架支座应牢固，防倾、防坠装置应处于良好工作状态，架体升降应正常平稳；

5）悬挑脚手架的悬挑支承结构应固定牢固。

（6）当脚手架遇有下列情况之一时，应进行检查，确认安全后方可继续使用：

1）遇有 6 级及以上强风或大雨过后；

2）冻结的地基土解冻后；

3）停用超过 1 个月；

4）架体部分拆除；

5）其他特殊情况。

8.7.2 安全要求

（1）脚手架作业层上的荷载不得超过设计允许荷载。

（2）严禁将支撑脚手架、缆风绳、混凝土输送泵管、卸料平台及大型设备的支承件等固定在作业脚手架上。严禁在作业脚手架上悬挂起重设备。

（3）雷雨天气、6 级及以上强风天气应停止架上作业；雨、雪、雾天气应停止脚手架的搭设和拆除作业；雨、雪、霜后上架作业应采取有效的防滑措施，并应清除积雪。

（4）作业脚手架外侧和支撑脚手架作业层栏杆应采用密目式安全网或其他措施全封闭防护。密目式安全网应为阻燃产品。

（5）作业脚手架临街的外侧立面、转角处应采取硬防护措施，硬防护的高度不应小于 1.2m，转角处硬防护的宽度应为作业脚手架宽度。

（6）作业脚手架同时满载作业的层数不应超过 2 层。

（7）在脚手架作业层上进行电焊、气焊和其他动火作业时，应采取防火措施，并应设专人监护。

（8）在脚手架使用期间，立杆基础下及附近不宜进行挖掘作业。当因施工需要需进行挖掘作业时，应对架体采取加固措施。

（9）在搭设和拆除脚手架作业时，应设置安全警戒线、警戒标志，并应派专人监护，严禁非作业人员入内。

（10）脚手架与架空输电线路的安全距离、工地临时用电线路架设及脚手架接地、防雷措施，应按《施工现场临时用电安全技术规范》（JGJ 46）的有关规定执行。

（11）支撑脚手架在施加荷载的过程中，架体下严禁有人。当脚手架在使用过程中出现安全隐患时，应及时排除；当出现可能危及人身安全的重大隐患时，应停止架上作业，撤离作业人员，并应由工程技术人员组织检查、处置。

思 考 题 与 习 题

1. 什么是脚手架？脚手架应满足哪些具体要求？

2. 常用的外脚手架类型有哪些？

第9章

防水工程

建筑防水工程是保证建筑物的结构不受水的侵袭、内部空间不受水的危害所进行的设计和施工等各项技术工作和完成的工程。建筑物的防水工程可分屋面防水、地下防水、外墙防水、室内防水及特殊部位防水等。

9.1 概述

9.1.1 防水材料

1. 防水卷材

目前常用的防水卷材有改性沥青防水卷材、高分子防水卷材、沥青类种植屋面用耐根穿刺防水卷材等。

改性沥青防水卷材是以苯乙烯－丁二烯－苯乙烯（SBS）热塑性弹性体、无规聚丙烯（APP）、丁苯橡胶（SBR）等为石油沥青改性剂，两面覆以隔离材料而制成的防水材料。按照改性材料和性状的不同分为弹性体改性沥青防水卷材（简称 SBS 防水卷材）、塑性体改性沥青防水卷材（简称 APP 防水卷材）、自粘聚合物改性沥青防水卷材、湿铺防水卷材（沥青基聚酯胎 PY 类）和种植屋面用耐根穿刺防水卷材（沥青类）。

高分子防水卷材是以合成橡胶、合成树脂为基料，加入适量的化学助剂、采用混炼、塑炼、压延或挤出成型，硫化定型等橡胶或塑料的加工工艺所制成的无胎、有胎的弹性或塑性的防水卷材。按照主要材料组分和应用方式分为三元乙丙橡胶（EDPM）防水卷材、乙烯－醋酸乙烯（EVA）防水卷材、氯化聚乙烯橡胶共混防水卷材、聚氯乙烯（PVC）防水卷材、热塑性聚烯烃（TPO）防水卷材、预铺防水卷材（高分子 P 类）和种植屋面用耐根穿刺防水卷材（高分子类）。

2. 防水涂料

目前常用的防水涂料有聚氨酯防水涂料、聚合物水泥防水涂料、聚合物乳液防水涂料、非固化橡胶沥青防水涂料等。

聚氨酯防水涂料分单组分、双组分两种。由异氰酸酯与聚醚等经加聚反应制成的含异氰酸酯基预聚物；配以固化剂（双组分）或催化剂、填充剂和各种助剂等混合加工而成，是一种性能优良的反应固化型防水涂料。

聚合物水泥防水涂料，又称 JS 复合防水涂料，是以丙烯酸酯、乙烯－醋酸乙烯酯等聚合物乳液为主要原料，与各种添加剂组成的有机液料以及水泥、石英砂及各种添加剂、无机填料组成的粉料通过合理配比，复合制成的一种双组分水性防水涂料，属于有机与无机复合型防水材料。按物理力学性能分为Ⅰ型、Ⅱ型和Ⅲ型，Ⅰ型适用于活动量较大的基层，Ⅱ型和Ⅲ型适用于活动量较小的基层。

聚合物乳液防水涂料是以丙烯酸酯、乙烯－醋酸乙烯酯等乳液为主要原料，加入其他添加剂而制得的单组分水乳型防水涂料，可在非长期浸水环境下的建筑防水工程中应用。按物理力学性能分为Ⅰ、Ⅱ类。

非固化橡胶沥青防水涂料是以橡胶、沥青为主要原材料，加入助剂混合制成的在应用状态下长期保持粘性膏状体的防水涂料，是组成复合防水层最合适的防水涂料之一。非固化橡化沥青防水涂料始终保持粘滞状态，即使基层变形，涂料也几乎没有应力传递；与基层一直保持粘附性，即使开裂也能保持与基层的再粘结，具有良好的防蹿水功能。与卷材复合使用时，不会将基层变形产生的应力传递给卷材，避免了卷材高应力变形状态下的老化和破坏。

3. 刚性防水材料

目前常用的刚性防水材料有水泥基渗透结晶型防水涂料、聚合物水泥防水砂浆、普通防水砂浆、聚合物水泥防水浆料、无机防水堵漏材料等。

水泥基渗透结晶型防水涂料以硅酸盐水泥、石英砂为主要成份，掺入一定量的活性化学物质制成的粉状的防水材料。

聚合物水泥防水砂浆是以水泥、细骨料为主要原材料，以聚合物和添加剂等为改性材料并以适当的配比混合而成的防水材料，具有较好的抗裂性和防水性，以及一定的柔韧性，与各种基层有较好的粘结力，可在潮湿基面施工。在施工现场，只需按配比混合搅拌或加水搅拌即可施工。

普通防水砂浆分为湿拌防水砂浆和干混防水砂浆两种。湿拌防水砂浆是用水泥、细集料、水以及根据防水性能确定的各种外加剂，按一定比例，在搅拌站经计量、拌制后，采用搅拌运输车运至使用地点，并在规定时间内使用完毕的湿拌拌和物。干混防水砂浆是经干燥筛分处理的集料与水泥以及根据防水性能确定的各种组分，按一定比例在专业生产厂混合而成，在使用地点按规定比例加水或配套液体拌和使用的干混拌和物。

聚合物水泥防水浆料以水泥、细骨料为主要原材料，以聚合物和添加剂等为改性材料并以适当的配比混合而成的单组分或双组分防水浆料。按物理力学性能分为Ⅰ、Ⅱ型。

无机防水堵漏材料是以水泥和添加剂混合而成的防水材料。按凝结时间和用途分为缓凝型和速凝型，缓凝型主要用于潮湿基层上的防水抗渗，速凝型主要用于渗漏或涌水基体上的防水堵漏。

4. 密封材料

目前常用的密封材料有硅酮建筑密封胶、聚氨酯建筑密封胶、聚硫建筑密封胶、丙烯酸建筑密封胶、橡胶止水带、遇水膨胀橡胶止水条、遇水膨胀止水胶等。

5. 瓦

目前屋面瓦常用的有沥青瓦、烧结瓦、混凝土瓦等。

6. 金属板材

目前屋面常用的金属板材有压型金属板材、金属面绝热夹芯板。

压型金属板材的材质主要为钢板，压型钢板的表面涂层有热镀锌、热镀铝锌合金和彩色涂层等。

金属面绝热夹芯板按芯材分为聚苯乙烯夹芯板，硬质聚氨酯夹芯板，岩棉、矿渣棉夹芯板，玻璃棉夹芯板四类。

7. 其他材料

（1）防水透汽膜。也称透汽防水垫层，适用于建筑工程中具有水蒸气透过功能的辅助防水材料，通过对围护结构的包覆，加强建筑的气密性、水密性，同时又使围护结构及室内潮气得以排出，从而达到节能、提高建筑耐久性、保证室内空气质量的目的。产品按性能分为Ⅰ型、Ⅱ型、Ⅲ型，Ⅰ型宜用于墙体，Ⅱ型宜用于金屋屋面，Ⅲ型宜用于瓦屋面。

（2）聚酯或化纤胎体增强材料。涂膜防水层施工时，在防水涂层中加设聚酯或化纤胎体增强材料，可以提高涂膜的抗变形能力，延长防水层的作用年限。

（3）高分子防水卷材胶粘剂。高分子防水卷材胶粘剂为冷粘结，按组分分为单组分和双组分，按用途分为基底胶和搭接胶。

（4）坡屋面用聚合物改性沥青防水垫层。坡屋面用聚合物改性沥青防水垫层用于坡屋面中各种瓦材及其他屋面材料下面使用的，厚度为 1.2mm 和 2.0mm 二种规格。

（5）坡屋面用自粘聚合物沥青防水垫层。

（6）沥青基防水卷材用基层处理剂。俗称底涂或冷底子油，是与沥青基防水卷材配套使用的基层处理剂，作用是增加防水卷材与基层的粘结。

（7）自粘聚合物沥青泛水带。自粘聚合物沥青泛水带用于建筑工程节点部位。

（8）丁基橡胶防水密封胶粘带。丁基橡胶防水密封胶粘带用于高分子防水卷材、金属板屋面等建筑防水工程中的接缝密封，它有单面或双面卷状胶粘带。

9.1.2　一般规定

（1）建筑防水工程设计应遵循"功能保证、设防可靠、构造合理、经济实用、绿色环保"的原则。建筑防水工程施工应遵循"按图施工、材料检验、工序检查、过程控制、质量可靠"的原则。

（2）防水工程施工应采取防火、防坠、防滑、防污染等安全及劳动保护措施；符合绿色施工要求。

（3）防水工程应由具备相应资质的专业队伍施工，作业人员应持证上岗。

（4）防水工程施工前应组织图纸会审。施工单位应编制专项施工方案或施工措施，并按方案实施。

（5）工程所采用的防水材料应有产品合格证书和出厂性能检测报告，材料的品种、规格、性能等应符合设计和产品标准的要求。材料进场后，应按规定抽样检验，合格后方可使用。

（6）防水层的基层应符合下列规定：

1）作为防水层基面的结构混凝土表面应随捣随抹平，终凝前进行二次压光；表面的尖锐凸块应打磨剔平，局部凹陷处用聚合物水泥防水砂浆找平；有起砂、不易清理的砂灰或混凝土结块时，宜采用打磨机、抛丸机等机械设备进行打磨处理；

2）水泥砂浆、细石混凝土找平层应在初凝前压实抹平、终凝前二次压光。养护时间不得少于 7d；

3）基层表面应干净、平整、无浮灰、无起皮；

4）基层含水率应符合相应防水材料工艺要求。防水砂浆、水泥基渗透结晶防水材料、采用水泥胶结料粘结的防水卷材等防水层施工前，基层应进行湿润；水性防水涂料、空铺法铺贴防水卷材的基层应无明水，其他防水材料基层应保持干燥。

5）卷材防水层的基层转角处，找平层应做成圆弧形，且整齐平顺。

6）防水层施工前应按设计要求做好细部构造处理。

（7）湿铺防水卷材铺贴应符合下列规定：

1）卷材搭接缝应采用自粘或自粘胶带粘结，不得采用水泥胶结料粘结。搭接部位聚酯胎胎基或高分子膜基的重叠宽度不应小于 30mm；

2）卷材搭接区域隔离膜应与卷材大面隔离膜相互独立，铺贴卷材时搭接区域隔离膜应保留，卷材与基层铺贴完成后，再将搭接区域的隔离膜去除，将干净的搭接边自粘胶层粘合；

3）水泥胶结料凝结固化前，不得在其上行走和进行后续作业；

4）低温施工时，宜对卷材搭接区域防水层和基面热风加热，然后粘合。

（8）预铺防水卷材施工应符合下列规定：

1）预铺反粘防水卷材卷材底板铺设时，宜采用空铺或点粘固定。立面铺贴时，宜采用机械固定，固定点应位于卷材搭接缝中部，间距宜为 400～600mm；固定点应被另一幅卷材完全覆盖；

2）高分子自粘胶膜预铺防水卷材长边应采用自粘胶搭接、胶粘带搭接或热风焊接。采用热风焊接时，搭接缝上应覆盖高分子自粘胶带，胶带宽度不应小于 120mm；短边应采用胶粘带搭接或对接；

3）三元乙丙橡胶丁基自粘预铺防水卷材长边应采用自粘胶搭接，短边应采用 100mm 宽双面丁基自粘胶带搭接；

4）绑扎、焊接钢筋时应采取保护措施，并应及时浇筑结构混凝土。

（9）防水涂料施工应符合下列规定：

1）施工前应按照设计厚度要求确定单位面积材料用量、涂布遍数和每遍涂布的单位面积用量。

2）应按照涂料种类确定涂料的施工方法。

3）应多遍分层涂布，后一遍涂料涂布时，宜垂直于前一遍涂料的涂布方向，涂层应均匀，不得漏涂；涂膜的总厚度应符合设计要求。

4）涂膜间夹铺胎体增强材料时，宜边涂布边铺胎体；胎体宜置于涂层中间部位。胎体层应平整、压实、无褶皱并充分浸透防水涂料，不得有露胎。

5）施工时，应对周边易污染部位采取遮挡措施。

（10）复合防水层施工应符合下列规定：

1）施工前应先按卷材尺寸弹线，将防水卷材进行裁剪试铺；

2）防水涂料的加热应采用具有温控装置的专用设备；

3）防水涂料宜按照卷材宽度分条刮涂施工，并与防水卷材的铺贴同步进行；

4）在立面上施工时，宜采取机械固定措施，固定部位应进行密封。

（11）双面自粘聚合物改性沥青防水卷材与防水卷材叠层施工应符合下列规定：

1）干燥基层应涂刷基层处理剂后直接铺贴自粘防水卷材；潮湿无明水基层，应涂抹一道水泥浆后立即铺贴自粘防水卷材，水泥浆固化前不得扰动；

2）铺贴防水卷材前先对卷材进行裁剪试铺；

3）双面自粘聚合物改性沥青防水卷材铺贴时，应先撕净卷材底面隔离纸，边铺贴边向两侧排出卷材下空气，辊压粘牢；

4）自粘聚合物改性沥青防水卷材铺贴完成检查合格后，应先撕净表面隔离纸再铺贴上层防水卷材。

（12）水泥基渗透结晶型防水涂料施工应符合下列规定：

1）现场拌和时，其用水量应符合产品说明书的要求；

2）施工前应确保基层潮湿且无明水；

3）涂料终凝后应及时进行保湿养护，养护时间不少于72h，不得采用浇水或蓄水养护。

（13）每道工序完工后，应进行检查验收，并有完整验收记录，合格后方可进行下道工序施工。当下道工序或相邻工程施工时，应对已完工的防水层采取保护措施。

9.2 屋面防水工程

9.2.1 概述

屋面防水工程，主要是防止雨雪或人为因素产生的水从屋面渗入建筑物所采取的一系列结构构造和建筑措施。

1. 屋面防水工程设计基本规定

（1）屋面防水工程应根据建筑物的类别、重要程度、使用功能要求确定防水等级，并按相应等级进行防水设防；对防水有特殊要求的建筑屋面，应进行专项防水设计。屋面防水等级和设防要求应符合表9-1的规定。

表 9-1　　　　　　　　　　　　　屋面防水等级和设防要求

防水等级	建筑类别	设防要求
Ⅰ级	重要建筑、高层建筑、住宅	两道防水设防
Ⅱ级	其他建筑	一道防水设防

（2）Ⅰ级防水设防屋面应采用结构找坡，Ⅱ级防水设防时宜采用结构找坡，结构找坡坡度不应小于3%。

（3）檐沟、天沟的排水坡度不应小于1%，分水线处最小深度不应小于100mm。

（4）女儿墙和山墙应采用钢筋混凝土翻边，并应高出建筑完成面不小于250mm。

（5）屋面上人孔、高低跨、等高变形缝、出屋面管井等部位应采用钢筋混凝土翻边，并应高出建筑完成面250mm以上。

（6）现浇混凝土结构屋面板宜随捣随抹平；板状材料保温层上的找平层应采用不小于

40mm 厚的 C20 细石混凝土，内配钢筋网片。

（7）屋面防水做法应符合表 9-2 的规定。

表 9-2　　　　　　　　　　　　屋 面 防 水 做 法

防水等级	防水做法
Ⅰ级	复合防水层、卷材防水层和涂膜防水层、卷材防水层和卷材防水层
Ⅱ级	复合防水层、卷材防水层、涂膜防水层

注：在Ⅰ级屋面防水做法中，防水层仅作单层卷材时，应符合《单层防水卷材屋面工程技术规程》（JGJ/T 316）的规定。

（8）瓦屋面防水等级和防水做法应符合表 9-3 的规定。

表 9-3　　　　　　　　　　瓦屋面防水等级和防水做法

防水等级	防水做法	防水等级	防水做法
Ⅰ	瓦＋防水层	Ⅱ	瓦＋防水垫层

2. 屋面防水设防基本构造

（1）普通屋面Ⅰ级防水设防基本构造。Ⅰ级防水设防的防水层宜设置在保温层下部，如图 9-1 所示，保温层应采用吸水率低，且长期浸水不变质的保温材料。防水层宜采用复合防水层，复合防水层是将性能相容的卷材和涂料组合在一起，其目的在于充分发挥卷材和涂料的各自性能特点，达到性能互补的目的，形成优于独立的卷材或涂膜的防水层次。

Ⅰ级防水设防的防水层也可设置在保温层上部，如图 9-2 所示，保温层应进行排汽构造设计。防水层宜采用复合防水层。

Ⅰ级防水设防的两道防水层分别设置在保温层上部和下部时，下部的防水层宜选用与基层粘结牢固的复合防水层、涂膜防水层或湿铺卷材防水层直接设置在随捣随抹平的混凝土结构板上，如图 9-3 所示。

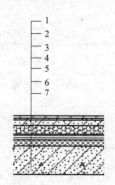

图 9-1　防水层设置在保温层
下屋面构造

1—面层；2—保护层；3—保温层；
4—防水层；5—找平层；6—找坡层；
7—结构层

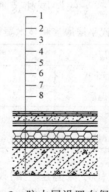

图 9-2　防水层设置在保温层
上屋面构造

1—面层；2—保护层；3—防水层；
4—找平层；5—保温层；6—找平层；
7—找坡层；8—结构层

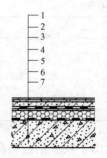

图 9-3　防水层分别设置在
保温层上下屋面构造

1—面层；2—保护层；3—防水层；
4—找平层；5—保温层；6—防水层；
7—结构层

（2）Ⅱ级防水设防的防水层宜采用复合防水层；也可采用单独的防水卷材或防水涂料作为防水层。复合防水层兼具涂膜防水层和卷材防水层的优点，提高了防水设防的可靠性，是设计人员在设计中更应该关注和使用的。

（3）块瓦屋面的构造如图9-4所示。沥青瓦屋面构造如图9-5所示。

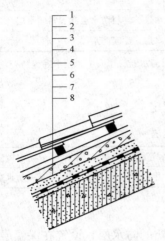

图9-4　块瓦屋面构造

1—块瓦；2—挂瓦条；3—顺水条；4—持钉层；
5—保温层；6—防水层或防水垫层；7—找平层；8—结构层

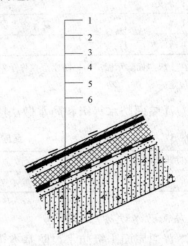

图9-5　沥青瓦屋面构造

1—沥青瓦；2—持钉层；3—保温层；
4—防水层或防水垫层；5—找平层；6—结构层

9.2.2　找坡层和找平层

1. 找坡层和找平层设计要求

混凝土结构层宜采用结构找坡，坡度不应小于3%；当采用材料找坡时，宜采用质量轻、吸水率低和有一定强度的材料，坡度宜为2%。

卷材、涂膜的基层宜设找平层。找平层厚度和技术要求应符合表9-4的规定。

表9-4　　　　　　　　　　　　　找平层厚度和技术要求

找平层分类	适用的基层	厚度/mm	技术要求
水泥砂浆	整体现浇混凝土板	15～20	1:2.5水泥砂浆
	整体材料保温层	20～25	
细石混凝土	装配式混凝土板	30～35	C20混凝土，宜加钢筋网片
	板状材料保温层		C20混凝土

由于找平层的自身干缩和温度变化，保温层上的找平层容易变形和开裂，直接影响卷材或涂膜的施工质量，保温层上的找平层应留设分格缝，缝宽宜为5～20mm，当采用后切割时可小些，采用预留时可适当大些，缝内可以不嵌填密封材料。纵横缝的间距不宜大于6m。由于结构层上设置的找平层与结构同步变形，故找平层可以不设分格缝。

2. 找坡层和找平层施工要求

（1）装配式钢筋混凝土板的板缝嵌填施工规定。

1）嵌填混凝土前板缝内应清理干净，并应保持湿润。装配式钢筋混凝土板的板缝太窄，细石混凝土不容易嵌填密实，板缝宽度通常大于 20mm 较为合适。

2）当板缝宽度大于 40mm 或上窄下宽时，板缝内应按设计要求配置钢筋。

3）嵌填细石混凝土的强度等级不应低于 C20，填缝高度宜低于板面 10～20mm，且应振捣密实和浇水养护。

4）板端缝应按设计要求增加防裂的构造措施。

（2）找坡层和找平层的基层的施工规定。为了便于铺设隔汽层和防水层，必须在结构层或保温层表面做找平处理。在找坡层、找平层施工前，首先要检查其铺设的基层情况，如屋面板安装是否牢固，有无松动现象；基层局部是否凹凸不平，凹坑较大时应先填补；保温层表面是否平整，厚薄是否均匀；板状保温材料是否铺平垫稳；用保温材料找坡是否准确等。具体规定如下：

1）应清理结构层、保温层上面的松散杂物，凸出基层表面的硬物应剔平扫净。基层检查并修整后，应进行基层清理，以保证找坡层、找平层与基层能牢固结合。

2）抹找坡层前，宜对基层洒水湿润。当基层为混凝土时，表面清扫干净后，应充分洒水湿润，但不得积水；当基层为保温层时，基层不宜大量浇水。

3）突出屋面的管道、支架等根部，应用细石混凝土堵实和固定。

4）对不易与找平层结合的基层应做界面处理。基层清理完毕后，在铺抹找坡、找平材料前，宜在基层上均匀涂刷素水泥浆一遍，使找坡层、找平层与基层更好地粘结。

5）找坡层和找平层所用材料的质量和配合比应符合设计要求，并应做到计量准确和机械搅拌。

目前，屋面找平层主要是采用水泥砂浆、细石混凝土两种。在水泥砂浆中掺加抗裂纤维，可提高找平层的韧性和抗裂能力，有利于提高防水层的整体质量。混凝土随浇随抹时，应将原浆表面抹平、压光。找平层、找坡层的施工，应做到所用材料的质量符合设计要求，计量准确和机械搅拌。

6）找坡应按屋面排水方向和设计坡度要求进行，找坡层最薄处厚度不宜小于 20mm。

当屋面采用材料找坡时，坡度宜为 2%，因此基层上应按屋面排水方式，采用水平仪或坡度尺进行拉线控制，以获得合理的排水坡度。找坡层最薄处厚度不宜小于 20mm，是指在找坡起始点 1m 范围内，由于用轻质材料找坡不太容易成形，可采用 1:2.5 水泥砂浆完成，由此往外仍采用轻质材料找坡，按 2% 坡度计算，1m 长度的坡高应为 20mm。

7）找坡材料应分层铺设和适当压实，表面宜平整和粗糙，并应适时浇水养护。

找坡材料宜采用质量轻、吸水率低和有一定强度的材料，通常是将适量水泥浆与陶粒、焦渣或加气混凝土碎块拌和而成。

8）找平层应在水泥初凝前压实抹平，水泥终凝前完成收水后应二次压光，并应及时取出分格条。养护时间不得少于 7d。

找平层除排水坡度满足设计要求外，还应通过收水后二次压光等施工工艺，减少收缩开裂，使表面坚固密实、平整；水泥终凝后，应采取浇水、湿润覆盖、喷养护剂或涂刷冷底子油等方法充分养护。

9）卷材防水层的基层与突出屋面结构的交接处，以及基层的转角处，找平层均应做成圆弧形，且应整齐平顺。找平层圆弧半径应符合表 9-5 的规定。

表 9-5　　　　　　　　　　　　　找平层圆弧半径　　　　　　　　　　　　　　（mm）

卷材种类	圆弧半径	卷材种类	圆弧半径
高聚物改性沥青防水卷材	50	合成高分子防水卷材	20

10）找坡层和找平层的施工环境温度不宜低于 5℃。在负温度下施工，需采取必要的冬施措施。

9.2.3　保温层和隔热层

保温层应根据屋面所需传热系数或热阻选择轻质、高效的保温材料，保温层及其保温材料应符合表 9-6 的规定。

表 9-6　　　　　　　　　　　　　保温层及其保温材料

保温层	保温材料
板状材料保温层	聚苯乙烯泡沫塑料，硬质聚氨酯泡沫塑料，膨胀珍珠岩制品，泡沫玻璃制品，加气混凝土砌块，泡沫混凝土砌块
纤维材料保温层	玻璃棉制品、岩棉、矿渣棉制品
整体材料保温层	喷涂硬泡聚氨酯，现浇泡沫混凝土

9.2.4　卷材及涂膜防水层施工

1. 基本规定

（1）防水层厚度规定。防水层的使用年限，主要取决于防水材料物理性能、防水层的厚度、环境因素和使用条件四个方面，而防水层厚度是影响防水层使用年限的主要因素之一。

1）每道卷材防水层最小厚度应符合表 9-7 的规定。

表 9-7　　　　　　　　　　　　　每道卷材防水层最小厚度

防水等级	合成高分子防水卷材	高聚物改性沥青防水卷材		
		聚酯胎、玻纤胎、聚乙烯胎	自粘聚酯胎	自粘无胎
Ⅰ级	1.2	3.0	2.0	1.5
Ⅱ级	1.5	4.0	3.0	2.0

2）每道涂膜防水层最小厚度应符合表 9-8 的规定。

表 9-8　　　　　　　　　　　　　每道涂膜防水层最小厚度　　　　　　　　　　　　　（mm）

防水等级	合成高分子防水涂膜	聚合物水泥防水涂膜	高聚物改性沥青防水涂膜
Ⅰ级	1.5	1.5	2.0
Ⅱ级	2.0	2.0	3.0

3）复合防水层最小厚度应符合表 9-9 的规定。

表 9 - 9　　　　　　　　　　　　复合防水层最小厚度　　　　　　　　　　　　（mm）

防水等级	合成高分子防水卷材＋合成高分子防水涂膜	自粘聚合物改性沥青防水卷材（无胎）＋合成高分子防水涂膜	高聚物改性沥青防水卷材＋高聚物改性沥青防水涂膜	聚乙烯丙纶卷材＋聚合物水泥防水胶结材料
Ⅰ级	1.2＋1.5	1.5＋1.5	3.0＋2.0	(0.7＋1.3)×2
Ⅱ级	1.0＋1.0	1.2＋1.0	3.0＋1.2	0.7＋1.3

（2）防水设防规定。所谓一道防水设防，是指具有单独防水能力的一道防水层。下列情况不得作为屋面的一道防水设防：

1）混凝土结构层；

2）Ⅰ型喷涂硬泡聚氨酯保温层。对于喷涂硬泡聚氨酯保温层，是指《硬泡聚氨酯保温防水工程技术规范》（GB 50404）中的Ⅰ型保温层；

3）装饰瓦及不搭接瓦；

4）隔汽层；

5）细石混凝土层；

6）卷材或涂膜厚度不符合本规范规定的防水层。

（3）附加层规定。

1）檐沟、天沟与屋面交接处、屋面平面与立面交接处，以及水落口、伸出屋面管道根部等部位，应设置卷材或涂膜附加层；

2）屋面找平层分格缝等部位，宜设置卷材空铺附加层，其空铺宽度不宜小于 100mm；

3）附加层最小厚度应符合表 9 - 10 的规定。

表 9 - 10　　　　　　　　　　　附 加 层 最 小 厚 度　　　　　　　　　　　（mm）

附加层材料	最小厚度	附加层材料	最小厚度
合成高分子防水卷材	1.2	合成高分子防水涂料、聚合物水泥防水涂料	1.5
高聚物改性沥青防水卷材（聚酯胎）	3.0	高聚物改性沥青防水涂料	2.0

注：涂膜附加层应夹铺胎体增强材料。

（4）卷材接缝规定。防水卷材接缝应采用搭接缝，卷材搭接宽度应符合表 9 - 11 的规定。

表 9 - 11　　　　　　　　　　　卷 材 搭 接 宽 度　　　　　　　　　　　（mm）

卷材类别		搭接宽度
合成高分子防水卷材	胶粘剂	80
	胶粘带	50
	单缝焊	60，有效焊接宽度不小于 25
	双缝焊	80，有效焊接宽度 10×2＋空腔宽
高聚物改性沥青防水卷材	胶粘剂	100
	自粘	80

（5）胎体增强材料规定。设置胎体增强材料目的，一是增加涂膜防水层的抗拉强度，二是保证胎体增强材料长短边一定的搭接宽度，三是当防水层拉伸变形时避免在胎体增强材料接缝处出现断裂现象。具体应符合下列规定：

1）胎体增强材料宜采用聚酯无纺布或化纤无纺布；

2）胎体增强材料长边搭接宽度不应小于 50mm，短边搭接宽度不应小于 70mm；

3）上下层胎体增强材料的长边搭接缝应错开，且不得小于幅宽的 1/3；

4）上下层胎体增强材料不得相互垂直铺设。

2. 卷材防水层施工

卷材防水层施工工艺流程：基层表面清理、修补→喷、涂基层处理剂→节点附加增强处理→定位、弹线、试铺→铺贴卷材→收头处理、节点密封→清理、检查、修整→保护层施工。

进场的防水卷材、基层处理剂、胶粘剂和胶粘带等需要经过检验试验合格后方可使用。另外，防水材料的贮运、保管应符合下列规定：

1）不同品种、规格的卷材应分别堆放；

2）卷材应贮存在阴凉通风处，应避免雨淋、日晒和受潮，严禁接近火源；

3）卷材应避免与化学介质及有机溶剂等有害物质接触；

4）不同品种、规格的胶粘剂和胶粘带，应分别用密封桶或纸箱包装；

5）胶粘剂和胶粘带应贮存在阴凉通风的室内，严禁接近火源和热源。

（1）卷材防水层基层处理。卷材防水层基层应坚实、干净、平整，无孔隙、起砂和裂缝，基层的干燥程度应视所用防水材料而定。当采用机械固定法铺贴卷材时，对基层的干燥度没有要求。

基层干燥程度的简易检验方法，是将 1m² 卷材平坦地干铺在找平层上，静置 3～4h 后掀开检查，找平层覆盖部位与卷材上未见水印，即可铺设隔汽层或防水层。

采用基层处理剂时，其配制与施工应符合下列规定：

1）基层处理剂应与卷材相容；

2）基层处理剂应配比准确，并应搅拌均匀；

3）喷、涂基层处理剂前，应先对屋面细部进行涂刷；

4）基层处理剂可选用喷涂或涂刷施工工艺，喷、涂应均匀一致，干燥后应及时进行卷材施工。

（2）卷材铺贴。

1）卷材铺贴基本规定。卷材防水层铺贴顺序和方向应符合下列规定：

①卷材防水层施工时，应先进行细部构造处理，然后由屋面最低标高向上铺贴。

②檐沟、天沟卷材施工时，宜顺檐沟、天沟方向铺贴，搭接缝应顺流水方向。

③卷材宜平行屋脊铺贴，上下层卷材不得相互垂直铺贴。

④立面或大坡面铺贴卷材时，应采用满粘法，并宜减少卷材短边搭接。在铺贴立面或大坡面的卷材时，为防止卷材下滑和便于卷材与基层粘贴牢固，规定采取满粘法铺贴，必要时采取金属压条钉压固定，并用密封材料封严。短边搭接过多，对防止卷材下滑不利，因此要求尽量减少短边搭接。

卷材搭接缝（见图 9-6）应符合下列规定：

①平行屋脊的搭接缝应顺流水方向，搭接缝宽度应符合表 9-11 规定；

②同一层相邻两幅卷材短边搭接缝错开不应小于 500mm；

③上下层卷材长边搭接缝应错开，且不应小于幅宽的 1/3；

④叠层铺贴的各层卷材，在天沟与屋面的交接处，应采用叉接法搭接，搭接缝应错开，搭接缝宜留在屋面与天沟侧面，不宜留在沟底。

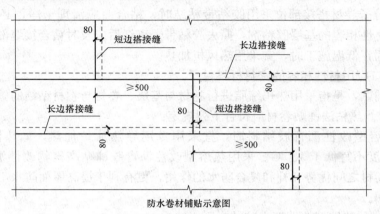

图 9-6 屋面防水卷材铺贴示意图

2）卷材铺贴方法。卷材常见的铺贴方法有冷粘法、热粘法、热熔法、自粘法、焊接法、机械固定法等。

①冷粘法铺贴，是指采用胶粘剂或玛碲脂进行卷材与基层、卷材与卷材的粘结，而不需要加热施工的方法。冷粘法不宜低于 5℃。冷粘法铺贴卷材应符合下列规定：

a. 胶粘剂涂刷应均匀，不得露底、堆积；卷材空铺、点粘、条粘时，应按规定的位置及面积涂刷胶粘剂。胶粘剂的涂刷质量对保证卷材防水施工质量关系极大，涂刷不均匀，有堆积或漏涂现象，不但影响卷材的粘结力，还会造成材料浪费。空铺法、点粘法、条粘法，应在屋面周边 800mm 宽的部位满粘贴。点粘时每平方米粘结不少于 5 个点，每点面积为 100mm×100mm，条粘时每幅卷材与基层粘结面不少于 2 条，每条宽度不小于 150mm。

b. 应根据胶粘剂的性能与施工环境、气温条件等，控制胶粘剂涂刷与卷材铺贴的间隔时间。由于各种胶粘剂的性能及施工环境要求不同，有的可以在涂刷后立即粘贴，有的则需待溶剂挥发一部分后粘贴，间隔时间还和气温、湿度、风力等因素有关，因此，应控制胶粘剂涂刷与卷材铺贴的间隔时间，否则会直接影响粘结力，降低粘结的可靠性。

c. 铺贴卷材时应排除卷材下面的空气，并应辊压粘贴牢固。卷材与基层、卷材与卷材间的粘贴是否牢固，是防水工程中重要的指标之一。铺贴时应将卷材下面空气排净，加适当压力才能粘牢，一旦有空气存在，还会由于温度升高、气体膨胀，致使卷材粘结不良或起鼓。

d. 铺贴的卷材应平整顺直，搭接尺寸应准确，不得扭曲、皱褶。搭接部位的接缝应满涂胶粘剂，辊压应粘贴牢固；卷材搭接缝的质量，关键在搭接宽度和粘结力。为保证搭接尺寸，一般在基层或已铺卷材上按要求弹出基准线。铺贴时应平整顺直，不扭曲、皱褶，搭接缝应涂满胶粘剂，粘贴牢固。

e. 合成高分子卷材铺好压粘后，应将搭接部位的粘合面清理干净，并应采用与卷材配套的接缝专用胶粘剂，在搭接缝粘合面上应涂刷均匀，不得露底、堆积，应排除缝间的空气，并用辊压粘贴牢固。卷材铺贴后，考虑到施工的可靠性，要求搭接缝口用宽 10mm 的密封材料封口，提高卷材接缝的密封防水性能。密封材料宜选择卷材生产厂家提供的配套密封材料，或者是与卷材同种材性的密封材料。

f. 合成高分子卷材搭接部位采用胶粘带粘结时，粘合面应清理干净，必要时可涂刷与卷材及胶粘带材性相容的基层胶粘剂，撕去胶粘带隔离纸后应及时粘合接缝部位的卷材，并应辊压粘贴牢固；低温施工时，宜采用热风机加热。

g. 搭接缝口应用材性相容的密封材料封严。

②热粘法铺贴，是指采用热玛蹄脂进行卷材与基层、卷材与卷材粘结的施工方法。热粘法不宜低于 5℃。热粘法铺贴卷材应符合下列规定：

a. 熔化热熔型改性沥青胶结料时，宜采用专用导热油炉加热，加热温度不应高于 200℃，使用温度不宜低于 180℃。采用热熔型改性沥青胶铺贴高聚物改性沥青防水卷材，可起到涂膜与卷材之间优势互补和复合防水的作用，更有利于提高屋面防水工程质量，应当提倡和推广应用。

b. 粘贴卷材的热熔型改性沥青胶结料厚度宜为 1.0～1.5mm。

c. 采用热熔型改性沥青胶结料铺贴卷材时，应随刮随滚铺，并应展平压实。

视频 9-1 热熔法
改性沥青卷材粘贴

③热熔法铺贴，是指采用火焰加热器熔化热熔型防水卷材底层的热熔胶进行粘结的施工方法。热熔法不宜低于 -10℃。热熔法铺贴卷材应符合下列规定：

a. 火焰加热器的喷嘴距卷材面的距离应适中，幅宽内加热应均匀，应以卷材表面熔融至光亮黑色为度，不得过分加热卷材；厚度小于 3mm 的高聚物改性沥青防水卷材，严禁采用热熔法施工；

b. 卷材表面沥青热熔后应立即滚铺卷材，滚铺时应排除卷材下面的空气；

c. 搭接缝部位宜以溢出热熔的改性沥青胶结料为度，溢出的改性沥青胶结料宽度宜为 8mm，并宜均匀顺直，当接缝处的卷材上有矿物粒或片料（如铝箔）时，应用火焰烘烤及清除干净后再进行热熔和接缝处理；

d. 铺贴卷材时应平整顺直，搭接尺寸应准确，不得扭曲。

e. 用条粘法铺贴卷材时，为确保条粘部分的卷材与基层粘贴牢固，规定每幅卷材的每条粘贴宽度不应小于 150mm。

④自粘法铺贴，是指采用带有自粘胶的防水卷材，不用热施工，也不需要涂胶结材料，而进行粘结的施工方法。自粘法不宜低于 10℃。自粘法铺贴卷材应符合下列规定：

a. 铺粘卷材前，基层表面应均匀涂刷基层处理剂，干燥后应及时铺贴卷材；

b. 铺贴卷材时应将自粘胶底面的隔离纸完全撕净；

c. 铺贴卷材时应排除卷材下面的空气，并应辊压粘贴牢固；

d. 铺贴的卷材应平整顺直，搭接尺寸应准确，不得扭曲、皱褶；低温施工时，立面、大坡面及搭接部位宜采用热风机加热，加热后应随即粘贴牢固；

e. 搭接缝口应采用材性相容的密封材料封严。

⑤焊接法铺贴，是指采用热空气焊枪进行防水卷材搭接粘合的施工方法。焊接法一般适用于热塑性高分子防水卷材的接缝施工。焊接法不宜低于－10℃。焊接法铺贴卷材应符合下列规定：

a. 对热塑性卷材的搭接缝可采用单缝焊或双缝焊，焊接应严密；

b. 焊接前，卷材应铺放平整、顺直，搭接尺寸应准确，焊接缝的结合面应清理干净；

c. 应先焊长边搭接缝，后焊短边搭接缝；

d. 应控制加热温度和时间，焊接缝不得漏焊、跳焊或焊接不牢。

⑥机械固定法铺贴，是指采用螺钉等材料把防水卷材固定在基层上的施工方法。目前国内适用的卷材，主要有 PVC、TPO、EPDM 防水卷材和 5mm 厚加强高聚物改性沥青防水卷材，要求防水卷材强度高、搭接缝可靠和使用寿命长等特性。机械固定法铺贴卷材，当固定件固定在屋面板上拉拔力不能满足风揭力的要求时，只能将固定件固定在檩条上。固定件采用螺钉加垫片时，应加盖 200mm×200mm 卷材封盖。固定件采用螺钉加"U"形压条时，应加盖不小于 150mm 宽卷材封盖。机械固定法铺贴卷材应符合下列规定：

a. 固定件应与结构层连接牢固；

b. 固定件间距应根据抗风揭试验和当地的使用环境与条件确定，并不宜大于 600mm；

c. 卷材防水层周边 800mm 范围内应满粘，卷材收头应采用金属压条钉压固定和密封处理。

3. 涂膜防水层施工

涂膜防水层施工工艺流程：基层表面清理、修补→细部做附加涂膜层→防水层施工→保护层施工。

进场的防水涂料、胎体增强材料等需要经过检验试验合格后方可使用。另外，防水涂料和胎体增强材料的贮运、保管，应符合下列规定：

1）防水涂料包装容器应密封，容器表面应标明涂料名称、生产厂家、执行标准号、生产日期和产品有效期，并应分类存放；

2）反应型和水乳型涂料贮运和保管环境温度不宜低于 5℃；

3）溶剂型涂料贮运和保管环境温度不宜低于 0℃，并不得日晒、碰撞和渗漏，保管环境应干燥、通风，并应远离火源、热源；

4）胎体增强材料贮运、保管环境应干燥、通风，并应远离火源、热源。

（1）涂膜防水层的基层处理。涂膜防水层的基层应坚实、平整、干净，应无孔隙、起砂和裂缝。基层的干燥程度应根据所选用的防水涂料特性确定；当采用溶剂型、热熔型和反应固化型防水涂料时，基层应干燥。

（2）基层处理剂规定。基层处理剂应与防水涂料相容。一是选择防水涂料生产厂家配套的基层处理剂；二是采用同种防水涂料稀释而成。

在基层上涂刷基层处理剂的作用，一是堵塞基层毛细孔，使基层的湿气不易渗到防水层中，引起防水层空鼓、起皮现象；二是增强涂膜防水层与基层粘结强度。因此，涂膜防水层一般都要涂刷基层处理剂，而且要求涂刷均匀、覆盖完全。同时要求待基层处理剂干燥后再涂布防水涂料。

（3）防水涂料配制。双组分或多组分防水涂料应按配合比准确计量，应采用电动机具搅拌均匀，已配制的涂料应及时使用。配料时，可加入适量的缓凝剂或促凝剂调节固化时间，但不得混合已固化的涂料。

采用多组分涂料时，涂料是通过各组分的混合发生化学反应而由液态变成固体，各组分的配料计量不准和搅拌不匀，将会影响混合料的充分化学反应，造成涂料性能指标下降。配成涂料固化的时间比较短，所以要按照在配料固化时间内的施工量来确定配料的多少，已固化的涂料不能再用，也不能与未固化的涂料混合使用，混合后将会降低防水涂膜的质量。若涂料粘度过大或固化过快时，可加入适量的稀释剂或缓凝剂进行调节，涂料固化过慢时，可适当地加入一些促凝剂来调节，但不得影响涂料的质量。

（4）防水涂料施工。

1）涂膜防水层施工规定：

①防水涂料应多遍均匀涂布，涂膜总厚度应符合设计要求。防水涂料涂布时如一次涂成，涂膜层易开裂，一般为涂布三遍或三遍以上为宜，而且需待先涂的涂料干后再涂后一遍涂料。

②涂膜间夹铺胎体增强材料时，宜边涂布边铺胎体；胎体应铺贴平整，应排除气泡，并应与涂料粘结牢固。在胎体上涂布涂料时，应使涂料浸透胎体，并应覆盖完全，不得有胎体外露现象。最上面的涂膜厚度不应小于 1.0mm。

③涂膜施工应先做好细部处理，再进行大面积涂布。节点和需铺附加层部位的施工质量至关重要，应先涂布节点和附加层，检查其质量是否符合设计要求，待检查无误后再进行大面积涂布，这样可保证屋面整体的防水效果。

④屋面转角及立面的涂膜应薄涂多遍，不得流淌和堆积。屋面转角及立面的涂膜若一次涂成，极易产生下滑并出现流淌和堆积现象，造成涂膜厚薄不均，影响防水质量。

2）各类涂料涂膜工艺选择：不同类型的防水涂料应采用不同的施工工艺，一是提高涂膜施工的工效，二是保证涂膜的均匀性和涂膜质量。涂膜防水层施工工艺应符合下列规定：

①水乳型及溶剂型防水涂料宜选用滚涂或喷涂施工。

②反应固化型防水涂料宜选用刮涂或喷涂施工。反应固化型防水涂料属厚质防水涂料宜选用刮涂或喷涂，不宜采用滚涂。

③热熔型防水涂料宜选用刮涂施工。此防水涂料冷却后即成膜，不适用滚涂和喷涂。

④聚合物水泥防水涂料宜选用刮涂法施工。

⑤所有防水涂料用于细部构造时，宜选用刷涂或喷涂施工。刷涂施工工艺的工效低，只适用于关键部位的涂膜防水层施工。

视频 9-2　聚乙烯丙纶卷材＋聚合物水泥防水胶结材料

3）涂膜防水层的施工环境温度规定：

①水乳型及反应型涂料宜为 5～35℃。水乳型涂料在低温下将延长固化时间，同时易遭冻结而失去防水作用，温度过高使水蒸发过快，涂膜易产生收缩而出现裂缝。

②溶剂型涂料宜为 -5～35℃。溶剂型涂料在负温下虽不会冻结，但粘度增大会增加施工操作难度，涂布前应采取加温措施保证其可涂性。

③热熔型涂料不宜低于－10℃。

④聚合物水泥涂料宜为 5～35℃。

4. 接缝密封防水施工

屋面接缝密封防水是指采用不定型或定型密封防水材料，对屋面各种接缝或各种节点进行密封处理，以达到接缝防水的目的。

密封防水施工程序：接缝槽内清理、修整→嵌填背衬材料→粘贴遮挡胶条→涂刷基层处理剂→嵌填密封材料→密封材料磨平压光→揭出遮挡胶条→养护→检查→保护层施工。

进场的接缝密封防水材料等需要经过检验试验合格后方可使用。另外，接缝密封防水材料的贮运、保管，应符合下列规定：

1）运输时应防止日晒、雨淋、撞击、挤压；

2）贮运、保管环境应通风、干燥，防止日光直接照射，并应远离火源、热源；乳胶型密封材料在冬季时应采取防冻措施；

3）密封材料应按类别、规格分别存放。

（1）屋面接缝密封施工方法。屋面接缝密封施工方法详见表 9-12。

表 9-12　　　　　　　　　　屋面接缝密封施工方法

施工方法		具体做法	适用条件
热灌法		采用塑化炉加热，将锅内材料加温，使其熔化，加热温度为 110～130℃，然后用灌缝车或鸭嘴壶将密封材料灌入接缝中，浇灌时温度不宜低于 110℃	适用于平面接缝的密封处理
冷嵌法	批刮法	密封材料不需加热，手工嵌填时可用腻子刀或刮刀先将密封材料批刮到缝槽两侧的粘结面，然后将密封材料填满整个接缝	适用于平面或立面接缝的密封处理
	挤出法	可采用专用的挤出枪，并根据接缝宽度选用合适的枪嘴，将密封材料挤入接缝内。若采用桶装密封材料时，可将包装筒塑料嘴斜向切开作为枪嘴，将密封材料挤入接缝内	适用于平面或立面接缝的密封材料

（2）屋面接缝密封施工要点。

1）密封防水部位的基层应符合下列规定：

①基层应牢固，表面应平整、密实，不得有裂缝、蜂窝、麻面、起皮和起砂等现象；

②基层应清洁、干燥，应无油污、无灰尘；

③嵌入的背衬材料与接缝壁间不得留有空隙；

④密封防水部位的基层宜涂刷基层处理剂，涂刷应均匀，不得漏涂。

2）嵌填背衬材料应符合下列规定：

背衬材料可使密封材料与基层脱开，避免密封材料在缝内形成三面粘结，从而在承受拉伸变形时，不受缝底的约束、增加适应变形的能力。背衬材料通常采用聚乙烯泡沫塑料棒、塑料带等。

填缝时，圆形背衬材料的直径应大于接缝宽度 1～2mm；方形背衬材料应与接缝宽度相同或小于接缝宽度 1～2mm。对于较浅的接缝可用扁平的隔离垫层隔离。对于三角形接缝，在其转角处应粘贴背衬材料。背衬材料如图 9-7 所示。

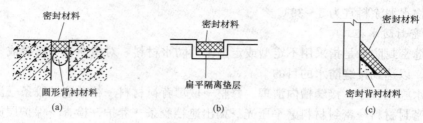

图 9-7 背衬材料

(a) 圆形背衬材料；(b) 扁平隔离垫层；(c) 转角处背衬材料

（3）接缝密封防水的施工环境温度应符合下列规定：

1）改性沥青密封材料和溶剂型合成高分子密封材料宜为 0~35℃；

2）乳胶型及反应型合成高分子密封材料宜为 5~35℃。

9.3 地下防水工程

9.3.1 概述

地下防水工程是防止地下水对地下构筑物或建筑物基础的长期浸透，保证构筑物或建筑物地下室使用功能不受影响能正常使用的一项重要工程。

地下建筑工程的防水等级应为一级或二级，各等级防水标准和适用范围应符合表 9-13 的规定。防水混凝土的设计抗渗等级，应符合表 9-14 的规定。

表 9-13　　　　　　　　　地下建筑工程防水标准和适用范围

防水等级	判定标准	适用范围
一级	不允许渗水，结构表面无湿渍	人员长期停留的场所；住宅建筑地下工程；因有少量湿渍会使物品变质、失效的贮物场所及严重影响设备正常运转和危及工程安全运营的部位等
二级	不允许滴漏、线漏，可以有零星分布的渗水点；总渗水面积不应大于总防水面积的 1/2000；任意 $200m^2$ 防水面积上的渗水点不应超过 1 处，单个渗水点的面积不应大于 $0.15m^2$	人员经常活动的场所；在有少量湿渍的情况下不会使物品变质、失效的贮物场所及基本不影响设备正常运转和工程安全运营的部位等

表 9-14　　　　　　　　　防水混凝土设计抗渗等级

工程埋置深度 H/m	设计抗渗等级	工程埋置深度 H/m	设计抗渗等级
$H<10$	P6	$20 \leq H < 30$	P10
$10 \leq H < 20$	P8	$H \geq 30$	P12

9.3.2 地下建筑防水设计与施工

1. 地下建筑底板防水

（1）地下建筑底板防水构造。

1）地下建筑底板一级防水构造。地下建筑底板一级防水应在迎水面设置二道防水层。当底板选用预铺防水卷材时，应单层铺设，并不设保护层。其他防水材料表面需要做刚性保护层，以防钢筋施工等作业造成破坏。底板一级防水设防的基本防水构造如图 9-8 所示。

2）地下建筑底板二级防水构造。地下建筑底板二级防水设防应在迎水面设置一道防水层。二级防水设防的基本防水构造如图 9-9 所示。

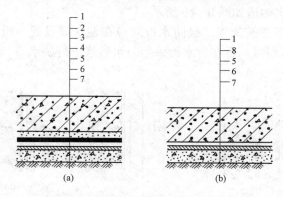

图 9-8 底板一级设防防水基本构造
（a）二道防水层；（b）一道防水层
1—防水混凝土底板；2—细石混凝土保护层；3—第二道防水层；
4—第一道防水层；5—找平层；6—混凝土垫层；7—素土夯实或碎石；
8—高分子自粘胶膜预铺卷材防水层

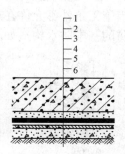

图 9-9 底板二级防水设防基本构造
1—防水混凝土底板；2—细石混凝土保护层；
3—防水层；4—水泥砂浆找平层；
5—混凝土垫层；6—素土夯实或碎石

3）地下建筑底板防水规定。地下建筑底板防水层应整体连续。基坑、地梁等下凹部位应设置防水层，并与大面防水层相连。

地下建筑底板防水层的保护层及隔离层应符合下列规定：

①高分子自粘胶膜预铺卷材防水层与底板结构混凝土之间不得设置其他构造层次。其他防水层表面应设置细石混凝土保护层，保护层的厚度不应小于 50mm，强度等级不应低于 C20；

②地梁、电梯井坑、承台基坑等部位底面与侧面，应根据施工作业条件及钢筋工程施工对防水层的影响，确定是否设置防水层的保护层，保护层可选用挤塑型聚苯板、砂浆、砌体。

视频 9-3 基础板底
三元乙丙橡胶粘贴

（2）地下建筑底板防水施工。底板防水层施工应符合下列规定：

1）基层表面应干净、平整、坚实、无浮浆和明显积水；混凝土垫层宜随捣随抹，表面平整，不得有尖锐凸块；水泥砂浆找平层应二次压光；

2）涂膜防水层应分层涂布，涂层应均匀；铺贴胎体增强材料时，胎体层应充分浸透防水涂料；

3）卷材防水层与基层可空铺或点粘铺贴，搭接缝应粘贴或焊接牢固，搭接宽度应符合要求；

4）防水层经检查合格后，应及时做保护层；防水层与细石混凝土保护层之间宜设置隔离层。

视频 9-4　地下室外墙
热熔法

2. 地下室侧墙防水

（1）地下室侧墙防水构造。

1）地下建筑侧墙一级防水构造。地下建筑侧墙一级防水设防应在迎水面设置二道防水层。当围护结构作为主体结构侧墙外模时，宜采用高分子自粘胶膜预铺防水卷材做防水层。高分子自粘胶膜预铺卷材防水层应固定在支护结构面上，与浇筑的结构混凝土直接粘结。一级防水设防的基本防水构造如图 9-10 所示。

2）地下建筑侧墙二级防水构造。地下建筑侧墙二级防水设防应在迎水面设置一道防水层。当施工条件不允许在迎水面设置防水层时，可在背水面采用防水砂浆进行防水。二级防水设防的基本防水构造如图 9-11 所示。

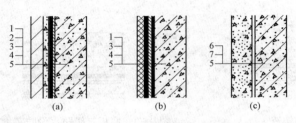

图 9-10　侧墙一级防水设防基本构造
（a）二道防水层砌体保护；（b）二道防水层柔性保护；（c）一道防水层
1—保护层；2—隔离层；3—第二道防水层；4—第一道防水层；
5—防水混凝土侧墙；6—支护结构；7—高分子自粘胶膜预铺卷材防水层

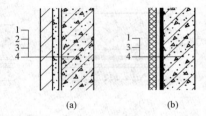

图 9-11　侧墙二级防水设防基本构造
（a）砌体保护；（b）柔性保护
1—保护层；2—隔离层；3—防水层；
4—防水混凝土侧墙

3）地下建筑侧墙防水规定。

①地下建筑侧墙防水层应直接铺设或涂布在结构混凝土迎水面表面。

②地下建筑侧墙与支护结构间宜预留不小于 1.0m 的防水施工操作空间。

③铺设高分子自粘胶膜预铺防水卷材的支护结构表面应基本平整，当支护结构表面平整度差异较大时，可采用水泥砂浆、砌体、混凝土等进行整体或局部修整找平。

④地下建筑侧墙防水层应设置保护层。保护层材料宜根据防水层做法按表 9-15 的选用。

表 9-15　　　　　　　　　　　　　　保护层材料选用

防水层做法	保护层材料
涂膜防水层、湿铺卷材防水层	25mm 厚挤塑聚苯板（XPS）或高密度聚乙烯（HDPE）排水板或 120mm 厚砌体墙
自粘法、热熔法、胶粘法粘贴的卷材防水层	120mm 厚砌体墙

⑤当结构底板有外挑台肩时，砌体保护墙应砌筑在台肩上。当保护墙砌筑在底板垫层上时，砌体墙与防水层间应设置 15～25mm 厚的砂粒隔离层或油毡隔离层。砌体保护墙厚度不应小于 100mm，用 M5 砂浆砌筑。保护墙应进行稳定性验算，必要时设置砌体柱或混凝土柱以增加稳定性。

（2）地下室侧墙防水施工。侧墙防水层施工应符合下列规定：

1）侧墙表面的螺杆孔应采用聚合物水泥防水砂浆分层填实，蜂窝、麻面等缺陷应修补平整；

2）涂膜防水层应分层涂布，涂层应均匀，不得有流淌或堆积现象；

3）卷材防水层应与基层满粘铺贴，搭接缝应粘贴或焊接牢固，搭接宽度应符合要求；

4）在支护结构上预铺高分子自粘胶膜防水卷材时，卷材应采用金属固定件临时固定在支护结构上，搭接缝做法符合设计要求；

5）保护层做法应符合设计要求；回填土施工不得损坏防水层。

3. 地下建筑顶板防水

（1）地下建筑顶板防水构造。

1）地下建筑顶板一级防水设防构造。地下建筑顶板一级防水设防应在迎水面设置两道防水层，并应符合下列规定：

①第一道防水层宜采用与混凝土粘结性较好的防水材料直接设置在结构混凝土表面；

②二道防水层宜相邻设置，也可分开设置，第二道防水层宜选用防水卷材；

③分开设置的第二道卷材防水层的基层，宜采用细石混凝土找平，厚度不宜小于 40mm，强度等级不宜小于 C20，表面应随捣随抹压光。采用水泥砂浆找平时，厚度宜为 15mm，强度等级不宜小于 M20，表面应收水压光；

④一级防水设防的基本防水构造如图 9-12 所示。

2）地下建筑顶板二级防水设防构造。地下建筑顶板二级防水设防应在迎水面设置一道防水层。二级防水设防的基本防水构造如图 9-13 所示。

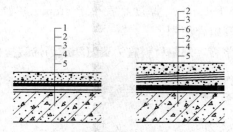
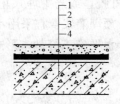

图 9-12 顶板一级设防防水基本构造
1—混凝土地面或保护层；2—隔离层；3—第二道防水层；
4—第一道防水层；5—防水混凝土顶板；6—找坡层及找平层

图 9-13 顶板二级设防防水基本构造
1—混凝土地面或保护层；2—隔离层；
3—防水层；4—防水混凝土顶板

3）地下建筑顶板防水规定。

地下建筑顶板防水层宜设置在随捣随抹平的结构混凝土板面上。

地下建筑种植顶板应设置不少于二道防水层，其中一道应为耐根穿刺防水卷材。耐根穿刺防水卷材应铺设在普通防水层之上。

（2）地下建筑顶板防水施工。顶板防水层施工应符合下列规定：

1）结构混凝土面为防水层的基层时，表面应平整、干净，水泥砂浆找平层应抹平压光，无起砂、起皮等缺陷。

2）防水层与基层宜满粘，粘结应牢固。

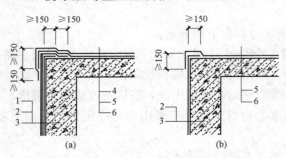

图 9-14 侧墙与顶板交接处防水层搭接

（a）二道防水层搭接；（b）单道防水层搭接

1—侧墙第二道防水层；2—侧墙第一道防水层；

3—混凝土结构侧墙；4—顶板第二道防水层；

5—顶板第一道防水层；6—混凝土结构顶板

3）侧墙防水层到顶板的收头位置应留在顶板平面上；顶板防水层与侧墙防水层的搭接，应下翻至侧墙面。二道防水时，后一道防水层应压盖前一道防水层的收头部位，如图 9-14 所示。当防水层为防水卷材时，收头处应进行密封处理。

4）保护层施工时应做好防水层的保护。

4. 地下建筑施工缝防水设置

（1）地下建筑施工缝防水构造。施工缝应在接缝迎水面及断面内分别设置防水措施，并应符合下列规定：

1）水平施工缝的留设位置，当断面内采用止水带防水时，宜留在高出底板表面 150～300mm 的墙体上；当断面内采用遇水膨胀止水胶或预备注浆系统时，可留设在底板表面。

2）接缝迎水面应采用与侧墙板防水层相同或相容的防水材料作为附加增强层。附加增强层应以缝为中心对称设置，宽度不宜小于 300mm；附加增强层厚度，防水涂膜不宜小于 1.5mm，防水卷材不宜小于 1.5mm。

3）中埋式止水带应埋设在结构断面的中部。钢板止水带宽度不应小于 300mm，厚度不宜小于 3mm；自粘丁基橡胶钢板止水带宽度不应小于 250mm，厚度不宜小于 5mm，其中单侧的自粘丁基橡胶厚度不小于 2mm。

4）遇水膨胀止水胶（条）的宽度不宜小于 10mm，厚度不宜小于 5mm。单独使用宜采用双道打胶，或与中埋式止水带、预埋灌浆管组合使用。

5）预埋灌浆管宜采用不锈钢弹簧骨架灌浆管，灌浆材料宜为聚氨酯或丙烯酸盐化学浆液。

6）水平施工缝基本形式如图 9-15 所示。

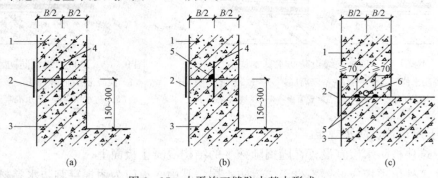

图 9-15 水平施工缝防水基本形式

1—混凝土侧墙；2—防水加强层；3—混凝土底板或楼板；

4—钢板止水带或自粘丁基橡胶钢板止水带；5—遇水膨胀止水胶；6—预埋注浆管

（2）地下建筑施工缝防水施工。施工缝的施工应符合下列规定：

1）施工缝浇筑混凝土前，应将其表面浮浆、松动石子和杂物清除，结合面处应湿润，但不得有积水。水平施工缝后浇混凝土施工前，接缝面宜铺设 20～30mm 厚的水泥砂浆结合层。

2）遇水膨胀止水条应与接缝表面密贴。

3）钢板止水带埋设位置应准确，固定应牢靠，接头应采用满焊；自粘丁基橡胶钢板止水带搭接应不少于 50mm，接缝固定牢固。

4）预埋灌浆管埋设位置应准确，灌浆管与施工缝基面应密贴并固定牢固。

导浆管与灌浆管的连接应牢固、严密，导浆管埋入混凝土内的部分应与结构钢筋绑扎牢固，导浆管的末端固定在专用盒中，并临时封堵严密。

5. 地下建筑变形缝防水设置

（1）地下建筑变形缝防水构造。变形缝的宽度宜为 30～50mm，断面中部应设置中埋式止水带。并在迎水面设置外贴防水层或嵌填密封材料，也可在背水面设置可卸式止水带。变形缝的防水措施应符合下列规定：

视频 9-5　橡胶止水带

1）橡胶止水带或钢边橡胶止水带的宽度不宜小于 350mm，变形孔的宽度宜为 30～50mm，高度应根据结构变形量计算确定；

2）底板和侧墙板迎水面宜采用外贴防水层增强处理，外贴式止水带宽度不宜小于 300mm，外贴防水卷材宽度不宜小于 400mm；

3）侧墙板和顶板迎水面变形缝内可嵌填密封材料；

4）侧墙板外贴式止水带收头应留置在高出地面 300mm 的混凝土墙面上，并应进行收头密封处理，顶板变形缝不应设置外贴式止水带；

5）中埋式止水带与外贴橡胶止水带复合使用的防水构造如图 9-16 所示；

6）背水面防水宜选用无穿孔可卸式橡胶止水带，防水构造如图 9-17 所示；也可选用穿孔可卸式橡胶止水带。

（2）地下建筑变形缝防水施工。变形缝的防水施工应符合下列规定：

1）中埋式止水带的埋设位置应准确，固定应牢固，其中间空腔应与变形缝的中心线重合。

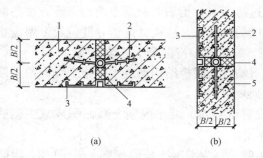

图 9-16　中埋橡胶止水带与外贴橡胶止水带
复合使用防水构造

（a）底板防水构造；（b）外墙板防水构造
1—底板结构混凝土；2—中埋式橡胶止水带；
3—外贴橡胶止水带；4—软质衬垫板；
5—外墙板结构混凝土

2）安设于结构内侧的可卸式止水带与自粘密封胶带、密封胶带与钢板基面应紧密贴合；转角处应做成 45°折角，并应增加紧固件的数量。

3）外贴式橡胶止水带"十"字交叉部位及"T"字形部位应采用定型连接件，底板与侧墙的转角宜采用定型直角连接件。连接件留置的接头长度不应小于 300mm。

4）密封材料嵌填应密实连续、饱满，并与两侧基面粘结牢固。

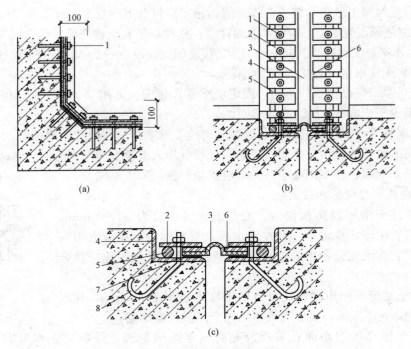

图 9-17　无穿孔可卸式橡胶止水带防水构造

(a) 转角剖面图；(b) 正视图；(c) 局部放大正视图

1—螺栓；2—铁件压块；3—无穿孔可卸式橡胶止水带；4—预埋角钢；5—圆钢；6—钢板压条；

7—自粘丁基密封胶带；8—固定埋脚

6．地下建筑诱导缝防水设置

(1) 地下建筑诱导缝防水构造。诱导缝是通过适当减少钢筋对混凝土的约束等方法在混凝土结构中设置的易开裂的部位。诱导缝与施工缝的区别是，在设计的诱导缝位置上埋设止水带和裂缝诱导物；减少 30%～50% 的纵向配筋，施工时保持混凝土连续浇筑。

地下建筑诱导缝宜设置在跨中；侧墙诱导缝下端宜至底板结构面或水平施工缝面，上端宜至顶板底或梁底。诱导缝的防水设防应符合下列规定：

1) 诱导缝部位混凝土宜连续浇筑，并采用设置诱导器、减小混凝土截面积或减少钢筋通过数量等方法进行裂缝诱导。

2) 诱导缝预裂缝断面的混凝土截面积减少比例，宜为混凝土板厚度的 1/3～1/2。混凝土截面积减少量包括表面诱导凹槽、诱导器长度的断面减少等。

3) 诱导缝预裂缝断面的水平钢筋减少量应通过计算确定，钢筋应均匀间隔断开，断开比例宜为 1/3～1/2，钢筋断开间距宜为 50～100mm。

4) 结构内、外表面应设置诱导凹槽，凹槽的宽度宜为 30～50mm，深度宜为 20mm。迎水面凹槽内宜嵌填密封材料，表面防水加强层宜选用宽度不小于 300mm 防水卷材。

5) 诱导器表面宜包裹丁基橡胶止水腻子，也可采用表面平整光滑的金属或树脂片；诱导器宽度应根据混凝土截面减少率计算确定。混凝土墙板厚度在 250～350mm 时，可设一个诱导器；混凝土墙板厚度大于 350mm 时，可设置一个或两个诱导器，如图 9-18 所示。

6）诱导缝应设置自粘丁基橡胶钢板止水带或采用包裹自粘丁基橡胶的止水型诱导器，自粘丁基橡胶的单面厚度不应小于 2mm，止水带的宽度不应小于 250mm。

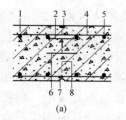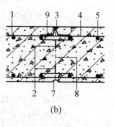

图 9-18 地下建筑工程诱导缝防水构造

（a）单诱导器；（b）双诱导器

1—混凝土结构；2—T 形诱导器；

3—迎水面诱导槽密封材料；4—水平钢筋；

5—竖向钢筋；6—自粘丁基橡胶钢板止水带；

7—背水面诱导槽；8—预期开裂部位；

9—V 形自粘丁基橡胶钢板止水带

（2）地下建筑诱导缝防水施工。诱导缝的防水施工应符合下列规定：

1）自粘丁基橡胶钢板止水带、诱导器、表面诱导凹槽中心的位置应埋设准确，止水构件与诱导器应安装牢固；

2）自粘丁基橡胶钢板止水带在混凝土浇捣前，应将其表面的隔离纸去除；

3）诱导缝部位的混凝土应连续浇捣，混凝土振捣时，应防止止水带、诱导器等部件变形或移位。

7. 地下建筑后浇带防水设置

（1）地下建筑后浇带防水构造。后浇带间距和位置应按结构设计要求确定，宽度宜为 600~1000mm。后浇带应采用补偿收缩混凝土浇筑，其抗渗和抗压强度等级不应低于两侧混凝土。

后浇带需超前止水时，应设置临时变形缝，在结构板的外侧增加配筋混凝土板和留置变形缝，并安装临时止水带。超前止水后浇带应在底板和墙板同时设置，其防水构造形式如图 9-19 所示，其防水构造设计应符合下列规定：

1）底板后浇带留置深度应大于底板厚度 50~100mm，侧墙板后浇带厚度与结构侧墙板相同；

2）后浇带下部用于封底的混凝土厚度不应小于 200mm，配筋通过结构计算确定，混凝土强度等级同底板混凝土；

3）封底混凝土板的临时变形缝宽度宜为 30~50mm，宜采用 350mm 宽中埋式橡胶（塑料）止水带或外贴式橡胶（塑料）止水带作临时防水措施。

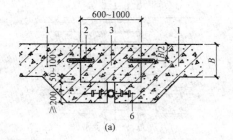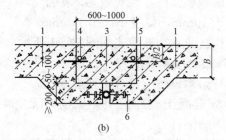

图 9-19 超前止水后浇带底板防水构造

（a）自粘丁基橡胶钢板止水带；（b）钢板止水带与预埋灌浆管复合防水

1—先浇捣混凝土结构；2—自粘丁基橡胶钢板止水带；3—后浇带补偿收缩混凝土；4—预埋注浆管；

5—钢板止水带；6—中埋式橡胶止水带

（2）地下建筑后浇带防水施工。后浇带施工应符合下列规定：

1）先浇混凝土侧模宜采用专用免拆折板镀锌网模或不锈钢网模，金属板厚度不应小于0.4mm厚，重量不小于3.3kg/m²，不得用普通钢丝网和易锈蚀的金属网代替；

2）止水带、预埋灌浆管、遇水膨胀止水条等应位置正确，安装牢固；

3）后浇带内混凝土浇筑施工前，应将积水、垃圾等清理干净；

4）后浇带内混凝土的浇筑时间应符合设计要求；

5）后浇带混凝土宜一次浇筑，混凝土浇筑后应及时养护，养护时间不得少于28d。

8. 地下建筑穿墙防水设置

穿墙套管或直埋穿墙管应在浇筑混凝土前预埋。穿墙套管或直埋穿墙管的防水设防应符合的规定。

电缆穿墙应设置预埋套管，套管外侧应设置电缆井或电缆沟，电缆沟井底面应低于套管底部不小于250mm。电缆沟井应有防止积水漫过套管底部的排水措施。电缆沟井构造做法如图9-20所示。

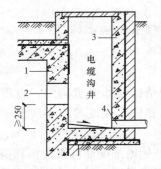

图9-20　电缆沟井
1—主体结构混凝土墙板；2—预埋套管；
3—电缆沟井外墙；4—排水管

9. 桩头顶面、侧面及桩边防水设置

桩头顶面、侧面及桩边的混凝土垫层面宜涂刷水泥基渗透结晶型防水材料。桩周围垫层涂刷宽度不应小于150mm。厚度不应小于1.0mm，用量不应小于1.5kg/m²。

10. 穿过结构底板部位的格构柱防水设置

用于基坑支护的型钢混凝土格构柱，穿过结构底板部位的格构柱防水应符合下列规定：

（1）格构柱型钢的表面应清理干净，不得有泥垢；

（2）底板厚度的1/2处，格构柱的内外侧应分别设置止水钢板，止水钢板的单侧宽度不应小于50mm，钢板厚度不应小于3mm，与格构柱型钢焊接牢固；

（3）距离底板背水面100mm左右的格构柱外侧或内外侧的缀板部位，应设置遇水膨胀止水胶，宽度不应小于10mm，厚度不应小于5mm；

（4）格构柱防水构造形式如图9-21所示。

11. 抗浮锚杆防水设防

抗浮锚杆防水设防应符合下列规定：

（1）锚杆混凝土表面应平整密实，无空洞、起砂、起皮等缺陷；

（2）锚杆体顶面宜采用防水涂料整体防水，涂膜厚度不应小于2.0mm；锚杆防水层与底板防水层在平面的搭接宽度不应小于150mm；

（3）抗浮锚杆防水构造如图9-22所示。

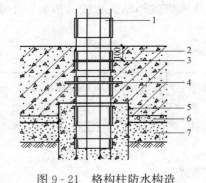

图9-21　格构柱防水构造
1—钢格构柱；2—混凝土结构底板；
3—遇水膨胀止水胶；4—止水钢板；
5—桩头及底板防水层；6—细石混凝土保护层；
7—混凝土垫层及找平层

视频 9-6　钻孔灌浆
法堵漏

12. 渗水堵漏基本方法

（1）混凝土裂缝、施工缝渗漏水可采用钻孔灌浆法、贴嘴灌浆法、钻孔加贴嘴灌浆法等进行化学灌浆止水，并应符合下列规定：

1）应根据裂缝开度和现场条件，确定灌浆方法。

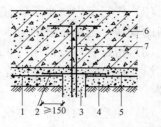

图 9-22　抗拔锚杆防水构造
1—底板防水层；2—锚杆涂料防水层；
3—砂浆锚固体；4—混凝土垫层及找平层；
5—细石混凝土保护层；6—混凝土底板；
7—锚杆钢筋

2）当采用钻孔灌浆时，灌浆孔宜交叉布置在缝的两侧，钻孔与缝的水平距离宜为 100～250mm，孔径不宜大于 20mm。钻孔应斜穿缝隙，斜孔与裂缝的交叉点深度不宜小于结构厚度的 1/3。

3）有中埋钢板止水带的施工缝，斜孔与裂缝的交叉点尽量靠近止水带。

4）当裂缝较宽时，可先对裂缝表面进行封缝处理后进行灌浆施工。

5）灌浆材料宜选用水溶性聚氨酯灌浆材料、亲水性环氧灌浆材料及丙烯酸盐灌浆材料。

6）对基本稳定不再发展的裂缝，应及时进行化学灌浆处理。对无法判定是否继续发展的裂缝，宜在低温季节、裂缝张开度较大时进行化学灌浆处理。

（2）变形缝渗漏水治理宜先灌浆止水，在无渗漏水的条件下，采用缝内嵌填止水条、背水面安装可卸式止水带或胶粘密封止水带等措施进行防水，必要时可设置辅助排水装置。

（3）结构混凝土表面无明水湿渍的，可在混凝土表面凿毛后，抹压水泥基渗透结晶型防水材料或聚合物水泥砂浆防水层。

（4）孔洞渗漏宜先采取灌浆或快速封堵止水，再设置刚性防水层，并应符合下列规定：

1）当水压大或孔洞直径大于 50mm 时，宜采用埋管灌浆止水。灌浆管宜使用硬质金属管或塑料管，并宜配置阀门，管径应符合引水泄压及灌浆设备的要求。灌浆材料宜使用速凝型水泥-水玻璃灌浆材料或聚氨酯灌浆材料。灌浆压力应根据工程结构情况、灌浆材料及工艺进行选择。

2）当水压小或孔洞直径小于 50mm 时，可采用埋管灌浆止水，也可采用快速封堵材料进行止水。采用快速封堵止水时，宜先清除孔洞周围疏松的混凝土，并宜将孔洞周围剔凿成 V 形凹坑，再在凹坑中嵌填速凝型无机防水堵漏材料止水。

3）止水后宜在孔洞周围 200mm 范围内的基层表面抹压水泥基渗透结晶型防水材料或聚合物水泥砂浆防水层。

9.4　室内防水工程

9.4.1　概述

1. 基本规定

（1）住宅室内防水工程应遵循防排结合、刚柔相济、因地制宜、经济合理、安全环保、综合治理的原则。

（2）住宅室内防水工程宜根据不同的设防部位，按柔性防水涂料、防水卷材、刚性防水材料的顺序，选用适宜的防水材料，且相邻材料之间应具有相容性。

（3）密封材料宜采用与主体防水层相匹配的材料。

（4）住宅室内防水工程完成后，楼、地面和独立水容器的防水性能应通过蓄水试验进行检验。

（5）住宅室内外排水系统应保持畅通。

2. 防水材料

（1）防水涂料。住宅室内防水工程宜使用聚氨酯防水涂料、聚合物乳液防水涂料、聚合物水泥防水涂料和水乳型沥青防水涂料等水性或反应型防水涂料。

住宅室内防水工程不得使用溶剂型防水涂料。对于住宅室内长期浸水的部位，不宜使用遇水产生溶胀的防水涂料。用于附加层的胎体材料宜选用 $30\sim50g/m^2$ 的聚酯纤维无纺布、聚丙烯纤维无纺布或耐碱玻璃纤维网格布。住宅室内防水工程采用防水涂料时，涂膜防水层厚度应符合表 9-16 的规定。

表 9-16　　　　　　　　　　　涂 膜 防 水 层 厚 度

防水涂料	涂膜防水层厚度/mm	
	水平面	垂直面
聚合物水泥防水涂料	≥1.5	≥1.2
聚合物乳液防水涂料	≥1.5	≥1.2
聚氨酯防水涂料	≥1.5	≥1.2
水乳型沥青防水涂料	≥2.0	≥1.5

（2）防水卷材。住宅室内防水工程可选用自粘聚合物改性沥青防水卷材和聚乙烯丙纶复合防水卷材。聚乙烯丙纶复合防水卷材应采用与之相配套的聚合物水泥防水粘结料，共同组成复合防水层。防水卷材宜采用冷粘法施工，胶粘剂应与卷材相容，并应与基层粘结可靠。防水卷材胶粘剂应具有良好的耐水性、耐腐蚀性和耐霉变性。卷材防水层厚度应符合表 9-17 的规定。

表 9-17　　　　　　　　　　　卷 材 防 水 层 厚 度

防水卷材	卷材防水层厚度/mm	
自粘聚合物改性沥青防水卷材	无胎基≥1.5	聚酯胎基≥2.0
聚乙烯丙纶复合防水材料	卷材≥0.7（芯材≥0.5），胶结料≥1.3	

（3）防水砂浆。防水砂浆应使用由专业生产厂家生产的商品砂浆。防水砂浆的厚度应符合表 9-18 的规定。

表 9-18　　　　　　　　　　　防 水 砂 浆 的 厚 度

防水砂浆		砂浆层厚度/mm
掺防水剂的防水砂浆		≥20
聚合物水泥防水砂浆	涂刮型	≥3.0
	抹压型	≥15

（4）防水混凝土。用于配制防水混凝土的水泥宜采用硅酸盐水泥、普通硅酸盐水泥。不得使用过期或受潮结块的水泥，不得将不同品种或强度等级的水泥混合使用。

（5）密封材料。住宅室内防水工程的密封材料宜采用丙烯酸建筑密封胶、聚氨酯建筑密封胶或硅酮建筑密封胶。

对于地漏、大便器、排水立管等穿越楼板的管道根部，宜使用丙烯酸酯建筑密封胶或聚氨酯建筑密封胶嵌填。对于热水管管根部、套管与穿墙管间隙及长期浸水的部位，宜使用硅酮建筑密封胶（F 类）嵌填。

（6）防潮材料。墙面、顶棚宜采用防水砂浆、聚合物水泥防水涂料做防潮层；无地下室的地面可采用聚氨酯防水涂料、聚合物乳液防水涂料、水乳型沥青防水涂料和防水卷材做防潮层。采用不同材料做防潮层时，防潮层厚度可按表 9-19 确定。

表 9-19　　　　　　　　　　　　　　　　防潮层厚度

材料种类		防潮层厚度/mm
防水砂浆	掺防水剂的防水砂浆	15～20
	涂刷型聚合物水泥防水砂浆	2～3
	抹压型聚合物水泥防水砂浆	10～15
防水涂料	聚合物水泥防水涂料	1.0～1.2
	聚合物乳液防水涂料	1.0～1.2
	聚氨酯防水涂料	1.0～1.2
	水乳型沥青防水涂料	1.0～1.5
防水卷材	自粘聚合物改性沥青防水卷材　无胎基	1.2
	自粘聚合物改性沥青防水卷材　聚酯毡基	2.0
	聚乙烯丙纶复合防水卷材	卷材≥0.7（芯材≥0.5），胶结料≥1.3

9.4.2　室内防水细部构造

（1）楼、地面的防水层在门口处应水平延展，且向外延展的长度不应小于 500mm，向两侧延展的宽度不应小于 200mm，如图 9-23 所示。

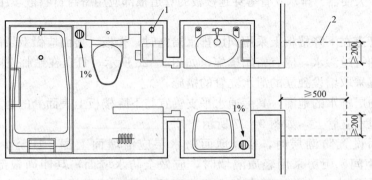

图 9-23　楼、地面门口处防水层延展示意
1—穿越楼板的管道及其防水套管；2—门口处防水层延展范围

（2）穿越楼板的管道应设置防水套管，高度应高出装饰层完成面 20mm 以上；套管与管道间应采用防水密封材料嵌填压实，如图 9-24 所示。

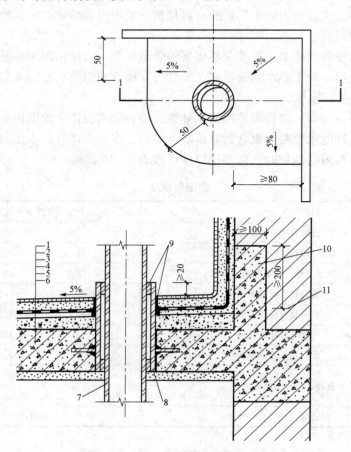

图 9-24 管道穿越楼板的防水构造

1—楼、地面面层；2—粘结层；3—防水层；4—找平层；5—垫层或找坡层；6—钢筋混凝土楼板；

7—排水立管；8—防水套管；9—密封膏；10—C20 细石混凝土翻边；11—装饰层完成面高度

（3）地漏、大便器、排水立管等穿越楼板的管道根部应用密封材料嵌填压实，如图 9-25 所示。

（4）水平管道在下降楼板上采用同层排水措施时，楼板、楼面应做双层防水设防。对降板后可能出现的管道渗水，应有密闭措施，如图 9-26 所示，且宜在贴临下降楼板上表面处设泄水管，并宜采取增设独立的泄水立管的措施。

（5）对于同层排水的地漏，其旁通水平支管宜与下降楼板上表面处的泄水管联通，并接至增设的独立泄水立管上，如图 9-27 所示。

（6）当墙面设置防潮层时，楼、地面防水层应沿墙面上翻，且至少应高出饰面层 200mm。当卫生间、厨房采用轻质隔墙时，应做全防水墙面，其四周根部除门洞外，应做 C20 细石混凝土坎台，并应至少高出相连房间的楼、地面饰面层 200mm，如图 9-28 所示。

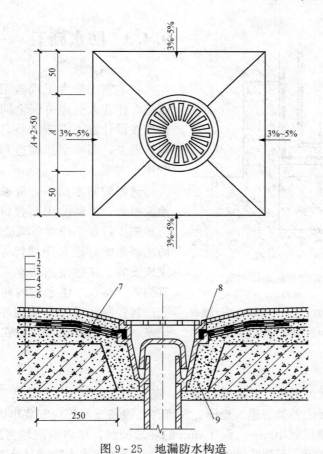

图 9-25　地漏防水构造

1—楼、地面面层；2—粘结层；3—防水层；4—找平层；5—垫层或找坡层；
6—钢筋混凝土楼板；7—防水层的附加层；8—密封膏；9—C20 细石混凝土掺聚合物填实

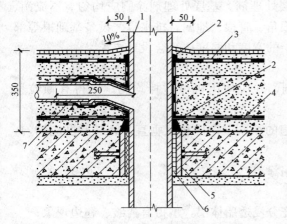

图 9-26　同层排水时管道穿越楼板的防水构造

1—排水立管；2—密封膏；

3—设防房间装修面层下设防的防水层；

4—钢筋混凝土楼板基层上设防的防水层；5—防水套管；

6—管壁间用填充材料塞实；7—附加层

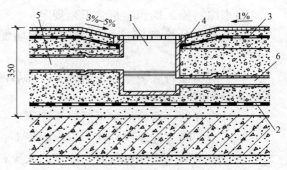

图 9-27　同层排水时的地漏防水构造

1—产品多通道地漏；2—下降的钢筋混凝土

楼板基层上设防的防水层；3—设防房间装修面层下

设防的防水层；4—密封膏；5—排水支管接至排水立管；

6—旁通水平支管接至增设的独立泄水立管

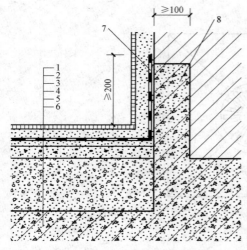

图 9-28　防潮墙面的底部构造

1—楼、地面面层；2—粘结层；3—防水层；
4—找平层；5—垫层或找坡层；6—钢筋混凝土楼板；
7—防水层翻起高度；8—C20 细石混凝土翻边

9.4.3　防水施工

1. 一般规定

住宅室内防水工程施工单位应有专业施工资质，作业人员应持证上岗。住宅室内防水工程应按设计施工。施工前，应通过图纸会审和现场勘查，明确细部构造和技术要求，并应编制施工方案。

进场的防水材料，应抽样复验，并应提供检验报告。严禁使用不合格材料。防水材料及防水施工过程不得对环境造成污染。穿越楼板、防水墙面的管道和预埋件等，应在防水施工前完成安装。住宅室内防水工程的施工环境温度宜为 5～35℃。住宅室内防水工程施工，应遵守过程控制和质量检验程序，并应有完整检查记录。防水层完成后，应在进行下一道工序前采取保护措施。

2. 基层处理

基层应符合设计的要求，并应通过验收。基层表面应坚实平整，无浮浆，无起砂、裂缝现象。与基层相连接的各类管道、地漏、预埋件、设备支座等应安装牢固。管根、地漏与基层的交接部位，应预留宽 10mm，深 10mm 的环形凹槽，槽内应嵌填密封材料。基层的阴、阳角部位宜做成圆弧形。基层表面不得有积水，基层的含水率应满足施工要求。

3. 防水涂料施工

防水涂料施工时，应采用与涂料配套的基层处理剂。基层处理剂涂刷应均匀、不流淌、不堆积。防水涂料在大面积施工前，应先在阴阳角、管根、地漏、排水口、设备基础根等部位施做附加层，并应夹铺胎体增强材料，附加层的宽度和厚度应符合设计要求。

防水涂料施工操作应符合下列规定：

（1）双组分涂料应按配比要求在现场配制，并应使用机械搅拌均匀，不得有颗粒悬浮物；

（2）防水涂料应薄涂、多遍施工，前后两遍的涂刷方向应相互垂直，涂层厚度应均匀，不得有漏刷或堆积现象；

（3）应在前一遍涂层实干后，再涂刷下一遍涂料；

（4）施工时宜先涂刷立面，后涂刷平面；

（5）夹铺胎体增强材料时，应使防水涂料充分浸透胎体层，不得有褶皱、翘边现象；

（6）防水涂膜最后一遍施工时，可在涂层表面撒砂。

4. 防水卷材施工

（1）防水卷材与基层应满粘施工，防水卷材搭接缝应采用与基材相容的密封材料封严。涂刷基层处理剂应符合下列规定：

1）基层潮湿时，应涂刷湿固化胶粘剂或潮湿界面隔离剂；

2）基层处理剂不得在施工现场配制或添加溶剂稀释；

3）基层处理剂应涂刷均匀，无露底、堆积；

4）基层处理剂干燥后应立即进行下道工序的施工。

（2）防水卷材的施工应符合下列规定：

1）防水卷材应在阴阳角、管根、地漏等部位先铺设附加层，附加层材料可采用与防水层同品种的卷材或与卷材相容的涂料；

2）卷材与基层应满粘施工，表面应平整、顺直，不得有空鼓、起泡、皱褶；

3）防水卷材应与基层粘结牢固，搭接缝处应粘结牢固。

聚乙烯丙纶复合防水卷材施工时，基层应湿润，但不得有明水。自粘聚合物改性沥青防水卷材在低温施工时，搭接部位宜采用热风加热。

5. 防水砂浆施工

施工前应洒水润湿基层，但不得有明水，并宜做界面处理。防水砂浆应用机械搅拌均匀，并应随拌随用。防水砂浆宜连续施工。当需留施工缝时，应采用坡形接槎，相邻两层接槎应错开 100mm 以上，距转角不得小于 200mm。水泥砂浆防水层终凝后，应及时进行保湿养护，养护温度不宜低于 5℃。聚合物防水砂浆，应按产品的使用要求进行养护。

6. 密封施工

基层应干净、干燥，可根据需要涂刷基层处理剂。密封施工宜在卷材、涂料防水层施工之前、刚性防水层施工之后完成。双组分密封材料应配比准确，混合均匀。密封材料施工宜采用胶枪挤注施工，也可用腻子刀等嵌填压实。密封材料应根据预留凹槽的尺寸、形状和材料的性能采用一次或多次嵌填。密封材料嵌填完成后，在硬化前应避免灰尘、破损及污染等。

思考题与习题

1. 建筑物的防水工程按照部位不能分为哪些类型？

2. 防水材料主要有哪些类型？

3. 建筑防水设计、施工遵循的原则是什么？

4. 不同屋面防水等级找坡规定如何？

5. 简述一道防水设防规定。

6. 简述防水卷材的施工工艺流程。

7. 卷材常用的铺贴方法有哪些？

8. 简述涂膜防水层施工工艺。

9. 什么是诱导缝？诱导缝和施工缝的区别是什么？

10. 住宅室内防水工程应遵循的原则是什么？防水材料的选用原则是什么？

第 10 章

装 饰 工 程

装饰工程,即建筑装饰装修工程,是指为保护建筑物的主体结构、完善建筑物的使用功能和美化建筑物,采用装饰装修材料或饰物,对建筑物的内外表面及空间进行的各种处理过程。

建筑装饰是建筑物的重要组成部分,它的主要功能是保护建筑物各种构件免受自然界风、霜、雨、雪、大气等的侵蚀,增强构件保温、隔热、隔音、防潮、防腐蚀等的能力,提高构件的耐久性,延长建筑物的使用寿命,改善室内外环境,使建筑物清新、整洁、明亮、美观。

装饰工程的特点是工期长、用工多、造价高、质量要求高、成品保护难等。建筑装饰工程按部位不同分为外墙装饰、内墙装饰、地面装饰和顶棚装饰;按施工工艺不同分为抹灰工程、饰面工程、涂饰工程、刷浆工程、裱糊工程、幕墙工程、吊顶工程及外墙保温工程等。

建筑装饰装修工程施工中,严禁擅自改动承重结构或主要使用功能;涉及承重结构改动或增加荷载时应由具备相应资质的设计单位核查有关原始资料或房屋检测报告,对建筑结构的安全性进行核验、确认。

10.1 抹灰工程

10.1.1 抹灰的分类和组成

抹灰工程按使用材料和装饰效果分为一般抹灰和装饰抹灰两大类;按施工部位的不同可以分为墙面抹灰、地面抹灰和顶棚抹灰。

一般抹灰按质量标准、使用要求和操作工序不同,分为普通抹灰和高级抹灰,见表10-1。

表 10-1   抹 灰 分 类

级别	构造做法	按材料不同常见做法	要求	适用范围
普通抹灰	一底层、一中层、一面层	抹石灰砂浆、水泥石灰砂浆、水泥砂浆、聚合物水泥砂浆以及麻刀灰、纸筋灰、石膏灰等	表面光滑、洁净、接槎平整,阳角方正、分格缝清晰	一般居住、公用和工业建筑(如住宅、宿舍、教学楼、办公楼)以及高标准建筑物中的附属用房等

级别	构造做法	按材料不同常见做法	要求	适用范围
高级抹灰	一底层、数中层、一面层	抹水刷石、斩假石、干粘石、假面砖、水磨石、拉毛灰、洒毛灰及喷砂、喷涂、弹涂等	表面光滑、洁净、颜色均匀、无抹纹，阴阳角方正、分格缝和灰线清晰美观	大型公共建筑物、纪念性建筑物（如剧院、礼堂、宾馆、展览馆等和高级住宅）以及有特殊要求的高级建筑等

一般抹灰施工需要分层做成，按抹灰层的作用分为底层、中层和面层如图 10 - 1 所示。

底层主要使抹灰层与基层牢固粘结和初步找平。底层所用材料随基层而变化。对砖墙基层，由于水泥砂浆与石灰砂浆均与粘土砖有较好的粘结力，故室内一般多用石灰砂浆。外墙面和有防潮要求的地下室等则用水泥砂浆或混合砂浆。对于混凝土基层则用水泥砂浆或混合砂浆效果更好。对于板条和金属网基层，为防止砂浆脱落，砂浆中还应掺有适当数量的麻刀或纸筋等以加强拉结。

中层主要起找平作用，以弥补底层因砂浆收缩而出现的裂缝，所用材料与底层基本相同。

面层是装饰层，起装饰作用。所用材料根据设计要求的装饰效果而定。

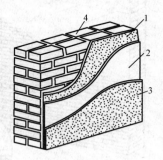

图 10 - 1　抹灰层组成
1—底层；2—中层；
3—面层；4—基体

10.1.2　一般抹灰的施工工艺

1. 内墙抹灰

内墙抹灰分普通抹灰和高级抹灰。其施工工艺如下：

（1）基层处理。抹灰前应将表面凹凸不平的部位剔平或用 1∶3 水泥砂浆补齐，表面太光的要凿毛，或用 1∶1 水泥浆掺 107 胶薄薄的刷一层。对不同用料的基层交接处应加铺金属网（见图 10 - 2）以防抹灰因基层吸湿程度和温度变化引起膨胀不同而产生裂缝。表面的砂浆、污垢、尘土和油漆等均应清扫干净，浇水湿润基层。

（2）找规矩、做灰饼。内墙面抹灰为保持抹灰面的垂直平整，首先用托线板检查墙的平整度、垂直程度，经检查后确定抹灰层的厚度，但最薄处不应少于 7mm。如墙面凹度较大应分层涂抹，严禁一次抹灰太厚，否则容易造成砂浆干缩、空鼓开裂。

抹灰前，在墙面距地面 2m 左右，距墙面两边阴角 10～20cm，分别用 1∶3 水泥砂浆或打底砂浆做一个大小 20～30cm² 的灰饼，厚度以墙面平整和垂直确定，一般 1～1.5cm。然后根据这两个灰饼，用挂线板或线锤在踢脚线上口做下面两个灰饼。灰饼稍干燥后，在两

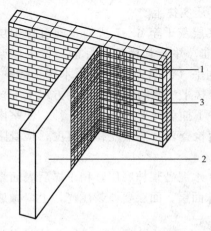

图 10 - 2　不同基层接缝处理
1—砖墙；2—钢丝网；3—板条墙

个灰饼两端砖缝中钉入钉子，拉上横线，沿线每隔1.2～1.5m补做灰饼。

（3）做标筋（冲筋）。灰饼做好稍干后，用砂浆在上下灰饼间抹标筋，宽度和厚度与灰饼相同。做标筋前将墙面浇水湿润，在上下两个灰饼之间先抹一层宽为10cm左右灰条，接着抹第二层灰条，第二层灰条凸出呈八字形，比灰饼略高，然后用木杠上下左右来回搓，直到与灰饼高度相同，形成竖向标筋，如图10-3、图10-4所示。

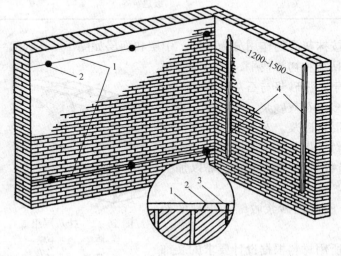

图10-3　挂线做标志块及标筋
1—引线；2—灰饼（标志块）；3—钉子；4—标筋

图10-4　用托线板挂垂直做标志块

（4）做护角。室内墙面、柱面和门窗洞口的阳角处应护角，护角的做法应符合设计要求，设计无要求时，应采用1:2水泥砂浆做护角，砂浆收水后用捋角器抹成小圆角。如设计无规定，其高度不应低于2m，每侧宽度不应小于50mm，如图10-5所示。

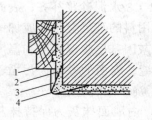

图10-5　护角抹灰
1—门框；2—嵌缝砂浆；
3—墙面砂浆；4—1:2水泥砂浆护角

（5）抹底层灰。待标筋有了一定强度后，洒水湿润墙面，先薄薄抹一层底灰，接着抹第二层底灰，第二层底灰高度略低于标筋，用木抹子压实搓毛。

（6）抹中层灰。待底层灰干至6～7成后，即可抹中层灰，厚度以垫平标筋为准，并使其稍高于标筋。抹上砂浆后，再用刮杆由下往上刮平（见图10-6），用木抹子搓平。局部低凹处，用砂浆填补搓平。墙的阴角，先用方尺上下核对方正，然后用阴角器中下抽动扯平（见图10-7），使室内四角方正。中层抹灰后应检查表面平整度和垂直度，检查阴阳角是否方正和垂直，发现质量缺陷应立即处理。

（7）抹窗台板，踢脚板（或墙裙）。窗台板先用1:3水泥砂浆抹底层，稍干燥后表面划毛，隔1d后，刷素水泥浆一道，再用1:2.5水泥砂浆抹面层。面层要原浆压光，上口做成小圆角，下口要求平直，不得有毛刺，浇水养护4d。

抹踢脚板（或墙裙）时，先按设计要求弹出上口水平线，用1:3水泥砂浆或水泥混合砂浆打底。隔1d后，用1:2水泥砂浆抹面层，稍干收水后用铁抹子将表面压光。踢脚板

（或墙裙）应比墙面的抹灰层高出 3～5mm，根据高度尺寸弹上线，把八子靠尺靠在线上用铁抹子将上口切齐，压实抹平。

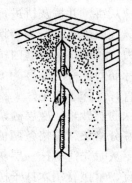

图 10-6　装档刮杠示意　　　　　　　图 10-7　阴角的扯平找直

（8）抹面层灰。待中层有 6～7 成干时，即可抹面层灰。面层包括麻刀灰面层、纸筋灰面层、石灰砂浆面层、水泥砂浆面层、石膏面层等。

1）麻刀灰或纸筋灰面层适应于室内白灰墙面，抹灰时先用钢抹子将麻刀灰或纸筋灰抹在墙面上，同时赶平、压光。稍干后再用钢抹子将面层压实、压光。目前此种做法较少采用。

2）石灰砂浆、水泥石灰砂浆、聚合物水泥砂浆、石膏灰等，单纯材料抹面容易开裂。为了防止开裂，一般工地现场采用抹面砂浆结合耐碱玻璃纤维网络布的方法。具体做法是在面层抹灰抹平初凝前，将截好的玻璃纤维网格布铺贴在面层抹灰砂浆表面，并保证玻璃纤维网格布和面层砂浆粘结不掉下，铺贴玻璃纤维网格布时注意搭接长度≥70mm；按标准要求的垂直度、平整度进行修整，同时按内墙抹灰的表面要求，进行压光处理；将玻璃纤维网格布的玻纤网压入抹灰面层，做到隐约可见网格但不漏网格布；然后赶实污染处清理干净；压光，压光时要掌握火候，既不要出现水纹，也不出现压痕，压好后随即用毛刷蘸水将罩面灰污染处清理干净。

操作应从阴角处开始，最好两人同时操作，一人在前上面抹灰，另一人紧跟在后用铁抹子压实赶光，阴阳角处用阴阳角抹子捋光，并用毛刷蘸水将门窗四角等处清理干净。

（9）清理。抹灰工作完毕后，应将粘在门窗框、墙面的灰浆及落地灰及时清除，打扫干净。

2. 外墙抹灰

外墙抹灰一般采用水泥砂浆和水泥混合砂浆。外墙抹灰的工艺流程为：基层处理→吊垂直、套方找规矩→抹底层砂浆→抹面层砂浆→滴水线→养护。外墙抹灰顺序应先上部、后下部、先沿口、再墙面（包括门窗周围、窗台、阳台、雨蓬等）。由于外墙抹灰面积较大，抹灰时可分片、分段同时施工，如一次抹不完，可在阴阳角交接处或分格线处间断施工。

（1）基层处理。基层为砖墙，先将墙面上的残余砂浆、污垢、灰尘等清扫干净，并用水浇墙，将砖缝中的尘土冲掉和湿润基层。

基层为混凝土墙面先对混凝土墙面进行毛化处理，一种方法为先将光滑表面刷洗干净，并用 10％碱水除去油污晾干后，在其表面用扫帚甩上一层 1:1 稀糊状水泥浆（内掺 20％水重的 107 胶），使之凝固在基层表面，用手搬不动为止。另一种方法为用钻子将混凝土表面剔毛，使其粗糙不平。

（2）吊垂直、套方找规矩。按墙面已弹好的基准线，分别在窗口角、垛、墙面等处吊垂直，套方抹灰饼。并按灰饼进行标筋，以墙面的标筋来控制墙面的抹灰平整度。

（3）抹底层砂浆。若为砖墙抹底层灰时，先在标筋之间抹一层 5～8mm 厚的底灰，抹灰时应用力将砂浆挤入砖缝内；若为混凝土基层时，先刷掺 10% 水重的 107 胶水泥浆一道，紧接着在标筋间抹一层厚度为 5～8mm 水泥砂浆。抹灰时应分层分遍与标筋抹平，并用大杠刮平找直，木抹子搓毛。

（4）抹面层砂浆。底层砂浆抹好后，第二天即可抹面层砂浆。抹灰前，先按要求弹好分格线，粘好分格条（分格条两侧可用粘稠素水泥浆与墙面抹成 45°角）、滴水线和将墙面湿润。抹面层灰时先薄薄抹一层灰使其与底层灰抓牢，紧跟抹第二遍，与分格条齐平，并用大杠刮平刮直，紧接着用木抹子搓平，用铁抹子赶平压光。待表面无明水后，用刷子蘸水按垂直地面同一方向轻刷一遍，以保持面层灰的颜色一致。面层抹好后即可拆除分格条，并用素水泥浆将分格缝勾平整。

（5）滴水线。在檐口、窗台、窗楣、雨蓬、阳台、压顶和凸出腰线等部位，应先抹立面、后抹顶面，再抹底面。顶面应抹出流水坡度，底面外沿边应做滴水线（槽），滴水线（槽）应整齐顺直，内高外低，滴水槽的宽度和深度均不应小于 10mm，如图 10-8 所示。

（6）养护。面层抹完 24h 后应浇水养护。养护时间应根据气温条件而定，一般应不少于 7d。

10.1.3 装饰抹灰

装饰抹灰包括水刷石、水磨石、斩假石、干粘石、假面砖等多种施工工艺。这些工艺施工过程中均分层操作，底层和中层操作方法大致相同，而面层的操作方法各异。装饰抹灰不仅可以加强墙体的耐久性，丰富墙体的颜色与质感，而且线条美观，具有较强的装饰效果。

1. 水刷石

先将底层湿润，随即刮一层素水泥浆（内掺水重 5% 的 107 胶），厚度 1mm 左右。紧接着抹 1:0.5:3（水泥:白灰:小八厘）石渣浆，从下往上分两次与分格条抹平，并及时用直尺检查其平整，无问题后即压平压实。抹石渣面层要高于分格条 1mm。待水泥石渣浆稍收水后，用抹子拍平揉压，将其内水泥浆挤出，压后使石渣大面朝上，达到灰层密实。

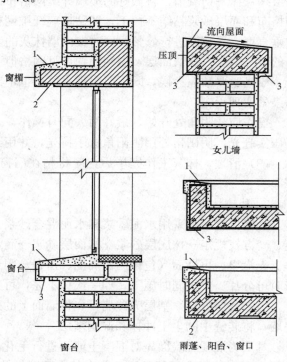

图 10-8 流水坡度、滴水线（槽）示意图
1—流水坡度；2—滴水线；3—滴水槽

然后用刷子蘸水刷去表面浮浆，拍平压光一遍，再刷再压，反复进行三到四次。待面层开始初凝，指按无痕，用刷子刷石渣不掉时，一人用刷子蘸水刷去表面水泥浆，一人紧跟用喷雾器由上往下顺序喷水刷洗，喷头一般距墙面 10～20cm 为宜。把表面的水泥浆冲洗干净，露出石渣后，随即起出米厘条，并用素浆将缝勾好。最后用水壶浇清水将墙面清洗干净，使其颜色一致。水刷石表面应石粒清晰、分布均匀、紧密平整、色泽一致，应无掉粒和接槎痕迹。

2. 水磨石

先抹底层和中层灰，在中层灰验收合格后，即可在其表面按设计要求弹线、贴嵌玻璃分格条或铜、铝分格条，分格条两侧可用砂浆固定。砂浆凝固后（一般最少需要 2d），先在中层灰面上抹一层水灰比为 0.4 的素水泥浆作为粘接层，再按设计要求的颜色和花纹，将不同颜色的水泥石子浆（1：2.5 水泥 2 号或 3 号石子浆）填入分格网中，厚度与嵌条齐平，并摊平压实，随即用滚碾横竖碾压，并在低洼处用水泥石子浆找平，压至出浆为止，两小时后再用铁抹子将压出的浆抹平。待其半凝固（约 1～2d 后），开始试磨，以不掉石渣为准，经检查后确认后方可正式开磨。开磨时首先用粒度 60～80 号粗的砂轮机磨头遍，磨时使机头在地面上走横八字形，要边磨边加水、加砂，随即用水冲洗检查，应达到石渣磨平无花纹道子，分格条全部露出，石子均匀光滑，发亮为止。每次磨光后，应用同色水泥浆填补砂眼，每隔 3～5d 再按同样方法磨第二遍和第三遍。最后进行草酸擦洗和打蜡，如图 10 - 9 所示。

视频 10 - 2　水磨石

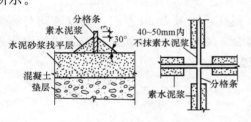

图 10 - 9　分格条粘嵌示意

3. 斩假石（剁斧石）

首先用 1：（2～3）水泥砂浆抹底灰，厚度在 12mm 左右，分两遍成活。底层灰凝固后，在底灰的表面粘贴分格条和划分格线，分格条固定后，在底灰上薄薄刮一道素水泥浆，随即抹面层。面层用水泥：石渣＝1：（1.25～1.5）的水泥石渣浆，厚度一般为 10mm 左右，与分格条相平，先用铁抹子将水泥石渣浆抹平，再用木抹子打磨拍实，要求表面无缺陷，阴阳角方正，表面平整。抹完后用软毛刷将表面水泥浆刷掉，露出的石渣应均匀一致。面层抹完后 24h 后应浇水养护，防止曝晒。

在正常气温（15～30℃）下，面层抹完后 2～3d 开始剁，在气温较低时（5～15℃）抹好后隔 4～5d 开始剁比较适宜，但应试剁，以墙面石粒不掉，容易剁痕，声音清脆为准。剁石前，应先洒水湿润，以免石渣爆裂。剁石时应先上后下，由左到右，先剁转角和四周边缘，后剁中间墙面。转角和四周剁水平纹，中间剁垂直纹，剁纹深度一般以石渣剁掉 1/3 为宜。为了美观，一般在分格缝、阴阳角四周留出 15～20mm 边框线不剁。

斩假石表面剁纹应均匀顺直、深浅一致，应无漏剁处，阳角处应横剁并留出宽窄一致的不剁边条。

4. 干粘石

先抹底层灰，并划毛。待底层灰抹好一天后，浇水湿润划毛的底层灰，在其上抹一层

1：（2～2.5）水泥砂浆中层，经检查验收中层抹灰后，即可在中层抹灰面上弹线、粘贴分格条。粘贴分格条后，根据中层灰的干燥程度洒水湿润中层，用水灰比 0.4～0.5 的纯水泥浆满刷一遍，随即抹一层 1：1：2：0.15＝水泥：石灰膏：砂：107 胶的粘结层，粘结层的厚度根据所用石渣的粒径确定，当石粒粒径为 4～6mm 时，一般砂浆粘结层的厚度为 4～6mm，砂浆稠度不应大于 8cm。抹粘结层时，应三人同时操作，一人抹粘结层，一人紧跟在后面甩石子，一人用铁抹子将石子拍入粘结层，要求拍实拍平，但不能拍出灰浆，石子的嵌入深度不小于 1/2 粒径，待有一定强度后洒水养护。甩石子时，应先上后下，先甩四周易干燥部分，后甩中间，使干粘石表面色泽一致、不露浆、不漏粘、石粒应粘结牢固、分布均匀，阳角处应无明显黑边。

5. 假面砖

假面砖是一种在水泥砂浆中掺入氧化铁黄或氧化铁红等颜料，通过手工操作达到模仿面砖装饰效果的一种做法。具体工艺如下：

（1）彩色砂浆配制。按设计要求的饰面色调配制数种做出样板，以确定标准配合比。

（2）操作工具及其应用。主要有靠尺板（上面划出面砖分块尺寸的刻度）以及划缝工具铁皮刨、铁钩、铁梳子或铁棍之类。用铁皮刨或铁钩划制模仿饰面砖墙面的宽缝效果；以铁梳子或铁棍划出或滚压出饰面砖的密缝效果。

（3）假面砖施工。底、中层抹灰采用 1：3 水泥砂浆，表面达到平整并保持粗糙，凝结硬化后洒水湿润，即可进行弹线。先弹宽缝线，用以控制面层划沟（面砖凹缝）的顺直度。然后抹 1：1 水泥砂浆垫层，厚度 3mm；接着抹面层彩色砂浆，厚度 3～4mm。

面层彩色砂浆稍收水后，即用铁梳子沿靠铁板划纹，纹深 1mm 左右，划纹方向与宽缝线相垂直，作为假面砖密缝；然后用铁皮刨或铁钩沿靠尺板划沟（也可采用铁棍进行滚压划纹），纹路凹入深度以露出垫层为准，随手扫净飞边砂粒。

10.2 饰面板（砖）工程

饰面板（砖）工程包括安装天然大理石、人造大理石、花岗岩饰面板和镶贴外墙面砖、陶瓷锦砖、釉面瓷砖等。饰面板工程采用的石材由花岗岩、大理石、青石板和人造石材；采用的瓷板有抛光板和磨边板两种；木材饰面板主要用于内墙裙。陶瓷面砖主要包括釉面瓷砖、外墙面砖、陶瓷锦砖、陶瓷壁画、劈裂砖等；玻璃面砖主要包括玻璃锦砖、彩色玻璃面砖、釉面玻璃等。

10.2.1 大理石和花岗岩饰面

大理石和花岗岩饰面的安装主要有粘贴法、挂贴法和干挂法等，其中粘贴法适用于板材面积小于 400mm×400mm 厚度小于 12mm 的饰面板安装。

1. 粘贴法施工

粘贴法施工工艺为：基层处理→抹底灰→弹线定位→粘贴饰面板→嵌缝。

（1）基层处理。对墙、柱等基体的缺陷进行修复，清除基体上的灰尘、污垢，并保证平整、粗糙和湿润。

（2）抹底灰。一般用 1 ∶ 3 的水泥砂浆在基体上抹底灰，厚度为 12mm，用短木杠刮平、并划毛。

（3）弹线定位。按照设计图样和实际粘贴的部位，以及所有饰面板的规格及接缝宽度，在底灰上弹出水平线垂直线。

（4）粘贴饰面板。饰面板粘贴前，应在底灰上刷一道素水泥浆。同时将挑选好的饰面板，用水浸泡并取出晾干。粘贴时在饰面背面抹上 2～3mm 厚的素水泥浆（可加入适量的107 胶），贴上后用木锤或橡皮锤轻轻敲击使之粘牢。

（5）嵌缝。待饰面板粘贴 2～4d 后可用与饰面板底色相近的水泥浆进行嵌缝。并清除板材表面多余的浆液。

2. 挂贴法

挂贴法的施工工艺为：基层处理→绑扎钢筋网→钻孔、剔槽、挂丝→安装饰面板→灌浆→嵌缝。

（1）基层处理。对墙、柱等基体的缺陷进行修复，清除基体上的灰尘、污垢等，并保证表面平整粗糙、湿润。

（2）绑扎钢筋网。根据设计要求用 $\phi 8 \sim \phi 10$ 的钢筋采用焊接或绑扎的方法形成钢筋网片，竖向钢筋的间距可按饰面板宽度距离设置，横向钢筋其间距比饰面板竖向尺寸低 20～30mm 为宜。随后采用与预埋铁环绑扎或预埋铁件、膨胀螺栓焊接等方式，将钢筋网片固定在基体上，如图 10 - 10 所示。

视频 10 - 3 石材　视频 10 - 4 石材干挂
　　　　　　　　　　　加工、安装

（3）钻孔、剔槽、挂丝。为保证饰面板与钢筋网片进行连接，应在饰面板上钻孔或剔槽，常用的有 "牛轭孔" "斜孔" 和 "三角形槽"，如图10 - 11 所示。孔或槽一般距板材两端为板边长的 1/4～1/3，孔的直径及槽的大小应符合有关规定及施工要求。孔或槽形成后用铜丝或不锈钢丝穿入其中。

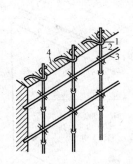 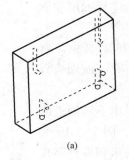 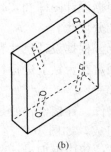 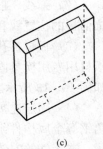

图 10 - 10　墙面、柱面绑扎钢筋图　　　　　图 10 - 11　饰面板各种钻孔
1—预埋铁环；2—立筋；3—横筋；4—墙（柱）　　　（a）牛轭孔；（b）斜孔；（c）三角形槽

（4）安装饰面板。饰面板的安装一般自下而上逐层进行，每层板块由中间或一端开始，饰面板的位置要根据板厚、灌浆厚度以及钢筋网片焊绑所占的位置来确定。安装时，理顺铜丝或不锈钢丝，板材就位，通过铜丝或不锈钢丝绑扎在钢筋网片上，板材的平整度、垂直度和接缝宽度可利用木楔进行调整。

板材就位后，要做临时固定。目前常采用熟石膏外贴固定的方法。石膏在调制时掺入20%的水泥加水搅拌成粥状，在已调整好的板面上，将石膏水泥浆贴于板外表面纵横板缝交接处，由于石膏水泥浆固结后有较大的强度且不易开裂，所以每个拼缝固定后就成了一个支撑点，起到临时固定的作用，如图 10-12 所示。

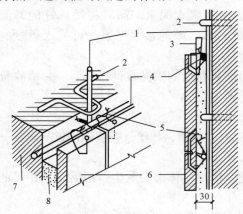

图 10-12　饰面板安装固定示意图

1—立筋；2—铁环；3—定位木楔；
4—横筋；5—钢丝或铁丝绑扎牢；6—石料板；
7—墙体；8—水泥砂浆

（5）灌浆。板材经校正垂直、平整、方正后，临时固定完毕，即可灌浆，灌浆一般采用 1∶3 水泥砂浆，稠度 8～15cm，将盛砂浆的小桶提起，然后向板材背面与基体间的缝隙中徐徐灌入，注意不要碰动板材，全长均匀灌注。灌浆应分层进行，第一层灌入高度≤150mm，并应≤1/3 板材高，灌时用小铁钎轻轻插捣，切忌猛捣猛灌，第一层灌完 1～2h 后，检查板材无移动，即可进行第二层灌浆，高度 100mm 左右，即板材的 1/2 高度，第三层灌浆应低于板材上口 50mm 处，余量作为上层板灌浆的接缝（采用浅色材板时，可采用白水泥，以免透底影响美观）。

（6）嵌缝。当整面墙板材逐层安装、灌浆后，可铲除外表面的石膏块，并将板材外表面清理干净。然后用与板材接近的颜料调制水泥色浆嵌缝，边嵌边擦拭清洁，使缝隙密实干净，颜色一致。

3. 干挂法施工

干挂法施工的工艺为：基层处理→弹线→板材打孔→固定连接件→安装饰面板→嵌缝。

（1）基层处理。剔除突出基体表面影响扣件安装的部分。

（2）弹线。根据设计图样和实际需要弹出安装饰面板的位置线和分块线。

（3）板材打孔。根据设计尺寸和图样要求，将板材用专用模具固定在台钻上进行打孔（或剔槽），如图 10-13 所示。

（4）固定连接件。连接件一般是由不锈钢板或角钢等金属构件组成，如图 10-14、图 10-15 所示。连接件的安装位置应根据设计要求和板材钻孔的位置确定，连接件可通过膨胀螺栓等方法与墙、柱基体连接，如图 10-16 所示。

（5）安装饰面板。安装时从底层开始，干挂板材时应保证板材的水平度及垂直度满足有关规定，水平方向的相邻板材之间用直径 5mm 的不锈钢销钉销牢，经找平吊直后，将板固定在上下连接件上

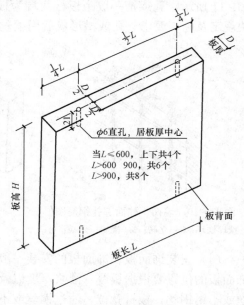

φ6直孔，居板厚中心

当 L≤600，上下共4个
L>600 900，共6个
L>900，共8个

板高 H

板背面

板长 L

图 10-13　板材打孔位置及数量示意图

并用环氧树脂胶密封。

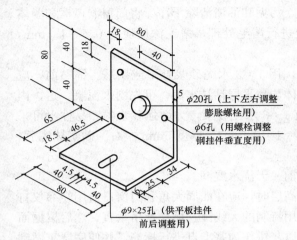

图 10 - 14　不锈钢角钢挂件（干挂法旋式工艺用）

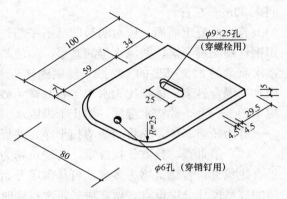

图 10 - 15　不锈钢平板挂件（干挂法施工工艺用）

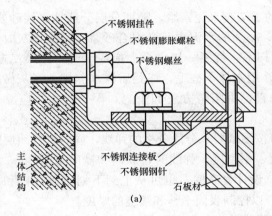

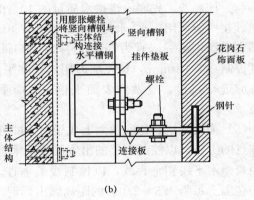

图 10 - 16　干挂工艺构造示意图
(a) 直接干挂；(b) 间接干挂

（6）嵌缝。每一施工段安装后经检查无误后，方可清扫拼接缝，填入橡胶条（或素水泥浆）。然后用打胶机进行硅胶涂封，清理表面杂物，如图 10 - 17 所示。

10.2.2　镶贴外墙面砖

面砖主要指外墙面砖，分为有釉和无釉两种，有釉砖是在已烧成的素坯上施釉，再经断烧而成；无釉面砖是将破碎成一定粒度的陶瓷原料，经筛分，半干压成型，放入窑内焙烧而成。外墙饰面砖的镶贴工艺为：选砖→处理基层→吊垂直、找方、找规矩→抹底灰→弹线分格→排砖→浸砖→镶贴面砖→做滴水线→勾缝。

（1）选砖。根据设计要求，按砖的大小和颜色进行选

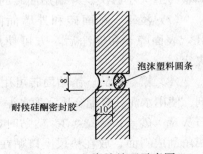

图 10 - 17　嵌缝处理示意图

砖。选出的砖应平整方正，无缺楞掉角，颜色均匀，无脱釉现象。

（2）处理基层。首先应将基层表面的灰砂、污垢和油渍清除干净。将门窗洞口框和墙体间的缝隙用水泥砂浆嵌填密实。对光滑墙体应进行凿毛处理，凿毛深度应为 0.5～1.5mm，间距 30mm 左右。

若为混凝土墙面，应对明显凹凸不平部位，用 1：3 水泥砂浆补平或剔平。铺贴前，应用钢丝刷先刷一遍，并浇水湿润基层。为使基体与找平层粘结牢固，可先刷水泥浆一道，内掺水质量的 3％～5％的 107 胶，随刷随抹一道 1：3 水泥砂浆，为增强砂浆的和易性也可采用水泥混合砂浆，体积比为水泥：石灰膏：砂＝1：0.5：3，厚度 5mm 左右。砂浆抹完后，应用扫帚扫毛，并浇水湿润，防止干燥脱水。

若为砖墙基体，先将墙面清扫干净，并提前一天浇水湿润。

（3）吊垂直、找方、找规矩。若建筑物为高层时，应在四周大角和门窗口边用经纬仪打垂直线找直；若建筑物为多层，可从顶层开始用特制的大线锤，崩铁丝吊垂直，然后根据面砖的规格尺寸分层设点，做灰饼。每次打底时以灰饼作为基准点进行标筋，并使底层灰做到横平竖直。

（4）抹底灰。先刷一道掺水质量的 10％的 107 胶水泥素浆，随即分层分遍抹底层砂浆，底层砂浆一般可用 1：3 水泥砂浆，或用 1：0.5：3 的水泥白灰膏混合砂浆。每次抹灰时厚度不宜太厚，第一遍宜为 5mm，抹后用扫帚扫毛，待第一层六至七层成干时，抹第二遍，厚度控制在 5～10mm，抹完随即用木杆刮平，用木抹子搓毛，终凝后浇水养护。底灰做完后，应进行自检，应做到表面平整，立面垂直，阴阳角方正和垂直，误差过大，应立即纠正。

（5）弹线分格。待底灰六七成干时，即可按图纸要求分段分格的弹线，同时进行面层贴标准点的工作，以控制面层的出墙尺寸及垂直、平整度。弹线时，纵向和横向每隔 3～5 块的距离弹水平线和垂直线，以控制线条垂直。设计复杂时，也可从上到下划出皮数杆和接缝，在墙上每隔 1.5～2.0m 的距离做出标记，以控制表面平整和灰缝的厚度。

（6）排砖。根据大样图及墙面尺寸进行横竖排砖，以保证面砖缝隙均匀。排砖时在同一墙面上不得有一行以上的非整砖，非整砖应排在次要部位，如窗间墙或阴角处。一般要求横缝与碹脸或与窗台取平，窗台阳角一般要用整砖，并在底子灰上弹上垂直线。当横向不是整块的面砖时，要用合金钢錾子按所需尺寸划痕，折断后在砂轮磨平，如按整块分格，可采取调整砖缝大小解决。外墙贴面砖的几种排法如图 10‑18 所示。

（7）浸砖。釉面砖和外墙面砖镶贴前，首先要将面砖清扫干净，在清水中浸泡 2～3h，表面晾干和擦净后，方可使用。若采用胶粘剂镶贴，是否浸砖，应由胶粘剂的性能决定。

（8）镶贴面砖。镶贴面砖可用水泥砂浆、水泥混合砂浆、聚合物水泥砂浆或专用的胶粘剂。使用水泥砂浆配合比宜为水泥：砂＝1：1.5～2.0；使用水泥混合砂浆配合比宜为水泥：石灰膏：砂＝1：0.3：3。粘贴时，首先在砖背面满刮一层砂浆，厚度大约 5～6mm，砖的四角刮成斜面，放在垫尺上口贴在墙面上，用灰铲把轻轻敲击，使之砂浆饱满和附线，再用钢片开刀调整竖缝，并用小杆通过标准点调整平面的平整度和垂直度。外墙面砖排缝示意图如图 10‑18 所示，外窗台及腰线面砖镶贴示意图如图 10‑19 所示。

面砖之间的水平缝宽度用米厘条控制，米厘条贴在已镶贴好的面砖上口，为保证其平整，可临时加垫小木楔。

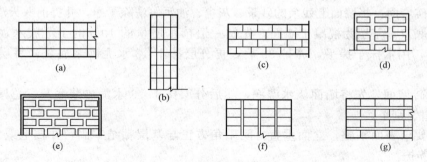

图 10 - 18　外墙面砖排缝示意图

(a) 长边水平密缝；(b) 长边竖直密缝；(c) 密缝错缝；(d) 水平、竖直疏缝；
(e) 疏缝错缝；(f) 水平密缝、竖直疏缝；(g) 水平疏缝、竖直密缝

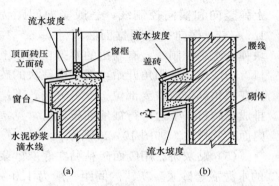

图 10 - 19　外窗台及腰线面砖镶贴示意图

(a) 窗台；(b) 腰线

视频 10 - 5　外墙
面砖粘贴

(9) 做滴水线。镶贴室外凸出的檐口、腰线、窗台、雨棚和女儿墙压顶等外墙面砖时，应按设计要求做出流水坡度，下面再做流水线或滴水槽，以免向内渗水。如女儿墙的压顶的水应流向屋面，顶面的面砖应压住立面的面砖等。

(10) 勾缝。勾缝前应检查面砖的质量，逐块敲试，发现空鼓和粘结不牢必须重贴。勾缝时可采用 1∶1 水泥砂浆进行勾缝，先勾横缝，后勾竖缝，缝宽一般 8mm 以上，严禁使用水泥砂浆进行刮抹填缝，否则勾缝不严，容易产生渗水现象。当勾缝材料已经硬化，清除面砖上的残余砂浆，并用布蘸 10% 的稀盐酸擦洗表面，最后用清水由上往下将墙面冲洗干净。

10.2.3　室内贴面砖

室内贴面砖主要指采用瓷砖和釉面砖铺贴在经常接触水的墙面如厨房、厕所、浴室和盥洗室等。瓷砖和釉面砖表面光滑，易于清洗，耐酸防潮，能起到保护墙体的作用。室内贴面砖的施工顺序为：选砖→基层处理→抹底灰→排砖和弹线→贴灰饼→浸砖→垫平尺板→镶贴面砖→擦缝和清洁面层。

(1) 选砖。选砖时要求选出棱角整齐方正，表面颜色一致，表面平整，无翘曲和变形的瓷砖和釉面砖。

(2) 基层处理。基层为混凝土墙面：首先将凸出墙面的混凝土剔平，如墙面比较光滑可采用“毛化处理”，即先将基层清理干净，用 10% 火碱水将墙面的油污刷掉，随即用净水将墙面冲洗干净、晾干，然后用 1∶1 水泥细砂浆内掺水质量的 20% 的 107 胶，喷或甩在混凝

土墙面上，终凝后浇水养护。当采用大模板施工时，混凝土墙面应凿毛，再用钢丝刷满刷一遍，浇水湿润。

基层为砖墙面：将墙面上残余的砂浆、灰尘、油污等清除干净，并提前一天浇水湿润。

（3）抹底灰。基层为混凝土墙面，先刷一道掺水质量的10%的107胶水泥素浆，然后抹头遍灰，用木抹子搓平，养护3d后，再分层抹1：3水泥砂浆底灰，每层厚度宜为5～7mm。

基层为砖墙面，先将墙面浇水湿润，然后分层抹1：3水泥砂浆底灰，总厚度控制在12mm，吊直、刮平。

底子灰要求表面平整，立面垂直，阴阳角方正与基层粘结牢固，并扫毛或划出纹道，24h后浇水养护。

（4）排砖和弹线。待基层六、七层干时，即可按实测和实量的尺寸进行排砖。排砖时从上到下统一安排，当接缝宽度无要求时，按1～1.5mm安排，计算纵横两个方向的皮数，

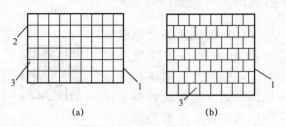

图 10 - 20　内墙面砖贴法示意图
(a) 直缝排列；(b) 错缝排列
1—阳角；2—阴角；3—非整块砖

划出皮数杆，定出水平标准。或者在底子灰上弹竖向和横向控制线，一般竖向间距为1m左右，横向一般根据面砖尺寸每5～10块弹一水平控制线，有墙裙的要弹在墙裙上口。一般排砖从阳角开始，把不成整块的砖排在阴角部位或次要部位。上下方向，上端排成整砖行，下边一行被地面压住。常见室内面砖的排法，如图10-20所示。

（5）贴灰饼。用废面砖粘贴在底层砂浆上作为灰饼，灰饼的粘结砂浆可采用1：0.1：3的水泥混合砂浆，灰饼的间距一般为1.0～1.6m，上下灰饼用靠尺找好垂直，横向几个灰饼拉线或用靠尺板找平，在灰饼面砖的棱角处拉立线，再于立线上拴活动的水平线，来控制水平面的平整。

（6）浸砖。瓷砖和釉面砖铺贴前一般需要浸砖，通常在铺贴的前一天将面砖放在清水中浸泡2h以上，取出阴干或擦净明水，达到外干内湿，以备上墙。

（7）垫平尺板。按照计算好的下一皮砖的下口标高，垫放好平尺板作为第一皮砖下口的标准。垫平尺板要注意地漏标高和位置。平尺板的上皮一般要比地面低1cm左右，以便地面压住墙面砖。垫平尺板时一定要垫平垫稳，垫点的间距一般控制在40cm以内。

（8）镶贴面砖。铺贴时应先贴面砖，后贴阴阳角等费工费时的地方。铺贴时将浸泡过面砖背面抹一层混合砂浆（配合比为：水泥：石灰膏：砂=1：0.1：2.5），然后紧靠垫平尺的上皮将面砖贴在墙上，并用小铲的木把轻轻敲击，使灰浆饱满，上口要以水平线为标准。贴好一层后，用靠尺板横向靠水平，竖向靠垂直，不符合要求者，应取下面砖重新铺贴。铺贴时应先在门口、阳角以及长墙每隔2m左右均先竖向贴一排砖，作为墙面垂直、平整和砖层的标准，然后以此作为标准向两侧挂线，由下往上铺贴。

（9）擦缝和清洁面层。面砖铺贴完毕，用清水将面砖清洗干净，并用棉纱擦净，然后用长毛刷蘸糊状白水泥素浆涂缝，最后用棉纱将缝子内素浆擦实擦匀。

10.3 涂饰工程

涂饰工程一般指采用水性涂料、溶剂型涂料等建筑涂料涂饰于建筑物的构件表面，并能与建筑物构件表面很好地结合，形成完整的保护膜的材料。

涂饰工程材料性能应符合国家现行标准的规定。涂料及配套材料必须经施工单位验收合格后方可使用。各类材料要分类保管，不得掺配使用。外墙涂料的使用寿命不得低于 5 年，其耐沾污性应符合国家现行标准的要求。建筑内外墙涂料环保性能应符合国家现行标准的规定。

10.3.1 建筑涂料的组成

建筑涂料主要有主要成膜物质、次要成膜物质和辅助成膜物质组成。

1. 主要成膜物质

主要成膜物质的主要成分包括油脂、天然树脂、人造树脂、合成树脂等。主要成膜物质也称胶粘剂或固着剂，它的主要作用是将涂料中的其他组分粘结成一整体，当涂料干燥硬化后，能在被涂基层表面形成均匀的连续而坚韧的保护膜。成膜物质是形成涂膜的基础，也是决定涂膜硬度、柔性、耐磨性、耐水性、耐冲击性、耐候性、耐热性等物理和化学指标的重要因素。

2. 次要成膜物质

次要成膜物质主要成分主包括有机颜料、无机颜料，各种填料等。次要成膜物质它不能离开主要成膜物质单独构成涂膜，主要依靠成膜物质的粘结才能成为成膜物质的一个部分。无机着色颜料耐候性和耐磨性较好，主要有氧化铁黄、氧化铁红、群青、氧化铁绿、氧化络绿、钛白、碳黑、氧化铁黑、氧化铁棕等；有机着色颜料耐老化性能较差，在建筑工程中应用较少，主要有肽菁蓝和肽菁绿等。填料又称体质颜料，在建筑中常用的有粉料和粒料。粉料有天然石材加工磨细或人工制造两类，如重晶石粉、轻质硫酸钙、重质硫酸钙、滑石粉、瓷土等，这类填料只能增加涂膜的厚度和体质，并不能增加涂膜颜色和阻止光线的透过；粒料是由 2mm 以下的不同大小的粒径组成，本身带有不同的颜色，用天然石材加工破碎或人工烧结而成，因此有较强的耐候性，在建筑涂料中作为粗骨料，可以起到色观和质感作用。

3. 辅助成膜物质

辅助成膜物质主要成分包括催干剂、固化剂、增强剂、防腐剂、杀虫剂和防污剂等。在涂料中加入一些少量助剂，可改善涂料的分散效果、柔软性、耐候性、施工性能，提高涂料的成膜质量和涂料的使用价值，赋予涂料一些特殊功能。

10.3.2 建筑涂料的分类

1. 建筑内外墙涂料主材

建筑内外墙涂料主材常见的有合成树脂乳液内墙涂料、合成树脂乳液外墙涂料、合成树脂乳液砂壁状建筑涂料、弹性建筑涂料、复层建筑涂料、外墙无机建筑涂料、建筑用水性氟涂料、交联型氟树脂涂料、建筑用反射隔热涂料、建筑用弹性质感涂层材料、水性多彩建筑涂料、水性复合岩片仿花岗岩涂料、水性复合岩片仿花岗岩涂料、墙体饰面砂浆、饰面型防火涂料等。

2. 建筑内外墙涂料配套材料

建筑内外墙涂料配套材料常见的有墙体用腻子、底漆、界面剂等。

墙体用腻子性能应符合《建筑墙体用腻子技术规程》（DB11/T 850）的规定。建筑涂饰中配套使用的腻子和封底材料必须与选用涂料性能相容。

底漆性能应符合《建筑内外墙用底漆》（JG/T 210）的规定；内墙底漆应符合现行国家标准《合成树脂乳液内墙涂料》（GB/T 9756）的规定。

外墙底漆应符合《合成树脂乳液外墙涂料》（GB/T 9755）的规定。界面处理剂性能应符合《混凝土界面处理剂》（JC/T 907）的规定。

3. 彩砂涂料

彩砂涂料是以丙烯酸酯或其他合成树脂乳液为主要成膜物质，以彩砂为骨料，外加增稠剂，填料及助剂配制而成的一种墙面砂壁状涂料。彩砂涂料的立体感较强，色彩丰富，适用于各种场所的室内外墙面装饰。

天然真石漆是彩砂涂料的一种，是以天然石材为原料，经特殊加工而成的高级水溶性涂料，以防潮底漆和防水保护膜为配套产品，在室内外装饰、工艺美术、城市雕塑上有广泛的使用前景。天然真石漆具有阻燃、防水、环保等特点。基层可以是混凝土、砂浆、石膏板、木材、玻璃、胶合板等。

视频 10-6 真石漆施工

10.3.3 涂料的施工

1. 基层要求

（1）基层应坚实牢固，不开裂、不掉粉、不起砂、不空鼓、无剥离、无爆裂点。

（2）基层应清洁，表面无灰尘、无浮浆、无油迹、无锈斑、无霉点、无盐类析出物、无青苔等杂物。

（3）基层表面应平整，平而不光、立面垂直、阴阳角垂直、方正和无缺棱掉角，设置分格缝时，分格缝深浅一致且横平竖直。

（4）基层应干燥，含水率不得大于10%，pH 值不得大于10，基层强度、防火性能应符合相关标准规定。

（5）基层应涂刷封闭底漆，不得出现泛碱发花。

2. 基层处理

（1）对不符合上述基层要求的基层应采用抹灰、剔除、打磨等处理，对于油渍、泛碱等污物处可采用化学法等手段清除。

（2）对较大缝隙，应进行剔凿后填补水泥砂浆、聚合物砂浆等将基层整理平整。

（3）混凝土或砂浆基层应用相应材料找平，涂饰涂料前应涂刷封闭底漆。

3. 涂料的施工工艺

涂料的施工工艺按刷涂方法分为刷涂、滚涂、刮涂、喷涂和抹涂（不常用，略）。

（1）刷涂。刷涂施工方法就是用漆刷或排笔将涂料均匀的涂刷在建筑物的表面上。刷涂及计量工具应包括漆刷、排笔、料桶、天平、磅秤等。其特点是工具简单、操作方便，适应性广，大部分薄质涂料或云母片状质涂料均可采用，如聚乙烯醇系内墙涂料、内外墙乳胶漆、硅酸盐无机涂料等。

采用刷涂法施工时，涂刷时应按先上后下，先左后右，先难后易，先阳台后墙面的规律进行。刷涂法可用于建筑物内外墙及地面的涂料的施工。

（2）滚涂。滚涂施工是用不同类型的辊具将涂料滚涂在建筑物的表面上。滚涂工具应包括羊毛辊筒、海绵辊筒、配套专用辊筒、匀料板等。采用这种方法具有施工设备简单、操作方便、工效高、涂刷质量好，对环境无污染的特点。

根据涂料的不同类型、装饰质感及使用不同的辊具可将滚涂分为一般滚涂和艺术滚涂。一般滚涂是用羊毛辊具蘸上涂料，直接滚涂在建筑物的表面上，其作用与刷涂相同，但工效比刷涂高；艺术滚涂是使用带有不同花纹的辊具，按设计要求将不同的花纹滚涂在建筑物的表面上，或在建筑物的表面上形成立体质感强烈的凹凸花纹。艺术滚涂使用的工具有内墙滚花辊具、泡膜塑料辊具和硬橡皮辊具等。

（3）刮涂。刮涂施工就是将涂料厚浆均匀分批刮涂在建筑物的表面上，形成厚度为 1～2mm 的厚涂层。刮涂法的主要工具采用 2mm 厚的硬质塑料板，尺寸一般为 12mm×20mm，其余工具还有牛角刀、油灰刀等。

刮涂法常用于地面工程的施工，采用的材料主要有聚合物水泥厚质地面涂料及合成树脂厚质地面涂料等。刮涂法施工为了增强装饰效果，往往利用划刀或记号笔刻画有席纹、仿木纹等各种花纹。采用刮涂法施工时，刮刀与地面倾角一般要成 50°～60°夹角，只能来回刮涂 1～2 次，不能往返进行多次刮涂，否则容易出现"皮干里不干"的现象。

（4）喷涂。喷涂是使用空气压缩机通过喷嘴将涂料喷涂在建筑物的表面上。喷涂机具应包括无气喷涂设备、空气压缩机、手持喷枪、喷斗、各种规格口径的喷嘴、高压胶管等。

喷涂施工一般可根据涂料的品种、稠度、最大粒径等，确定喷涂机械的种类，喷嘴的口径、喷涂压力、与基层之间的距离等。一般要求喷涂作业时手握喷枪要稳，喷嘴中心线与墙面垂直（如图 10-21），喷嘴与被涂面的距离保持在 40～60cm；喷枪移动时与喷涂面保持平行，喷枪的移动速度一般控制在 40～60cm/min。喷涂时一般两遍成活，先喷门窗口，后喷大面，先横向喷涂一遍，稍干后，在竖向喷涂一遍，两遍喷涂的时间间隔由喷涂的涂料品种和喷涂的厚度而定。喷涂行走路线示意如图 10-22 所示。

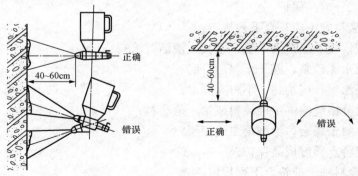

图 10-21 喷涂墙面示意图

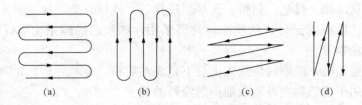

图 10-22　喷涂行走路线示意图
(a) 横向喷涂正确路线；(b) 竖向喷涂正确路线；(c)、(d) 错误喷涂路线

4. 建筑内墙涂饰工程施工

(1) 建筑内墙涂料施工工艺流程：清理基层→刮第一遍腻子→磨平→刮第二遍腻子→磨平→涂底涂层→涂面层→成品保护。

(2) 建筑内墙涂料施工应符合下列规定：

视频 10-7　批腻子

1) 基层处理满足基层要求，达到平整、牢固、清洁；

2) 刮第一遍腻子，干燥后打磨，再刮第二遍腻子，干燥后打磨平整；

3) 涂刷底涂料，应涂刷均匀，不得露底；

4) 涂刷或喷涂第一遍面层涂料，由墙体自上而下进行，应均匀，颜色应一致；干燥后再涂第二遍面层涂料，应保持颜色均匀一致，不得有色差；

5) 应避免交叉作业；不得人为破坏和污损。

(3) 建筑内墙饰面防火涂料施工应符合下列规定：

1) 基层处理满足基层要求，达到平整、牢固、清洁；

2) 刮第一遍腻子，干燥后打磨，再刮第二遍腻子，干燥后打磨平整；

3) 涂刷底涂料，应涂刷均匀，不得露底；

4) 涂刷饰面防火涂料不应少于两遍，必须在前一遍干燥后，再进行下一道施工；涂刷应均匀一致，涂刷总量应符合设计要求。

5. 建筑外墙涂饰工程施工

(1) 建筑外墙涂料施工工艺流程：清理基层→界面处理→刮腻子→打磨→涂底涂层→涂中涂层→涂面涂层→成品保护。

(2) 薄涂型涂料施工应符合下列规定：

1) 基层处理，使基层达到平整、坚实、清洁要求；

2) 刮腻子或水泥砂浆，腻子干燥后打磨；

3) 涂刷底层涂料，应均匀，不得有漏涂；

4) 根据设计分格缝涂刷中层涂料或第一遍涂料；

5) 第一遍涂料干燥后，涂刷第二遍面层；

6) 根据产品特点做好成品保护。

(3) 厚涂型涂料施工应符合下列规定：

1) 按前述基层要求对混凝土或聚合物水泥基层进行检查处理，基层应平整、牢固、清洁；

2）刮腻子，干燥后打磨平整、清洁；

3）涂刷底层涂料，应均匀，不得有漏涂；

4）喷涂中间层材料，应控制涂料粘度，并根据凹凸程度不同选用相应的喷嘴和喷枪压力，喷射应垂直于墙面，距离宜控制在 300～500mm 连续作业；

5）喷涂罩面层涂料应分两遍进行；

6）根据产品特点做好成品保护。

（4）水性多彩建筑涂料施工应符合下列规定：

1）水性多彩建筑涂料在基层上施工，基层处理应符合前述基层要求；

2）刮腻子，干燥后打磨平整、清洁；

3）涂刷封闭底涂料 1～2 遍，由建筑物自上而下施工，应均匀，不得有漏涂；厚薄一致处理好接茬部位；

4）喷涂中间主层彩色涂料 1～2 遍，应控制涂料粘稠度和气压，以保持涂层厚度和颜色一致，主层涂料要均匀，色泽符合设计和工程要求；

5）喷涂高耐候性的透明罩面涂料 1～2 遍；应控制罩面涂料粘度和喷枪压力，要均匀不得漏涂，保持涂层厚度一致；

6）根据产品特点做好成品保护。

10.4　幕墙工程

我国的建筑幕墙产品经历了一个从无到有飞速发展的过程，幕墙类型包括了玻璃幕墙、金属幕墙、石材幕墙等产品，结构形式也由原来单一的框支撑式发展成点支撑式幕墙、双层幕墙等多种形式。本节仅讲述玻璃幕墙工程。

10.4.1　幕墙的类型

按幕墙的结构形式分类：框支撑幕墙、全玻璃幕墙、点支撑幕墙。

框支撑幕墙中玻璃由金属框支撑。全玻璃幕墙的支撑结构和面板都是玻璃，面板是由玻璃肋支撑。点支撑幕墙的玻璃面板靠金属连接件在四角支撑，金属连接件是具有艺术性的不锈钢制品。

按面板材料分类：玻璃幕墙、金属幕墙、石才幕墙、混凝土幕墙、其他面板幕墙等。

10.4.2　玻璃幕墙的组成

通用的玻璃幕墙基本由三种材料组成：骨架、玻璃、封缝材料。幕墙组成如图 10 - 23 所示。

（1）骨架材料。组成玻璃幕墙的骨架材料主要有各种型材，以及各种连接件、紧固件。型材如果采用钢材，多采用角钢、方钢管、槽钢等。如果采用铝合金材，多是经特殊挤压成型的幕墙

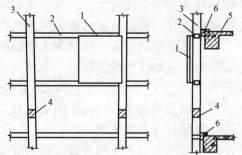

图 10 - 23　幕墙组成示意图
1—幕墙构件；2—横梁；3—立柱；
4—立柱活动接头；5—主体结构；6—立柱悬挂点

型材。

紧固件主要有膨胀螺栓、铝拉钉（铝铆钉）、射钉等。

连接件多采用角钢、槽钢、钢板加工而成。之所以用这些金属材料，主要是易于焊接、加工方便，较之其他金属材料强度高、价格便宜等。因而在玻璃幕墙骨架中应用较多。至于连接件的形状，可因不同部位、不同的幕墙结构而有所不同。

（2）玻璃材料。用于玻璃幕墙的单块玻璃一般为5～6mm厚。玻璃材料的品种，主要采用热反射玻璃、其他如吸热玻璃、浮法透明玻璃、夹层玻璃、夹丝玻璃、中空玻璃、钢化玻璃等，也用的比较多。中空玻璃如图 10 - 24 所示。

（3）封缝材料。用于玻璃幕墙的玻璃装配及块与块之间缝隙处理。一般常由填充材料、密封材料、防水材料三种材料组成。

视频 10 - 8　玻璃幕墙安装

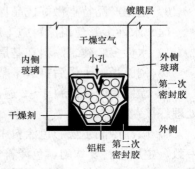
图 10 - 24　中空玻璃构造示意图

10.4.3　玻璃幕墙的安装

对于有框架的玻璃幕墙，其安装工艺为：放线→框架立柱安装→框架横梁安装→玻璃安装。

（1）放线。放线的目的是确定玻璃幕墙框架的安装准确位置。在放线之前，应检查主体结构的施工质量。若主体结构的垂直度与外表面的平整度以及结构尺寸偏差过大，满足不了幕墙安装的基本条件时，应采取措施及时处理。

框架横梁是固定在立柱上，与主体结构并接相关联，故应在立柱通长安装完毕后，再将横梁安装位置，线弹在立柱上。

（2）框架立柱安装。立柱安装的准确与否和质量好坏，影响到整个幕墙的安装质量，它是幕墙安装的关键工序之一。

立柱在主体结构上的固定方法有两种：一种是利用连接件与主体结构上的预埋件相焊接；另一种是在主体结构上钻孔，然后用膨胀螺栓将连接件与主体结构相连。为保证幕墙与主体结构连接的牢固可靠性，应尽量采用埋设预埋件的固定方法。安装立柱时，应先将立柱与连接件连接，然后连接件再与主体结构的预埋件连接、固定。

（3）框架横梁安装。横梁为水平构件，是分段在立柱中嵌入连接。横梁两端与立柱之间的连接处，应加设弹性橡胶垫。橡胶垫应有20%～35%的压缩性，以适应和消除横向温度变形要求。

同一层的横梁安装应由下向上进行。当安装完一层高度时，应进行检查、调整、校正、固定，使其符合安装质量要求。

（4）玻璃安装。不同类型的玻璃幕墙，玻璃的固定方法各异。

对于型钢框架幕墙，由于型钢没有镶嵌玻璃的凹槽，故是先将玻璃安装在铝合金框上，然后再将框格锚固在型钢框架上。

对于铝合金型材框架明框幕墙，玻璃可以直接安装在框格的凹槽内，安装时应注意下列事项：

1）玻璃安装时一般都用吸盘将玻璃吸住，然后提起送入金属框内。故应在玻璃安装前，将玻璃表面尘土和污物擦拭干净，以避免吸盘发生漏气现象，保证施工安全。

2）热反射玻璃安装时应将镀膜面朝向室内，非镀膜面朝向室外，否则，不仅会影响装饰效果，且会影响热反射玻璃的耐久性和物理耐用年限。

3）玻璃与构件不得直接接触。玻璃四周与构件凹槽底应保持一定空隙，每块玻璃下部应设不少于两块弹性定位垫块；垫块的宽度与槽口宽度应相同，长度不应小于 100mm；玻璃两边嵌入量及空隙应符合设计要求，左右空隙宜一致，能使玻璃在建筑变形及温度变形时，在橡胶条的夹持下能作竖向和水平向滑动，消除变形对玻璃的影响。

4）玻璃四周橡胶条应按规定型号使用，镶嵌应平整，橡胶条长度宜比边框内槽口长 1.5%～2%，其断口应留在四角；斜面断开后应拼成预定的设计角度，并应用胶粘剂粘结牢固嵌入槽内。

5）玻璃幕墙应采用耐候硅酮密封胶进行嵌缝。耐候硅酮密封胶应采用低模数中性胶。其性能应符合规定要求，过期的不得使用。

10.5　吊顶工程

吊顶又称顶棚、天花板、天棚，是建筑物室内重要的装饰部位之一，具有保温、隔热、隔音和吸音作用，又可以安装监控、空调、照明等设备。

吊顶按施工工艺不同一般分为暗龙骨吊顶工程和明龙骨吊顶工程。暗龙骨吊顶工程指以轻钢龙骨、铝合金龙骨、木龙骨为骨架，以石膏板、金属板、矿棉板、木板、塑料板或隔栅为饰面材料的吊顶工程；明龙骨吊顶工程指以轻钢龙骨、铝合金龙骨、木龙骨为骨架，以石膏板、金属板、矿棉板、塑料板、玻璃板或格栅等为饰面材料的吊顶工程。暗龙骨吊顶工程和明龙骨吊顶工程材料的构成基本类同，所不同的是暗龙骨吊顶指龙骨不外漏，表面用饰面板体现整体装修效果的一种吊顶；而明龙骨吊顶指纵横龙骨可以外漏或半漏，饰面板搁置其上的一种吊顶。

吊顶按结构形式分为活动式装配吊顶、隐蔽式装配吊顶、开敞式吊顶等；按使用材料又分为板材吊顶、轻钢龙骨吊顶、铝合金吊顶等。

按龙骨使用材料分有木龙骨吊顶、轻钢龙骨吊顶、铝合金龙骨吊顶；按罩面板材料分石膏板吊顶、金属板天花吊顶、装饰板吊顶和采光板吊顶。

吊顶工程所用的材料品种、规格、颜色以及基层构造、固定方法等应符合设计要求。罩面板与龙骨应连接紧密，表面应平整，不得有污染、折裂、缺楞掉角、损伤等缺陷，接缝应均匀一致，粘贴的罩面不得有脱层，胶合板不得有刨透之处，搁置的罩面板不得有漏、透、翘角现象。

10.5.1　吊顶结构形式

1. 活动式装配吊顶（明龙骨吊顶）

活动式装配吊顶，系把饰面板明摆浮搁在龙骨上，通常与铝合金龙骨配套使用，或与其他类型的金属材料模压成一定形状的龙骨配套使用。活动式装配吊顶可将新型装饰面板放在龙骨上，龙骨可以是外漏的，也可以是半外漏的。这种吊顶的最大的特点是，龙骨既是吊顶的承重构件，又是吊顶饰面的压条，将过去难以处理的密封吊顶、离缝吊顶和分格缝顺直等问题，用龙骨遮挡起来，这样即方便了施工，又产生了纵横分格的装饰效果。活动式装配吊顶的示意图如图 10 - 25 所示。

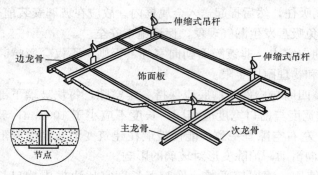

图 10 - 25　活动式装配吊顶示意图

活动装配

式吊顶采用的饰面板有：石膏板、钙塑装饰板、泡沫塑料板、铝合金板等。活动式装配吊顶一般用于标准较高的建筑物，如写字楼、宾馆建筑等，也可用于家庭厨房和洗手间的装修。

视频 10 - 9　木质龙骨吊顶

2. 隐蔽式装配吊顶（暗龙骨吊顶）

隐蔽式装配吊顶，主要指龙骨不外漏，表面用饰面板体现整体装修效果的吊顶形式。饰面板与龙骨的连接可采用三种方式，即企口暗缝连接、胶粘剂连接和自攻螺钉连接。隐蔽式吊顶按其构造是由主龙骨、次龙骨、吊杆和饰面板组成，如图 10 - 26 所示。

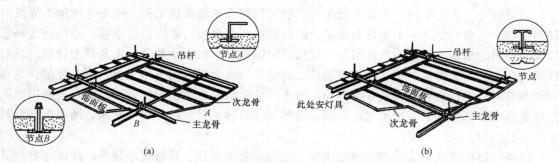

（a）　　　　　　　　　　　　（b）

图 10 - 26　隐蔽式装配吊顶构造示意图

龙骨一般采用薄壁型钢或镀锌铁皮挤压成型，有主龙骨、次龙骨及连接件，其断面形状分为"Λ"形和"Ⅱ"形。吊杆一般采用金属吊杆，可用钢筋加工或型钢一类的型材加工而成。吊杆如果采用的不是标准图集，吊杆的大小及连接构件必须经过设计和计算，以复核其抗拉强度是否满足强度设计要求。

隐蔽式装配吊顶的饰面板有：胶合板、铝合金板、穿孔石膏吸音板、矿棉板、防火纸面石膏板、钙塑泡沫装饰板等，也可在胶合板上刮灰饰面或裱糊壁纸饰面。

3. 开敞式吊顶

开敞式吊顶，主要指即有吊顶，但其饰面又是敞开的。它主要通过特定形状的单元体及单元体组合和灯光的不同布置，营造出单体构成的韵律感，达到即遮又透的特殊的艺术效果。开敞式吊顶的示意图如图 10 - 27 所示。

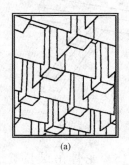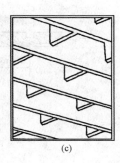

(a)　　　　　　　　(b)　　　　　　　　(c)

图 10 - 27　开敞式吊顶构造示意图

开敞式吊顶一般应用较多的是铝合金隔栅单体构件,当然也可采用木板、胶合板和竹板加工成单体构件,但此类单体构件防火性能较差,应进行防腐和防火处理。

10.5.2　木龙骨吊顶

木龙骨吊顶是以木龙骨(木栅)为吊顶的基本骨架,配以胶合板、纤维板或其他人造板作为罩面板材组合而成的悬吊式吊顶体系。

1. 施工材料

(1)木料:木材骨架料应为烘干、无扭曲红白松树种;黄花松不得使用。如设计无明确规定时,大龙骨规格为 50mm×70mm 或 50mm×100mm;小龙骨规格为 50mm×50mm 或 40mm×60mm;吊杆规格为 50mm×50mm~40mm×40mm。木质龙骨,一定要进行防火处理,并经消防部门检验合格。

(2)罩面板材及压条:胶合板、纤维板、实木板、纸棉石膏板、矿面装饰板等按设计选用,严格掌握材质及规格标准。

(3)其他材料:圆钉,Φ6 或 Φ8 钢筋、射钉、膨胀螺栓、角钢、钢板、胶粘剂、木材防腐剂、防火剂、8 号镀锌铅丝。

2. 常用机具

小电锯、小台刨、手电钻、木刨、扫槽刨、线刨、锯、斧、锤、螺丝刀、摇钻、卷尺、水平尺、墨线盒等。

3. 施工方法

工艺流程:弹线→木龙骨拼装→安装吊杆→安装沿墙龙骨→龙骨吊装固定→管道及灯具固定→吊顶的面板施工→压条安装(略)→板缝处理(略)。

(1)弹线。弹线包括:标高线、顶棚造型位置线、吊挂点布局线、大中型灯位线。如果吊顶有不同标高,那么除了要在四周墙柱面上弹出标高线,还应在楼板上弹出变高处的位置线。

(2)木龙骨拼装。吊顶前应在楼地面木龙骨进行拼装,拼装面积在 10m²,在龙骨上开出凹槽,咬口拼装,如图 10 - 28 所示。

(3)安装吊杆(吊筋)。膨胀螺栓、射钉、预埋铁件等方法如图 10 - 29 所示。

(4)安装沿墙龙骨。沿吊顶标高线固定沿墙龙骨。在吊顶标高线以上 10mm 处顶木楔,沿墙龙骨钉固在木楔上。

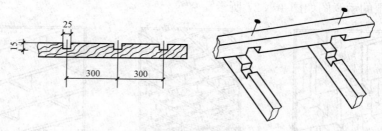

图 10-28 木龙骨利用槽口拼接示意

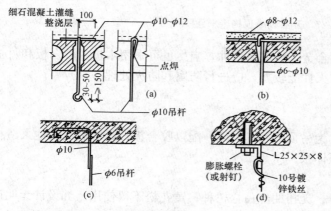

图 10-29 木质装饰吊顶的吊点固定形式

（5）龙骨吊装固定。分片吊装→铁丝与吊点临时固定→调正调平→与吊筋固定（绑扎、挂钩、木螺钉固定）。就位后，通过拉纵横控制标高线，从一侧开始，边调整龙骨边安装，最后精调至龙骨平直为止。如要考虑主龙骨的起拱，在放线时就应适当起拱。木龙骨与吊筋连接如图 10-30 所示。

（6）管道及灯具固定。吊顶时要结合灯具位置、风扇位置做好预留洞穴及吊钩。

（7）吊顶的面板施工。用圆钉固定法，也可用压条法或粘合法。吊顶面层接缝形式：对缝、凹缝、盖缝。

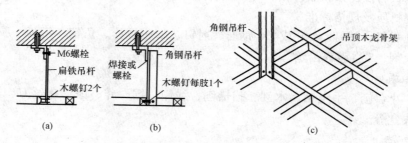

图 10-30 木龙骨架与吊筋连接
（a）用扁铁固定；（b）用角钢固定；（c）角钢与龙骨架连接示意图

10.5.3 U 型轻钢龙骨石膏装饰板吊顶施工

轻钢龙骨吊顶，是以薄壁轻钢龙骨作为支撑框架，配以轻型装饰罩面板材组合而成的新型顶棚体系。常用罩面板有纸面石膏板、石棉。

1. 弹线

根据顶棚设计标高，沿墙面四周弹线定出顶棚安装的标准线，再根据大样图在顶棚上弹出吊点位置和复核吊点间距。吊点间距一般上人顶棚为 900～1200mm，不上人顶棚为 1200～1500mm。

2. 安装吊杆

吊杆一般可用钢筋制作，上人顶棚的吊杆一般采用 $\phi6\sim\phi10$ 的钢筋，吊杆的上端与预埋件焊接或用射钉枪固定，下端需要套丝并配好螺帽，安装后吊杆端头螺纹外漏长度应不小于 3mm。吊点方式如图 10 - 31 所示。

3. 安装主龙骨

主龙骨与吊杆连接，可采用焊接，也可采用吊挂件连接，焊接虽然牢固，但维修麻烦。吊挂件一般与龙骨配套使用，安装方便。吊挂件同主龙骨相连，在主龙骨底部弹线，然后再用连接件将次龙骨与主龙骨固定。最后再依次安装中龙骨、小龙骨。也可以主、次龙骨一齐安装，二者同时进行。至于采用哪些形式，应视不同部位、所吊面积大小决定。

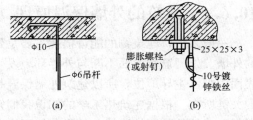

图 10 - 31　常见吊点方式
(a) 预埋钢筋吊点；(b) 膨胀螺栓（或射钉）吊点

4. 调平主龙骨

在安装龙骨前，因为已经接好标高控制线，根据标高控制线，使龙骨就位，调平主要是调整主龙骨，只要主龙骨标高正确，中、小龙骨一般不会发生什么问题。待主龙骨与吊件及吊杆安装就位以后，以一个房间为单位进行调整平直。调平时按房间的十字和对角拉线，以水平线调整主龙骨的平直；也可同时使用 60mm×60mm 的平直木方条，按主龙骨的间距钉圆钉将龙骨卡住作临时固定，木方两端顶到墙上或梁边，再依照拉线进行龙骨的升降调平。

较大面积的吊顶主龙骨调平时应注意，其中间部分应略有起拱，起拱高度一般不小于房间短向跨度的 1/200。

5. 固定次龙骨、横撑龙骨

在覆面次龙骨与承载主龙骨的交叉布置点，可使用其配套的龙骨挂件将二者上下连接固定，龙骨挂件的下部勾挂住覆面龙骨，上端搭在承载龙骨上，将其 U 形或 W 形腿用钳子嵌入承载龙骨内。次龙骨与次龙骨交叉点用挂插件连接固定。

中龙骨的位置根据大样图按板材尺寸而定，如果间距较大（大于 800mm）时，在中龙骨之间增加小龙骨，小龙骨与中龙骨平行，与大龙骨垂直用小吊挂件固定。U 形龙骨吊顶示意如图 10 - 32 所示。

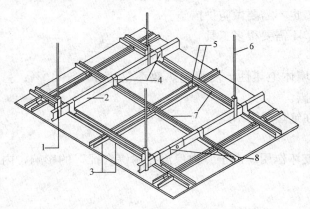

图 10 - 32　U 形龙骨吊顶示意图
1—吊件；2—主龙骨；3—次龙骨；4—挂件；
5—挂插件；6—吊杆；7—次龙骨连接件；8—主龙骨连接件

10.6 外墙保温工程

外墙保温工程是一种新型、先进、节约能源的方法。外墙保温工程适用于严寒和寒冷地区、夏热冬冷地区新建居住建筑物或旧建筑物的墙体改造工程，起保温、隔热的作用；是庞大的建筑物节能的一项重要技术措施；是一种新型建材和先进的施工方法。

10.6.1 建筑的外墙保温原理

一般来说，建筑物的能量损耗主要是建筑内部的热能损失，其原因在于建筑外围护部分的外墙、外门窗和屋面不断与外界环境发生了热量交换。而通常，建筑外墙的面积在建筑外表面积中占主导地位，所以建筑外墙保温是建筑单体节能的主要方面，也是建筑物节能设计的关键所在。根据建筑热工学的知识我们知道，能量的传热方式有 3 种形式：传导、对流和辐射。建筑的外围护墙体与外界空间因为存在温度差，它们之间是通过传导和辐射的传热方式进行能量交换。如果阻断建筑外墙的热量传播的途径，就能达到建筑保温节能的目的。

10.6.2 国内建筑外墙保温的主要形式

1. 外墙内保温

外墙内保温是在建筑外墙的建筑空间内部附加保温材料，这种保温方式对建筑起到一定的保温节能作用，但不可避免地占用了室内的使用面积；在建筑物内部进行装修可能会破坏内保温材料；而且容易在梁柱处产生冷桥，保温隔热效果不理想。另外，为达到节能 50%的效果，一般要使用较厚的保温材料，因而存在施工的可操作性差、与建筑墙体粘结不牢固等等难以解决的问题。

(1) 该种施工方法的优点在于：

1) 对面层无耐候要求。由于在室内施工，不考虑大气和雨水的侵蚀。

2) 施工便利。施工不受气候的影响，也不需要做防护措施。

3) 造价较低。充分利用工业废弃物，不需要很多工具。

(2) 该种施工方法的缺点表现为：

1) 不能彻底消除热桥，从而削弱了墙体绝热性，使得绝热效率仅为 30%～40%；另外，由于热桥的影响，在内表面易产生结露。

2) 若面层接缝不严而空气渗漏，易在绝热层上结露。

3) 减少有效使用面积。

4) 室温波动较大，对墙体结构产生破坏作用。由于"内保温技术综合征"的影响，内保温做法将会缩短建筑寿命。

2. 夹心保温

夹心保温是一种对外围护墙采用分层处理的措施，方法是将保温材料置于同一外墙体的内外两片墙之间来达到保温节能的目的。但这种保温形式是将两片墙通过钢筋混凝土圈梁和构造柱拉接在一起，这就在梁柱之间形成冷桥，导致外墙的保温隔热效果差。此外，夹心保温的外墙体较厚，构造复杂，施工难度大，建筑成本高，并且存在保温材料得不到充分的发挥等问题。

外墙夹芯保温是将保温层（岩棉板、聚苯板、玻璃棉板等）夹在墙体中间，可现场施工或预制复合板材，并用联合钢筋拉结和防锈处理。

（1）外墙夹芯保温的优点。

1）可代替加气混凝土砌块作为填充结构，解决加气混凝土砌块在施工中存在着抹灰易空鼓、起壳和裂缝等质量问题。

2）绝热性能优于内保温技术，其绝热效率能达到 50%～75%。

3）现场施工或预制，夹芯部分厚度可调，施工便利。

4）造价较低。

（2）外墙夹芯保温缺点。

1）由于热桥的影响，削弱墙体绝热性能。联合钢筋和墙体的梁柱仍是热桥。

2）墙体较厚，减少有效使用面积。

3）抗震性能较差。由于保温层处在两层承重刚性墙体之间。

4）预制板接缝易发生渗漏。

5）由于结构两端的温度波动较大，易对墙体结构造成破坏。

3. 外墙外保温

外墙外保温就是在建筑物外墙外侧附加保温材料。这种保温形式能有效切断外墙梁柱形成的冷桥；确保外墙保温的连续性和整体性；并能采取相应措施保证与建筑外墙可靠粘结；将轻质保温材料靠室外布置，重质保温材料设置在室内，从而提高了建筑室内的热稳定性，获得建筑内部空间的热舒适环境。外墙外保温施工在建筑外部，无须进入室内施工，这种施工形式特别适用于对旧有建筑的节能改造。

（1）外墙外保温的优点：

1）基本上可消除热桥，绝热层效率可达到 85%～95%；

2）墙面内表面不会发生结露；

3）不减少使用面积；

4）既适用于新建房屋，也适用于旧房改造，施工中不影响正常使用；

视频 10 - 10　外墙保温

5）室内热舒适度较好，不会对墙体承重结构造成危害；

6）现场均采用预拌砂浆，施工按比例混合加水即可，解决了传统砂浆现场称量、拌制所产生的配料不准确的缺点。

（2）外墙外保温的缺点：

1）冬季、雨季施工受到一定限制；

2）施工要求较高。抗裂层施工时，对耐碱网格布的搭接处理要严格，不然易发生开裂；对 EPS 板或 XPS 板施工时，要注意板缝的处理，不然易导致整个墙体的开裂；施工需要一定的安全措施。

经过工程实践中对上述 3 种节能技术的实际应用，以及对它们进行分析比对后发现，外墙外保温作法的优点较为显著，可实施性最强，现在已成为国内建筑行业外墙体保温的主要形式。

10.6.3 墙体外保温系统

1. 墙体外保温的作用

建筑的外保温做法是将建筑外墙与外界相接触的外表面用保温材料包裹起来，阻断外部墙体与大气进行能量交换。建筑外保温材料对建筑的作用可从下列几方面说明：①外保温材料能抵御外界恶劣气候对建筑主体的侵蚀，保护外墙主体结构和外围护墙体，延长建筑物的寿命；②采用外保温节能设计后，能有效防止建筑冷桥的产生，提高外墙体的热容量，即蓄热量更高，有利于室内保持热稳定，能为建筑内部提供一个适宜居住、工作、休闲的生活空间；③建筑进行内部装修时不会破坏保温材料。④外保温的建筑做法为旧建筑进行节能改造提供方便。

2. 主要外墙外保温系统的比较

国内推广应用的外墙外保温系统主要有三种：①聚苯板薄抹灰外墙外保温系统；②胶粉聚苯颗粒外墙外保温系统；③聚氨酯硬泡外墙外保温系统。下面对 3 种外墙外保温系统的技术（见表 10-2）及性能（见表 10-3）作相应比较。

表 10-2 外墙外保温系统的技术比较

外保温系统	外保温材料	热导率	施工工艺
聚苯板薄抹灰外墙外保温系统	膨胀聚苯板（EPS）	0.041W/（m·K）	聚苯板采用专用粘结剂与基层墙体粘结，辅助采用锚钉固定
	挤塑聚苯板（XPS）	0.028W/（m·K）	
胶粉聚苯颗粒外墙外保温系统	胶粉聚苯颗粒	0.06W/（m·K）	水泥砂浆和聚苯颗粒搅拌后粉刷在基层墙体
聚氨酯硬泡外墙外保温系统	聚氨酯硬泡	0.024W/（m·K）	喷涂、浇筑聚氨酯发泡
			粘贴聚氨酯硬泡保温板
			干挂法聚氨酯硬泡保温板

表 10-3 外墙外保温系统的性能比较

外保温形式	外保温材料	优点	缺点	应用
聚苯板薄抹灰外墙外保温系统	聚苯板	保温隔热、防水、阻燃、施工方便、质轻	挤塑聚苯板的成本较高，不能采用面砖饰面	适用于各种气候条件
胶粉聚苯颗粒外墙外保温系统	胶粉聚苯颗粒	保温隔热、防水、阻燃、施工方便、质轻。可作面砖饰面。但单块面砖面积<10 000mm²，质量<20kg/m²	保温材料的热导率偏大。应用的地区受限制。聚氨酯在发泡后，平整度	适用于夏热冬冷地区
聚氨酯硬泡外墙外保温系统	聚氨酯硬泡	新型的建筑防水、保温材料。保温材料的热导率低，还具有阻燃、施工方便、质轻、化学稳定性好、耐冲击性强	控制有一定难度。材料的成本较高。不提倡采用面砖饰面	适用于各种气候条件

3. 聚苯板薄抹灰外墙外保温系统

（1）基本构造。聚苯板薄抹灰外墙外保温基本构造如图 10-33 所示。

（2）材料机具准备。

聚苯板常用厚度有 30mm、35mm、40mm 等。聚苯板双面应预先用配套的聚苯板界面砂浆处理。固定件采用自攻螺栓配合工程塑料膨胀钉固定聚苯板。耐碱玻纤网格布用于增强保护层抗裂及整体性。

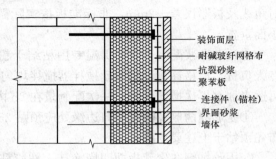

图 10-33　聚苯板薄抹灰外墙外保温
系统构造示意图

施工工机具有施工电热丝切割器或壁纸刀（裁聚苯板及网格布用）、电锤（拧胀钉螺钉及打膨胀锚固件孔用）、根部带切割刀片的冲击钻钻头（为放固定件打眼用，切割刀片的大小、切入深度与膨胀钉头一致）、电动搅拌器（搅拌砂浆用）、木锉或粗砂纸（打磨用）、其他抹灰专用工具。

（3）工艺流程。

1）基层清理。

①清理混凝土墙面上残留的浮灰、脱模剂油污等杂物及抹灰空鼓部位等。

②剔除剪力墙接槎处劈裂的混凝土块、夹杂物、空鼓等，并重新进行修补；窗台挑檐按照 2% 用水泥砂浆找坡，外墙各种洞口填塞密实。

③要求粘贴聚苯板表面平整度偏差不超过 4mm，超差时对突出墙面处进行打磨，对凹进部位进行找补（需找补厚度超过 6mm 时用 1:3 水泥砂浆抹灰，需找补厚度小于 6mm 时由保温施工单位用聚合物粘结砂浆实施找补）；以确保整个墙面的平整度在 4mm 内，阴阳角方正、上下通顺。

2）配制砂浆。

①施工使用的砂浆分为专用粘结砂浆及面层聚合物抗裂砂浆。

②施工时用电动搅拌机搅拌，拌制的粘结砂浆质量比为水:砂浆＝1:5，边加水边搅拌；搅拌时间≥5min，搅拌必须充分、均匀，稠度适中，并有一定粘度。

③砂浆调制完毕后，须静置 5min，使用前再次进行搅拌，拌制好的砂浆应在 1h 内用完。

3）刷一道专用界面剂。为增强聚苯板与粘结砂浆的结合力，在粘贴聚苯板前，在聚苯板粘贴面薄薄涂刷一道专用界面剂；待界面剂晾干后方可涂抹聚合物粘结砂浆进行墙面粘贴施工。

4）预粘板端翻包网格布。在飘窗板、挑檐、阳台、伸缩缝等位置预先粘贴板边翻包网格布，将不小于 220mm 宽的网格布中的 80mm 宽用专用粘结砂浆牢固粘贴在基面上（粘结砂浆厚度不得超过 2mm），后期粘贴聚苯板时再将剩余网格布翻包过来。

5）粘贴聚苯板。

①施工前，根据某楼整个外墙立面的设计尺寸编制聚苯板的排版图，以达到节约材料、施工速度快的目的。聚苯板以长向水平铺贴，保证连续结合，上下两排须竖向错缝 1/2 板

长，局部最小错缝不得小于 200mm。

②聚苯板切割：用电热丝切割器或手用刀锯切割，标准板面尺寸为 1200mm×600mm，对角线及板厚误差±2mm，非标准板按实际需要的尺寸加工，尺寸允许偏差为±2mm，大小面垂直。

③粘结砂浆配制：将外保温专用粘结干粉料与水按规定重量比例（常规 4∶1）配制，专人负责，严格计量，用电动搅拌器搅拌均匀。注意防晒避风，若使用中有过干现象出现，可适当加水再次搅匀使用，一次配制量在 2h 内用完。

④变形缝两侧及门窗洞口边缘处应预贴 250mm 宽翻包网格布，可根据实据情况将网格布先预粘于上述要求部位。

⑤用胶粘剂在聚苯板面四周涂抹 1 圈胶粘剂，宽为 50mm；板心按梅花形布设粘接点，间距 150～200mm，直径为 100mm，如图 10 - 34 所示。

a. 标准层的聚苯板粘贴面积应不小于 30%，首层考虑到整体抗冲击的加强要求，粘贴面积不小于 50%。

b. 粘接层厚度以能调平聚苯板粘贴层为宜，不宜大于 5mm，粘接层越厚，粘接缺陷越多，风流所产生的负压影响也越大。

c. 抹完粘接砂浆后，立即将板立起粘贴，粘贴时轻揉、均匀挤压，并用托线板检查垂直平整，板与板间挤紧，碰头缝处不留粘接砂浆。粘贴聚苯板时应做到上下错缝，每贴完一块板，应及时清除挤出的粘接砂浆，板间不留间隙，如出现间隙，应用相应宽度的聚苯板填塞挤实。聚苯板应错缝粘贴，阴阳角聚苯板必须交叉铺贴，如图 10 - 35 所示。

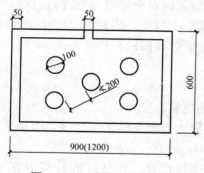

图 10 - 34　点框法粘结示意

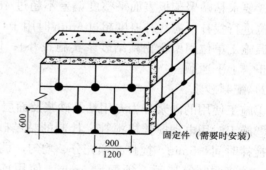

图 10 - 35　聚苯板排列示意

⑥聚苯板接缝不平处应用打磨抹子磨平，打磨动作宜为轻柔的圆周运动。磨平后应用刷子将碎屑清理干净。磨平时间在聚苯板粘贴 24h 后进行，以避免对聚苯板粘贴层的扰动。

6）安装固定件。

①设计要求采用锚固件固定聚苯板时，锚固件安装应至少在胶粘砂浆使用 24h 后进行，用电锤（冲击钻）在聚苯板表面向内打孔，孔径视锚固件直径而定，进墙深度 40mm 拧入或敲入锚固钉，钉头和圆盘不得超出板面，锚固件数量不少于 4 个/m²。

②固定件个数按照横向位置居中、竖向位置均分的原则设置，任何面积大于 0.1m² 的单块板必须加固定件，且每块板添加数量不少于 4 个。

③操作时，自攻螺栓需拧紧，使用根部带切割刀片的冲击钻，切割刀片的大小、切入深度与钉帽相一致，将工程塑料膨胀钉的钉帽比聚苯板边表面略拧紧一些；如此才可保证聚苯板表面平整，利于面层施工；同时方可确保膨胀钉尾部膨胀部分因受力回拧膨胀使之与基体充分挤紧。

④固定件加密：阳角、孔洞边缘及窗四周在水平、垂直方向 2m 范围内需加密，间距不大于 300mm，距基层边缘为 60mm。

7) 打底。聚苯板接缝处表面不平时，需用衬有木方的粗砂纸打底。打磨动作要求为：呈圆周方向轻柔旋转，不允许沿着与聚苯板接缝平行方向打磨，打磨后用刷子清除聚苯板表面的泡沫碎屑。

8) 在所有外窗洞口侧壁的上口用墨斗弹出滴水槽位置，使用开槽机将聚苯板切成凹槽。

9) 涂刷专用界面剂。

①聚苯板张贴及胀钉施工完毕，在膨胀钉帽及周圈 50mm 范围内用毛刷均匀的涂刷一遍专用界面剂。待界面剂晾干后，用面层聚合物砂浆对钉帽部位进行找平。要求塑料胀钉钉帽位置用聚合物砂浆找平后的表面与大面聚苯板平整。

②待塑料胀钉钉帽位置聚合物砂浆干燥后，用辊子在聚苯板板面均匀的涂一遍专用界面剂。

10) 抹第 1 遍面层聚合物抗裂砂浆。

①在确定聚苯板表面界面剂晾干后进行第 1 遍面层聚合物砂浆施工。用抹子将聚合物砂浆均匀地抹在聚苯板上，厚度控制在 1～2mm 之间，不得漏抹。

②第 1 遍面层聚合物砂浆在滴水槽凹槽处抹至滴水槽槽口边即可，槽内暂不抹聚合物砂浆。

③伸缩缝内聚苯板端部及窗口聚苯板通槽侧壁位置要抹聚合物砂浆，以粘贴翻包网格布。

11) 埋贴网格布。

①所谓埋贴网格布就是用抹子由中间开始水平预先抹出一段距离，然后向上向下将网格布抹平，使其紧贴底层聚合物砂浆。

②门窗洞口内侧周边及洞口四角均加一层网格布进行加强，洞口四周网格布尺寸为 300mm×200mm，大墙面粘贴的网格布搭接在门窗口周边的加强网格布之上，一同埋贴在底层聚合物砂浆内，如图 10-36 所示。

③将大面网格布沿长度、水平方向绷直绷平。注意将网格布弯曲的一面朝里放置，开始大面积的埋贴，网格布左右搭接宽度 100mm，上下搭接宽度 80mm；不得使网格布褶皱、空鼓、翘边。要求砂浆饱满度 100%，严禁出现干搭接。

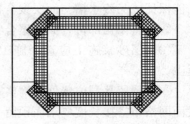

图 10-36　门窗洞口网格布粘贴示意图

④在伸缩缝处，需进行网格布翻包。装饰缝处需附加网格布，如图 10-37 所示。

⑤在墙身阴、阳角处必须从两边墙身埋贴的网格布双向绕角且相互搭接，各面搭接宽度为不小于 2000mm。如图 10-38 所示。

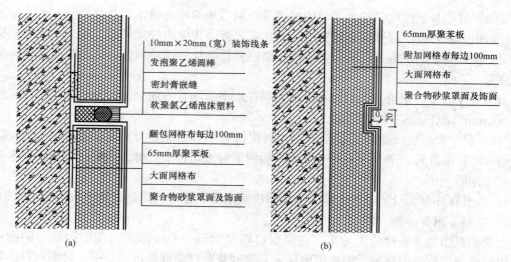

图 10 - 37　伸缩缝及装饰缝做法示意图

（a）伸缩缝大样图；（b）装饰缝大样图

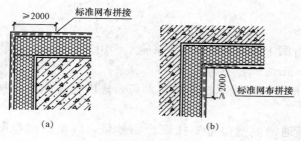

图 10 - 38　外墙阴阳角网格布搭接

（a）外墙阳角详图；（b）外墙阴角详图

⑥首层墙体外保温做法除与标准层规定相同外，为提高面层抗冲压能力，要求外加一层加强网格布。

12）抹面层聚合物抗裂砂浆。

①抹完底层聚合物砂浆并压入网格布后，待砂浆初凝时，开始抹面层聚合物砂浆，抹面厚度以盖住网格布且不出现网格布痕迹为准，同时控制面层聚合物抗裂砂浆总厚度在 3～5mm。

②滴水槽做法：先将网格布压入槽内，随即在槽内抹数量足够的聚合物砂浆，然后将塑料成品滴水槽压入聚苯板槽内。塑料成品滴水槽塞入深度应综合考虑完活后面层高度，这样才能保证成品滴水槽与面层聚合物抗裂砂浆高度一致，确保观感质量。

③所有阳角部位，面层聚合物抗裂砂浆均应做成尖角，不得做成圆弧。

④面层砂浆施工应选择施工时及施工后 24h 没有雨的天气进行，避免雨水冲刷造成返工。

⑤在预留孔洞位置处，网格布将断开，此处面层砂浆的留槎位置应考虑后补网格布与原大面网格布搭接长度要求而预留一定长度，面层聚合物抗裂砂浆应留成直槎。

（4）窗台部位细部做法（见图 10 - 39）。

4．胶粉聚苯颗粒外墙外保温系统

（1）基本构造。胶粉聚苯颗粒外墙外保温基本构造如图 10 - 40 所示。

（2）材料机具准备。

1）界面剂。界面剂由界面砂浆构成，可增强胶粉颗粒保温浆料与基层墙体的粘结力。

2）胶粉聚苯颗粒保温砂浆。胶粉聚苯颗粒保温砂浆由胶粉料与聚苯颗粒组成，胶粉料

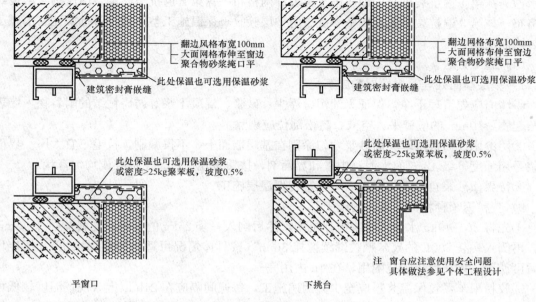

图 10 - 39 窗台细部做法

由无机胶凝材料与各种外加剂在工厂采用预混合干拌技术制成,施工时胶粉料与聚苯颗粒加水搅拌均匀,抹在基层墙面上形成保温层。

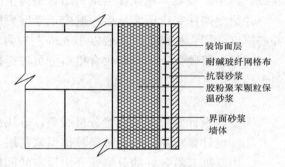

图 10 - 40 胶粉聚苯颗粒外保温
系统构造示意

3) 聚合物改性水泥抗裂砂浆。抗裂砂浆采用聚合物粉料并掺加多种外加剂生产的抗裂剂与水泥、中砂按一定质量比搅拌制成。

4) 耐碱玻璃纤维网格布。耐碱玻璃纤维网格布采用耐碱玻璃纤维编织,面层涂以耐碱防水高分子材料制成。

5) 柔性耐水腻子及涂料。柔性耐水腻子采用弹性乳液及粉料、助剂等制成,能够满足一定变形而保持不开裂,并符合《建筑室内用腻子》(JG/T 298—2010)中耐水腻子(N型)的规定。涂料应根据设计要求选用防开裂性、拒水性、透气性和耐候性等较好的外墙涂料。

6) 施工机具。

机具包括:手持式电动搅拌器、强制式砂浆搅拌机、垂直运输机械、水平运输手推车等。

常用抹灰工具及抹灰的专用检测工具、水桶、壁纸刀、滚刷、铁锹、扫帚、手锤、錾子、方尺、托线板、探针、钢尺、小漆桶、橡皮刮板、砂纸、排笔、棉丝等。

(3) 工艺流程:基层墙体处理→墙体基层抹专用界面砂浆→抹 20mm 厚胶粉聚苯颗粒保温浆料找平(分两次)→晾置干燥,平整度、垂直度验收→划分格线、开分格槽、门窗洞滴水槽→抹第 1 遍抗裂砂浆，铺压第 1 层玻纤网格布→抹第 2 遍抗裂砂浆、铺压第 2 层玻纤网格布→抹第 3 遍抗裂砂浆并找平→抗裂防护层验收→保温施工整体验收→批柔性耐水腻子→装饰面层。

（4）施工方法。

1）基层墙面处理及界面层的施工。

①墙面应先清理干净，保证无油污、浮尘、砂浆、混凝土浆等妨碍粘结的附着物，墙表面凸起物≥10mm 的应铲平，空鼓、疏松部位应剔除。

②用滚刷或扫帚蘸取界面砂浆均匀涂刷在基层墙面上，不得漏刷，拉毛不宜太厚。界面砂浆是用强度等级 42.5 的水泥，中砂和界面剂，按质量比 1∶1∶1 搅拌成均匀膏状。

③待界面砂浆自然硬化干燥后方可进行保温层施工。

2）胶粉聚苯颗粒保温浆料的施工。

①先将 35～40kg 水倒入砂浆搅拌机内，然后倒入一袋 25kg 的保温胶粉料搅拌 3～5min 后，再倒入一袋 200L 的聚苯颗粒继续搅拌 3min（按具体情况可适当调整加水量），搅拌均匀后可使用，该材料应随搅随用，在 4h 内用完。

②胶粉聚苯颗粒保温浆料应至少分两遍施工，每遍间隔应在 24h 以上（现场温度较低可适当延长时间），每遍厚度不宜超过 20mm；抹第 1 遍前应根据保温层厚度要求弹出抹灰控制线，再用胶粉聚苯颗粒保温浆料结合结构情况做灰饼。

③第 1 遍抹完应压实，后一遍施工厚度要比前一遍施工厚度小，最后一遍操作时应达到冲筋厚度并用大杠搓平，一般以 10mm 左右为宜。

④保温层硬化干燥并验收合格后方可进行抗裂保护层施工（用手掌按不动表面为宜，一般大约 2～3d）。

3）分格线条的施工。

①根据设计要求分层设置分格线条，分块面积单边长度应不大于 15m。

②按设计要求在胶粉聚苯颗粒保温浆料层上弹出分格线和滴水槽的位置。

③用壁纸刀沿弹好的分格线开出设定的凹槽。

④在凹槽中嵌满抗裂砂浆，将滴水条嵌入凹槽中，与抗裂砂浆粘结牢固，用该砂浆抹平茬口。

⑤分格缝宽度不宜小于 2cm，应采用现场成型法施工。具体做法是在保温层上开好分格缝槽，深 5mm，嵌满抗裂砂浆，网格布应在分格缝处搭接。

⑥检查验收。

4）抗裂砂浆的施工和玻纤网格布的铺贴。

①抹抗裂砂浆一般分两遍完成，第 1 遍厚度约 2～3mm，随即竖向铺贴玻纤网格布（玻纤网格布按楼层间尺寸事先裁好），用抹子将玻纤网格布压入砂浆，搭接宽度不应小于 50mm，先压入一侧，抹抗裂砂浆，再压入另一侧，严禁干搭。

②玻纤网格布铺贴要平整无褶皱，饱满度应达到 100%，随即抹第 2 遍找平抗裂砂浆，抹平压实。

③进行第 2 层网格布的铺贴施工，铺贴网格布的方法要求与前述相同，但应注意两层网格布之间抗裂砂浆应饱满，严禁干贴。

④检查验收。

5）批腻子、做装饰面层。

①批腻子时潮气不能太大，必须待基层干后方可施工，施工前对墙面进行全面检查，表面须洁净坚固，空鼓处剔除掉，用抗裂砂浆重新抹平，凸出墙面的用电动砂轮机磨平磨光，尤其对墙面的阴阳角、窗洞口的收口部位进行检查，待验收合格后方可施工。

②批腻子找平要求与基层粘结牢固，无分层空鼓现象，待干燥后用砂纸打磨，直到手感无杂质时方可。

③根据设计做相应的装饰面层。

思 考 题 与 习 题

1. 一般抹灰分为几级，每一级如何构成？
2. 一般抹灰每一层的作用是什么？
3. 试简述内墙抹灰的施工工艺步骤。
4. 外墙抹灰一般采用什么砂浆，外墙抹灰的工艺流程是什么？
5. 试简述水刷石的施工方法。
6. 试简述水磨石的施工方法。
7. 简述大理石和花岗岩有哪些安装方法。
8. 试简述小块饰面板的镶贴工艺。
9. 建筑涂料主要有哪几部分组成，每一部分的作用是什么？
10. 涂料的施工工艺按刷涂方法分为哪几种，什么叫滚涂法？
11. 简述建筑内墙涂料施工工艺流程。
12. 简述木龙骨吊顶的工艺流程。

第 11 章

流水施工的基本原理

建筑工程的"流水施工"来源于工业生产中的"流水线作业"法，实践证明它是组织产品生产的一种理想方法。建筑工程的流水施工与工业生产中的流水线生产极为相似，不同的是，工业生产中各个工件在流水线上，从前一工序向后一工序流动，生产者是固定的；而在建筑施工中各个施工对象都是固定不动，专业施工队伍则由前一施工段向后一施工段流动，即生产者是移动的。

11.1　流水施工的基本概念

11.1.1　组织施工的基本方式

任何一个建筑工程，都可以分解为许多个施工过程，每一个施工过程可以组织一个或多个施工班组进行施工。劳动组织安排的不同便构成不同的施工方式。

考虑工程项目的施工特点、工艺流程、资源利用、平面或空间布置要求，组织施工时，通常可以采用依次施工、平行施工和流水施工等方式。现以三幢同类型房屋的装饰工程为例，对以上三种不同的组织方式的经济效果进行比较。

[例 11-1]　现有三幢同类型房屋进行同样的装饰装修，按一幢为一个施工段。已知每幢房屋装饰装修分为顶棚、墙面、地面、踢脚线四个部分。各部分所花时间为 4 周、1 周、3 周、2 周；顶棚施工班组人数为 10 人，墙面施工班组人数为 15 人，地面施工班组人数为 10 人，踢脚线施工班组人数为 5 人。要求分别采用依次、平行、流水的施工方式对其组织施工，分析各种施工方式的特点。

1. 依次施工

依次施工是按施工段（或施工过程）的顺序依次开工，并依次完成的一种施工组织方式。

将 [例 11-1] 中三幢房屋的装饰工程按以下两种形式组织依次施工。

(1) 按施工段（或幢号）依次施工。这种依次施工是指一个施工段内的各施工过程按施工顺序先后完成后，再依次完成其他施工段内各施工过程的施工组织方式，其施工进度的横道图如图 11-1 所示。若用 t_i 代表一个施工段（或一幢房屋）内某一施工过程的工作持续时间，则完成该施工段（幢）内各施工过程所需的工作持续时间之和为 $\sum t_i$，完成 m 个施工段（幢）所需的总工期 $T_L = m \sum t_i$。

(2) 按施工过程依次施工。这种依次施工是指按施工段的先后顺序，先依次完成每个施

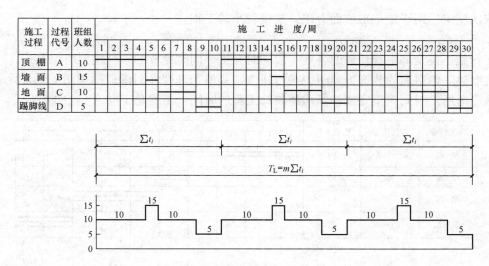

图 11-1　依次施工（按施工段）

工段内的第一个施工过程，然后再依次完成其他施工过程的施工组织方式。其施工进度计划横道图如图 11-2 所示。完成 m 个施工段内的某一个施工过程所需的工作持续时间为 mt_i，则完成 m 个施工段内的所有施工过程需要的总工期 $T_L = \sum mt_i$。

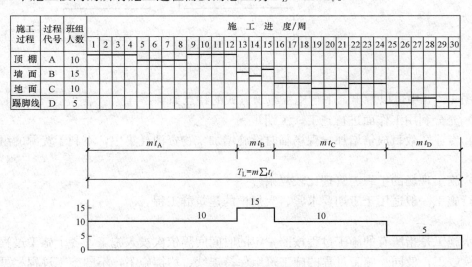

图 11-2　依次施工（按施工过程）

从图 11-1 和图 11-2 中可以看出，依次施工的特点是：

1) 单位时间内投入的劳动力和物资较少，材料供应比较单一，有利于资源的组织供应工作；

2) 施工现场管理简单，便于组织和安排。

3) 没有充分地利用工作面，工期长。

4) 专业施工班组的工作有间歇性，劳动力和物资的使用也有间歇性。

依次施工适用于施工工作面有限，规模较小的工程。

2. 平行施工

平行施工是全部工程任务的各施工段同时开工、同时完成的一种施工组织方式。

将上述三幢房屋的装饰工程组织平行施工，其施工进度计划横道图如图 11-3 所示，完成三幢房屋所需时间等于完成一幢房屋装饰工程的时间，工程总工期 $T_L = \sum t_i$。

施工过程	过程代号	班组人数	施工进度/周									
			1	2	3	4	5	6	7	8	9	10
顶 棚	A	10										
墙 面	B	15										
地 面	C	10										
踢脚线	D	5										

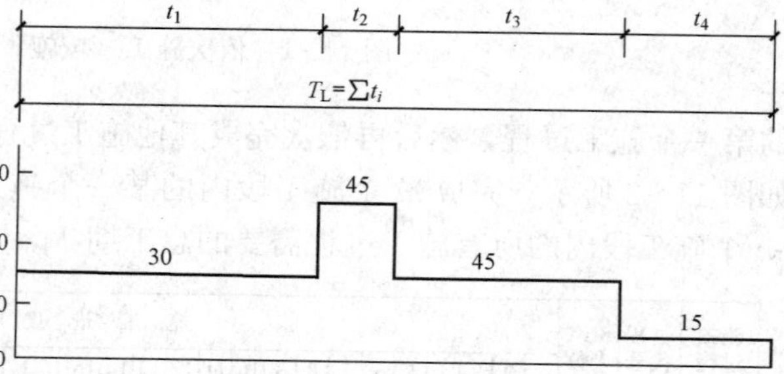

图 11-3 平行施工

从图 11-3 中可以看出，平行施工组织方式的特点如下：

（1）充分利用工作面进行施工，工期短。

（2）专业队数目成倍增加，现场临时设施增加，物资消耗集中，不利于资源的组织供应工作。

（3）施工现场的组织、管理比较复杂。

平行施工一般适用于工期要求紧、大规模的建筑群工程。

3. 流水施工

流水施工是指所有的施工过程按照一定的时间间隔依次投入施工，各个施工过程陆续开工、陆续竣工，使同一施工过程的施工班组保持连续、均衡施工，不同施工过程尽可能平行搭接施工的组织方式。

在流水施工组织方式中所有工作均为连续施工。值得注意的是，根据建筑工程施工的特点，为了更充分地利用工作面，缩短工期，有时特意安排某些次要施工过程在各施工段之间合理间断施工。因此在安排流水施工时：通常只要保证主导施工过程在各施工段之间能够连续均衡施工，其他次要施工过程可以安排为合理的间断施工。将上述三幢房屋的装饰工程组织流水施工，其施工进度计划横道图如图 11-4 所示。工程总工期 $T_L = \sum B_{i,i+1} + T_n$

从图 11-4 和图 11-5 中可以看出，流水施工组织方式具有以下特点：

（1）科学地利用了工作面，争取了时间，工期比较合理。

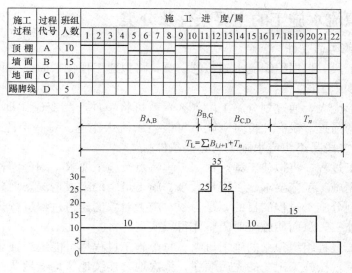

图 11-4　流水施工（连续）

（2）工作队及其工人实现了专业化施工，可使工人的操作技术熟练，更好地保证工程质量，提高劳动生产率。

（3）专业工作队及其工人能够连续作业，使相邻的专业工作队之间实现了最大限度的合理地搭接。

（4）单位时间投入施工的资源量较为均衡，有利于资源供应的组织工作。

（5）为文明施工和进行现场的科学管理创造了有利条件。

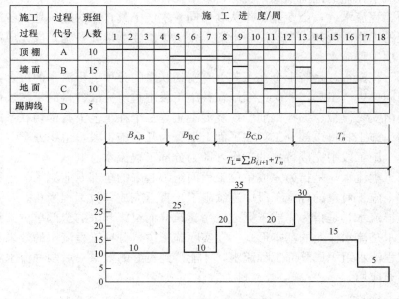

图 11-5　流水施工（不连续）

11.1.2　组织流水施工的主要条件及分类

1. 组织流水施工的条件

（1）划分施工段。根据组织流水施工的需要，将拟建工程在平面或空间上，划分为工程量大致相等的若干施工段。

建筑产品体形庞大，通过划分施工段（区）就可将单件产品变成"批量"的多件产品，是形成流水作业的前提。没有"批量"就不可能组织流水作业。每一个段（区），就是一个假定"产品"。施工段是组织流水施工的必要条件。

（2）划分施工过程。将拟建工程，根据工程特点及施工要求，划分为若干分部工程。每个分部工程又根据施工工艺要求、工程量大小、施工班组的组成情况，划分为若干施工过程（即分项工程）。划分施工过程的目的，是为了对施工对象的建造过程进行分解，以便于逐一实现局部对象的施工，从而使施工对象整体得以实现。

（3）每个施工过程组织独立的施工班组。每个施工过程尽可能组织独立的施工班组，配备必要的施工机具，按施工工艺的先后顺序，依次地、连续地、均衡地从一个施工段转移到另一个施工段，完成本施工过程相同的施工操作。

（4）主要施工过程必须连续、均衡地施工。对工程量较大、施工时间较长的施工过程，必须组织连续、均衡施工，对其他次要施工过程，可考虑与相邻的施工过程合并。如不能合并，为缩短工期，可安排间断施工。

（5）不同的施工过程应尽可能组织平行搭接施工。按施工先后顺序要求，在有工作面条件下，除必要的技术与组织间歇外，应尽可能组织平行搭接施工。

2. 组织流水施工的分类

根据组织流水作业的范围不同，可分为以下几种。

（1）分项工程流水。一个专业工作队利用同一生产工具，依次连续地在各施工段中完成同一施工过程的工作。例如，浇筑混凝土的工作队依次连续地在各施工段完成浇筑混凝土的工作，即为分项工程流水。

（2）分部工程流水，是若干个在工艺上有密切联系的分项工程流水的组合，即若干个工作队各自利用同一生产工具，依次连续地在各施工段中重复完成各自的工作。例如，某现浇混凝土工程是由安装模板、绑扎钢筋、现浇混凝土等三个在工艺上有密切联系的分项工程组成的分部工程。施工时将该部分工程在平面上划分为几个施工段，组织三个专业工作队，依次连续地在三个施工段中完成各自的工作，即为分部工程流水。

（3）单位工程流水，是指为完成单位工程而组织起来的全部专业流水的总和，即所有工作队依次在一个施工对象的各施工段中连续施工，直至完成单位工程为止。

（4）建筑群流水，是指为完成工业或民用建筑群而组织起来的全部单位工程流水。

前两种流水是流水作业的基本形式。在实际施工中，分项工程流水的效果不大，只有把若干个分项工程流水组织成分部工程流水，才能得到良好的效果。后两种流水实际上是分部工程流水的扩充应用。

11.1.3　流水施工组织的经济效果

从以上三种施工方式的对比中，可以看出，流水施工组织方式是一种先进的、科学的施工组织方式，它使建筑安装生产活动有节奏地、连续和均衡地进行，在时间和空间上合理组织，其技术经济效果是明显的，主要表现有以下几点：

1. 施工工期较短

由于流水施工的节奏性、连续性，加快了各专业工作队的施工进度，减少了时间间歇，特别是相邻专业工作队，在开工时间上，最大限度地、合理地搭接起来，充分地利用了工作面，做到尽可能早地开始工作，从而达到缩短工期的目的，使工程尽快交付使用或投产，获得经济效益和社会效益。

2. 提高了工人的技术水平和劳动生产率

由于流水施工组织使工作队实现了专业化生产，建立了合理的劳动组织，工人连续作业，操作熟练，便于不断改进操作方法和机具，因而工人的技术水平和生产率不断地提高。有利于提高工程质量和劳动生产率。

3. 提高了工程质量，增加了建筑产品的使用寿命和节约了使用中的维修费用

由于流水施工中，工作队专业化生产，工人技术水平高，各专业工作队之间紧密地搭接作业，互相监督，提高了工程质量，这既可以使建筑产品的使用寿命延长，又可以减少使用过程中的维修费用。

4. 充分发挥了施工机械和劳动力的生产效率

流水施工组织合理，没有窝工现象，增加了有效劳动时间，在有节奏、连续的流水施工中，施工机械和劳动力的生产效率都得以充分的发挥。

5. 降低了工程成本，提高了施工企业的经济效益

流水施工资源消耗均衡，便于组织物资供应工作，储存合理，利用充分，减少了各种不必要的损失，节约了材料费；生产效率高，节约了人工费和机械使用费；材料和设备合理供应，减少了临设工程费用；降低了施工高峰人数，工期缩短，工人的人数减少，节约了施工管理费和其他的有关费用。因此，降低了工程的成本，提高了施工企业的经济效益。

11.1.4 流水施工组织的表示方法

流水施工的表示方法，一般有横道图（水平图表）、斜线图（垂直图表）和网络图三种表示方式。

1. 横道图的表示方法

流水施工横道图的表示方法如图 11-6（a）所示。图中的横坐标表示流水施工的持续时间，纵坐标表示施工过程的名称或编号。n 条带有编号的水平线段表示 n 个施工过程在各施工段上工作的起止时间和先后顺序，其编号 1，2，3…表示不同的施工段。

横道图的优点是绘制简单，施工过程及其先后顺序清楚，时间和空间状况形象直观，使用方便，因而被广泛用来表达施工进度计划。

2. 斜线图的表示方法

流水施工斜线图的表示方法如图 11-6（b）所示。图中的横坐标表示流水施工的持续时间，纵坐标表示流水施工所处的空间位置，即施工段的编号，施工段的编号自下而上排列。n 条斜向的线段表示 n 个施工过程或专业工作队的施工进度，并用编号（A、B、C）或名称表示。

斜线图的优点是施工过程及其先后顺序清楚，时间和空间状况形象直观，斜向进度线的

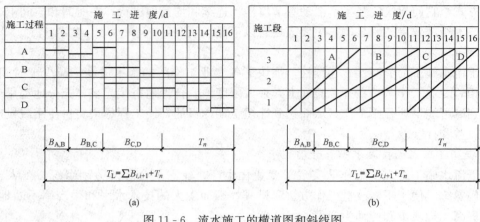

图 11 - 6 流水施工的横道图和斜线图

(a) 横道图；(b) 斜线图

斜率可以明显地表示出各施工过程的施工速度；缺点是实际工程施工中，同时开工，并同时完工的若干个不同施工过程，在斜线图上只能用一条斜线表示，不好直观地看出一条斜线代表多少个施工过程，同时无法绘制劳动力或其他资源消耗动态曲线图，指导施工时不如横道图方便。因此，在实际工程施工中较少采用斜线图。

3. 网络图的表示方法

它是由一系列的节点（圆圈）和箭线组成，用来表示工作流程的有向、有序网状图形。网络图的特点详见第 12 章。

11.2 流水施工的主要参数

流水施工参数是指组织流水施工时，为了表示流水施工在工艺程序、空间布置和时间排列等方面的相互依存关系，引入的一些描述施工进度计划特征和各种数量关系的参数。

流水施工参数，按其性质不同，一般可分为工艺参数、时间参数和空间参数。

11.2.1 工艺参数

工艺参数是指参与拟建工程流水施工，并用以表达施工工艺顺序和特征的施工过程数（或施工队组数）。用符号 N 或 n 表示。

1. 施工过程数的确定

施工过程划分的数目多少、粗细程度一般与下列因素有关：

（1）施工进度计划的性质和作用。对于规模大、结构复杂、工期较长的工程，编制控制性施工进度计划时，其施工过程一般可划分粗一些，综合性大些，通常只列出分部工程名称，如基础工程、主体结构工程、屋面工程、装修工程等。对于中小型单位工程、工期不长的工程，编制实施性施工进度计划时，其施工过程应划分细一些、具体一些，以便指导施工，可以将分部工程再分解为若干个分项工程，如将基础工程分解为挖土、垫层、钢筋混凝土基础、回填土等。

（2）工程施工方案与工程结构的特点。不同的施工方案，其施工顺序和方法也不同。

如，厂房基础与设备基础的挖土；同时施工应合并为一个施工过程，若先后施工则应划分为两个施工过程。不同的结构体系，其施工过程划分的内容和原则也各不相同。例如：钢筋混凝土工程，在砖混结构工程流水施工中，一般可合为一个施工过程；在现浇钢筋混凝土结构工程流水施工中，通常应划分为钢筋、模板、混凝土等三个不同的施工过程。

（3）劳动组织状况和劳动量的大小。施工过程的划分与施工班组及施工习惯有关。如安装玻璃和油漆施工，可采用混合班组合并为一个施工过程；也可采用单一工种的专业施工班组，则划分为两个施工过程。施工过程的划分还与其劳动量的大小有关，劳动量小的施工过程，当组织流水施工有困难时，可以与相邻的其他施工过程合并。如垫层劳动量较小时可与挖土合并为一个施工过程，这样可以使各个施工过程的劳动量大致相等，便于组织流水施工。

（4）施工内容的性质和范围。直接在工程对象上进行的施工活动及搭设施工用脚手架、运输井架、安装塔式起重机等均应划入流水施工过程；而钢筋加工、模板制作和维修、构件预制、运输等一般不划入流水施工过程。

2. 工艺参数的计算要求

任何建筑工程的施工都可以分解为许多施工过程，施工过程的数目是流水施工工艺参数计算的基础，但这里定义的工艺参数是指一个流水组中的施工过程数。流水组是为了便于组织施工，将同一个施工对象中流水段划分不同的几个部分分开处理，分别组成若干个流水组，一般以一个分部工程为一个流水组。一个流水组涉及的工种中，只有那些组织到流水中的施工过程才属于工艺参数的计算范围。在组织工程的流水施工时，并不是所有的施工过程都组入流水作业，只有那些对工程施工进程有直接影响的施工过程才组织入流水中。

工艺参数按下述不同情况确定：

（1）在流水施工中，每一个施工过程均只有一个施工队组先后开始施工时，工艺参数就是施工过程数 N 或 n；

（2）在流水施工中，如有两个或两个以上的施工过程齐头并进地同时开工和完工，则这些施工过程应按一个施工过程计入工艺参数内；

（3）在流水施工中，如某一施工过程有两个或两个以上的施工队组，间隔一定时间先后开始施工时，则应以施工队组数计入工艺参数内。

11.2.2　空间参数

空间参数一般包括施工段数、施工层数和工作面。

1. 施工段数 m

施工段是指组织流水施工时，把施工对象在平面上划分为若干个劳动量大致相等的施工区段。它的数目用用符号 M 或 m 表示。每个施工段在某一段时间内只供一个施工过程的工作队使用。

划分施工段的作用是为了组织流水施工，保证不同的施工班组在不同的施工段上同时进行施工，并使各施工班组能按一定的时间间歇转移到另一个施工段进行连续施工，使流水施工连续、均衡，并缩短工期。

划分施工段的基本要求：

（1）施工段的数目要合理。施工段数目过多，势必要减少施工班组的工人数，工作面不能充分利用，使工期拖长；施工段数过少，又会造成劳动力、机械、和材料供应过于集中，甚至还会造成"断流"的现象，不利于组织流水施工。因此，划分施工段时要综合考虑拟建工程的特点、施工方案、流水施工要求和总工期等因素，合理确定施工段的数目，以利于降低成本，缩短工期。

（2）各个施工段上的劳动量要大致相等，以保证各施工班组有节奏地连续、均衡施工。施工段上的劳动量一般相差不宜超过 15%。

（3）施工段的分界面与施工对象的结构界限（温度缝、沉降缝或单元尺寸）或幢号一致，以便保证施工质量。

（4）以主导施工过程需要来划分施工段。主导施工过程是指对总工期起控制作用的施工过程，如多层框架结构房屋的钢筋混凝土工程等。

（5）当组织多层或高层主体结构工程流水施工时，既要划分施工段，又要划分施工层，以使各施工班组能够连续施工。

2. 施工层数

施工层是指施工对象在垂直方向上划分的施工区段。尤其是在多层或高层建筑物的某些施工过程进行流水施工时，必须既在平面上划分施工段，又在垂直方向上划分施工层。通常施工层的划分与结构层相一致，有时也考虑施工方便，按一定高度划分为一个施工层。

在分施工层的流水施工中，应使各施工班组能够连续施工。即各施工过程的工作队，首先依次投入第一施工层的各施工段施工，完成第一施工层最后一个施工过程后，连续地转入第二施工层的施工段施工，依此类推。各专业工作队的工作面，除了前一个施工过程完成，为后一个专业工作队提供了工作面之外，最前面的专业队在跨越施工层时，必须要最后一个施工过程完成，才能为其提供工作面。为保证跨越施工层时，专业工作队能够有节奏地连续地进入另一个施工层的施工段均衡地施工，每层最少施工段数目数 m_0 要大于或等于施工过程数 n，即满足 $m_0 \geqslant n$。

当 $m_0 = n$（见图 11-7）时，各施工班组均能连续施工，施工段上始终有施工班组，工作面能充分利用且无停歇现象，也不会产生工人窝工现象，这是比较理想的流水施工方案，但它使施工管理者没有回旋的余地。

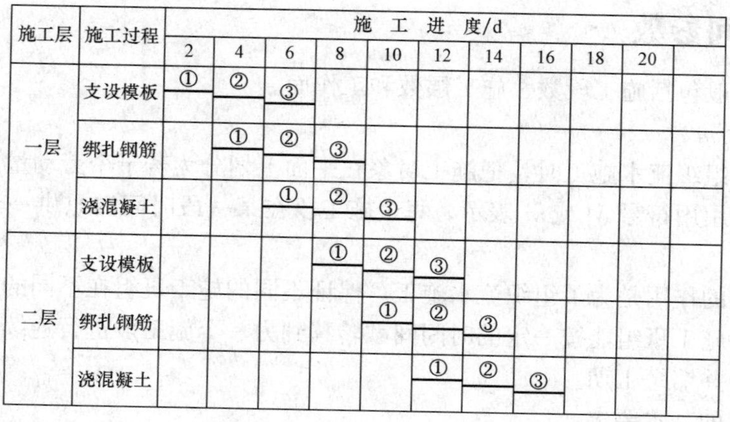

施工层	施工过程	施 工 进 度/d									
		2	4	6	8	10	12	14	16	18	20
一层	支设模板	①	②	③							
	绑扎钢筋		①	②	③						
	浇混凝土			①	②	③					
二层	支设模板				①	②	③				
	绑扎钢筋					①	②	③			
	浇混凝土						①	②	③		

图 11-7 $m_0 = n$ 时

当 $m_0 > n$（见图 11-8）时，各施工班组仍是连续施工，虽然有停歇的工作面，但这种停歇一般是正常的，它可以弥补某些施工过程必要的间歇时间，如利用停歇的时间做养护、备料、弹线等工作。

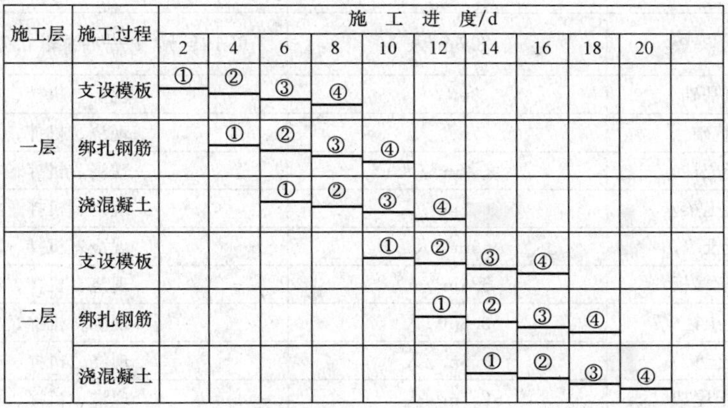

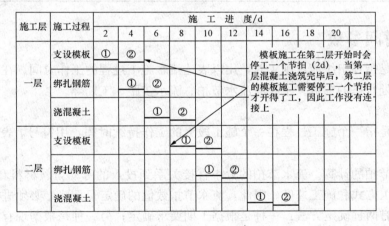

图 11-8　$m_0 > n$ 时

当 $m_0 < n$（见图 11-9）时，各施工班组在跨越施工层时均不能连续施工而造成窝工，施工段没有闲置。因此，对一个建筑物组织流水施工是不适宜的，但是在建筑群中可与另一些建筑物组织大流水施工，也可使施工班组连续施工。

图 11-9　$m_0 < n$ 时

3. 工作面

工作面是指在施工对象上可能安置工人或布置施工机械进行作业的活动空间。根据施工过程不同，它可以用不同的计量单位表示。例如挖基槽按延长米（m）计量，墙面抹灰按平方米（m²）计量。施工对象的工作面的大小，表明能安排作业的人数或机械的台数的多少。

每个工人或每台机械的工作面不能小于最小工作面的要求。否则，就不能发挥正常的施工效率，且不利于安全施工。因此，必须合理确定工作面。主要工种的合理工作面参考数据见表 11-1。

表 11 - 1 主要工种工作面参考数据表

工作项目	每个技工的工作面	说明
砖基础	7.6m/人	以 $1\frac{1}{2}$ 砖计，2 砖乘以 0.8，3 砖乘以 0.55
砌砖墙	8.5m/人	以 1 砖计，$1\frac{1}{2}$ 砖乘以 0.71，3 砖乘以 0.55
混凝土柱、墙基础	8m³/人	现浇、机拌、机捣
混凝土设备基础	7m³/人	现浇、机拌、机捣
现浇钢筋混凝土柱	2.45m³/人	现浇、机拌、机捣
现浇钢筋混凝土梁	3.20m³/人	现浇、机拌、机捣
现浇钢筋混凝土墙	5m³/人	现浇、机拌、机捣
现浇钢筋混凝土楼板	5.3m³/人	现浇、机拌、机捣
预制钢筋混凝土柱	3.6m³/人	现浇、机拌、机捣
预制钢筋混凝土梁	3.6m³/人	现浇、机拌、机捣
预制钢筋混凝土屋架	2.7m³/人	现浇、机拌、机捣
混凝土地坪及面层	40m²/人	现浇、机拌、机捣
外墙抹灰	16m²/人	
内墙抹灰	18.5m²/人	
卷材屋面	18.5m²/人	
防水水泥砂浆屋面	16m²/人	

11.2.3 时间参数

时间参数是指在组织流水施工时，用以表达流水施工过程的工作时间、在时间排列上的相互关系和所处状态的参数。主要有流水节拍、流水步距、工期等。

1. 流水节拍 t

流水节拍是指一个施工过程在一个施工段上的工作持续时间，用符号 t_i 表示（$i=1$，2，3…）。

（1）流水节拍的计算。流水节拍的大小直接关系到投入的劳动力、材料和机械的多少，决定着流水施工方式和施工速度。因此，流水节拍数值的确定很重要，必须进行合理的选择和计算。通常有两种确定方法：一种是根据工期要求确定；另一种是根据现有能够投入的资源（劳动力、机械台数和材料量）确定，但须满足最小工作面的要求。流水节拍的公式为

$$t_i = \frac{Q_i}{S_i R_i b_i} = \frac{P_i}{R_i b_i} \tag{11-1}$$

或

$$t_i = \frac{Q_i H_i}{R_i b_i} = \frac{P_i}{R_i b_i} \tag{11-2}$$

式中　t_i——某施工过程流水节拍；

Q_i——某施工过程在某施工段上的工程量；

S_i——某施工过程的每工日产量定额；

　　R_i——某施工过程的施工班组人数或机械台数；

　　b_i——每天工作班制；

　　P_i——某施工过程在某施工段上的劳动量；

　　H_i——某施工过程采用的时间定额。

　　若流水节拍根据工期要求来确定，则也很容易使用上式计算出所需的人数（或机械台班）。但在这种情况下，必须检查劳动力和机械供应的可能性，以及能否保证物资供应。

　　（2）确定流水节拍时应考虑的因素。

　　1）施工班组人数要适宜，既要满足最小劳动组合人数要求，又要满足最小工作面的要求。

　　最小劳动组合是指某一施工过程进行正常施工所必需的最低限度的班组人数及其合理组合。如模板安装就要按技工和普通工人的最少人数及合理比例组成施工班组，人数过少或比例不当都将引起劳动生产率的下降。

　　最小工作面是指施工班组为保证安全生产和有效地操作所必需的工作面。它决定了最大限度可安排多少工人。不能为了缩短工期而无限地增加人数，否则将造成工作面的不足而不能发挥正常的施工效率，且不利于安全施工。

　　2）工作班制要恰当，工作班制的确定要视工期的要求。当工期不紧迫，工艺上又无连续施工要求时，可采用一班制；当组织流水施工时为了给第二天连续施工创造条件，某些施工过程可考虑在夜班进行，即采用二班制；当工期较紧或工艺上要求连续施工，或为了提高施工机械的使用效率时，某些项目可考虑三班制施工。

　　3）机械的台班效率或机械台班产量的大小。

　　4）施工现场对各种材料、构件等的堆放容量、供应能力及其他因素的制约。

　　5）流水节拍值一般取整数，必要时才考虑保留 0.5d（或台班）的小数值。

　　2. 流水步距 B

　　流水步距是指在流水施工中，相邻两个施工过程的施工班组先后进入同一施工段开始施工的最小间隔时间，用符号 $B_{i,i+1}$ 示（i 表示前一个施工过程，$i+1$ 表示后一个施工过程）。

　　流水步距的大小，直接影响工期的长短。在施工段数不变的情况下，流水步距越大，工期越长；流水步距越小，则工期越短。

　　流水步距的数目等于 $n-1$（n 为参加流水施工的施工过程数）。确定流水步距的基本要求是：

　　（1）技术间歇的要求。在流水施工中有些施工过程完成后，后续施工过程不能立即投入作业，必须有合理的工艺间歇时间，即为技术间歇时间，用 t_j 表示。例如，钢筋混凝土的养护、油漆的干燥等。

　　（2）组织间歇的需要。组织间歇时间是指流水施工中，某些施工过程完成后要有必要的检查验收时间或后续施工过程的准备时间，也用 t_j 来表示。例如，基础工程完成后，在回填土前必须进行检查验收并做好隐蔽工程记录所需要的时间。

　　（3）主要专业队连续施工的需要。流水步距的大小，必须保证主要专业队进场以后，不发生停工、窝工的现象。

（4）保证每个施工段的正常作业程序。不发生前一个施工过程尚未全部完成，而后一个施工过程便提前介入的现象。需要注意的是，有时为了缩短时间，在工艺技术条件许可的情况下，某些次要专业队也可以搭接施工，其搭接时间由 t_d 表示。

3. 流水工期

工期是指完成一项工程任务或一个流水组施工所需的时间，一般可采用下式计算：

$$T_L = \sum B_{i,i+1} + T_n \tag{11-3}$$

式中　$\sum B_{i,i+1}$——流水施工中各流水步距之和；

　　　T_n——流水施工中最后一个施工过程的持续时间，$T_n = mt_n$。

11.3　流水施工的组织方法

根据流水施工节拍特征的不同，流水施工的组织方法可分为固定节拍流水、不等节拍流水、成倍节拍流水和非节奏流水。

11.3.1　固定节拍流水

固定节拍流水指在流水施工中，同一施工过程在各个施工段上的流水节拍都相等，并且不同施工过程之间的流水节拍也相等的一种流水施工方式。即所有施工过程在任何一个施工段上的流水节拍均为同一常数的流水施工方式。

固定节拍流水按其相邻施工过程之间有无间歇时间（或搭接时间）分为两种：无间歇固定节拍流水和有间歇固定节拍流水。

1. 无间歇固定节拍流水施工

无间歇固定节拍流水施工是指各个施工过程之间没有技术间歇时间和组织间歇时间也不存在搭接施工，且流水节拍均相等的一种流水施工方式。

（1）无间歇固定节拍流水施工的特征：

1）同一施工过程流水节拍相等，不同施工过程流水节拍也相等，即 $t_1 = t_2 = t_3 = \cdots = t_{n-1} = t_n =$ 常数，要做到这一点的前提是使各施工段的工作量基本相等。

2）各施工过程之间的流水步距相等，且等于流水节拍，即 $B_{1,2} = B_{2,3} = \cdots = B_{n-1,n} = t_n$。

（2）无间歇固定节拍流水步距的确定

$$B_{i,i+1} = t_i \tag{11-4}$$

式中　$B_{i,i+1}$——第 i 个施工过程和第 $i+1$ 个施工过程的流水步距；

　　　t_i——第 i 个施工过程的流水节拍。

（3）无间歇固定节拍流水施工的工期计算

$$T_L = \sum B_{i,i+1} + T_n(n-1)B + mt_i = (n-1)t_i + mt_i = (m+n-1)t_i \tag{11-5}$$

式中　T_L——某工程流水施工工期；

　$\sum B_{i,i+1}$——所有步距总和；

　　　T_n——最后一个施工过程流水节拍总和。

[**例 11-2**]　某分部工程可以划分为 A、B、C、D、E 五个施工过程，每个施工过程分

为六个施工段，流水节拍均为 4d，试组织固定节拍流水施工。

解：（1）计算工期：

$$T_L = (m + n - 1)t_i = (5 + 6 - 1) \times 4d = 40d$$

（2）用横道图绘制流水进度计划，如图 11 - 10 所示。

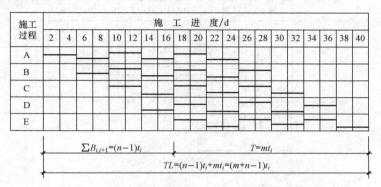

图 11 - 10　某分部工程无间歇固定节拍流水施工进度计划

2. 有间歇固定节拍流水施工

有间歇固定节拍流水施工是指各施工过程之间有的需要技术间歇时间或组织间歇时间，有的可搭接施工，其流水节拍均为相等的一种流水施工方式。

（1）有间歇固定节拍流水施工的特征：

1）同一施工过程流水节拍相等，不同施工过程流水节拍也相等；

2）各施工过程之间的流水步距不一定相等，因为有间歇时间或存在搭接施工。

有间歇固定节拍流水步距确定：

$$B_{i,i+1} = t_i + t_j - t_d \tag{11 - 6}$$

式中　t_i——第 i 个施工过程的流水节拍；

　　　t_j——第 i 个施工过程与第 $i+1$ 个施工过程之间的间歇时间；

　　　t_d——第 i 个施工过程与第 $i+1$ 个施工过程之间的搭接时间。

（2）有间歇固定节拍流水施工的工期计算：

$$T_L = \sum B_{i,i+1} + T_n \tag{11 - 7}$$

式中　$\sum B_{i,i+1} = (n-1)t_i + \sum t_j - \sum t_d$

$$T_n = mt_i$$

$$T_L = (n-1)t_i + mt_i + \sum t_j - \sum t_d = (m+n-1)t_i + \sum t_j - \sum t_d \tag{11 - 8}$$

式中　$\sum t_j$——所有间歇时间总和；

　　　$\sum t_d$——所有搭接时间总和。

［例 11 - 3］　某分部工程划分为 A、B、C、D 四个施工过程，每个施工过程划分为五个施工段，其流水节拍均为 3d，其中施工过程 A 与 B 之间有 2d 的搭接时间，施工过程 C 与 D 之间有 1d 的间歇时间。试组织固定节拍流水施工。

解：先计算工期：

$$T_L = (m+n-1)t_i + \sum t_j - \sum t_d = (5+4-1) \times 3d + 1d - 2d = 23d$$

用横道图绘制流水进度计划，如图 11-11 所示。

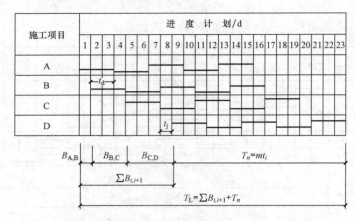

图 11-11　某分部工程有间歇固定节拍流水施工进度计划

3. 固定节拍流水施工的适用范围

固定节拍流水施工比较适用于分部工程流水（专业流水），不适用于单位工程，特别是不适用于大型的建筑群。因为，全等节拍流水施工虽然是一种比较理想的流水施工方式，它能保证专业班组连续工作，充分利用工作面，实现均衡施工，但由于它要求所划分的各分部工程、分项工程都采用相同的流水节拍，这对一个单位工程或建筑群来说，往往十分困难，不容易达到。因此，固定节拍流水施工方式的实际应用范围不是很广泛。

11.3.2　不等节拍流水施工

不等节拍流水施工指在流水施工中，同一施工过程在各个施工段上的流水节拍均相等，不同施工过程之间的流水节拍不一定相等的流水施工方式。

1. 不等节拍流水施工的特征

（1）同一施工过程流水节拍均相等，不同施工过程流水节拍不一定相等。

（2）各个施工过程之间的流水步距不一定相等。

2. 不等节拍流水步距的确定

$$B_{i,i+1} = t_i + (t_j - t_d) \quad （当 t_i \leqslant t_{i+1} 时） \tag{11-9}$$

$$B_{i,i+1} = mt_i - (m-1)t_{i+1} + (t_j - t_d) \quad （当 t_i > t_{i+1} 时） \tag{11-10}$$

3. 不等节拍流水施工工期 T_L 的计算

$$T_L = \sum B_{i,i+1} + T_n = \sum B_{i,i+1} + mt_n \tag{11-11}$$

[例 11-4]　某工程可以划分为 A、B、C、D 四个施工过程（$n=4$），三个施工段（$m=3$），各施工过程的流水节拍分别为 $t_A = 2d$，$t_B = 3d$，$t_C = 4d$，$t_D = 3d$，并且，A 过程结束后，B 过程开始之前，工作面有 1d 技术间歇时间，试组织不等节拍流水，并绘制流水施工进度计划表。

解：计算流水步距：

得　$t_A < t_B$，$t_j = 1$，$t_d = 0$

$B_{AB} = t_A + t_j - t_d = 2d + 1d - 0d = 3d$

$t_B < t_C$，$t_j = 0$，$t_d = 0$

有　$B_{BC} = t_B + t_j - t_d = 3d + 0d - 0d = 3d$

$t_C > t_D$，$t_j = 0$，$t_d = 0$

所以 $B_{CD} = mt_C - (m-1)t_D + t_j - t_d = 3 \times 4d - (3-1) \times 3d + 0d - 0d = 6d$

则 $T_L = \sum B_{i,i+1} + T_n = (3+3+6)d + 9d = 21d$

用横道图绘制流水进度计划，如图 11-12 所示。

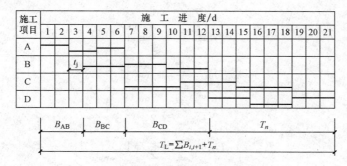

图 11-12　某工程不等节拍流水施工进度计划

4. 不等节拍流水施工的适用范围

不等节拍流水施工方式适用于分部工程和单位工程流水施工，由于它允许不同施工过程采用不同的流水节拍，所以，在进度安排上比全等节拍流水灵活，实际应用范围较广泛。

11.3.3　成倍节拍流水施工

成倍节拍流水施工指在流水施工中，同一施工过程在各个施工段的流水节拍相等，不同施工过程之间的流水节拍不完全相等，但各个施工过程的流水节拍均为其中最小流水节拍的整数倍的流水施工方式。

1. 成倍节拍流水施工的特征

（1）同一施工过程的流水节拍均相等，不同施工过程流水节拍等于或为其中最小流水节拍的整数倍。

（2）各施工段上的流水步距等于其中最小的流水节拍。

（3）每个施工过程的工作队数等于本施工过程的流水节拍与最小流水节拍的比值即

$$D_i = \frac{t_i}{t_{\min}} \tag{11-12}$$

式中　D_i——某施工过程所需施工队数；

　　　$t_{\min}$——所有流水节拍中最小流水节拍。

2. 成倍节拍流水步距的确定

$$B_{i,i+1} = t_{\min} \tag{11-13}$$

3. 成倍节拍流水施工的工期 T_L 计算

$$T_L = (m + n' - 1)t_{min} + \sum t_j - \sum t_d \qquad (11-14)$$

式中 $\sum t_j$——所有间歇时间总和；

$\sum t_d$——所有搭接时间总和；

n'——施工班组总数目，$n' = \sum D_i$。

[例 11-5] 某工程可以划分为 A、B、C、D 四个施工过程（$n=4$），六个施工段（$m=6$），各过程的流水节拍分别为 $t_A=2d$，$t_B=6d$，$t_C=4d$，$t_D=2d$，试组织成倍节拍流水，并绘制成倍节拍流水施工进度计划。

解： $$t_{min} = 2d$$

得 $$D_A = \frac{t_A}{t_{min}} = \frac{2}{2} = 1$$

$$D_B = \frac{t_B}{t_{min}} = \frac{6}{2} = 3$$

$$D_C = \frac{t_C}{t_{min}} = \frac{4}{2} = 2$$

$$D_D = \frac{t_D}{t_{min}} = \frac{2}{2} = 1$$

则施工班组总数：$n' = \sum D_i = 1 + 3 + 2 + 1 = 7$

工期：$T_L = (m + n' - 1)t_{min} + \sum t_j - \sum t_d = (6 + 7 - 1) \times 2d + 0d - 0d = 24d$

根据计算的流水参数绘制施工进度计划，如图 11-13 所示。

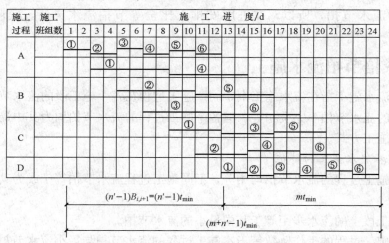

图 11-13 某工程成倍节拍流水施工进度计划

4. 成倍节拍流水施工的适用范围

成倍节拍流水施工方式比较适用于线型工程（如道路、管道等）的施工组织安排。

11.3.4 非节奏流水施工

非节奏流水施工指在流水施工中，相同或不相同的施工过程的流水节拍均不完全相等的一种流水施工方式。

1. 非节奏流水施工的特征

（1）同一施工过程流水节拍不完全相等，不同施工过程流水节拍也不完全相等。

（2）各个施工过程之间的流水步距不完全相等且差异较大。

2. 非节奏流水步距的确定

非节奏流水步距的计算是采用"累加错位相减取最大差法"，即

第一步：将每个施工过程的流水节拍逐个累加。

第二步：错位相减，即从前一个施工班组由加入流水起到完成该段工作止的持续时间之和减去后一个施工班组由加入流水起到完成前一个施工段工作止的持续时间之和（即相邻斜减），得到一组差数。

第三步：取上一步斜减差数中的最大值作为流水步距。

[例 11-6]　某工程可以分为 A、B、C、D 四个施工过程，四个施工段，各施工过程在不同施工段上的流水节拍见表 11-2，试计算流水步距和工期，绘制流水施工进度表。

表 11-2　　　　　　　　　　　　　　某工程的流水节拍

施工过程	施工段			
	Ⅰ	Ⅱ	Ⅲ	Ⅳ
A	5	4	2	3
B	4	1	3	2
C	3	5	2	3
D	1	2	2	3

解：（1）计算流水步距。

由于符合"相同或不相同的施工过程的流水节拍均不完全相等"的条件，为非节奏流水施工。故采用"累加错位相减取最大差法"计算如下：

1）求 B_{AB}：

$$
\begin{array}{rrrrr}
5 & 9 & 11 & 14 & \\
- & 4 & 5 & 8 & 10 \\
\hline
5 & 5 & 6 & 6 & -10
\end{array}
$$

得 $B_{AB}=6d$

2）求 B_{BC}：

$$
\begin{array}{rrrr}
4 & 5 & 8 & 10 \\
- & 3 & 8 & 10 & 13 \\
\hline
4 & 2 & 0 & 0 & -13
\end{array}
$$

得 $B_{BC}=4d$

3）求 B_{CD}

$$
\begin{array}{ccccc}
3 & 8 & 10 & 13 & \\
-\quad & 1 & 3 & 5 & 8 \\
\hline
3 & 7 & 7 & 8 & -8
\end{array}
$$

得 $B_{\text{CD}} = 8\text{d}$

（2）计算流水工期。

$$
T_{\text{L}} = \sum B_{i,i+1} + T_n = 6\text{d} + 4\text{d} + 8\text{d} + 8\text{d} = 26\text{d}
$$

根据计算的流水参数绘制施工进度计划如图 11-14 所示。

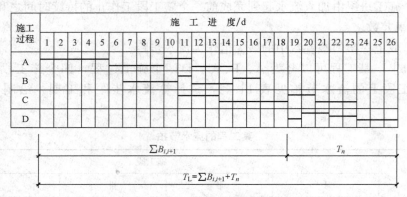

图 11-14　某工程非节奏流水施工进度计划

3. 非节奏流水施工的适用范围

非节奏流水施工不像有节奏流水施工那样有一定的时间规律约束，在进度安排上比较灵活、自由，因此它适用于大多数分部工程和单位工程及大型建筑群的流水施工，是流水施工中应用最广泛的一种方式。

11.4　流水施工的应用

在建筑施工中，流水施工是一种行之有效的科学组织施工的计划方法。编制施工进度计划时，应根据施工对象的特点，选择适当的流水施工方式组织施工，以确保施工的连续性、均衡性和节奏性。通常的方法是将单位工程流水分解为分部工程流水，然后根据各分部工程的施工项目多少、劳动量的大小、班组人数等因素，为不同的分部工程选择恰当的流水施工方式，最后考虑各分部工程之间的关系综合为单位工程流水施工计划。

下面通过两个常见的工程实例阐述流水施工的应用。

［例 11-7］　多层砖混结构施工组织

某四层砖混结构办公楼，建筑面积 1450m^2，基础为钢筋混凝土条形基础，主体为砖混结构，楼板为现浇混凝土，装饰工程为铝合金窗、胶合板门、白色外墙面砖贴面，内墙为普通抹灰加 106 涂料。屋面工程为现浇细石钢筋混凝土屋面板，防水层贴一毡二油，外加架空隔热层。其劳动量一览表见表 11-3。

表 11 - 3　　　　　　　　　　　　某砖混结构建筑劳动量一览表

序号	分项名称	劳动量/工日
	基础工程	
1	基槽挖土	195
2	混凝土垫层	20
3	基础扎筋（含侧模板安装）	40
4	基础混凝土	130
5	回填土	50
	主体工程	
6	脚手架	112
7	构造柱筋	76
8	砌砖墙	1250
9	构造柱模板	80
10	构造柱混凝土	270
11	梁板模板（含楼梯）	540
12	梁板筋	200
13	梁板混凝土	600
14	拆梁板模板（含楼梯）	120
	屋面工程	
15	屋面防水层	60
16	屋面隔热层	31
	装饰工程	
17	楼地面及楼梯水泥砂浆抹面	230
18	顶棚抹灰	240
19	内墙面抹灰	160
20	铝合金窗	23
21	胶合板门	20
22	油漆	19
23	外墙面砖	240
24	水电	

　　本工程是由基础工程、主体工程、装饰工程、水电工程等各分部工程组成。考虑到各分部工程之间的劳动量差异较大，宜先对各分部工程组织流水施工，然后再考虑各分部工程之间的相互搭接施工。具体组织方法如下：

　　1. 基础工程

　　基础工程包括基槽挖土、浇筑混凝土垫层、绑扎基础钢筋、浇筑基础混凝土、回填土等施工过程，施工过程数 $n=5$。综合工作面等因素，基础部分划分为两个施工段（$m=2$）。考虑到各施工过程间的劳动量差距较大，采用不等节拍（非连续）流水施工。流水节拍和流水施工工期计算如下：

基槽挖土劳动量为 195 工日，施工班组人数为 20 人，采用一班制，其流水节拍计算如下：

$$t_{挖土} = \frac{195}{20 \times 2}d \approx 5d$$

浇筑混凝土垫层劳动量为 20 工日，施工班组人数为 10 人，采用一班制，其流水节拍计算如下：

$$t_{垫层} = \frac{20}{10 \times 2}d = 1d$$

绑扎基础钢筋劳动量为 40 工日，施工班组人数为 20 人，采用一班制，其流水节拍计算如下：

$$t_{扎筋} = \frac{40}{20 \times 2}d = 1d$$

浇筑基础混凝土劳动量为 130 工日，施工班组人数为 20 人；由于该工程的钢筋混凝土基础不允许留设施工缝，所以采用三班制连续作业，其流水节拍计算如下：

$$t_{混凝土} = \frac{130}{20 \times 2 \times 3}d \approx 1d$$

回填土的劳动量为 50 工日，施工班组人数为 12 人，采用一班制，其流水节拍计算如下：

$$t_{回填土} = \frac{50}{12 \times 2}d \approx 2d$$

考虑到各施工过程之间的劳动量和流水节拍均相差较大，为了充分利用工作面及缩短工期，在安排流水施工时，仅使主导工作（基槽挖土）连续施工，其他工作则合理地断开施工，即为不连续流水施工。

2. 主体工程

主体工程包括搭设脚手架，立构造柱钢筋，砌砖墙，安装构造柱模板，浇筑构造柱混凝土，安装梁、板、楼梯模板，绑扎梁、板、楼梯钢筋，浇筑梁、板、楼梯混凝土，拆除梁、板、楼梯模板等施工过程。

主体工程由于有层间关系，$m=2$，$n=8$（不包括搭设脚手架），$m<n$，工作班组会出现窝工现象。因此仅要求主导施工过程（砌砖墙）连续施工，其余施工过程的施工班组与其他的工地统一考虑调度安排。

根据上述条件，主体工程施工过程数目多，且有层间关系，故采用搭接施工与流水施工相结合的方式组织施工。其流水节拍、施工工期计算如下：

立构造柱钢筋的劳动量为 76 工日，施工班组人数 10 人，施工段 $m=2 \times 4$ 采用一班制，其流水节拍计算如下：

$$t_{构造柱筋} = \frac{76}{10 \times 2 \times 4}d \approx 1d$$

砌筑墙体的劳动量为 1250 工日，施工班组人数 22 人，施工段 $m=2 \times 4$，采用一班制，其流水节拍计算如下：

$$t_{砌墙} = \frac{1250}{22 \times 2 \times 4}d = 7d$$

安装构造柱模板的劳动量为 80 工日，施工班组人数 10 人，施工段 $m = 2 \times 4$，采用一班制，其流水节拍计算如下：

$$t_{构造柱模} = \frac{80}{10 \times 2 \times 4}d = 1d$$

浇筑构造柱混凝土的劳动量为 270 工日，施工班组人数 22 人，施工段 $m = 2 \times 4$，采用三班制，其流水节拍计算如下：

$$t_{柱混凝土} = \frac{270}{22 \times 3 \times 4 \times 2}d \approx 0.5d$$

梁、板及楼梯模板的劳动量为 540 工日，施工班组人数 27 人，施工段 $m = 2 \times 4$，采用一班制，其流水节拍计算如下：

$$t_{梁板模板} = \frac{540}{27 \times 2 \times 4}d = 2.5d$$

梁、板及楼梯钢筋绑扎的劳动量为 200 工日，施工班组人数 25 人，施工段 $m = 2 \times 4$，采用一班制，其流水节拍计算如下：

$$t_{梁板钢筋} = \frac{200}{25 \times 2 \times 4}d = 1d$$

梁、板及楼梯混凝土浇筑的劳动量为 600 工日，施工班组人数 25 人，施工段 $m = 2 \times 4$，采用三班制连续施工，其流水节拍计算如下：

$$t_{梁板混凝土} = \frac{600}{25 \times 2 \times 4 \times 3}d = 1d$$

拆除梁、板及楼梯模板的劳动量为 120 工日，施工班组人数 15 人，施工段 $m = 2 \times 4$，采用一班制，其流水节拍计算如下：

$$t_{拆梁板模板} = \frac{120}{15 \times 2 \times 4}d = 1d$$

脚手架工程与主体平行施工，为配合性施工。

主体工程施工安排为不连续流水施工。

3. 屋面工程

屋面工程包括屋面防水层和隔热层，考虑到屋面防水及隔热层施工质量要求高，不划分施工段，即采用一次施工的方式。

屋面防水层劳动量为 60 工日，施工班组人数 12 人，采用一班制，其施工延续时间为：

$$t_{防水} = \frac{60}{12}d = 5d$$

屋面隔热层劳动量为 31 工日，施工班组人数 16 人，采用一班制，其施工延续时间为：

$$t_{防水} = \frac{31}{16}d \approx 2d$$

4. 装饰工程

装饰工程包括楼地面、楼梯、顶棚及内墙抹灰，外墙面砖，铝合金窗扇，胶合板门，油漆等分项工程。

考虑到装修阶段施工过程多且各施工过程的劳动量差异较大，特别是泥工需要量比较集中，组织固定节拍较困难。因此宜采用连续式不等节拍流水施工。每层作为一个施工段（共为4段），其流水节拍、流水步距、施工工期计算如下：

楼地面和楼梯抹灰合为一项，劳动量为230工日，施工班组人数20人，一层为一段，$m=4$，采用一班制，其流水节拍计算如下：

$$t_{地面} = \frac{230}{20 \times 4}\text{d} \approx 3\text{d}$$

天棚抹灰劳动量为240工日，施工班组人数20人，一层为一段，$m=4$，采用一班制，其流水节拍计算如下：

$$t_{天棚} = \frac{240}{20 \times 4}\text{d} = 3\text{d}$$

内墙抹灰劳动量为160工日，施工班组人数20人，一层为一段，$m=4$，采用一班制，其流水节拍计算如下：

$$t_{内墙} = \frac{160}{20 \times 4}\text{d} = 2\text{d}$$

铝合金窗劳动量为23工日，施工班组人数6人，一层为一段，$m=4$，采用一班制，其流水节拍计算如下：

$$t_{窗} = \frac{23}{6 \times 4}\text{d} \approx 1\text{d}$$

胶合板门劳动量为20工日，施工班组人数5人，一层为一段，$m=4$，采用一班制，其流水节拍计算如下：

$$t_{窗} = \frac{20}{5 \times 4}\text{d} = 1\text{d}$$

油漆劳动量为19工日，施工班组人数5人，一层为一段，$m=4$，采用一班制，其流水节拍计算如下：

$$t_{油漆} = \frac{19}{5 \times 4}\text{d} \approx 1\text{d}$$

外墙面砖自上而下不分段施工，劳动量为240工日，施工班组人数20人，采用一班制，其流水节拍计算如下：

$$t_{外墙面砖} = \frac{240}{20}\text{d} = 12\text{d}$$

水电为配合性施工。

装饰工程施工可安排为连续流水施工。

最后根据分部工程之间的相互关系，综合各分部工程的流水施工图（包括基础工程、主体工程、屋面工程、装饰工程及水电施工等），绘制出该单位工程的流水施工进度计划如图11-15所示。

[例11-8]　现浇框架结构施工组织

序号	分项名称	劳动量/工日	人数	班数	天数	施工进度 /d
	基础工程					
1	基础挖土		20	1	10	
2	混凝土垫层	20	10	1	2	
3	基础扎筋	40	20	1	2	
4	基础混凝土（含墙基）	130	20	3	2	
5	回填土	50	12	1	4	
	主体工程					
6	脚手架	112			8	
7	构造柱筋	76	10	1	8	
8	砌砖墙	1250	22	1	56	
9	构造柱模	80	10	1	8	
10	构造混凝土	270	22	3	4	
11	梁板模板（含梯）	540	27	1	20	
12	梁板筋（含梯）	200	25	1	8	
13	梁板混凝土（含梯）	600	25	3	8	
14	拆柱梁板模板（含梯）	120	15	1	8	
	屋面工程					
15	屋面防水层	60	12	1	5	
16	屋面隔热层	31	16	1	2	
	装饰工程					
17	楼地面及楼梯抹灰	230	20	1	12	
18	天棚抹灰	240	20	1	12	
19	墙体抹灰	160	20	1	8	
20	铝合金窗	23	6	1	4	
21	胶合板门	20	5	1	4	
22	油漆	19	5	1	4	
23	外墙面砖	240	20	1	12	
24	水电					

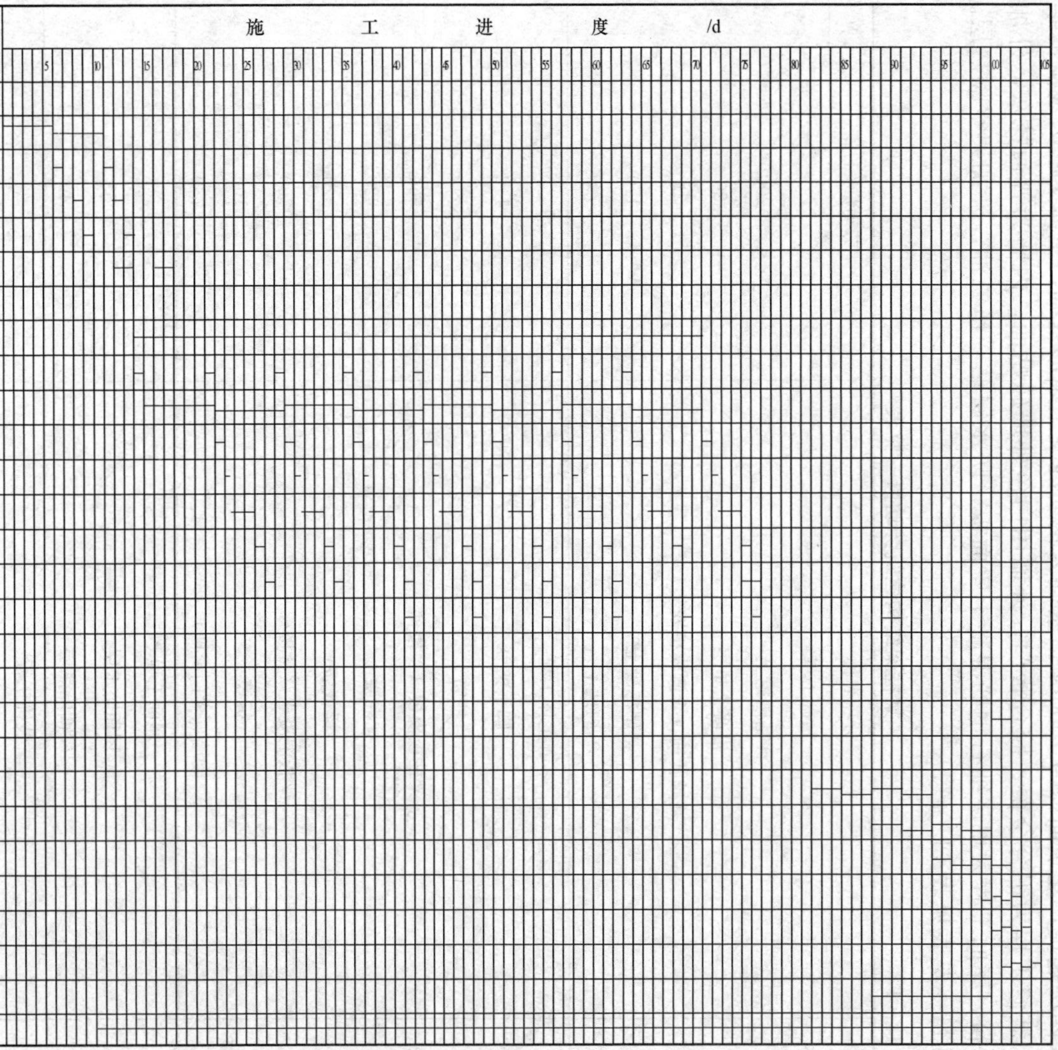

图 11-15　某四层砖混结构建筑浇水施工进度表

某四层建筑，建筑面积为 $1600m^2$。基础为钢筋混凝土条形基础，主体工程为现浇框架结构。装修工程为铝合金窗、胶合板门，外墙用白色外墙砖贴面，内墙为普通抹灰，外加106 涂料。屋面工程为现浇细石钢筋混凝土屋面板，防水层贴一毡二油，外加架空隔热层。其劳动量一览表见表 11 - 4。

表 11 - 4 　　　　　　　　　　　　**某框架结构建筑劳动量一览表**

序号	分项名称	劳动量/工日
	基础工程	
1	基槽挖土	200
2	混凝土垫层	20
3	基础扎筋（含侧模板安装）	48
4	基础混凝土	170
5	回填土	68
	主体工程	
6	脚手架	112
7	柱筋	80
8	梁柱板模板（含楼梯）	960
9	柱混凝土	320
10	梁板筋	320
11	梁板混凝土（含楼梯）	750
12	拆模	160
13	砌墙（含门窗框）	730
	屋面工程	
14	屋面防水层	63
15	屋面隔热层	40
	装饰工程	
16	楼地面及楼梯水泥砂浆抹面	480
17	天棚、墙面抹灰	640
18	天棚、墙面 106 涂料	45
19	铝合金窗	85
20	胶合板门	50
21	外墙面砖	450
22	油漆	45
23	室外工程	
24	卫生设备安装	
25	电器安装	

本工程是由基础工程、主体工程、装饰工程、水电工程等各分部工程组成。考虑到各分部工程之间的劳动量差异较大，宜先对各分部工程组织流水施工，然后再考虑各分部工程之间的相互搭接施工。具体组织方法如下：

1. 基础工程

基础工程包括基槽挖土、浇筑混凝土垫层、绑扎基础钢筋（含侧模板安装）、浇筑基础混凝土、回填土等施工过程。考虑到基础混凝土垫层劳动量比较小，可与挖土合并为一个施工过程。

基础工程经过合并后有四个施工过程（$n=4$），组织全等节拍流水施工。考虑到工作面的因素，划分两个施工段（$m=2$），流水节拍和流水施工工期计算如下：

基槽挖土和混凝土垫层的劳动量之和为 220，施工班组人数为 27 人，采用一班制，垫层需一天的养护时间，其流水节拍计算如下：

$$t_{挖,垫} = \frac{200+20}{27 \times 2}\text{d} \approx 4\text{d}$$

绑扎基础钢筋（含侧模板安装）的劳动量为 48 工日，施工班组人数为 6 人，采用一班制，其流水节拍计算如下：

$$t_{扎筋} = \frac{48}{6 \times 2}\text{d} = 4\text{d}$$

浇筑基础混凝土劳动量为 170 工日，施工班组人数为 20 人，采用一班制，基础混凝土浇筑完成后有一天养护时间，其流水节拍计算如下：

$$t_{混凝土} = \frac{170}{20 \times 2}\text{d} \approx 4\text{d}$$

回填土劳动量为 68 工日，施工班组人数为 8 人，采用一班制，其流水节拍计算如下：

$$t_{回填} = \frac{68}{8 \times 2}\text{d} \approx 4\text{d}$$

2. 主体工程

主体工程包括立柱钢筋，安装柱、梁、板、楼梯模板，浇筑柱混凝土，安装梁、板、楼梯钢筋，浇注梁、板、楼梯混凝土，搭设脚手架，拆除模板，砌筑墙体等施工过程。

主体工程由于有层间关系，$m=2$，$n=6$，$m<n$，工作班组会出现窝工现象。因此仅要求主导施工过程（模板工程）连续施工，其他施工过程的施工班组与其他的工地统一考虑调度安排。

根据上述条件，主体工程施工过程数目多，且有层间关系，故采用搭接施工与流水施工相结合的方式组织施工。其流水节拍、施工工期计算如下：

绑扎柱筋的劳动量为 80 工日，施工班组人数 10 人，施工段 $m=2 \times 4=8$，采用一班制，其流水节拍计算如下：

$$t_{柱筋} = \frac{80}{10 \times 2 \times 4}\text{d} = 1\text{d}$$

安装梁、柱、板模板（含楼梯模板）的劳动量为 980 工日，施工班组人数 20 人，施工段 $m=2\times4=8$，采用一班制，其流水节拍计算如下：

$$t_{模板}=\frac{980}{20\times2\times4}d\approx6d$$

浇筑柱混凝土的劳动量为 320 工日，施工班组人数 20 人，施工段 $m=2\times4=8$，采用二班制，其流水节拍计算如下：

$$t_{柱混凝土}\frac{320}{20\times2\times4\times2}d=1d$$

绑扎梁、板（含楼梯）钢筋的劳动量为 320 工日，施工班组人数 20 人，施工段 $m=2\times4=8$，采用一班制，其流水节拍计算如下：

$$t_{模板}=\frac{320}{20\times2\times4}d=2d$$

浇筑梁、板（含楼梯）混凝土的劳动量为 750 工日，施工班组人数 32 人，施工段 $m=2\times4=8$，采用三班制，其流水节拍计算如下：

$$t_{模板}=\frac{750}{32\times2\times4\times3}d\approx1d$$

拆除柱、梁、板模板的劳动量为 160 工日，施工班组人数 10 人，施工段 $m=2\times4=8$，采用一班制，其流水节拍计算如下：

$$t_{拆模}=\frac{160}{10\times2\times4}d=2d$$

砌筑墙体的劳动量为 730 工日，施工班组人数 30 人，施工段 $m=2\times4=8$，采用一班制，其流水节拍计算如下：

$$t_{砌墙}=\frac{730}{30\times2\times4}d\approx3d$$

脚手架工程与主体平行施工，为配合性施工。

3. 屋面工程

屋面工程包括屋面防水层和隔热层，考虑到屋面防水要求高，不分段施工，即采用一次施工的方式。

屋面防水层劳动量为 63，施工班组人数 9，采用一班制，其施工延续时间为：

$$t_{防水}=\frac{63}{9}d=7d$$

屋面隔热层劳动量为 40，施工班组人数 20 采用一班制，其施工延续时间为：

$$t_{防水}=\frac{40}{20}d=2d$$

4. 装饰工程

装饰工程包括楼地面、楼梯、天棚、内墙抹灰、106 涂料、外墙面砖、铝合金窗扇、胶合板门、油漆等。

由于装修阶段施工过程多，组织固定节拍较困难。若每层视为一段，共为 4 段，由于各施工过程劳动量不同，同时泥工需要量比较集中，宜采用连续式不等节拍流水施工，其流水节拍、流水步距、施工工期计算如下：

楼地面和楼梯抹灰合为一项，劳动量为 480 工日，施工班组人数 30 人，一层为一段，$m=4$，采用一班制，其流水节拍计算如下：

$$t_{地面} = \frac{480}{30 \times 4}d = 4d$$

天棚和墙面抹灰合为一项，劳动量为 640 工日，施工班组人数 40 人，一层为一段，$m=4$，采用一班制，其流水节拍计算如下：

$$t_{抹灰} = \frac{640}{40 \times 4}d = 4d$$

铝合金窗的劳动量为 85 工日，施工班组人数 10 人，一层为一段，$m=4$，采用一班制，其流水节拍计算如下：

$$t_{铝合金窗} = \frac{85}{10 \times 4}d \approx 2d$$

胶合板门的劳动量为 50 工日，施工班组人数 6 人，一层为一段，$m=4$，采用一班制，其流水节拍计算如下：

$$t_{胶合板门} = \frac{50}{6 \times 4}d \approx 2d$$

106 涂料的劳动量为 45 工日，施工班组人数 6 人，一层为一段，$m=4$，采用一班制，其流水节拍计算如下：

$$t_{106涂料} = \frac{45}{6 \times 4}d \approx 2d$$

油漆的劳动量为 45 工日，施工班组人数 6 人，一层为一段，$m=4$，采用一班制，其流水节拍计算如下：

$$t_{油漆} = \frac{45}{6 \times 4}d \approx 2d$$

外墙面砖的劳动量为 450 工日，自上而下不分层不分段施工，施工班组人数 30 人，采用一班制，其流水节拍计算如下：

$$t_{外墙面砖} = \frac{450}{30}d = 15d$$

最后根据各分部工程之间的相互关系，综合绘制出该工程的流水施工进度计划如图 11 - 16 所示。

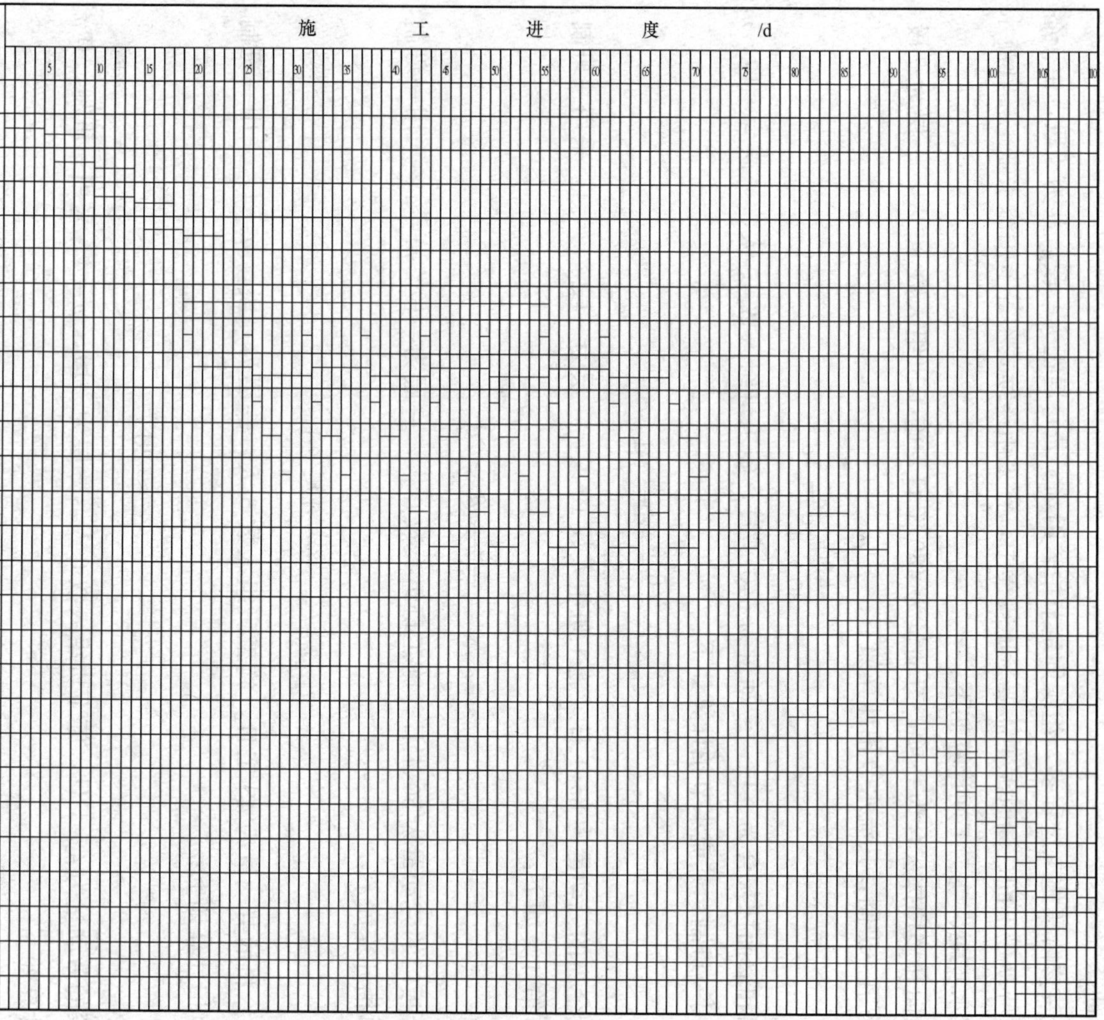

图 11－16　某四层框架结构建筑瓷水施工进度表

序号	分项名称	劳动量/工日	人数	班数	天数
	基础工程				
1	基础挖土（含垫层）	220	27	1	8
2	基础扎筋	48	6	1	8
3	基础混凝土（含墙基）	170	20	1	8
4	回填土	68	8	1	8
	主体工程				
5	脚手架	112			
6	柱筋	80	10	1	8
7	柱梁板模板	980	20	1	48
8	柱混凝土	320	20	2	8
9	梁板筋（含梯）	320	20	1	16
10	梁板混凝土（含梯）	750	32	3	8
11	拆模	160	10	1	16
12	砌墙	730	30	1	24
	屋面工程				
13	屋面防水层	63	9	1	7
14	屋面隔热层	40	20	1	2
	装饰工程				
15	楼地面及楼梯抹灰	480	30	1	16
16	天棚及墙面抹灰	640	40	1	16
17	铝合金窗	85	10	1	8
18	胶合板门	50	6	1	8
19	106涂料	45	6	1	8
20	油漆	45	6	1	8
21	外墙面砖	450	30	1	15
22	水电				
23	室外工程				

思 考 题 与 习 题

1. 组织流水施工需具备哪些条件？

2. 简述流水施工的特点。

3. 施工过程数的划分应考虑哪些因素的影响？

4. 流水节拍的确定应考虑哪些因素的影响？

5. 简述施工段的划分基本要求。

6. 某分部工程有 A、B、C、D 四个施工过程，$m=4$；流水节拍分别为 $t_a=3$ 天，$t_b=6$ 天，$t_c=3$ 天，$t_d=6$ 天；B 工作结束后有一天的间歇时间，试组织流水施工。

7. 某分部工程，已知施工过程数 $n=4$；施工段数 $m=4$；各流水节拍见表 11-5，并且在 C 和 D 之间有技术间歇一天。试组织流水施工，要求计算出流水步距和工期并绘出流水施工横道图。

表 11-5　　　　　　　　各 流 水 节 拍

序号	工序	施工段			
		Ⅰ	Ⅱ	Ⅲ	Ⅳ
1	A	3	3	3	3
2	B	2	2	2	2
3	C	4	4	4	4
4	D	2	2	2	2

8. 根据表 11-6 中的参数组织流水施工，要求计算出流水步距和工期并绘出流水施工横道图。

表 11-6　　　　　　　　流 水 施 工 参 数

工序	施工段			
	Ⅰ	Ⅱ	Ⅲ	Ⅳ
A	2	3	1	4
B	3	5	2	1
C	1	4	2	3
D	2	3	5	6

第 12 章

网 络 计 划 技 术

网络计划技术是一种科学的计划管理方法。它是随着现代科学技术和工业生产的发展而产生的。20 世纪 50 年代，为了适应科学研究和新的生产组织管理的需要，国外陆续出现了一些计划管理的新方法。如关键线路法（CPM）、计划评审法（PERT）和图示评审技术（GERT）等。由于这些方法都建立在网络图的基础上，因此统称为网络计划方法。我国从 20 世纪 60 年代中期开始引进这种方法，经过多年的实践与应用，特别是改革开放以后，网络计划技术在我国的工程建设领域得到迅速的推广和应用，尤其是在大中型工程项目的建设中，对其资源的合理安排、进度计划的编制、优化和控制等应用效果显著。目前，网络计划技术已成为我国工程建设领域中推行现代化管理的必不可少的方法。本章主要叙述网络计划的基本概念、基本方法和具体应用。

12.1   网络计划概述

网络计划是一种以网状图形表示计划或工程开展顺序的工作流程图。通常有双代号和单代号两种表示方法，如图 12-1 和图 12-2 所示。

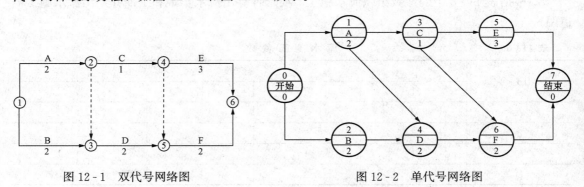

图 12-1 双代号网络图   图 12-2 单代号网络图

12.1.1   网络计划的基本原理

网络计划方法的基本原理是：首先绘制工程施工网络图，表达计划中各施工过程先后顺序的逻辑关系；其次通过计算找出关键工作及关键线路；再次按选定的目标不断改善计划安排，优化方案；最后付诸实施，并在执行过程中进行有效的监控。

在建筑施工中，网络计划方法主要用来编制建筑企业的生产计划和工程施工的进度计划，并对计划优化、调整和控制，以达到缩短工期、提高工效、降低成本、增加经济效益的目的。

12.1.2　网络计划与横道计划的比较

网络计划与横道计划相比，具有以下一些优缺点：

1. 优点

（1）全面而明确地反映各项工作间的逻辑关系。

（2）便于进行各种时间参数的计算，有助于进行定量分析。

（3）能找出对全局有影响的关键工作和关键线路，便于抓住施工中的主要矛盾，避免管理的盲目性。

（4）可以利用计算出的工作的机动时间，更好地调配人力、物力，达到降低成本的目的。

（5）可以应用计算机对复杂的计划进行计算、调整和优化，实现计划管理的信息化。

2. 缺点

（1）计划表达不直观，不能反映流水施工的特点。

（2）绘图较麻烦。

（3）不易显示资源平衡状况。

12.1.3　网络计划的分类

1. 按网络计划性质分类

（1）肯定型网络计划。计划形成要素（工序、工序之间的逻辑关系和工序持续时间）都为确定不变的网络计划称为肯定型网络计划。

（2）非肯定型网络计划。计划形成要素中一项或多项不确定的网络计划称为非肯定型网络计划。

2. 按网络计划目标分类

（1）单目标网络计划。只有一个最终目标的网络计划称为单目标网络计划。

（2）多目标网络计划。由多个独立的最终目标与其相互有关工序组成的网络计划称为多目标网络计划。

3. 按网络计划的工程对象分类

（1）局部网络计划。以一个分部工程或施工段为对象编制的网络计划称局部网络计划。

（2）单位工程网络计划。以一个单位工程为对象编制的网络计划称单位工程网络计划。

（3）综合网络计划。以一个建设项目或建筑群为对象编制的网络计划称综合网络计划。

4. 按网络计划的时间表达方式分类

（1）时标网络计划。以时间坐标为尺度绘制网络计划工序的持续时间，以此绘制的网络计划称时标网络计划。

（2）非时标网络计划。将工序的持续时间以数字形式标注在箭线下面，以此绘制的网络计划称非时标网络计划。

5. 按网络计划的图形表达方式分类

根据网络计划的图形表达方式不同，网络计划可分为双代号网络计划、单代号网络计划、流水网络计划和时标网络计划。

12.2　双代号网络图

12.2.1　双代号网络图概述

用一个箭线表示一个工序（或工作、施工过程），工序名称写在箭线上面，工序持续时间写在箭线下面，箭尾表示工序开始，箭头表示工序结束。在箭线的两端分别画一个圆圈作为节点，并在节点内进行编号，用箭尾节点号码 i 和箭头节点号码 j 作为这个工序的代号，如图 12-3 所示。由于各工序均用两个代号表示，所以叫作双代号表示法。用双代号法编制而成的网状图形称为双代号网络图，如图 12-4 所示。用这种网络图表示的计划叫作双代号网络计划。

双代号网络图由箭线、节点和线路三个基本要素构成，其各自表示的含义如下：

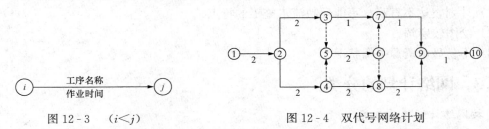

图 12-3　($i < j$)　　　　　图 12-4　双代号网络计划

（1）箭线（工序）。网络图中一端带箭头的线段叫箭线。在双代号网络图中，箭线有实箭线和虚箭线两种，两者表示的含义不同。

1）实箭线的含义。

①一根箭线表示一项工作（工序）或一个施工过程。实箭线表示的工作可大可小，如砌墙、浇筑圈梁、吊装楼板等，也可以表示一个单位工程或一个工程项目，如图 12-5 所示。

②一根箭线表示一项工作所消耗的时间及资源，分别用数字标注在箭线的下方和上方。

③箭线所指方向为工作前进的方向，箭尾表示工作的开始，箭头表示工作的结束。

④箭线的长短一般不表示工作持续时间的长短（时标网络例外）。

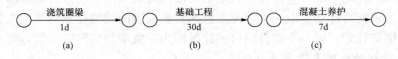

图 12-5　双代号工作示意图

2）虚箭线的含义。

在双代号网络图中，虚箭线仅表示工作间的逻辑关系。它既不占用时间，也不消耗资源，其表示方式如图 12-6 所示。

（2）节点。节点就是网络图中两项工作之间的交接之点，用圆圈表示。

1）节点的含义。在双代号网络图中，节

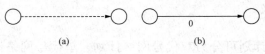

图 12-6　双代号虚箭线表示图

点有以下含义：

①表示前一道工序结束和后面一道工序开始的瞬间，节点不需要消耗时间和资源。

②箭线的箭尾节点表示该工作的开始，箭线的箭头节点表示该工作的结束。

③根据节点位置不同，分为起始节点、终点节点和中间节点。起始节点就是网络图的第一个节点，它表示一项计划（或工程）的开始；终点节点就是网络图的最后一个节点，它表示一项计划（或工程）的结束；其余节点都称为中间节点，它既表示紧前各工作的结束，有表示紧后各工作的开始，如图 12 - 7 所示。

2）节点的编号。网络计划中的每个节点都有自己的编号，以便赋予每项工序以代号，便于计算网络计划的时间参数和检查网络计划是否正确。

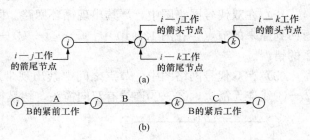

图 12 - 7　节点示意图

①节点编号的原则。在对节点进行编号时必须满足两条基本原则：其一，箭头节点编号大于箭尾节点编号；其二，在一个网络图中，所有节点的编号不能重复，号码可以连续，也可以不连续。

②节点编号的方法有两种：一种是水平编号法，即从起始节点开始由上到下逐行编号，每行则自左到右按顺序编号，如图 12 - 8 所示；另一种是垂直编号法，即从起始节点开始自左到右逐列编号，每列则根据编号原则要求进行编号，如图 12 - 9 所示

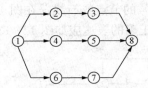
图 12 - 8　水平编号法图

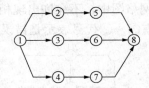
图 12 - 9　垂直编号法

（3）线路和关键线路。

1）线路。网络计划中从起始节点开始，沿箭头方向，通过一系列箭线与节点，最后达到终点节点的通路称为线路。

2）关键线路和关键工作。一个网络计划中，从起始节点到终点节点，一般都存在着许多条线路，每条线路都包含若干项工作（工序），这些工作（工序）的持续时间之和就是该线路的总时间长度，即线路上总持续时间。线路上总持续时间最长的线路称为关键线路，其他线路称为非关键线路。位于关键线路上的工作称为关键工作。在关键线路上没有任何机动时间，线路上的任何工作拖延时间，都会导致总工期的后延。

一般来说，一个网络计划中至少有一条关键线路。关键线路也不是一成不变的，在一定的条件下，关键线路和非关键线路会相互转化。例如，当采取技术组织措施，缩短关键工作的持续时间，或延长非关键工作的持续时间时，关键线路就有可能发生转移。网络计划中，关键工作的比重不宜过大，这样有利于抓主要矛盾。

关键线路宜用粗箭线、双箭线或彩色箭线标注，以突出其在网络计划中的重要位置。

12.2.2 双代号网络图的绘制

1. 双代号网络图的绘制规则

（1）双代号网络图必须表达已定的逻辑关系。

绘制网络图前，要正确确定工作顺序，明确各工作之间的逻辑关系，根据工作间的先后顺序逐步把代表各项工作的箭线连接起来，绘制成网络图。常见的逻辑关系表达示例见表 12-1 所示。

（2）在双代号网络图中，严禁出现循环回路。即不允许从一个节点出发，沿箭线方向再返回到原来的节点。在图 12-10 中，②—③—④—⑤就组成了循环回路，导致违背逻辑关系的错误。

（3）在双代号网络图中，节点之间严禁出现带双向箭头或无箭头的连线。图 12-11 中②—④线连无箭头，②—③连线有双向箭头，均是错误的。

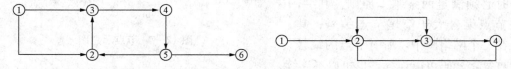

图 12-10　不允许出现循环线路　　　图 12-11　不允许出双向箭头及无箭头

（4）在双代号网络图中，严禁出现没有箭头节点或没有箭尾节点的箭线。如图 12-12 所示。

（5）在双代号网络图中，不允许出现相同编号的节点或箭线。在图 12-13（a）中，A、B 两个施工过程均有①—②代号表示是错误的，正确的表达应如图 12-13（b）所示。

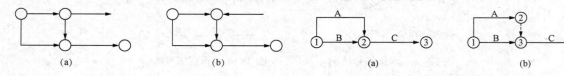

图 12-12　没有箭头节点和箭尾节点的箭线　　　图 12-13　不允许出现相同编号的节点或箭线

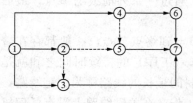

图 12-14　只允许有一个起点节点（终点）

（6）在双代号网络图中，只允许有一个起点节点和一个终点节点。如图 12-14 所示。

（7）在双代号网络图中，不允许出现一个代号代表一个施工过程。如图 12-15（a）中，施工过程 A 的表达是错误的，正确的表达应如图 12-15（b）所示。

（8）在双代号网络图中，应尽量减少交叉箭线，当无法避免时，应采用过桥法或断线法表示。如图 12-16（a）所示为过桥法形式，图 12-16（b）所示为断线法表示。

2. 逻辑关系

网络图中的逻辑关系是指网络计划中所表示的各项工作之间客观存在或主观上安排的先后顺序关系。这种顺序关系划分为两类：一类是施工工艺关系，即工艺逻辑关系；另一类是施工组织关系，即组织逻辑关系。

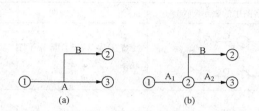

图 12-15　不允许出现一个代号代表一项工作
(a) 错误；(b) 正确

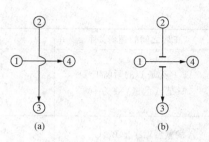

图 12-16　交叉箭线的处理方法
(a) 过桥法；(b) 断线法

(1) 工艺关系。工艺关系是指生产工艺上客观存在的先后顺序关系，或者是非生产性工作之间由工艺程序决定的先后顺序关系。例如，建筑工程施工时，先做基础，后做主体；先做结构，后做装修。工艺关系是不能随意改变的，如图 12-17 所示，挖 1—基 1—填 1；挖 2—基 2—填 2；挖 3—基 3—填 3 为工艺关系。

(2) 组织关系。组织关系是指在不违反工艺关系的前提下，人为安排的工序的先后顺序关系。例如，建筑群中各个建筑物的开工顺序的先后；施工对象的分段流水作业等。组织顺序可以根据具体情况，按安全、经济、高效的原则统筹安排，如图 12-17 所示，挖 1—挖 2—挖 3；基 1—基 2—基 3；填 1—填 2—填 3 等为组织关系。

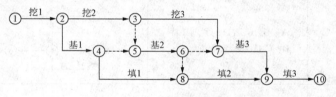

图 12-17　组织逻辑关系

3. 常见的逻辑关系表示方法

表 12-1　　　　　　　　　常见的逻辑关系表示方法

序号	工序之间的逻辑关系	在网络图中的表示	说明
1	A 的紧后工序是 B B 的紧后工序是 C	①—A→②—B→③—C→④	A、B、C 顺序作业
2	A 是 B、C 的紧前工序	①—A→②，B→③，C→④	B、C 为平行工序同时受 A 工序制约
3	A、B 是 C 的紧前工序	①—A，②—B→③—C→④	A、B 为平行工序
4	A 的紧后工序是 B、C D 的紧前工序是 B、C	①—A→②—C→④—D→⑤，B→③	B、C 为平行工序，同时受 A 工序制约，又同时制约 D 工序
5	A、B 是 C、D 的紧前工序	①—A，②—B→③—C→④，D→⑤	节点③正确表达了 A、B、C、D 的顺序关系

序号	工序之间的逻辑关系	在网络图中的表示	说明
6	A、B 都是 D 的紧前工序 C 只是 A 的紧后工序		虚工序③—④断开了 B 与 C 的联系
7	A 的紧后工序是 B、C B 的紧后工序是 D、E C 的紧后工序是 E D、E 的紧后工序是 F		虚工序③—④连接了 B、E 又断开了 C、D 的联系，实现了 B、C 和 D、E 双双平行作业
8	A、B、C 都是 D、E、F 的紧前工序		虚工序③—④、②—④使整个网络图满足绘制规则
9	A、B、C 是 D 的紧前工序 B、C 是 E 的紧前工序		虚工序④—⑤正确处理了作为平行工序的 A、B、C 既全部作为 D 的紧前工序又部分作为 E 的紧前工序的关系
10	A、B 两项工作分段平行施工，A 先开始 B 后结束		A、B 平行搭接

[例 12 - 1]　已知某施工过程工序间的逻辑关系如表 12 - 2 所示，试绘制双代号网络图。

表 12 - 2　　　　　　　　　　某施工过程工序间的逻辑关系

工序名称	A	B	C	D	E	F	G	H
紧前工序	—	—	—	A	A、B	B、C	D、E	E、F
紧后工序	D、E	E、F	F	G	G、H	H	—	—

解：（1）绘制没有紧前工序的工序 A、B、C，如图 12 - 18（a）所示；

（2）按情况①绘制工序 D，如图 12 - 18（b）所示；

（3）按情况②将工序 B、C 的箭头节点合并，并绘制工序 F；在 A、B 的后面绘制工序 E，如图 12 - 18（c）所示；

（4）再按情况②、③将工序 D、E 的箭头节点合并，并绘制工序 G；将工序 E、F 的箭头节点合并，并绘制工序 H，如图 12 - 18（d）所示；

（5）将没有紧后工序的箭线合并，得到终点节点，并对图形进行调整，使其美观对称；

（6）检查无误后，进行编号，如图 12 - 18（d）所示。

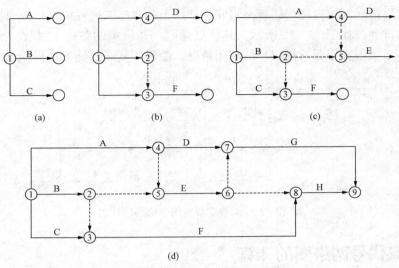

图 12-18　［例 12-1］绘图步骤

4. 施工网络计划的排列方法

（1）混合排列。绘制一些简单的网络计划，可根据施工顺序和逻辑关系将各施工过程对称排列，如图 12-19 所示。其特点是图形美观、简洁。另外在绘制单位工程网络计划等一些较复杂的网络计划时，常常采用以一种排列为主的混合排列，如图 12-19 所示。

（2）按施工过程排列。按施工过程排列就是根据施工顺序把各施工过程按垂直方向排列，而将施工段按水平方向排列，如图 12-20 所示。其特点是相同工种在一条水平线上，突出了各工种的工作情况。

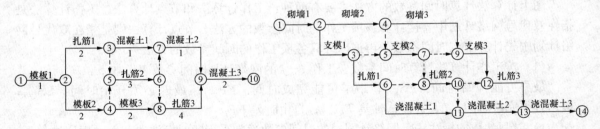

图 12-19　混合排列网络计划　　　　　　　图 12-20　某办公楼主体工程施工网络计划

（3）按施工段排列。按施工段排列就是将同一施工段上的各施工过程按水平方向排列，而将施工段按垂直方向排列，如图 12-21 所示。其特点是同一施工段上的各施工过程（工种）在一条水平线上，突出了各工作面的利用情况。

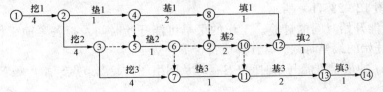

图 12-21　某基础工程施工网络计划

（4）按楼层排列。按楼层排列就是将同一楼层上的各施工过程按水平方向排列，而将楼层按垂直方向排列，如图 12-22 所示。其特点是同一楼层上的各施工过程（工种）在一条水平线上，突出了各工作面（楼层）的利用情况，使得较复杂的施工过程变成清晰明了。

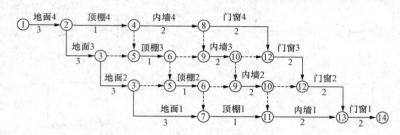

图 12-22　某教学楼室内装修网络计划

12.2.3　双代号网络图的计算

双代号网络图计算的目的：

（1）通过计算时间参数，可以确定关键线路和关键工作，非关键线路和非关键工作。

（2）通过计算时间参数，可以确定工期和非关键工作的机动时间（时差）。

（3）为网络计划的执行、调整和优化提供必要的时间依据。

网络图时间参数的计算内容包括：各项工作的最早可能开始时间、最早可能完成时间、最迟必须开始时间、最迟必须完成时间、各项工作的各类时差以及工期等。

网络图时间参数的计算方法有：图上计算法、表上计算法和电算法等。

1. 图上计算法

图上计算法计算时间参数的方法主要有两种：工作计算法和节点计算法。工作计算法是指在双代号网络计划中直接计算各项工作的时间参数的方法。节点计算法则是指在双代号网络计划中先计算节点时间参数，再据以计算各项工作的时间参数的方法。

（1）按工作计算法计算时间参数。工作 $i-j$ 的网络计划时间参数表示如下：

最早可能开始时间：ES_{i-j}；最早可能完成时间：EF_{i-j}；最迟必须开始时间：LS_{i-j}；最迟必须完成时间：LF_{i-j}；总时差 TF_{i-j}；自由时差 FF_{i-j}

1）时间参数的标注法。网络计划中的时间参数通常采用四时标注法和六时标注法。

四时标注法就是在网络计划中，计算四个时间参数，即最早可能开始时间、最迟必须开始时间、总时差和自由时差，并标注在网络图上。其标注方式如图 12-23（a）所示。

六时标注法就是在网络计划中，计算六个时间参数，即最早可能开始时间、最早可能完成时间、最迟必须开始时间、最迟必须完成时间、总时差和自由时差，并标注在网络图上。其标注方式如图 12-23（b）所示。

2）最早可能开始时间的计算。工作的最早可能开始时间是指各紧前工作全部完成后，本工作有可能开始的最早时刻。其计算应符合下列规定：

①工作 $i-j$ 的最早可能开始时间 ES_{i-j} 应从网络图的起点节点开始，顺着箭线方向依次逐项计算；

②以起点节点 i 为箭尾节点的工作 $i-j$，当未规定其最早可能开始时间 ES_{i-j} 时，其值

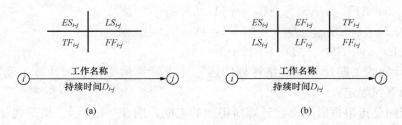

图 12 - 23　时间参数标注法

应等于零，即

$$ES_{i-j} = 0 \qquad (i = 1) \qquad (12 - 1)$$

③其他工作 $i-j$ 的最早可能开始时间 ES_{i-j} 应为：

$$ES_{i-j} = \max\{ES_{h-i} + D_{h-i}\} \qquad (12 - 2)$$

式中　ES_{h-i}——工作 $i-j$ 的各项紧前工作 $h-i$ 的最早可能开始时间；

　　　D_{h-i}——工作 $i-j$ 的各项紧前工作 $h-i$ 的持续时间。

[例 12 - 2]　如图 12 - 24 所示的双代号网络计划，计算各项工作的最早可能开始时间。

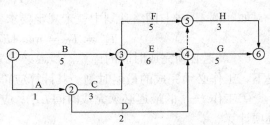

图 12 - 24　[例 12 - 2] 图

解：根据式（12 - 1）和式（12 - 2），计算过程如下：

工作 A：$ES_{1-2}=0$

工作 B：$ES_{1-3}=0$

工作 C：$ES_{2-3}=ES_{1-2}+D_{1-2}=0+1=1$

工作 D：$ES_{2-4}=ES_{1-2}+D_{1-2}=0+1=1$

工作 E：$ES_{3-4}=\max\{ES_{1-3}+D_{1-3}, ES_{2-3}+D_{2-3}\}=\max\{0+5, 1+3\}=5$

工作 F：$ES_{3-5}=\max\{ES_{1-3}+D_{1-3}, ES_{2-3}+D_{2-3}\}=\max\{0+5, 1+3\}=5$

虚工作 4 - 5：$ES_{4-5}=\max\{ES_{3-4}+D_{3-4}, ES_{2-4}+D_{2-4}\}=\max\{5+6, 1+2\}=11$

工作 G：$ES_{4-6}=\max\{ES_{3-4}+D_{3-4}, ES_{2-4}+D_{2-4}\}=\max\{5+6, 1+2\}=11$

工作 H：$ES_{5-6}=\max\{ES_{3-5}+D_{3-5}, ES_{4-5}+D_{4-5}\}=\max\{5+5, 11+0\}=11$

3）最早可能完成时间的计算。最早可能完成时间是指各紧前工作全部完成后，本工作有可能完成的最早时刻。应按下式计算：

$$EF_{i-j} = ES_{i-j} + D_{i-j} \qquad (12 - 3)$$

例 12 - 2 网络计划中各工作的最早可能完成时间计算如下：

工作 A：$EF_{1-2}=ES_{1-2}+D_{1-2}=0+1=1$

工作 B：$EF_{1-3}=ES_{1-3}+D_{1-3}=0+5=5$

工作 C：$EF_{2-3}=ES_{2-3}+D_{2-3}=1+3=4$

工作 D：$EF_{2-4}=ES_{2-4}+D_{2-4}=1+2=3$

工作 E：$EF_{3-4}=ES_{3-4}+D_{3-4}=5+6=11$

工作 F：$EF_{3-5}=ES_{3-5}+D_{3-5}=5+5=10$

虚工作 4 - 5：$EF_{4-5}=ES_{4-5}+D_{4-5}=11+0=11$

工作 G：$EF_{4-6}=ES_{4-6}+D_{4-6}=11+5=16$

工作 H：$EF_{5-6}=ES_{5-6}+D_{5-6}=11+3=14$

4）网络计划的工期计算。网络计划中通常要求计算两类工期：计算工期和计划工期。其计算应符合下列规定：

①计算工期是指根据时间参数计算所得到的工期，用 T_C 来表示。按下式计算：

$$T_C = \max\{EF_{i-n}\} \qquad (12 - 4)$$

式中　EF_{i-n}——以终点节点（$j=n$）为箭头节点的工作 $i-n$ 的最早可能完成时间。

②计划工期是根据要求工期（任务委托人所提出的指令性工期）和计算工期所确定的作为实施目标的工期，用 T_P 来表示。按下列情况确定：

a. 当已规定了要求工期 T_r 时，

$$T_P \leqslant T_r \qquad (12 - 5)$$

b. 当未规定要求工期时，

$$T_P = T_C \qquad (12 - 6)$$

如［例 12 - 2］网络计划中就未规定要求工期，根据以上规定可得：

$$T_P = T_C = \max\{EF_{i-n}\} = EF_{4-6} = 16$$

5）最迟必须完成时间的计算。最迟必须完成时间是指在不影响整个任务按期完成的前提下，工作必须完成的最迟时刻。其计算应符合下列规定：

①工作 $i-j$ 的最迟必须完成时间 LF_{i-j} 应从网络图的终点节点开始，逆着箭线方向依次逐项计算。

②以终点节点（$j=n$）为箭头节点的工作的最迟必须完成时间 LF_{i-j}，应按网络计划的计划工期确定，即

$$LF_{i-j} = T_P \qquad (12 - 7)$$

③其他工作 $i-j$ 的最迟必须完成时间 LF_{i-j} 应为：

$$LF_{i-j} = \min\{LF_{j-k} - D_{j-k}\} \qquad (12 - 8)$$

式中　LF_{j-k}——工作 $i-j$ 的各项紧后工作 $j-k$ 的最迟必须完成时间；

　　　D_{j-k}——工作 $i-j$ 的各项紧后工作 $j-k$ 的持续时间。

［例 12 - 2］的网络计划中各项工作的最迟必须完成时间计算如下：

工作 H：$LF_{5-6}=T_P=16$

工作 G：$LF_{4-6}=T_P=16$

虚工作 4 - 5：$LF_{4-5}=LF_{5-6}-D_{5-6}=16-3=13$

工作 F：$LF_{3-5}=LF_{5-6}-D_{5-6}=16-3=13$

工作 E：$LF_{3-4}=\min\{LF_{4-5}-D_{4-5},\ LF_{4-6}-D_{4-6}\}=\min\{13-0,\ 16-5\}=11$

工作 D：$LF_{2-4}=\min\{LF_{4-5}-D_{4-5},\ LF_{4-6}-D_{4-6}\}=\min\{13-0,\ 16-5\}=11$

工作 C：$LF_{2-3}=\min\{LF_{3-5}-D_{3-5},\ LF_{3-4}-D_{3-4}\}=\min\{13-5,\ 11-6\}=5$

工作 B：$LF_{1-3}=\min\{LF_{3-5}-D_{3-5},\ LF_{3-4}-D_{3-4}\}=\min\{13-5,\ 11-6\}=5$

工作 A：$LF_{1-2}=\min\{LF_{2-3}-D_{2-3},\ LF_{2-4}-D_{2-4}\}=\min\{5-3,\ 11-2\}=2$

6）最迟必须开始时间的计算。最迟必须开始时间是指在不影响整个任务按期完成的前

提下，工作必须开始的最迟时刻。工作 $i-j$ 的最迟必须开始时间用 LS_{i-j} 来表示。按下式计算：

$$LS_{i-j} = LF_{i-j} - D_{i-j} \tag{12-9}$$

如［例 12-2］网络计划中各工作的最迟必须开始时间计算如下：

工作 H：$LS_{5-6} = LF_{5-6} - D_{5-6} = 16 - 3 = 13$

工作 G：$LS_{4-6} = LF_{4-6} - D_{4-6} = 16 - 5 = 11$

虚工作 4 - 5：$LS_{4-5} = LF_{4-5} - D_{4-5} = 13 - 0 = 13$

工作 F：$LS_{3-5} = LF_{3-5} - D_{3-5} = 13 - 5 = 8$

工作 E：$LS_{3-4} = LF_{3-4} - D_{3-4} = 11 - 6 = 5$

工作 D：$LS_{2-4} = LF_{2-4} - D_{2-4} = 11 - 2 = 9$

工作 C：$LS_{2-3} = LF_{2-3} - D_{2-3} = 5 - 3 = 2$

工作 B：$LS_{1-3} = LF_{1-3} - D_{1-3} = 5 - 5 = 0$

工作 A：$LS_{1-2} = LF_{1-2} - D_{1-2} = 2 - 1 = 1$

7）时差的计算。所谓时差是指工作的机动时间，包括总时差、自由时差两类。

①总时差。总时差是指在不影响总工期的前提下，本工作可以利用的机动时间。按下式计算：

$$TF_{i-j} = LS_{i-j} - ES_{i-j} \tag{12-10}$$

或
$$TF_{i-j} = LF_{i-j} - EF_{i-j} \tag{12-11}$$

［例 12-2］的网络计划，根据式（12-10）计算各工作的总时差计算如下：

工作 A：$TF_{1-2} = LS_{1-2} - ES_{1-2} = 1 - 0 = 1$

工作 B：$TF_{1-3} = LS_{1-3} - ES_{1-3} = 0 - 0 = 0$

工作 C：$TF_{2-3} = LS_{2-3} - ES_{2-3} = 2 - 1 = 1$

工作 D：$TF_{2-4} = LS_{2-4} - ES_{2-4} = 9 - 1 = 8$

工作 E：$TF_{3-4} = LS_{3-4} - ES_{3-4} = 5 - 5 = 0$

工作 F：$TF_{3-5} = LS_{3-5} - ES_{3-5} = 8 - 5 = 3$

虚工作 4 - 5：$TF_{4-5} = LS_{4-5} - ES_{4-5} = 13 - 11 = 2$

工作 G：$TF_{4-6} = LS_{4-6} - ES_{4-6} = 11 - 11 = 0$

工作 H：$TF_{5-6} = LS_{5-6} - ES_{5-6} = 13 - 11 = 2$

当计划工期等于计算工期时，总时差具有以下性质：

a. 总时差为 0 的工作称为关键工作。

在［例 12-2］中，工作 B、工作 E 和工作 G 的总时差均为 0。因此，工作 B、工作 E 和工作 G 为关键工作，由它们组成的线路 1-3-4-6 为关键线路。关键线路在网络图上通常用粗箭线或双箭线表示。

b. 如果总时差等于 0，其他时差也都等于 0。

c. 某项工作的总时差不仅属于本工作，而且与前后工作都有关系，它为一条线路或线段所共有。

②自由时差。自由时差是指在不影响其紧后工作最早开始时间的前提下，本工作可以利用的机动时间。其计算应符合下列规定：

a. 当工作 $i-j$ 有紧后工作 $j-k$ 时，其自由时差应为：

$$FF_{i-j} = ES_{j-k} - EF_{i-j} \qquad\qquad (12-12)$$

或

$$FF_{i-j} = ES_{j-k} - (ES_{i-j} + D_{i-j}) \qquad\qquad (12-13)$$

b. 以终点节点 $(j=n)$ 为箭头节点的工作，其自由时差 FF_{i-j} 应按网络计划的计划工期来确定，即

$$FF_{i-n} = T_P - EF_{i-n} \qquad\qquad (12-14)$$

或

$$FF_{i-n} = T_P - ES_{i-n} - D_{i-n} \qquad\qquad (12-15)$$

[例 12-2] 的网络计划中，根据式（12-12）和式（12-14）计算各工作的自由时差如下：

工作 A：$FF_{1-2} = ES_{2-3} - EF_{1-2} = 1 - 1 = 0$

工作 B：$FF_{1-3} = ES_{3-4} - EF_{1-3} = 5 - 5 = 0$

工作 C：$FF_{2-3} = ES_{3-4} - EF_{2-3} = 5 - 4 = 1$

工作 D：$FF_{2-4} = ES_{4-6} - EF_{2-4} = 11 - 3 = 8$

工作 E：$FF_{3-4} = ES_{4-6} - EF_{3-4} = 11 - 11 = 0$

工作 F：$FF_{3-5} = ES_{5-6} - EF_{3-5} = 11 - 10 = 1$

虚工作 4-5：$FF_{4-5} = ES_{5-6} - EF_{4-5} = 11 - 11 = 0$

工作 G：$FF_{4-6} = T_P - EF_{4-6} = 16 - 16 = 0$

工作 H：$FF_{5-6} = T_P - EF_{5-6} = 16 - 14 = 2$

计算自由时差时，根据总时差的性质 a，也可以直接确定工作 B、工作 E 和工作 G 的自由时差为 0。

自由时差具有以下性质：

a. 自由时差小于或等于总时差。

b. 以关键线路上的节点为结点节点的工作，其自由时差与总时差相等。

c. 自由时差对后续工作没有影响，利用某项工作的自由时差时，其后续工作仍可按最早可能开始时间开始，所以这一部分时差应积极加以利用。

以 [例 12-2] 网络计划计算结果为例，按六时标注法标注时间参数如图 12-25 所示。

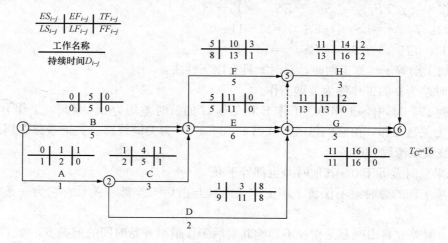

图 12-25　六时标注法标注时间参数

(2) 按节点计算法计算时间参数。

1) 节点最早时间的计算。节点最早时间是指在双代号网络图中以该节点为开始节点的各项工作的最早开始时间。节点 i 的最早时间用 ET_i 表示。其计算应符合下列规定：

①节点 i 的最早时间 ET_i 应从网络图的起点节点开始，顺着箭线方向依次逐项计算；

②起点节点 i 如未规定最早时间 ET_i 时，其值应等于零，即

$$ET_i = 0 \qquad (i = 1) \tag{12-16}$$

③其他节点 j 的最早时间 ET_j 应为：

$$ET_j = \max\{ET_i + D_{i-j}\} \tag{12-17}$$

式中　ET_i——工作 $i-j$ 的箭尾节点 i 的最早时间；

　　　D_{i-j}——工作 $i-j$ 的持续时间。

2) 网络计划的计算工期 T_C 按下式计算：

$$T_C = ET_n \tag{12-18}$$

式中　ET_n——终点节点 n 的最早时间。

3) 网络计划中计划工期 T_P 的计算同工作计算法中的计算方法，即分别根据要求工期 T_r 和计算工期 T_C 按式（12-5）和式（12-6）计算。

4) 节点最迟时间的计算。节点最迟时间是指在双代号网络图中以该节点为完成节点的各项工作的最迟完成时间。节点 i 的最迟时间用 LT_i 表示。其计算应符合下列规定：

①节点 i 的最迟时间 LT_i 应从网络图的终点节点开始，逆着箭线方向依次逐项计算；

②终点节点 n 的最迟时间 LT_n 应按网络计划的计划工期确定，即

$$LT_n = T_P \tag{12-19}$$

③其他节点的最迟时间 LT_i 为：

$$LT_i = \min\{LT_j - D_{i-j}\} \tag{12-20}$$

式中　LT_j——工作 $i-j$ 的箭头节点 j 的最迟时间。

5) 各工作的时间参数可以根据节点时间参数计算如下：

①工作 $i-j$ 的最早可能开始时间 ES_{i-j} 按下式计算：

$$ES_{i-j} = ET_i \tag{12-21}$$

②工作 $i-j$ 的最早可能完成时间 EF_{i-j} 按下式计算：

$$EF_{i-j} = ET_i + D_{i-j} \tag{12-22}$$

③工作 $i-j$ 的最迟必须完成时间 LF_{i-j} 按下式计算：

$$LF_{i-j} = LT_j \tag{12-23}$$

④工作 $i-j$ 的最迟必须开始时间 LS_{i-j} 按下式计算：

$$LS_{i-j} = LT_j - D_{i-j} \tag{12-24}$$

⑤工作 $i-j$ 的总时差 TF_{i-j} 按下式计算：

$$TF_{i-j} = LT_j - ET_i - D_{i-j} \tag{12-25}$$

⑥工作 $i-j$ 的自由时差 FF_{i-j} 按下式计算：

$$FF_{i-j} = ET_j - ET_i - D_{i-j} \tag{12-26}$$

6) 时间参数的表示法。按节点计算法计算的节点时间参数，其计算结果应标注在节点之上，如图 12-26 所示。

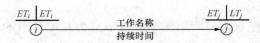

图 12-26　按节点计算法计算的
节点时间参数

[**例 12-3**]　按节点计算法计算 [例 12-2] 中节点时间参数。

解：

a. 节点最早时间的计算：

节点 1 为网络计划的起点节点，因未规定其最早时间，故按式（12-16）计算，即

$$ET_1 = 0$$

其他节点的最早时间按式（12-17）计算如下：

$$ET_2 = ET_1 + D_{1-2} = 0 + 1 = 1$$
$$ET_3 = \max\{ET_2 + D_{2-3}, ET_1 + D_{1-3}\} = \max\{1+3, 0+5\} = 5$$
$$ET_4 = \max\{ET_2 + D_{2-4}, ET_3 + D_{3-4}\} = \max\{1+2, 5+6\} = 11$$
$$ET_5 = \max\{ET_4 + D_{4-5}, ET_3 + D_{3-5}\} = \max\{11+0, 5+5\} = 11$$
$$ET_6 = \max\{ET_4 + D_{4-6}, ET_5 + D_{5-6}\} = \max\{11+5, 11+3\} = 16$$

b. 计划工期的计算：

由于该网络计划未规定要求工期，因此根据式（12-6）计算，即

$$T_P = T_C = ET_6 = 16$$

c. 节点最迟时间的计算：

节点 6 为网络计划的终点节点，其最迟时间根据计划工期求得，即

$$LT_6 = T_P = 16$$

其他节点的最迟时间按式（12-20）计算如下：

$$LT_5 = LT_6 - D_{5-6} = 16 - 3 = 13$$
$$LT_4 = \min\{LT_5 - D_{4-5}, LT_6 - D_{4-6}\} = \min\{13-0, 16-5\} = 11$$
$$LT_3 = \min\{LT_5 - D_{3-5}, LT_4 - D_{3-4}\} = \min\{13-5, 11-6\} = 5$$
$$LT_2 = \min\{LT_3 - D_{2-3}, LT_4 - D_{2-4}\} = \min\{5-3, 11-2\} = 2$$
$$LT_1 = \min\{LT_3 - D_{1-3}, LT_2 - D_{1-2}\} = \min\{5-5, 2-1\} = 0$$

将以上计算结果标注在网络图上，如图 12-27 所示。

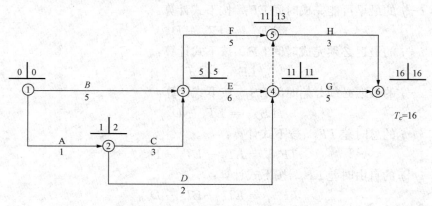

图 12-27　网络计划节点时间参数标注

根据节点时间参数计算各工作间参数的过程，现以工作 1—2 为例进行说明，计算如下：

$$ES_{1-2} = ET_1 = 0$$
$$EF_{1-2} = ET_1 + D_{1-2} = 0 + 1 = 1$$
$$LF_{1-2} = LT_2 = 2$$
$$LS_{1-2} = LT_2 - D_{1-2} = 2 - 1 = 1$$
$$TF_{1-2} = LT_2 - ET_1 - D_{1-2} = 2 - 0 - 1 = 1$$
$$FF_{1-2} = ET_2 - ET_1 - D_{1-2} = 1 - 0 - 1 = 0$$

其他工作的时间参数的计算由读者自行完成。完成后，可将计算结果与［例 12-2］的结果进行比较分析。

2. 表上计算法

当网络计划的工作较多时，为了保持网络图的清晰和计算数据条理化，通常还可采用表格进行时间参数的计算，这种计算方法称为表上计算法。现仍以图 12-24 的网络计划来说明用表上计算法计算时间参数的步骤。计算结果见表 12-3。

表 12-3　时间参数计算表

工作	工作编号 $i-j$	持续时间 D_{i-j}	最早开始 ES_{i-j}	最早完成 EF_{i-j}	最迟开始 LS_{i-j}	最迟完成 LF_{i-j}	总时差 TF_{i-j}	自由时差 FF_{i-j}	关键工作
(1)	(2)	(3)	(4)	(5) = (3)+(4)	(6) = (7)-(3)	(7)	(8) = (7)-(5) 或 (6)-(4)	(9) = (4)-(5)	(10)
A	1—2	1	0	1	1	2	1	0	
B	1—3	5	0	5	0	5	0	0	√
C	2—3	3	1	4	2	5	1	1	
D	2—4	2	1	3	9	11	8	8	
E	3—4	6	5	11	5	11	0	0	√
F	3—5	5	5	10	8	13	3	1	
虚工作	4—5	0	11	11	13	13	2	0	
G	4—6	5	11	16	11	16	0	0	√
H	5—6	3	11	14	13	16	2	2	

（1）计算各工作的最早可能开始时间和最早可能完成时间。

各工作的最早可能开始时间和最早可能完成时间按自上而下的顺序进行计算。

凡是以起点节点为箭尾节点的工作的最早可能开始时间为零，填入相应的（4）栏行内；最早可能完成时间为（3）＋（4），并填入相应的（5）栏行内。

其他工作的最早可能开始时间按式（12-2）计算，并填入相应的（4）栏行内；而最早可能完成时间为（3）＋（4），填入相应的（5）栏行内。

（2）计算各工作的最迟必须开始时间和最迟必须完成时间。

各工作的最迟必须开始时间和最迟必须完成时按自下而上的顺序进行计算。

首先计算以终点节点为箭头节点的工作的最迟必须完成时间。通常取值为网络计划的计划工期，填入相应的（7）栏行中；最迟必须开始时间为（7）－（3），填入相应的（6）栏中。

其他工作的最迟必须完成时间按式（12-9）计算，填入相应的（7）栏行中；最迟必须开始时间为（7）－（3），填入相应的（6）栏中。

（3）计算各工作的总时差。

各工作的总时差为（7）－（5）或（6）－（4），填入（8）栏相应的行内。

（4）计算各工作的自由时差。

各工作的自由时差的计算，是在表格下方找出本工作的紧后工作，用紧后工作的（4）栏减去本工作的（5）栏，取差值的最小值，填入（9）栏相应的行内。

（5）确定关键线路。

总时差为零的工作为关键工作，关键工作组成的线路为关键线路。在表中（8）栏中，找出值为零的工作，并在相应的（10）栏行中打"√"。

12.3　双代号时标网络计划

12.3.1　时标网络计划的概念

时标网络计划是以时间坐标为尺度编制的网络计划。图12-28所示为某工程双代号示意图。如图12-29是按图12-28绘制的时标网络计划。图中主要时间参数一目了然，避免了横道计划的缺点。时标的时间单位是根据需要，在编制时标网络计划之前确定的，可以是小时、天、周、旬、月或季等。时间可标在时标计划表顶部，也可以标在底部，必要时还可以在顶部或底部同时标注。时标的长度单位必须注明。必要时可在顶部，时标之上或底部时标之下加注日历的对应时间。

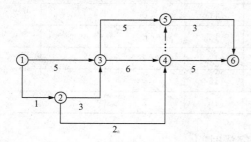

图12-28　某工程双代号示意图

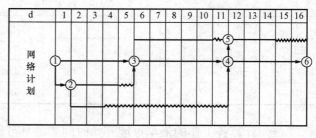

图12-29　某工程时标网络示意图

12.3.2　双代号时标网络计划的绘制方法

1. 间接绘制法

间接绘制法是先计算网络计划的时间参数，再根据时间参数按草图在时间坐标上进行绘制的方法。以图12-30为例，绘制完成的时标网络计划如图12-31所示。

具体步骤如下：

（1）先绘制无时标网络计划。

（2）计算每项工作的最早开始时间和最早完成时间（见图 12 - 30）。

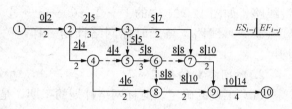

（3）绘制时标计划表。将每项工作的尾节点按最早开始时间定位在时标计划表上，其布局应与不带时标的网络计划基本相当，然后编号。

图 12 - 30　某工程带参数的双代号示意图

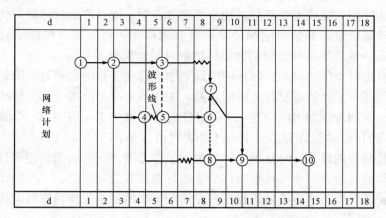

图 12 - 31　图 12 - 30 对应的双代号示意图

（4）用实线绘制出工作持续时间，用虚线绘制无时差的虚工作（垂直方向），用波形线绘制工作和虚工作的自由时差。

2. 直接绘制法

直接绘制法是不计算网络计划的时间参数，直接按草图在时间坐标上进行绘制的方法。仍以图 12 - 30 为例，绘制时标网络计划的步骤如下：

（1）绘制时标计划表。

（2）将起点节点定位在时标计划表的起始刻度线上（见图 12 - 31 的节点①）。

（3）按工作持续时间在时标表上绘制起点节点的外向箭线（见图 12 - 31 的 1 - 2）。

（4）工作的箭头节点，必须在其所有内向箭线绘出以后，定位在这些内向箭线中最晚完成的实箭线箭头处，如图 12 - 31 中的节点⑤、⑦、⑧、⑨。

（5）某些水平实箭线长度不足以到达该箭头节点时，用波形线补足，如图 12 - 31 中的3—7、4—8。如果虚箭线的开始节点和结束节点之间有水平距离时，以波形线补足，如箭线4—5。如果没有水平距离，绘制垂直虚箭线，如 3—5、6—7、6—8。

（6）用上述方法自左至右依次确定其他节点的位置，直至终点节点定位，绘图完成。

（7）给每个节点编号，编号与无时标网络计划相同。

12.3.3　双代号时标网络计划关键线路和时间参数的确定

1. 关键线路的确定

自终点节点至开始节点逆箭线方向朝起点节点观察，自始至终不出现波形线的线路为关键线路。如图 12 - 31 中的①→②→③→⑤→⑥→⑦→⑨→⑩线路和①→②→③→⑤→⑥→⑧→⑨→⑩线路。与无时标网络计划一样，关键线路的表达用粗线、双线和彩色线标注均可。

2. 时间参数的确定

（1）工期的确定。时标网络计划的工期，是其终点节点与起点节点所在位置的时标值之差。图 12 - 31 所示的时标网络计划的计算工期是 14－0＝14d。

（2）最早时间的确定。时标网络计划中，每条箭线的尾节点中心所对应的时标值，代表工作的最早开始时间。箭线实线部分右端或箭尾节点中心所对应的时标值，代表工作的最早完成时间。虚箭线的最早开始时间和最早完成时间相等，均为其所在刻度的时标值，如图 12 - 31 中箭线⑥→⑧的最早开始时间和最早结束时间均为第 8 天。

（3）工作自由时差值的确定。时标网络计划中，每项工作的自由时差值仍为其紧后工作的最早开始时间与本工作的最早完成时间之差，工作自由时差值等于其波形线在坐标轴上水平投影的长度。如图 12 - 31 中，工作 3—7 的自由时差值为 1d，工作 4—5 的自由时差值为 1d，工作 4—8 的自由时差值为 2d，其他工作无自由时差。

（4）工作总时差的计算。时标网络计划中，工作总时差应自后向前逐个计算。一项工作只有其紧后工作的总时差值全部计算出以后才能计算出其总时差值。

工作总时差值等于其所有紧后工作总时差值的最小值与本工作自由时差值之和。其计算公式是：

1）以终点节点（$j=n$）为箭头节点的工作的总时差 TF_{i-j}，按网络计划的计划工期 T_P 计算确定，即

$$TF_{i-n} = T_P - EF_{i-n} \tag{12 - 27}$$

2）其他工作的总时差应为

$$TF_{i-j} = \min\{TF_{j-k} + FF_{i-j}\} \tag{12 - 28}$$

按式（12 - 27）计算得

$$TF_{9-10} = 14 - 14 = 0$$

按式（12 - 28）计算得

$$TF_{9-7} = 0 + 0 = 0; TF_{3-7} = 0 + 1 = 1; TF_{8-9} = 0 + 0 = 0; TF_{4-8} = 0 + 2 = 2;$$
$$TF_{5-6} = \min\{0+0, 0+0\} = 0; TF_{4-5} = 0 + 1 = 1; TF_{2-4} = \min\{2+0, 1+0\} = 1$$

以此类推，可计算出全部工作的总时差值。

计算完成后，可将工作总时差值标注在相应的波形线或实箭线之上（见图 12 - 32）。

（5）工作最迟时间的计算。

由于已知最早开始时间和最早结束时间，又知道了总时差，故其工作最迟时间可用下式计算：

$$LS_{i-j} = ES_{i-j} + TF_{i-j} \tag{12 - 29}$$

$$LF_{i-j} = EF_{i-j} + TF_{i-j} \tag{12 - 30}$$

按式（12 - 29）和式（12 - 30）计算图 12 - 32，可得：

$$LS_{2-4} = ES_{2-4} + TF_{2-4} = 2 + 1 = 3d$$

$$LF_{2-4} = EF_{2-4} + TF_{2-4} = 4 + 1 = 5d$$

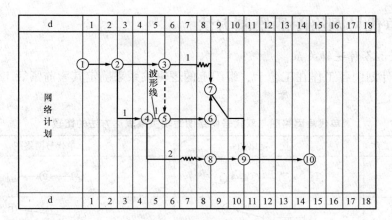

图 12 - 32　带总时差标注的双代号示意图

12. 4　单代号网络图

12. 4. 1　单代号网络图概述

　　单代号网络图又称节点网络图。用一个节点表示一项工序，工序名称、代号、工作时间都标注在节点内，用实箭线表示工序之间的逻辑关系，这就是单代号表示法，如图 12 - 33 所示。用单代号法编制而成的网状图形称为单代号网络图，如图 12 - 34 所示，用这种网络图表示的计划称为单代号网络计划。

　　单代号网络图也由箭线、节点和线路三个基本要素构成，其各自表示的含义如下：

　　（1）箭线。单代号网络图中箭线表示相邻工序之间的逻辑关系。箭头所指方向为施工过程的进行方向。箭线应画成水平直线、折线或斜线，箭线水平投影的方向应自左向右。

　　（2）节点。单代号网络图中，节点表示一个工序（或工作、施工过程），其功能及要标注的内容与双代号网络图的箭线基本相同。节点宜用圆圈或矩形表示，其绘制格式如图 12 - 10 所示。

　　（3）线路。从起点节点到终点节点，沿着箭线方向顺序通过一系列箭线与节点的通路，称为线路，单代号网络图中也有关键工序和关键线路。

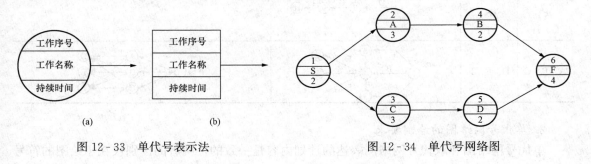

图 12 - 33　单代号表示法　　　　　　　　　图 12 - 34　单代号网络图

12.4.2 单代号网络图的绘制方法

1. 正确表示各种逻辑关系

根据工程计划中各工作在工艺上、组织上的逻辑关系来确定其紧前紧后工作名称、见表 12-4。

表 12-4   单代号网络图与双代号网络图逻辑关系表达方法的比较

紧前工作	紧后工作	双代号网络图	单代号网络图
A B	B C		
A	C B		
B A	C		
A B	C D		
A B	C、D D		
A B、C	B、C D		
A、B	C、D		
A B C D、E	B、E D、E E F		
A B C D E F G、H	B、C E、F D、E G G、H H I		
A、B、C	D、E、F		

2. 单代号网络图的绘制要求

单代号网络图和双代号网络图表达的计划内容是一致的，两者的区别仅在于绘图的符号不同，在绘制单代号网络图是也应双代号网络图的绘图规则。另外，根据单代号网络图的特点，在单代号网络图的开始节点和结束节点增加虚拟的起始节点和终点节点。

［例 12 - 4］　根据表 12-5 的各施工过程的逻辑关系，绘出单代号网络计划图（见图 12-35）。

表 12 - 5　　　　　　　　　　施工过程的逻辑关系

工作名称	持续时间	紧前工作	紧后工作
A	2	—	BC
B	3	A	D
C	2	A	DE
D	1	B、C	F
E	2	C	F
F	1	D、E	—

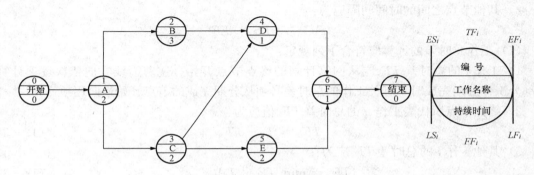

图 12 - 35　单代号网络图

12.4.3　单代号网络图时间参数的计算

单代号网络图时间参数共有 6 个，其内容包括：工作最早开始时间，工作最早完成时间，工作最迟开始时间，工作量迟完成时间，工作自由时差，工作总时差。

1. 时间参数的计算方法

（1）单代号网络计划的时间参数计算应在确定各项工作持续时间之后进行。

（2）工作最早开始时间的计算应符合下列规定：

1）工作 i 的最早开始时间 ES_i 应从网络图的起点节开始，顺着箭线方向依次逐项计算；

2）当起点节点 i 的最早开始时间 ES_i 无规定时，其值应等于零，即

$$ES_i = 0 \quad (i = 1) \tag{12 - 31}$$

3）其他工作的最早开始时间 ES_i 应为：

$$ES_i = \max\{EF_h\} \tag{12 - 32}$$

或

$$ES_i = \max\{ES_h + D_h\} \tag{12 - 33}$$

式中　ES_h——工作 i 的各项紧前工作 h 的最早开始时间；

D_h——工作 i 的各项紧前工作 h 的持续时间。

（3）工作 i 的最早完成时间 EF_i 的持续时间：

$$EF_i = ES_i + D_i \tag{12-34}$$

（4）网络计划计算工期 T_C 应按下式计算：

$$T_C = EF_n \tag{12-35}$$

式中　EF_n——终点节点 n 的最早完成时间。

（5）网络计划的计划工期 T_P 的计算应符合下列规定。

1）当已规定了要求工期时，计划工期不应超过要求工期，即：

$$T_P < T_r$$

2）当未规定要求工期时，可令计划工期等于计算工期，即：

$$T_P = T_C$$

（6）相邻两项工作 i 和 j 之间的时间间隔 $LAG_{i,j}$ 的计算应符合下列规定：

1）当终点节点为虚拟节点时，其时间间隔应为：

$$LAG_{i,n} = T_P - EF_i \tag{12-36}$$

2）其他节点之间的时间间隔应为：

$$LAG_{i,j} = ES_j - EF_i \tag{12-37}$$

（7）工作总时差的计算应符合下列规定：

1）工作 i 的总时差 TF_i 应从网络计划的终点节点开始，逆着箭线方向依次逐项计算。当部分工作分期完成时，有关工作的总时差必须从分期完成的节点开始逆向逐项计算；

2）终点节点所代表工作 n 的总时差 TF_n 值应为：

$$TF_n = T_P - EF_n \tag{12-38}$$

3）其他工作 i 的总时差 TF_i 应为：

$$TF_i = \min\{TF_j + LAG_{i,j}\} \tag{12-39}$$

（8）工作 i 的自由时差 FF_i 的计算应符合下列规定：

1）终点节点所代表工作 n 的自由时差 FF_n 应为：

$$FF_n = T_P - EF_n \tag{12-40}$$

2）其他工作 i 的自由时差 FF_i 应为：

$$FF_i = \min\{LAG_{i,j}\} \tag{12-41}$$

（9）工作最迟完成时间的计算应符合下列规定：

1）工作 i 的最迟完成时间 LF_i 应从网络计划的终点节点开始，逆着箭线方向依次逐项计算。当部分工作分期完成时，有关工作的最迟完成时间应从分期完成的节点开始逆向逐项计算；

2）终点节点所代表的工作 n 的最迟完成时间 LF_n，应按网络计划的计划工期 T_P 确定，即

$$LF_n = T_P \tag{12-42}$$

3）其他工作 i 的最迟完成时间 LF_i 应为：

$$LF_i = \min\{LS_j\} \tag{12-43}$$

或

$$LF_i = EF_i + TF_i \tag{12-44}$$

式中　LS_j——工作 i 的各紧后工作 j 的最迟开始时间。

（10）工作 i 的最迟开始时间 LS_i 应按下式计算：

$$LS_i = LF_i - D_i \tag{12-45}$$

或
$$LS_i = ES_i + TF_i \qquad (12 - 46)$$

2. 关键工作和关键线路的确定

（1）总时差为最小的工作应为关键工作。

（2）从起点节点开始到终点均为关键工作，且所有工作的时间间隔均为零的线路应为关键线路，该线路在网络图上应用粗线、双线或彩色标注。

3. 图上计算法

计算单代号网络图的时间参数的方法有分析计算法、图上计算法、表上计算法、矩阵计算法、电算法等，本节只介绍图上计算法。

单代号图上计算法也是根据分析计算法的时间参数计算公式，在图上直接计算的一种方法。此种方法边计算边将所得时间参数填入图中的相应位置上。一般手算采用此种方法。下面通过例子对图上计算法进行说明。

[**例 12 - 5**]　在单代号网络图用图上法计算时间参数，如图 12 - 36 所示。

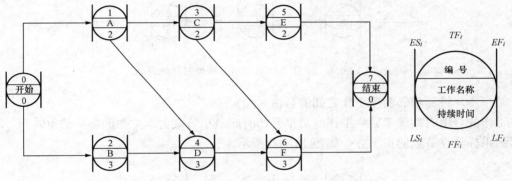

图 12 - 36　单代号初始网络图

第一步，计算工作（或节点）最早开始和最早结束时间：

起点节点的最早开始时间为零，其余节点的最早开始时间均等于紧前工作的最早结束时间的最大者。

工作（或节点）的最早结束时间等于本道工作最早开始时间与本道工作作业时间之和。

将上述计算结果标注在节点的左上方、右上方，如图 12 - 37 所示。

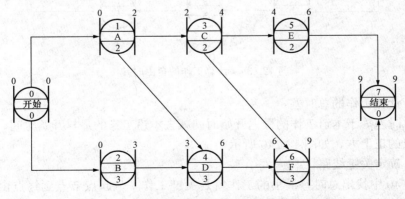

图 12 - 37　计算工作最早开始时间和最早结束时间

第二步，计算工作（或节点）的最迟结束和最迟开始时间：

结束节点的最迟结束时间等于计划工期或规定工期。其余节点的最迟结束时间等于紧后工作（或节点）最迟开始时间的最小者。

工作（或节点）的最迟开始时间等于本道工作最迟结束时间减去本道工作作业时间。

将上述计算结果标注在节点的左下方、右下方，如图 12-38 所示。

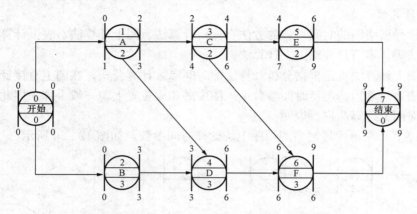

图 12-38　计算工作最迟结束和最迟开始时间

第三步；计算相邻两项工作之间的自由时差：

工作的自由时差等于紧后工作的最早开始时间最小值减去本工作的最早结束时间，将其计算结果标注在节点的正下方，如图 12-39 所示。

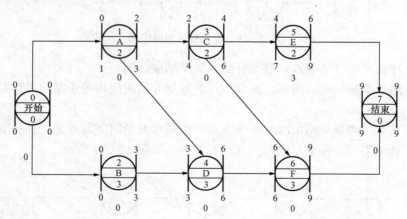

图 12-39　计算工作的自由时差

第四步，计算工作的总时差：

工作的总时差等于本道工作的最迟开始时间减去本道工作的最早开始时间，将其计算结果标注在节点的正上方，如图 12-40 所示。

第五步，确定关键线路：

在图 12-40 中找出总时差最小的工作就是关键工作，从起点节点到终点由关键工作连成的线路就是关键线路，用双线标注，如图 12-41 所示。

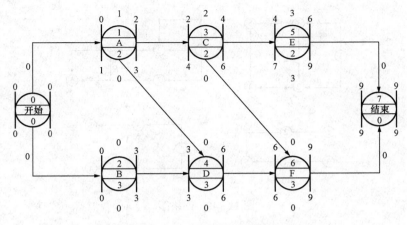

图 12-40　计算工作的总时差

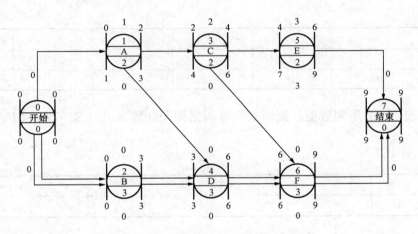

图 12-41　关键线路用双线表示

思 考 题 与 习 题

1. 网络计划方法的基本原理是什么？
2. 组成双代号网络图的三要素是什么？
3. 什么叫逻辑关系？网络计划有哪两种逻辑关系？
4. 双代号网络图计算的目的是什么？
5. 试述工作总时差与自由时差的含义及其区别。
6. 指出图 12-42 所示各网络图的错误并改正之。

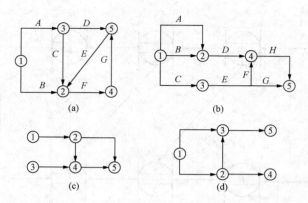

图 12-42 网络图

7. 根据表 12-6 中各工序的逻辑关系，绘制双代号网络图？

表 12-6

工序名称	A	B	C	D	E	F
紧前工序	—	A	A	B、C	C	D、E
紧后工序	B、C	D	D、E	F	F	—

8. 根据表 12-7 所列数据，绘制双代号网络图，计算 ES、LS、TF、FF 并标出关键线路。

表 12-7

工序代号	1—2	1—3	2—3	2—4	3—4	3—5	4—5	4—6	5—6
持续时间	1	5	3	2	6	5	0	5	3

9. 根据表 12-7 所列数据，绘制单代号网络图，计算 ES、LS、TF、FF 并标出关键线路。

第 13 章

施 工 组 织 设 计

施工组织设计是以施工项目为对象编制的，用以指导施工的技术、经济和管理的综合性文件。它是对施工活动实行科学管理的重要手段，它具有战略部署和战术安排的双重作用。它体现了实现基本建设计划和设计的要求，提供了各阶段的施工准备工作内容，协调施工过程中各施工单位、各施工工种、各项资源之间的相互关系。

施工组织设计是指针对拟建的工程项目，在开工前针对工程本身特点和工地具体情况，按照工程的要求，对所需的施工劳动力、施工材料、施工机具和施工临时设施，经过科学计算、精心对比及合理的安排后编制出的一套在时间和空间上进行合理施工的战略部署文件。这套文件又称"三一"文件，即由一份施工组织设计方案及说明书、一张工程计划进度表、一套施工现场平面布置图组成。

13.1 基本规定

13.1.1 施工组织设计分类

施工组织设计按编制对象，可分为施工组织总设计、单位工程施工组织设计和施工方案。

1. 施工组织总设计

施工组织总设计是以若干单位工程组成的群体工程或特大型项目为主要对象编制的施工组织设计，对整个项目的施工过程起统筹规划、重点控制的作用。

2. 单位工程施工组织设计

单位工程施工组织设计是以单位（子单位）工程为主要对象编制的施工组织设计，对单位（子单位）工程的施工过程起指导和制约作用。

3. 施工方案

施工方案是以分部（分项）工程或专项工程为主要对象编制的施工技术与组织方案，用以具体指导其施工过程。

13.1.2 施工组织设计编制原则

施工组织设计的编制必须遵循工程建设程序，并应符合下列原则：

（1）符合施工合同或招标文件中有关工程进度、质量、安全、环境保护、造价等方面的要求；

（2）积极开发、使用新技术和新工艺，推广应用新材料和新设备；

（3）坚持科学的施工程序和合理的施工顺序，采用流水施工和网络计划等方法，科学配置资源，合理布置现场，采取季节性施工措施，实现均衡施工，达到合理的经济技术指标；

（4）采取技术和管理措施，推广建筑节能和绿色施工；

（5）与质量、环境和职业健康安全三个管理体系有效结合。

13.1.3　施工组织设计编制依据

施工组织设计应以下列内容作为编制依据：

（1）与工程建设有关的法律、法规和文件；

（2）国家现行有关标准和技术经济指标；

（3）工程所在地区行政主管部门的批准文件，建设单位对施工的要求；

（4）工程施工合同或招标投标文件；

（5）工程设计文件；

（6）工程施工范围内的现场条件、工程地质及水文地质、气象等自然条件；

（7）与工程有关的资源供应情况；

（8）施工企业的生产能力、机具设备状况、技术水平等。

13.1.4　施工组织设计的基本内容

施工组织设计应包括编制依据、工程概况、施工部署、施工进度计划、施工准备与资源配置计划、主要施工方法、施工现场平面布置及主要施工管理计划等基本内容。

13.1.5　施工组织设计编制和审核规定

施工组织设计的编制和审批应符合下列规定：

（1）施工组织设计应由项目负责人主持编制，可根据需要分阶段编制和审批；

（2）施工组织总设计应由总承包单位技术负责人审批；单位工程施工组织设计应由施工单位技术负责人或技术负责人授权的技术人员审批，施工方案应由项目技术负责人审批；重点、难点分部（分项）工程和专项工程施工方案应由施工单位技术部门组织相关专家评审，施工单位技术负责人批准；

（3）由专业承包单位施工的分部（分项）工程或专项工程的施工方案，应由专业承包单位技术负责人或技术负责人授权的技术人员审批；有总承包单位时，应由总承包单位项目技术负责人核准备案；

（4）规模较大的分部（分项）工程和专项工程的施工方案应按单位工程施工组织设计进行编制和审批。

13.1.6　施工组织设计动态管理规定

施工组织设计动态管理即在项目实施过程中，对施工组织设计的执行、检查和修改的适时管理活动。施工组织设计应实行动态管理，并符合下列规定：

（1）项目施工过程中，发生以下情况之一时，施工组织设计应及时进行修改或补充：

1）工程设计有重大修改；

2）有关法律、法规、规范和标准实施、修订和废止；

3）主要施工方法有重大调整；

4）主要施工资源配置有重大调整；

5）施工环境有重大改变。

（2）经修改或补充的施工组织设计应最新审批后实施；

（3）项目施工前，应进行施工组织设计逐级交底；项目施工过程中，应对施工组织设计的执行情况进行检查、分析并适时调整。

13.1.7　施工组织设计资料归档

施工组织设计应在工程竣工验收后归档。

13.2　施工组织总设计的内容

13.2.1　工程概况

工程概况应包括项目主要情况和项目主要施工条件等。

1. 项目主要情况的内容

（1）项目名称、性质、地理位置和建设规模；

（2）项目的建设、勘察、设计和监理等相关单位的情况；

（3）项目设计概况；

（4）项目承包范围及主要分包工程范围；

（5）施工合同或招标文件对项目施工的重点要求；

（6）其他应说明的情况。

2. 项目主要施工条件的内容

（1）项目建设地点气象状况；

（2）项目施工区域地形和工程水文地质状况；

（3）项目施工区域地上、地下管线及相邻的地上、地下建（构）筑物情况；

（4）与项目施工有关的道路、河流等状况；

（5）当地建筑材料、设备供应和交通运输等服务能力状况；

（6）当地供电、供水、供热和通信能力状况；

（7）其他与施工有关的主要因素。

13.2.2　总体施工部署

（1）施工组织总设计应对项目总体施工做出下列宏观部署：

1）确定项目施工总目标，包括进度、质量、安全、环境和成本等目标；

2）根据项目施工总目标的要求，确定项目分阶段（期）交付的计划；

3）确定项目分阶段（期）施工的合理顺序及空间组织。

（2）对于项目施工的重点和难点应进行简要分析。

（3）总承包单位应明确项目管理组织机构形式，并宜采用框图的形式表示。

（4）对于项目施工中开发和使用的新技术、新工艺应做出部署。

（5）对主要分包项目施工单位的资质和能力应提出明确要求。

13.2.3　施工总进度计划

（1）施工总进度计划应按照项目总体施工部署的安排进行编制。

（2）施工总进度计划可采用网络图或横道图表示，并附必要说明。

13.2.4　总体施工准备与主要资源配置计划

（1）总体施工准备应包括技术准备、现场准备和资金准备等。

（2）技术准备、现场准备和资金准备应满足项目分阶段（期）施工的需要。

（3）主要资源配置计划应包括劳动力配置计划和物资配置计划等。

（4）劳动力配置计划应包括下列内容：

1）确定各施工阶段（期）的总用工量；

2）根据施工总进度计划确定各施工阶段（期）的劳动力配置计划。

（5）物资配置计划应包括下列内容：

1）根据施工总进度计划确定主要工程材料和设备的配置计划；

2）根据总体施工部署和施工总进度计划确定主要施工周转材料和施工机具的配置计划。

13.2.5　主要施工方法

（1）施工组织总设计应对项目涉及的单位（子单位）工程和主要分部（分项）工程所采用的施工方法进行简要说明。

（2）对脚手架工程、起重吊装工程、临时用水用电工程、季节性施工等专项工程所采用的施工方法应进行简要说明。

13.2.6　施工总平面布置

1. 施工总平面布置的原则

（1）平面布置科学合理，施工场地占用面积少；

（2）合理组织运输，减少二次搬运；

（3）施工区域的划分和场地的临时占用应符合总体施工部署和施工流程的要求，减少相互干扰；

（4）充分利用既有建（构）筑物和既有设施为项目施工服务，降低临时设施的建造费用；

（5）临时设施应方便生产和生活，办公区、生活区和生产区宜分离设置；

（6）符合节能、环保、安全和消防等要求；

（7）遵守当地主管部门和建设单位关于施工现场安会文明施工的相关规定。

2. 施工总平面布置图的要求

（1）根据项目总体施工部署，绘制现场不同施工阶段（期）的总平面布置图；

(2) 施工总平面布置图的绘制应符合国家相关标准要求并附必要说明。

3. 施工总平面布置图的内容

(1) 项目施工用地范围内的地形状况；

(2) 全部拟建的建（构）筑物和其他基础设施的位置；

(3) 项目施工用地范围内的加工设施、运输设施、存贮设施、供电设施、供水供热设施、排水排污设施、临时施工道路和办公、生活用房等；

(4) 施工现场必备的安全、消防、保卫和环境保护等设施；

(5) 相邻的地上、地下既有建（构）筑物及相关环境。

13.3 单位工程施工组织设计的内容

13.3.1 工程概况

工程概况应包括工程主要情况、各专业设计简介和工程施工条件等。

1. 工程主要情况的内容

(1) 工程名称、性质和地理位置；

(2) 工程的建设、勘察、设计、监理和总承包等相关单位的情况；

(3) 工程承包范围和分包工程范围；

(4) 施工合同、招标文件或总承包单位对工程施工的重点要求；

(5) 其他应说明的情况。

2. 各专业设计简介的内容

(1) 建筑设计简介应依据建设单位提供的建筑设计文件进行描述，包括建筑规模、建筑功能、建筑特点、建筑耐火、防水及节能要求等，并应简单描述工程的主要装修做法；

(2) 结构设计简介应依据建设单位提供的结构设计文件进行描述，包括结构形式、地基基础形式、结构安全等级、抗震设防类别、主要结构构件类型及要求等；

(3) 机电及设备安装专业设计简介应依据建设单位提供的各相关专业设计文件进行描述，包括给水、排水及采暖系统、通风与空调系统、电气系统、智能化系统、电梯等各个专业系统的做法要求。

3. 工程施工条件的内容

(1) 项目建设地点气象状况；

(2) 项目施工区域地形和工程水文地质状况；

(3) 项目施工区域地上、地下管线及相邻的地上、地下建（构）筑物情况；

(4) 与项目施工有关的道路、河流等状况；

(5) 当地建筑材料、设备供应和交通运输等服务能力状况；

(6) 当地供电、供水、供热和通信能力状况；

(7) 其他与施工有关的主要因素。

13.3.2 施工部署

(1) 工程施工目标应根据施工合同、招标文件以及本单位对工程管理目标的要求确定，包括进度、质量、安全、环境和成本等目标。各项目标应满足施工组织总设计中确定的总体目标。

（2）施工部署中的进度安排和空间组织应符合下列规定：

1）工程主要施工内容及其进度安排应明确说明，施工顺序应符合工序逻辑关系；

2）施工流水段应结合工程具体情况分阶段进行划分；单位工程施工阶段的划分一般包括地基基础、主体结构、装修装饰和机电设备安装三个阶段。

（3）对于工程施工的重点和难点应进行分析，包括组织管理和施工技术两个方面。

（4）工程管理的组织机构形式应明确项目管理组织机构形式，并宜采用框图的形式表示，并确定项目经理部的工作岗位设置及其职责划分。

（5）对于工程施工中开发和使用的新技术、新工艺应做出部署，对新材料和新设备的使用应提出技术及管理要求。

（6）对主要分包工程施工单位的选择要求及管理方式应进行简要说明。

13.3.3 施工进度计划

（1）单位工程施工进度计划应按照施工部署的安排进行编制。

（2）施工进度计划可采用网络图或横道图表示，并附必要说明；对于工程规模较大或较复杂的工程，宜采用网络图表示。

13.3.4 施工准备与资源配置计划

（1）施工准备应包括技术准备、现场准备和资金准备等。

1）技术准备应包括施工所需技术资料的准备、施工方案编制计划、试验检验及设备调试工作计划、样板制作计划等；

①主要分部（分项）工程和专项工程在施工前应单独编制施工方案，施工方案可根据工程进展情况，分阶段编制完成；对需要编制的主要施工方案应制定编制计划；

②试验检验及设备调试工作计划应根据现行规范、标准中的有关要求及工程规模、进度等实际情况制定；

③样板制作计划应根据施工合同或招标文件的要求并结合工程特点制定。

2）现场准备应根据现场施工条件和工程实际需要，准备现场生产、生活等临时设施。

3）资金准备应根据施工进度计划编制资金使用计划。

（2）资源配备计划应包括劳动力配置计划和物资配置计划等。

1）劳动力配置计划应包括下列内容：

①确定各施工阶段用工量；

②根据施工进度计划确定各施工阶段劳动力配置计划。

2）物资配置计划应包括下列内容：

①主要工程材料和设备的配置计划应根据施工进度计划确定，包括各施工阶段所需主要工程材料、设备的种类和数量；

②工程施工主要周转材料和施工机具的配置应根据施工部署和施工进度计划确定，包括各施工阶段所需主要周转材料、施工机具的种类和数量。

13.3.5　主要施工方案

（1）单位工程应按照现行的《建筑工程施工质量验收统一标准》中分部、分项工程的划分原则，对主要分部、分项工程制定施工方案。

（2）对脚手架工程、起重吊装工程、临时用水用电工程、季节性施工等专项工程所采用的施工方案应进行必要的验算和说明。

13.3.6　施工现场平面布置

（1）施工现场平面布置图应参照施工总平面图的布置原则及布置要求，结合施工组织总设计，按不同施工阶段分别绘制。

（2）施工现场平面布置图应包括下列内容：

1）工程施工场地状况；

2）拟建建（构）筑物的位置、轮廓尺寸、层数等；

3）工程施工现场的加工设施、存贮设施、办公和生活用房等的位置和面积；

4）布置在工程施工现场的垂直运输设施、供电设施、供水供热设施、排水排污设施和临时施工道路等；

5）施工现场必备的安全、消防、保卫和环境保护等设施；

6）相邻的地上、地下既有建（构）筑物及相关环境。

13.4　施工方案的内容

13.4.1　工程概况

（1）工程概况应包括工程主要情况、设计简介和工程施工条件等。

（2）工程主要情况应包括：分部（分项）工程或专项工程名称，工程参建单位的相关情况，工程的施工范围，施工合同、招标文件或总承包单位对工程施工的重点要求等。

（3）设计简介应主要介绍施工范围内的工程设计内容和相关要求。

（4）工程施工条件应重点说明与分部（分项）工程或专项工程相关的内容。

13.4.2　施工安排

（1）工程施工目标包括进度、质量、安全、环境和成本等目标，各项目标应满足施工合同、招标文件和总承包单位对工程施工的要求。

（2）工程施工顺序及施工流水段应在施工安排中确定。

（3）针对工程的重点和难点，进行施工安排并简述主要管理和技术措施。

（4）工程管理的组织机构及岗位职责应在施工安排中确定，并应符合总承包单位的要求。

13.4.3　施工进度计划

（1）分部（分项）工程或专项工程施工进度计划应按照施工安排，并结合总承包单位的施工进度计划进行编制。

（2）施工进度计划可采用网络图或横道图表示，并附必要说明。

13.4.4 施工准备与资源配置计划

（1）施工准备应包括下列内容：

1）技术准备：包括施工所需技术资料的准备、图纸深化和技术交底的要求、试验检验和测试工作计划、样板制作计划以及与相关单位的技术交接计划等；

2）现场准备：包括生产、生活等临时设施的准备以及与相关单位进行现场交接的计划等；

3）资金准备：编制资金使用计划等。

（2）资源配置计划应包括下列内容：

1）劳动力配置计划：确定工程用工量并编制专业工种劳动力计划表；

2）物资配置计划：包括工程材料和设备配置计划、周转材料和施工机具配置计划以及计量、测量和检验仪器配置计划等。

13.4.5 施工方法及工艺要求

（1）明确分部（分项）工程或专项工程施工方法并进行必要的技术核算，对主要分项工程（工序）明确施工工艺要求。

（2）对易发生质量通病、易出现安全问题、施工难度大、技术含量高的分项工程（工序）等应做出重点说明。

（3）对开发和使用的新技术、新工艺以及采用的新材料、新设备应通过必要的试验或论证并制定计划。

（4）对季节性施工应提出具体要求。

13.5 主要施工管理计划的内容

13.5.1 一般规定

（1）施工管理计划应包括进度管理计划、质量管理计划、安全管理计划、环境管理计划、成本管理计划以及其他管理计划等内容。

（2）各项管理计划的制定，应根据项目的特点有所侧重。

13.5.2 进度管理计划

（1）项目施工进度管理应按照项目施工的技术规律和合理的施工顺序，保证各工序在时间上和空间上顺利衔接。

（2）进度管理计划应包括下列内容：

1）对项目施工进度计划进行逐级分解，通过阶段性目标的实现保证最终工期目标的完成；

2）建立施工进度管理的组织机构并明确职责，制定相应管理制度；

3）针对不同施工阶段的特点，制定进度管理的相应措施，包括施工组织措施、技术措施和合同措施等；

4）建立施工进度动态管理机制，及时纠正施工过程中的进度偏差，并制定特殊情况下的赶工措施；

5）根据项目周边环境特点，制定相应的协调措施，减少外部因素对施工进度的影响。

13.5.3　质量管理计划

（1）质量管理计划可参照《质量管理体系要求》（GB/T 19001），在施工单位质量管理体系的框架内编制。

（2）质量管理计划应包括下列内容：

1）按照项目具体要求确定质量目标并进行目标分解，质量指标应具有可测量性；

2）建立项目质量管理的组织机构并明确职责；

3）制定符合项目特点的技术保障和资源保障措施，通过可靠的预防控制措施，保证质量目标的实现；

4）建立质量过程检查制度，并对质量事故的处理做出相应规定。

13.5.4　安全管理计划

（1）安全管理计划可参照《职业健康安全管理体系规范》（GB/T 28001），在施工单位安全管理体系的框架内编制。

（2）安全管理计划应包括下列内容：

1）确定项目重要危险源，制定项目职业健康安全管理目标。

2）建立有管理层次的项目安全管理组织机构并明确职责。

3）根据项目特点，进行职业健康安全方面的资源配置。

4）建立具有针对性的安全生产管理制和职工安全教育培训制度。

5）针对项目重要危险源，制定相应的安全技术措施；对达到一定规模的危险性较大的分部（分项）工程和特殊工种的作业应制定专项安全技术措施的编制计划。

6）根据季节、气候的变化，制定相应的季节性安全施工措施。

7）建立现场安全检查制度，并对安全事故的处理做出相应规定。

8）现场安全管理应符合国家和地方政府部门的要求。

13.5.5　环境管理计划

（1）环境管理计划可参照《环境管理体系要求及使用指南》（GB/T 24001），在施工单位环境管理体系的框架内编制。

（2）环境管理计划应包括下列内容：

1）确定项目重要环境因素，制定项目环境管理目标；

2）建立项目环境管理的组织机构并明确职责；

3）根据项目特点，进行环境保护方面的资源配置；

4）制定现场环境保护的控制措施；

5）建立现场环境检查制度，并对环境事故的处理做出相应规定。

（3）现场环境管理应符合国家和地方政府部门的要求。

13.5.6 成本管理计划

（1）成本管理计划应以项目施工预算和施工进度计划为依据编制。

（2）成本管理计划应包括下列内容：

1）根据项目施工预算，制定项目施工成本目标；

2）根据施工进度计划，对项目施工成本目标进行阶段分解；

3）建立施工成本管理的组织机构并明确职责，制定相应管理制度；

4）采取合理的技术、组织和合同等措施，控制施工成本；

5）确定科学的成本分析方法，制定必要的纠偏措施和风险控制措施。

（3）必须正确处理成本与进度、质量、安全和环境等之间的关系。

13.5.7 其他管理计划

（1）其他管理计划宜包括绿色施工管理计划、防火保安管理计划、合同管理计划、组织协调管理计划、创优质工程管理计划、质量保修管理计划以及对施工现场人力资源、施工机具、材料设备等生产要素的管理计划等。

（2）其他管理计划可根据项目的特点和复杂程度加以取舍。

（3）各项管理计划的内容应有目标，有组织机构，有资源配置，有管理制度和技术、组织措施等。

13.6 单位工程施工组织设计编制依据及程序

单位工程施工组织设计应以工程对象的类型和性质、建设地区的自然条件和技术经济条件及施工企业收集的其他资料等作为编制依据，主要包括以下几个方面：

1. 施工合同

施工合同包括工程范围和内容，工程开、竣工日期，工程质量保修期及保养条件，工程造价，工程价款的支付、结算及交工验收办法，设计文件及概预算和技术资料的提供日期，材料和设备的供应和进场期限，双方相互协作事项，违约责任，以及上级主管部门对工程的要求等。

2. 经过会审的施工图

经过会审的施工图包括单位工程的全部施工图纸，会审记录和标准图等有关设计资料。对于较复杂的工业厂房，还要有设备图纸，并了解设备安装对土建施工的要求及设计单位对新结构、新材料、新技术和新工艺的要求。

3. 施工组织总设计

本工程若为整个建设项目中的一个子项目，应把施工组织总设计中的总体施工部署及对本工程施工的有关规定和要求作为编制依据。

4. 建设单位可能提供的条件

包括建设单位可能提供的临时房屋数量，水、电供应量，水压、电压能否满足施工要求等。

5. 工程预算文件及有关定额

应有详细的分部、分项工程量，必要时应有分层、分段或分部位的工程量及预算定额和施工定额。

6. 本工程的资源配备情况

包括施工中需要的劳动力情况，材料、预制构件和加工品来源及其供应情况，施工机具和设备的配备及其生产能力等。

7. 施工现场的勘察资料

包括施工现场的地形、地貌，地上与地下障碍物，工程地质和水文地质，运输道路及场地面积等。

8. 有关的国家规定和标准

包括国家及建设地区现行的有关规定，施工及验收规范，质量评定标准及安全操作规程等。

9. 有关的参考资料及类似工程施工组织设计实例。

单位工程施工组织设计是施工企业控制和指导施工的文件，必须要结合工程实际，内容要科学合理。在编制前应会同各有关部门及人员，共同讨论和研究施工的主要技术措施和组织措施。单位工程施工组织设计的编制程序指的是：在施工组织设计编制过程中应遵循的编制内容、先后顺序及其相互制约的关系。根据工程的特点和施工条件的不同，其编制程序繁简不一，一般单位工程施工组织设计设计的编制程序，如图 13-1 所示。

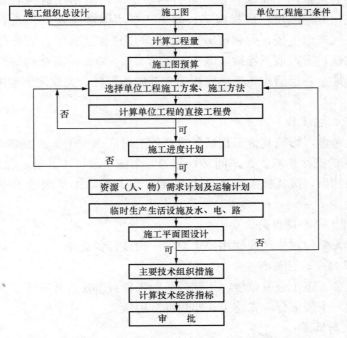

图 13-1 单位工程施工组织设计设计的编制程序

13.7 施工方案的选择

施工方案是单位工程施工组织设计的核心。所确定的施工方案合理与否，不仅影响到施工进度计划的安排和施工平面图的布置，而且将直接关系到工程的施工效率、质量、工期和技术经济效果，因此，必须引起足够的重视。为了防止施工方案的片面性，必须对拟定的几个施工方案进行技术经济分析比较。使选定的施工方案施工上可行、技术上先进、经济上合理而且符合施工现场的实际情况。

施工方案的选择一般包括：确定施工起点流向，确定施工顺序，合理选择施工方法和施工机械等。

13.7.1 确定施工起点流向

施工起点流向是指单位工程在平面或空间上施工的开始部位及其展开方向。它着重强调单位工程粗线条的施工流程，但这粗线条却决定了整个单位工程的施工方法和步骤。一般来说，对单层建筑物，只要按其区段或跨间分区分段地确定在平面上的施工流向即可；对于多层建筑物，除了应确定每层平面上的施工流向外，还需确定各层或各单元在竖向上的施工流向。不同的施工流向可产生不同的质量、进度和成本效果。其确定牵涉一系列施工过程的开展和进程，是组织施工重要的一个环节。

确定单位工程的施工起点和流向，一般应考虑以下因素：

1. 施工方法

如一幢建筑物如果采用正常顺作法，进行两层地下箱型基础结构的施工，其施工流程为：测量定位放线；开挖基坑；底板施工；地下二层墙体楼板施工；地下一层墙体楼板施工；上部结构施工（先做主楼，后做裙房）。如果采用逆作法施工，它的施工流程可作如下表达：测量定位放线；进行地下连续墙施工；进行±0.000m 标高结构层施工；地下两层结构施工，同时进行地上一层结构施工；底板施工并做各层柱，完成地下室施工；完成上部结构施工。

2. 车间的生产工艺流程

从生产工艺上考虑，影响其他工程试车投产的工段应该先施工。例如，B 车间生产的产品需受 A 车间生产的产品影响。A 车间又划分为三个施工段（Ⅰ、Ⅱ、Ⅲ段），且Ⅱ、Ⅲ段的生产要受Ⅰ段的约束，故其施工应从 A 车间的Ⅰ段开始，A 车间施工完后，再进行 B 车间施工。

3. 建设单位对生产和使用的需要

一般应考虑建设单位对生产或使用要求急的工段或部位先施工。

4. 单位工程各部分的繁简程度

一般对技术复杂、施工进度较慢、工期较长的工段或部位应先施工。例如：高层现浇钢筋混凝土结构房屋，主楼部分应先施工，裙房部分后施工。

5. 有高低跨或高低层

当有高低层或高低跨并列时，应从高低层或高低跨并列处开始。例如：在高低跨并列的单层工业厂房结构安装中，应先从高低跨并列处开始吊装；又如：在高低层并列的多层建筑物中，层数多的区段常先施工。

6. 工程现场条件和施工方案

施工场地大小、道路布置和施工方案所采用的施工方法和施工机械，也是确定施工流程的主要因素。例如：土方工程施工中，边开挖边余土外运。则施工起点应确定在远离道路的部位，由远及近地展开施工。又如：根据工程条件、挖土机械可选用正铲、反铲、拉铲等，吊装机械可选用履带吊、汽车吊或塔吊。这些机械的开行路线或布置位置便决定了基础挖土及结构吊装的施工起点和流向。

7. 施工组织的分层分段

划分施工层、施工段的部位，如伸缩缝、沉降缝、施工缝，也是决定其施工起点和流向应考虑的因素。

8. 分部工程或施工阶段的特点及其相互关系

例如：基础工程由施工机械和施工方法决定其平面的施工起点和流向；主体结构工程从平面上看，从哪一边先开始都可以，但竖向自下而上施工；装饰工程竖向的流向比较复杂，室外装饰一般采用自上而下的流向，室内装饰则有自上而下、自下而上及自中而下再自上而中三种流向。密切相关的分部工程或施工阶段，一旦前面施工过程的起点和流向确定了，则后续施工过程也便随之而定了。例如：单层工业厂房土方工程的流向决定了柱基础施工过程和某些构件预制、吊装施工过程的流向。

在流水施工中，施工起点流向决定了各施工段的施工顺序。因此在确定施工起点流向的同时，应将施工段划分并进行编号。下面以多层建筑的装饰工程为例加以说明。根据装饰工程的特点，施工的起点和流向一般有以下几种情况：

(1) 室内装饰工程自上而下的起点流向是指：主体结构工程封顶，做好屋面防水层以后，从顶层开始，逐层向下进行，如图 13-2 所示。

这种方案的优点是：主体结构完成后有一定的沉降时间，能保证装饰工程的质量；做好屋面防水层后、可防止在雨季施工时因雨水渗漏而影响装饰工程质量；其次，自上而下的流水施工，各施工过程之间交叉作业少影响小，便于组织施工，有利于保证施工安全，从上而下清理垃圾方便。其缺点是不能与主体施工搭接，因而工期较长。因此，当工期不紧时可以选择此种施工起点流向。

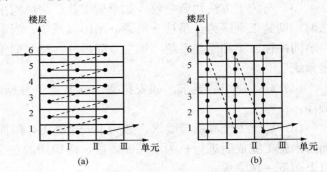

图 13-2 室内装饰工程自上而下的流程
(a) 水平向下；(b) 垂直向下

(2) 室内装饰工程自下而上的施工起点流向是指：主体结构工程施工完第三层楼板以上时，室内装饰从第一层插入，逐层向上进行，如图 13-3 所示。这种起点流向的优点是主体和装饰工程交叉进行，可以缩短工期。其缺点是工序交叉多，成品保护难，质量和安全不易保证。因此采用此种施工起点流向时，需要很好的技术组织措施，来保证质量和安全。当工期较紧时采用此种施工起点流向。

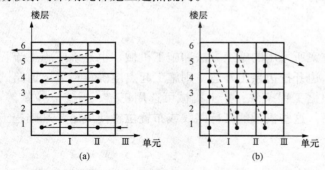

图 13-3　室内装饰工程自下而上的流程

(a) 水平向上；(b) 垂直向上

（3）室内装饰工程自中而下再自上而中的施工起点流向，它综合了前两者的优缺点，一般适用于高层建筑的室内装饰工程施工。

13.7.2　施工顺序

施工顺序是指：分项工程或工序之间施工的先后次序。它的确定既是为了按照客观的施工规律组织施工，也是为了解决工种之间在时间上的搭接和在空间上的利用问题。在保证质量与安全施工的前提下，充分利用空间，争取时间，实现缩短工期的目的。合理地确定施工顺序是编制施工进度计划的需要。

确定施工顺序时，一般应考虑以下因素：

（1）遵循施工程序。施工程序是指单位工程中各分部工程或施工阶段的先后次序及其制约关系。工程施工受到自然条件和物质条件的制约，它在不同施工阶段的不同的工作内容按照其固有的，不可违背的先后次序循序渐进地向前开展，它们之间有着不可分割的联系，既不能相互代替。也不允许颠倒或跨越。例如：先地下后地上、先土建后设备、先主体后围护、先结构后装饰的程序。

（2）符合施工工艺的要求。这种要求反映出施工工艺上存在的客观规律和相互间的制约关系，一般也不可违背。如预制钢筋混凝土柱的施工顺序为：支模板→绑钢筋→浇混凝土→养护→拆模。而现浇钢筋混凝土柱的施工顺序为：绑钢筋→支模板→浇混凝土→养护→拆模。

（3）与施工方法协调一致。如单层工业厂房结构吊装工程的施工顺序：当采用分件吊装法时，则施工顺序为：吊柱→吊梁→吊屋盖系统；当采用综合吊装法时，则施工顺序为：第一节间吊住、梁和屋盖系统→第二节间吊柱、梁和屋盖系统→……→最后节间吊柱、梁和屋盖系统"。

（4）施工组织的要求。如安排室内外装饰工程施工顺序时、可按施工组织规定的先后顺序。

（5）施工安全和质量要求。如为了安全施工，屋面采用卷材防水时，外墙装饰安排在屋面防水施工完成后进行；为了保证质量，楼梯抹面在全部墙面、地面和天棚抹灰完成之后，自上而下一次完成。

（6）当地气候条件。如冬期室内装饰施工时，应先安门窗扇和玻璃，后做其他装饰工程。

1. 多层混合结构居住房屋的施工顺序

多层混合结构居住房屋一般可划分为基础工程、主体结构工程、屋面及装饰工程三个施工阶段。图 13-4 即为混合结构四层居住房屋施工顺序示意图。

2. 多层全现浇钢筋混凝土框架结构房屋的施工顺序

钢筋混凝土框架结构多用于多层民用房屋和工业厂房，也常用于高层建筑。这种房屋的

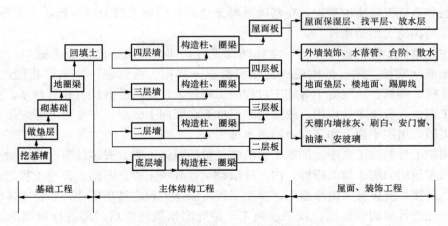

图 13-4 混合结构四层居住房屋施工顺序示意图

施工，一般可划分为基础工程、主体结构工程、围护工程和装饰工程等四个施工阶段。图 13-5 即为九层现浇钢筋混凝土框架结构房屋施工顺序示意图。

（1）±0.000m 以下基础工程施工顺序。多层全现浇钢筋混凝土框架结构房屋的基础一般可分为有地下室和无地下室基础工程。

若有一层地下室，且房屋建设在软土地基时，基础工程的施工顺序一般为：基坑围护结构→土方开挖→桩基→垫层→地下室底板→地下室墙、柱→防水处理→地下室顶板→回填土。

若无地下室，且房屋建设在土质较好的地区时，基础工程的施工顺序一般为：挖土→垫层→基础（扎筋、支模、浇混凝土、养护、拆模）→回填。

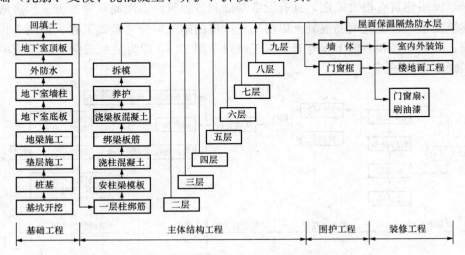

图 13-5 现浇钢筋混凝土框架结构房屋施工顺序示意图
注：主体二～九层的施工顺序同一层

在多层框架结构房屋基础工程施工之前，和混合结构居住房屋一样，也要先处理好基础下部的松软土、洞穴等，然后分段进行平面流水施工。施工时，应该根据当地的气候条件，加强对垫层和基础混凝土的养护，在基础混凝土达到拆模要求时及时拆模，并提早回填土、从而为上部结构施工创造条件。

（2）主体结构工程的施工顺序。主体结构工程，即全现浇钢筋混凝土框架的施工顺序为：绑扎钢筋→安柱、梁、板模板→浇柱混凝土→绑梁、板钢筋→浇梁、板混凝土。柱、梁、板的支模、绑筋、浇混凝土等施工过程的工程量大，耗用的劳动力和材料多，而且对工程质量和工期也起着决定性作用。故需把多层框架在竖向上分层，在平面上分成段，即分成若干个施工段，组织平面上和竖向上的流水施工。

（3）围护工程的施工顺序。围护工程的施工包括墙体工程、安装门窗框和屋面工程。墙体工程包括砌筑用的脚手架的搭拆，内、外墙砌筑等分项工程。不同的分项工程之间，可以组织平行、搭接、立体交叉流水施工。屋面工程，墙体工程应密切配合，如在主体结构工程结束之后，先进行屋面保温层、找平层施工，待外墙砌筑到顶后，再进行屋面防水层的施工。脚手架应配合砌筑工程搭设，在室外装饰之后、做散水之前拆除。内墙的砌筑则应根据内墙的基础形式而定，有的需在地面工程完成后进行，有的则可在地面工程之前与外墙同时进行。

屋面工程的施工顺序与混合结构居住房屋屋面工程的施工顺序相同。

（4）装饰工程的施工顺序。装饰工程的施工分为室内装饰和室外装饰。室内装饰包括天棚、墙面、楼地面、楼梯等抹灰，门窗扇安装，门窗油漆，安玻璃等；室外装饰包括外墙抹灰、勒脚、散水、台阶、明沟等施工。其施工顺序与混合结构居住房屋的施工顺序基本相同。

3. 装配式钢筋混凝土单层工业厂房的施工顺序

单层工业厂房由生产工艺的需要进行设计，故无论在厂房类型、建筑平面、造型或结构构造上都与民用建筑有很大差别，具有设备基础和各种管网。因此，单层工业厂房的施工要比民用建筑复杂。装配式钢筋混凝土单层工业厂房的施工可分为基础工程、预制工程、结构安装工程、围护工程和装饰工程等五个施工阶段。图 13-6 即为装配式钢筋混凝土单层工业厂房施工顺序示意图。

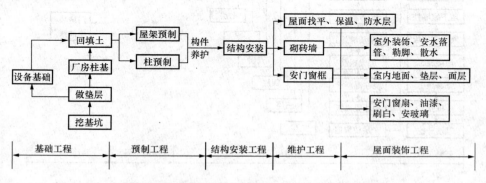

图 13-6 装配式钢筋混凝土单层工业厂房施工顺序示意图

（1）基础工程的施工顺序。单层工业厂房的柱基础一般为现浇钢筋混凝土杯形基础，宜采用平面流水施工。它的施工顺序与现浇钢筋混凝土框架结构的独立基础施工顺序相同。

对于厂房的设备基础，由于其与厂房柱基础施工顺序不同，常常会影响到主体结构的安装方法和设备安装投入的时间。因此，需根据具体情况决定其施工顺序。通常有两种方案：

1）当厂房柱基础的埋置深度大于设备基础的埋置深度时，则采用"封闭式"施工，即厂房柱基础先施工、设备基础后施工。

一般来说，当厂房施工处于冬期或雨期施工时，或设备基础不大，在厂房结构安装后对厂房结构的稳定性并无影响时，或对于较大、较深的设备基础采用了特殊的施工方法（如沉井）时，可采用"封闭式"施工方法。

2）当设备基础埋置深度大于厂房柱基础的埋置深度时，通常采用"开敞式"施工，即设备基础与厂房柱基础同时施工。

如果设备基础与厂房柱基础埋置深度相同或接近时，那么两种施工顺序均可随意选择。只有当设备基础较大、较深，其基坑的挖土范围已经与厂房柱基础的基坑挖土范围连成一片或深于厂房柱基础，以及厂房柱基础所在地土质不佳时，方采用"开敞式"施工。

在单层工业厂房基础工程施工之前，和民用房屋一样，也要先处理好基础下部的松软土、洞穴等，然后分段进行平面流水施工。施工时，应根据当时的气候条件，加强对钢筋混凝土垫层和基础的养护，在基础混凝土达到拆模要求时及时拆模，并提早回填土，从而为现场预制工程创造条件。

（2）预制工程的施工顺序。单层工业厂房结构构件的预制方式，一般可采用加工厂预制和现场预制相结合的方法。在具体确定预制方案时，应结合构件技术特征、当地加工厂的生产能力、工程的工期要求、现场施工及运输条件等因素，经过技术经济分析之后确定。通常，对于尺寸大、自重大的大型构件，因运输困难而带来较多问题，所以多采用在拟建厂房内部就地预制，如：柱、托架梁、屋架、鱼腹式预应力吊车梁等；对于种类及规格繁多的异形构件，可在拟建厂房外部集中预制，例如：门窗过梁等；对于数量较多的中小型构件，可在加工厂预制，例如：大型屋面板等标准构件、木制品及钢结构构件等。加工厂生产的预制构件应随着厂房结构安装工程的进展陆续运往现场，以便安装。

单层工业厂房钢筋混凝土预制构件现场预制的施工顺序为：场地平整夯实→支模→扎筋（有时先扎筋后支模）→预留孔道→浇筑混凝土→养护→拆模→张拉预应力钢筋→锚固→灌浆。

现场内部就地预制的构件，一般来说，只要基础回填土、场地平整完成一部分以后就可以开始制作。但构件在平面上的布置，制作的流向和先后次序，主要取决于构件的安装方法、所选择起重机性能及构件的制作方法。制作的流向应与基础工程的施工流向一致，这样既能使构件早日开始制作，又能及早让出工作面，为结构安装工程提早开始创造条件。

1）当预制构件采用分件安装方法时，预制构件的施工有三种方案：

第一种：若场地狭窄而工期又允许时，不同类型的构件可分别进行制作，首先制作柱和吊车梁，待柱和吊车梁安装完毕再进行屋架制作；

第二种：若场地宽敞时，可以依次安排柱、梁及屋架的连续制作；

第三种：若场地狭窄而工期要求又紧迫，可首先将柱和梁等构件在拟建厂房内部就地制作、接着或同时将屋架在拟建厂房外部进行制作。

2）当预制构件采用综合安装方法时，由于是分节间安装完各种类型的所有构件，因此，构件需一次制作。这样在构件的平面布置等问题上，要比分件安装法困难得多，需视场地的具体情况确定出构件是全部在拟建厂房内就地预制，还是一部分在拟建厂房外预制。

（3）结构安装工程的施工顺序。结构安装工程的施工顺序取决于安装方法。当采用分件安装方法时，一般起重机分三次开行才安装完全部构件，其安装顺序是：第一次开行安装全部柱子，并对柱子进行校正与最后固定；待杯口内的混凝土强度达到设计强度的70%后，起重机第二次开行安装吊车梁、连系梁和基础梁；第三次开行安装屋盖系统。当采用综合吊装方法时，其安装顺序是：先安装第一节间的四根柱，迅速校正并灌浆固定，接着安装吊车梁、连系梁、基础梁及屋盖系统，如此依次逐个节间地进行所有构件安装，直至整个厂房全部安装完毕。抗风柱的安装顺序一般有两种：一是在安装柱的同时，先安装该跨一端的抗风柱，另一端的抗风柱则在屋盖系统安装完毕后进行；二是全部抗风柱的安装均待屋盖系统安装完毕后进行。

结构安装工程是装配式单层工业厂房的主导施工阶段，应单独编制结构安装工程的施工作业设计。其中，结构吊装的流向通常应与预制构件制作的流向一致。当厂房为多跨且有高低跨时，构件安装应从高低跨柱列开始，先安装高跨，后安装低跨，以适应安装工艺的要求。

（4）围护结构工程的施工顺序。单层工业厂房的围护结构工程的内容和施工顺序与现浇钢筋混凝土框架结构房屋的基本相同，不再重复论述。

（5）装饰工程的施工顺序。装饰工程的施工分为室内装饰和室外装饰。室内装饰包括地面的平整、垫层、面层，门窗扇和玻璃安装，以及油漆、刷白等分项工程；室外装饰包括勾缝、抹灰、勒脚、散水等分项工程。

一般单层工业厂房的装饰工程施工是不占总工期的，常与其他施工过程穿插进行。如地面工程应在设备基础、墙体工程完成了地下部分和转入地下的管道及电缆、管道沟完成之后进行，或视具体情况穿插进行；钢木门窗的安装一般与砌筑工程穿插进行，或在砌筑工程完成之后进行；门窗油漆可在内墙刷白后进行，或与设备安装同时进行；刷白在墙面干燥和大型屋面板灌缝后进行，并在油漆开始前结束。

（6）水、暖、电等工程的施工顺序。水、暖、电等工程与混合结构居住房屋水、暖、电等工程的施工顺序基本相同，但应注意空调设备安装工程的安排。生产设备的安装，一般由专业公司承担，由于其专业性强、技术要求高，应遵照有关专业的生产顺序进行。

上面所述三种类型房屋的施工过程及其顺序，仅适用于一般情况。建筑施工是一个复杂的过程，建筑结构、现场条件、施工环境不同，均会对施工过程及其顺序的安排产生不同的影响。因此，对于每一个单位工程，必须根据其施工特点和具体情况，合理地确定施工顺序，最大限度地利用空间，争取时间。为此应组织立体交叉、平行流水施工，以期达到时间和空间的充分利用。

13.7.3　主要分部分项工程的施工方法和施工机械

在单位工程施工组织设计中，对施工过程来讲，不同的施工方法与施工机械，其施工效果和经济效果是不相同的。它直接影响施工进度、施工质量、工程造价及生产安全等。因此，正确选用施工方法和施工机械，在施工组织设计中占有相当重要的地位。编制施工组织设计时，必须根据建筑结构特点、抗震要求、工程量大小、工期长短、资源供应情况、施工现场情况和周围环境等因素，制定出可行方案，并进行技术经济分析比较，确定出最优方案。

1. 选择施工方法

选择施工方法时，必须根据建筑结构的特点、抗震要求、工程量的大小、工期长短、资源供应情况、施工现场情况和周围环境等因素，制定出几个可行方案，在此基础上进行技术经济分析比较，以确定最优的施工方案。在制定可行方案时，首先应选择影响整个单位工程施工的分部分项工程和施工技术复杂或采用新技术、新工艺及对工程质量起关键作用的分部分项工程；对于不熟悉的特殊结构工程或由专业施工单位施工的特殊专业工程，必要时应绘出施工图，并制定出施工作业设计，提出质量要求以及达到这些质量要求的技术措施，指出可能发生的问题，并提出预防措施和必要的安全措施。

通常，施工方法选择内容有：

（1）土方工程。

1）竖向整平、地下室、基坑、基槽的挖土方法，放坡要求，所需人工、机械的型号及数量。

2）余土外运方法，所需机械的型号及数量。

3）地下、地表水的排水方法，排水沟、集水井、井点的布置，所需设备的型号及数量。

（2）钢筋混凝土工程。

1）模板工程：模板的类型和支模方法是根据不同的结构类型、现场条件确定现浇和预制用的各种类型模板（例如：工具式钢模、木模、翻转模板，土、砖、混凝土胎模、钢丝网水泥、竹、纤维板模板等）及各种支承方法（例如：钢、木立柱、桁架、钢制托具等），并分别列出采用的项目、部位和数量及隔离剂的选用。

2）钢筋工程：明确构件厂与现场加工的范围；钢筋调直、切断、弯曲、成型、焊接方法，钢筋运输及安装方法。

3）混凝土工程：搅拌与供应（集中或分散）输送方法；砂石筛洗、计量、上料方法；拌和料、外加剂的选用及掺量；搅拌、运输设备的型号及数量；浇筑顺序的安排，工作班次、分层浇筑厚度，振捣方法；施工缝的位置；养护制度。

（3）结构安装工程。

1）构件尺寸、自重、安装高度。

2）选用吊装机械型号及吊装方法，塔吊回转半径的要求，吊装机械的位置或开行路线。

3）吊装顺序，运输、装卸、堆放方法，所需设备型号及数量。

4）吊装运输对道路的要求。

（4）垂直及水平运输。

1）标准层垂直运输量计算表。

2）垂直运输方式的选择及其型号、数量、布置、服务范围、穿插班次。

3）水平运输方式及设备的型号及数量。

4）地面及楼面水平运输设备的行驶路线。

（5）装饰工程。

1）室内外装饰抹灰工艺的确定。

2）施工工艺流程与流水施工的安排。

3）装饰材料的场内运输，减少临时搬运的措施。

（6）特殊项目。

1）对四新（新结构、新工艺、新材料、新技术）项目，高耸、大跨、重型构件，水下、深基础、软弱地基，冬季施工等项目均应单独编制。单独编制的内容包括：工程平剖示意图、工程量、施工方法、工艺流程、劳动组织、施工进度、技术要求与质量、安全措施、材料、构件及机具设备需要量。

2）大型土方、打桩、构件吊装，无论内、外分包均应由分包单位提出单项施工方法与技术组织措施。

2. 选择施工机械

选择施工方法必须涉及施工机械的选择问题。施工机械选择的是否合理，直接影响到施工进度、施工质量、工程造价及生产安全。并且机械化施工是改变建筑工业生产落后面貌、实现建筑工业化的基础。因此，施工机械的选择是施工方法选择的中心环节。选择施工机械时应着重考虑以下几方面：

（1）选择施工机械考虑的主要因素。

1）应根据工程的特点，选择适宜的主导工程施工机械，所选设备应该技术上可行，经济上合理。

2）在同一个建筑工地上所选机械的类型、规格、型号应统一，以便与管理及围护。

3）尽可能使所选机械一机多用，提高机械设备的生产效率。

4）选择机械时，应考虑到施工企业工人的技术操作水平，尽量选用施工企业已有的施工机械。

5）各种辅助机械或运输工具应与主导机械的生产能力协调配套，以充分发挥主导机械的效率。如土方工程施工中常用汽车运土，汽车的载重量应为挖土机斗容量的整数倍，汽车的数量应该保证挖土机连续工作。

目前，建筑工地常用的机械有土方机械、打桩机械、钢筋混凝土的制作及运输机械等。塔式起重机和泵送混凝土设备是常见的运输机械。

（2）塔式起重机的选择。建筑工程上最常用的垂直运输起重机械是塔式起重机。选择塔式起重机主要是选择其类型及型号：

1）类型的选择。塔式起重机类型的选择应根据建筑物的结构平面尺寸、层数、高度、施工条件及场地周围的环境等因素综合考虑。对于低层建筑常选用一般的轨道式或固定式塔式起重机，例如 QT_1-2 型、QT_1-6 型等；对于中高层建筑，可选用附着自升式塔式起重机或爬升式塔式起重机，其起升高度随建筑的施工高度而增加，如 QT_4-10 型、QT_5-4/40 型、QT_5-4/60 型等；如果建筑体积庞大，建筑结构内部又有足够的空间（电梯间、设备间）可安装塔式起重机时，可选用内爬式塔式起重机，以充分发挥塔式起重机的效率。但安装时要考虑建筑结构支承塔重后的强度及稳定。

2）规格型号的选择。塔式起重机规格型号的选择，应根据拟建的建筑物所要吊装的材料及所吊装构件的主要吊装参数，通过查找起重机技术性能曲线表进行选择。主要吊装参数是指各构件的起重量 Q、起重高度 H 及起重半径 R。

①起重量

$$Q > Q_1 + Q_2 \qquad (13 - 1)$$

式中　Q——起重机的起重量，t；

　　　Q_1——构件的质量，t；

　　　Q_2——索具的质量，t。

②起重高度

$$H \geqslant H_1 + H_2 + H_3 + H_4 \qquad (13 - 2)$$

式中　H——起重机的起重高度，m；

　　　H_1——建筑物总高度，m；

　　　H_2——建筑物顶层人员安全生产所需高度，m；

　　　H_3——构件高度，m；

　　　H_4——索具高度，m。

③起重半径。起重半径也称工作幅度，应根据建筑物所需材料的运输或构件安装的不同距离，选择最大的距离为起重半径。

3）塔式起重机台数的确定。塔式起重机数量应根据工程量大小和工期要求，考虑到起重机的生产能力按经验公式进行确定：

$$N = \frac{1}{TCK} \sum \frac{Q_i}{P_i} \qquad (13 - 3)$$

式中　N——塔式起重机台数；

　　　T——工期，d；

　　　C——每天工作班次；

　　　K——时间利用参数，一般取 0.7～0.8；

　　　Q_i——各构件（材料）的运输量，t；

　　　P_i——塔式起重机的台班效率，件/台班，t/台班。

（3）泵送混凝土设备的选择。当混凝土浇筑量很大时，有时采用泵送混凝土的方式进行浇筑。这种输送混凝土的方式不但可以一次性直接将混凝土送到指定的浇筑地点，而且也能加快施工进度。因此这种混凝土运输方式广泛应用在中高层建筑的施工中。

泵送混凝土设备的选择，指的是混凝土输送泵的选择和输送管的选择。

1）混凝土输送泵的选择。混凝土输送泵的选择是按输送量的大小和输送距离的远近进行选择的，混凝土输送泵的输送量，可按照下式计算：

$$Q_m > Q_i \qquad (13 - 4)$$

式中　Q_m——混凝土输送泵的输送量，m³/h；

　　　Q_i——浇筑混凝土时所需的混凝土量，m³/h。

考虑到混凝土输送泵的输送量与运输距离及混凝土的砂、石级配有关，则：

$$Q_m = Q_{max} \alpha E_t \qquad (13 - 5)$$

式中　Q_{max}——混凝土输送泵所标定的最大输送量；

　　　α——与运输距离有关的条件系数，见表13-1；

　　　E_t——作业系数，一般取 0.4～0.5。

混凝土输送泵的输送距离，按下式进行计算：

$$L_m > L_i \qquad (13-6)$$

式中　L_m——混凝土输送泵的输送距离，m；

　　　L_i——混凝土应输送的水平距离。

由于常用的混凝土输送管为钢管、橡胶管和塑料软管，直径一般在 100～200mm，且每根管长在 3m 左右，还配有各种弯头及锥形管，这样在计算运输距离时，必须将其换算成水平直管的管道状态并按水平管道布置进行计算，水平距离折算表，见表 13-2。

表 13-1　　　　　　　　　　　　　　　　条件系数 α 表

换算成水平距离后的运输距离/m	α	换算成水平距离后的运输距离/m	α
0～49	1.0	150～179	0.7～0.6
50～99	1.0～0.8	180～199	0.6～0.5
100～149	0.8～0.7	200～249	0.5～0.4

表 13-2　　　　　　　　　　　　　　　　水平距离折算表

项目	管径/mm	水平换算长度/m
每米垂直管	100	4
	125	5
	150	6
每个锥形管	175～150	4
	150～125	10
	125～100	20
90°弯管	弯曲半径0.5m	12
	弯曲半径1.0m	9
塑料橡皮软管	5～8m	30

2）输送管的选择。一般来讲，合理地选择混凝土输送泵的输送管和精心布置输送管路，是提高混凝土输送泵输送能力的关键。

混凝土输送泵的输送管有多种，如支管、锥形管、弯管、软管以及管与管之间连接的管接头。

直管一般由管壁为 1.6～1.8mm 的电焊钢管制成，这种管子重量轻又耐用，寿命也长。直管管径通用的有 100mm、125mm 和 150mm 三种；用在特殊地方的管径有 180mm 和 80mm 管。管长系列有 1.0m、2.0m、3.0m 和 4.0m 四种，常用的是 3.0m 和 4.0m 两种。管径的选择，主要取决于混凝土粗骨料粒径和生产率的要求，在一般情况下，粗骨料最大粒径与钢管内径之比，通常在 1∶（2.5～3.0）之间，碎石为 1∶3，卵石为 1∶2.5，弯管多为冷拔钢管，弯曲半径有 1.0m 和 0.5m 两种，弯管角度有 15°、30°、45°、60°、90°五种。弯管曲率半径越小，其管内阻力越大。所以在布置管路时，宜选用较大曲率半径的弯管。

锥形管也是由冷拔管制成，由于混凝土输送泵出口的口径一般为 175mm，而常用的直管为 100mm、125mm、150mm，所以要采用锥形管进行过渡。锥形管长度一般为 1m，如接管太短，管的断面变化太大，产生的压力损失就越大。

[例 13 - 1]　某高层建筑，使用混凝土输送泵进行混凝土浇筑工作。根据现场布置要求，所需水平管 14m，竖管 43.8m，90°（弯曲直径 1.0m）弯管一个，锥形管 2 个，输送管直径为 100mm。试计算输送管的折算水平长度。

解： 折算水平长度 L_i 查表 13 - 2。

$$L_i = 14m \times 1 + 43.8m \times 4 + 9m \times 1 + 20m \times 2 = 239m$$

[例 13 - 2]　在上例中如所选用的输送泵为 NCP - 9F8，其最大输送能力为 57m³/h，输送管直径 100mm，混凝土的浇筑量为 10m³/h，试问所选混凝土泵是否合理？

解： 根据式（13 - 5）

$$Q_m = Q_{max} \alpha E_t$$

其中，查表 13 - 4，选取 $\alpha=0.5$，取 $E_t=0.5$

则　　　　　　　$Q_m=57m³/h \times 0.5 \times 0.5=14.25m³/h>10m³/h$

所选混凝土泵合理。

13.8　单位工程施工进度计划

单位工程施工进度计划是在确定了施工方案的基础上，根据规定工期和各种资源供应条件，按照施工过程的合理施工顺序及组织施工的原则，用图表的形式（横道图或网络图），对一个工程从开始施工到工程全部竣工的各个项目，确定其在时间上的安排和相互间的搭接关系。

单位工程施工进度计划的作用是：控制单位工程的施工进度，保证在规定工期内完成符合质量要求的工程任务；确定单位工程的各个施工过程的施工顺序、施工持续时间及相互衔接和合理配合关系；为编制季度、月度生产作业计划提供依据；是制定各项资源需要量计划和编制施工准备工作计划的依据。所以、施工进度计划是单位工程施工组织设计中的一项非常重要的内容。

单位工程施工进度计划根据施工项目划分的粗细程度，可分为控制性与指导性施工进度计划两类。控制性施工进度计划按分部工程来划分施工项目，控制各分部工程的施工时间及其相互搭接配合关系。它主要适用于工程结构较复杂、规模较大、工期较长而需跨年度施工的工程（如体育场、火车站等公共建筑以及大型工业厂房等），还适用于工程规模不大或结构不复杂但各种资源（劳动力、机械、材料等）不落实的情况，以及建筑结构、建筑规模等可能变化的情况。编制控制性施工进度计划的单位工程，当各分部工程的施工条件基本落实之后，在施工之前还应编制各分部工程的指导性施工进度计划。指导性施工进度计划按分项工程或施工过程来划分施工项目，具体确定各分项工程或施工过程的施工时间及其相互搭接配合关系。它适用于施工任务具体而明确、施工条件基本落实、各种资源供应正常、施工工期不太长的工程。

13.8.1　进度计划的编制依据、步骤和表示方法

1. 施工进度计划的编制依据

编制单位工程施工进度计划，主要依据下列资料：

（1）经过审批的建筑总平面图及单位工程全套施工图，以及地质图、地形图、工艺设计

图、设备及其基础图，采用的各种标准图集图纸及技术资料；

（2）施工组织总设计对本单位工程的有关规定；

（3）施工工期要求及开、竣工日期；

（4）施工条件、劳动力、材料、构件及机械的供应条件、分包单位的情况等；

（5）主要分部分项工程的施工方案，包括施工程序、施工段划分、施工流程、施工顺序、施工方法、技术及组织措施等；

（6）施工定额；

（7）其他有关要求和资料、如工程合同等。

2. 施工进度计划的编制程序及表示方法

单位工程施工进度计划的编制程序如图 13 - 7 所示。

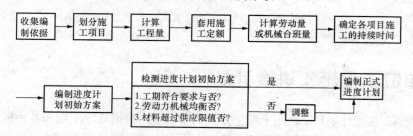

图 13 - 7   单位工程施工进度计划的编制程序

施工进度计划一般用图表来表示，通常有两种形式的图表：横道图和网络图。横道图的形式见表 13 - 3。

表 13 - 3 施工进度计划

序号	分部分项工程名称	工程量		定额	劳动量		需用机械		每天工作班次	每班工人数	工作天数	施工进度	
		单位	数量		工种	数量/工日	机械名称	台班数				月	月

从表 13 - 3 中可以看出，它由左、右两部分组成。左边部分列出各种计算数据，如分部分项工程名称、相应的工程量、采用的定额、需要的劳动量或机械台班量、每天工作班次、每班工人数及工作持续时间等；右边部分是从规定的开工之日起到竣工之日止的进度指示图表，用不同线条形象地表现各个分部分项工程的施工进度和相互间的搭接配合关系，有时在其下面汇总每天的资源需要量，绘制出资源需要量的动态曲线，其中的格子根据需要可以是一格表示一天或表示苦干天。

网络图的表示方法详见网络计划相应部分，这里仅以横道图表编制施工进度计划作以阐述。

13.8.2   进度计划的编制

1. 划分施工项目

编制施工进度计划时，首先应按照图纸和施工顺序将拟建单位工程的各个施工过程列出，并结合施工方法、施工条件、劳动组织等因素，加以适当调整，使之成为编制施工进度计划所需的施工项目。施工项目是包括一定工作内容的施工过程，它是施工进度计划的基本组成单元。

单位工程施工进度计划的施工项目仅是包括现场直接在建筑物上施工的施工过程，如砌筑、安装等，而对于构件制作和运输等施工过程，则不包括在内，但对现场就地预制的钢筋混凝土构件的制作，不仅单独占有工期，且对其他施工过程的施工有影响，或构件的运输需要与其他施工过程的施工密切配合，如楼板随运随吊时，仍需将这些制作和运输过程列入施工进度计划。

在确定施工项目时，应注意以下几个问题：

（1）施工项目划分的粗细程度，应根据进度计划的需要来决定。对控制性施工进度计划。项目划分得粗一些，通常只列出分部工程，如混合结构居住房屋的控制性施工进度计划，只列出基础工程、主体工程、屋面工程和装饰工程四个施工过程；而对实施性施工进度计划，项目划分要细一些，应明确到分项工程或更具体，以满足指导施工作业的要求，如屋面工程应划分为找平层、隔汽层、保温层、防水层等分项工程。

（2）施工过程的划分要结合所选择的施工方案。如结构安装工程，若采用分件吊装方法，则施工过程的名称、数量和内容及其吊装顺序应按构件来确定；若采用综合吊装方法，则施工过程应按施工单元（节间或区段）来确定。

（3）适当简化施工进度计划的内容，避免施工项目划分过细、重点不突出。因此，可考虑将某些穿插性分项工程合并到主要分项工程中去，如门窗框安装可并入砌筑工程；而对于在同一时间内由同一施工班组施工的过程可以合并，如工业厂房中的钢窗油漆、钢门油漆、钢支撑油漆、钢梯油漆等可合并为钢构件油漆一个施工过程；对于次要的、零星的分项工程，可合并为"其他工程"一项列入。

（4）水、暖、电、卫和设备安装等专业工程不必细分具体内容，由各个专业施工队自行编制计划并负责组织施工，而在单位工程施工进度计划中只要反映出这些工程与土建工程的配合关系即可。

（5）所有施工项目应大致按施工顺序列成表格，编排序号，避免遗漏或重复，其名称可参考现行的施工定额手册上的项目名称。

2. 计算工程量

工程量计算是一项十分繁琐的工作，应根据施工图纸、有关计算规则及相应的施工方法进行计算。而且往往是重复劳动。如设计概算、施工图预算、施工预算等文件中均需计算工程量，故在单位工程施工进度计划中不必再重复计算，只需直接套用施工预算的工程量，或根据施工预算中的工程量总数，按各施工层和施工段在施工图中所占的比例加以划分即可，因为进度计划中的工程量仅是用来计算各种资源需用量，不作为计算工资或工程结算的依据，故不必精确计算。计算工程量应注意以下几个问题：

（1）各分部分项工程的工程量计算单位应与采用的施工定额中相应项目的单位相一致，以便计算劳动量及材料需要量时可直接套用定额，不再进行换算。

（2）工程量计算应结合选定的施工方法和安全技术要求，使计算所得工程量与施工实际情况相符合。例如，挖土时是否放坡，是否加工作面，坡度大小与工作面尺寸是多少，是否使用支撑加固，开挖方式是单独开挖、条形开挖还是整片开挖，这些都直接影响到基础土方工程量的计算。

（3）结合施工组织要求，分区、分段、分层计算工程量、以便组织流水作业。若每层、每段上的工程量相等或相差不大时，可根据工程量总数分别除以层数、段数，可得到每层、每段上的工程量。

（4）如已编制预算文件，应合理利用预算文件中的工程量，以免重复计算。施工进度计划中的施工项目大多可直接采用预算文件中的工程量，可按施工过程的划分情况将预算文件中有关项目的工程量汇总。如"砌筑砖墙"一项的工程量，可首先分析它包括哪些内容，然后按其所包含的内容从预算的工程量中抄出并汇总求得。施工进度计划中的有些施工项目与预算文件中的项目完全不同或局部有出入时，如计量单位、计算规则、采用定额不同，则应根据施工中的实际情况加以修改、调整或重新计算。

3. 套用施工定额

根据所划分的施工项目和施工方法，即可套用施工定额（当地实际采用的劳动定额及机械台班定额），以确定劳动量和机械台班量。

施工定额有两种形式：即时间定额和产量定额。时间定额是指，某种专业、某种技术等级的工人小组或个人在合理的技术组织条件下，完成单位合格的建筑产品所必需的工作时间。一般用符号 H_i 表示，它的单位有：工日/m³、工日/m²、工日/m、工日/t 等。因为时间定额是以劳动工日数为单位，便于综合计算，故在劳动量统计中用得比较普遍；产量定额是指在合理的技术组织条件下，某种专业、某种技术等级的工人小组或个人在单位时间内所应完成合格的建筑产品的数量，一般用符号 S_i 表示，它的单位有：m³/工日、m²/工日、m/工日、t/工日等。因为产量定额是以建筑产品的数量来表示，具有形象化的特点，故在分配施工任务时用得比较普遍。时间定额和产量定额是互为倒数的关系，即：

$$H_i = \frac{1}{S_i} \text{ 或者 } S_i = \frac{1}{H_i} \tag{13-7}$$

套用国家或地方颁发的定额，必须注意结合本单位工人的技术等级、实际施工操作水平、施工机械情况和施工现场条件等因素，确定完成定额的实际水平，使计算出来的劳动量、机械台班量符合实际需要，为准确编制施工进度计划打下基础。

有些采用新技术、新材料、新工艺或特殊施工方法的项目，施工定额中尚未编入，这时可参考类似项目的定额、经验资料，或按实际情况确定。

4. 确定劳动量和机械台班数量

劳动量和机械台班数量应根据各分部分项工程的工程量、施工方法相现行的施工定额，并结合当地的具体情况加以确定。一般应按下式计算：

$$P = \frac{Q}{S} \tag{13-8}$$

或者
$$P = QH \tag{13-9}$$

式中　　P——完成某施工过程所需的劳动量（工日）或机械台班数量（台班）；

　　　　Q——完成某施工过程的工程量；

　　　　S——某施工过程所采用的产量定额；

　　　　H——某施工过程所采用的时间定额。

例如，已知某单层工业厂房的柱基坑土方量为 3240m³，采用人工挖土，每工产量定额为 3.9m³，则完成挖基坑所需劳动量为：

$$P = \frac{Q}{S} = \frac{3240}{3.9} \text{ 工日} = 830 \text{ 工日}$$

若已知时间定额为 0.256 工日/m³，则完成挖基坑所需劳动量为：

$$P = QH = 3240 \times 0.256 \text{ 工日} = 830 \text{ 工日}$$

经常还会遇到施工进度计划所列项目与施工定额所列项目的工作内容不一致的情况，具体处理方法如下：

（1）若施工项目是由两个或两个以上的同一工种，但材料、做法或构造都不同的施工过程合并而成时，可用其加权平均定额来确定劳动量或机械台班量。加权平均产量定额的计算可按下式进行：

$$\overline{S}_i = \frac{\sum_{i=1}^{n} Q_i}{\sum_{i=1}^{n} P_i} \qquad (13-10)$$

式中　　　　　　$\overline{S}_i$——某施工项目加权平均产量定额；

$\sum_{i=1}^{n} Q_i$——总工程量，$\sum_{i=1}^{n} Q_i = Q_1 + Q_2 + Q_3 + \cdots + Q_n$；

$\sum_{i=1}^{n} P_i$——总劳动量，$\sum_{i=1}^{n} P_i = \frac{Q_1}{S_1} + \frac{Q_2}{S_2} + \frac{Q_3}{S_3} + \cdots + \frac{Q_n}{S_n}$；

$Q_1, Q_2, Q_3, \cdots, Q_n$——同一工种但施工做法、材料或构造不同的各个施工过程的工程量；

$S_1, S_2, S_3, \cdots, S_n$——与上述施工过程相对应的产量定额。

例如，某学校的教学楼，其外墙面抹灰装饰分为干粘石、贴饰面砖、剁假石三种施工做法，其工程量分别是 684.5m²、428.7m²、208.3m²；所采用的产量定额分别是 4.17m²/工日、2.53m²/工日、1.53m²/工日。则加权平均产量定额为：

$$\overline{S} = \frac{Q_1 + Q_2 + Q_3}{\frac{Q_1}{S_1} + \frac{Q_2}{S_2} + \frac{Q_3}{S_3}} = \frac{684.5 + 428.7 + 208.3}{\frac{684.5}{4.17} + \frac{428.7}{2.53} + \frac{208.3}{1.53}} \text{m}^2/\text{工日} = 2.81\text{m}^2/\text{工日}$$

（2）对于有些采用新技术、新材料、新工艺或特殊施工方法的施工项目，其定额在施工定额手册中未列入，则可参考类似项目或实测确定。

（3）对于"其他工程"项目所需劳动量，可根据其内容和数量，并结合施工现场的具体情况，以占总劳动量的百分比（一般为 10%～20%）计算。

（4）水、暖、电、卫设备安装等工程项目，一般不计算劳动量和机械台班需要量，仅安排与一般土建单位工程配合的进度。

5. 确定各项目的施工持续时间

施工项目的施工持续时间的计算方法一般有经验估计法、定额计算法和倒排计划法。

（1）经验估计法。施工项目的持续时间最好是按正常情况确定，这时它的费用一般是较低的。待编制出初始进度计划并经过计算后再结合实际情况作必要的调整，这是避免因盲目抢工而造成浪费的有效办法。根据过去的施工经验并按照实际的施工条件来估算项目的施工持续时间是较为简便的办法，现在一般也多采用这种办法。这种办法多适用于采用新工艺、新技术、新材料等无定额可循的工种。在经验估计法中，有时为了提高其准确程度，往往采用"三时估计法"，即先估计出该项目的最长、最短和最可能的三种施工持续时间，然后据它求出期望的施工持续时间，作为该项目的施工持续时间。其计算公式是：

$$t = \frac{A + 4C + B}{6} \tag{13-11}$$

式中　t——项目施工持续时间；

　　　A——最长施工持续时间；

　　　B——最短施工持续时间；

　　　C——最可能施工持续时间。

（2）定额计算法。这种方法就是根据施工项目需要的劳动量或机械台班量，以及配备的工人人数或机械台数，来确定其工作的持续时间。其计算公式是：

$$t = \frac{Q}{RSN} = \frac{P}{RN} \tag{13-12}$$

式中　t——项目施工持续时间，按进度计划的粗细，可以采用小时、日或周；

　　　Q——项目的工程量，可以用实物量单位表示；

　　　R——拟配备的工人或机械的数量，用人数或台数表示；

　　　S——产量定额，即单位工日或台班完成的工程量；

　　　N——每天工作班制；

　　　P——劳动量（工日）或机械台班量（台班）。

例如，某工程砌筑砖墙，需要总劳动量 110 工日，一班制工作，每天出勤人数为 22 人（其中瓦工 10 人、普工 12 人），则施工持续时间为：

$$t = \frac{P}{RN} = \frac{110}{22 \times 1}\text{d} = 5\text{d}$$

在安排每班工人人数和机械台数时，应综合考虑各施工过程的工人班组中的每个工人或每台施工机械都应有足够的工作面（不能少于最小工作面），以发挥效率并保证施工安全；各施工过程在进行正常施工时，所必需的最低限度的工人班组人数及其合理组合，不能小于最小劳动组合，以达到最高的劳动生产率。

（3）倒排计划法。首先根据规定的总工期和施工经验，确定各分部分项工程的施工持续时间，然后再按各分部分项工程需要的劳动量或机械台班数量，确定每一分部分项工程每个工作班所需的工人数或机械台数，此时可将式（13-12）变化为：

$$R = \frac{P}{tN} \tag{13-13}$$

例如，某单位工程的土方工程采用机械化施工，需要 87 个台班完成，则当工期为 11d 时，所需挖土机的台数为：

$$R = \frac{P}{tN} = \frac{87}{11 \times 1} \text{台班} \approx 8 \text{台班}$$

通常计算时均先按一班制考虑，如果每天所需机械台数或工人人数已超过了施工单位现有人力、物力或工作面限制时，则应根据具体情况和条件从技术和施工组织上采取积极有效的措施，即增加工作班次、最大限度地组织立体交叉平行流水施工、加早强剂提高混凝土早期强度等。

6. 编制施工进度计划的初始方案

流水施工是组织施工、编制施工进度计划的主要方式，在流水施工基本原理一章中已作了详细介绍。编制施工进度计划时，必须考虑各分部分项工程的合理施工顺序，尽可能组织流水施工，力求主要工种的施工班组连续施工，其编制方法为：

（1）首先，对主要施工阶段（分部工程）组织流水施工。先安排其中主导施工过程的施工进度，使其尽可能连续施工，其他穿插施工过程尽可能与主导施工过程配合、穿插、搭接。如砖混结构房屋中的主体结构工程，其主导施工过程为砖墙砌筑和现浇钢筋混凝土构造柱和楼板；现浇钢筋混凝土框架结构房屋中的主体结构工程，其主导施工过程为钢筋混凝土框架的支模、绑筋和浇混凝土。

（2）配合主要施工阶段，安排其他施工阶段（分部工程）的施工进度。

（3）按照工艺的合理性和施工过程间尽量配合、穿插、搭接的原则，将各施工阶段（分部工程）的流水作业图表搭接起来，即得到了单位工程施工进度计划的初始方案。

7. 施工进度计划的检查与调整

检查与调整的目的在于使施工进度计划的初始方案满足规定的目标，一般从以下几方面进行检查与调整：

（1）各施工过程的施工顺序是否正确，流水施工的组织方法应用得是否正确，技术间歇是否合理。

（2）工期方面，初始方案的总工期是否满足合同工期。

（3）劳动力方面，主要工种工人是否连续施工，劳动力消耗是否均衡。劳动力消耗的均衡性是针对整个单位工程或各个工种而言，应力求每天出勤的工人人数不发生过大变动。

为了反映劳动力消耗的均衡情况，通常采用劳动力消耗动态图来表示。对于单位工程的劳动力消耗动态图，一般绘制在施工进度计划表右边表格部分的下方。劳动力消耗动态图如图 13-8 所示。

劳动力消耗的均衡性指标可以采用劳动力均衡系数 K 来评估：

$$K = \frac{\text{高峰出工人数}}{\text{平均出工人数}} \quad (13-14)$$

式中　平均出工人数——出人数总和平均到每天的人数。

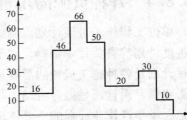

施工过程	班组人数	施工进度/d								
		2	4	6	8	10	12	14	16	18
基坑挖土	16									
混凝土垫层	30									
砖砌基础	20									
基槽回填土	10									

图 13-8　劳动力消耗动态图

最为理想的情况是劳动力均衡系数 K 接近于 1。劳动力均衡系数在 2 以内为好，超过 2 则不正常。

（4）物资方面，主要机械、设备、材料等的利用是否均衡，施工机械是否充分利用。

主要机械通常是指混凝土搅拌机、灰浆搅拌机、自动式起重机和挖土机等。机械的利用情况是通过机械的利用程度来反映的。

初始方案经过检查，对不符合要求的部分需进行调整。调整方法一般有：增加或缩短某些施工过程的施工持续时间，在符合工艺关系的条件下，将某些施工过程的施工时间向前或向后移动。必要时，还可以改变施工方法。

应当指出，上述编制施工进度计划的步骤不是孤立的，而是互相依赖、互相联系的，有的可以同时进行。还应看到，由于建筑施工是一个复杂的生产过程，受周围客观条件影响的因素很多，在施工过程中，由于劳动力和机械、材料等物资的供应及自然条件等因素的影响，使其经常不符合原计划的要求，因而在工程进展中应随时掌握施工动态，经常检查，不断调整计划。

13.8.3　施工准备工作计划

施工准备工作既是单位工程的开工条件，也是施工中的一项重要内容，开工之前必须为开工创造条件，开工以后必须为作业创造条件，因此，它贯穿于施工过程的始终。施工准备工作应有计划地进行，为便于检查、监督施工准备工作的进展情况，使各项施工准备工作的内容有明确的分工，有专人负责，并规定期限，可编制施工准备工作计划，并拟在施工进度计划编制完成后进行。其表格形式可参见表 13-4。

表 13-4　　　　　　　　　　　施工准备工作计划表

序号	准备工作项目	工程量		简要内容	负责单位或负责人	起止日期		备注
		单位	数量			日/月	日/月	

施工准备工作计划是编制单位工程施工组织设计时的一项重要内容。在编制年度、季度、月度生产计划中也应一并考虑并做好贯彻落实工作。

13.8.4　各种资源需用量计划的编制

单位工程施工进度计划编制确定以后，根据施工图纸、工程量计算资料、施工方案、施工进度计划等有关技术资料，着手编制劳动力需要量计划、各种主要材料、构件和半成品需要量计划及各种施工机械的需要量计划。它们不仅是为了明确各种技术工人和各种技术物资的需要量，而且还是做好劳动力与物资的供应、平衡、调度、落实的依据，也是施工单位编制月、季生产作业计划的主要依据之一。它们是保证施工进度计划顺利执行的关键。

1. 劳动力需要量计划

劳动力需要量计划，主要是作为安排劳动力的平衡、调配和衡量劳动力耗用指标、安排生活福利设施的依据，其编制方法是：将施工进度计划表内所列各施工过程每天（或旬、月）所需工人人数按工种汇总而得。其表格形式见表 13-5。

表 13 - 5   劳动量需要计划表

序号	工程名称	人数	月			月			备注
			上旬	中旬	下旬	上旬	中旬	下旬	

2. 主要材料需要量计划

主要材料需要量计划，是备料、供料和确定仓库、堆场面积及组织运输的依据，其编制方法是：将施工进度计划表中各施工过程的工程量，按材料名称、规格、数量、使用时间计算汇总而得。其表格形式见表 13 - 6。

表 13 - 6   主要材料需要量计划

序号	材料名称	规格	需要量		供应时间	备注
			单位	数量		

对于某分部分项工程是由多种材料组成时，应按各种材料分类计算，如混凝土工程应换算成水泥、砂、石、外加剂和水的数量列入表格。

3. 构件和半成品需要量计划

建筑结构构件、配件和其他加工半成品的需要量计划主要用于落实加工订货单位，并按照所需规格、数量、时间，组织加工、运输和确定仓库或堆场，可根据施工图和施工进度计划编制，其表格形式见表 13 - 7。

表 13 - 7   构件和半成品需要量计划

序号	构件、半成品名称	规格	图号、型号	需要量		使用部位	加工单位	供应日期	备注
				单位	数量				

4. 施工机械需要量计划

施工机械需要量计划主要用于确定施工机械的类型、数量、进场时间，可据此落实施工机械来源，组织进场。其编制方法为：将单位工程施工进度计划表中的每一个施工过程每天所需的机械类型、数量和施工日期进行汇总，即得施工机械需要量计划。其表格形式见表 13 - 8。

表 13 - 8　　　　　　　　　　　施工机械需要量计划

序号	机械名称	类型、型号	需要量		货源	使用起止时间	备注
			单位	数量			

13.9　单位工程施工平面图

　　施工平面图既是布置施工现场的依据，也是施工准备工作的一项重要依据，它是实现文明施工、节约并合理利用土地、减少临时设施费用的先决条件。因此，它是施工组织设计的重要组成部分。施工平面图不但要在设计时周密考虑，而且还要认真贯彻执行，这样才会使施工现场井然有序，施工顺利进行，保证施工进度，提高效率和经济效果。

　　一般单位工程施工平面团的绘制比例为 $1：200\sim1：500$

13.9.1　施工平面图的设计原则和依据

　　1. 单位工程施工平面图的设计原则

　　(1) 在保证顺利施工的前提下，平面布置要紧凑、少占地，尽量不占用耕地。

　　(2) 在满足施工要求的条件下，临时建筑设施应尽量少搭设，以降低临时工程费用。

　　(3) 在保证运输的条件下，使运输费用最小，尽可能杜绝不必要的二次搬运。

　　(4) 在保证安全生产的条件下，平面布置应满足生产、生活、安全、消防、环保等方面的要求，并符合国家的有关规定。

　　2. 单位工程施工平面图的设计依据

　　单位工程施工平面布置图设计是在工程项目部施工设计人员勘察现场，取得现场周围环境第一手资料的基础上，依据下列资料并按施工方案和施工进度计划的要求进行设计的，这些资料包括：

　　(1) 建筑总平面图，现场地形图，已有建筑和待建建筑及地下设施的位置、标高、尺寸（包括地下管网资料）；

　　(2) 施工组织总设计文件及气象资料；

　　(3) 各种材料、构件、半成品构件需要量计划；

　　(4) 各种生活、生产所需的临时设施和加工场地数量、形状、尺寸及建设单位可为施工提供的生活、生产用房等情况；

　　(5) 现场施工机械、模具及运输工具的型号与数量；

　　(6) 水源、电源及建筑区域内的竖向设计资料。

13.9.2　设计步骤与内容

　　1. 施工平面图设计的步骤

　　施工总平面图设计的步骤如图 13 - 9 所示。

2. 施工平面图设计的内容

(1) 确定起重机械位置。起重运输机械的位置直接影响搅拌站、加工厂及各种材料、构件的堆场或仓库等位置和道路、临时设施及水、电管线的布置等,因此,它是施工现场全局的中心环节,应首先确定。由于各种起重机械的性能不同、其布置位置亦不相同。

1) 固定式垂直运输机械的位置。固定式垂直运输机械有固定式塔式起重机、井架、龙门架、桅杆式起重机等,这类设备

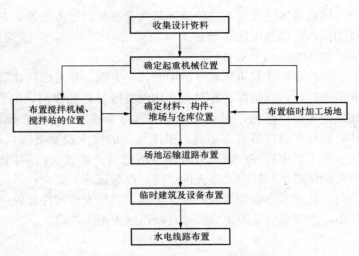

图 13-9 单位工程施工平面图的设计程序

的布置主要根据机械性能、建筑物的平面形状和尺寸、施工段划分的情况、材料来向和已有运输道路情况而定。其布置原则是,充分发挥起重机械的能力,并使地面和楼面的水平运距最小。布置时应考虑以下几个方面:

①当建筑物各部位的高度相同时,应布置在施工段的分界线附近;当建筑物各部位的高度不同时,应布置在高低分界线较高部位一侧,以使楼面上各施工段的水平运输互不干扰。

②井架、龙门架的位置以布置在窗口处为宜,以避免砌墙留搓和减少井架拆除后的修补工作。

③井架、龙门架的数量要根据施工进度、垂直提升构件和材料的数量、台班工作效率等因素计算确定,其服务范围一般为 50~60m。

④卷扬机的位置不应距离起重机械过近,以便司机的视线能够看到整个升降过程,一般要求此距离大于建筑物的高度,水平距外脚手架 3m 以上。

2) 有轨式起重机的轨道布置。有轨式起重机的轨道一般沿建筑物的长向布置,其位置和尺寸取决于建筑物的平面形状和尺寸、构件自重、起重机的性能及四周施工场地的条件。通常轨道布置方式有种:单侧布置、双侧布置,如图 13-10 所示。当建筑物宽度较小、构件自重不大时,可采用单侧布置方式;当建筑物宽度较大,构件自重较大时,应采用双侧布置方式。

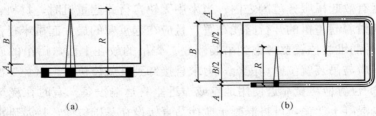

图 13-10 塔式起重机布置方案

(a) 单侧布置;(b) 双侧布置或称环状布置

轨道布置完成后，应绘制出塔式起重机的服务范围。它是以轨道两端有效端点的轨道中点为圆心，以最大回转半径为半径画出两个半圆，连接两个半圆，即为塔式起重机服务范围，如图 13-11（a）所示。

在确定塔式起重机服务范围时，一方面，要考虑将建筑物平面最好包括在塔式起重机服务范围之内，以确保各种材料和构件直接吊运到建筑物的设计部位上去，尽可能避免死角，如果确实难以避免，则要求死角范围越小越好，同时在死角上不出现吊装最重、最高的构件，并且在确定吊装方案时，提出具体的安全技术措施，以保证死角范围内的构件顺利安装。为了解决这一问题，有时还将塔吊与井架或龙门架同时使用，如图 13-11（b）所示，但要确保塔吊回转时无碰撞的可能，以保证施工安全；另一方面，在确定塔式起重机服务范围时，还应考虑有较宽敞的施工用地，以便安排构件堆放及搅拌出料进入料斗后能直接挂钩起吊。主要临时道路也宜安排在塔吊服务范围之内。

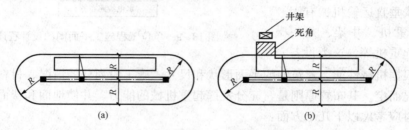

图 13-11 塔式起重机服务范围

3）无轨自行式起重机的开行路线。无轨自行式起重机械分为履带式、轮胎式、汽车式三种起重机。它一般不用作水平运输和垂直运输，专用作构件的装卸和起吊。吊装时的开行路线及停机位置主要取决于建筑物的平面布置、构件自重、吊装高度和吊装方法等。

（2）搅拌站、加工厂及各种材料、构件的堆场或仓库的布置。搅拌站、各种材料、构件的堆场或仓库的位置应尽量靠近使用地点或在塔式起重机服务范围之内，并考虑到运输和装卸的方便。

1）当起重机布置位置确定后，再布置材料、构件的堆场及搅拌站。材料堆放应尽量靠近使用地点，减少或避免二次搬运，并考虑运输及卸料方便。基础施工时使用的各种材料可堆放在基础四周，但不宜距基坑（槽）边缘太近，以防压塌土壁。

2）当采用固定式垂直运输设备时，则材料、构件堆场应尽量靠近垂直运输设备。以缩短地面水平运距；当采用轨道式塔式起重机时，材料、构件堆场以及搅拌站出料口等均应布置在塔式起重视有效起吊服务范围之内；当采用无轨自行式起重机时，材料、构件堆场及搅拌站的位置，应沿着起重机的开行路线布置，且应在起重臂的最大起重半径范围之内。

3）预制构件的堆放位置要考虑到吊装顺序。先吊的放在上面，后吊的放在下面，预制构件的进场时间应与吊装就位密切配合，力求直接卸到其就位位置，避免二次搬运。

4）搅拌站的位置应尽量靠近使用地点或靠近垂直运输设备。有时在浇筑大型混凝土基础时，为了减少混凝土运输，可将混凝土搅拌站直接设在基础边缘，待基础混凝土浇完后再转移。砂、石堆场及水泥仓库应紧靠搅拌站布置。同时，搅拌站的位置还应考虑到使这些大宗材料的运输和装卸较为方便。

5）加工厂（如木工棚、钢筋加工棚）的位置，宜布置在建筑物四周稍远位置，且应有一定的材料、成品的堆放场地；石灰仓库、淋灰池的位置应靠近搅拌站，并设在下风向；沥青堆放场及熬制锅的位置应运离易燃物品，也应设在下风向。

（3）现场运输道路的布置。现场运输道路应按材料和构件运输的需要，沿着仓库和堆场进行布置。尽可能利用永久性道路，或先做好永久性道路的路基，在交工之前再铺路面。道路宽度要符合规定，通常单行道应不小于 3～3.5m，双行道应不小于 5.5～6m。现场运输道路布置时应保证车辆行驶通畅，有回转的可能，因此，最好围绕建筑物布置成一条环形道路，以便运输车辆回转、调头方便。道路两侧一般应结合地形设置排水沟，沟深不小于 0.4m，底宽不小于 0.3m。

（4）行政管理、文化、生活、福利用临时设施的布置。办公室、工人休息室、门卫室、开水房、食堂、浴室、厕所等非生产性临时设施的布置，应考虑使用方便，不妨碍施工，符合安全、防火的要求。要尽量利用已有设施或已建工程，必须修建时要经过计算，合理确定面积，努力节约临时设施费用。通常，办公室的布置应靠近施工现场，宜设在工地出入口处；工人休息室应设在工人作业区；宿舍应布置在安全的上风向；门卫、收发室宜布置在工地出入口处。

行政管理、临时宿舍、生活福利用临时房屋面积参考表见表 13-9。

表 13-9　　　　行政管理、临时宿舍、生活福利用临时房屋面积参考表

序号	临时房屋名称	单位	参考面积/m²
1	办公室	m²/人	3.5
2	单层宿舍（双层床）	m²/人	2.6～2.8
3	食堂兼礼堂	m²/人	0.9
4	医务室	m²/人	0.06（≥30m²）
5	浴室	m²/人	0.10
6	俱乐部	m²/人	0.10
7	门卫、收发室	m²/人	6～8

（5）水、电管网的布置。

1）施工供水管网的布置。施工供水管网首先要经过计算、设计，然后进行设置，其中包括水源选择、用水量计算（包括生产用水、机械用水、生活用水、消防用水等）、取水设施、贮水设施、配水布置、管径的计算等。

①单位工程施工组织设计的供水计算和设计可以简化或根据经验进行安排，一般 5000～10 000m² 的建筑物，施工用水的总管径为 100mm，支管径为 40mm 或 25mm。

②消防用水一般利用城市或建设单位的永久消防设施。如自行安排、应按有关规定设置，消防水管线的直径不小于 100m，消火栓间距不大于 120m，布置应靠近十字路口或道边，距道边应不大于 2m，距建筑物外墙不应小于 5m，也不应大于 25m，且应设有明显的标志，周围 3m 以内不准堆放建筑材料。

③高层建筑的施工用水应设置蓄水池和加压泵，以满足高空用水的需要。

④管线布置应使线路长度短，消防水管和生产、生活用水管可以合并设置。

⑤为了排除地表水和地下水，应及时修通下水道，并最好与永久性排水系统相结合，同时，根据现场地形，在建筑物周围设置排除地表水和地下水的排水沟。

2）施工用电线网的布置。施工用电的设计应包括用电量计算、电源选择、电力系统选择和配置。用电量包括电动机用电量、电焊机用电量、室内和室外照明用电量。如果是扩建的单位工程，可计算出施工用电总数供建设单位解决，不另设变压器；单独的单位工程施工，要计算出现场施工用电和照明用电的数量，选择变压器和导线的截面及类型。变压器应布置在现场边缘高压线接入处，距地面高度应大于 30cm，在 2m 以外四周用高度大于 1.7m 铁丝网围住，以确保安全，但不宜布置在交通要道口处。

必须指出，建筑施工是一个复杂多变的生产过程，各种施工材料、构件、机械等随着工程的进展而逐渐进场，又随着工程的进展而不断消耗、变动，因此，在整个施工生产过程中，现场的实际布置情况是在随时变动着的。因此，对于大型工程、施工期限较长的工程或现场较为狭窄的工程，就需要按不同的施工阶段来分别布置几张施工平面图，以便能把在不同的施工阶段内现场的合理布置情况全面地反映出来。

单位工程施工平面图设计实例如图 13-12 所示。

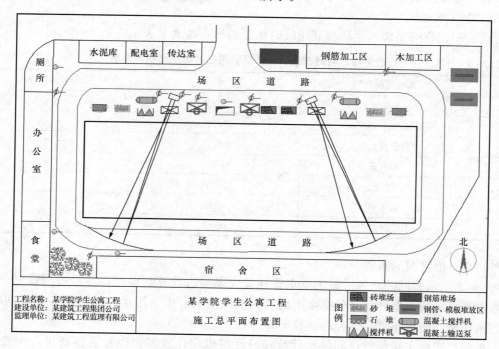

图 13-12 某学生公寓施工总平面图

13.10 施工技术组织措施

施工技术组织措施是指在施工技术和组织方面，对保证工程质量、安全、节约和文明施工所采用的方法。制定这些方法是施工组织设计编制者带有创造性的工作。

13.10.1　保证工程质量措施

保证工程质量的关键，是对施工组织设计的工程对象经常发生的质量通病制订防治措施，可以按照各主要分部分项工程提出质量要求，也可以按照各工种工程提出质量要求。保证工程质量的措施可以从以下各方面考虑：

（1）确保拟建工程定位、放线、轴线尺寸、标高测量等准确无误的措施；

（2）为了确保地基土壤承载能力符合设计规定的要求而应采取的有关技术组织措施；

（3）各种基础、地下结构、地下防水施工的质量措施；

（4）确保主体承重结构各主要施工过程的质量要求，各种预制承重构件检查验收的措施，各种材料、半成品、砂浆、混凝土等检验及使用要求；

（5）对新结构、新工艺、新材料、新技术等，"四新"工程施工操作提出质量措施或要求；

（6）冬、雨期施工的质量措施；

（7）屋面防水施工、各种抹灰及装饰操作中，确保施工质量的技术措施；

（8）解决质量通病措施；

（9）执行施工质量的检查、验收制度；

（10）提出各分部工程的质量评定的目标计划等。

13.10.2　安全施工措施

安全施工措施应贯彻安全操作规程，对施工中可能发生的安全问题进行预测，有针对性地提出预防措施，以杜绝施工中伤亡事故的发生。安全施工措施主要包括：

（1）提出安全施工宣传、教育的具体措施，对新工人进场上岗前必须作安全教育及安全操作的培训；

（2）针对拟建工程地形、环境、自然气候、气象等情况，提出可能突然发生自然灾害时有关施工安全方面的若干措施及其具体的办法，以减少损失，避免伤亡；

（3）提出易燃、易爆品严格管理及使用的安全技术措施，防火、消防措施；

（4）高温、有毒、有尘、有害气体环境下操作人员的安全要求和措施；

（5）土方、深坑施工，高空、高架操作，结构吊装、上下垂直平行施工时的安全要求和措施；

（6）各种机械、机具安全操作要求，交通、车辆的安全管理；

（7）各处电器设备的安全管理及安全使用措施；

（8）狂风、暴雨、雷电等各种特殊天气过程发生前后的安全检查措施及安全维护制度。

13.10.3　降低成本措施

降低成本措施的制定应以施工预算为尺度，以企业（或基层施工单位）年度、季度降低成本计划和技术组织措施计划为依据进行编制。要针对工程施工中降低成本潜力大的（工程量大、有采取措施的可能性及有条件的）项目，充分开动脑筋，把措施提出来，并计算出经济效益和指标，加以评价和决策。这些措施必须是不影响质量且能保证安全的，它应考虑以下几方面：

（1）生产力水平是先进的；

（2）能有精心施工的领导班子来合理组织施工生产活动；

（3）有合理的劳动组织，以保证劳动生产率的提高，减少总的用工数；

（4）物资管理要有合理的计划，从采购、运输、现场管理及竣工材料回收等方面，最大限度地降低原材料、成品和半成品的成本；

（5）采用新技术、新工艺，以提高工效，降低材料耗用量，节约施工总费用；

（6）保证工程质量，减少返工损失；

（7）保证安全生产，减少事故频率，避免意外工伤事故带来的损失；

（8）提高机械利用率，减少机械费用的开支；

（9）增收节支，减少施工管理费的支出；

（10）工程建设提前完工，以节省各项费用开支。

降低成本措施应包括节约人工费、材料费、机械设备使用费、工具费、间接费及临时设施费等措施。一定要正确处理降低成本、提高质量和缩短工期三者的关系，对措施要计算经济效果。

13.10.4　现场文明施工措施

现场场容管理措施主要包括以下几个方面：

（1）施工现场的围栏与标牌，出入口与交通安全，道路畅通，场地平整；

（2）暂设工程的规划与搭设，办公室、更衣室、食堂、厕所的安排与环境卫生；

（3）各种材料、半成品、构件的堆放与管理；

（4）散碎材料、施工垃圾运输，以及其他各种环境污染，如搅拌机冲洗废水、油漆废液、灰浆水等施工废水污染，运输土方与垃圾、白灰堆放、散装材料运输等粉尘污染，熬制沥青、熟化石灰等废气污染，打桩、搅拌混凝土、振捣混凝土等噪声污染；

（5）成品保护；

（6）施工机械保养与安全使用；

（7）安全与消防。

思 考 题 与 习 题

1. 施工组织设计可分为哪几类？

2. 编制施工组织设计应遵守哪些原则？

3. 单位工程施工组织设计包括哪些基本内容？

4. 施工方案主要包括哪些内容？

5. 什么叫施工顺序？确定施工顺序时，应考虑哪些影响因素？

6. 什么叫施工起点流向？确定施工起点流向时，应考虑哪些因素？

7. 选择施工机械设备时应着重考虑哪些问题？

8. 单位工程施工进度计划有什么作用？编制进度计划的依据是什么？

9. 施工技术组织措施包括哪些方面的内容？

参 考 文 献

[1] 杨和礼．土木工程施工［M］．3版．武汉：武汉大学出版社，2013.

[2] 方承训，郭立民．建筑施工［M］．3版．北京：中国建筑工业出版社，2013.

[3] 毛鹤琴．土木工程施工［M］．4版．武汉：武汉理工大学出版社，2012.

[4] 杨国立．高层建筑施工［M］．北京：高等教育出版社，2016.

[5] 张季超．地基处理［M］．北京：高等教育出版社，2009.

[6] 重庆大学等三院校合编．土木工程施工［M］．3版．北京：中国建筑工业出版社，2016.

[7] 费以原，孙震．土木工程施工［M］．北京：机械工业出版社，2007.

[8] 邓寿昌，李晓目．土木工程施工［M］．北京：北京大学出版社，2006.

[9] 张厚先，陈德方．高层建筑施工［M］．北京：北京大学出版社，2006.

[10] 廖代广．建筑施工技术［M］．武汉：武汉工业大学出版社，1997.

[11] 李惠强．高层建筑施工技术［M］．北京：机械工业出版社，2005.

[12] 建筑施工手册编写组．建筑施工手册［M］．5版．北京：中国建筑工业出版社，2012.

[13] 杨国立，李瑞鸽．单层工业厂房施工技巧的探讨［J］．建筑技术开发，2002，29（5）：60-62.

[14] 杨国立，等．大板基础钢筋密集型后浇带模板的新型施工方法［J］．建筑科学，2004.20（5）：59-60.

[15] 黄文明．新规范实施后钢筋下料量度差值的精确计算［J］．淮北职业技术学院学报，2012，11（6）：127-129.

[16] 周华．建筑外墙的保温节能．建筑节能［J］．2009.38（3）：16-18.

[17] 李维．聚苯板外墙保温施工要点［J］．建筑节能，2008.36（3）：46-49.

[18] 南勃．胶粉聚苯颗粒外墙外保温系统施工技术［J］．施工技术，2009.38（增刊）：508-510.

[19] 北京振利高新技术有限公司．外墙外保温施工方法［M］．北京：中国建筑工业出版社，2007..

[20] 中国建设监理协会．建设工程进度控制［M］．北京：中国建筑工业出版社，2007.

[21] 王立霞．施工组织与管理［M］．郑州：郑州大学出版社，2007.